21 世纪高等教育教材

画法几何及土木水利工程制图

主　编　张满栋　梁国星

副主编　赵洪生　张建丽　田秀萍

机械工业出版社

本书涵盖土木水利类工程制图，采用2010年制定的建筑、道路行业制图国家标准，以及2006年制定的水电水利行业制图标准，集多年教改研究、实践等教学研究成果编著而成，全面贯彻了教育部工程图学教学指导委员会通过的《普通高等院校工程图学课程教学基本要求》精神。

本书的主要内容包括：现行国家标准介绍，各种绘图方式以及计算机绘图方法介绍，画法几何投影理论基础，工程形体的表达方法，标高投影，房屋建筑施工图，建筑结构施工图，给水排水工程图，暖通空调工程图，道路工程图和水利工程图等。计算机绘图则以较为普及的 AutoCAD 2007 为平台进行介绍。

本书可作为高等工科院校泛土木水利类各专业“画法几何及工程制图”课程的教材或参考书，也可供职业技术教育、函授等工科同类专业学生使用，同时还可供相关工程技术人员参考。

图书在版编目(CIP)数据

画法几何及土木水利工程制图 / 张满栋，梁国星主编. —3版. —北京：机械工业出版社，2016.8(2023.9重印)
21世纪高等教育规划教材
ISBN 978-7-111-54121-9

Ⅰ.①画…　Ⅱ.①张…②梁…　Ⅲ.①画法几何—高等学校—教材②土木工程—工程制图—高等学校—教材③水利工程—工程制图—高等学校—教材　Ⅳ.①TB23②TU204③TV222.1

中国版本图书馆CIP数据核字(2016)第174044号

机械工业出版社(北京市百万庄大街22号　邮政编码100037)
策划编辑：何文军　责任编辑：何文军　责任校对：陈延翔
封面设计：路恩中　责任印制：邓　博
北京盛通商印快线网络科技有限公司印刷
2023年9月第3版第9次印刷
184mm×260mm · 22.25印张 · 544千字
标准书号：ISBN 978-7-111-54121-9
定价：52.00元

电话服务	网络服务
客服电话：010-88361066	机　工　官　网：www.cmpbook.com
010-88379833	机　工　官　博：weibo.com/cmp1952
010-68326294	金　　书　　网：www.golden-book.com
封底无防伪标均为盗版	机工教育服务网：www.cmpedu.com

前　言

自2011年出版的教材《土木水利工程制图及计算机绘图》，得到了广大师生的认可和欢迎。通过多年的教学和实践，我们在原教材的基础上进行了修改和扩充，以适应新时期工科院校土木水利类工程制图课程教学要求，并结合了近几年来从事教学改革和课程建设实践中积累的经验和所获成果。

本教材采用现行的建筑制图国家标准和水电水利行业制图标准。本教材涉及的建筑、道路行业制图国家标准主要有：《房屋建筑制图统一标准》（GB/T 50001—2010）、《总图制图标准》（GB/T 50103—2010）、《建筑制图标准》（GB/T 50104—2010）、《建筑结构制图标准》（GB/T 50105—2010）、《建筑给水排水制图标准》（GB/T 50106—2010）、《采暖空调制图标准》（GB/T 50114—2010）、《道路工程制图标准》（GB 50162—1992）；涉及的水利行业执行的部颁行业标准主要有：《水电水利工程基础制图标准》（DL/T 5347—2006）、《水电水利工程水工建筑制图标准》（DL/T 5348—2006）等。

近年来，我们围绕工科院校土木水利类工程制图课程教学要求，坚持课程建设，坚持教学改革，在对课程体系、教学方法和教材建设的研究实践中不断取得新突破。这些工作的积累，为本次教材的出版奠定了很好的基础。

本书的主要特点是：整合传统土木、水利工程制图课程，将公共部分提炼成章，相异部分分别介绍，实现了泛土木水利类工程制图内容有机融合，既便于教学，又实现了交叉学科的融会贯通，对培养泛土木水利类人才，扩大学生知识面，增强学生就业能力都有很大益处。

教材编写力求实现“以适用于新时期实际教学为本，以思路新、体系新、内容新、形式新、手段新、功能新为源”的总原则。力求处理好以下关系：①继承传统图学理论知识又结合当前教学要求对传统内容进行提炼，去粗取精；②从一开始就将手工绘图与计算机绘图进行结合，便于学生尽早适应当前发展要求；③以《技术制图》国家标准术语为基础，兼顾专业制图传统术语，妥善处理它们之间的差异；④教材按照“制图基础”→“专业制图基础”→“专业制图”循序渐进；⑤突出了集合体与计算机三维实体建模之间的关系。

参加本教材编写工作的有：张满栋（前言、绪论、第2、4、5、11、21章），李唯东（第1章），梁国星（第3、8章），田秀萍（第6、7章），董黎君（第9章），郑君兰（第10章），王琪（第12、14章），赵洪生（第13章），马金山（第15章），侯爱民（第16章），张建丽（第17、18章），刘春义（第19章），马麟（第20章）。梁国星参与了第8、9、10章的部分统稿工作，最后由张满栋负责统稿和定稿。

本书的编写得到山西省工业技术图学会理事长、博士生导师吕明教授的关怀和指导，也得到山西省工业技术图学会副理事长、博士生导师杨胜强教授的关怀和帮助，以及太原理工大学工程图学教研室上官文印副教授、张素珍副教授等同仁的帮助，同时还参考了国内同行编写的很多同类优秀教材，在此一并致以衷心的谢意。

向所有为本书编写、出版付出辛勤劳动的各位专家、编辑及有关工作人员表示谢意。

限于编者学识水平，书中的不妥之处甚至错误在所难免，欢迎读者批评指正。

编　者

2016 年 5 月

目　录

绪论

1. 本课程研究对象

画法几何及工程制图是工科院校重要的一门技术基础课。

在工程界，工程图样是进行交流的技术语言。它以投影原理为基础，遵照国家标准和相关规定绘制，表示工程形状、大小以及施工要求等信息，是工程部门的一项重要技术合同文件，是设计和施工的主要依据。它在土木、建筑、水利、园林、机械等领域的技术工作与管理工作中有着广泛的应用。在生产实践和科学实验中，设计者用图样表达设计思想和设计的对象，施工者从图样中了解设计要求指导施工，科技人员运用图样进行技术交流。所有这些过程中，图样扮演着记录和传递创新思想与技术信息的媒介角色。因此，人们形象地称之为“工程技术界的共同语言”。

画法几何投影理论主要研究空间几何元素点、直线、平面、曲线与曲面以及立体的投影规律和投影性质，研究它们的图示方法和它们之间相互关系问题的图解方法。

工程制图是以工程图样为研究对象的技术课，涵盖了建筑、土木工程、给排水工程、采暖空调工程、道路工程、水利工程等专业。它研究遵照国家标准和相关规定，以投影原理为基础，用图样绘制及文字说明表达工程形体形状、大小以及施工要求等内容。通过本课程学习，对空间想象思维能力的培养，认真细致的工作作风培养，绘图表达形体能力的培养，国家标准的学习等都有极大的益处。

与建筑、土木、道路、给水排水、采暖空调、水利工程制图相关的国家标准和行业标准是反映最新技术要求的有关规定，在绘制图样中要认真落实和遵守。

计算机绘图的出现，使工程设计领域发生了质的飞跃。计算机绘图快速、精确、易修改、易携带、易管理等特点是手工绘图无法比拟的。但手工绘图仍是创新思维的源泉，具有方便灵活、适应性强的优势，其基础地位是计算机绘图无法取代的。因此，工程技术人员必须掌握各种绘图方式。

2. 本课程的任务

画法几何及工程制图课程的基本任务是：

（1）培养使用投影的方法用二维平面图形表达三维空间形状的能力；

（2）培养对空间形体的形象思维能力；

（3）培养计算机绘制二维图样及进行三维造型设计的能力；

（4）培养仪器绘制，徒手绘画和阅读有关图样的能力；

（5）培养认真细致的工作作风，贯彻、执行国家标准的意识。

本课程的更深层次的任务是高效地开发学习者的智力，提高其工程素养。学习者通过学习正投影理论基础、实体造型、形体表达等相关内容，可大幅度地提高其形象思维、逻辑能力、创新能力，为今后立足于社会，成为一个有益于社会的人打下基础。

3. 本课程学习方法

（1）本课程是一门实践性很强的课程，必须注重理论联系实际，细观察，多思考，勤动手，掌握正确的读图、绘图的方法和步骤，提高绘图技能。

（2）人的认识过程要经过感知、记忆、思维、总结等几个心理发展阶段。学习本课程时，通过观察客观事物并与所学理论知识相结合，从而加深对理论知识的理解，提高空间思维能力。超强的空间思维能力必须通过勤观察、勤思考、勤实践才能获得。

（3）学习过程中，必须注意空间几何关系的分析以及空间形体与其投影之间的相互联系，"由物到图，再从图到物"进行反复思考。

（4）自学能力和创新能力是优秀科技人员必须具备的基本素质，在学习过程中要将各种理论知识与技能密切结合，有意识地培养自己的综合能力。

（5）由于工程图样在生产中起着很重要的作用，绘图和读图的差错，都有可能带来重大经济损失。所以在学习过程中，应养成认真负责的态度和严谨细致的作风。

（6）认真听课，用心作图，多实践。只有这样，才能深刻领会课程内容，很好地将理论与实践相结合，做到事半功倍，不断提高绘图和读图能力。

最后，本课程只能为学习者的绘图和读图能力打下初步基础，在后续课程以及生产实习、课程设计和毕业设计中，还须再充实专业知识，继续提高绘图和读图能力。

第1章　制图基本知识

1.1　制图标准简介

图样是一种重要的技术文件，是产品制造及工程施工的重要依据，是工程界共同的技术语言，技术图样这一职能的实现是以技术标准的制定和实施为基础的。

在我国执行的建筑、道路行业制图国家标准主要有：《房屋建筑制图统一标准》(GB/T 50001—2010)、《总图制图标准》(GB/T 50103—2010)、《建筑制图标准》(GB/T 50104—2010)、《建筑结构制图标准》(GB/T 50105—2010)、《建筑给水排水制图标准》(GB/T 50106—2010)、《采暖空调制图标准》(GB/T 50114—2010)、《道路工程制图标准》(GB 50162—1992)；在水利行业执行的部颁行业标准有：《水电水利工程基础制图标准》(DL/T 5347—2006)、《水电水利工程水工建筑制图标准》(DL/T 5348—2006)等。随着时代的发展，国家标准和行业标准也在不断更新和完善。实际工作中，要使用最新的国家标准及行业标准。

制图国家标准属于工程领域的技术标准，根据我国法律规定，大多数此类标准属于推荐执行标准，此类标准代号 GB/T；为保障人身健康、财产安全而制定的标准是强制执行标准，代号 GB。对于工程技术人员，推荐执行标准也是必须严格执行的标准。

以《房屋建筑制图统一标准》(GB/T 50001—2010)为例，将标准代号及构成名称说明如下：GB/T，国标代号；50001，标准顺序号；2010，标准批准年号；《房屋建筑制图统一标准》，标准名称。本章则主要介绍该标准相关内容。

1.1.1　图纸幅面和格式

1. 图纸幅面

GB/T 50001—2010 对图纸幅面的尺寸大小作了统一规定。绘制技术图样时，应优先采用表 1-1 规定的基本幅面，其基本参数见表 1-1 所示，图幅代号为 A0、A1、A2、A3、A4 五种。必要时，也允许加长幅面。这些幅面的尺寸是由基本幅面的短边成整数倍增加后得出。图幅代号中的 A 表示 A 系列图纸，其后面的数字为幅面号。

表 1-1　图纸幅面及图框尺寸　　(单位:mm)

幅面代号 尺寸代号	A0	A1	A2	A3	A4
$b \times l$	841×1189	594×841	420×594	297×420	210×297
c	10			5	
a	25				

2. 图框格式

在图纸上必须用粗实线画出图框。其格式分为留有装订边和不留装订边两种，但同一产品的图样只能采用一种格式。留有装订边的图纸，其图框格式如图 1-1 所示。

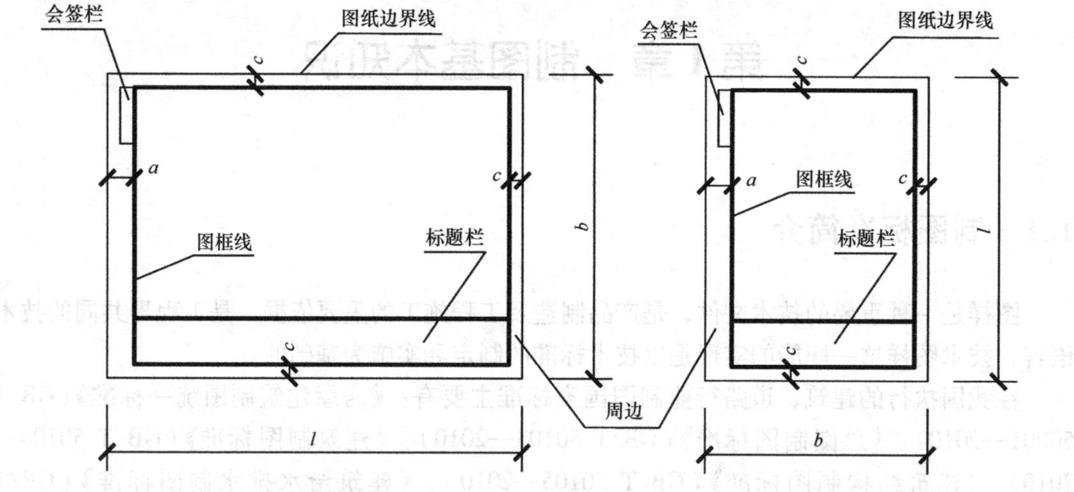

a) 横式　　b) 立式

图 1-1　留有装订边的图框格式

画图时对需要缩微复制的图纸，为了复制和缩微方便，需画对中标志，对中标志应画在图纸内框各边长的中点处，线宽 0.35mm，应伸入内框边，在框外为 5mm。

每张图纸上都必须画出标题栏和会签栏，GB/T 50001—2010 规定了标题栏的组成、尺寸及格式等内容。制图作业标题栏可按图 1-2a 所示格式绘制。

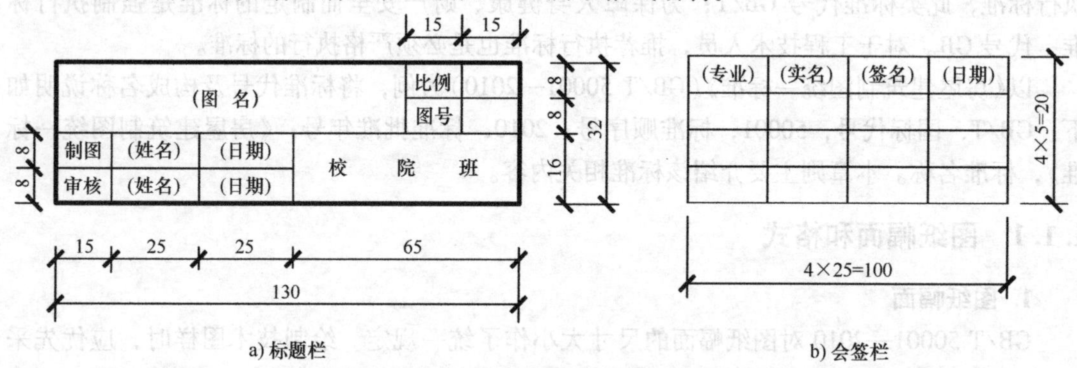

a) 标题栏　　b) 会签栏

图 1-2　标题栏和会签栏格式

会签栏尺寸应为 100mm×20mm，栏内应填写会签人员所代表的专业、姓名、日期（年、月、日）；一个会签栏不够时，可另加一个，两个会签栏应并列；不需会签的图纸可不设会签栏。会签栏格式如图 1-2b 所示。

1.1.2 比例

比例是图中图形与其实物相对应的线性尺寸之比。需要按比例绘制图样时，应按 GB/T 50001—2010 规定，由表 1-2 规定的系列中选择适当的比例。

平面图 1:100

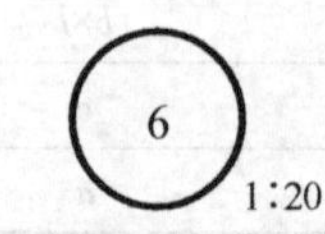

图 1-3　比例的注写

比例符号应以“：”表示。图样比例一般应标注在标题栏中的比例栏内。对于建筑、水利专业，比例宜注写在图名的右侧，字的基准线应取平；比例的字高宜比图名的字高小一号或二号，如图 1-3 所示。

表 1-2　绘图所用的比例

	比　例
常用比例	1 : 1、1 : 2、1 : 5、1 : 10、1 : 20、1 : 30、1 : 50、1 : 100、1 : 150、1 : 200、1 : 500、1 : 1000、1 : 2000
可用比例	1 : 3、1 : 4、1 : 6、1 : 15、1 : 25、1 : 40、1 : 60、1 : 80、1 : 250、1 : 300、1 : 400、1 : 600、1 : 5000、1 : 10000、1 : 20000、1 : 50000、1 : 100000、1 : 200000

1.1.3　字体

在图样上除了用图形表示工程形体的形状之外，还要用文字和数字来说明工程形体的大小和技术要求等。在图样上书写字体必须做到：字体工整、笔画清楚、间隔均匀、排列整齐。

字体高度(用 h 表示)，对于中文矢量字体，尺寸系列为：3.5mm、5mm、7mm、10mm、14mm、20mm；字高大于 10mm 的文字宜采用 TRUETYPE 字体，对于 TRUETYPE 字体及非中文矢量字体，尺寸系列为：3 mm、4 mm、6 mm、8 mm、10 mm、14 mm、20mm。如果需要写更大的字，其字体高度应按$\sqrt{2}$的比率递增。字体号数代表字体的高度。

1. 汉字

汉字应写成长仿宋体字(矢量字体)或黑体，同一图纸字体种类不应超过两种。并应采用中华人民共和国国务院正式公布推行的《汉字简化方案》中规定的简化字。长仿宋体字(矢量字体)的高度 h 不应小于 3.5mm，其字宽一般为 $h/\sqrt{2}$。为了保证字体大小一致和排列整齐，书写时可先打格子，然后写字。黑体字的宽度与高度应相同。

长仿宋体字的特点是：横平竖直、注意起落、结构均匀、填满方格。长仿宋体字的笔画如下：

长仿宋体汉字示例如图 1-4 所示。

2. 字母和数字

图样及说明中的拉丁字母、阿拉伯数字与罗马数字，宜采用单线简体或 ROMAN 字体。字母和数字可写成斜体和直体，斜体字向右倾斜，与水平基准线成 75°。

字体工整　笔画清楚

间隔均匀　排列整齐

图 1-4　长仿宋体汉字书写示例

(1) 拉丁字母示例

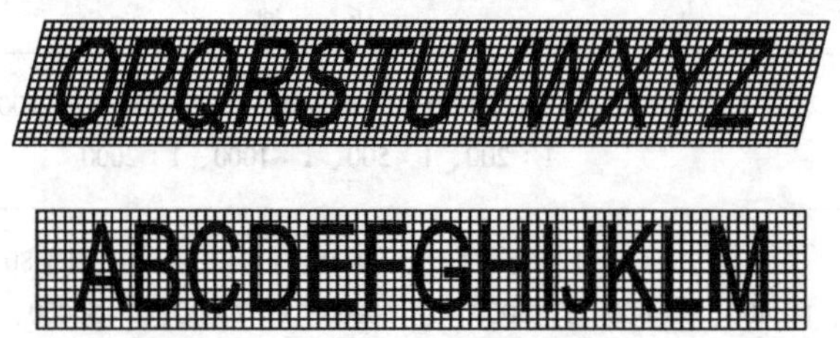

(2) 阿拉伯数字示例

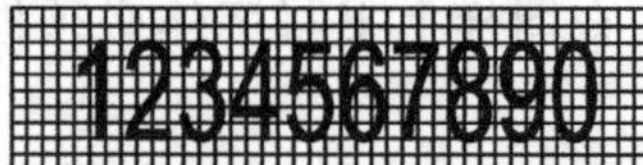

(3) 罗马数字示例

1.1.4 图线

1. 基本线型

图线是组成图样的最基本要素之一，GB/T 50001—2010 规定了适用于房屋建筑各专业技术图样的图线名称、线型、尺寸及画法规则。

该标准还规定了基本线型的变形形式和图线的组合形式，以方便不同专业的使用。

2. 图线尺寸

图线宽度 b，应在 1.4mm、1.0mm、0.7mm、0.5mm、0.35mm、0.25mm、0.18mm、0.13mm 线宽系列中选取，图线宽度不宜小于 0.1mm。

每个图样，应根据复杂程度与比例大小，先选定基本线宽 b，再选用表 1-3 相应的线宽组。

表 1-3 线 宽 组 （单位：mm）

线宽比	线宽组			
b	1.4	1.0	0.7	0.5
$0.7b$	1.0	0.7	0.5	0.35
$0.5b$	0.7	0.5	0.35	0.25
$0.25b$	0.35	0.25	0.18	0.13

注：1. 需要缩微的图纸，不宜采用 0.18mm 及更细的线宽。

2. 同一张图纸内，各不同线宽组中的细线，可统一采用较细线宽组的细线。

表 1-4 列出了土木工程建设图样常用的基本图线（GB/T 50001—2010）。

表1-4　土木工程建设图样中常用图线

名称		线型	线宽	一般用途
实线	粗		b	主要可见轮廓线
	中粗		$0.7b$	可见轮廓线
	中		$0.5b$	可见轮廓线、尺寸线、变更云线
	细		$0.25b$	图例填充线、家具线
虚线	粗		b	见有关专业制图标准
	中粗		$0.7b$	不可见轮廓线
	中		$0.5b$	不可见轮廓线、图例线
	细		$0.25b$	图例填充线、家具线
单点长画线	粗		b	见各有关专业制图标准
	中		$0.5b$	见各有关专业制图标准
	细		$0.25b$	中心线、对称线、轴线
双点长画线	粗		b	见各有关专业制图标准
	中		$0.5b$	见各有关专业制图标准
	细		$0.25b$	假想轮廓线、成型前原始轮廓线
折断线			$0.25b$	断开界线
波浪线			$0.25b$	断开界线

3. 绘制图线时应注意的问题

（1）在同一图样中，同类图线的宽度应一致。

（2）相互平行的图线，其间隙不宜小于其中的粗线宽度，且不宜小于0.7mm。

（3）虚线、单点长画线或双点长画线的线段长度和间隔，宜各自相等。

（4）单点长画线或双点长画线，当在较小图形中绘制有困难时，可用实线代替(见图1-5)。

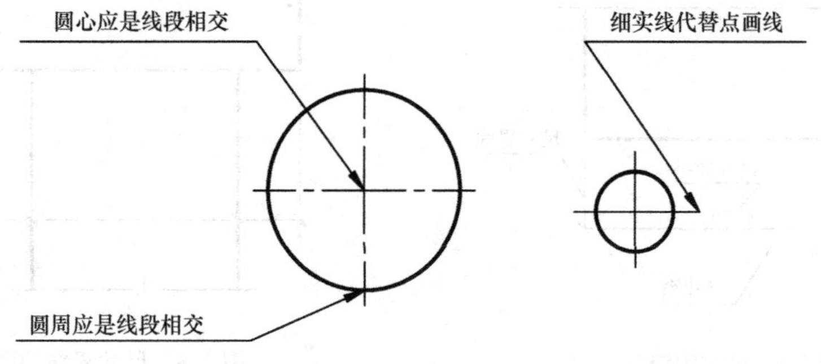

图1-5　圆中心线画法

（5）单点长画线或双点长画线的两端，不应是点；点画线与点画线交接点或点画线与其他图线交接时，应是线段交接(见图1-5)。

(6) 虚线与虚线交接或虚线与其他图线交接时，应是线段交接。虚线为实线的延长线时，不得与实线连接(见图 1-6)。

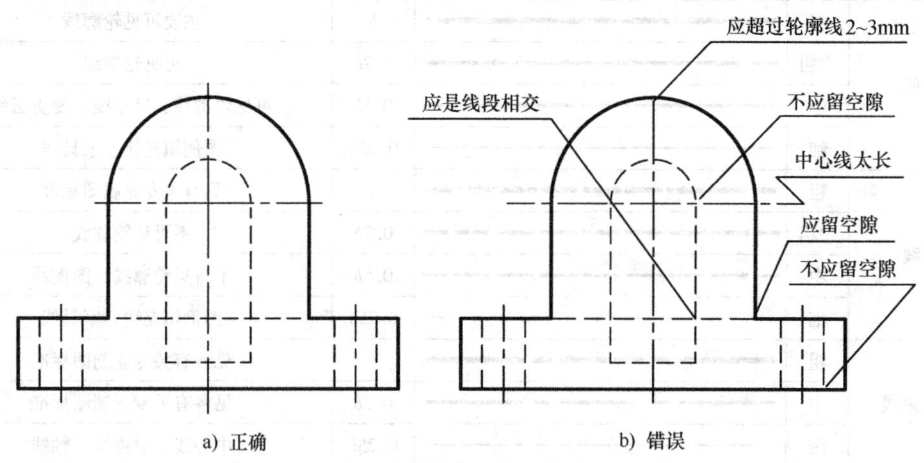

图 1-6　图线相交处画法

(7) 图线不得与文字、数字或符号重叠、混淆，不可避免时，应首先保证文字等的清晰。

1.1.5　尺寸标注

工程图样中，图形只能表达形体的形状、结构、材料等内容，要想确定形体的大小及各部分的相互位置，还需要标注形体的尺寸，它是工程施工的重要依据。尺寸标注是一项十分重要的工作，必须仔细认真，准确无误。尺寸标注的基本要求是：正确、完整、清晰。

各专业图样对尺寸标注有不同的要求，这里仅介绍建筑专业图样的尺寸标注。

1. 尺寸的组成

图样上的尺寸，包括尺寸界线、尺寸线、尺寸起止符号和尺寸数字，如图 1-7 所示。

(1) 尺寸界线，表示所度量的尺寸范围。

尺寸界线应用细实线绘制，一般应与被注长度垂直，其一端应离开图样轮廓线不小于 2mm，另一端宜超出尺寸线 2~3mm。图样轮廓线可用作尺寸界线，如图 1-8 所示。

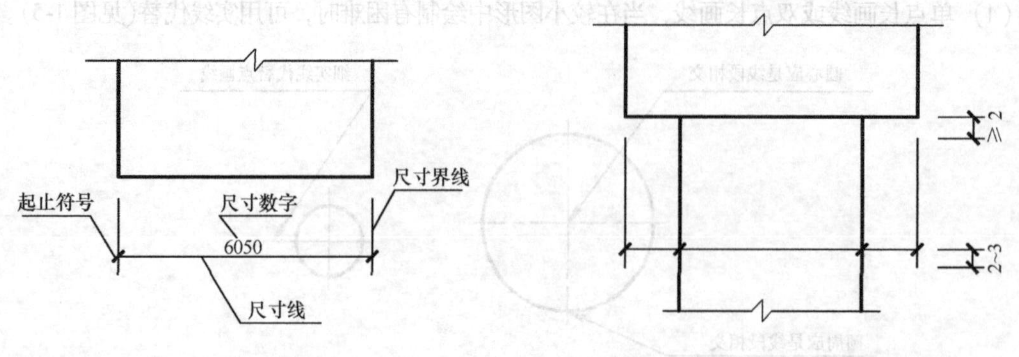

图 1-7　尺寸的组成　　　　图 1-8　尺寸界线的画法

(2) 尺寸线，表示尺寸的度量方向。

尺寸线应用细实线绘制，应与被度量线段长度平行，且不宜超出尺寸界线。尺寸线不得用图样本身的任何图线代替或画在其延长线上，如图 1-9 所示。

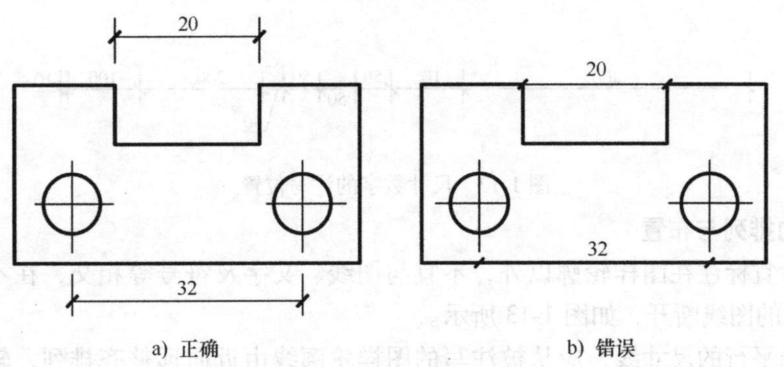

图 1-9　尺寸线的画法

(3) 尺寸起止符号，表示尺寸度量的终点和起点。

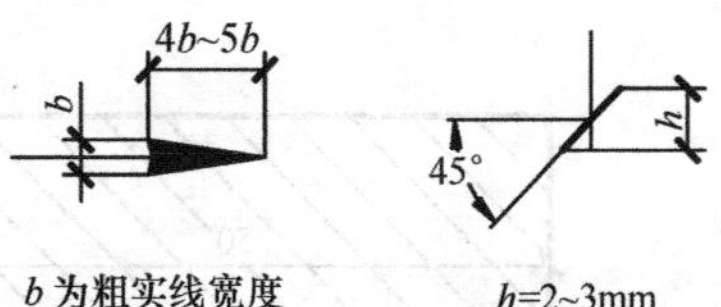

图 1-10　尺寸终端的画法

尺寸起止符号一般用中粗斜短线绘制，其倾斜方向应与尺寸界线成顺时针 45°角，长度宜为 2~3mm。半径、直径、角度与弧长的尺寸起止符号，宜用箭头表示，如图 1-10所示。

(4) 尺寸数字，表示尺寸的真实大小，与画图比例和画图精度无关。

此外，还应当注意：

① 图样上的尺寸，应以尺寸数字为准，不得从图上直接量取。

② 图样上的尺寸单位，除标高及总平面图以 m 为单位外，其他须以 mm 为单位。

③ 尺寸数字的方向，应按图 1-11a 的规定注写。若尺寸数字在 30°斜线区内，宜按图 1-11b的形式注写。

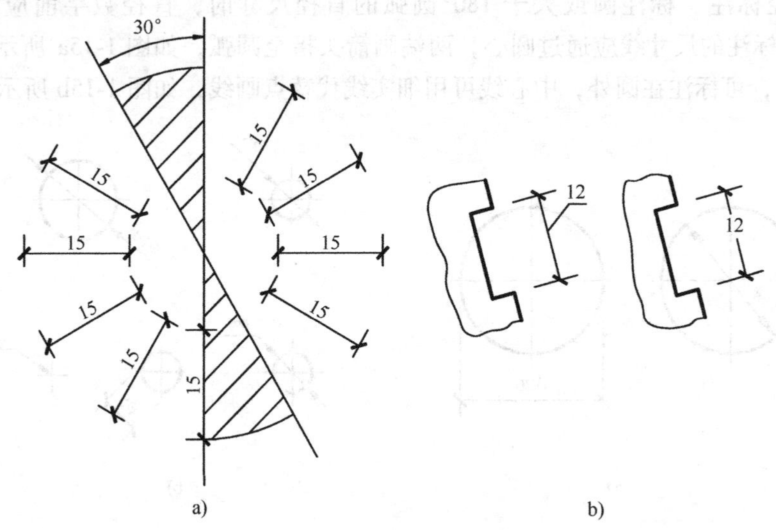

图 1-11　尺寸数字的注写方向

④ 尺寸数字一般应依据其方向注写在靠近尺寸线的上方中部。如没有足够的注写位置，最外边的尺寸数字可注写在尺寸界线的外侧，中间相邻的尺寸数字可错开注写，如图 1-12 所示。

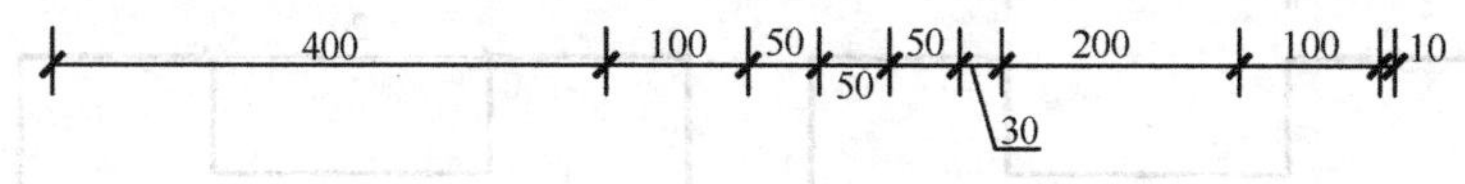

图 1-12 尺寸数字的注写位置

2. 尺寸的排列与布置

（1）尺寸宜标注在图样轮廓以外，不宜与图线、文字及符号等相交，在不可避免时应将尺寸数字处的图线断开，如图 1-13 所示。

（2）互相平行的尺寸线，应从被注写的图样轮廓线由近向远整齐排列，较小尺寸应离轮廓线较近，较大尺寸应离轮廓线较远，如图 1-14 所示。

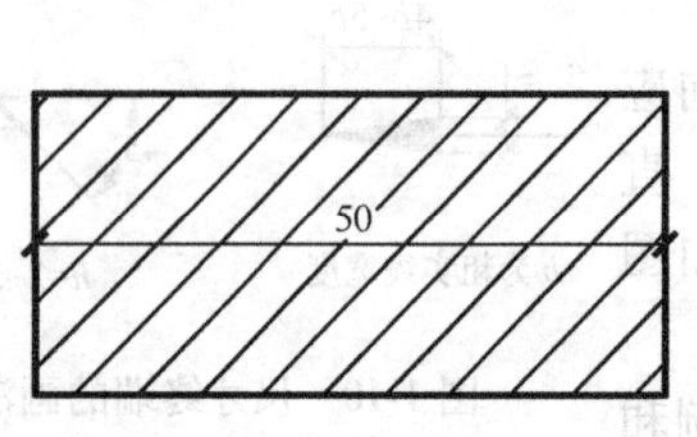

图 1-13 尺寸数字处的图线应断开

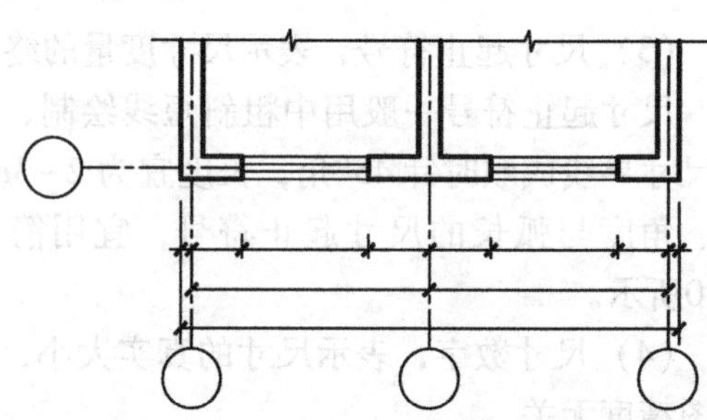

图 1-14 尺寸的排列

（3）图样轮廓线以外的尺寸界线，距图样最外轮廓之间的距离，不宜小于 10mm。平行排列的尺寸线的间距，宜为 7~10mm，并应保持一致，如图 1-14 所示。

3. 尺寸标注示例

（1）直径标注 标注圆或大于 180°圆弧的直径尺寸时，直径数字前应加直径符号“ϕ”。在圆内标注的尺寸线应通过圆心，两端画箭头指至圆弧，如图 1-15a 所示；标注较小圆的直径尺寸，可标注在圆外，中心线可用细实线代替点画线，如图 1-15b 所示。

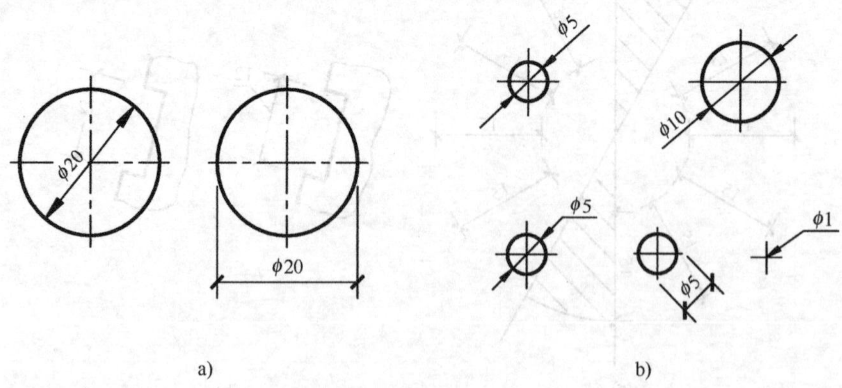

图 1-15 直径的标注

（2）半径标注 半径的尺寸线应一端从圆心开始，另一端画箭头指向圆弧。半径数字前应加注半径符号“R”，如图 1-16a 所示；较小圆弧的半径，可按图 1-16b 形式标注；较大圆弧的半径，可按图 1-16c 形式标注。

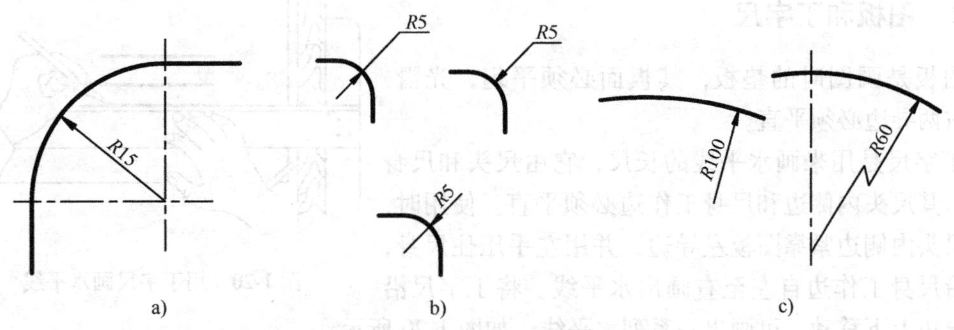

图1-16　半径的标注

(3) 球径标注　标注球的半径尺寸时，应在尺寸前加注符号“*SR*”；标注球的直径尺寸时，应在尺寸数字前加注符号“*S*ϕ”。注写方法与圆弧半径和圆直径的尺寸标注方法相同，如图1-17所示。

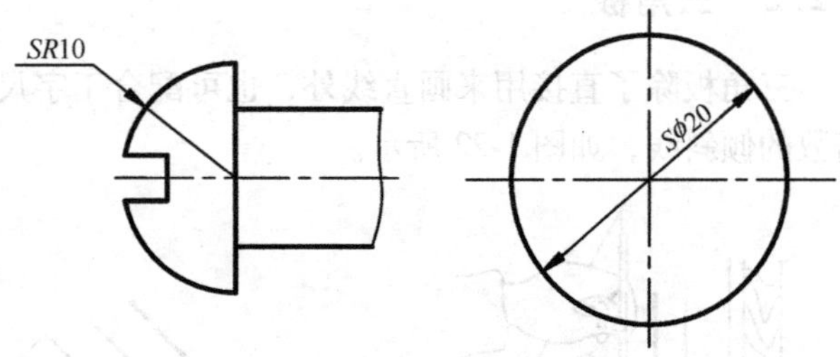

图1-17　球径的标注

(4) 角度标注　角度的尺寸线应以圆弧表示。该圆弧的圆心应是该角的顶点，角的两条边为尺寸界线。起止符号应以箭头表示，如没有足够位置画箭头，可用圆点代替，角度数字应沿尺寸线方向注写，如图1-18所示。

(5) 弧长、弦长尺寸标注　标注圆弧的弧长时，尺寸线应以与该圆弧同心的圆弧线表示，尺寸界线应指向圆心，起止符号用箭头表示，弧长数字上方应加注圆弧符号“⌒”，如图1-19a所示；标注圆弧的弦长时，尺寸线应以平行于该弦的直线表示，尺寸界线应垂直于该弦，起止符号用中粗斜短线表示，如图1-19b所示。

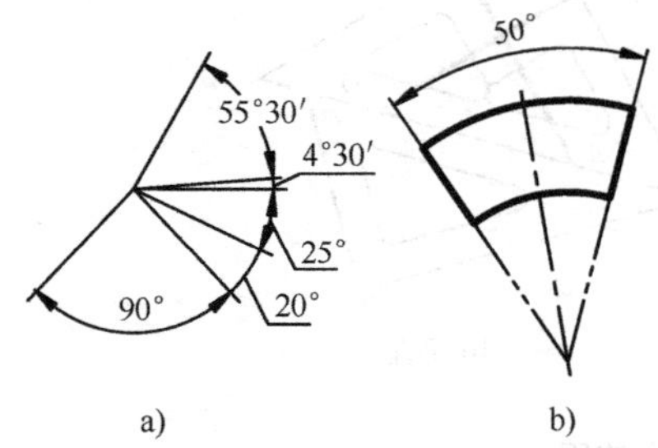

图1-18　角度的标注

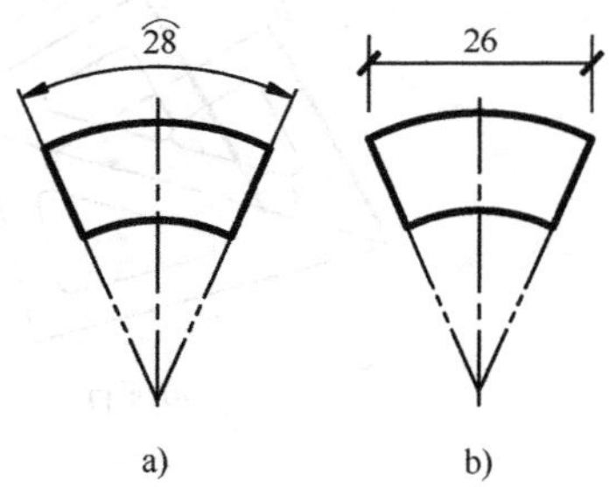

图1-19　弧长和弦长的标注

1.2　手工绘图工具及使用

常用的绘图工具有图板、丁字尺、三角板、铅笔、分规、圆规、曲线板、擦图片等。要提高绘图速度和保证绘图质量，必须正确地使用这些绘图工具。

1.2.1 图板和丁字尺

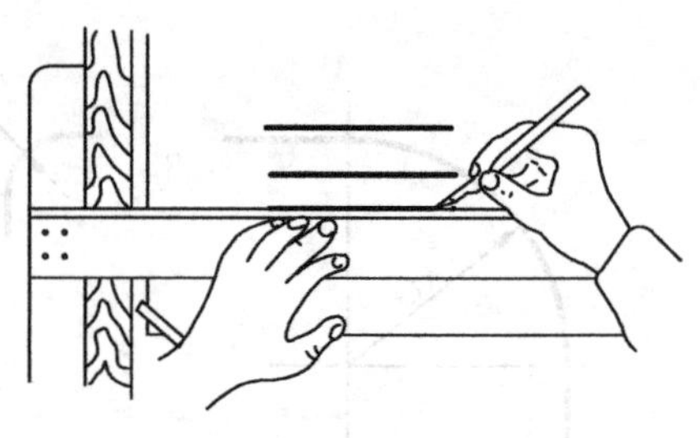
图 1-20 用丁字尺画水平线

图板是画图时的垫板，其板面必须平坦、光滑，左、右两导边必须平直。

丁字尺是用来画水平线的长尺，它由尺头和尺身组成，其尺头内侧边和尺身工作边必须平直。使用时，应使尺头内侧边紧靠图板左导边，并用左手压住尺身，然后沿尺身工作边自左至右画出水平线。将丁字尺沿图板导边上下移动，可画出一系列水平线，如图 1-20 所示。

1.2.2 三角板

三角板除了直接用来画直线外，也可配合丁字尺画竖直线，如图 1-21 所示，还可画 15°倍数的倾斜线，如图 1-22 所示。

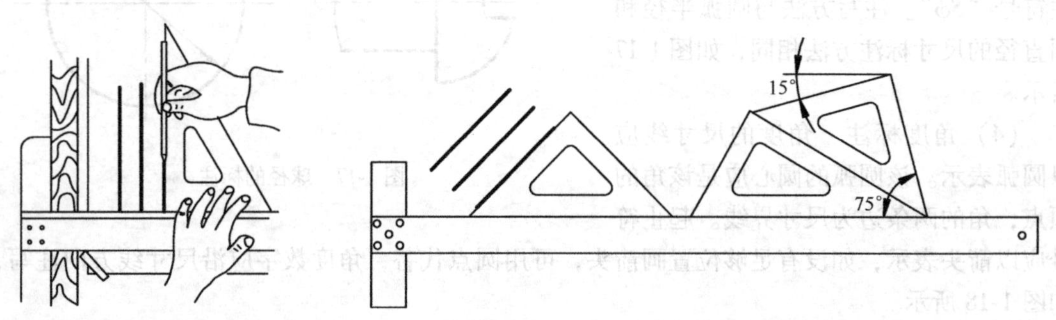

图 1-21 丁字尺、三角板配合画竖直线

图 1-22 丁字尺、三角板配合画 15°倍数的斜线

两块三角板配合使用，可画任意斜线的平行线和垂直线，如图 1-23 所示。

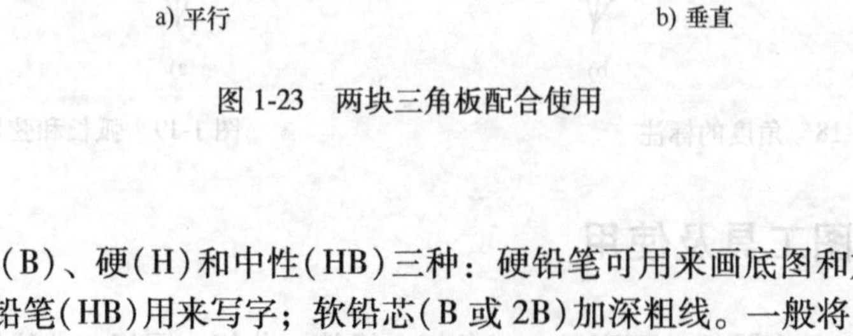

图 1-23 两块三角板配合使用

1.2.3 铅笔

绘图铅笔分软(B)、硬(H)和中性(HB)三种：硬铅笔可用来画底图和加深细线，一般用 H 或 2H；中性铅笔(HB)用来写字；软铅芯(B 或 2B)加深粗线。一般将画细线和写字用的铅笔削成圆锥状，将描图用的铅笔削磨成四棱柱状，如图 1-24 所示。

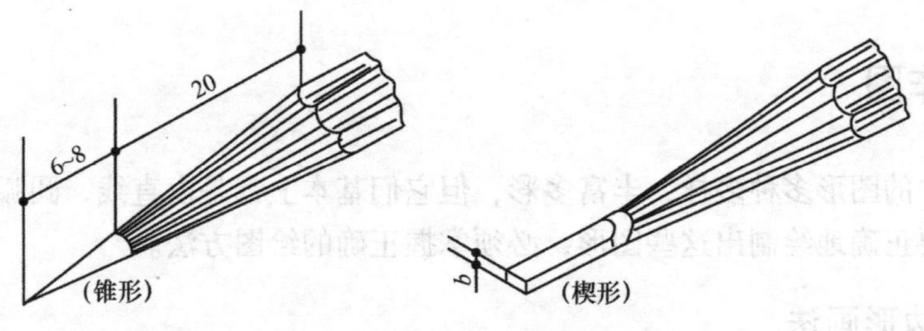

图1-24　铅笔的磨削形状

1.2.4　分规和圆规

分规用来等分线段和量取尺寸，如图1-25所示。分规两脚的针尖在并拢后，应能对齐。

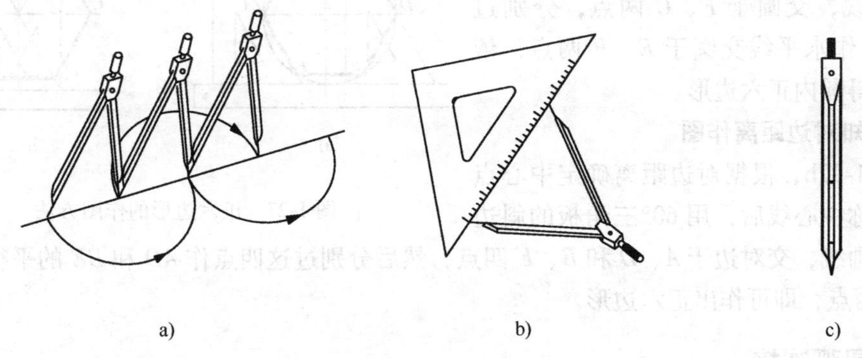

图1-25　分规的用法

圆规有大圆规和弹簧规两种，用来画圆和圆弧。使用前应先调整针脚，钢针选用带台阶一端，使针尖略长于铅芯，如图1-26a所示。画图时，应将圆规向前进方向稍微倾斜，如图1-26b所示；画较大圆时要用加长杆，并使圆规两脚都与纸面垂直。弹簧规常用于画半径很小的圆。

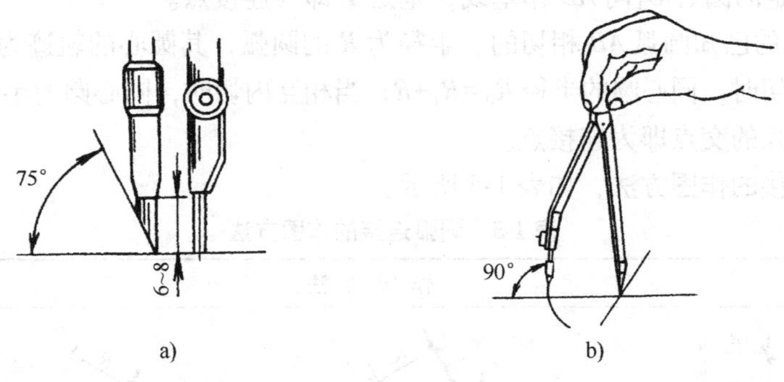

图1-26　圆规的用法

1.2.5　其他

除上述绘图工具外，常用的还有擦图片、胶带纸(贴图)、砂纸(磨铅芯)、毛刷(掸灰屑)、小刀(削铅笔)、橡皮和量角器等。

1.3 几何作图

工程图样中的图形多种多样，丰富多彩，但它们基本上都是由直线、圆弧及其他一些曲线所组成的。要正确地绘制出这些图形，必须掌握正确的绘图方法。

1.3.1 正多边形画法

以下以正六边形为例，介绍其画法：

1. 已知对角线长度作图

如图1-27a所示，以对角线长度 AD 为直径画一圆，然后用60°三角板的斜边过 A、D 两点画线，交圆于 F、C 两点，分别过 F、C 两点作水平线交圆于 E、B 两点，依次连接即得圆内正六边形。

2. 已知对边距离作图

如图1-27b，根据对边距离确定中心点并画出对称中心线后，用60°三角板的斜边过中心点画线，交对边于 A、D 和 B、E 四点，然后分别过这四点作 AD 和 BE 的平行线，求得 C、F 两点，即可作出正六边形。

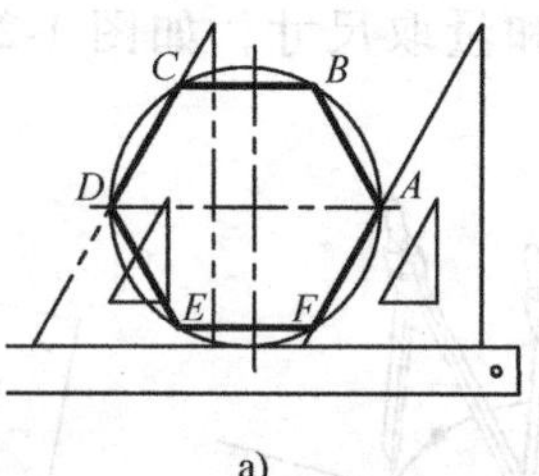

a)

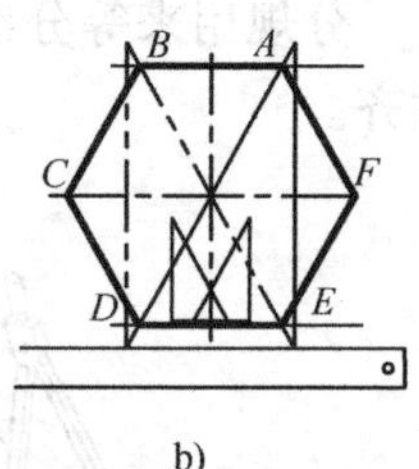

b)

图1-27 正六边形的作图方法

1.3.2 圆弧连接

在平面图形中，用圆弧光滑地连接直线或圆弧的作图称为圆弧连接。常见的有用已知半径的圆弧光滑连接两直线、两圆弧、一直线和一圆弧三种情况，这种光滑连接的实质就是相切，其切点称为连接点。画图时，为保证光滑地进行连接，必须准确地求出连接圆弧的圆心和连接点位置。

与已知直线 AB 相切的半径为 R 的圆弧，其圆心的轨迹是一条与直线 AB 平行且距离为 R 的直线。从选定的圆心 O_1 向 AB 作垂线，垂足 T 即为连接点。

与半径为 R_1 的已知圆弧 AB 相切的、半径为 R 的圆弧，其圆心的轨迹为已知圆弧的同心圆弧。当相互外切时，同心圆的半径 $R_0=R_1+R$；当相互内切时，同心圆的半径 $R_0=R_1-R$。圆心连线与已知圆弧的交点即为连接点。

各种圆弧连接的作图方法，如表1-5所示。

表1-5 圆弧连接的作图方法

	作图方法
连接相交两直线	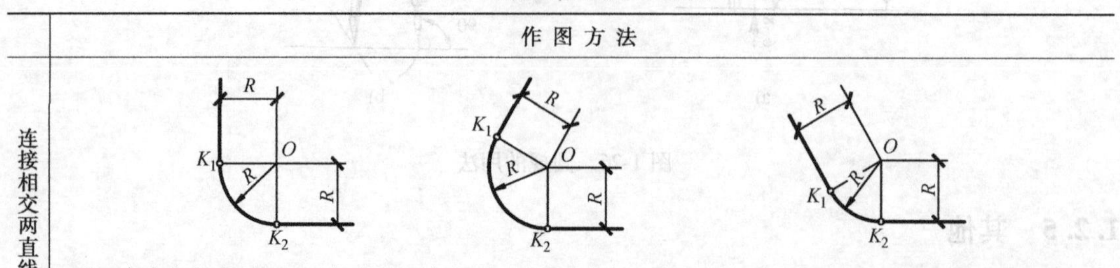 作两条直线分别平行于两已知直线（距离为 R），它们的交点即为圆心 O，自点 O 分别向两已知直线作垂线，垂足即为两切点 K_1、K_2，再用半径为 R 的圆弧连接两已知直线

（续）

	作图方法
连接一直线和一圆弧	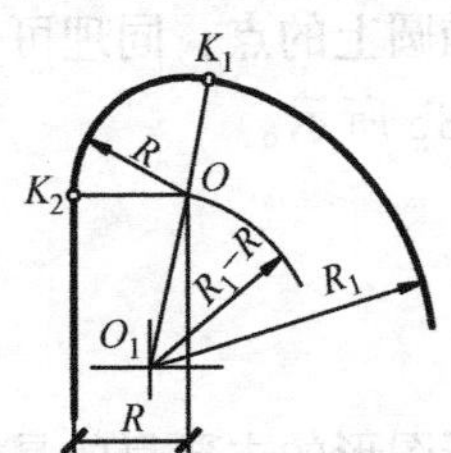 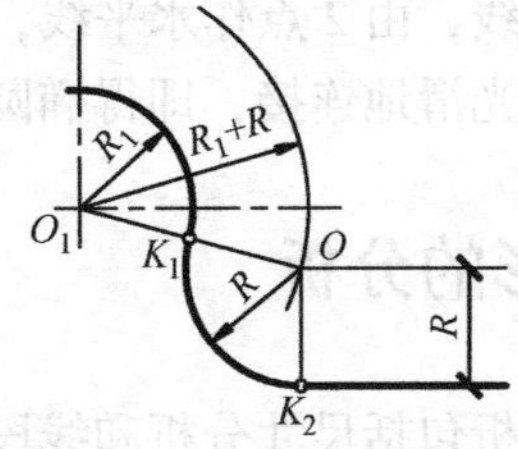 作直线平行于已知直线（距离为 R），作已知圆弧的同心圆弧（半径大小由外切或内切确定）与直线的交点即为圆心 O，作连心线 O_1O 与已知圆弧的交点即为切点 K_1，自 O 点向已知直线作垂线，垂足即为切点 K_2，再用半径为 R 的圆弧连接
连接两圆弧	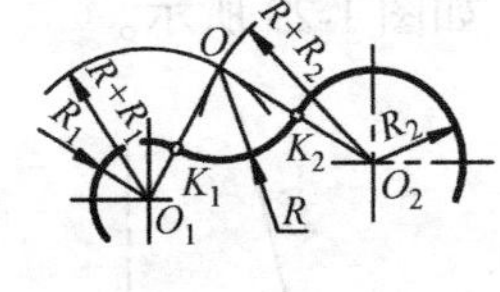 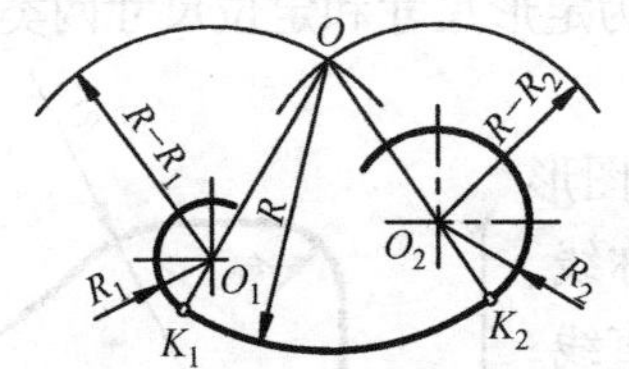 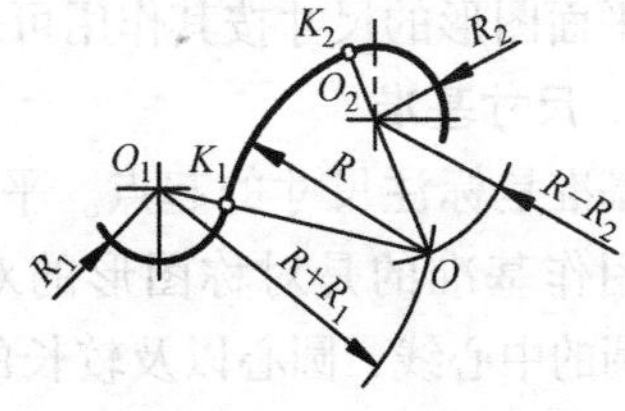 作两已知圆弧的同心圆弧（其半径大小由内切或外切确定），两圆弧的交点即为圆心 O，作连心线 OO_1、OO_2，它们与两已知圆弧的交点即为切点 K_1、K_2，再用半径为 R 的圆弧连接

1.3.3　椭圆的画法

椭圆是一种非圆曲线，当已知长轴 AB 和短轴 CD 时，作椭圆的方法有很多种。

1. 四心圆近似法

连接长短轴的端点 A、C，以 O 为圆心，OA 为半径画弧，与 OC 的延长线交于点 E；再以 C 为圆心，CE 为半径画弧交 AC 于点 F；作 AF 的中垂线，与 AB、CD 分别交于 O_1、O_2 两点，作出其对称点 O_3、O_4；作连心线 O_1O_2、O_2O_3、O_3O_4、O_4O_1，并延长；分别以 O_1、O_3 为圆心，O_1A 为半径，O_2、O_4 为圆心，O_2C 为半径画圆弧至连心线（K、L、M、N 为连接点），得近似椭圆，如图 1-28a 所示。

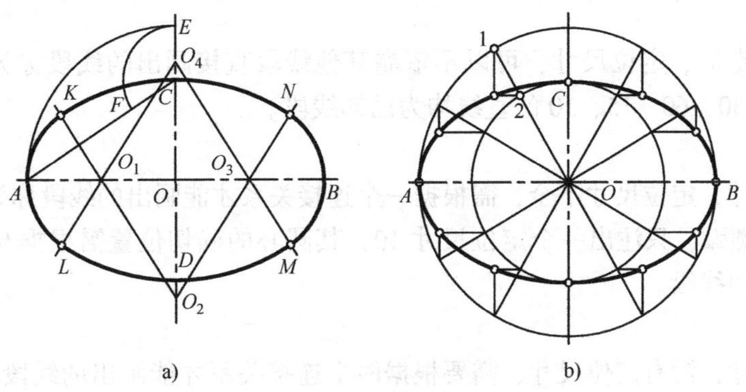

图 1-28　椭圆的作图法

2. 同心圆法

以 O 为圆心，OA 和 OC 为半径分别画圆；过 O 点作一射线，与两圆分别交于 1、2 两点；由 1 点作竖直线，由 2 点作水平线，交点即为椭圆上的点；同理可作出椭圆上的一系列点，然后用曲线板光滑地连接，即得椭圆，如图 1-28b 所示。

1.4 平面图形的分析

平面图形的分析包括尺寸分析和线段分析。分析图形的主要目的是从尺寸中弄清楚图形中线段之间的关系，从而确定正确的作图步骤。

1.4.1 尺寸分析

平面图形的尺寸按其作用可分为定形尺寸和定位尺寸两类，如图 1-29 所示。

1. 尺寸基准

基准是标注尺寸的起点。平面图形中常用作基准的是对称图形的对称线、较大圆的中心线、圆心以及较长的直线。一个平面图形需两个方向的尺寸基准。如图 1-29 中的尺寸为 60 及 30 的直线。

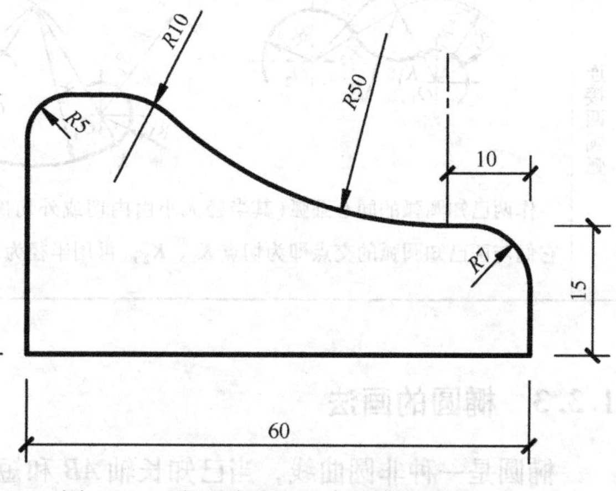

图 1-29 平面图形的尺寸及线段分析

2. 定形尺寸

确定平面图形中直线的长度、圆及圆弧的直径或半径，以及角度大小等的尺寸称为定形尺寸，如图 1-29 中的 $R5$、$R7$、$R10$、$R50$ 为定形尺寸。

3. 定位尺寸

确定平面图形中各部分之间相对位置的尺寸称为定位尺寸。例如圆心的位置、直线的位置等，如图 1-29 中的 10、15 为定位尺寸。

1.4.2 平面图形的线段分析

平面图形中的线段可按给定尺寸是否齐全分为三类：已知线段、中间线段和连接线段。

1. 已知线段

具备齐全的定形、定位尺寸，可以不依靠其他线段直接画出的线段称为已知线段。图 1-29 中，尺寸为 30、60、15、10 的直线均为已知线段。

2. 中间线段

具有定形尺寸，定位尺寸不全，需根据一个连接关系才能画出的线段称为中间线段。图 1-29 中，$R50$ 的圆弧，只注出一个定位尺寸 10，其圆心的确切位置需根据与直线的相切关系确定，故是中间线段。

3. 连接线段

只有定形尺寸，没有定位尺寸，需要根据两个连接关系才能画出的线段称为连接线段。图 1-29 中的 $R5$、$R7$、$R10$ 的圆弧，其圆心位置需通过与两侧相邻线的相切关系确定，是连接线段。

1.5　绘图的方法与步骤

常用的绘图方法有尺规绘图、徒手绘图及计算机绘图。为了提高绘图质量及速度，除了掌握绘图工具的使用外，还必须掌握各种绘图方法和步骤。

1.5.1　尺规绘图

借助绘图工具绘制的图样称为尺规图，绘制尺规图的方法和步骤如下：

1. 做好绘图前的准备工作

（1）首先准备好必要的绘图工具及用品，磨削好铅笔及圆规上的铅芯，丁字尺、三角板等用干净的布擦拭干净，将绘图工具放在方便使用、又不影响绘图的地方；

（2）然后根据图样的大小和比例，选择图纸幅面；

（3）最后把图纸铺在图板左下方并放正，用胶带纸将其四个角固定住。

2. 画图框线和标题栏

根据国标规定的幅面和周边尺寸，画出裁纸线、图框线及标题栏框线。

3. 考虑图形的布局

图形布局要匀称、美观，注意留出标注尺寸、书写说明的空间。

4. 轻画底稿

首先根据图形布局情况画出各图的基准线，然后按线段分析结果依次画出已知线段、中间线段、连接线段。

5. 加深图线

先按线型选择不同的铅笔，将底稿加深。加深顺序为：从上到下，从左至右；先细后粗，先曲后直。然后标尺寸、写注解，最后填写标题栏。加深完成后，还须仔细检查，如有错误应及时修正。

1.5.2　徒手绘图

不借助尺规，按目测比例徒手绘制的图样称为徒手图，亦称草图。由于其作图迅速简便，不受绘图工具和环境限制，所以常用于测绘、设计创意、现场参观和技术交流中。工程技术人员必须具备徒手绘图的能力。

草图并不是潦草的图，所以绘图时应做到：表达合理、投影正确、图线清晰、字迹工整、比例匀称。

绘制草图一般选用削成圆锥状的 HB 或 B 型铅笔，且采用浅色方格纸绘制。方格纸不要求固定在图板上，以便于调整到作图方便的任意位置。在画各种图线时，手指应握在铅笔上离笔尖约 35mm 处，手腕要悬空，并以小指轻触纸面，以防手抖。

1. 直线的画法

画直线时，笔起始点，目视终点，手腕随笔移动，使铅笔与所画直线尽量保持垂直，如图 1-30 所示。当直线较长时，可通过目测在直线中间定出几点，分段画出。画水平线和铅垂线时，尽量使图中的直线和方格线重合；画 30°和 45°斜线时，则应根据其正切值 3/5、1

定出端点，再连成直线，如图 1-31 所示。

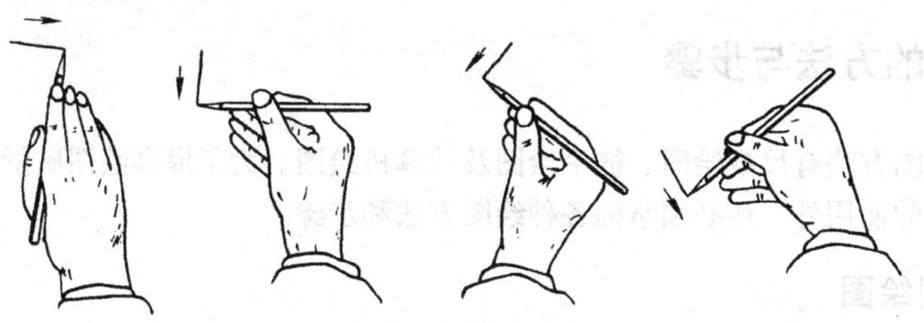

图 1-30 徒手画直线

2. 圆的画法

画圆时，先定圆心并画中心线，再根据半径用目测在中心线上定出四点，然后分四段逐步连成圆，如图 1-32a 所示。当圆的直径较大时，可通过圆心加画几条斜线，在中心线和这些斜线上按半径目测定出若干点，然后过这些点画圆，如图 1-32b 所示。

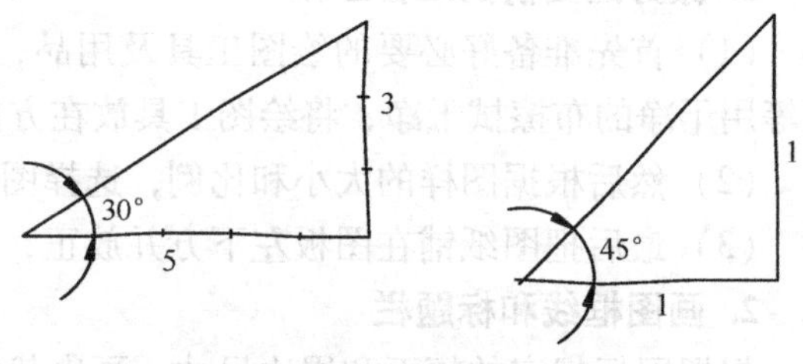

图 1-31 徒手画特殊角的斜线

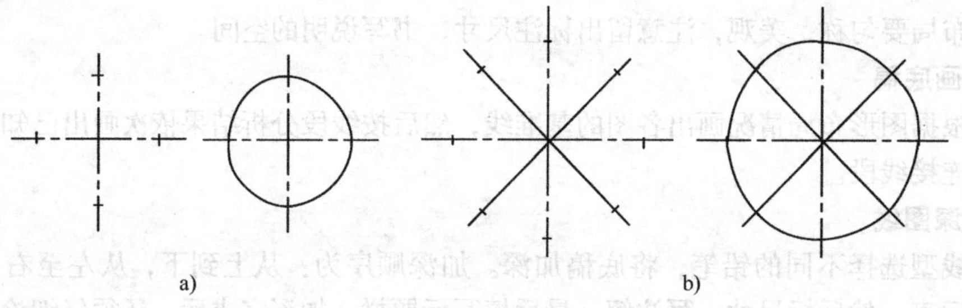

图 1-32 徒手画圆

3. 椭圆的画法

画椭圆时，若已知长短轴 *AB*、*CD*，则过长短轴端点作矩形 *EFGH*，如图 1-33a 所示；若已知共轭直径 *AB*、*CD*，则过共轭直径的端点作平行四边形 *EFGH*，如图 1-33b 所示。然后根据八点法画椭圆，在它们的对角线上按目测比例 $O1:1E=O2:2F=O3:3G=O4:4H=7:3$ 取四个点 1、2、3、4，依次连接 *A*、1、*C*、2、*B*、3、*D*、4、*A*，即可画出椭圆。

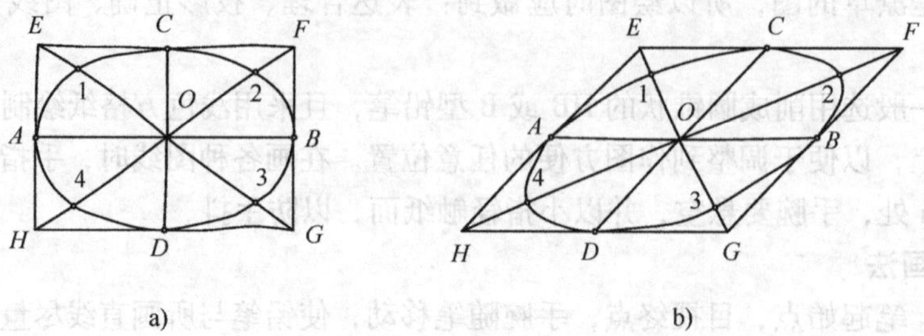

图 1-33 徒手画椭圆

第2章 计算机二维绘图

2.1 基本知识

随着计算机技术的高速发展，计算机绘图正广泛应用于建筑、机械、电子、船舶制造、航空航天、交通运输、文化教育等工程技术和社会生活的各个领域。

计算机绘图技术作为计算机辅助设计(CAD)、计算机辅助制造(CAM)的核心技术，经历了由被动式绘图到交互式绘图，由二维平面绘图到三维实体造型，由单纯绘图到CAD/CAM一体化的发展过程。在生产实践中体现出了巨大优越性，越来越多的科研、设计部门和工矿企业采用计算机绘图来代替传统的手工图板绘图，把工程技术人员从繁重的手工劳动中解放了出来，使工程设计的周期缩短，图样质量提高，图样管理方便，而且还改变了传统的设计方法，使设计工作达到了更高的水平。

2.1.1 计算机绘图系统

计算机绘图系统由硬件和软件两大部分组成。

1. 硬件部分

硬件部分主要包括微型计算机、图形输入设备和图形输出设备。其中，微型计算机主要用于接受信息输入，进行数据处理和控制图形输出；常用图形输入设备包括键盘、鼠标、数字化仪、数码相机和图形扫描仪；常用的图形输出设备主要包括显示器、打印机和绘图机。

2. 软件部分

软件部分主要包括操作系统和绘图软件。目前常用的操作系统主要是Windows系列。绘图软件的种类很多，其中较为流行的有美国Autodesk公司的AutoCAD软件以及我国科技人员研制出的电子图板CAXA软件等。各种绘图软件的操作界面和绘图方式可能略有差异，但它们的功能和绘图原理却基本相同。

2.1.2 AutoCAD 绘图软件

AutoCAD是一种既能在微机上运行，又能在工作站上运行的计算机辅助设计软件。它不仅可以方便地绘制图形，而且还提供了丰富多样的二次开发接口，便于进行二次开发。AutoCAD在世界上的用户网正在不断扩大，在我国建筑领域也倍受广大工程技术人员的青睐，是当前工程设计、绘图中较流行的软件之一。

AutoCAD自1982年诞生以来，为适应计算机技术的不断发展和用户的需要，版本不断更新，从AutoCAD R1.0至AutoCAD 2016，已经进行了十几次升级，每一次升级都伴随着软件性能的大幅度提高。

本书的计算机绘图内容，将以较普及的AutoCAD 2007中文版软件为主线，介绍运用AutoCAD软件绘制工程图样的方法，同时为了兼顾英文版，文中适度给出了一些中文所对应的英文词组。

1. AutoCAD 启动

在系统安装 AutoCAD 2007 中文版软件后，双击 Windows 桌面上的 AutoCAD 2007 快捷图标或单击桌面上的“开始”按钮，选择“程序→Autodesk→AutoCAD 2007-Simplified Chinese→AutoCAD 2007”程序项，即可启动 AutoCAD 2007。

启动 AutoCAD 2007 之后，系统通常会打开如图 2-1 所示的“选择工作空间”对话框。对话框左上方可选择：“三维建模”或“AutoCAD 经典”工作空间，在此选择“AutoCAD 经典”，然后单击“确定”按钮。

选择“AutoCAD 经典”并确定之后，系统通常会打开如图 2-2 所示的“启动”对话框。对话框左上方排列有 4 个按钮，它们分别是：“打开图形文件”“从草图开始”“使用模板”“使用向导”。其中“从草图开始”为系统默认的方式。

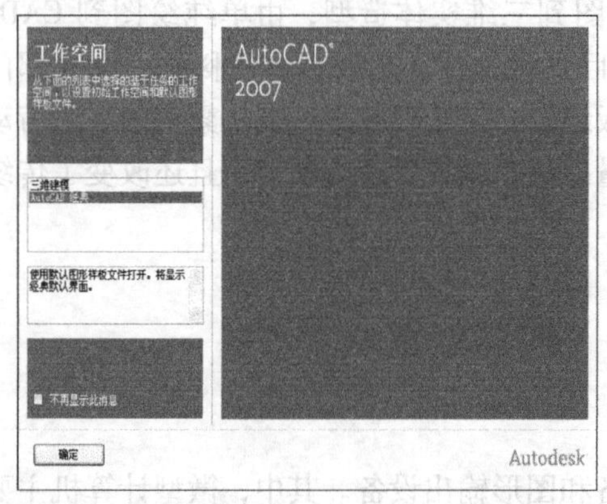

图 2-1 “选择工作空间”对话框

图 2-2 “启动”对话框

用户可根据自己当前的工作情况选择上述 4 种方式中的任何一种开始绘图。当选择“从草图开始”按钮时，有两个互斥选择项：其中上面为“英制(Imperial)”，下面为“公制(Metric)”。在此选择“公制”，即以 mm 为单位。

2. AutoCAD 工作界面

启动 AutoCAD 2007 并完成“启动”对话框的设置之后，就进入如图 2-3 所示的 AutoCAD 2007 的工作界面，它主要由下拉菜单、工具条、绘图区、命令窗口及状态栏等区域组成。

(1) 下拉菜单。AutoCAD 2007 的菜单栏由“文件(File)”“编辑(Edit)”“视图(View)”“插入(Insert)”“格式(Format)”“工具(Tools)”“绘图(Draw)”“标注(Dimension)”“修改(Modify)”“窗口(Window)”和“帮助(Help)”共 11 项组成，它汇集了几乎所有的 AutoCAD 命令。在某一菜单项上单击，便可打开与其相应的下拉菜单。下拉菜单中的选项称为命令，可以选择执行其中的命令进行图形操作。

AutoCAD 还提供了一种快捷菜单，单击鼠标右键可以弹出，由此可以快速执行命令。

(2) 工具条。工具条是由若干图标按钮组成的矩形长条，每个图标直观地显示其对应的功能，单击图标即可激活相应的 AutoCAD 命令。

工具条可以是浮动的，也可以是固定的。浮动工具条定位在图形窗口的任意位置，用户可将其拖至新位置、调整其大小或将其固定。固定工具条设置在图形窗口的四周，可通过将

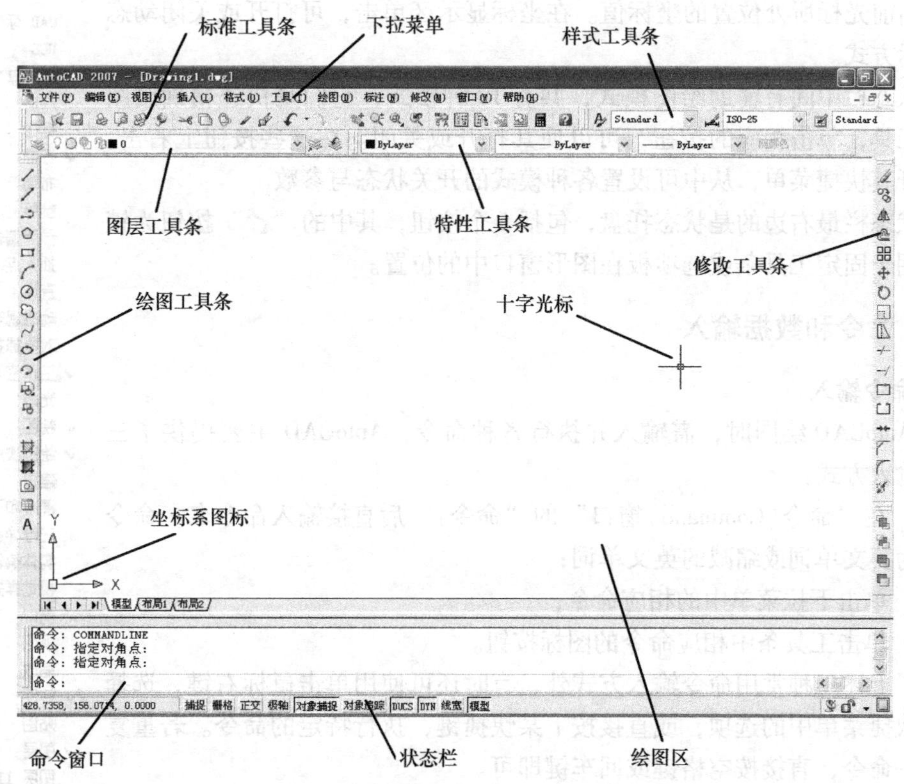

图 2-3 AutoCAD 2007 经典二维绘图工作界面

固定工具条拖到新的固定位置来移动它。

AutoCAD 2007 默认情况下只显示："标准(Standard)""绘图(Draw)""特性(Properties)""图层(Layers)""修改(Modify)"和"样式(Style)"等几个常用的工具条。如需选用其他工具条，可用下列方法：把鼠标放在任一工具条上，单击鼠标右键即可弹出如图 2-4 所示的快捷菜单，在所需的工具条名称上单击，则名称前打勾的工具条被选中，且立刻出现在屏幕上。选择完毕后，用鼠标左键按住浮动工具条的标题栏，将其拖至适当的位置。

(3) 绘图区。在界面上，一个最大的空白区域就是绘图区，用户只能在该区域内绘制图形。绘图区域没有边界，利用视窗功能，可使它放大或缩小。因此，无论多大的图形都可置于其中。用户可用多种方式来显示和观察图形的全部或局部，并且所作的各种设置都可以在这里得到表现。

在图形窗口中有两个极其重要的界面元素：即光标和坐标系图标。光标随具体情况可转换为几种形状：绘图时，光标显示为"十"字形(十)；选择对象时，显示为拾取框(□)；选择菜单项或工具条时，显示为箭头(↖)。坐标系图标用来表明图形的方位。

(4) 命令窗口。命令窗口是 AutoCAD 通过键盘进行人机对话的窗口，是用户输入 AutoCAD 命令和获得命令提示的地方。默认时，AutoCAD 保留两行最近使用的命令提示。窗口右侧有滚动条，可以滚动显示 AutoCAD 启动后所用过的全部命令和提示信息。

(5) 状态栏。状态栏位于 AutoCAD 屏幕的底部，如图 2-3 所示。它左端为坐标显示区，显示出当前光标所处位置的坐标值。在坐标显示区单击，可打开或关闭动态坐标显示方式。

在状态栏中间有辅助绘图模式，共有 10 种模式，它们是快速精确绘图的有力工具，单击相应的按钮，可以使其打开或关闭。在这些按钮上右击，可以打开其快捷菜单，从中可设置各种模式的开关状态与参数。

在状态栏最右边的是状态托盘，包括 5 个按钮，其中的“”按钮为锁按钮，用于固定工具条或选项板在图形窗口中的位置。

CAD 标准
UCS
UCS II
Web
标注
✔ 标准
布局
参照
参照编辑
插入点
查询
动态观察
对象捕捉
✔ 工作空间
光源
✔ 绘图
✔ 绘图次序
建模
漫游和飞行
三维导航
实体编辑
视觉样式
视口
视图
缩放
✔ 特性
贴图
✔ 图层
图层 II
文字
相机调整
✔ 修改
修改 II
渲染
✔ 样式
锁定位置(K) ▸
自定义(C)...

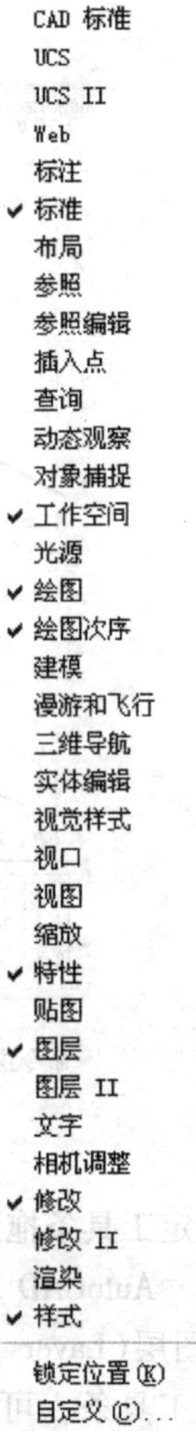

图 2-4 工具条快捷菜单

2.1.3 命令和数据输入

1. 命令输入

用 AutoCAD 绘图时，需输入并执行各种命令，AutoCAD 主要提供了三种命令输入方式：

(1) 在“命令(Command)窗口”的“命令:”后直接输入命令名，命令名通常为英文单词或缩减的英文单词；

(2) 单击下拉菜单中的相应命令；

(3) 单击工具条中相应命令的图标按钮。

除了上述三种常用命令输入方式外，有时还可使用单击鼠标右键，选择弹出的快捷菜单中的选项，或直接按下某快捷键，执行特定的命令。若重复执行前一命令，直接按空格键或回车键即可。

2. 响应命令提示

AutoCAD 在执行用户输入的命令时，都会在命令窗口中显示 AutoCAD 的各种提示信息，这些提示信息是一种约定格式的简语，只有弄清这种格式才能更好地应用 AutoCAD。

(1) 若提示中以“:”结束时，则要求用户输入相应参数、符号或命令。若输入错误，系统会重新提示。

(2) 若提示内容用“或(or)”分为两部分，前面部分为默认的选项，可直接响应；后面部分用“[]”括住，为备选项。

(3) 若“[]”中有若干功能选项，则它们被“/”隔开，选项后面括号内的字母为该项关键字，只要输入此字母即可选中该选项。

(4) 提示行尾的“<>”中给出的是默认项或参数，用户若选择该项，可直接回车。

3. 透明命令

AutoCAD 的一些命令允许在执行另一条命令的过程中执行，这种命令称为透明命令，如 LIMITS、SNAP、GRID、ORTHO、OSNAP、ZOOM 等。

4. 放弃正在执行的命令

要想放弃正在执行的命令，可按 Esc 键或按 Ctrl+C 键，系统将返回到命令提示符“命令(Command):”状态。

5. 数据输入方法

每当输入一条命令后，AutoCAD 通常还需为命令的执行提供必要的数据信息，这时系统会提示所需信息的内容(如点的坐标、半径、距离、角度等)。

(1) 坐标的输入　AutoCAD 根据点的坐标确定其在图中的位置，用户可按照图形特点选用直角坐标或极坐标。下面是常用的点输入方法：

①绝对坐标输入——输入格式为“x，y”，表示输入点相对于原点(0,0)的水平距离为 x，垂直距离为 y 的绝对直角坐标。注意坐标之间的逗号为半角逗号“,”。

②相对坐标输入——输入格式为“@x，y”，表示输入点相对于前一点的水平距离为 x，垂直距离为 y 的相对直角坐标。

③相对极坐标输入——输入格式为“@r<θ”，表示输入点与前一点之间的直线距离为 r，两点之间的连线与 x 轴正向的夹角为 θ 的相对极坐标。

④在绘图区，单击鼠标左键即可输入相应点的二维坐标。

如果不专门输入 z 坐标，则 z 坐标的值为 0。

(2) 距离和角度的输入　当命令提示窗口出现“半径(Radius):”“高度(Height):”“宽度(Width):”“长度(Length):”“角度(Angle):”等提示符时，要求用户输入相应的参数值，用户可以在命令行中直接输入数值，也可以在屏幕上拾取点来确定所需数值。

2.2　绘图环境设置

2.2.1　基本设置

1. 图幅(Limits)

命令：limits 或菜单“格式→图形界限”，执行后有如下提示：

重新设置模型空间界限：

指定左下角点或 [开 (ON) /关 (OFF)] <0.0000，0.0000>：↲

指定右上角点<420.0000，297.0000>：↲

其中，ON 选项打开图幅检查，不许在图幅外画图；OFF 则关闭此项检查。如果采用尖括号里的默认值直接回车(↲)，则设置的图幅为 A3 图纸。

2. 单位(Units)

命令：units 或菜单“格式→单位...”

执行该命令后，将弹出“图形单位”对话框，在这个对话框中进行有关设置。默认设置为：十进制计数法，角度以度为单位，以时针的 3 点为零度，逆时针为正。设置长度精确到整数，角度精确到度，设置结果如图 2-5 所示。单位设置仅能改变坐标的显示精度，并不能影响实际的绘图精度。

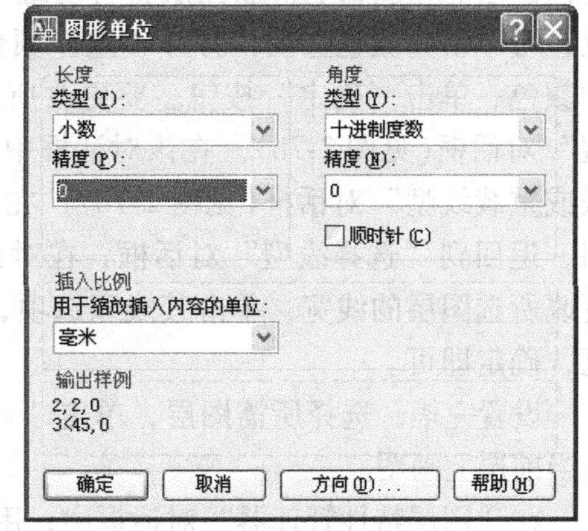

图 2-5　“图形单位”对话框

3. 线型比例(Ltscale)

命令：ltscale ↲

输入新线型比例因子<1.0000>：↲

输入值愈大，点画线和虚线等不连续线内间隔就愈大。线型比例因子分为全局线型比例因子(Ltscale)和局部线型比例因子(Celtscale)，二者的默认值为1。全局线型比例因子始终对所有线型起作用，即使在半途修改其数值，也将使已画出对象的线型比例发生改变。而局部线型比例因子只对当前对象的线型比例起作用，即每个图形对象既受全局线型比例因子的影响，也受自身的局部线型比例因子的影响。对象最终用的线型比例等于全局线型比例因子和当前局部线型比例因子的乘积。

2.2.2 图层设置

为了便于管理，工程图样一般采用分层绘制。在AutoCAD中，一个图层就像一张透明纸，图形对象根据其特征可以绘制在不同的图层上。将这些图层叠加起来，就得到一幅完整的图形。图样中的每一个对象都依附于一个图层，而每一个图层都有自己的名称、颜色和线型等。图层内对象的属性都继承了图层的属性，熟练地应用图层可大大地提高对图形对象的管理和修改效率。

命令：layer，或菜单“格式→图层...”，或层工具条中的按钮“”。

输入命令后将弹出“图层特性管理器”对话框，如图2-6所示。

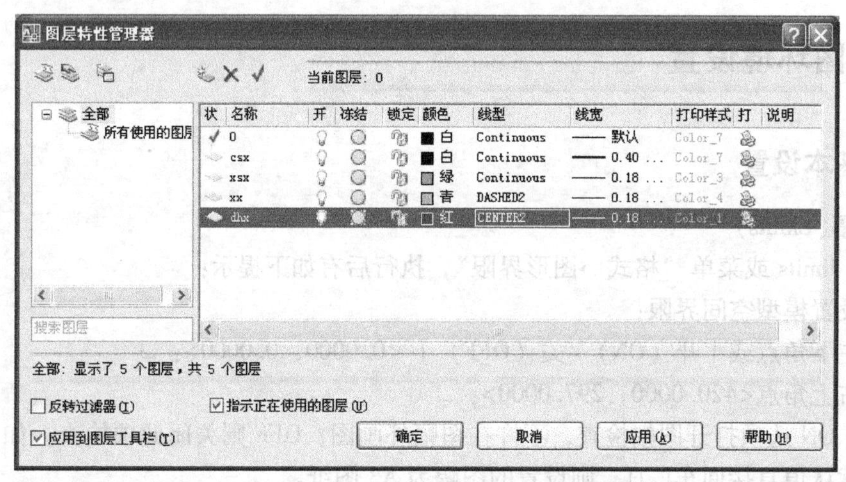

图2-6 “图层特性管理器”对话框

单击“”按钮，在列表框中会自动显示一个名为“图层1”的新图层，此时，可对该图层名重新命名。新图层将自动继承被选中图层的所有属性。要为所选图层设置颜色，可单击其颜色选项，打开“选择颜色”对话框(见图2-7a)，在该对话框中，选择一种颜色，单击“确定”按钮。要更改所选图层的线型，单击其线型选项，打开“选择线型”对话框(见图2-7b)。在该对话框中，若无所需线型，单击“加载”按钮，打开“加载或重载线型”对话框(见图2-7c)，在这个对话框中选择所需线型后，单击“确定”按钮，返回到“选择线型”对话框，在对话框中，选择所需线型，单击“确定”按钮。要更改所选图层的线宽，单击其线宽选项，打开“线宽”对话框(见图2-7d)，选择所需线宽，确定即可。

设置完毕，选择所需图层，单击“”按钮，则选中的图层将作为当前层，用户只能在当前层上画图。

在“图层特性管理器”对话框中，用户还可实现对图层的管理，如：

(1) 显示开/关(灯泡图标)。关闭图层后，该层上的对象不能在屏幕上显示或输出，

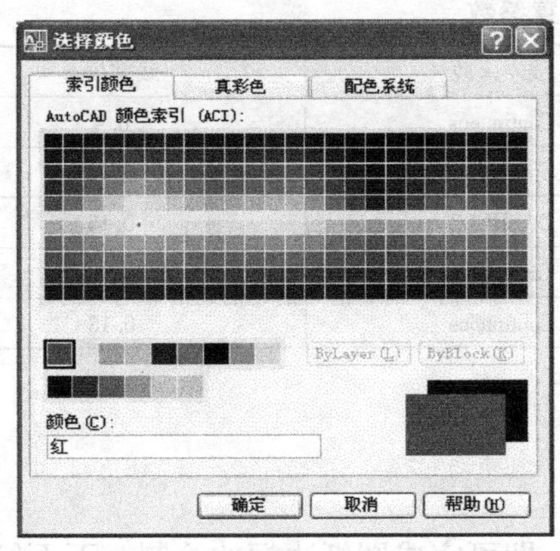

a) 选择颜色

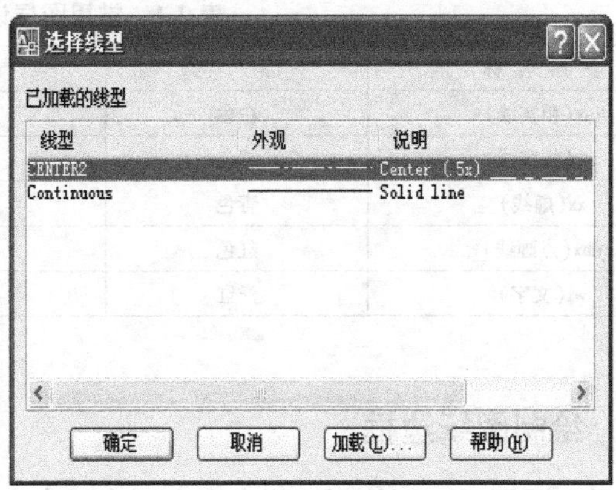

b) 选择线型

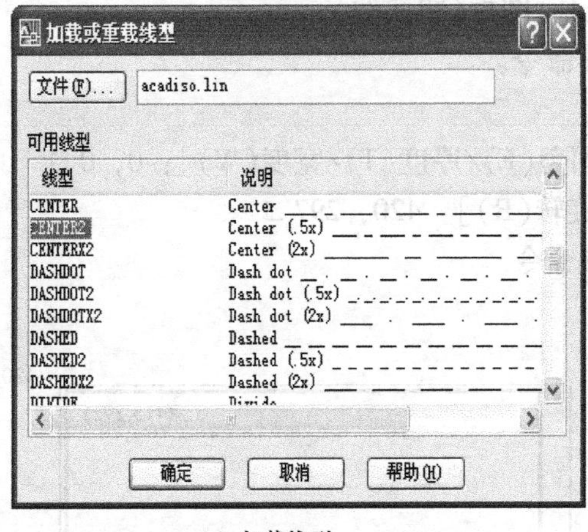

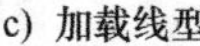

c) 加载线型

d) 选择线宽

图 2-7　图层主要参数设置对话框

但能重生成。

（2）冻结/解冻（◯太阳图标）。图层冻结后，此时该层上的对象既不可见，也不能更新或输出。

（3）锁定/解锁（锁头图标）。图层锁定后，用户只能看到该层上的对象，不能对其进行编辑、绘制，但对象仍可以显示和输出。

用户还可通过图层工具条操作图层，如图 2-8 所示。

图 2-8　图层工具条

单击“ ”按钮，系统提示选择对象，这一对象所在的层成为当前层。

单击“ ”按钮，可返回到上次用过的图层，并使之成为当前层。

表 2-1 给出了教学中常用图层的一些设置参数。

表 2-1 常用图层设置参数

图层名称	颜色	线型	线宽/mm
csx(粗实线)	白色	Continuous	0.4
xsx(细实线)	绿色	Continuous	0.18
xx(虚线)	青色	DASHED2	0.18
dhx(点画线)	红色	CENTER2	0.18
wz(文字)	洋红	Continuous	0.18

2.2.3 绘制图纸边框

设置完图层后，用绘制矩形命令和画直线命令，即可完成图纸边框的绘制，下面给出绘制 A3 图纸边框及标题栏外框的画图过程：

(1) 用画矩形命令绘制图纸边线(细实线)，图框(粗实线)。

选择细实线层作为当前层，发出绘制矩形命令。

命令：rectangle ↵

指定第一个角点或[倒角(C)/标高(E)/圆角(F)/厚度(T)/宽度(W)]：0，0↵

指定另一个角点或[面积(A)/尺寸(D)/旋转(R)]：420，297↵

选择粗实线层作为当前层，发出绘制矩形命令。

命令：rectangle ↵

指定第一个角点或[倒角(C)/标高(E)/圆角(F)/厚度(T)/宽度(W)]：25，5↵

指定另一个角点或[面积(A)/尺寸(D)/旋转(R)]：415，292↵

(2) 用画直线命令绘制标题栏外框。

选择粗实线层作为当前层，发出绘制直线命令。

命令：line ↵

指定第一点：415，37↵

指定下一点或[放弃(U)]：@-130，0↵

指定下一点或[放弃(U)]：@0，-32↵

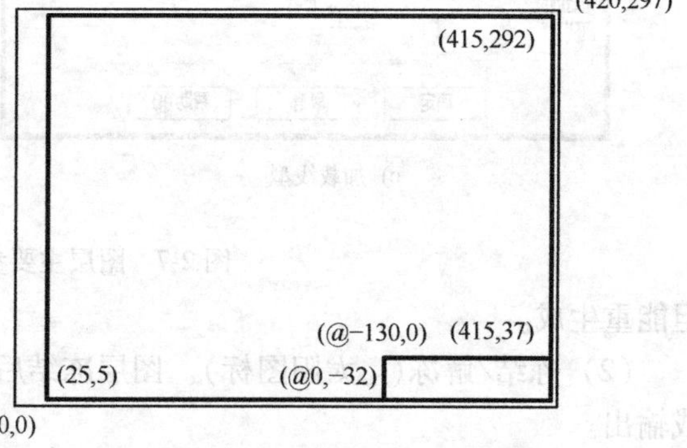

图 2-9 A3 图纸边框及标题栏外框

最后得到如图 2-9 所示的 A3 图纸边框及标题栏外框结果。

2.3 绘图和修改命令

2.3.1 基本绘图命令

任何复杂的图形都是由一些基本图形元素按一定的位置关系组成的，因此应首先掌握基本图形元素的绘制方法。AutoCAD 提供了丰富的绘图功能，并且定义了多种基本图形对象及其绘图命令。绘图(Draw)工具条中各图标按钮对应的命令说明如表 2-2 所示。

表 2-2　绘图(Draw)工具条命令说明

图标按钮	命　令	功　能
	line	绘制直线段
	xline	生成两端没有端点的构造线
	pline	生成不同宽度的直线段和圆弧段相连的多段线
	polygon	绘制正多边形
	rectang	绘制矩形
	arc	绘制圆弧
	circle	绘制圆
	revcloud	绘制云线
	spline	绘制样条曲线
	ellipse	绘制椭圆
	ellipse[/a]	绘制椭圆弧(此命令分两步执行)
	insert	插入图块
	block	定义块
	point	在指定位置画点
	bhatch(或 hatch)	在一有界图形范围内进行图案填充
	gradient	用渐变色填充封闭区域
	region	根据图形创建一个面域
	table	在图形中创建表格对象
A	mtext	书写多行文字

1. 直线(Line)

命令：line，或菜单“绘图→直线”，或绘图工具条按钮“ 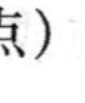 ”。

指定第一点：(输入点坐标或鼠标单击绘制点)

指定下一点或[放弃(U)]：(输入点坐标或鼠标单击绘制点)

指定下一点或[放弃(U)]：

如果只画一条直线，则按回车键退出，否则继续输入下一点或选择取消选项，输入两点后可选择封闭(c)/取消(u)或回车结束命令等选项。

2. 圆(Circle)

圆是 AutoCAD 中常用的图形元素。绘制圆的默认方式是：指定圆心和半径。AutoCAD 共提供了 3 类 6 种画圆的方式，下面分别介绍。

命令：circle，或菜单“绘图→圆”，或绘图工具条按钮“ ”。

(1) 用圆心及半径(或直径)画圆。

指定圆的圆心或[三点(3P)/两点(2P)/相切、相切、半径(T)]:(输入圆心)

指定圆的半径或[直径(D)]:(输入半径值或选择直径选项)

(2) 用直径的两端点(或圆上三点)画圆。

指定圆的圆心或[三点(3P)/两点(2P)/相切、相切、半径(T)]:2P ↵

指定圆直径的第一个端点:

指定圆直径的第二个端点:

过圆上三点画圆的方法与2P相似。

(3) 用两切点及半径(或三切点)画圆。

指定圆的圆心或[三点(3P)/两点(2P)/相切、相切、半径(T)]:T ↵

指定对象与圆的第一个切点:

指定对象与圆的第二个切点:

指定圆的半径<默认值>:

用“相切、相切、相切”方式画圆时,只能在下拉菜单中使用,执行过程与“相切、相切、半径”方式相似。

3. 矩形(Rectangle)

命令:rectang,或菜单“绘图→矩形”,或绘图工具条按钮“”。

指定第一个角点或[倒角(C)/标高 (E) /圆角 (F) /厚度 (T) /宽度 (W)]:

指定另一个角点或[面积(A)/尺寸(D)/旋转(R)]:

备选项中的“倒角”和“圆角”项,可分别绘制带有倒角和带有圆角的矩形。

4. 正多边形(Polygon)

命令:polygon,或菜单“绘图→正多边形”,或绘图工具条按钮“”。

输入边的数目<4>:6 ↵

指定正多边形的中心点或 [边 (E)]:

(1) 已知正多边形中心和内接于圆(或外切于圆)半径画正多边形。

输入选项[内接于圆(I)/外切于圆(C)]<I>:(输入I或C,选择根据内接方式或外切方式绘制正多边形)↵

指定圆的半径:

如此可绘制出正六边形。

(2) 已知正多边形某一边长画正多边形。

指定正多边形的中心点或[边(E)]:e ↵

指定边的第一个端点:

指定边的第二个端点:

同样也能画出正六边形。

5. 多段线(Polyline)

命令:pline,或菜单“绘图→多段线”,或绘图工具条按钮“”。

指定起点:

当前线宽为 0.0000

指定下一个点或[圆弧(A)/半宽(H)/长度(L)/放弃(U)/宽度(W)]:

指定下一点或[圆弧(A)/闭合(C)/半宽(H)/长度(L)/放弃(U)/宽度 (W)]:

上述选项中，输入 A 转为画圆弧，输入 H 确定半线宽值，输入 L 确定画线长度，输入 W 确定线宽值。多段线中线段既可为圆弧也可为直线，并且还可以变线宽，它作为一个对象整体保存。

6. 样条曲线(Spline)

命令：spline，或菜单“绘图→样条曲线”，或绘图工具条按钮“~”。

指定第一个点或[对象(O)]:

指定下一点:

指定下一点或[闭合(C)/拟合公差(F)]<起点切向>:

回车结束输入点后，提示输入起点切向和终点切向，样条曲线适合于画河流、地形曲线。图 2-10 给出了用上述方法绘制的几种图形对象。

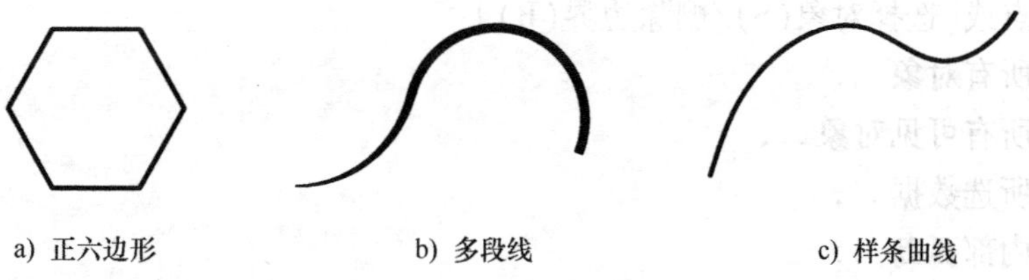

a) 正六边形　　b) 多段线　　c) 样条曲线

图 2-10　几种图形对象

7. 图案填充(Hatch)

在绘制建筑工程中的剖面图及断面图时，要在被剖切的区域内填充材料图例，完成这项任务就需执行图案填充命令。为了执行该命令，首先必须保证填充区域是封闭的区域，并且边界都位于图形窗口内。

图案填充命令发出后，弹出“图案填充和渐变色”对话框，如图 2-11 所示。在该对话

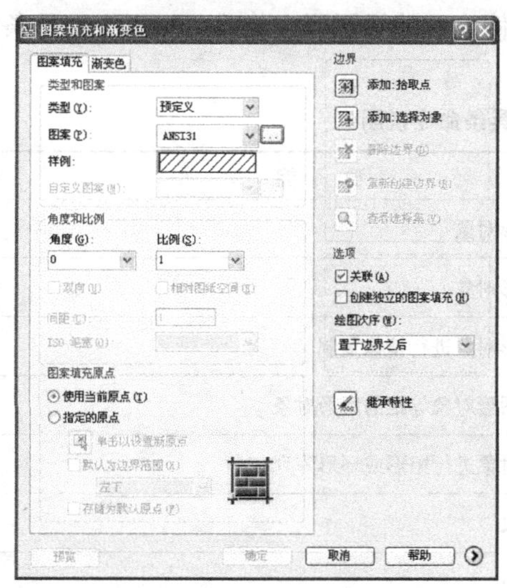

图 2-11　图案填充和渐变色对话框

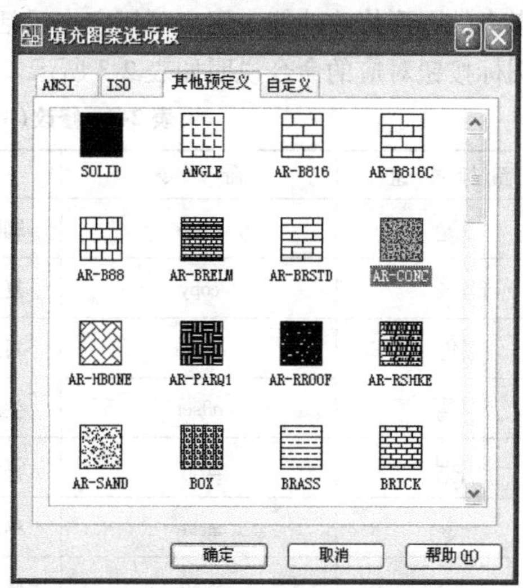

图 2-12　填充图案选项板

框中，可通过单击“添加拾取点”按钮的方式自动搜索填充边界；也可单击“添加选择对象”按钮的方式构造填充边界。

图案可通过选择对话框中“图案”下拉框选择，也可单击该下拉框后面带“...”的小按钮，立刻弹出“填充图案选项板”对话框(如图 2-12)，在此选择所需图案更加一目了然。

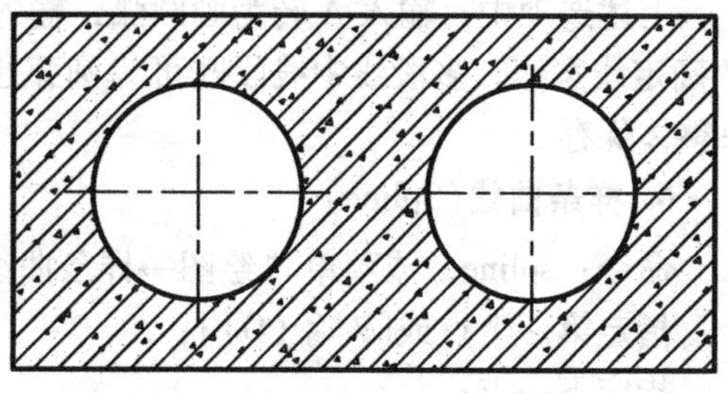

图 2-13　“钢筋混凝土”材料图例

建筑工程图样中填充“砖”材料图例选用 ANSI31，比例 1；填充“混凝土”材料图例选用 AR-CONC，比例 0.05；两者组合即可生成“钢筋混凝土”材料图例，如图 2-13 所示。

命令：hatch，或菜单“绘图→图案填充...”，或绘图工具条按钮“ ”。

拾取内部点或[选择对象(S)/删除边界(B)]：

正在选择所有对象...

正在选择所有可见对象...

正在分析所选数据...

正在分析内部孤岛...

拾取点或选择对象时，对话框暂时关闭，回车结束选择后，对话框恢复显示，选择好其他参数后，可单击“预览”按钮进行预览，或直接单击“确定”按钮完成命令。

如果想要对画好的填充图案进行编辑修改，可在该图案上单击鼠标右键弹出菜单，选择“图案编辑”命令，弹出填充图案对话框，进行各项参数的修改，直到满意为止。

2.3.2　修改命令

与手工绘图相比，AutoCAD 最突出的优点就是图形修改非常方便。AutoCAD 2007 提供了强大的图形修改功能，用户可用它来灵活方便地修改、编辑图形。修改(Modify)工具条中各图标按钮对应的命令说明如表 2-3 所示。

表 2-3　修改(Modify)工具条命令说明

图标按钮	命令	功能
	erase	删除所选图形对象
	copy	复制所选图形对象
	mirror	对选中的图形对象进行镜像复制
	offset	生成与指定图形对象等距的图形对象
	array	将选定图形对象进行矩形或环形阵列
	move	移动图形对象
	rotate	旋转图形对象
	scale	按比例放大或缩小图形对象

（续）

图标按钮	命　令	功　能
	stretch	拉伸或压缩图形对象或错切图形对象
	trim	将超出修剪边的图形对象修剪掉
	extend	将图形对象延伸到指定边
	break at point	将一个图形对象拆分为二
	break	用两点将图形对象断开且将两点间部分删除
	join	合并图形对象以形成一个完整的对象
	chamfer	将两个相交或有相交趋势的对象切角
	fillet	将两个相交或有相交趋势的对象切圆角
	explode	分解组合图形对象为简单图形对象

1. 对象选择

AutoCAD 的图形修改命令都要求用户选择欲进行修改的对象，这些要修改的对象必须包括在一个选择集中。执行修改命令时，AutoCAD 会提示：

选择对象：

要求用户选择要修改的对象，同时十字光标变成矩形拾取框。AutoCAD 2007 有多种选择对象的方式，下面介绍主要的几种：

(1) 直接选取对象——将拾取框移到被选择的对象上，单击鼠标左键，即可选中。此过程可重复进行，此时拾取到的全部对象将变为虚线，以示区别。

(2) 默认框选方式(Box)——选择两对角点定义一个矩形窗口。如果该窗口是从左向右定义的，则相当于窗口(Window)方式；否则相当于窗交(Crossing)方式。

(3) 窗口方式(Window)——在“选择对象:”后输入 W，然后选择两对角点定义的矩形窗口，则包含在窗口内的对象被选中。

(4) 窗交方式(Crossing)——在“选择对象:”后输入 C，然后选择两对角点定义的矩形窗口，则不仅在窗口内的对象被选中，而且与窗口边界相交的对象也被选中。

(5) 全部选取(All)——在“选择对象:”后输入 All，则所有可修改的对象被选中。

(6) 取消(Undo)——在“选择对象:”后输入 U，可取消上次的选择操作。

2. 常用修改命令

(1) 删除(Erase)与恢复(Oops)。对于已绘制而又不想要的图形，可用 Erase 命令从屏幕上删除。使用 Erase 命令，有时很可能会误删除一些有用的图形对象，此时可用 Oops 命令来恢复最后一次被删除的对象。

(2) 撤消(Undo)与重做(Redo)。撤消命令 Undo 是对刚执行完的命令结果的废除，可以连续使用。重做命令 Redo 是对 Undo 命令结果的废除，它只能在 Undo 命令执行后立即执行。Undo 和 Redo 都可在命令行中输入，也可在标准(Standard)工具条中单击图标 (Undo)、 (Redo)。

(3) 移动(Move)

命令：move，或菜单“修改→移动”，或修改工具条按钮“”。

选择对象：(选择要移动的对象,回车可结束选择)

指定基点或[位移(D)] <位移>：(确定移动图形的基点如 P1)

指定第二个点或 <使用第一个点作为位移>：(输入第 2 点 P2)

图形对象从 P1 点移到 P2 点。

(4) 复制(Copy)

命令：copy，或菜单“修改→复制”，或修改工具条按钮“”。

选择对象：

指定基点或[位移(D)]<位移>：

指定第二个点或<使用第一个点作为位移>：

指定第二个点或[退出(E)/放弃(U)]<退出>：

输入第二个点后，AutoCAD 会反复出现这一提示，要求用户输入下一个位移点进行多次复制，直至按回车键结束命令。

(5) 缩放(Scale)

命令：scale，或菜单“修改→缩放”，或修改工具条按钮“”。

选择对象：(选择要缩放的对象)

指定基点：(回车结束选择后,选择缩放中心)

指定比例因子或[复制(C)/参照(R)]<1.0000>：(输入缩放比例因子)

(6) 镜像(Mirror)

命令：mirror，或菜单“修改→镜像”，或修改工具条按钮“”。

选择对象：

指定镜像线的第一点：(回车结束选择后,提示选择镜像轴线的第一点)

指定镜像线的第二点：

要删除源对象吗？[是(Y)/否(N)]<N>：

(7) 修剪(Trim)

命令：trim，或菜单“修改→修剪”，或修改工具条按钮“”。

选择剪切边……

选择对象或<全部选择>：(选择作为剪切边界的对象,选完后回车)

选择要修剪的对象，或按住 Shift 键选择要延伸的对象，或[栏选(F)/窗交(C)/投影(P)/边(E)/删除(R)/放弃(U)]：(选择被修剪对象,选完后回车)

应当注意，如果修剪边延伸后才能与被修剪边相交，则需将“边(E)”选项设为延伸，才能剪掉被修剪边。如图 2-14a 所示，以 L1 为剪切边，修剪 L2 和 L3 直线，发出命令后，光标在 P1 处选择 L1，回车结束选择，然后光标在 P2 和 P3 处选择被修剪边 L2 和 L3，其结果是 L2 很快被修剪(见图 2-14b)，但 L3 只有在“边(E)”选项为“延伸”状态下，才能被修剪掉(见图 2-14c)。

(8) 延伸(Extend)

命令：Extend，或菜单“修改→延伸”，或修改工具条按钮“”。

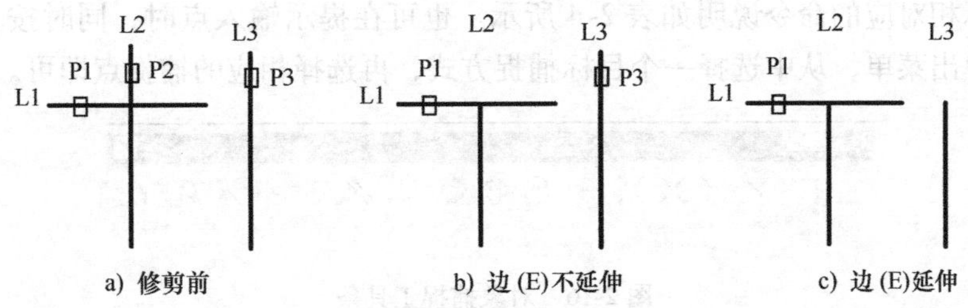

图 2-14 修剪命令使用

延伸命令与修剪命令用法相似，只是将所选对象延伸到所选边界。同样，如果想将被延伸线延伸到边界的延长线，则需将“边(E)”选项设为延伸，才能延伸到指定边界。如图 2-15a 所示，延伸边界是 L1，被延伸的直线是 L2、L3，发出命令后，光标单击 P1 选择延伸边界，回车结束选择。然后，选择被延伸线 L2、L3，其结果可能是图 2-15b 或图 2-15c。

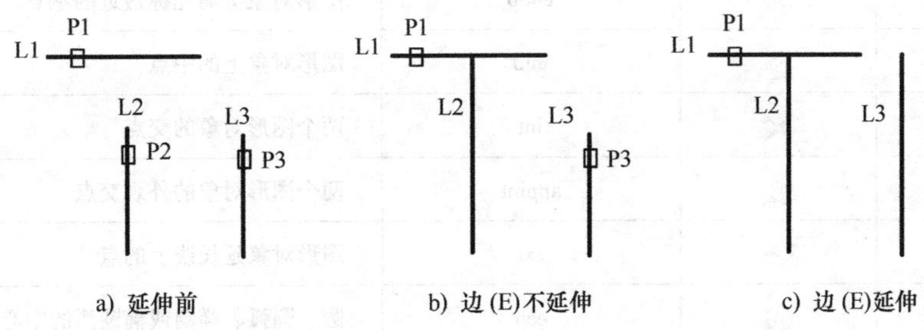

图 2-15 延伸命令使用

2.3.3 常用辅助工具

在状态栏上有几个对绘图很有帮助的开关命令，功能如下：

1. 栅格(Grid)

在栅格开启状态下，屏幕显示一种由纵横点阵构成的可见点阵，称作栅格。栅格不是图形内容，仅供屏幕作图方便，栅格充满到 Limits 命令设置的图形界限。要设置栅格的纵横间距，可通过 Grid 命令完成。

2. 捕捉(Snap)

在捕捉开启状态下，光标以跳跃方式移动，只能停留在捕捉点上。如果捕捉间距与栅格间距相等，则表现为只在栅格点上停留，用 Snap 命令可以设置捕捉间距。

3. 正交(Ortho)

在 Ortho 开启状态下，光标移动的距离只能转化为与 X 轴或 Y 轴平行的距离。

4. 对象捕捉(Osnap)

在绘图过程中，用光标定位虽然方便快捷，但拾取某些特征点，如圆心、切点、交点等时不够精确。为帮助用户精确地锁定指定点，AutoCAD 提供了对象捕捉模式。对象捕捉方式有两种：一种是临时捕捉方式，即在执行某一命令的过程中临时选取某一个目标对象捕捉点，然后该目标捕捉功能就会自动关闭；另一种是自动捕捉方式，即预先设置好多种目标捕捉点后，打开 Osnap，系统就会自动选择相应的目标捕捉功能进行捕捉。

临时捕捉方式可利用图 2-16 所示的对象捕捉(Object Snap)工具条选取对象捕捉点，工具条中各图标相对应的命令说明如表 2-4 所示。也可在提示输入点时，同时按下 Shift 和鼠标右键，则弹出菜单，从中选择一个目标捕捉方式，再选择相应的捕捉点即可。

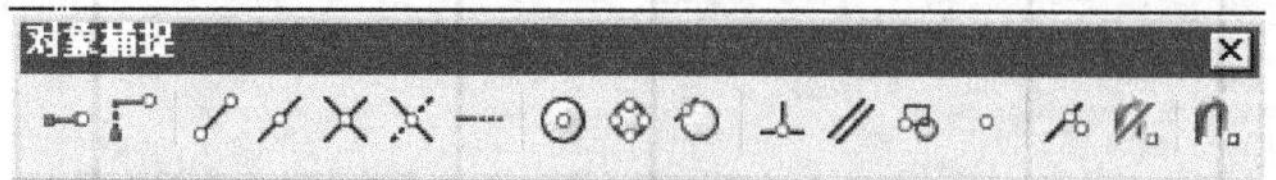

图 2-16 对象捕捉工具条

表 2-4 对象捕捉工具条功能说明

名 称	图标按钮	缩写名	功 能
临时追踪点		tt	图形对象上的临时捕捉点
捕捉自		from	用来确定其他点位置的参照点
端点		endp	图形对象上离光标最近的端点
中点		mid	图形对象上的中点
交点		int	两个图形对象的交点
外观交点		appint	两个图形对象的外观交点
延伸点		ext	图形对象延长线上的点
圆心点		cen	圆、圆弧、椭圆或椭圆弧的中心点
象限点		qua	圆、圆弧、椭圆或椭圆弧的象限点
切点		tan	圆、圆弧、椭圆、椭圆弧及曲线的切点
垂足点		per	与各种图形对象正交的点
平行		par	平行直线段
插入点		ins	块、形、文字等的插入点
节点		nod	点对象
最近点		nea	当前对象上离光标最近的点
无捕捉		non	取消对象捕捉模式
捕捉设置		osnap	设置对象捕捉模式

自动捕捉方式的设置方法如下：选择“工具→草图设置”，打开“草图设置”对话框。用户可从中选择“对象捕捉”选项卡，选取所需的对象捕捉模式，单击“确定”按钮关闭对话框后，在状态栏中打开“对象捕捉”按钮。

5. 极轴(Polar Tracking)

在极轴追踪开启的情况下，画图时，如果图线接近极轴增量角的倍数，则自动显示该角度的方向线供用户选择。在命令按钮处，单击鼠标右键可弹出菜单打开设置极轴追踪的对话框，对极轴追踪增量角度进行重新设置。

6. 对象追踪(Object Snap Tracking)

在对象追踪开启的情况下，画图时，根据用户操作，会自动产生一些对齐线等参考几何要素，供用户响应，更方便画图。

7. 平移和缩放图形窗口

除了状态栏上的辅助绘图工具外，在标准(Standard)工具条上包含有常见的图形窗口平移和缩放命令图标按钮。通过这些命令，可对图形窗口进行缩放，方便绘图，下面分别给予介绍：

(1) 实时平移命令(按钮“”)，该命令在不改变图形缩放比例的情况下，实时交互地平移图形，此时，十字光标变为手光标。

(2) 实时缩放命令(按钮“”)，该命令为用放大镜实时交互地缩放显示图形，此时，十字光标变为放大镜形状的光标，光标向上拖动为放大，向下拖动为缩小。

(3) 窗口缩放命令(按钮“”)，用于缩放显示指定位置和大小的矩形窗口内的区域，并将此区域充满整个屏幕。

(4) 缩放上一个命令(按钮“”)，用于恢复到缩放显示前的图形状态，连续使用，可逐步退回。

8. 夹点操作

AutoCAD 在图形对象上定义了若干特征点，在不输入命令的情况下，选中某个对象，则在该对象的特征点处，会出现一些带颜色的小方块，这些小方块称为夹点(Grips)。当光标放在某个夹点上时，夹点的颜色会改变，这时的夹点称为悬停夹点。单击该夹点，夹点的颜色继续变化，此时的夹点被选中。默认情况下，未选中的夹点(Unselected Grip)为蓝色，悬停夹点(Hover Grip)为绿色，选中夹点(Selected Grip)为红色。

对于不同的图形对象，其特征点的数量和位置各不相同。使用夹点时，可以在输入命令之前选择所需的对象，然后用鼠标拖动对象上选中的夹点，进行拉伸、移动、旋转、缩放和镜像等操作。

2.4　文字及尺寸标注

2.4.1　文字样式

在书写文字前，首先应当先定义文字样式。图样中的字体包括汉字、数字及字母。由于用途不同，所用的字体类型、高度、宽度及倾斜角度也不同，即文字样式不同。系统的默认文字样式为 Standard，用户可根据需要设置新的文字样式。设置文字样式的命令为 Style。

选择菜单“格式→文字样式…”，打开“文字样式”对话框，如图 2-17 所示。单击其中的“新建”按钮，打开“新建文字样式”对话框(见图 2-18)。在其样式名文本框中输入新文字样式名称，单击“确定”按钮，返回到“文字样式”对话框。接着在“字体名”下拉列表框中选择某种字体，并确定字体高度、宽度比例因子和字体的倾斜角度。设置完毕，单击“应用”按钮，再关闭对话框。

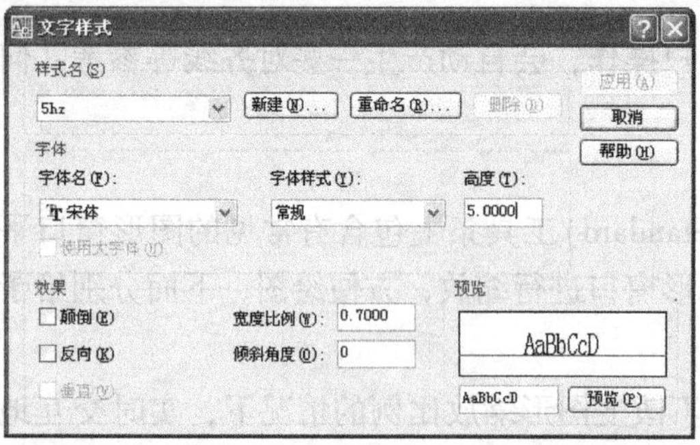

图 2-17 “文字样式”对话框

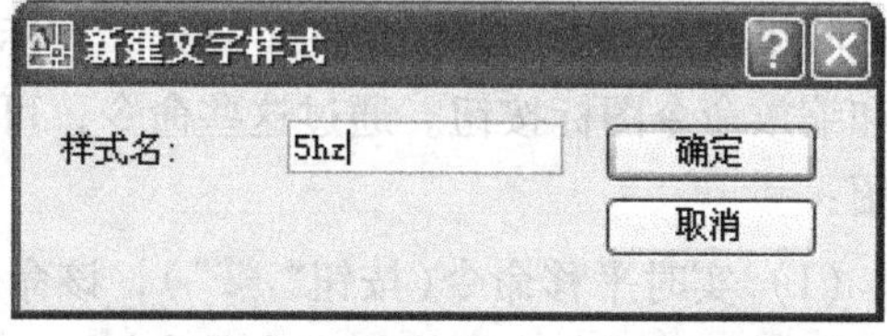

图 2-18 “新建文字样式”对话框

2.4.2 文字

AutoCAD 提供了强大的文字功能，其中包括单行文字输入，多行文字输入及文字的编辑。

1. 单行文字输入

命令：dtext(或 Text)，或菜单“绘图→文字→单行文字”。

当前文字样式：5hz　当前文字高度：5.0000

指定文字的起点或[对正(J)/样式(S)]：

指定文字的旋转角度<0>：

此时图形窗口中显示文字输入光标，可直接输入文字，文字输好后，回车退出命令。

在 AutoCAD 中，用“单行文字”命令可以输入单行文字，也可以连续输入多个单行文字，但每一行都是独立的对象。如果改变文本对齐方式或文字样式，在提示后输入“J”或“S”进行重新设置即可。

2. 多行文字输入

命令：mtext，或菜单“绘图→文字→多行文字...”，或绘图工具条按钮“A”。

当前文字样式：5hz　当前文字高度：5.0000

指定第一角点：

指定对角点或[高度(H)/对正(J)/行距(L)/旋转(R)/样式(S)/宽度(W)]：

确定对角点后，系统将打开“文字格式”对话框，如图 2-19 所示。用户可在其中的“样式”“字体”“高度”“颜色”下拉列表框中确定文字的样式、字体、文字的高度以及文字的颜色，然后单击“B”“I”“U”按钮，设置是否粗体、斜体及带下画线。设置完毕，即可在对话框中输入文字，然后单击工具条上的“确定”按钮，退出对话框。

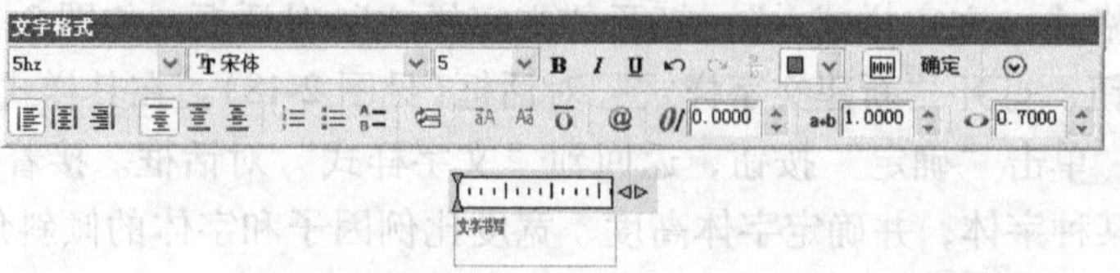

图 2-19 多行文字输入

3. 特殊字符的输入

在输入文字时，有些字符不能直接从键盘输入，这时可用 AutoCAD 提供的特定方法来输入。

（1）在需要输入特殊字符的位置，直接用它们的控制码输入。控制码由两个百分号“%%”及其后的“英文字母”组成。常用的控制码有：直径符号%%c(ϕ)、度符号%%d(°)、正负符号%%p(±)、上画线符号%%o(¯)、下画线符号%%u(_)。

（2）若需在多行文字信息中输入特殊字符，单击“文字格式”对话框中的“符号”按钮“@”，在打开的符号面板中选择相应的符号选项，复制、粘贴到对话框中即可。

2.4.3　标注样式

AutoCAD 的默认尺寸标注样式为 ISO-25。在标注尺寸前，可以设置符合国家标准的尺寸样式。设置尺寸样式的命令为 Dimstyle。

选择菜单“格式→标注样式...”，系统将打开“标注样式管理器”对话框，如图 2-20 所示。单击“新建”按钮，打开“创建新标注样式”对话框(见图 2-21)。在新样式名文本框中输入名称，单击“继续”按钮，打开“新建标注样式：jz”对话框，如图 2-22 所示，该对话框中有 7 个选项卡，可进行各种设置。

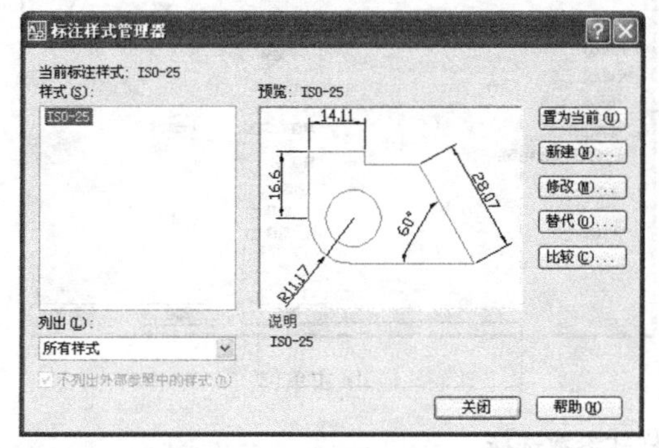

图 2-20　“标注样式管理器”对话框

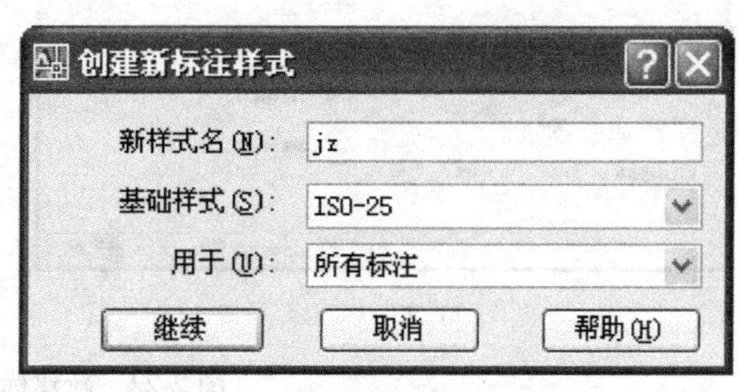

图 2-21　“创建新标注样式”对话框

在图 2-22a 所示的“直线”选项卡中，可设置尺寸线和尺寸界线的颜色、线型、线宽等属性，在此将基线间距设为“7”。在图 2-22b 所示的“符号和箭头”选项卡中，可设置箭头的种类及其大小，设置圆心标记的类型(标记、直线和无)及大小，在此将箭头设为“建筑标记”。在图 2-22c 所示的“文字”选项卡中，可设置标注文字的样式、颜色及高度，设置标注文字相对于尺寸线的位置，选择标注文字的高度，在此选择文字高度“3. 5”。单击“文字样式”选择框旁的按钮，打开文字样式对话框，可设置标注文字的样式。“调整”选项卡可调整尺寸界线、尺寸数字、箭头、引线和尺寸线的合适位置，该选项卡有 4 个设置项，取其默认设置即可。在图 2-22d 所示的“主单位”选项卡中，可设置线性标注和角度标注的单位格式及其精度，还可对线性尺寸文字添加前缀和后缀，在此将精度设为整数“0”。“换算单位”选项卡可设置换算单位的精度和格式。“公差”选项卡可控制具有公差要求的标注文字中公差数值的格式，可取它们的默认设置。

新建的标注样式“jz”还不能完全符合国家建筑制图相关标准，有必要进行相应的调整，为此采用重新定义方式对“直径”“半径”“角度”三项进行重新定义，使其尺寸的起

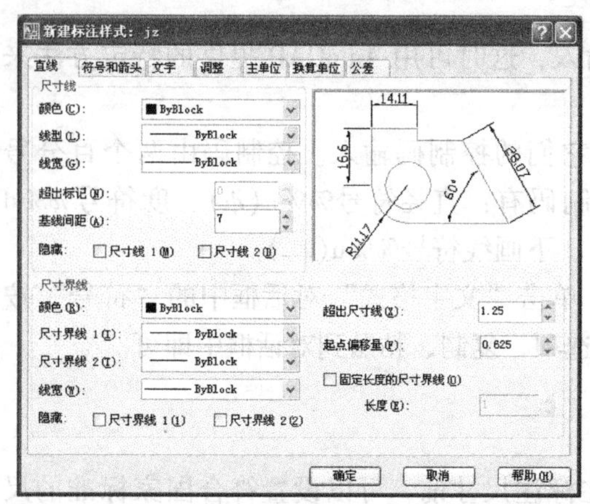

a) 尺寸线及尺寸界线

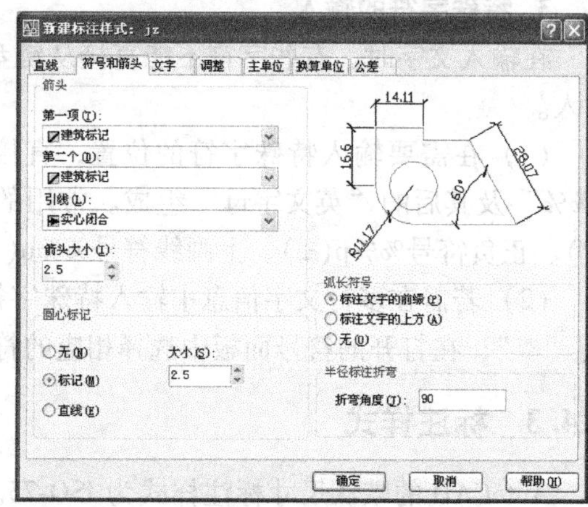

b) 符号和箭头

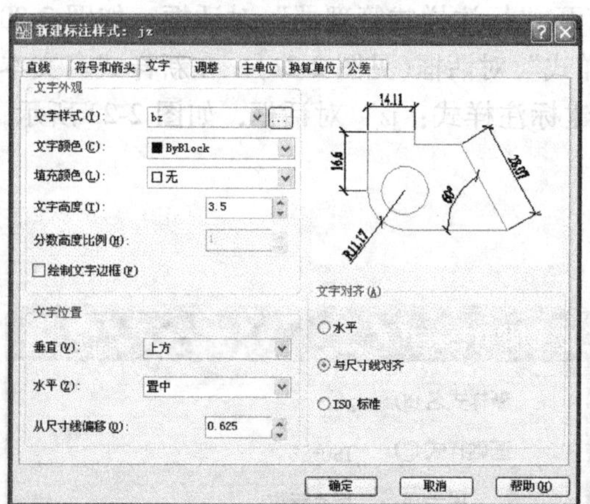

c) 文字

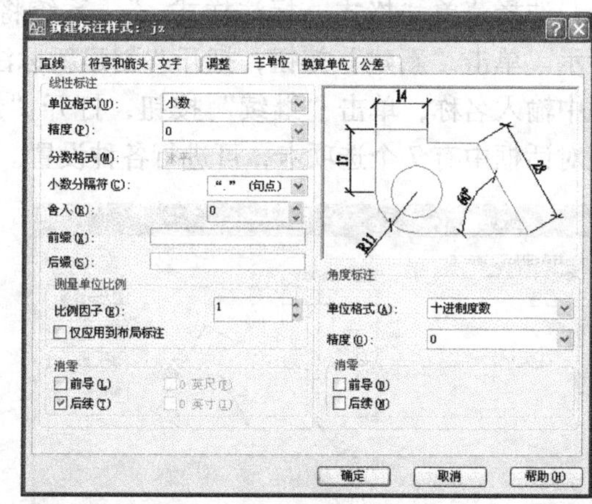

d) 主单位

图 2-22 新建标注样式参数选择

讫符号改为“实心闭合”箭头，其中“直径”和“半径”在“调整”选项卡中选择“文字和箭头”，最后的结果如图 2-23 所示。

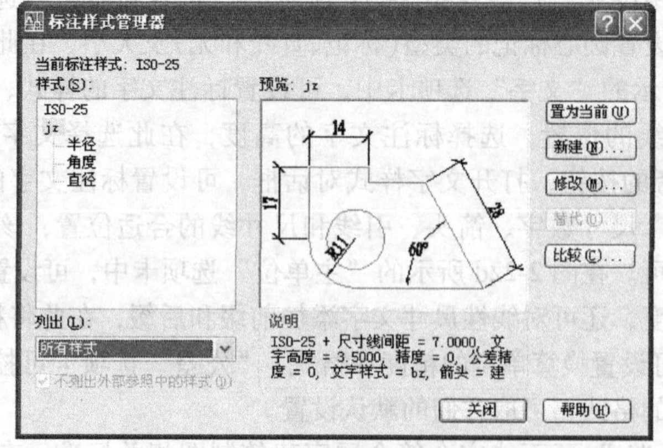

图 2-23 建筑标注样式

2.4.4　尺寸标注

AutoCAD 2007 提供了多种类型的尺寸：长度型尺寸、径向型尺寸、角度型尺寸和指引旁注尺寸等。根据这些尺寸类型，系统给出了各种尺寸标注命令。图 2-24 所示为“标注”工具条，其中各图标按钮对应的命令说明如表 2-5 所示。

图 2-24　“标注”工具条

表 2-5　标注工具条命令说明

名　称	图 标 按 钮	命　令	功　能
线性		dimlinear	标注水平尺寸、垂直尺寸及旋转尺寸
对齐		dimaligned	标注与尺寸线平行的尺寸
弧长		dimarc	标注弧长尺寸
坐标		dimordinate	标注坐标尺寸
半径		dimradius	标注圆或圆弧的半径尺寸
折弯		dimjogged	标注圆或圆弧的折弯尺寸
直径		dimdiameter	标注圆或圆弧的直径尺寸
角度		dimangular	标注两个图形对象之间的夹角
快速标注		qdim	快速进行一系列标注
基线		dimbaseline	以同一尺寸第一尺寸界线为基准连续标注尺寸
连续		dimcontinue	以前一尺寸第二尺寸界线为基准连续标注尺寸
快速引线		qleader	用指引线引出标注
公差		tolerance	标注公差
圆心标记		dimcenter	标记圆心
编辑标注		dimedit	对尺寸文字及其位置和角度进行修改
编辑标注文字		dimtedit	对尺寸文字沿尺寸线的位置进行修改
标注更新		update	更新已标注的尺寸文字
标注样式		dimstyle	设置尺寸标注的样式

1. 长度型尺寸标注

(1) 线性尺寸标注

命令：dimlinear，或菜单“标注→线性”，或标注工具条按钮“”。

指定第一条尺寸界线原点或<选择对象>：

指定第二条尺寸界线原点:

指定尺寸线位置或[多行文字(M)/文字(T)/角度(A)/水平(H)/垂直(V)/旋转(R)]:

标注文字=(显示自动测量的尺寸数值)

(2) 对齐尺寸标注

命令:dimaligned,或菜单“标注→对齐”,或标注工具条按钮“”。

指定第一条尺寸界线原点或<选择对象>:

指定第二条尺寸界线原点:

指定尺寸线位置或[多行文字(M)/文字(T)/角度(A)]:

标注文字=(显示自动测量的尺寸数值)

(3) 基线尺寸标注

命令:dimbaseline,或菜单“标注→基线”,或标注工具条按钮“”。

指定第二条尺寸界线原点或[放弃(U)/选择(S)]<选择>:

选择基准标注:

指定第二条尺寸界线原点或[放弃(U)/选择(S)]<选择>:

在基准选择完毕后,系统会反复出现这一提示,此时用户可多次指定第二条尺寸界线的原点,标注多个互相平行的尺寸,直至回车结束命令。

(4) 连续尺寸标注

命令:dimcontinue,或菜单“标注→连续”,或标注工具条按钮“”。

指定第二条尺寸界线原点或[放弃(U)/选择(S)]<选择>:

选择连续标注:

指定第二条尺寸界线原点或[放弃(U)/选择(S)]<选择>:

注意:在连续标注过程中,用户只能沿同一方向标注下一连续尺寸,不能往相反的方向标注;否则,AutoCAD 有可能把原来已标注的尺寸文字覆盖。

2. 径向型尺寸标注

(1) 半径尺寸标注

命令:dimradius,或菜单“标注→半径”,或标注工具条按钮“”。

选择圆弧或圆:

标注文字=(显示自动测量的半径值)

指定尺寸线位置或[多行文字(M)/文字(T)/角度(A)]:

(2) 直径尺寸标注

命令:dimdiameter,或菜单“标注→直径”,或标注工具条按钮“”。

选择圆弧或圆:

标注文字=(显示自动测量的直径值)

指定尺寸线位置或[多行文字(M)/文字(T)/角度(A)]:

说明:用户自行输入直径数值时,要使用控制符“%%c”代替符号“ϕ”。

3. 角度型尺寸标注

命令:dimangular,或菜单“标注→角度”,或标注工具条按钮“”。

选择圆弧、圆、直线或<指定顶点>:

（1）选取圆弧，标注圆弧的圆心角。

系统提示：指定标注弧线位置或[多行文字(M)/文字(T)/角度(A)]：

（2）选取圆，标注圆上某一段弧的圆心角。

系统将选择圆时的点作为一点，接着提示：

指定角的第二个端点：(选取另一点，该点可以在圆上，也可以不在圆上)

指定标注弧线位置或[多行文字(M)/文字(T)/角度(A)]：

（3）选取直线，标注两条不平行直线之间的夹角。

系统提示：选择第二条直线：

指定标注弧线位置或[多行文字(M)/文字(T)/角度(A)]：

（4）直接回车，系统将依据 3 个点标注角度。系统接着提示：

指定角的顶点：

指定角的第一个端点：

指定角的第二个端点：

指定标注弧线位置或[多行文字(M)/文字(T)/角度(A)]：

标注文字=(显示自动测量的角度值)

注意：用户自行输入角度值时，要使用控制符“%%d”代替符号“°”。

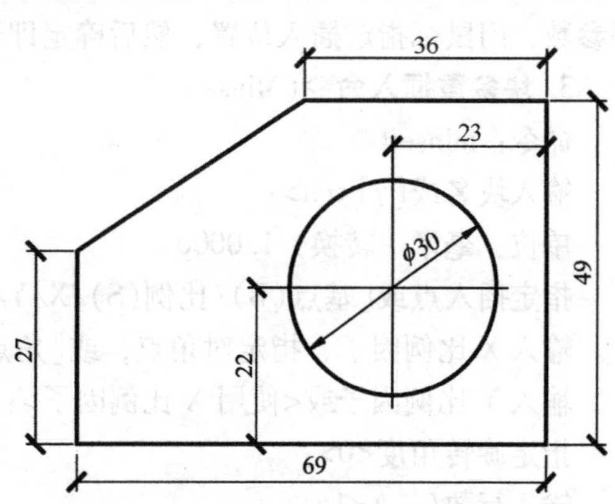

图 2-25　建筑尺寸标注示例

图 2-25 给出了建筑尺寸标注示例。对于尺寸的修改，可通过在需要修改的尺寸上单击鼠标右键，根据修改要求按照提示命令操作即可。

2.5 图块操作

图块是一组实体的集合。在绘图过程中，有时需要重复画出许多相同的图形，称为子图形。而这些子图形又较复杂，因此，可以用图块的功能将构成子图形的实体集合成一个整体。例如，画建筑立面图时，有许多相同的窗户，可以画好一个窗户后，将其定义成图块，在需要时，可随时插入到指定位置，这样可有效提高绘图效率。

2.5.1 图块命令

1. 块创建命令(Block)

命令：block，或菜单“绘图→块→创建”，或绘图工具条按钮“”。

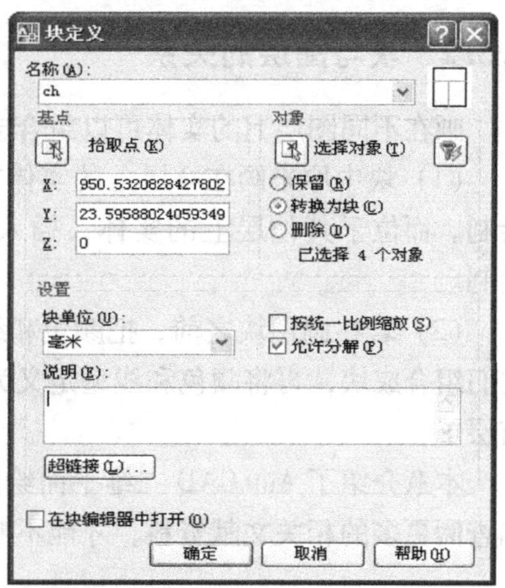

图 2-26　“块定义”对话框

命令发出后弹出“块定义”对话框，如图 2-26 所示。单击“选择对象”按钮，对话框暂时关闭，开始选择要定义为块的图形对象，回车结束选择后，对话框再次显示。当用同样的方式将基点也定义好后，接着确定块的名称，最后单击“确定”按钮，结束块创建。

另外，对图块的重新定义还可用新定义的图块代替所有已画的旧图块，而无须对每个旧图块操作。

2. 块插入命令(Insert)

命令：insert，或菜单“插入→块...”，或绘图工具条按钮“”。

命令发出后弹出块“插入”对话框，如图2-27所示。按照提示可修改缩放比例、旋转角度等参数，用鼠标指定插入位置，然后确定即可。

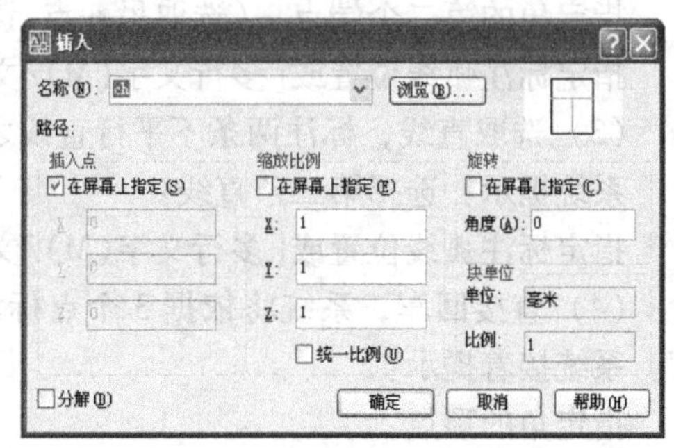

图 2-27　“插入”对话框

3. 块多重插入命令(Minsert)

命令：minsert

输入块名或[?]<ch>:

单位：毫米　转换：1.0000

指定插入点或[基点(B)/比例(S)/X/Y/Z/旋转(R)]:

输入 X 比例因子，指定对角点，或[角点(C)/XYZ(XYZ)]<1>:

输入 Y 比例因子或<使用 X 比例因子>:

指定旋转角度<0>:

输入行数(---)<1>:

输入列数(|||)<1>:

该命令以矩形阵列方式插入块，依据提示输入插入参数完成插入。该命令是“插入”和“阵列”两命令的结合，所插入的块是一个整体，无法单独修改。

4. 块存盘命令(Wblock)

该命令可以将块保存为文件，在打开其他文件绘图时，可将保存的块插入到指定位置。

命令：wblock

命令发出后，弹出“写块”对话框，指定文件存盘路径，确定即可。

2.5.2　块与图层的关系

画在不同图层上的实体可以组合成一个块，在插入块时，AutoCAD 有如下约定：

(1) 块中原来画在0层上的实体在块插入后被绘制在当前层，其颜色和线型随当前层绘制。而位于其他层上的实体，插入后仍保留在原来层上，以原来所在层的颜色、线型绘制。

(2) 若在画图块之前，把颜色和线型定义为“随块”，然后再画出块的各个实体，并将它们组合成块，再将颜色和线型定义为“随层”，则插入块时，整个块的颜色和线型都随当前层了。

本章介绍了 AutoCAD 二维平面绘图的基本知识，AutoCAD 的学习还需要通过上机实践和查阅更多的相关文献资料，才能不断提高自己的计算机绘图技能。

第3章　投影基本知识及点的投影

3.1　投影法的基本概念

投影法是画法几何中研究图示和图解空间几何问题的一种方法，同时为工程制图提供了基本原理和基本方法。

3.1.1　投影法

如图 3-1a 所示，空间物体在灯光或日光照射下，在墙壁或地面上就会出现空间物体的影子，投影法与这种自然现象类似。如图 3-1b 所示，把光源抽象成一点，称为投射中心 S 。建立一个不过投射中心的平面 H ，称为投影平面。发自投射中心且通过空间几何形体上任意一点 A 的直线 SA 称为投射线。投射线 SA 与 H 平面的交点 a 称为点 A 在投影面上的投影。因此，投影法需要具备三个要素：空间几何形体、投射中心(或投射方向)和投影面。

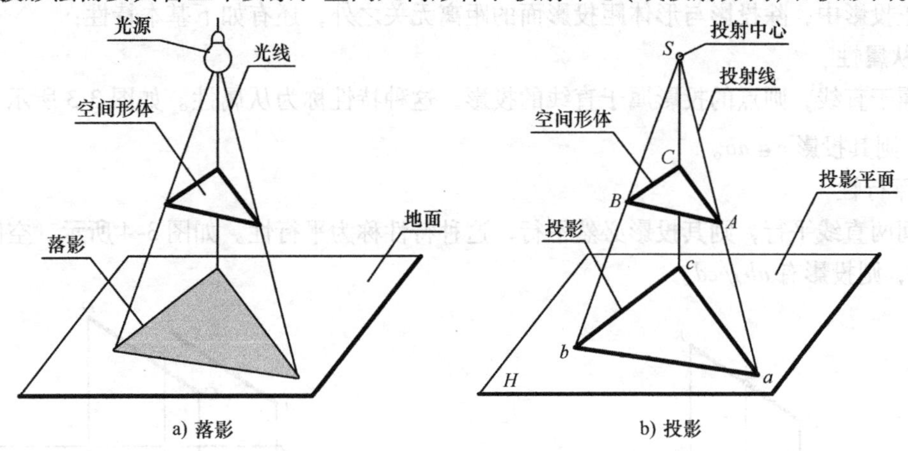

图 3-1　落影与投影

需要指出的是：空间几何形体的投影和影子是有区别的，影子只反映几何形体的外部轮廓，而投影则要反映空间几何形体上的每一条线、每一个面。

3.1.2　投影法的分类

投影法一般分为两大类：中心投影法和平行投影法。

1. 中心投影法

如图 3-1b 所示，如果投射线相交于一点，此投影方法称为中心投影法。建筑上常用的透视效果图，就是利用这种方法绘制的。

2. 平行投影法

如果投射线互相平行，此投影方法称为平行投影法。按投射线与投影面的倾角不同又分为正投影法和斜投影法。

当投射方向与投影面倾斜时，所作的投影称为斜投影，如图 3-2a 所示。

当投射方向与投影面垂直时，所作的投影称为正投影，如图 3-2b 所示。本书主要介绍正投影法。

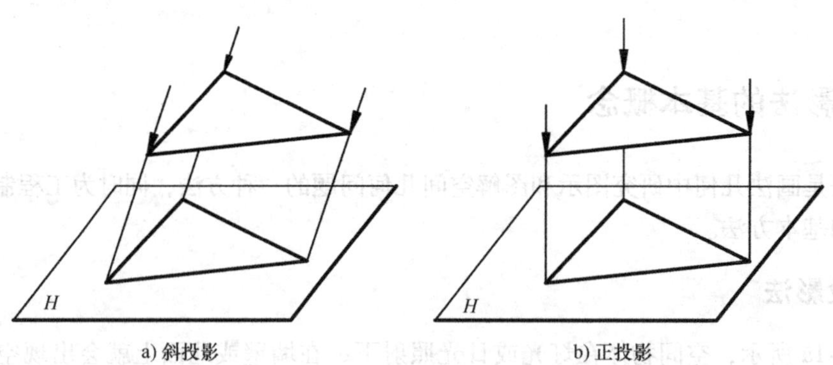

a) 斜投影 b) 正投影

图 3-2 平行投影法

3.1.3 正投影法的基本特性

在正投影中，除投影与形体距投影面的距离无关之外，还有如下基本特性：

1. 从属性

点属于直线，则点的投影属于直线的投影，这种特性称为从属性。如图 3-3 所示，空间 $C \in AB$，则其投影 $c \in ab$。

2. 平行性

空间两直线平行，则其投影必然平行，这种特性称为平行性。如图 3-4 所示，空间直线 $AB /\!/ CD$，则投影有 $ab /\!/ cd$。

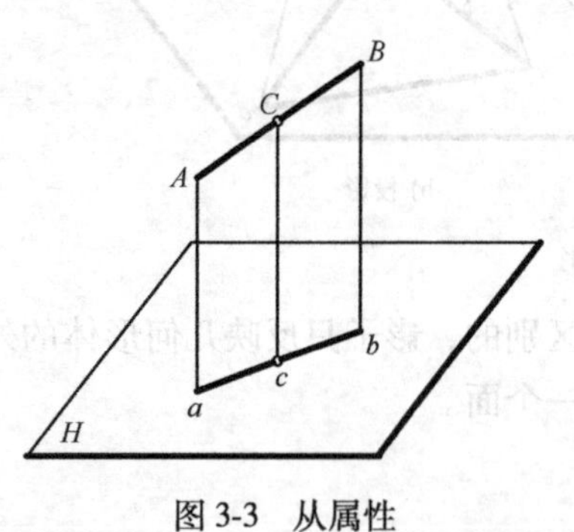

图 3-3 从属性

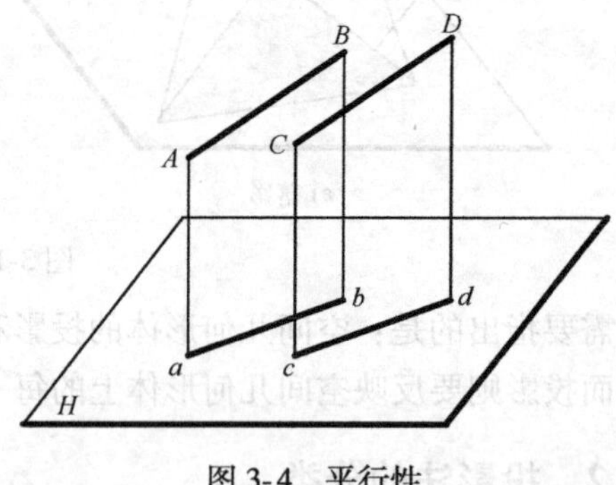

图 3-4 平行性

3. 定比性

点属于直线，则空间点分直线长度之比等于点的投影分直线的投影长度之比，这种特性称为定比性。如图 3-3 所示中，$C \in AB$，则 $ac : cb = AC : CB$。

4. 积聚性

当直线或平面垂直于投影面时，则直线的投影积聚为一点，平面的投影积聚为一条直线，这种特性称为积聚性。如图 3-5 所示，空间直线 AB 和平面 CDE 垂直于投影面 H，直线

AB 的投影积聚为一点 a(b)，平面 CDE 的投影积聚为一条直线 cde。

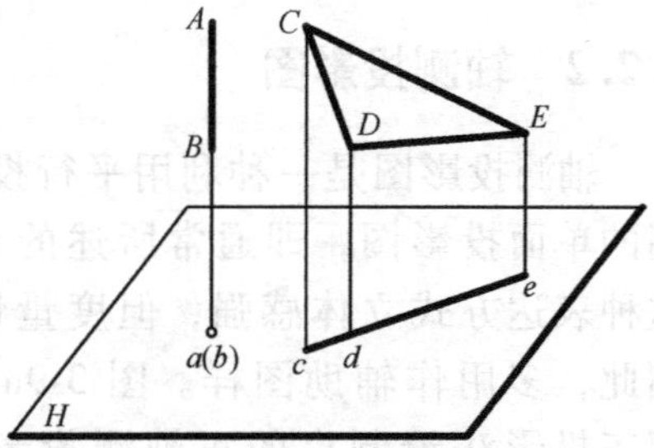

图 3-5　积聚性

5. 显实性

当空间直线或平面平行于投影面时，直线的投影反映实长，平面的投影反映实形，这种特性称为显实性。如图 3-6 所示，空间直线 AB 和平面 CDEF 都平行于投影面 H，则有 ab=AB，cdef≅CDEF。

6. 类似性

当空间平面图形与投影面既不平行也不垂直时，其投影既不积聚也不反映实形，而是一个与原图形边数相等、凹凸一致的类似形，这种特性称为类似性，如图 3-7 所示。

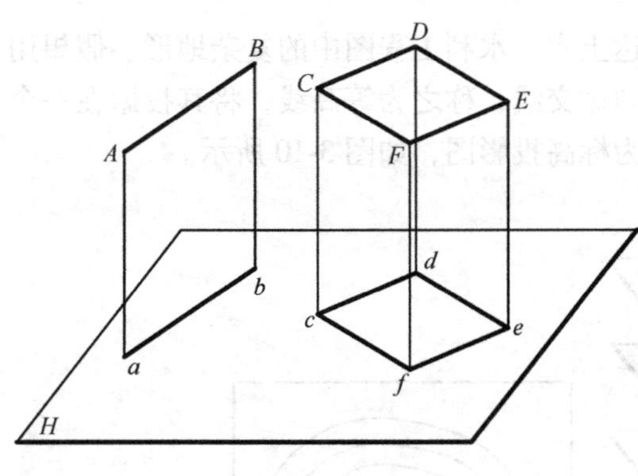

图 3-6　显实性

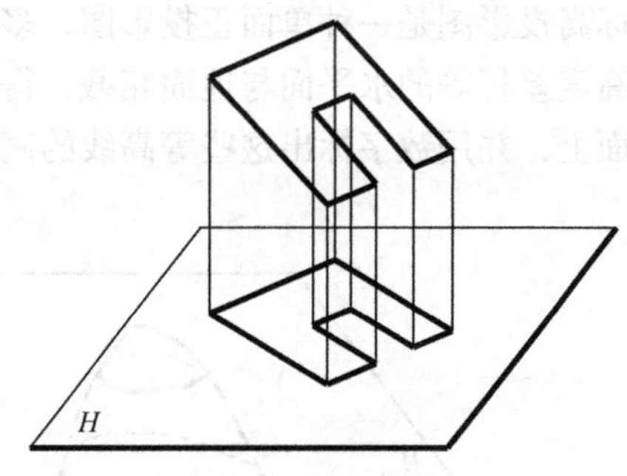

图 3-7　类似性

3.2　工程上常用的图示方法

为了满足工程设计中形体表达的不同要求，在实际工程领域中，可采用不同的投影法得到不同的投影图。工程中常采用的投影图有：多面正投影图、轴测投影图、标高投影图、透视投影图。

3.2.1　多面正投影图

多面正投影图是用多个正投影图一起表达物体形状的投影图。如图 3-8 所示为空间立体的三面正投影图。

这种投影图的特点是：度量性好，可准确地表现物体的主要形状，作图简便，适用于表达设计、施工理念的技术文件，这种表达方式在工程领域广泛使用。其缺点是直观性差，需要具备一定的投影知识才能读懂。

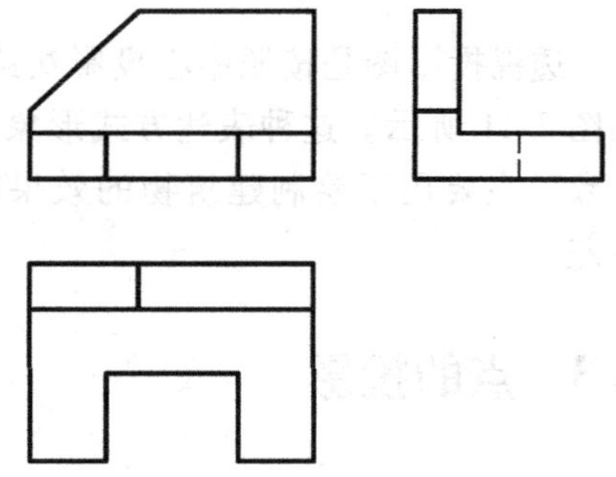

图 3-8　空间立体三面正投影图

3.2.2 轴测投影图

轴测投影图是一种利用平行投影法绘制的单面投影图，即通常所述的立体图。这种表达方式立体感强，但度量性略差。因此，多用作辅助图样。图 3-9a 所示为用正投影法绘制出的正轴测投影图；图 3-9b所示为用斜投影法绘制出的斜轴测投影图。

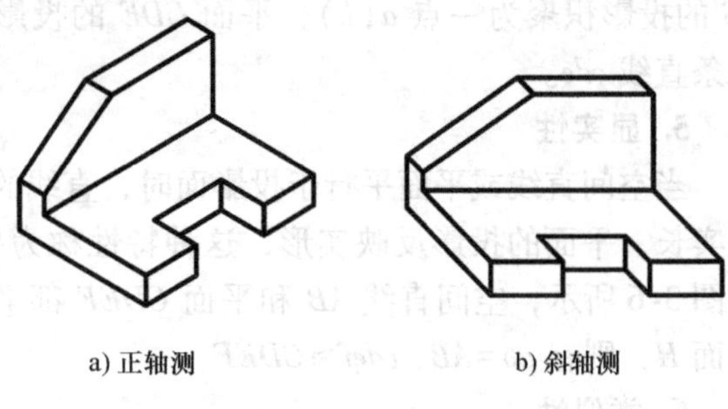

图 3-9 立体的轴测投影图

3.2.3 标高投影图

标高投影图是一种单面正投影图，多用来表达土木、水利工程图中的复杂地形。假想用一组高度差相等的水平面与地面相截，得到一系列截交线，称之为等高线，将其投影在一个水平面上，并用数字标出这些等高线的高程，即为标高投影图，如图 3-10 所示。

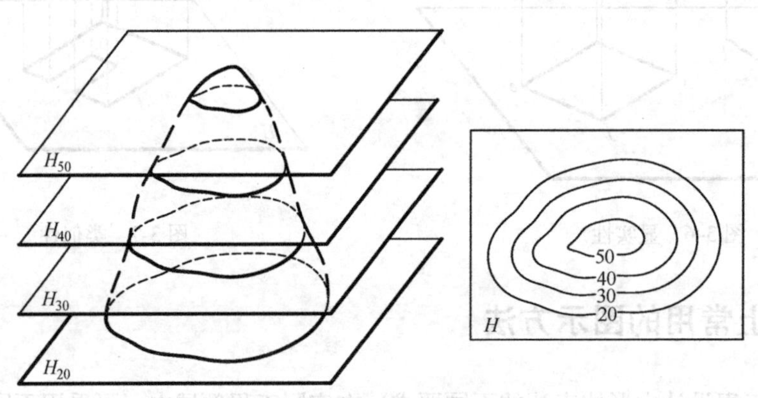

图 3-10 标高投影图

3.2.4 透视投影图

透视投影图是按照中心投影法绘制的一种单面投影图，如图 3-11 所示。这种表达方式形象逼真，与人的视觉基本一致，主要用于绘制建筑物的效果图，但作图烦琐且度量性差。

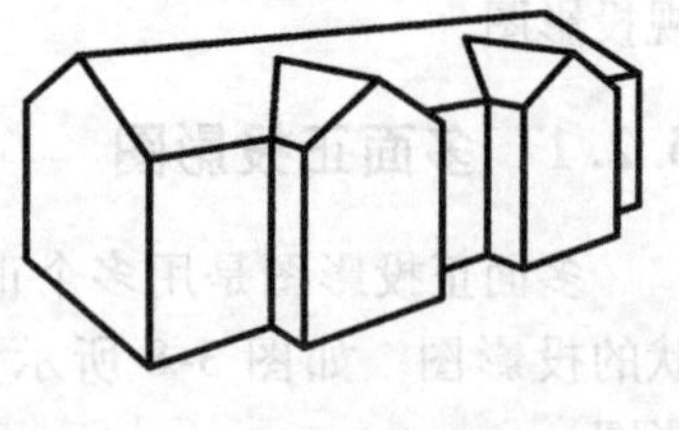

图 3-11 透视投影图

3.3 点的投影

空间形体的表面可看作由点、线、面的集合组成。因此，要正确画出空间形体的投影和解决空间几何问题，应该首先从点的投影入手，掌握点的投影作图规律。

3.3.1　点在两面投影体系中的投影

1. 两面投影体系

如图 3-12 所示，只凭点的一个单面投影 a 无法确定 A 点在空间的位置，它可能是点 A_1 或点 A_2 等点的投影。如图 3-13 所示，两个形状不同的形体，其单面投影却是相同的，这就说明单面投影不能准确地表达空间形体的形状及位置。

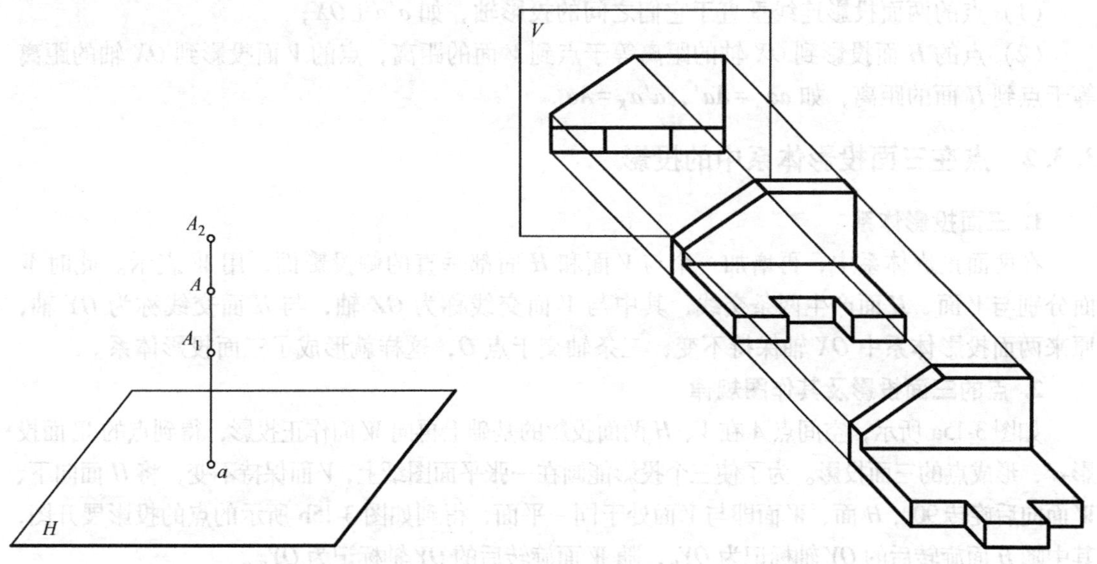

图 3-12　点的单面投影　　图 3-13　形体的单面投影

为了准确确定空间形体的形状和位置，必须再设立另一个投影面。图 3-14a 所示为两个相互垂直的投影面，处于正面的投影面称为正投影面，用 V 表示；与正投影面垂直的水平面为水平投影面，用 H 表示。这样构成的投影体系称为两面投影体系。在该投影体系中，V 面与 H 面的交线称为 OX 投影轴。

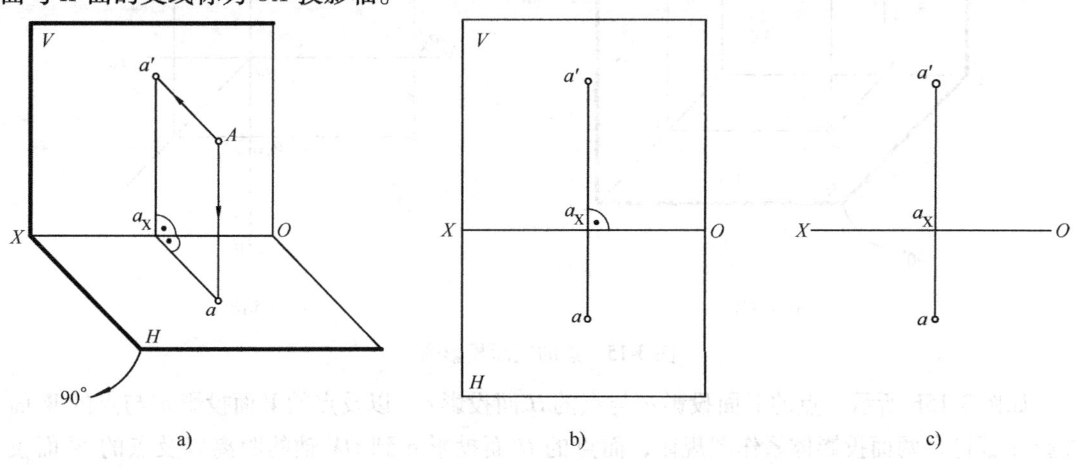

图 3-14　两面投影体系

2. 点的两面投影及其作图规律

在图 3-14a 中，空间点 A 分别向 H 面和 V 面作正投影，规定在 H 面得到的投影用小写字

母 a 表示，在 V 面得到的投影用 a'表示。从图 3-14a 中可以看出，如果 a、a'已知，作上述投影过程的逆过程，点 A 空间位置唯一确定。

为了使两个投影能画在一张二维平面的图纸上，国标规定：V 面保持不动，H 面向下旋转 90°，与 V 面处于同一平面，如图 3-14b 所示。这时去除对应的空间点，即在平面上形成了点的两面投影。为了方便画图，可将投影平面的边框去掉，如图 3-14c 所示。

在图 3-14a 中，$a'a_X \perp OX$，$aa_X \perp OX$，结合其展开过程，可得出点的两面投影作图规律：

（1）点的两面投影连线垂直于它们之间的投影轴，如 $a'a \perp OX$；

（2）点的 H 面投影到 OX 轴的距离等于点到 V 面的距离，点的 V 面投影到 OX 轴的距离等于点到 H 面的距离，如 $aa_X = Aa'$，$a'a_X = Aa$。

3.3.2 点在三面投影体系中的投影

1. 三面投影体系

在两面投影体系中，再增加一个与 V 面和 H 面都垂直的侧投影面，用 W 表示。此时 W 面分别与 V 面、H 面产生两条交线，其中与 V 面交线称为 OZ 轴，与 H 面交线称为 OY 轴，原来两面投影体系中 OX 轴保持不变，三条轴交于点 O，这样就形成了三面投影体系。

2. 点的三面投影及其作图规律

如图 3-15a 所示，空间点 A 在 V、H 两面投影的基础上再向 W 面作正投影，得到点的 W 面投影 a''，形成点的三面投影。为了使三个投影能画在一张平面图纸上，V 面保持不变，将 H 面向下、W 面向后旋转 90°，H 面、W 面即与 V 面处于同一平面，得到如图 3-15b 所示的点的投影展开图，其中随 H 面旋转后的 OY 轴标记为 OY_H，随 W 面旋转后的 OY 轴标记为 OY_W。

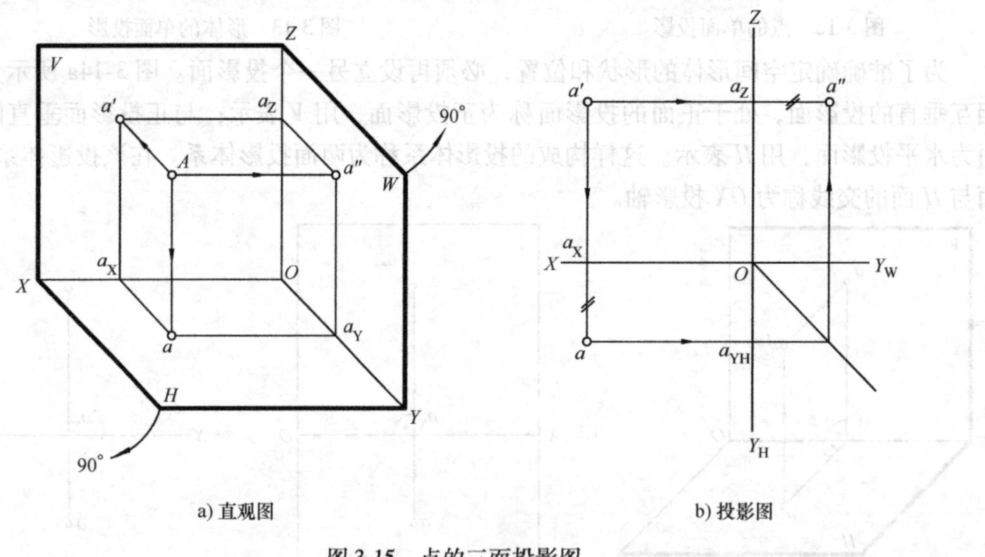

图 3-15 点的三面投影图

如图 3-15b 所示，点的 V 面投影 a'与点的 H 面投影 a，以及点的 V 面投影 a'与点的 W 面投影 a''都符合两面投影体系作图规律，而点的 H 面投影 a 到 OX 轴的距离以及点的 W 面投影 a''到 OZ 轴的距离都能反映点 A 到 V 面的距离。因此，可得出点的三面投影作图规律：

（1）点的 V 面投影与 H 面投影的连线垂直于 OX 轴，如 $a'a \perp OX$；

（2）点的 V 面投影与 W 面投影的连线垂直于 OZ 轴，如 $a'a'' \perp OZ$；

（3）点的 H 面投影到 OX 轴的距离等于点的 W 面投影到 OZ 轴的距离，如 $aa_X = a''a_Z$。

【例3-1】　如图3-16a所示，已知点 A 的两面投影 a'、a''，求 a。

分析与作图：

（1）根据点的三面投影规律(1)，过点 a' 作垂直于 OX 轴的垂线 $a'a_X$ 并延长，则 a 一定在此投影连线上；

（2）根据点的三面投影规律(3)，用分规量取 $a''a_Z$ 使得 $aa_X = a''a_Z$，如图3-16b所示。

上述第二步可以通过作45°辅助线或者画圆弧，使得 $aa_X = a''a_Z$，如图3-16b和图3-16c所示。

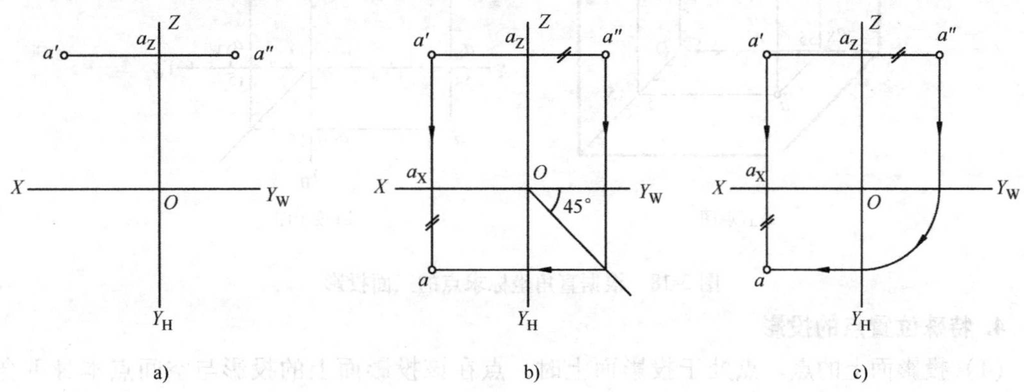

图3-16　已知点的两投影求第三投影

3. 点的投影与直角坐标的关系

如图3-17所示，三个相互垂直投影轴构成一个空间直角坐标系，空间点 A 的位置可用坐标值 $A(x,y,z)$ 表示。点的投影与直角坐标的关系是：

$$a'a_Z = aa_{YH} = Aa'' = x$$
$$aa_X = a''a_Z = Aa' = y$$
$$a'a_X = a''a_{YW} = Aa = z$$

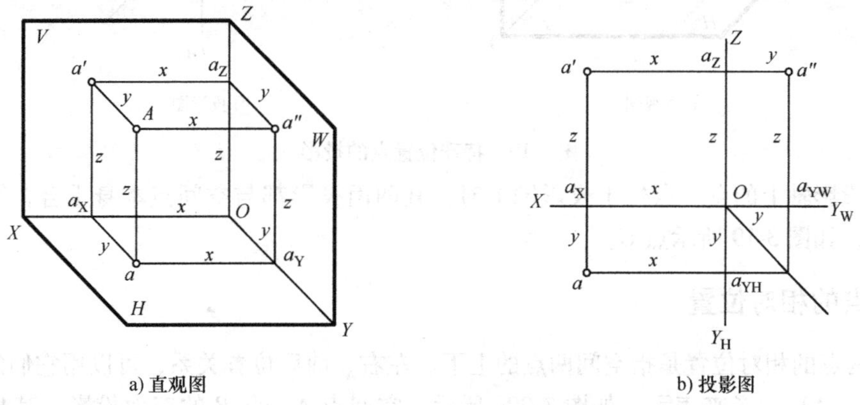

图3-17　点的投影与直角坐标的关系

【例3-2】　如图3-18a所示，已知点 A 的坐标为(35，15，35)，求点 A 的三面投影。

分析与作图：

（1）画如图3-18b所示投影体系；

（2）分别在 OX、OY、OZ 轴上量取35、15、35，得 a_X、a_{YH}、a_{YW}、a_Z；

（3）过 a_X、a_{YH}、a_{YW}、a_Z 分别作 OX、OY、OZ 轴的垂线，两两相交得交点 a、a'、a''，即 A 点的三个投影。

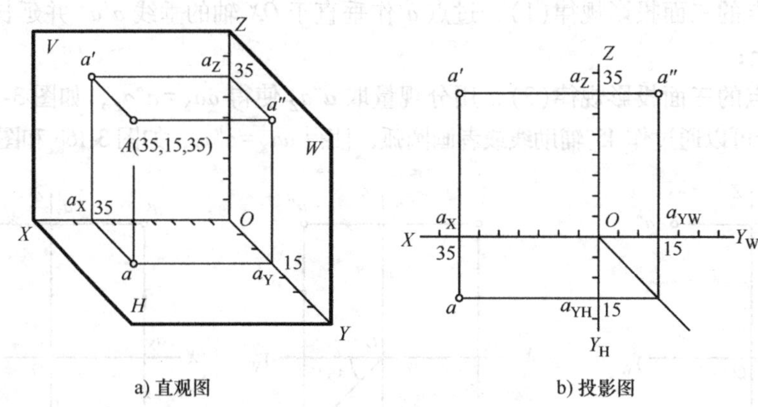

a) 直观图 b) 投影图

图 3-18 根据直角坐标求点的三面投影

4. 特殊位置点的投影

（1）投影面上的点。点处于投影面上时，点在该投影面上的投影与空间点本身重合，其余两投影在相应的投影轴上，如图 3-19 所示点 A、点 B。

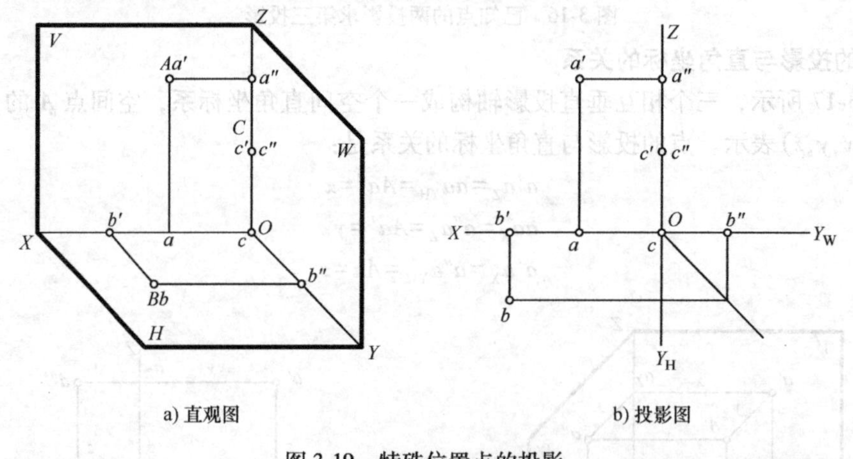

a) 直观图 b) 投影图

图 3-19 特殊位置点的投影

（2）投影轴上的点。点处于投影轴上时，其两面投影都与空间点本身重合，第三投影落在 O 点，如图 3-19 所示点 C。

3.3.3 点的相对位置

空间两点的相对位置是指空间两点的上下、左右、前后位置关系，可以用它们的绝对坐标之差 ΔX、ΔY、ΔZ 来表示。如图 3-20a 所示，空间点 A、点 B 的三面投影，其相对位置是：点 B 在点 A 左方距离为 ΔX 处，上方距离为 ΔZ 处，后方距离为 ΔY 处。因此，如果已知点 A 的三面投影，又知点 B 与点 A 的相对位置，即使不画投影轴，也可以确定点 B 的三面投影，如图 3-20b 所示。这就形成了无轴投影图，此时并不关心点到投影面的距离，而只关心它们的相对位置保持不变。

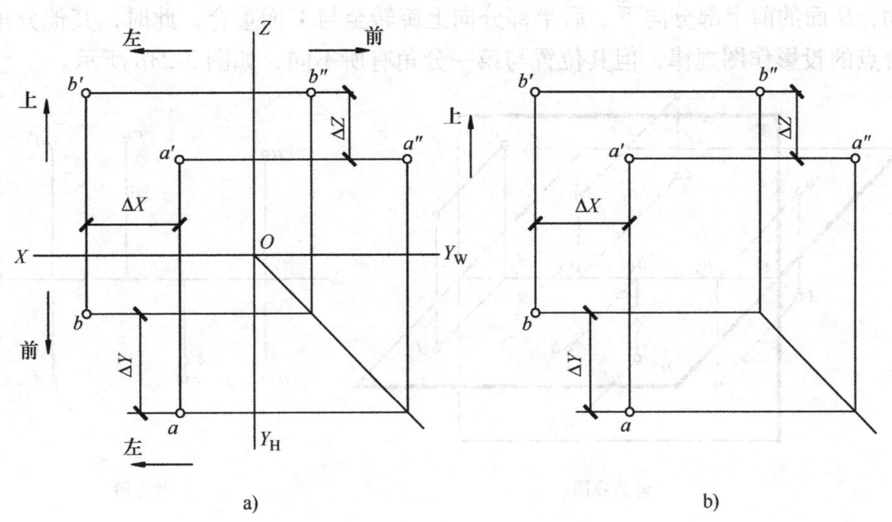

图 3-20　两点的相对位置

当空间两点位于同一投射线上时，它们在投影面上的投影重合，称为该投影面的重影点。如图 3-21 所示，A 点在 B 点的正上方，两点的 H 面投影 a、b 重影；同样，C 点在 D 点的正前方，两点的 V 面投影 c′、d′重影。

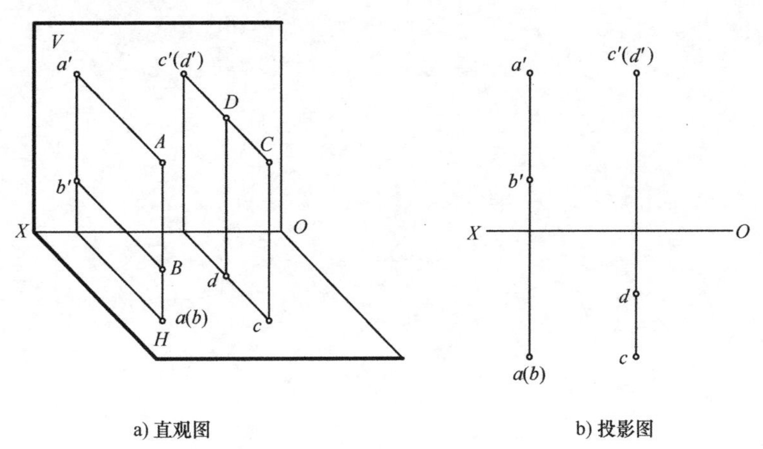

a) 直观图　　b) 投影图

图 3-21　重影点

对于投影面的重影点，如何判断它们的可见性，依赖于它们的另一投影，其基本规律是：对 H 面的重影点，通过它们的 V 面投影高低判别其可见性，位于上方的点可见，下方的点不可见；对 V 面的重影点，通过它们的 H 面投影前后判别其可见性，前方的点可见，后方的点不可见。

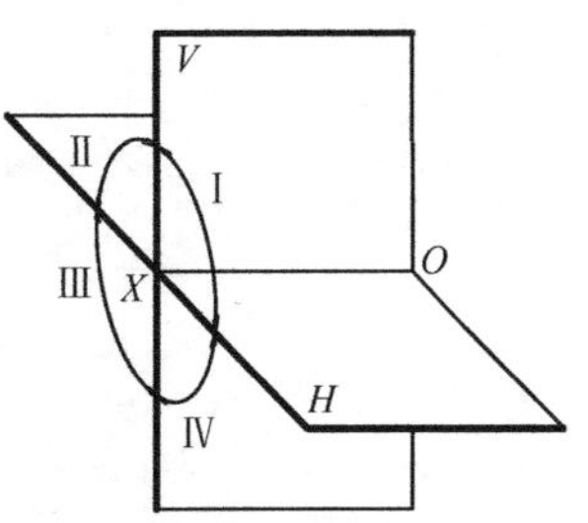

图 3-22　空间的 4 个分角

3.3.4　其他分角点的投影

如图 3-22 所示，在两面投影体系中，如果把 V 面和 H 面延伸，即可把空间分成 4 个部分，也称 4 个分角，分别是Ⅰ、Ⅱ、Ⅲ、Ⅳ分角。点位于其他分角时，其投影如图 3-23a 所示。V 面保持不动，H 面的前半部分向下、后半部分向上旋转至与 V 面重合，此时，其他分角点的投影仍符合点的投影作图规律，但其位置与第一分角有所不同，如图 3-23b 所示。

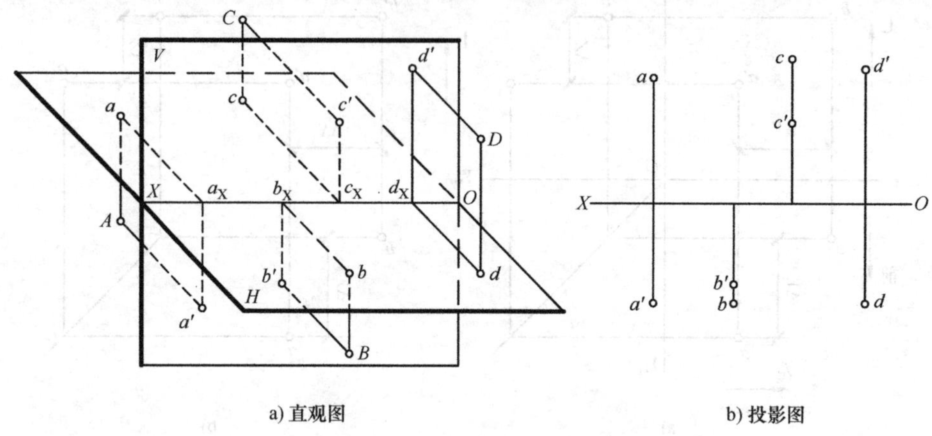

a) 直观图　　b) 投影图

图 3-23　其他分角的点投影

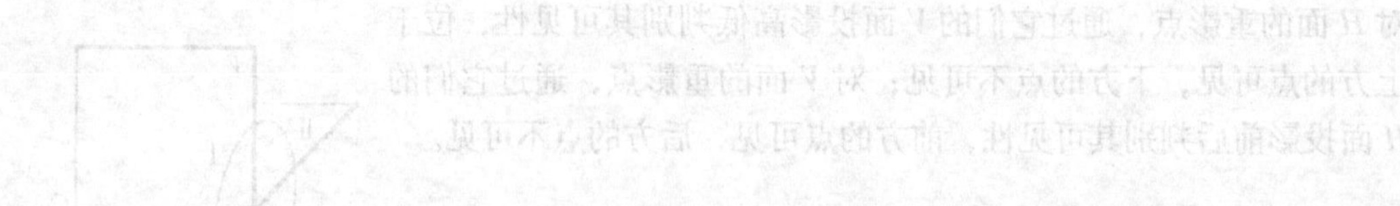

第4章 直线的投影

4.1 直线的投影及分析

4.1.1 直线的投影表示

直线在空间的位置可由直线上的任意两点确定。要作直线的各个投影，一般只需作出该直线上任意两点(通常取线段的两个端点)在各个投影面上的投影，然后分别用粗实线连接两点在同一投影面上的投影(简称同面投影)，即可得到直线的投影图，如图 4-1a 所示。

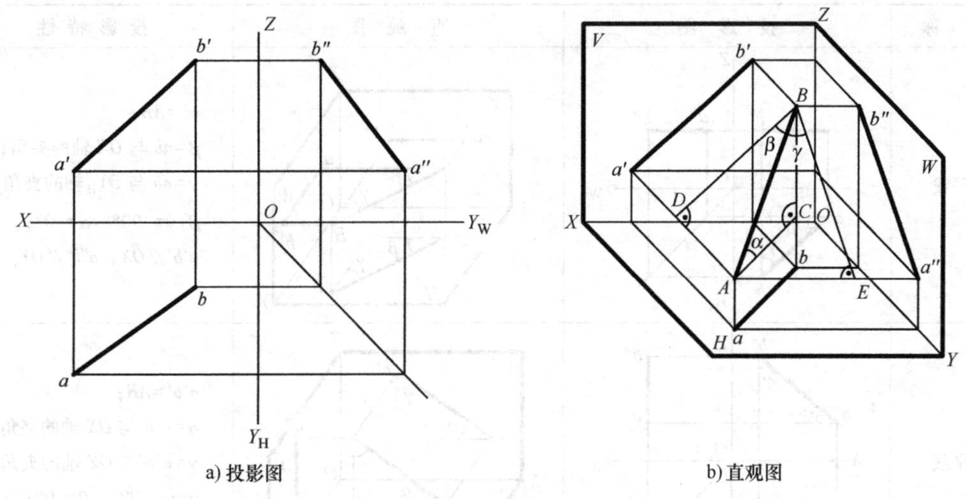

图 4-1 一般位置直线的投影

另外，已知属于直线的一点的投影和该直线方向的投影，也可画出该直线的投影。

4.1.2 各种位置直线及投影特性

在三面投影体系中，按直线与 *H*、*V*、*W* 面的相对位置，分为一般位置直线、投影面平行线和投影面垂直线三大类。

1. 一般位置直线

与三个基本投影面既不平行也不垂直的直线称为一般位置直线。如图 4-1b 所示，直线与其在某投影面上的投影之间所夹锐角记作直线对该投影面的倾角，在此规定直线与 *H*、*V* 及 *W* 三投影面的夹角分别用 α、β、γ 来表示。显然，一般位置直线的这三个倾角既不等于0°，也不等于90°。

图 4-1b 中，过点 *A* 作 *AC* 与 *ab* 平行，$\angle BAC$ 为 *AB* 对 *H* 面的倾角 α。同理 $\angle ABD=\beta$，$\angle ABE=\gamma$。*AB* 的三投影长度是 $ab=AB\cos\alpha$，$a'b'=AB\cos\beta$，$a''b''=AB\cos\gamma$。由于 α、β、γ 大于0°且小于90°，故 ab、$a'b'$、$a''b''$都小于 *AB* 的实长。因 *AB* 倾斜于各投影面，故其上各点坐标不同。因此，一般位置直线的投影特性为：三个投影均不反映实长，三个投影均与投影轴倾斜，

投影与投影轴的夹角均不反映空间直线对投影面的倾角，如图 4-1a 所示。

2. 投影面平行线

只平行于一个投影面，并与另外两投影面倾斜的直线，称为投影面的平行线。依直线所平行的投影面不同，投影面平行线可分为：

（1）水平线——只平行于 *H* 面的直线；

（2）正平线——只平行于 *V* 面的直线；

（3）侧平线——只平行于 *W* 面的直线。

投影面平行线的投影特性如表 4-1 所示，可概括阐述为：

（1）在直线所平行的投影面上的投影，反映空间直线的实长，且与属于该投影面的两投影轴倾斜，与此两投影轴的夹角反映空间直线与另外两投影面的倾角。

（2）在另外两投影面上的投影平行于相应的投影轴，其投影长度均小于实长，其投影位置可反映该直线与所平行的投影面的距离。

表 4-1 投影面平行线的投影特性

名 称	投 影 图	直 观 图	投 影 特 性
水平线	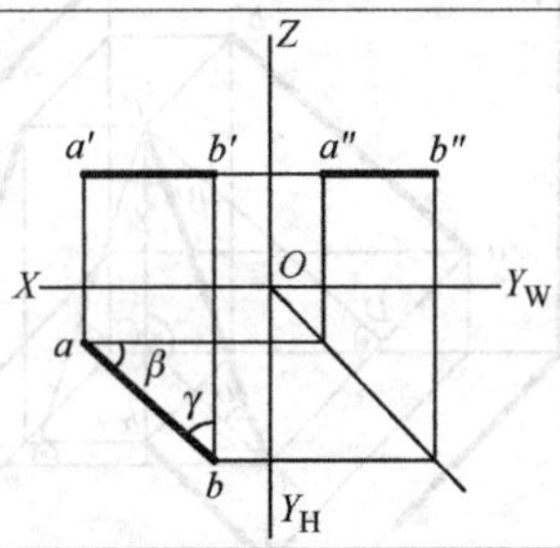	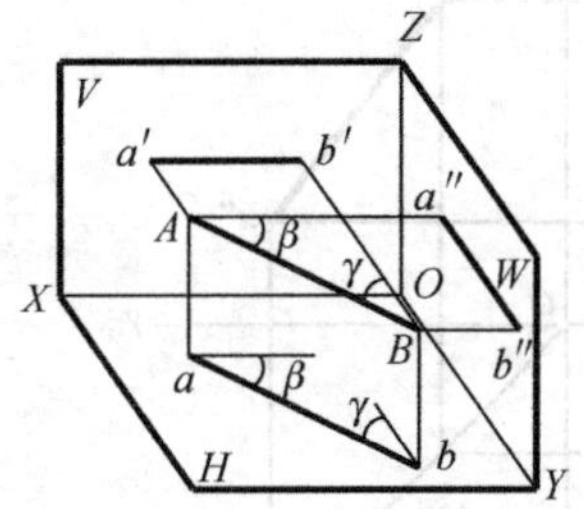	$ab=AB$; $\beta=ab$ 与 OX 轴的夹角； $\gamma=ab$ 与 OY_H 轴的夹角； $\beta+\gamma=90°$，$\alpha=0°$； $a'b'//OX$，$a''b''//OY_W$
正平线	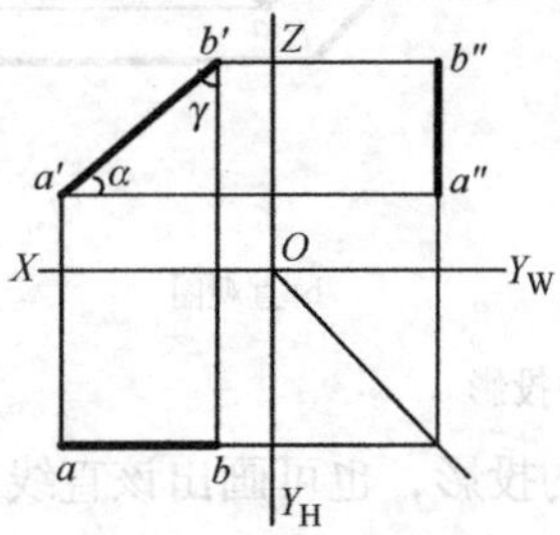	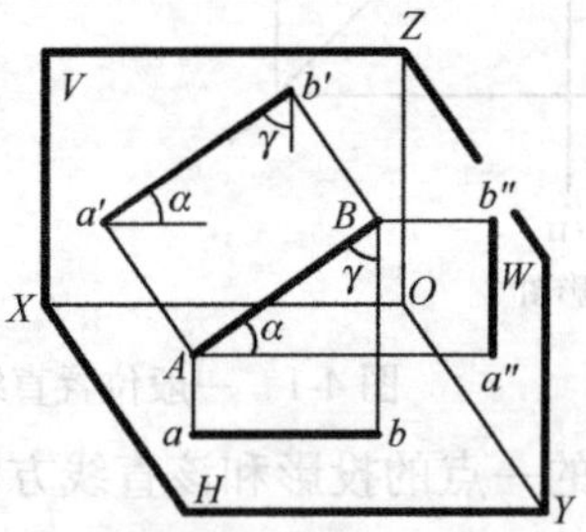	$a'b'=AB$; $\alpha=a'b'$ 与 OX 轴的夹角； $\gamma=a'b'$ 与 OZ 轴的夹角； $\alpha+\gamma=90°$，$\beta=0°$； $ab//OX$，$a''b''//OZ$
侧平线	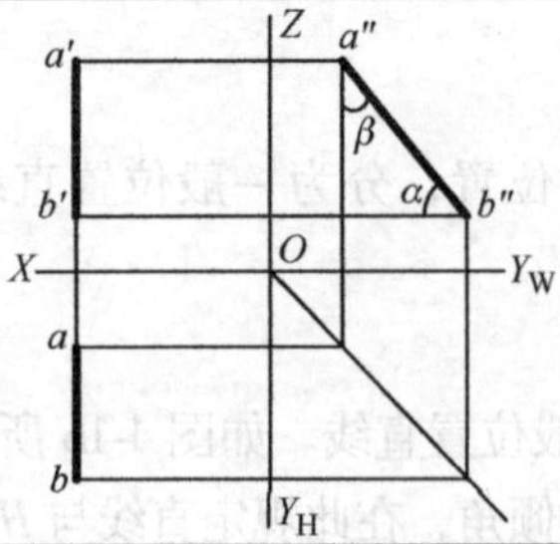	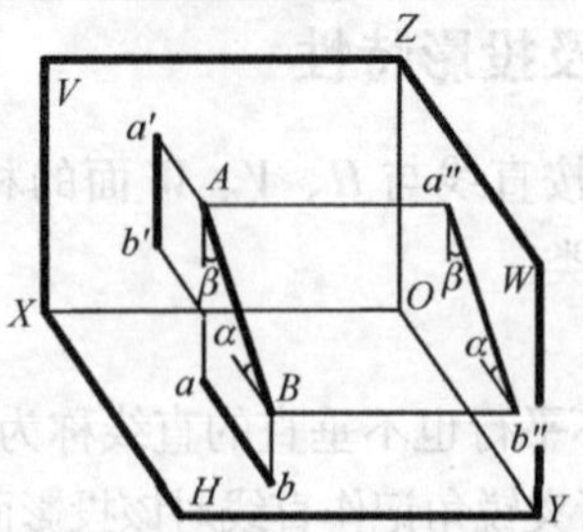	$a''b''=AB$; $\alpha=a''b''$ 与 OY_W 轴的夹角； $\beta=a''b''$ 与 OZ 轴的夹角； $\alpha+\beta=90°$，$\gamma=0°$； $ab//OY_H$，$a'b'//OZ$

3. 投影面垂直线

与投影面垂直的直线称为投影面垂直线。垂直于一个投影面的直线，必平行于其余两个投影面，也平行于其余两投影面所共有的投影轴。

依直线所垂直的投影面不同，投影面垂直线可分为：

（1）铅垂线——与 H 面垂直的直线；

（2）正垂线——与 V 面垂直的直线；

（3）侧垂线——与 W 面垂直的直线。

投影面垂直线的投影特性如表 4-2 所示，可概括阐述为：

（1）在直线所垂直的投影面上的投影为一点，即积聚性。其投影位置可反映该直线与另外两投影面的距离。

（2）在另外两投影面上的投影垂直于相应的投影轴，并反映空间直线的实长。

表 4-2　投影面垂直线的投影特性

名　称	投影图	直观图	投影特性
铅垂线	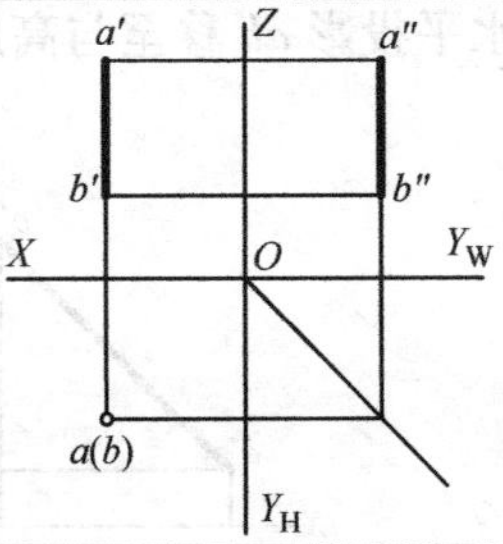 a′ Z a″ b′ b″ X O Y_W a(b) Y_H	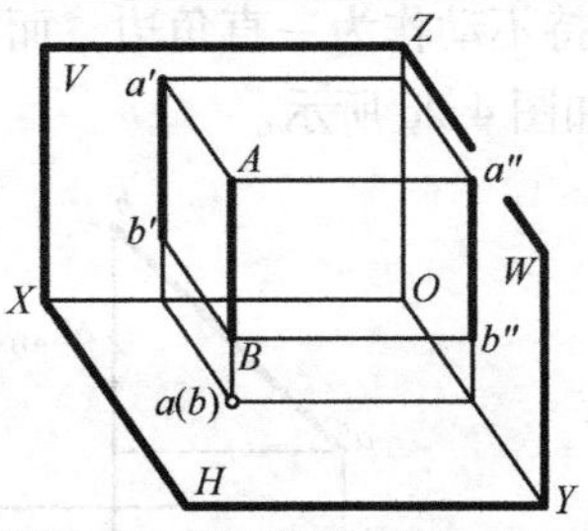 V a′ Z A a″ b′ W X O b″ B a(b) H Y	水平投影 ab 积聚为一点； $\alpha=90°$，$\beta=0°$，$\gamma=0°$； $a'b' \perp OX$，$a''b'' \perp OY_W$； $a'b'=a''b''=AB$
正垂线	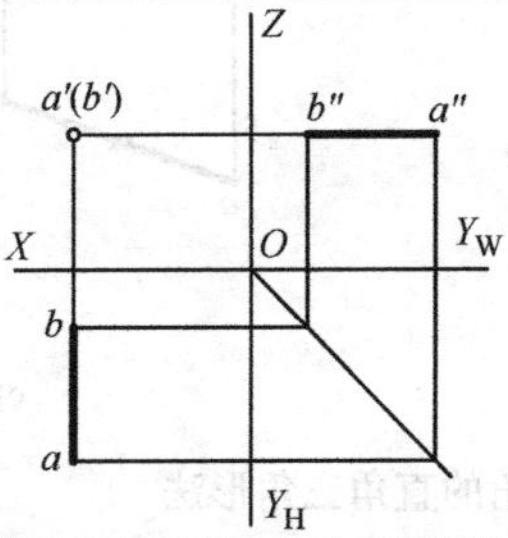 Z a′(b′) b″ a″ X O Y_W b a Y_H	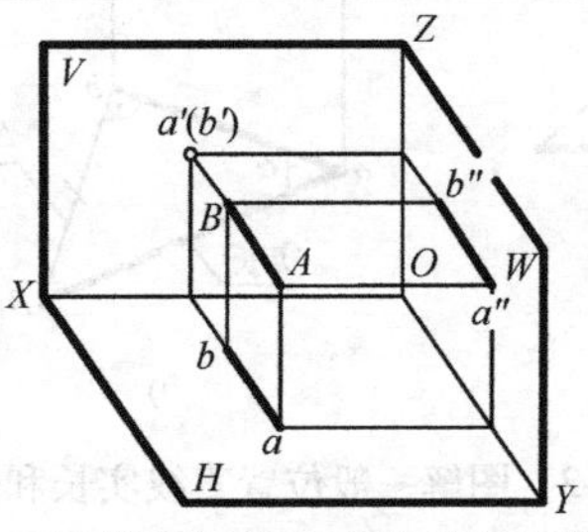 V Z a′(b′) b″ B A O W X a″ b a H Y	正面投影 $a'b'$ 积聚为一点； $\alpha=0°$，$\beta=90°$，$\gamma=0°$； $ab \perp OX$，$a''b'' \perp OZ$； $ab=a''b''=AB$
侧垂线	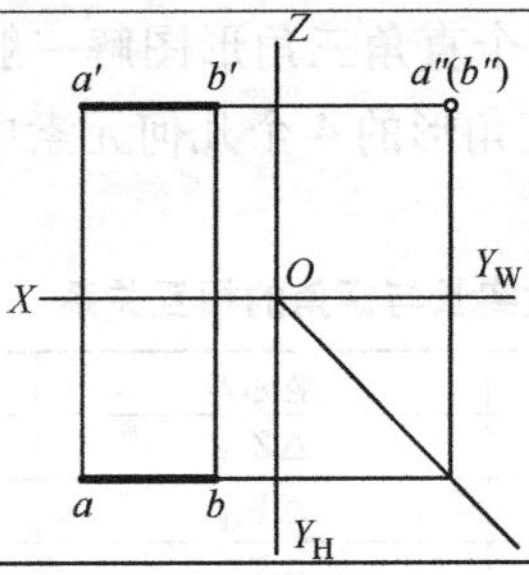 a′ b′ Z a″(b″) X O Y_W a b Y_H	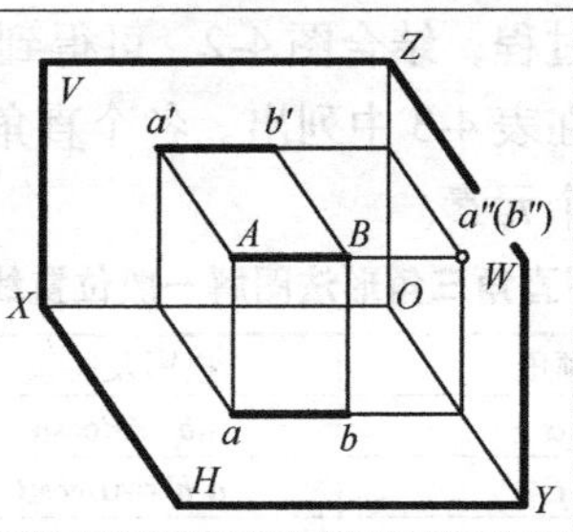 V Z a′ b′ A B a″(b″) W X O a b H Y	侧面投影 $a''b''$ 积聚为一点； $\alpha=0°$，$\beta=0°$，$\gamma=90°$； $ab \perp OY_H$，$a'b' \perp OZ$； $ab=a'b'=AB$

投影面平行线和投影面垂直线统称为特殊位置直线。其判断方法是：只要有一投影平行投影轴，即为特殊位置直线；另一投影积聚为一点，则为该投影面的垂直线；或另有一投影倾斜投影轴，则为该投影面的平行线。

4.1.3　一般位置直线的实长及倾角

与特殊位置直线不同，一般位置直线的三个投影既不反映实长，也不反映空间直线与任何投影面的倾角。但是，可以根据直线的投影，按一定的几何关系，通过图解的方法求得该直线的实长及对投影面的倾角。工程上常用的方法为直角三角形法。

图 4-2a 所示为一般位置直线 AB 的直观图。分析线段 AB 和它的投影之间的关系，以寻找

求线段实长的图解方法。在平面 $AabB$ 中，过点 A 作 AC 平行 ab，$\triangle ABC$ 为直角三角形。在此直角三角形中，$\angle BAC$ 为直线 AB 对 H 面的倾角，斜边 AB 即为直线实长，而直角边 AC 等于 ab，另一直角边 BC 等于直线两端点 B 和 A 的 Z 坐标差，即 $BC=\Delta Z_{AB}=|Z_B-Z_A|$。该直角三角形可以由直线投影图的已知信息来构造，如图 4-2b 所示。作图过程之一如下：

（1）以水平投影 ab 为一直角边；

（2）过 b 作 $bB_1 \perp ab$，截取 bB_1 等于 ΔZ_{AB}，从而确定 B_1，即另一直角边；

（3）连接 aB_1，即斜边；

（4）直角三角形 abB_1 即为空间直角三角形 ABC 的实形，aB_1 为直线 AB 的实长，$\angle baB_1$ 为直线 AB 对 H 面的倾角 α。

也可将高度差 ΔZ_{AB} 保持不动作为一直角边，而将水平投影 ab 移至与高度差垂直的水平线上构造此直角三角形，如图 4-2c 所示。

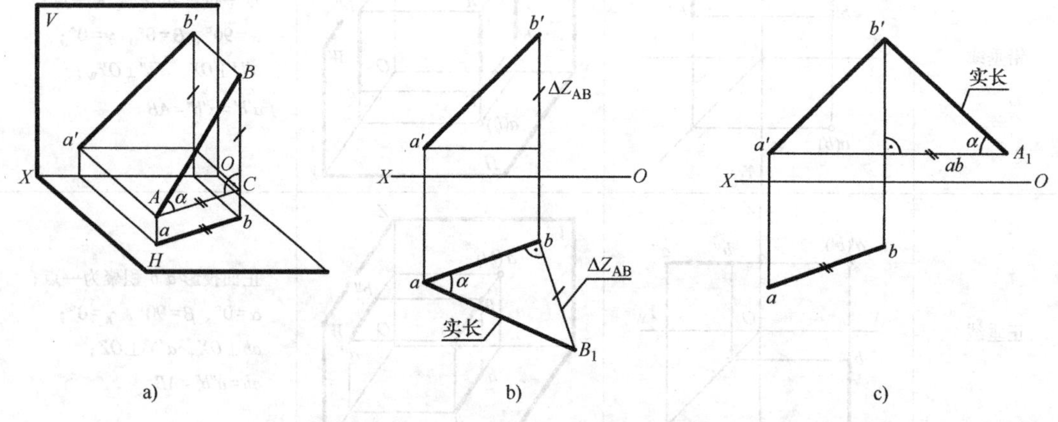

图 4-2　图解一般位置直线实长和倾角的直角三角形法

分析直角三角形构造过程，结合图 4-2，可得到三个直角三角形图解一般位置线段实长与三个倾角的相互关系，在表 4-3 中列出。各个直角三角形的 4 个几何元素中，已知任意两个元素，可以求出其他两个元素。

表 4-3　用直角三角形法图解一般位置线段实长与倾角的相互关系

名称	倾角	投影及关系	坐标差	实长
α 三角形	α	$ab=AB\cos\alpha$	ΔZ_{AB}	AB
β 三角形	β	$a'b'=AB\cos\beta$	ΔY_{AB}	AB
γ 三角形	γ	$a''b''=AB\cos\gamma$	ΔX_{AB}	AB

【例 4-1】 如图 4-3a 所示，已知直线段 AB 的正面投影 $a'b'$ 及 A 点的水平投影 a，且点 B 比点 A 靠前，直线与 H 面倾角 $\alpha=30°$，完成 AB 的水平投影。

分析与作图：

由于给定了 α 角度，则需放到 α 三角形中求解。已知线段 AB 的正面投影图，即知 ΔZ_{AB}，只需求出水平投影 ab，即可作出图解。

① 如图 4-3b 所示，利用高度差 ΔZ_{AB} 作为一直角边，过 a' 作与高度差夹角为 60°的直线（即可保证 $\alpha=30°$），从而求得水平投影的长度 ab；

② 以 A 点的水平投影 a 为圆心，ab 为半径画弧，从 b' 作竖直线与圆弧交得 b，连线 ab。

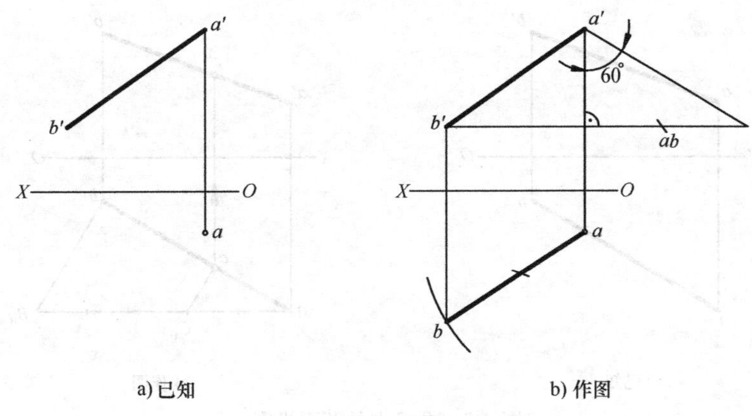

a) 已知　　b) 作图

图 4-3 完成 *AB* 的水平投影

4.2 直线上的点

4.2.1 直线上点的投影特性

由正投影从属性可知，点属于直线，则点的各面投影必属于直线的同面投影。如图 4-4 所示，$C \in AB$，则 $c \in ab$、$c' \in a'b'$、$c'' \in a''b''$，且 $cc' \perp OX$，$c'c'' \perp OZ$，$cc_X = c''c_Z$。反之，若点的三个投影均分别属于直线的三个投影，则该点属于直线。

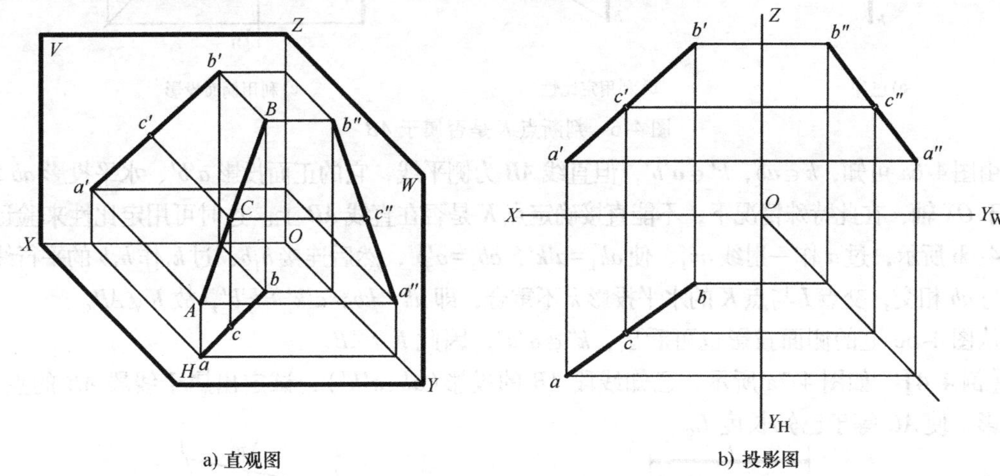

a) 直观图　　b) 投影图

图 4-4 直线上点的投影

由正投影定比性可知，满足从属性的点，分线段之比其投影后保持不变。图 4-4 中，$AC : CB = ac : cb = a'c' : c'b' = a''c'' : c''b''$。

【例 4-2】 如图 4-5a 所示，已知 *C* 点属于 *AB*，且 $AC : CB = 2 : 3$，求 *C* 点的两面投影。

分析与作图：

如图 4-5b 所示，用初等几何作图方法，先将一个投影如 *ab* 分成 2∶3，定出点 *c*，然后过 *c* 点作垂直于 *OX* 轴的投影连线，交 $a'b'$ 于点 c'，点 $C(c、c')$ 即为所求。

【例 4-3】 如图 4-6a 所示，已知线段 *AB* 及点 *K* 的投影，试判断点 *K* 是否属于 *AB*。

分析与作图：

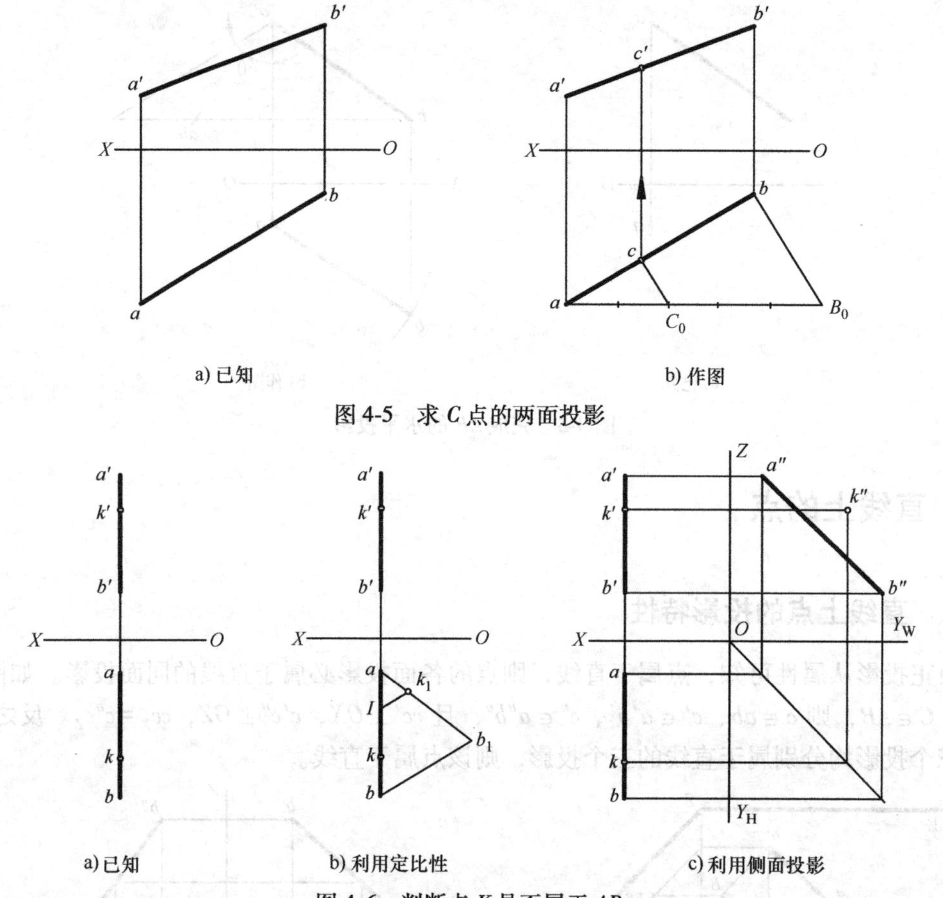

图 4-5 求 C 点的两面投影

图 4-6 判断点 K 是否属于 AB

由图 4-6a 可知，$k \in ab$，$k' \in a'b'$，但直线 AB 为侧平线，它的正面投影 $a'b'$、水平投影 ab 均垂直于 OX 轴，在此特殊情况下，不能直接确定点 K 是否在直线 AB 上。这时可用定比性来验证。如图 4-6b 所示，过 a 作一射线 ab_1，使 $ak_1=a'k'$，$ab_1=a'b'$，然后连接 b_1b，过 k_1 作 b_1b 的平行线，使其与 ab 相交，交点 I 与点 K 的水平投影 k 不重合，即 $ak:kb \neq a'k':k'b'$，故 $K \notin AB$。

从图 4-6c 上的侧面投影也可看出，$k'' \notin a''b''$，因此 $K \notin AB$。

【例 4-4】 如图 4-7a 所示，已知线段 AB 的投影(ab、$a'b'$)，试定出属于线段 AB 的点 C 的投影，使 AC 等于已知长度 L。

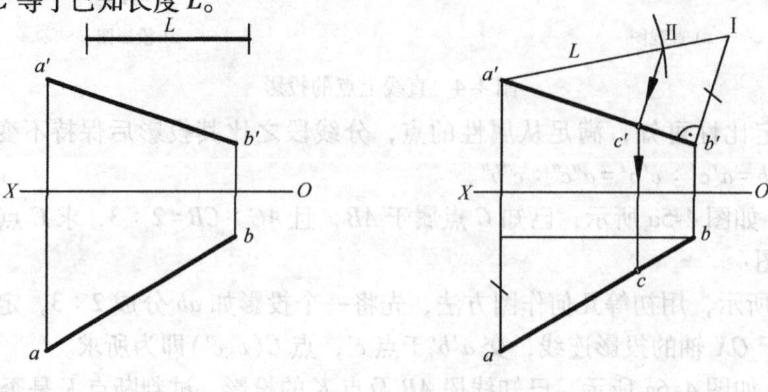

图 4-7 确定 C 点的投影

分析与作图：

① 如图 4-7b 所示，在 β 三角形中，先用直角三角形法求线段 AB 的实长 a'Ⅰ；

② 在实长 a'Ⅰ上截取长度为 L 的线段 a'Ⅱ，过点Ⅱ作Ⅱc' // Ⅰb'，Ⅱc'交 $a'b'$于点 c'，由 c'定出 c，点 $C(c、c')$即为所求。这里用到了点分线段的定比性。

4.2.2　直线的迹点

直线与投影面的交点称为该直线的迹点，它属于直线的特殊点。在三面投影体系中，一般位置直线有三个迹点，投影面平行线只有两个迹点，投影面垂直线只有一个迹点。直线与 H 面的交点称为水平迹点，常以 M 标记；与 V 面和 W 面的交点分别称为正面迹点和侧面迹点，分别以 N、S 标记。

如图 4-8 所示，迹点的投影具有直线上点和投影面上点的共同特点：

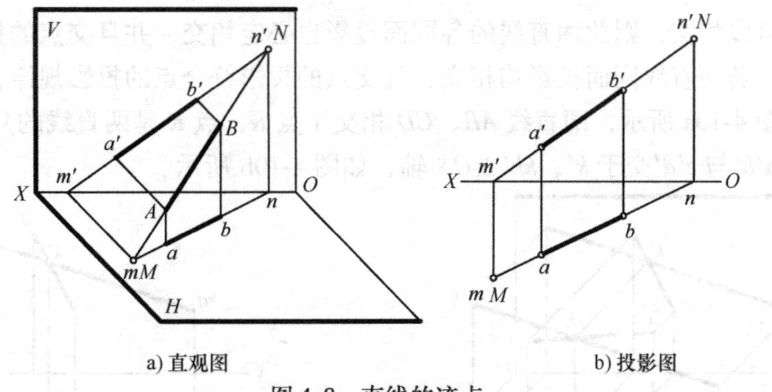

a) 直观图　　b) 投影图

图 4-8　直线的迹点

（1）迹点的投影必在直线的同面投影上（m、n 属于 ab，m'、n'属于 $a'b'$）；

（2）迹点的一个投影必在投影轴上（m'、n 在 OX 轴上）。

因此，直线的投影和投影轴的交点就是直线相应迹点的一个投影，另一投影可根据直线上点的投影规律求出。

4.3　两直线的相对位置关系

空间两直线的相对位置有三种情况：平行、相交和交叉。其中平行、相交的两直线是共面直线，交叉两直线是既不平行又不相交的两直线，是异面直线。相交和交叉两直线在空间存在一种垂直的特殊位置关系。

1. 平行

由正投影平行性可知，空间两平行直线的同面投影也相互平行。即若 AB // CD，则 ab // cd，$a'b'$ // $c'd'$，同理 $a''b''$ // $c''d''$(图中未示出)。反之，若两直线的三个同面投影均分别相互平行，则可判定该两直线在空间也平行，如图 4-9 所示。

当两直线为一般位置直线时，由两个投影面上的投影分别相互平行，即可确定该两直线相互平行。

当两直线同时平行于某一投影面时，可通过观察在该投影面上的投影来确定它们在空间是否平行。当两直线同时垂直某一投影面时，此两直线在空间一定平行。

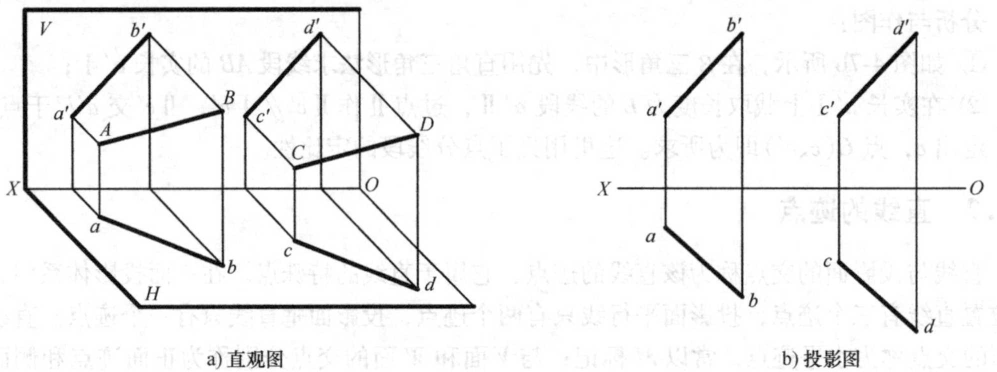

a) 直观图　　b) 投影图

图 4-9　两一般位置直线平行

2. 相交

若空间两直线相交，则此两直线的各同面投影也必定相交，并且交点的投影符合点的投影规律。反之，若两直线同面投影均相交，且交点的投影符合点的投影规律，则该两直线在空间相交。如图 4-10a 所示，两直线 AB、CD 相交于点 K，点 K 是两直线的共有点，所以 ab 与 cd 交于 k，$a'b'$与 $c'd'$交于 k'，$kk'\perp OX$ 轴，如图 4-10b 所示。

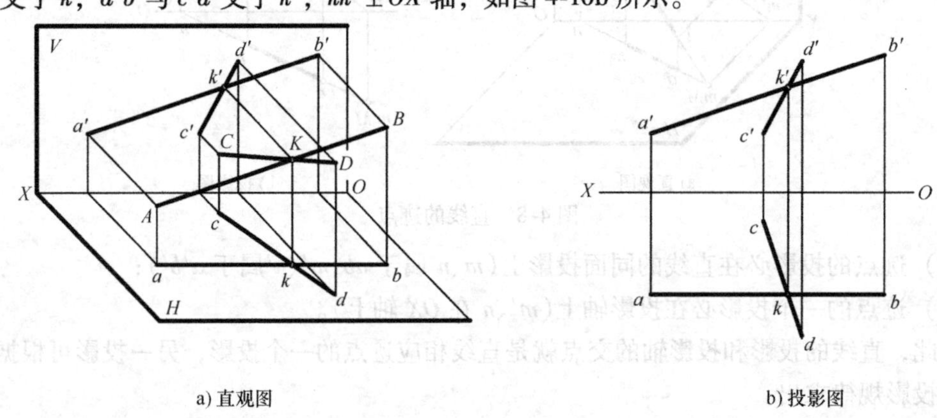

a) 直观图　　b) 投影图

图 4-10　相交两直线

3. 交叉

空间两条既不平行又不相交的直线，称为交叉两直线。

分析图 4-11 所示的 AB 和 CD 的相对位置和可见性。它们的水平面投影 ab 与 cd 似乎交于一点 2(1)，实为交叉两直线对 H 面的重影点的投影，点Ⅱ比点Ⅰ高，故可判定直线 CD 在直线 AB 的上面。点 3′(4′)为交叉两直线对 V 面的重影点的投影，点Ⅲ在点Ⅳ前面，故可判定直线 AB 在直线 CD 的前面。

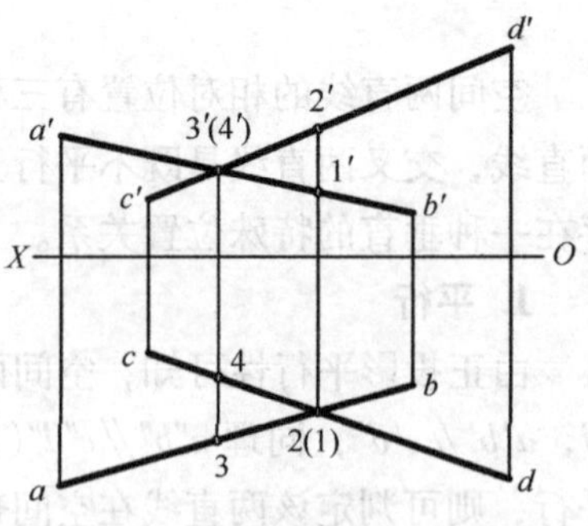

图 4-11　交叉两直线及重影点

【例 4-5】　如图 4-12a，已知直线 EF 与直线 GH 的 V、H 两面投影，判别其是否平行。

分析与作图：

首先排除相交，由于两条直线均为侧平线，并且无反映实长的投影，不能直接根据已给

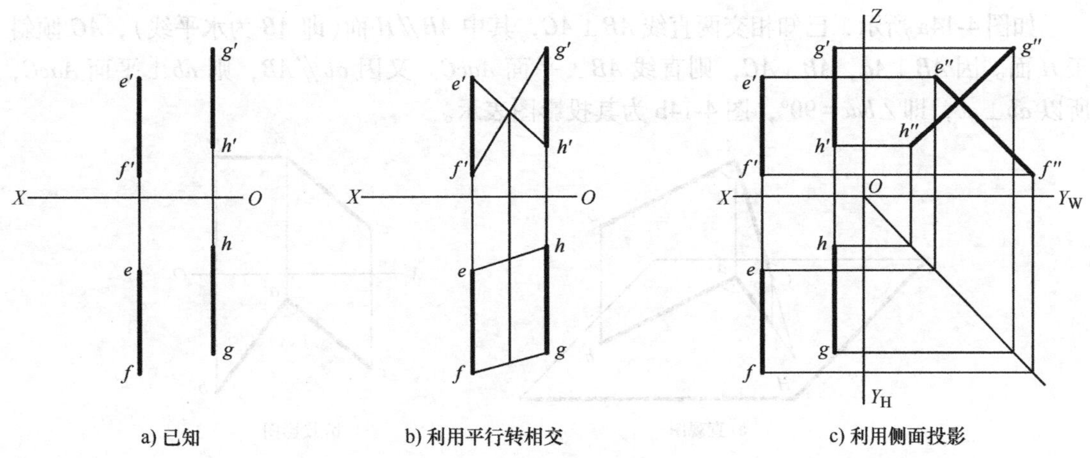

图 4-12　判别两直线平行

投影判别其相对位置，需通过作辅助线或补第三投影判别。

（1）如图 4-12b，通过连 *EH* 直线、*FG* 直线的两投影，判别 *EH*、*FG* 两直线为交叉直线，说明两平行直线未能转化为两相交直线，故原直线不平行，即两直线交叉；

（2）如图 4-13c，通过补画第三投影可知，所给两直线不平行。

【例 4-6】 如图 4-13a，已知直线 *AB* 与直线 *CD* 的 *V*、*H* 两面投影，判别其是否相交。

分析与作图：

首先排除两直线平行，然后判别其是否相交，可根据定比性或补侧面投影作图。

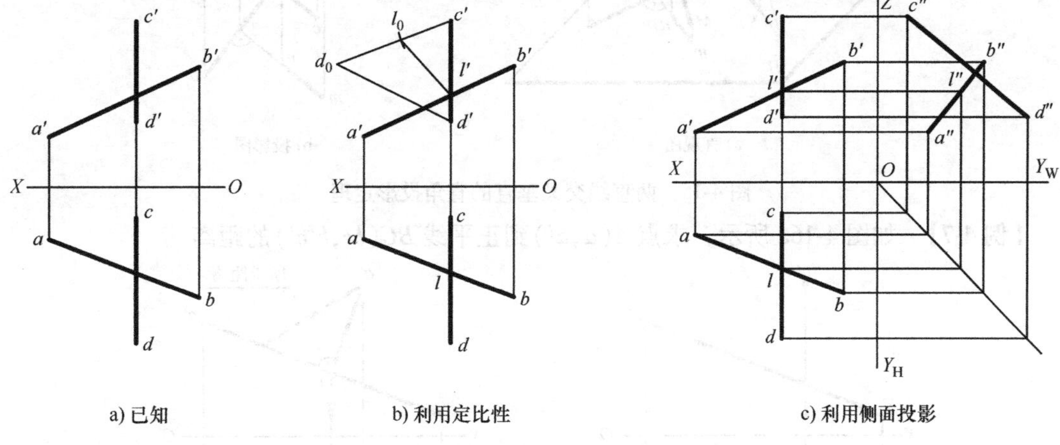

a) 已知
b) 利用定比性
c) 利用侧面投影

图 4-13　判别两直线相交

（1）如图 4-13b 所示，$c'l' : l'd' \neq cl : ld$，因此点 *L* 不属于直线 *CD*，故可确定 *AB* 和 *CD* 无共有点，不相交，故两直线交叉。

（2）也可画出侧面投影，判断其不相交，如图 4-13c 所示。

4. 直角投影定理

当互相垂直的两直线中，有一条直线平行于某一投影面，则此两直线在该投影面上的投影互相垂直，通常称之为直角投影定理。

若两直线在同一投影面的投影成直角，且有一条直线平行于该投影面，则空间两直线互相垂直，这可称之为直角投影定理的逆定理。

如图 4-14a 所示，已知相交两直线 $AB \perp AC$，其中 $AB /\!/ H$ 面(即 AB 为水平线)，AC 倾斜于 H 面。因 $AB \perp Aa$，$AB \perp AC$，则直线 $AB \perp$ 平面 $AacC$。又因 $ab /\!/ AB$，则 $ab \perp$ 平面 $AacC$，所以 $ab \perp ac$，即 $\angle bac = 90°$，图 4-14b 为其投影图表示。

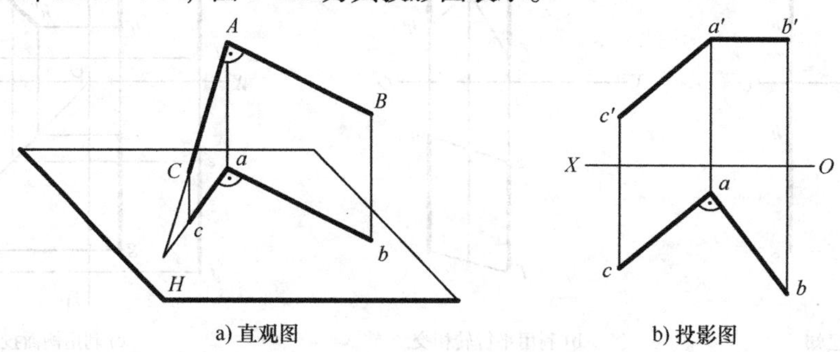

a) 直观图　　b) 投影图

图 4-14　两直线相交垂直的直角投影定理

如图 4-15a 所示，已知直线 $MN /\!/ AC$ 并与 AB 交叉，而直线 $AC \perp AB$，且 $AB /\!/ H$ 面，AC 倾斜于 H 面。由图 4-14a 分析可得 $ab \perp ac$。因 $MN /\!/ AC$，则其投影 $ac /\!/ mn$，故 $ab \perp mn$。但此时直线 MN 与直线 AB 无共有点，属交叉垂直关系，图 4-15b 为其投影图表示。

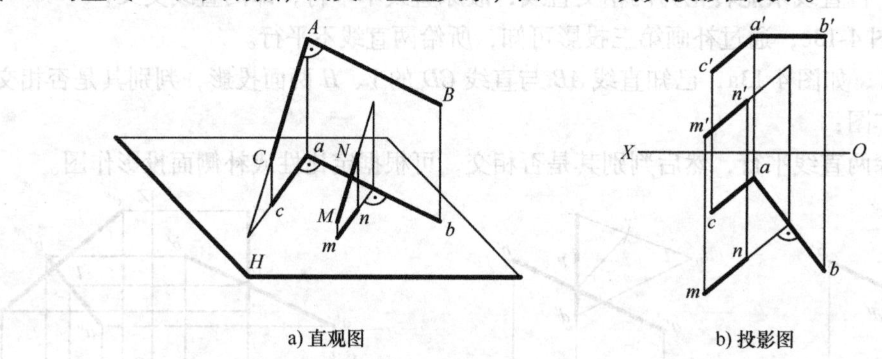

a) 直观图　　b) 投影图

图 4-15　两直线交叉垂直的直角投影定理

【例 4-7】　如图 4-16a 所示，求点 $A(a,a')$ 到正平线 $BC(bc,b'c')$ 的距离。

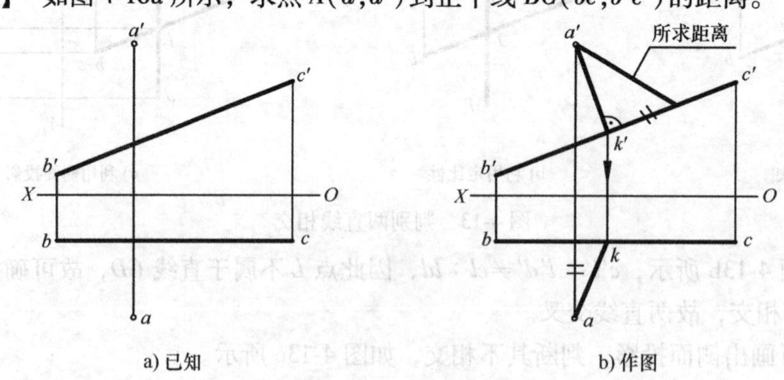

a) 已知　　b) 作图

图 4-16　求作点到正平线的距离

分析及作图：

点到直线的距离是指该点到直线的垂直距离。图 4-16a 中，由于 BC 为一正平线，所以向 BC 引垂直相交直线，在正面投影必与 $b'c'$ 相交成直角。

如图4-16b所示，首先过a'作$b'c'$的垂直线，得垂足K的正面投影k'，根据k'在bc投影上确定垂足K的水平投影k；然后连接$a'k'$、$a\ k$得到垂直线AK的两面投影。最后，用直角三角形法求出AK的实长，即为所求。

【例4-8】 如图4-17a所示，已知$AB(ab、a'b')$、$CD(cd、c'd')$是两条交叉直线，其中CD为铅垂线，求两直线之间的距离及投影。

分析及作图：

两交叉直线的距离就是两直线公垂线的实长。如图4-17a所示，CD为铅垂线，与CD垂直的公垂线MN一定平行于H面，并在H面投影反映实长。由于空间$MN\perp AB$，依据直角投影定理，则$mn\perp ab$；由于CD的水平投影cd有积聚性，垂足N的水平投影n为已知，因此公垂线的水平投影可直接作$mn\perp ab$，从而得出另一垂足M的水平投影m，由m求出m'，即可作出公垂线的正面投影$m'n'$平行于OX轴。作图结果如图4-17b所示。

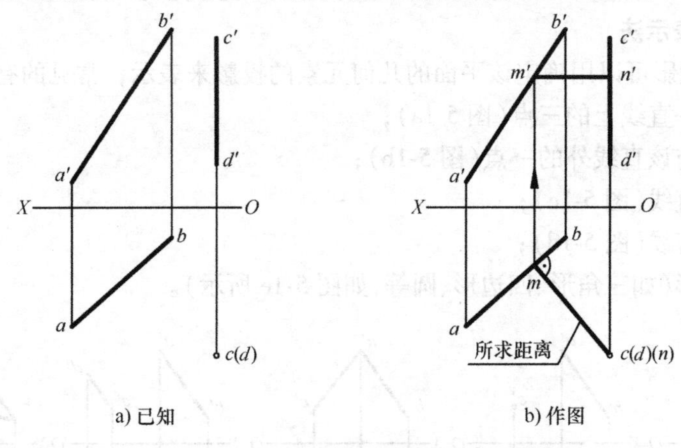

图4-17　求交叉两直线之间的距离及投影

第5章　平面的投影

5.1 平面的投影及分析

5.1.1 平面的投影表示

在投影图中表示平面的方法有：几何元素表示法和迹线表示法。

1. 几何元素表示法

空间平面的投影可以用确定该平面的几何元素的投影来表示，常见的有五种形式：

（1）不在同一直线上的三点(图 5-1a)；

（2）一直线与该直线外的一点(图 5-1b)；

（3）相交两直线(图 5-1c)；

（4）平行两直线(图 5-1d)；

（5）平面图形(如三角形、四边形、圆等，如图 5-1e 所示)。

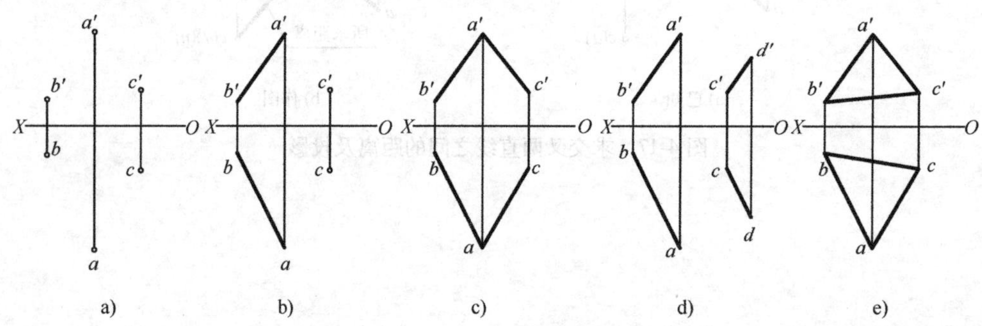

图 5-1　用几何元素表示平面的常见形式

图 5-1 用几何元素表示平面的五种形式，是可以互相转换的，即可以从其中一种形式转换为另一种形式。这种转换只是形式上的变化和使用元素的不同，表示的空间平面是同一个平面。

2. 迹线表示法

空间平面与投影面的交线称为该平面的迹线。如图 5-2a 所示，平面 P 与 H 面、V 面、W 面的交线，分别记为 P_H、P_V、P_W。如图 5-2b 所示，由定义可知，迹线是投影面上的直线，它在该投影面上的投影与空间原直线重合，用粗实线表示，并标注迹线记号；迹线在其他投影面上的投影，分别在相应的投影轴上，为了简化起见，不需再作表示和标记。如果平面的某条迹线与平面的积聚投影重合，习惯上只需将该条迹线的末端加粗，而省略另外两条迹线，此时，该平面仍能唯一确定，如图 5-2c 所示。

显然平面的两种表示方法各有优缺点，实际应用时，可根据具体情况选择。

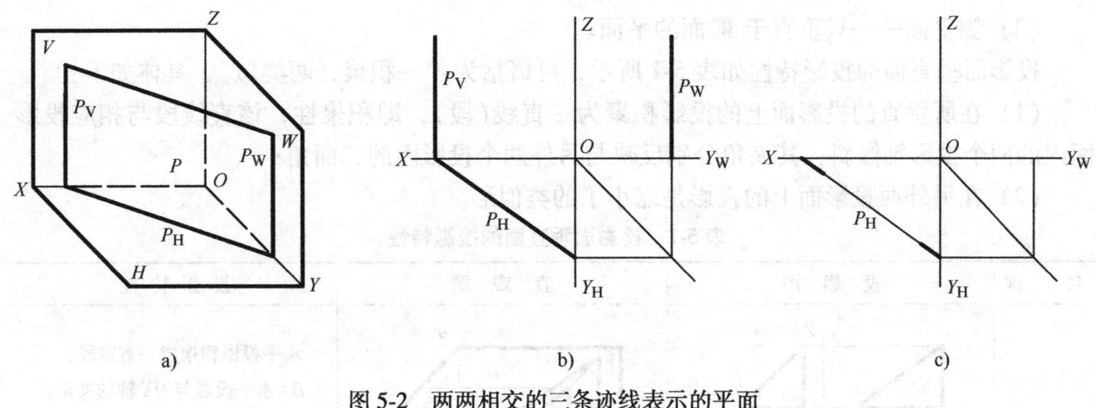

图 5-2　两两相交的三条迹线表示的平面

5.1.2　各种位置平面的投影特性

在三面投影体系中，按平面与 H、V、W 面的相对位置关系可以归纳为一般位置平面、投影面平行面和投影面垂直面三大类。

1. 一般位置平面

与三个基本投影面都不平行也不垂直的平面称为一般位置平面。平面对投影面所形成的二面角叫做平面对投影面的倾角，一般规定平面与 H、V、W 面的二面角分别用 α、β、γ 来表示。一般位置平面的这三个倾角既不等于 0°也不等于 90°。

如图 5-3 所示，一般位置平面 $\triangle ABC$ 对各个投影面都处于倾斜的位置，其各投影面上的投影都不会积聚成直线，也不反映实形，以及平面对投影面倾角的真实大小。各投影面上的投影都是比空间原图形面积缩小了的类似形。

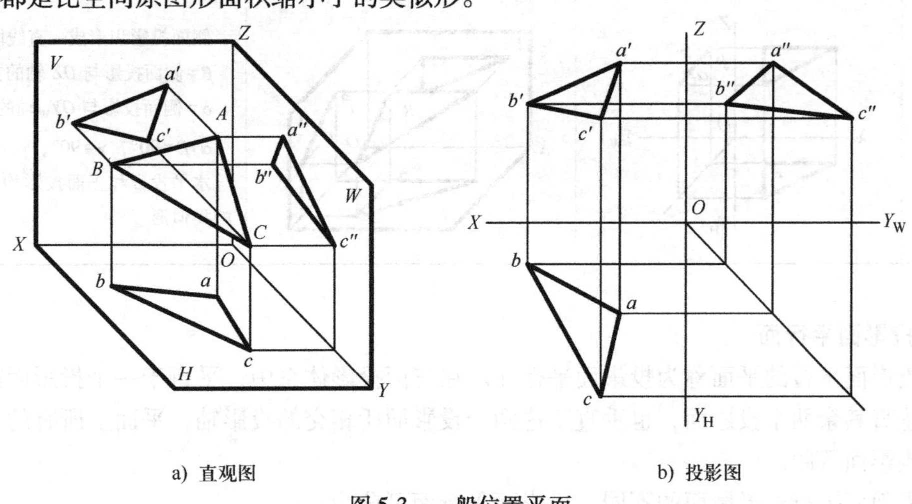

图 5-3　一般位置平面

2. 投影面垂直面

只垂直于一个投影面的平面称为投影面垂直面。在三面投影体系中，只垂直于一个投影面的平面，必与另外两个投影面倾斜。

依平面所垂直的投影面不同，投影面垂直面可分为：

（1）铅垂面——只垂直于 H 面的平面；

（2）正垂面——只垂直于 V 面的平面；

（3）侧垂面——只垂直于 W 面的平面。

投影面垂直面的投影特性如表 5-1 所示，可概括为“一积聚，两类似”，具体如下：

（1）在所垂直的投影面上的投影积聚为一直线(段)，即积聚性，该直线段与相应投影面内的两个投影轴倾斜，其夹角分别反映与另外两个投影面的二面角；

（2）在另外两投影面上的投影是缩小了的类似形。

表 5-1 投影面垂直面的投影特性

名称	投影图	直观图	投影特性
铅垂面	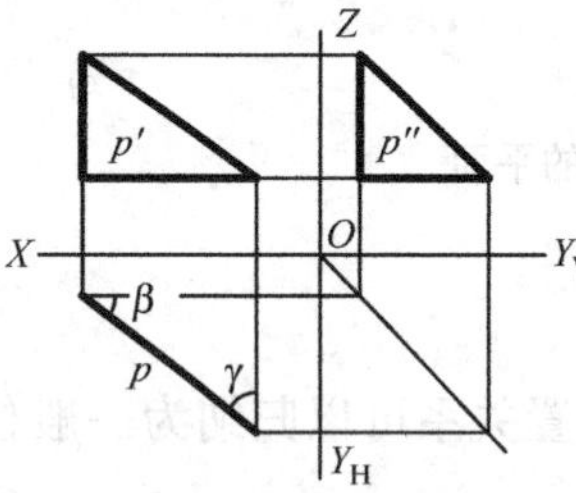	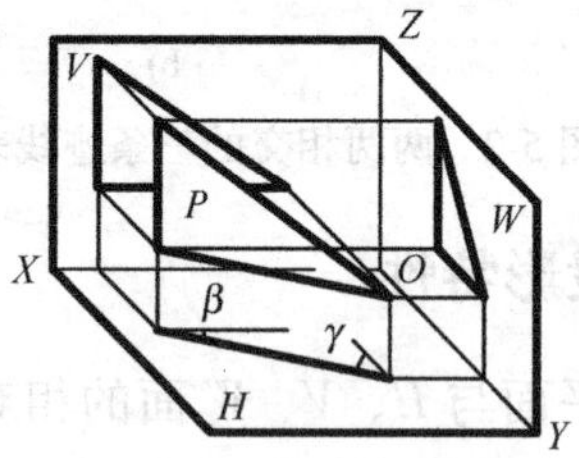	水平投影积聚成一直线段； β=水平投影与 OX 轴的夹角； γ=水平投影与 OY_H 轴的夹角； $\beta+\gamma=90°$，$\alpha=90°$； 正面投影和侧面投影均为原形的类似形
正垂面	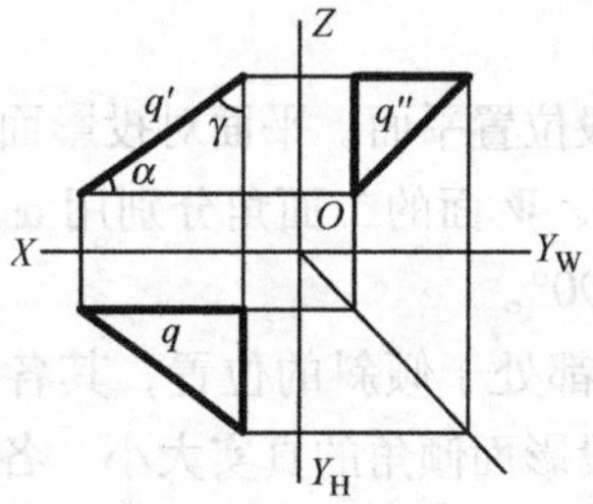	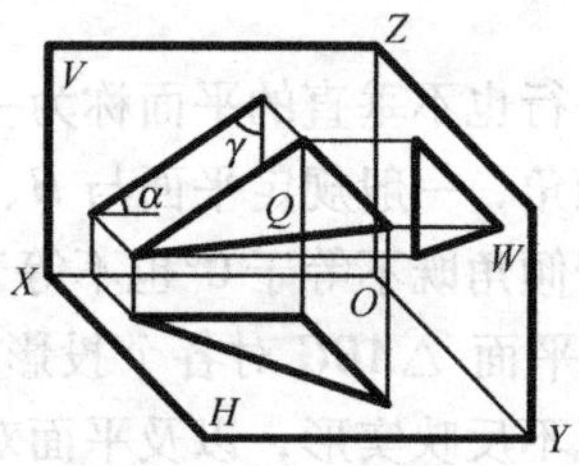	正面投影积聚成一直线段； α=正面投影与 OX 轴的夹角； γ=正面投影与 OZ 轴的夹角； $\alpha+\gamma=90°$，$\beta=90°$； 水平投影和侧面投影均为原形的类似形
侧垂面	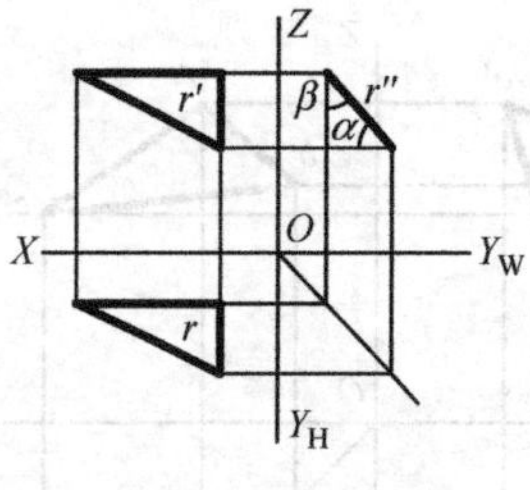	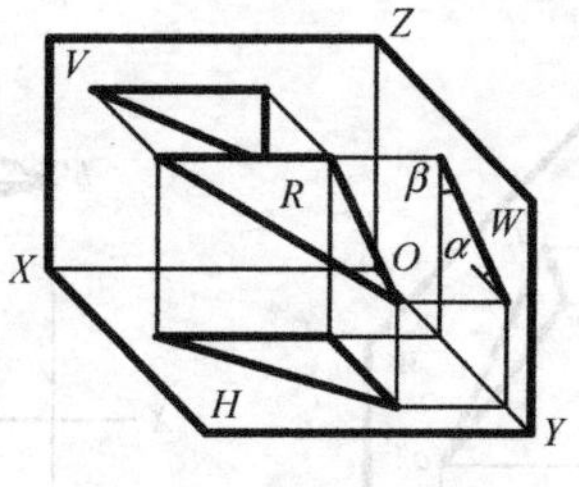	侧面投影积聚成一直线段； β=侧面投影与 OZ 轴的夹角； α=侧面投影与 OY_W 轴的夹角； $\alpha+\beta=90°$，$\gamma=90°$； 水平投影和正面投影均为原形的类似形

3. 投影面平行面

与投影面平行的平面称为投影面平行面。在三面投影体系中，平行于一个投影面的平面必同时垂直其余两个投影面，也垂直于这两个投影面所相交的投影轴，平面上所有的点与所平行的投影面等距。

依平面所平行的投影面的不同，投影面平行面可分为：

（1）水平面——与 H 面平行的平面；

（2）正平面——与 V 面平行的平面；

（3）侧平面——与 W 面平行的平面。

投影面平行面的投影特性如表 5-2 所示，可概括为“一实形，两积聚”，具体如下：

（1）在平面所平行的投影面上的投影反映实形，即显实性；

（2）在另外两投影面上的投影分别积聚为平行于相应投影轴的一直线(段)，即积聚性。

在形体的投影中，平面用封闭的平面图形表示，根据上述三类平面的投影特性分析，可确定形体中的平面图形的空间位置和形状。

表 5-2　投影面平行面的投影特性

名　称	投　影　图	直　观　图	投　影　特　性
水平面	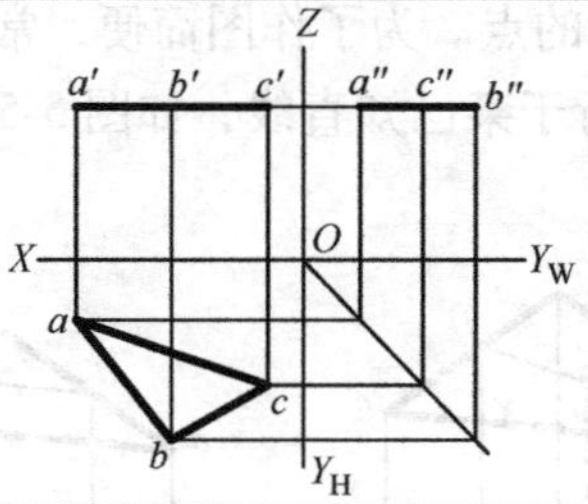	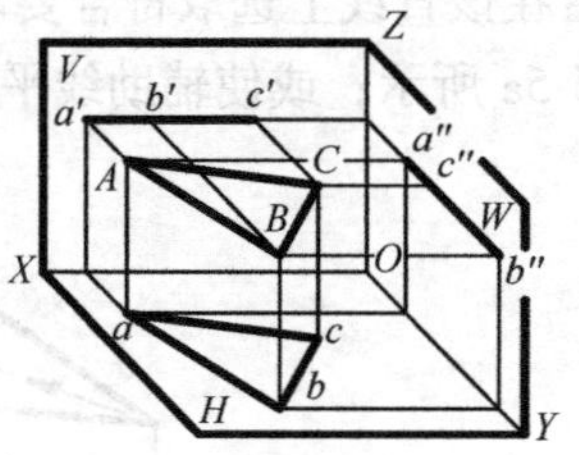	水平投影反映实形； 正面投影和侧面投影积聚成一直线，且分别平行 OX 轴和 OY_W 轴； $\alpha=0°$，$\beta=\gamma=90°$
正平面	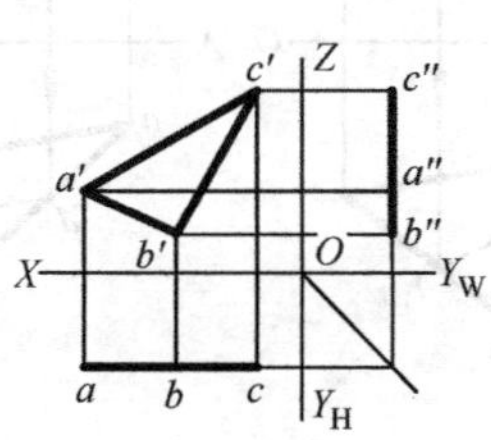	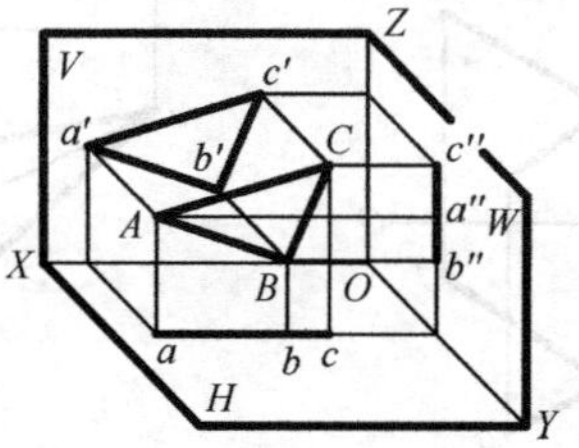	正面投影反映实形； 水平投影和侧面投影积聚成一直线，且分别平行 OX 轴和 OZ 轴； $\beta=0°$，$\alpha=\gamma=90°$
侧平面	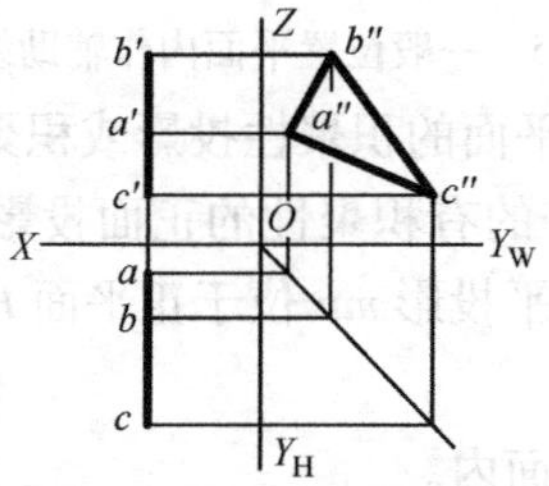	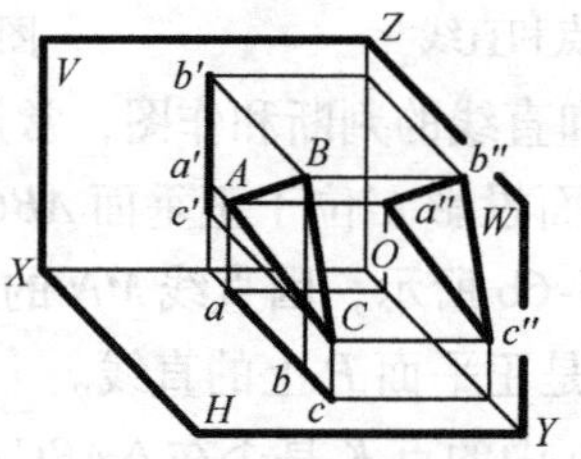	侧面投影反映实形； 正面投影和水平投影积聚成一直线，且分别平行 OZ 轴和 OY_H 轴； $\gamma=0°$，$\alpha=\beta=90°$

5.2　平面内的点和直线

5.2.1　平面内的点和直线的几何条件及投影分析

1. 平面内的点和直线的几何条件

（1）平面内的点必在该平面的一条直线上。

（2）平面内的直线必通过平面内的两已知点；或通过平面内的一已知点，且平行于平面内的另一已知直线。

2. 平面内的点和直线的投影分析

点属于某一平面，则点的投影必属于该平面内一直线的同面投影；直线属于某一平面，则该直线的投影必通过属于该平面内两点的同面投影，或通过平面内一点，并平行于平面内另一直线。由此可见，在平面内取点和在平面内取线两者之间是互为因果关系，在投影图中，若不利用这种关系，在平面内取点或取线将没有依据。

一般位置平面内的点和直线的判断和作图，必须依据上述条件。如图 5-4 所示，由于点 D

和 E 分别在平面 ABC 的直线 BC 和 AB 上，所以 D 和 E 都是平面 ABC 上的点；又因为直线 DE 通过平面 ABC 上的两点 D、E，所以 DE 是平面 ABC 上的直线；直线 DF 通过平面 ABC 上的点 D，且平行于平面 ABC 上的另一直线 BC，所以 DF 也是平面 ABC 上的直线。

除平面内的已知点和在平面内的已知直线上的点外，要确定平面内的其他点，必须先在平面内取一辅助直线，然后在该直线上选取符合要求的点。为了作图简便，常使辅助线通过平面内的一个顶点，如图 5-5a 所示；或使辅助线平行于某已知直线，如图 5-5b 所示。

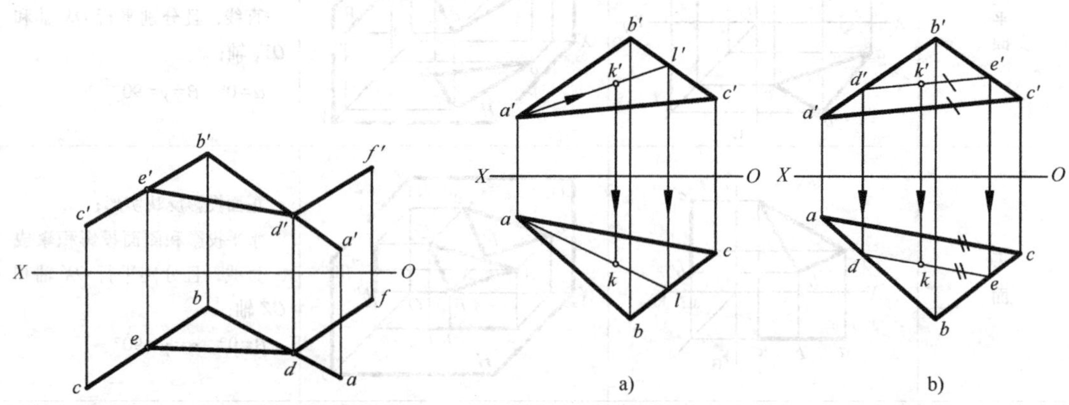

图 5-4 一般位置平面内的点和直线 图 5-5 一般位置平面内作辅助线取点

特殊位置平面内的点和直线的判断和作图，常用平面的积聚性投影或积聚性迹线。如图 5-6a 所示，因为点 K 的正面投影 k' 位于正垂面 $ABCD$ 的有积聚性的正面投影上，所以 K 是平面 $ABCD$ 上的点。如图 5-6b 所示，因直线 MN 的水平投影 mn 位于正平面 P 的有积聚性的水平迹线 P_H 上，所以 MN 是正平面 P 上的直线。

【例 5-1】 判断图 5-7a 中的点 K 是否在△ABC 平面内。

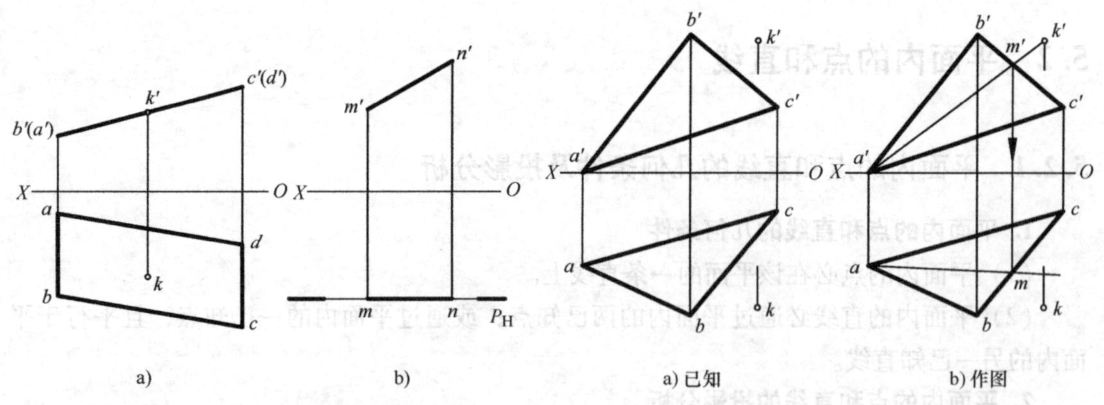

图 5-6 特殊位置平面内的点和直线 图 5-7 判断点 K 与平面 ABC 的关系

分析与作图：

假设 K 点在△ABC 内，在△ABC 平面内作辅助线 AK 与 BC 相交于 M 点，这样正面投影 $a'm'$ 延长过 k'，再作出 AM 的水平投影 am，若 am 延长过 k，则点 K 在△ABC 平面内，否则点 K 不在△ABC 平面内。由图 5-7b 可知，点 K 不在△ABC 平面内。

【例5-2】 如图5-8a所示，已知四边形平面 *ABCD* 的正面投影及部分水平投影，试完成四边形平面的水平投影。

分析与作图：

由已知条件可知该四边形平面 *ABCD* 中已有 *A*、*B*、*D* 三个点完全确定，即该平面已确定。这样可以将 *C* 点看成 *ABD* 平面内的一个点，连接正面投影 $b'd'$ 和 $a'c'$ 相交于 t'，水平投影 t 应属于 bd，连接 at，水平投影 c 应属于 at，这样便可得水平投影 c。连接 bc 和 cd，即完成该平面的水平投影。

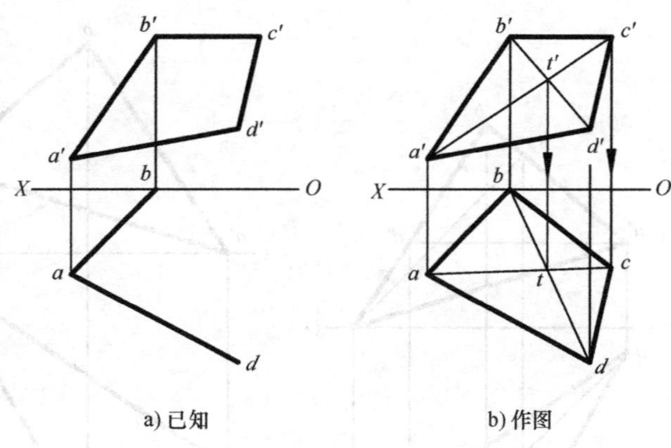

a) 已知　　b) 作图

图5-8 补画四边形平面 *ABCD* 的水平投影

5.2.2 包含已知直线作平面

依各种位置直线、各种位置平面及平面内直线的几何条件及投影特性，在没有其他约束条件时，包含已知直线可能构造的平面往往是无数多个。如包含一条一般位置直线，可作无数多个一般位置平面，但只能作一个铅垂面、或一个正垂面、或一个侧垂面，且不能构造出投影面的平行面。

在实际图解问题中，常用到过已知直线作特殊位置平面的情况，并多以迹线表示。如图5-9和图5-10所示，此时，迹线平面可只画出与其积聚性投影重合的一条迹线。

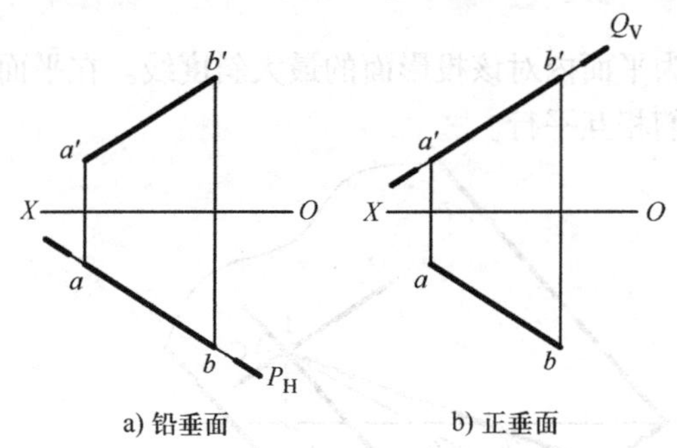

a) 铅垂面　　b) 正垂面

图5-9 包含一般位置直线作投影面垂直面

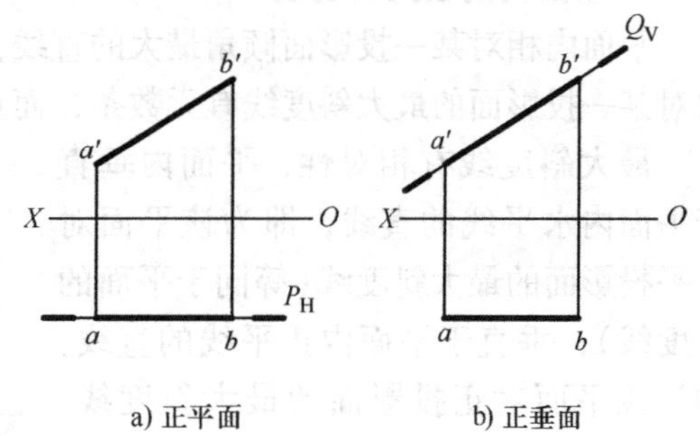

a) 正平面　　b) 正垂面

图5-10 包含正平线作特殊位置平面

5.2.3 平面内的特殊直线

1. 平面内的投影面平行线

既在平面内又平行于某一投影面的直线称为平面内的投影面平行线。平面内的投影面平行线又可分为平面内的水平线、平面内的正平线、平面内的侧平线三类。其投影既要符合直线在平面内的几何条件，又要符合投影面平行线的投影特性。如图5-11所示，由于点 *A*、*D* 在△*ABC* 平面内，则直线 *AD* 也在△*ABC* 上；又因 $a'd' /\!/ OX$ 轴，符合水平线的投影特性，所以直线 *AD* 是△*ABC* 上的一条水平线。同理，直线 *CE* 是△*ABC* 上的一条正平线。

【例5-3】 如图5-12a所示，在△*ABC* 上取一点 *K*，使点 *K* 在点 *B* 之下10mm，距离 *V* 面20mm。

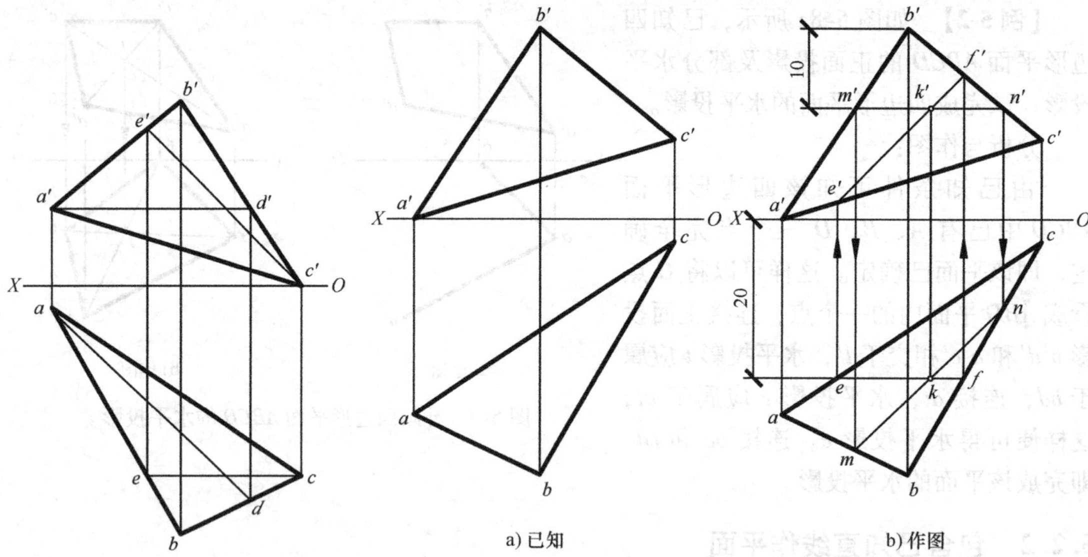

图 5-11 平面内的水平线和正平线　　图 5-12 平面内取点

分析与作图：

如图 5-12b 所示，因点 K 在 $\triangle ABC$ 上，可在点 B 之下 10mm 处作一平面内的水平线 MN，即由 b' 向下 10mm 处作 $m'n' /\!/ OX$ 轴，并求出其水平投影 mn；因 $\triangle ABC$ 上的点 K 距 V 面 20mm，可作一平面内的正平线 EF，即在水平投影图中，距 OX 轴 20mm 处作 ef，并求出其正面投影 $e'f'$，MN 和 EF 的交点即为 K。

2. 平面内的最大斜度线

平面内相对某一投影面倾角最大的直线，称为平面内对该投影面的最大斜度线。在平面内对某一投影面的最大斜度线有无数条，而且它们相互平行。

最大斜度线有相对性，平面内垂直于平面内水平线的直线，即为该平面对水平投影面的最大斜度线(等同于平面的坡度线)；垂直于平面内正平线的直线，即为该平面对正投影面的最大斜度线；垂直于平面内侧平线的直线，即为该平面对侧投影面的最大斜度线。

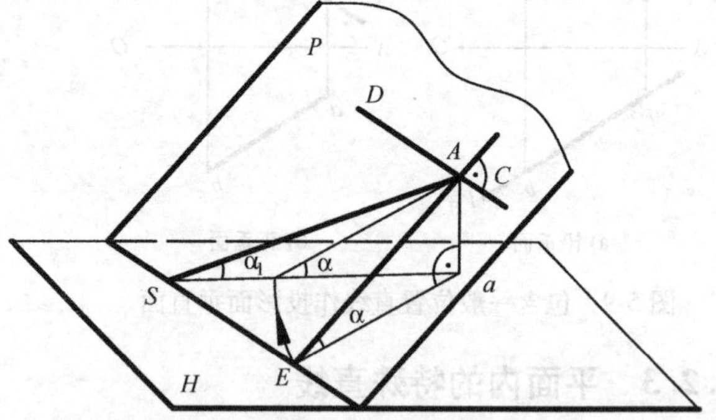

图 5-13 平面 P 对 H 面的最大斜度线图

如图 5-13 所示，直线 CD 是平面 P 内的水平线，垂直于 CD 且属于平面 P 的直线 AE 是相对于 H 面的最大斜度线。

其中，水平线 CD 对 H 面的夹角为 0°，最大斜度线 AE 对 H 面的倾角为 α。过点 A 作最大斜度线以外的属于平面 P 的任意直线 AS，设 AS 与 H 面的夹角为 α_1，因 $AE \perp CD$，且 $SE /\!/ CD$，故 $AE \perp SE$。依据直角投影定理，$ae \perp SE$，所以 $aS > aE$。同时，两个直角三角形 ASa 和 AEa 有相等的直角边 Aa，故相应的锐角 $\alpha_1 < \alpha$。即最大斜度线对投影面的倾角最大。

如图 5-14 所示，给定平面 ABC，为了求作该平面对 H 面的最大斜度线，首先在平面内作一水平线 $BD(bd, b'd')$。再根据直角投影定理，在平面内任作 BD 的垂线 $AE(ae, a'e')$，

AE 便是对 *H* 面的最大斜度线。

最大斜度线的几何意义和物理意义如下：

最大斜度线的几何意义主要是可将平面相对于某投影面的二面角，转化为相应的最大斜度线与该投影面的夹角，通过直角三角形法求夹角，图解出最大斜度线与投影面的夹角，即可得到平面相对于某投影面的二面角。在图 5-13 中，平面 *P* 与 *H* 面构成二面角，该二面角 α 即为相对于 *H* 面的最大斜度线 *AE* 对 *H* 面的倾角。

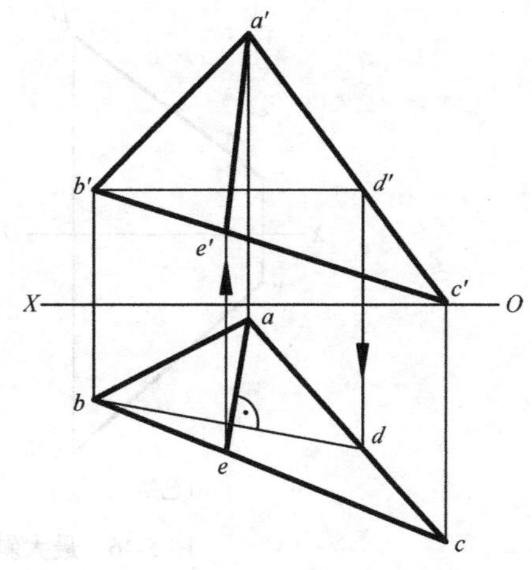

图 5-14　平面 *ABC* 对 *H* 面的最大斜度线的投影

如图 5-15a 所示，给定一平面 *ABC*，要求作该平面对 *H* 面的倾角 α。首先应作该平面相对于 *H* 面的一条最大斜度线 *BK*，然后用直角三角形法求 *BK* 直线对 *H* 面的倾角 α，即为所求。同理，如图 5-15b 所示，可求得给定平面 *ABC* 对 *V* 面的倾角 β。

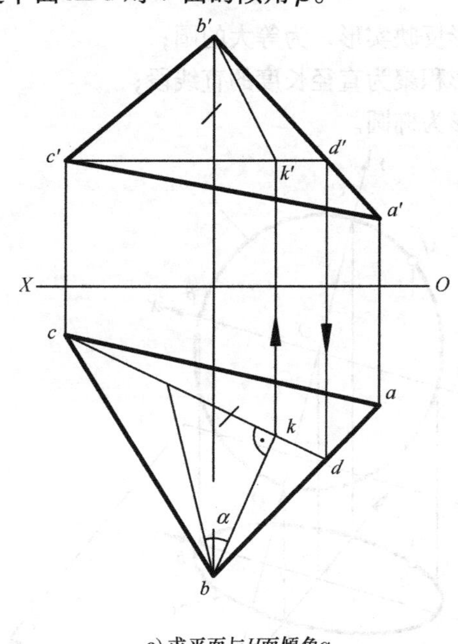

a) 求平面与*H*面倾角α

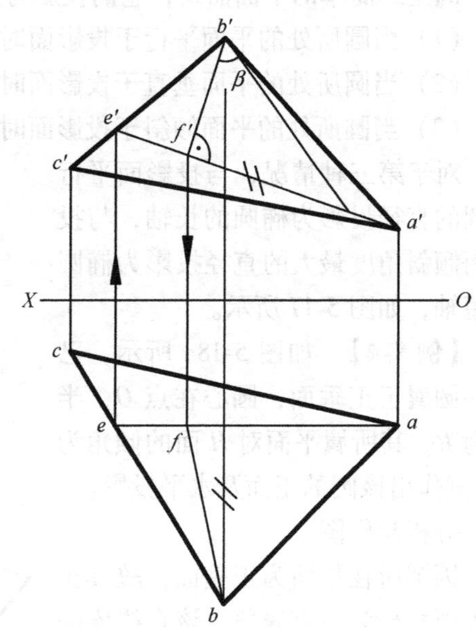

b) 求平面与*V*面倾角β

图 5-15　求平面 *ABC* 对 *H* 面和 *V* 面的倾角

最大斜度线的几何意义还体现在：给定平面对某一投影面的最大斜度线，即可唯一确定该平面。如图 5-16a 所示，给定直线 *AB* 为某平面对 *H* 面的最大斜度线，根据最大斜度线的投影特性，属于该平面的水平线一定与已知直线 *AB* 垂直。如图 5-16b 所示，过直线 *AB* 上任一点 *K* 作水平线 $KL \perp AB$，则相交二直线 *AB* 与 *KL* 确定了该平面。

最大斜度线的物理意义体现在：光滑斜面上，一小球自由滚落的轨迹即为斜面对 *H* 面的最大斜度线。

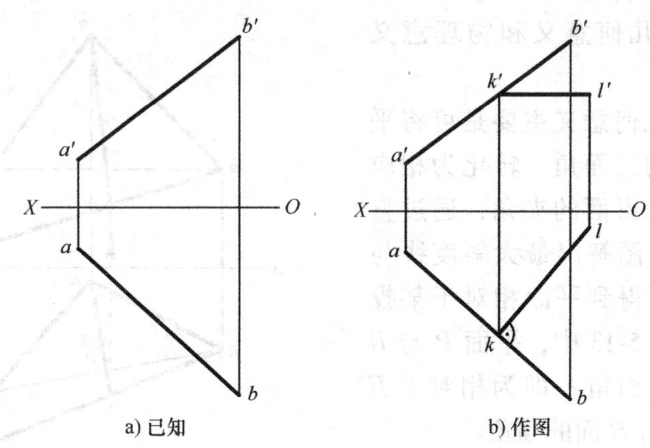

图 5-16 最大斜度线可唯一确定平面

5.3 圆的投影

圆是最简单的平面曲线，它的投影有三种情况：

（1）当圆所处的平面平行于投影面时，圆的投影反映实形，为等大的圆；

（2）当圆所处的平面垂直于投影面时，圆的投影积聚为直径长度的直线段；

（3）当圆所处的平面倾斜于投影面时，圆的投影为椭圆。

对于第三种情况，与投影面平行的圆的直径投影为椭圆的长轴，与投影面倾斜角度最大的直径投影为椭圆的短轴，如图 5-17 所示。

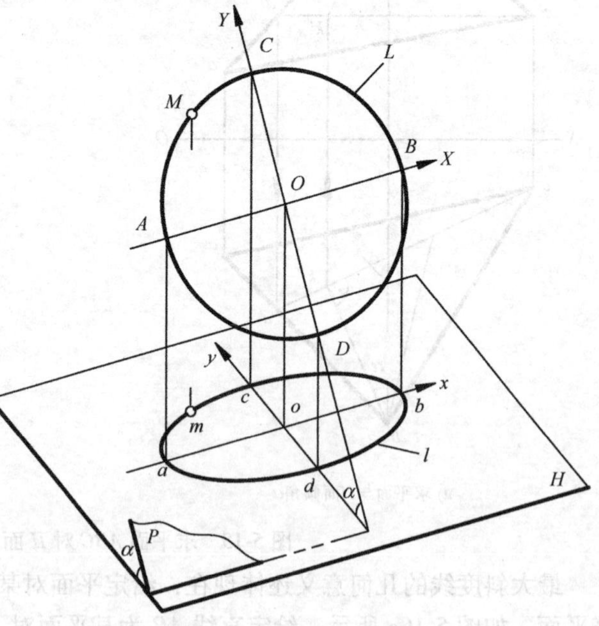

图 5-17 圆投影为椭圆

【例 5-4】 如图 5-18a 所示，已知一圆属于正垂面，圆心在点 O，半径为 R，其所属平面对 H 面的倾角为 α，试作出该圆的正面及水平投影。

分析与作图：

因圆所在平面为正垂面，故其正面投影积聚为一直线段，该直线段的长度为 $2R$ 且与 OX 轴成 α 夹角。圆的水平投影为椭圆，投影椭圆的长轴为圆的正垂直径 AB 的水平投影 ab，长度为 $2R$；投影椭圆的短轴为圆对 H 面最大斜度直径 CD 的水平投影 cd，其长度为 $2R\cos\alpha$，可通过投影关系从正面投影导出。

如图 5-18b 所示，先作正面投影，后作水平投影。求得椭圆长短轴后，投影椭圆可按“四心圆近似法”或“同心圆法”画出。

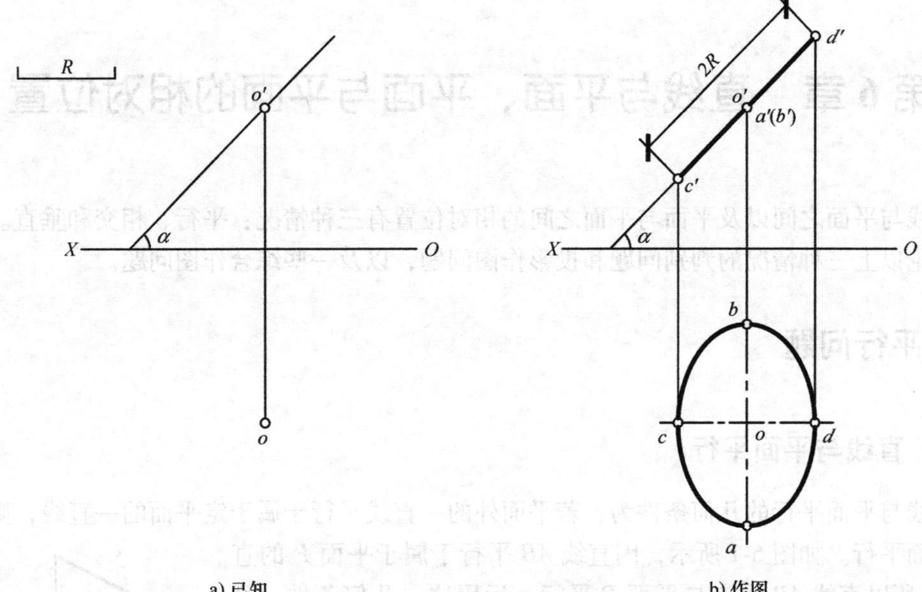

a) 已知　　b) 作图

图 5-18　作正垂面圆的投影

第6章　直线与平面、平面与平面的相对位置

直线与平面之间以及平面与平面之间的相对位置有三种情况：平行、相交和垂直。本章主要讨论以上三种情况的判别问题和投影作图问题，以及一些综合作图问题。

6.1　平行问题

6.1.1　直线与平面平行

直线与平面平行的几何条件为：若平面外的一直线平行于属于定平面的一直线，则直线与该平面平行。如图6-1所示，因直线*AB*平行于属于平面*P*的直线*CD*，所以直线*AB*一定与平面*P*平行。运用这一几何条件，可在投影图上解决直线与平面的作图问题以及直线与平面是否平行的判别问题。

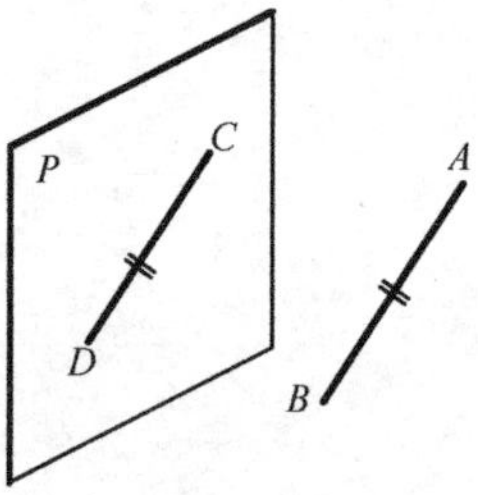

图6-1　直线与平面平行

【例6-1】　如图6-2所示，判别直线*EF*与平面△*ABC*是否平行。

分析与作图：

判别直线与平面是否平行，关键在于能否在平面内作出一条与已知直线平行的直线。为此，在平面△*ABC*内作一直线*AD*，先使$a'd' /\!/ e'f'$，再求出*AD*的水平投影*ad*。若$ad /\!/ ef$，则直线与平面平行；否则，直线与平面不平行。今*ad*与*ef*不平行，故直线*EF*与平面△*ABC*不平行。

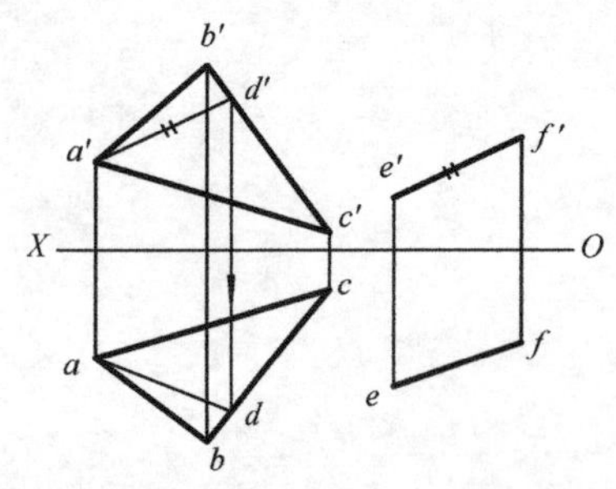

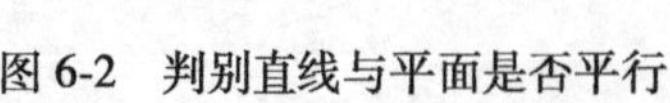
图6-2　判别直线与平面是否平行

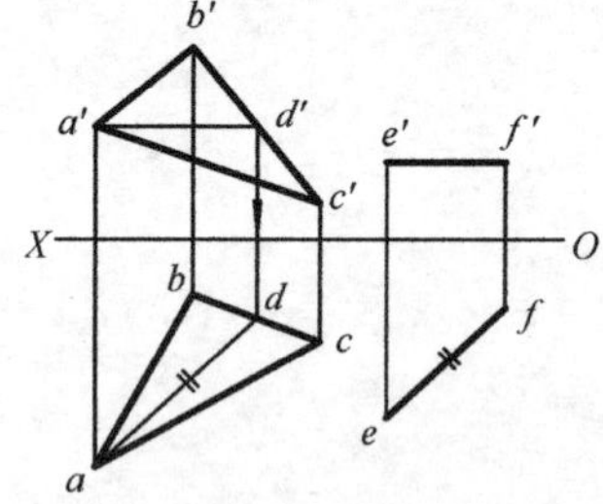

图6-3　作直线与已知平面平行

【例6-2】　如图6-3所示，过点*E*作水平线*EF*与平面△*ABC*平行。

分析与作图：

过空间点*E*可作无数条直线与平面△*ABC*平行，其中只有一条水平线。为此，可先在平面△*ABC*内任作一辅助水平线*AD*($ad, a'd'$)，然后再过点*E*作直线*EF*与*AD*平行($ef /\!/ ad$，$e'f' /\!/ a'd'$)。因$EF /\!/ AD$，故*EF*必定是水平线，并且平行于平面△*ABC*。

【例6-3】　如图6-4所示，已知平面△*ABC*与直线*EF*平行，补全△*ABC*的正面投影。

分析与作图：

只要过直线 AB 上任一点 A 作直线 EF 的平行线 AD（$ad/\!/ef, a'd'/\!/e'f'$），则 AD 与 AB 所确定的平面即为△ABC 平面，然后就可按平面上取点、取线的方法，求出点 C 的正面投影 c'，从而求得△ABC 的正面投影△$a'b'c'$。

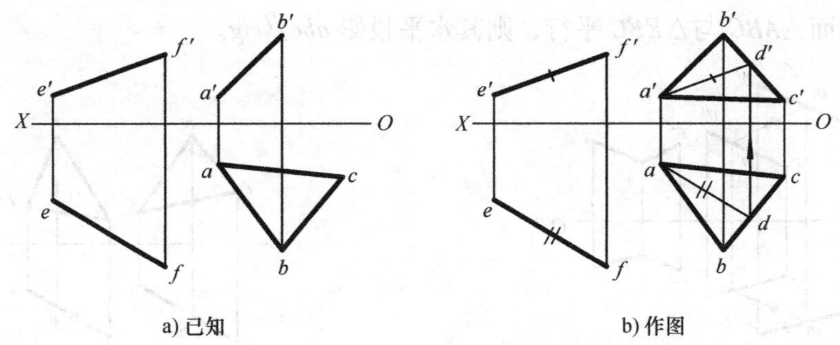

图 6-4　作平面与已知直线平行

对于特殊位置的平面，若直线与平面有积聚性的同面投影平行，则直线与平面平行；若直线和平面在同一个投影面上的投影都具有积聚性，则直线与平面平行。

6.1.2　平面与平面平行

平面与平面平行的几何条件为：若属于一平面的相交两直线与属于另一平面的相交两直线对应平行，则此两平面平行。如图 6-5 所示，两对相交直线 AB、BC 与 DE、EF 分别属于平面 P 和 Q。若 AB//DE，BC//EF，则平面 P 和 Q 平行。运用这一几何条件，可在投影图上解决有关两平面平行的作图问题以及两平面是否平行的判别问题。

【例 6-4】　如图 6-6 所示，试判别平面△ABC 与平面△DEF 是否平行。

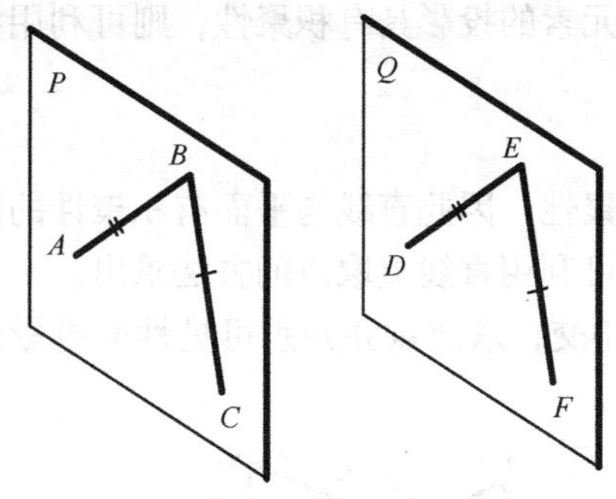

图 6-5　平面与平面平行

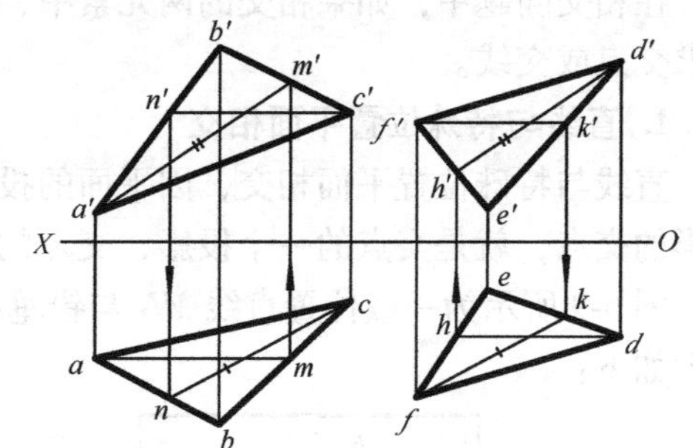

图 6-6　判别两平面是否平行

分析与作图：

判别两平面是否平行，可先作属于一平面的一对相交直线，然后看能否作出属于另一平面的一对相交直线与之对应平行，如果能作出，则两平面平行；否则就不平行。为此，作属于平面△ABC 的正平线 AM 和水平线 CN，再作属于另一平面△DEF 的正平线 DH 和水平线 FK。图中 AM//DH，CN//FK，故两平面平行。

【例 6-5】　如图 6-7 所示，过点 K 作平面与两平行直线 AB、CD 确定的平面平行。

分析与作图：

根据几何条件，只要过点 K 作一对相交直线与属于已知平面的一对相交直线对应地平行即可。但题目给出的是一对平行线，因此需要先作一对属于已知平面的相交直线。现作直线 *MN* 与 *AB* 和 *CD* 均相交，然后过点 *K* 作直线 *KE* 和 *KF*，使 *KE*∥*AB*，*KF*∥*MN*，则相交两直线 *KE* 和 *KF* 所确定的平面即为所求。

对于特殊位置平面，若两平面平行，则两平面有积聚性的同面投影互相平行。如图 6-8 所示，两铅垂面△*ABC* 与△*EFG* 平行，则其水平投影 *abc*∥*efg*。

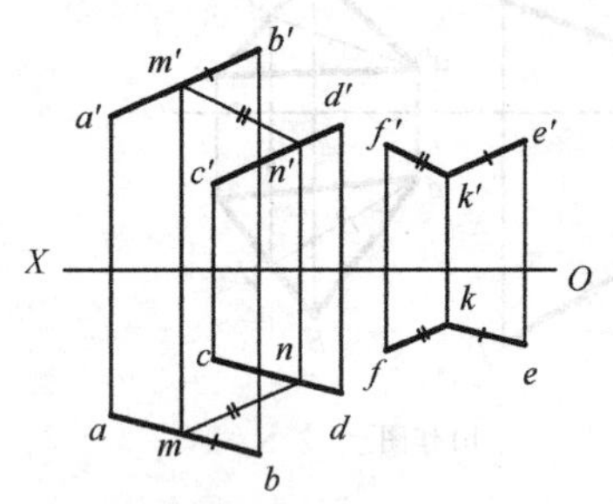

图 6-7　作平面与已知平面平行

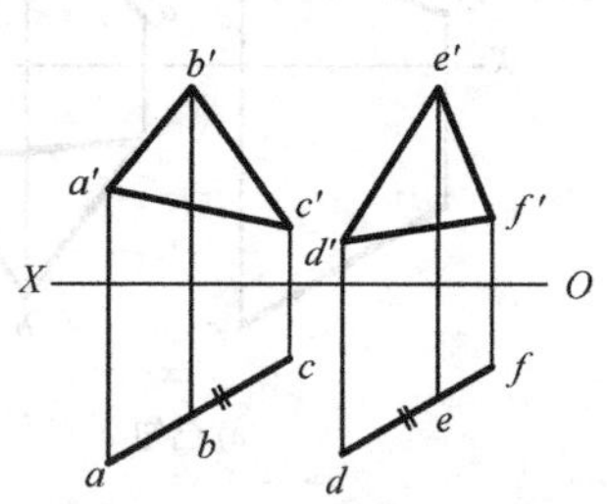

图 6-8　两特殊位置平面平行

6.2　相交问题

直线与平面、平面与平面如果不平行，则必定相交。直线与平面相交只有一个交点，它是直线与平面的共有点；两平面的交线是一直线，它是两平面的共有线。相交问题，主要是解决求交点或交线的投影以及可见性的判别问题。

6.2.1　利用积聚性求交

在相交问题中，如果相交的两元素中，至少有一元素的投影具有积聚性，则可利用积聚性求交点或交线。

1. 直线与特殊位置平面相交

直线与特殊位置平面相交，因平面的投影具有积聚性，因此直线与平面有积聚性的同面投影的交点，就是交点的一个投影，交点的其他投影可利用直线上取点的方法求出。

图 6-9 所示为一般位置直线 *MN* 与铅垂面△*ABC* 相交，求交点并判别可见性的投影作图步骤如下：

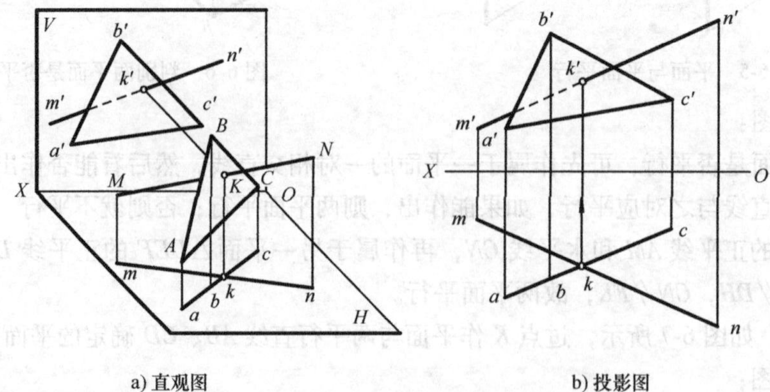

a) 直观图　　b) 投影图

图 6-9　直线与特殊位置平面相交

（1）求交点的已知投影。由于△*ABC* 是铅垂面，其水平投影 *abc* 有积聚性。交点 *K* 既然属于该平面，那么其水平投影 *k* 一定属于平面的水平投影 *abc*；而交点 *K* 又属于直线 *MN*，*k* 也一定属于 *MN* 的水平投影 *mn*。因此 *mn* 与 *abc* 的交点，即为交点 *K* 的水平投影 *k*。

（2）求交点的其他投影。由点与直线的从属性可知，点 *K* 的正面投影 *k'* 一定在直线 *MN* 的正面投影 *m'n'* 上，因此可由交点 *K* 的水平投影 *k* 求出其正面投影 *k'*。

（3）判别可见性。在直线与平面同面投影的重叠部分存在可见性的判别问题。如图6-9a 所示，由前向后观察时，凡在平面之前的线段为可见，平面之后的线段被平面遮住为不可见，而交点 *K* 是直线上可见部分与不可见部分的分界点。为使投影清晰，将线段的可见部分画成粗实线，不可见部分画成虚线。图 6-9b 中正面投影的可见性，可由水平投影直接判别。由于线段 *kn* 在平面之前，*mk* 在平面之后，则在正面投影上，*k'n'* 可见，画成粗实线，*m'k'* 的一部分被△*a'b'c'* 遮住为不可见，画成虚线。

当平面不是用闭合图形表示，或交点处在闭合图形轮廓之外时，通常不判别可见性。

2. 投影面垂直线与一般位置平面相交

投影面垂直线与平面相交，因直线的投影有积聚性，则交点的一个投影必然与直线有积聚性的投影重合，交点的其他投影可利用在平面内取点的方法求出。

图 6-10 所示为铅垂线 *EF* 与△*ABC* 相交，求交点并判别可见性的投影作图步骤如下：

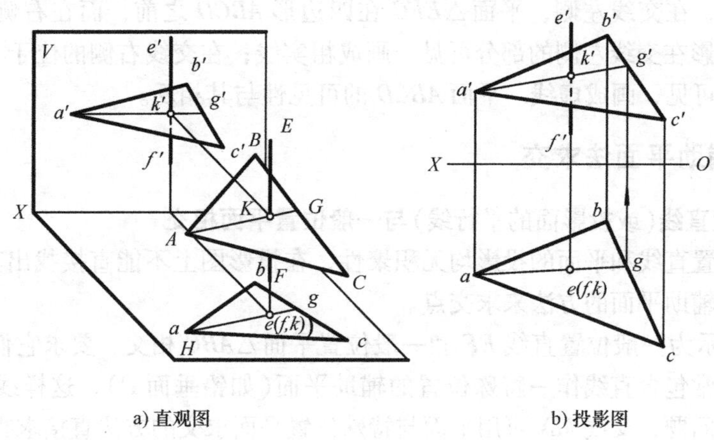

图 6-10　投影面垂直线与平面相交

（1）确定交点的已知投影。因铅垂线 *EF* 的水平投影 *ef* 有积聚性，所以交点 *K* 的水平投影 *k* 与 *ef* 重合，可直接定出。

（2）求交点的其他投影。因交点 *K* 属于平面△*ABC*，也一定属于过点 *K* 在△*ABC* 内所取的辅助线 *AG*。为此，过点 *k* 作辅助线 *ag*，求出 *a'g'*，则 *a'g'* 与 *e'f'* 的交点即为交点 *K* 的正面投影 *k'*。

（3）判别可见性。对正面投影可直接判别可见性。由前向后观察时，直线 *EF* 只与直线 *AB* 和 *AC* 重影。由于 *AB* 在 *EF* 之后，*AC* 在 *EF* 之前，所以在正面投影上，*EF* 上位于 *AB* 和点 *K* 之间的部分可见，画成粗实线，*EF* 上位于点 *K* 和 *AC* 之间的部分不可见，画成虚线。

3. 一般位置平面与特殊位置平面相交

两平面求交线时，只要求出两平面的两个共有点或一个共有点及交线的方向，便可以确定其交线。当相交的两平面至少有一个为特殊位置平面时，可利用积聚性求出它们的交线。

图 6-11 所示为一般位置平面△*EFG* 与铅垂面 *ABCD* 相交，求其交线并判别可见性的投影作图步骤如下：

（1）确定交线的已知投影。由于铅垂面 *ABCD* 的水平投影 *abcd* 有积聚性，两平面交线的水平投影必然与 *abcd* 重合，同时交线又是平面△*EFG* 内的一条直线，因此可利用一般位置直线与特殊位置平面求交点的方法，求出 *abcd* 与 *ef* 和 *eg* 的交点 *m* 和 *n*，连线 *mn* 即为交线 *MN* 的水平投影。

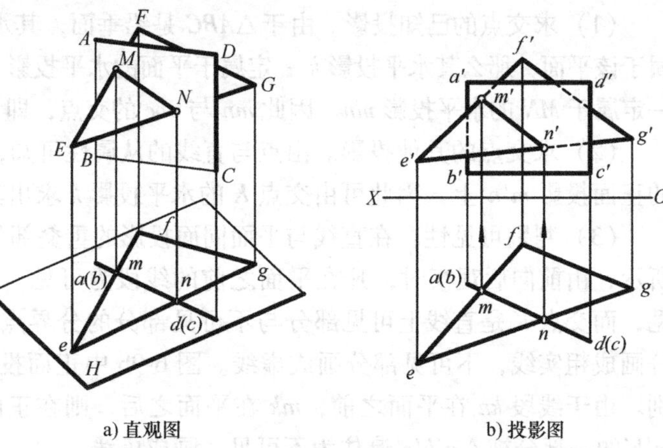

a) 直观图　　b) 投影图

图 6-11　一般位置平面与特殊位置平面相交

（2）求交线的其他投影。因交线属于平面△*EFG*，所以可根据面内取线的方法，求出属于△*EFG* 的交线 *MN* 的正面投影 *m′n′*。

（3）判别可见性。图中的水平投影不需要判别，其正面投影的可见性可直观判别。由水平投影可看出，在交线左侧，平面△*EFG* 在四边形 *ABCD* 之前，而在右侧则相反，因此△*EFG* 的正面投影在交线左侧的部分可见，画成粗实线；在交线右侧的位于 *a′b′c′d′* 范围内的部分被遮挡不可见，画成虚线。平面 *ABCD* 的可见性与其相反。

6.2.2 利用辅助平面法求交

1. 一般位置直线（或投影面的平行线）与一般位置平面相交

由于一般位置直线和平面的投影均无积聚性，在投影图上不能直接找出其交点的投影，因此，需通过作辅助平面的方法来求交点。

图 6-12a 所示为一般位置直线 *EF* 和一般位置平面△*ABC* 相交，要求它们的交点 *K*。为了便于求解，通常包含直线作一特殊位置的辅助平面（如铅垂面 *P*），这样线面相交问题就转化为面面相交问题，交线 *MN* 可用平面与特殊位置平面求交的方法直接求得，显然 *MN* 与

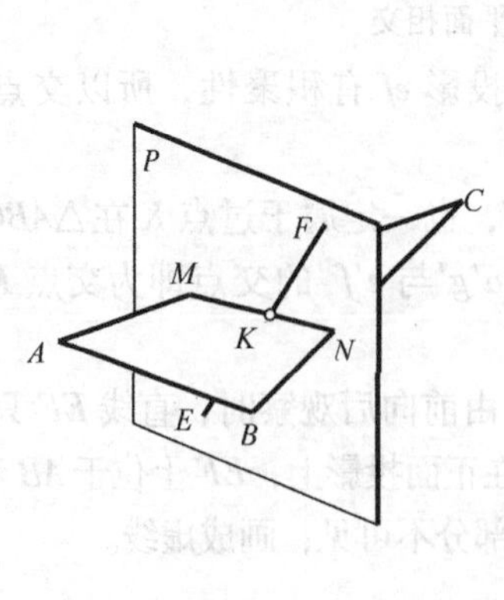

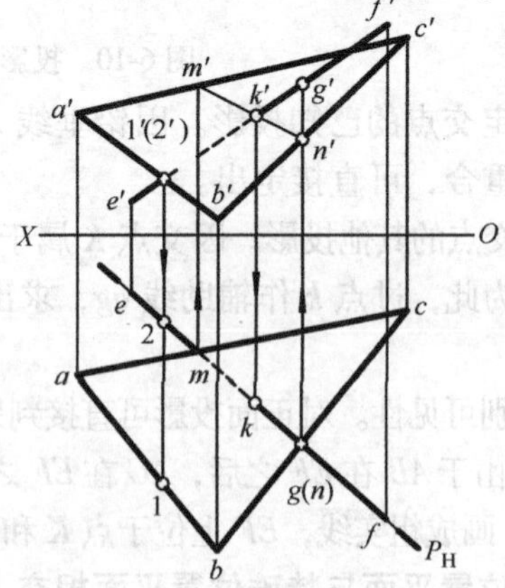

a) 直观图　　b) 投影图

图 6-12　一般位置直线与一般位置平面相交

EF 同属于平面 P，它们必然相交，其交点 K 既属于直线 EF，又属于平面△ABC，为直线 EF 与平面△ABC 的交点。

具体作图步骤如下：

（1）包含已知直线作一辅助平面。图中包含直线 EF 作铅垂面 P，P_H与 ef 重合。

（2）求辅助平面与已知平面的交线。平面 P 与△ABC 的交线 MN 的水平投影 mn 与 ef 重合，正面投影 m'n'可由 mn 求出。

（3）求交线与已知直线的交点。交线 MN 与直线 EF 交于点 K，其正面投影 k'为 e'f'与 m'n'的交点，水平投影 k 可由 k'求出。

（4）判别可见性。利用重影点来判别直线 EF 的两面投影的可见性。为判别正面投影的可见性，选交叉直线 AB 和 EF，其上的点Ⅰ、Ⅱ是对 V 面的一对重影点，比较它们的水平投影可知，点Ⅰ在点Ⅱ之前，说明 EF 上的 KⅡ部分位于平面之后，其正面投影 k'2'不可见，其余部分均可见。同理，水平投影的可见性可借助于重影点 G、N 来判别，结果如图6-12b 所示。

2. 两个一般位置平面相交

（1）利用一般位置直线与一般位置平面求交点的方法（“线面交点”法）求交线。由于属于一平面的任一直线与另一平面的交点，就是两平面的共有点，所以只要求出两个共有点或一个共有点及交线的方向，就可确定交线。

图 6-13 所示为两个一般位置平面△ABC 和△DEF 相交，要求其交线 MN。为此选平面△ABC 的两条边 AB 和 AC，分别求出它们与平面△DEF 的交点 M 和 N，连线 MN 即为所求交线。

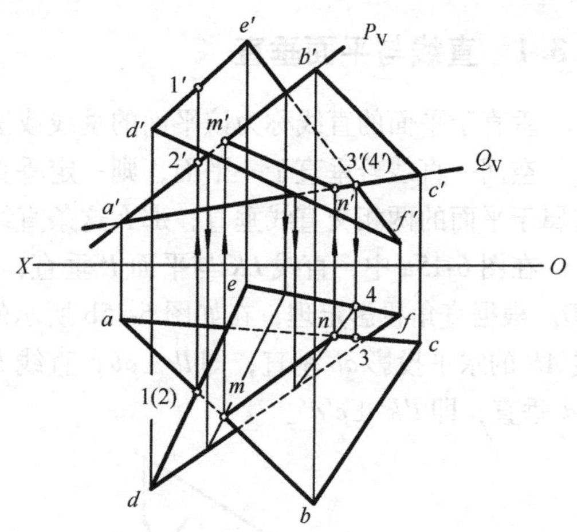

图 6-13 利用“线面交点”法求两平面的交线

作图步骤如下：

① 包含 AB 作辅助正垂面 P，求出直线 AB 与△DEF 的交点 M(m,m')。

② 包含 AC 作辅助正垂面 Q，求出直线 AC 与△DEF 的交点 N(n,n')。

③ 连线 mn 和 m'n'，即为所求交线 MN 的两投影。

④ 判别可见性。利用重影点Ⅰ、Ⅱ和Ⅲ、Ⅳ来分别判别两平面水平投影和正面投影的可见性，结果如图。

（2）利用“三面共点”的方法求两平面的交线。如图 6-14 所示，两平面图形△ABC 和四边形 DEFG 的投影不重叠，其交线可利用“三面共点”的方法来求作。任作一辅助平面 P，求出平面 P 与两平面图形的交线 IJ 和 GH，同属于平面 P 的交线 IJ 与 GH 必相交于一点 M，点 M 即为辅助平面 P 与两已知平面的共有点，即三面共点。同理，再作一辅助平面 Q，求出与两已知平面的另一共有点 N，则 MN 即为所求的交线。为方便作图，一般选特殊位置的平面作为辅助平面。

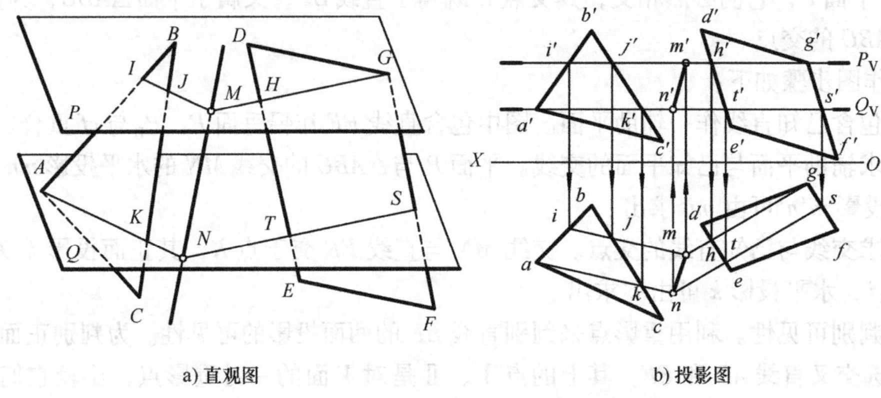

a) 直观图 b) 投影图

图 6-14 利用"三面共点"法求两平面的交线

6.3 垂直问题

6.3.1 直线与平面垂直

垂直于平面的直线称为该平面的垂线或法线。

空间一直线若垂直于一平面，则一定垂直于属于该平面的所有直线。反之，若一条直线与属于平面的两相交直线垂直，那么这条直线一定与该平面垂直。

在图 6-15a 中，直线 *LK* 与平面 *P* 垂直，则 *LK* 一定垂直于平面内的水平线 *AB* 和正平线 *CD*。根据直角投影定理，在如图 6-15b 所示的投影图中，直线 *LK* 的水平投影 *lk* 必然与水平线 *AB* 的水平投影 *ab* 垂直，即 $lk \perp ab$；直线 *LK* 的正面投影 $l'k'$必然与正平线 *CD* 的正面投影 $c'd'$垂直，即 $l'k' \perp c'd'$。

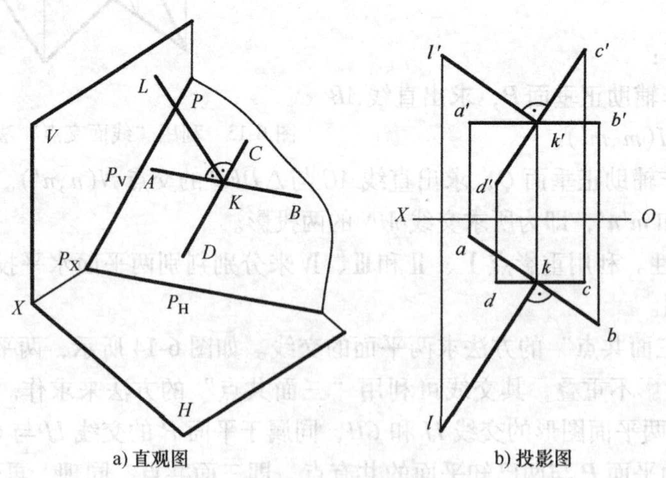

a) 直观图 b) 投影图

图 6-15 直线与平面垂直

从而得出如下结论：若直线与平面垂直，则直线的各面投影与属于平面的各投影面平行线的同面投影垂直；反之，如果直线的两面投影分别与属于定平面的同一投影面平行线的同面投影垂直，则直线与该平面垂直。

【例 6-6】　如图 6-16 所示，判别直线 *EF* 与平面△*ABC* 是否垂直。

分析与作图：

首先在平面内取水平线 *AD* 及正平线 *CG*，看 *EF* 的水平投影 *ef* 与 *AD* 的水平投影 *ad* 是否垂直，*EF* 的正面投影 *e′f′* 与 *CG* 的正面投影 *c′g′* 是否垂直。若垂直，则直线与平面垂直，否则直线与平面不垂直。图中 *ef*⊥*ad*、*e′f′*⊥*c′g′*，故直线 *EF* 与平面△*ABC* 垂直。

【例 6-7】　如图 6-17 所示，求点 *K* 到直线 *AB* 间的距离。

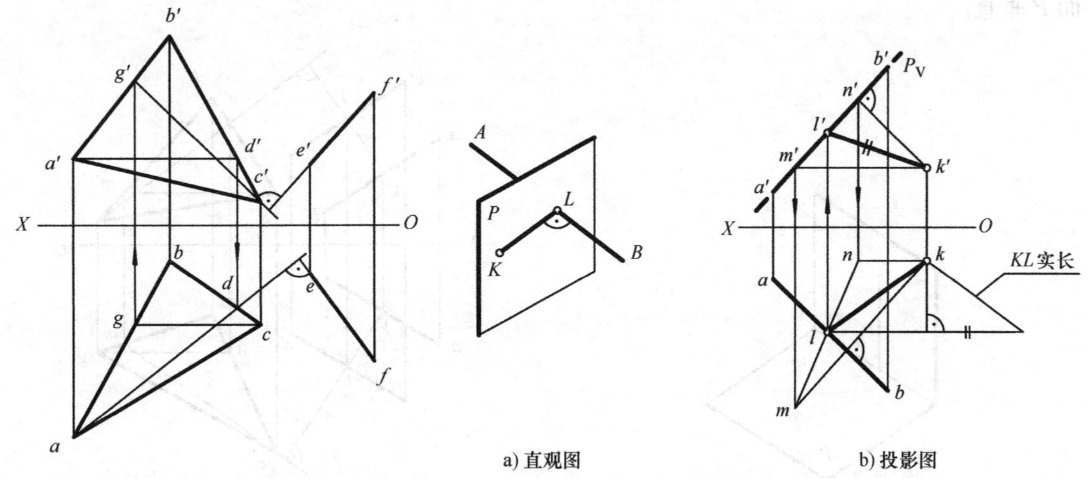

a) 直观图　　b) 投影图

图 6-16　判别直线与平面是否垂直　　图 6-17　求点与直线间的距离

分析与作图：

（1）过点 *K* 作直线 *AB* 的垂面。为简化作图，一般选择两条相交的特殊位置直线来表示该垂面，如水平线 *KM* 和正平线 *KN* 确定，其中 *KM*⊥*AB*(*km*⊥*ab*)，*KN*⊥*AB*(*k′n′*⊥*a′b′*)。

（2）求直线 *AB* 与垂面 *KMN* 的交点 *L*(垂足)。包含 *AB* 作正垂面 *P*，求出 *P* 平面与垂面 *KMN* 的交线 *MN*(*mn*,*m′n′*)，*MN* 与 *AB* 的交点 *L*(*l*,*l′*)即为垂足。

（3）求距离 *KL* 的投影及实长。连接 *kl* 及 *k′l′*，即为距离 *KL* 的两面投影，利用直角三角形法，求出线段 *KL* 的实长。

与特殊位置平面垂直的直线必为特殊位置直线，如图 6-18 所示。与投影面垂直面垂直

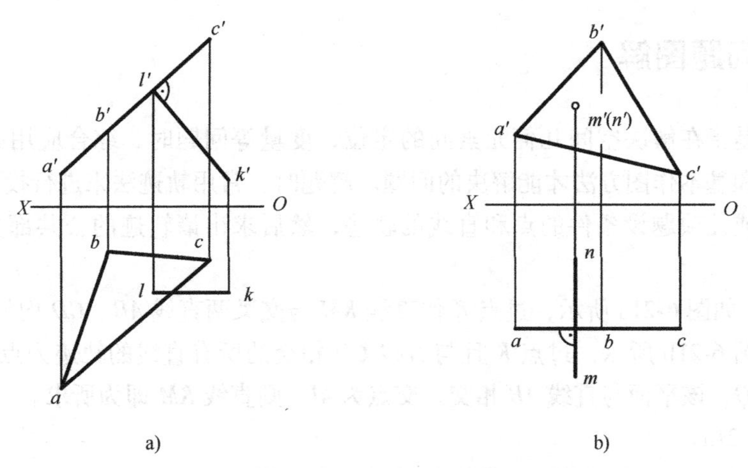

a)　　b)

图 6-18　直线与特殊位置平面垂直

的直线，一定是该投影面上的平行线；与投影面平行面垂直的直线，必为该投影面上的垂直线(见图 6-18b)；并且在投影图中，垂线的投影与平面有积聚性的同面投影垂直。

6.3.2　平面与平面垂直

平面与平面垂直的几何条件为：如果一平面包含了另一平面的一条垂线，则该两平面垂直。如图 6-19 所示，直线 *AB* 垂直于平面 *P*，则包含 *AB* 的平面 *Q*(可作无数平面)一定与平面 *P* 垂直。

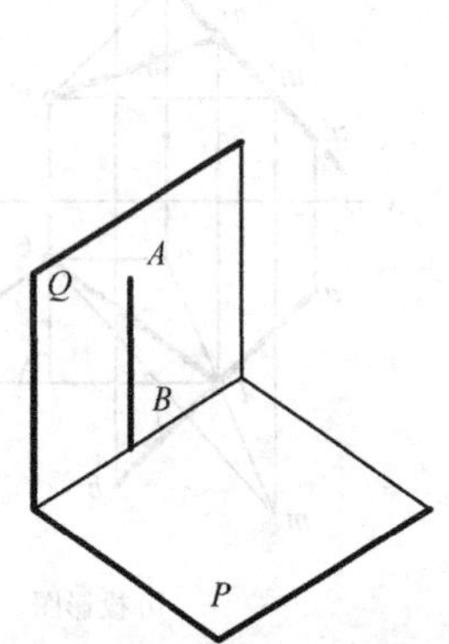

图 6-19　平面与平面垂直

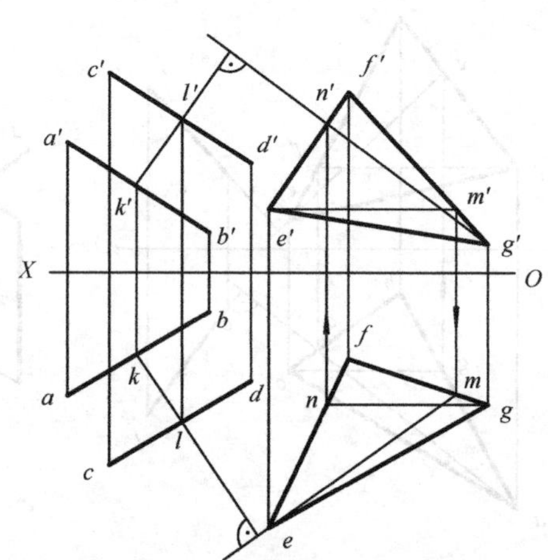

图 6-20　判别两平面是否垂直

【例 6-8】　如图 6-20 所示，判别由平行二直线 *AB*、*CD* 所表示的平面与△*EFG* 是否垂直。

分析与作图：

判别两平面是否垂直，关键要看是否能在其中一平面内作出一直线与另一平面垂直。如果能作出这样的直线，则两平面垂直，否则不垂直。为此，作属于△*EFG* 的水平线 *EM* 和正平线 *GN*，然后作属于平面 *ABCD* 的直线 *KL*，看其是否与△*EFG* 垂直。图中 $k'l' \perp g'n'$，$kl \perp em$，即 $KL \perp$ △*EFG*，所以两平面垂直。

6.4　综合问题图解

综合问题是指在解决空间几何元素间的定位、度量等问题时，综合应用有关的基本概念、作图原理和基本作图方法才能解决的问题。解题时，常用轨迹法来进行投影分析。即先找出满足某项或几项题设条件的点和直线的轨迹，然后求出诸轨迹的公共部分，即为求交问题。

【例 6-9】　如图 6-21a 所示，过点 *K* 作直线 *KM* 与交叉两直线 *AB*、*CD* 均相交。

分析：如图 6-21b 所示，过点 *K* 且与直线 *CD* 相交的所有直线的轨迹为点 *K* 及直线 *CD* 所确定的平面 *Q*，该平面与直线 *AB* 相交，交点为 *M*，则直线 *KM* 即为所求。

作图(图 6-21a)：

(1) 连接 *KC* 和 *KD* 组成平面△*KCD*(△*kcd*, △*k'c'd'*)。

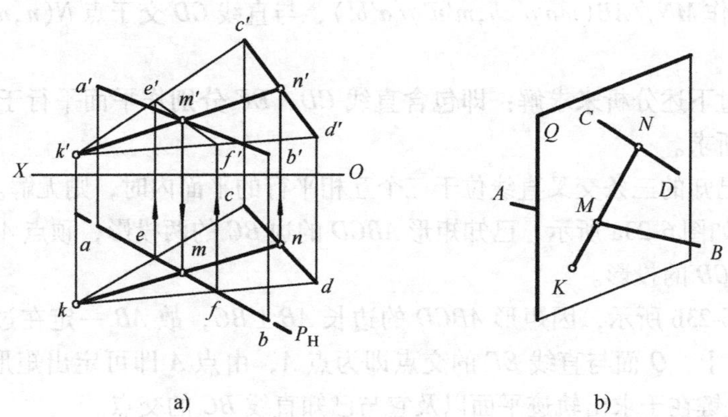

图6-21　过点作直线与交叉两直线相交

（2）包含直线 AB 作辅助铅垂面 P，求出 P 面与 $\triangle KCD$ 的交线 $EF(ef,e'f')$。

（3）求 AB 与 EF 的交点 $M(m,m')$，连接 $KM(km,k'm')$，并延长与直线 CD 交于 $N(n,n')$ 点，即完成作图。

注意：当点 K 与交叉直线之一所确定的平面与另一交叉直线平行时，则无解。

【例6-10】　如图6-22a所示，已知三交叉直线 AB、CD、EF，试作一直线 MN 与直线 AB 平行，且与 CD、EF 相交。

分析：如图6-22b所示，与直线 AB 平行且与直线 CD 相交的直线的轨迹是包含直线 CD 且与直线 AB 平行的平面 Q，该平面与直线 EF 相交，交点为 M，过点 M 所作的与直线 AB 平行的直线 MN 即为所求直线。

作图(图6-22a)：

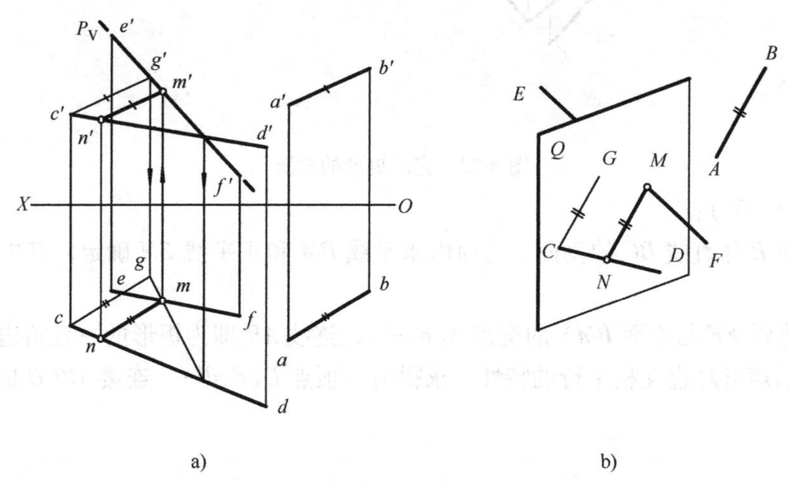

图6-22　作直线与一直线平行，与另两直线相交

（1）过直线 CD 上的任一点 C 作直线 AB 的平行线 $CG(cg /\!/ ab, c'g' /\!/ a'b')$，则相交两直线 CD、CG 所确定的平面 Q 与直线 AB 平行。

（2）包含直线 EF 作辅助正垂面 P，从而求得直线 EF 与平面 Q 的交点 $M(m,m')$。

(3) 过点 M 作 $MN /\!/ AB(mn /\!/ ab, m'n' /\!/ a'b')$，与直线 CD 交于点 $N(n,n')$，则直线 MN 即为所求。

本题也可通过下述分析来求解：即包含直线 CD、EF 分别作平面平行于直线 AB，则两平面的交线即为所求。

注意：如果已知的三条交叉直线位于三个互相平行的平面内时，则无解。

【例 6-11】 如图 6-23a 所示，已知矩形 $ABCD$ 的边 BC 的两投影，顶点 A 在已知直线 EF 上，完成矩形 $ABCD$ 的投影。

分析：如图 6-23b 所示，因矩形 $ABCD$ 的边长 $AB \perp BC$，故 AB 一定在过 B 点且垂直于 BC 的轨迹平面 Q 上，Q 面与直线 EF 的交点即为点 A，由点 A 即可定出矩形的另一个顶点 D。因此解题的关键在于求出轨迹平面以及它与已知直线 BC 的交点。

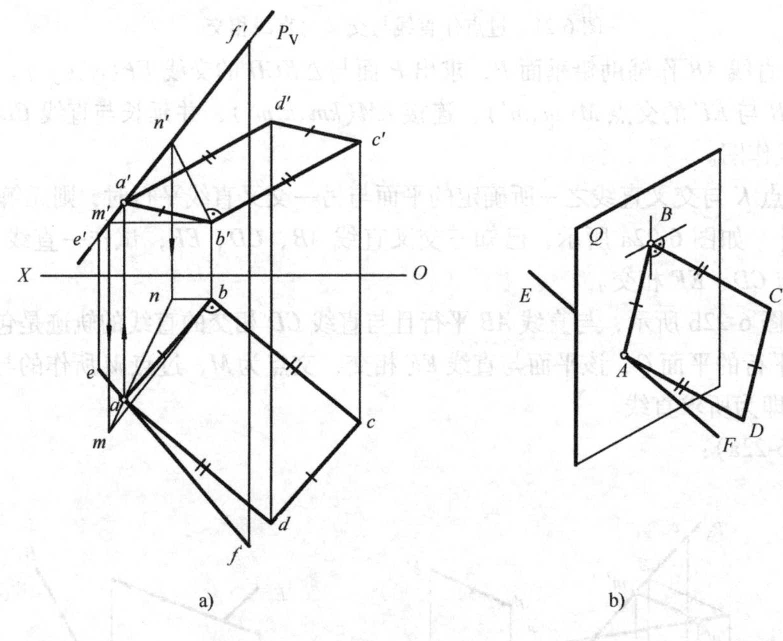

图 6-23　完成矩形的投影

作图(图 6-23a)：

(1) 过点 B 作直线 BC 的垂面。垂面由水平线 BM 和正平线 BN 确定，其中 $b'n' \perp b'c'$，$bm \perp bc$。

(2) 求直线 EF 与垂面 BMN 的交点 $A(a,a')$，连线 AB 即为矩形的一直角边。

(3) 根据矩形对边互相平行的特性，求得另一顶点 $D(d,d')$，连接 $ABCD$ 成矩形。

第7章　投影变换

当空间的直线和平面对投影面处于一般位置时，它们的投影既没有显实性，也不具有积聚性；当空间的直线和平面对投影面处于特殊位置时，它们的投影具有显实性或积聚性，如表7-1所示。显然，当要解决一般位置几何元素的定位或度量问题时，如能把一般位置变为特殊位置，问题就容易获得解决。

本章所讨论的投影变换方法正是研究如何改变空间几何元素对投影面的相对位置，以达到简化解题的目的。

表7-1　特殊位置几何元素的定位及度量问题

两点间距离	三角形实形	两平面夹角	线、面交点

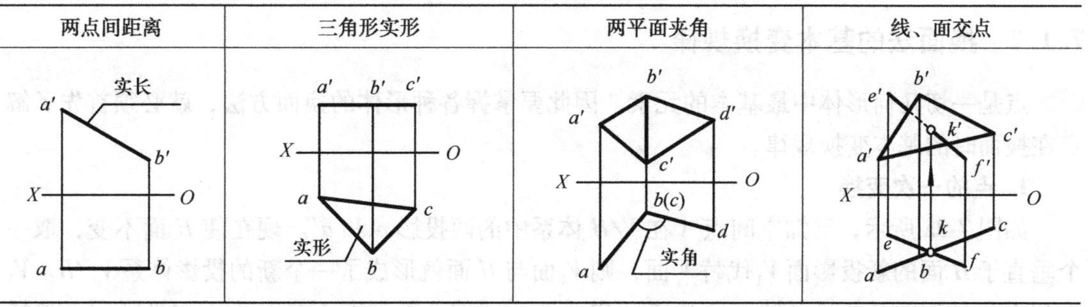

要达到上述目的，常用的方法有两种：换面法和旋转法。

7.1　换面法

7.1.1　换面法的基本概念

空间几何元素的位置保持不变，用一个新的投影面代替原体系中的一个旧的投影面，从而建立一个新的投影体系，使空间几何元素对新投影面处于有利于解题的位置，这种更换投影面的方法称为换面法。

如图7-1a所示，铅垂面△ABC在V面和H面的投影体系（以后简称V/H体系）中的两投影都不反映其实形。如取一个平行于该平面且垂直于H面的V_1面来代替V面，则新的V_1面和不变的H面构成一个新的投影体系V_1/H。△ABC在V_1/H体系中与V_1面平行，所以在V_1面上的投影△$a_1'b_1'c_1'$就反映实形。V_1面和H面的交线称为新投影轴，用X_1表示。将V_1面绕X_1轴旋转至和H面重合，就得出在V_1/H体系中的投影图，如图7-1b所示。

由此可知，新投影体系是由一个不变的旧投影面和一个新投影面组成，确定新投影体系的实质是选定一个新投影面。新投影面是不能任意选择的，它应符合下列两个条件：

（1）新投影面必须与空间几何元素处于有利于解题的位置；

（2）新投影面必须垂直于原投影体系中的一个不变的投影面。

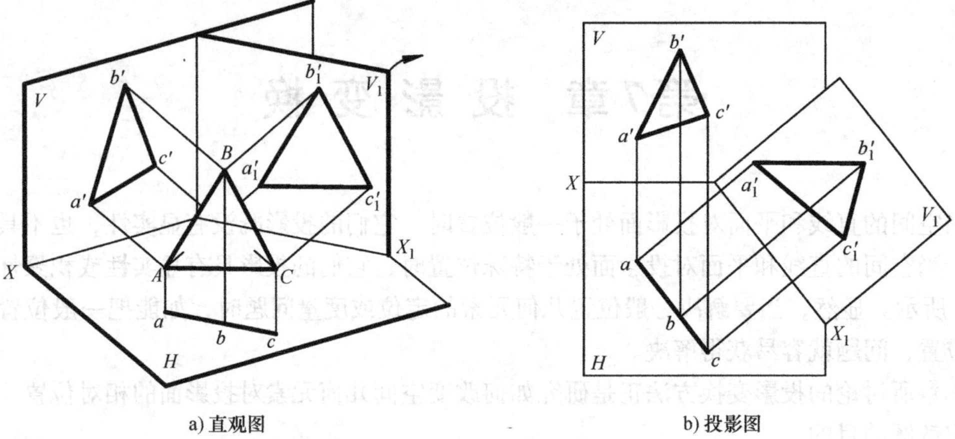

图 7-1 新投影体系的建立

7.1.2 换面法的基本变换规律

点是一切几何形体中最基本的元素，因此要掌握各种形体的换面方法，就必须首先了解点在换面时的基本变换规律。

1. 点的一次变换

如图 7-2a 所示，已知空间点 A 在 V/H 体系中的两投影 a 和 a'。现在使 H 面不变，取一个垂直于 H 面的新投影面 V_1 代替 V 面，则 V_1 面与 H 面就形成了一个新的投影体系 V_1/H。V_1 面与 H 面的交线是新投影轴 X_1。由点 A 向 V_1 面引垂线，得到点 A 在 V_1 面上的投影 a_1'，这样点 A 在新、旧两投影体系中的投影(a,a_1')和(a,a')均为已知。其中 a_1' 称为新投影，a' 称为旧投影，a 称为不变投影，它们之间有如下关系：

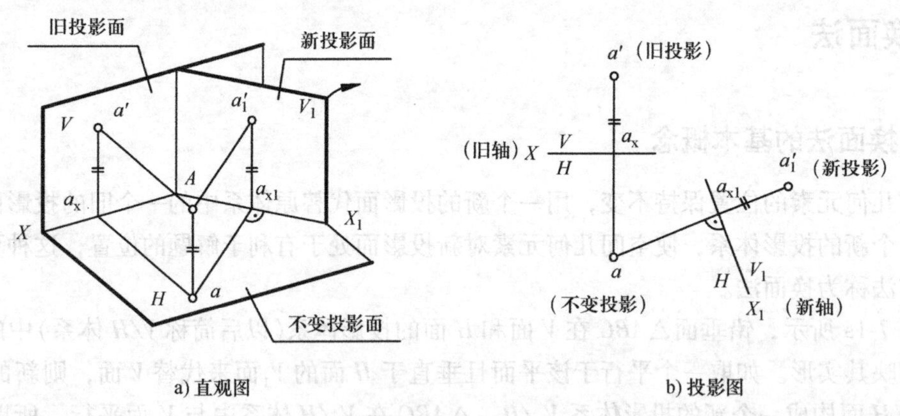

图 7-2 点的一次变换(变换 V 面)

(1) 在新投影体系 V_1/H 中，不变投影 a 和新投影 a_1' 的连线垂直于新投影轴 X_1，即 $aa_1' \perp X_1$ 轴；

(2) 新投影 a_1' 到新投影轴 X_1 的距离 $a_1'a_{x1}$ 等于被替换的旧投影 a' 到旧投影轴 X 的距离 $a'a_x$，即 $a_1'a_{x1}=Aa=a'a_x$。

根据以上关系，图 7-2b 表示了将 V/H 体系中的投影(a,a')变换成 V_1/H 体系中的投影

(a,a_1')的作图方法。首先在适当位置画出新投影轴 X_1，然后过点 a 作 X_1轴的垂线得交点 a_{x1}，再在 aa_{x1}的延长线上量取 $a_1'a_{x1}=a'a_x$，则 a_1'即为点 A 在 V_1面上的新投影。

如图 7-3a 所示，使 V 面保持不变，用一个垂直于 V 面的新投影面 H_1代替 H 面，它与 V 面构成新的投影面体系 V/H_1。由于新、旧两投影体系具有公共的 V 面，且新、旧两投影体系中的投影(a_1,a')和(a,a')均为已知，因此它们之间也有如下与上述类似的关系：

(1) $a_1a' \perp X_1$轴；

(2) $a_1a_{x1}=Aa'=aa_x$。

图 7-3b 表示其投影图的作法，其作图步骤与变换 V 面类似。

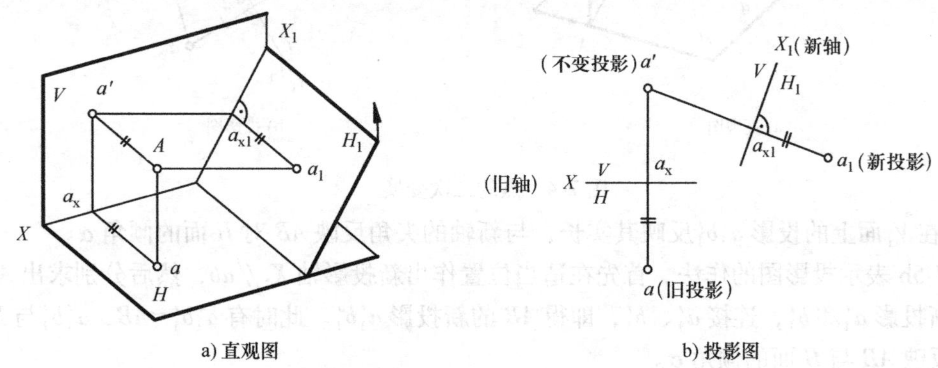

图 7-3　点的一次变换(变换 H 面)

综上所述，可得出点的投影变换规律：

(1) 在新投影体系中，点的不变投影和新投影的连线垂直于新投影轴；

(2) 点的新投影到新投影轴的距离等于被替换的旧投影到旧投影轴的距离。

注意：如果只对一个点进行投影变换，没有明确的解题目的，则新轴的位置可以任意选择；一次变换后的新投影面、新投影轴及新投影的符号，分别用原来的符号再加注脚“1”表示。

2. 点的二次变换

在实际应用中，有时变换一次投影面还不能解决问题，而必须连续地变换两次或多次。在进行二次或多次变换时，由于新投影面的选择必须符合前述两个条件，因此不可能同时变换两个投影面，而必须在变换一个投影面的基础上，交替变换另一个还未被替换的投影面。

二次变换的作图方法与一次变换的作图方法完全相同，只是对象的不同和过程的重复而已。在如图 7-4a 所示的二次变换中，先用 V_1面替换 V 面，构成新体系 V_1/H，再以该体系为基础，用 H_2面替换 H 面，构成一个新的体系 V_1/H_2。图 7-4b 表示其投影图的作法。

根据实际解题需要，二次变换投影面时，也可以先变换 H 面，再变换 V 面，即把 V/H 体系先变换成 V/H_1体系，再变换成 V_2/H_1体系。

7.1.3　直线换面的基本问题

1. 把一般位置直线变换为投影面平行线

如图 7-5a 所示，直线 AB 在 V/H 体系中处于一般位置，若用新的 V_1面代替 V 面，使 V_1面平行于 AB，且垂直于 H 面，那么 AB 在新投影体系 V_1/H 中就成为新投影面的平行线。这

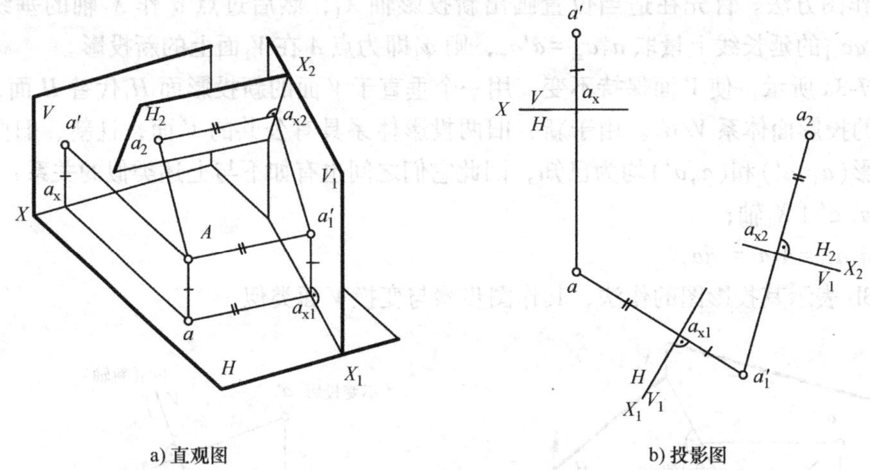

a) 直观图　　b) 投影图

图 7-4　点的二次变换

样，AB 在 V_1 面上的投影 $a_1'b_1'$ 反映其实长，与新轴的夹角反映 AB 对 H 面的倾角 α。

图 7-5b 表示投影图的作法。首先在适当位置作出新投影轴 $X_1 /\!/ ab$，然后分别求出 A、B 两点的新投影 a_1' 和 b_1'，连接 a_1'、b_1'，即得 AB 的新投影 $a_1'b_1'$。此时有 $a_1'b_1'=AB$，$a_1'b_1'$ 与 X_1 轴的夹角反映 AB 与 H 面的倾角 α。

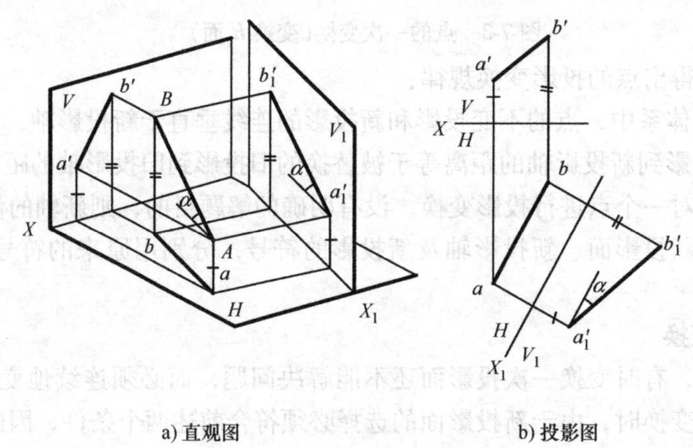

a) 直观图　　b) 投影图

图 7-5　一般位置直线变换为投影面平行线

如果要求 AB 对 V 面的倾角 β，则要求新投影面 $H_1 /\!/ AB$，且垂直于 V 面。

2. 把投影面平行线变换为投影面垂直线

如图 7-6a 所示，要将正平线 AB 变换为投影面垂直线，那么垂直于正平线的平面必定垂直于 V 面。因此可用 H_1 面来替换 H 面，H_1 面同时垂直于 V 面和直线 AB，这样直线 AB 在 V/H_1 体系中就变成新投影面的垂直线。

图 7-6b 表示其作图方法。先作新轴 $X_1 \perp a'b'$，然后求出 AB 在 H_1 面上的新投影 a_1b_1，a_1b_1 必然积聚为一点。

如果要将水平线 AB 变换为投影面垂直线，可用新的 V_1 面替换 V 面，使 V_1 面同时垂直于 AB 和 H 面，则 AB 就变为 V_1 面的垂直线。

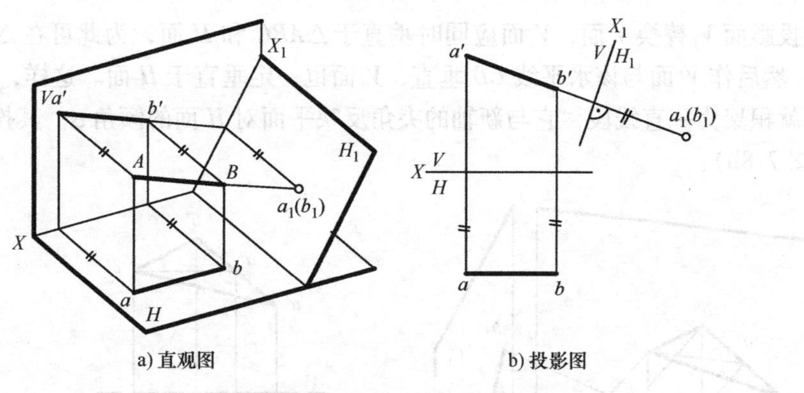

图 7-6　投影面平行线变换为投影面垂直线

3. 把一般位置直线变换为投影面垂直线

把一般位置直线变为投影面垂直线，只变换一次投影面是不行的。因为若选新投影面垂直于一般位置直线，则这个平面也一定是一般位置平面，它和原体系中的两个投影面都不垂直，不符合确定新投影面的条件，构不成新的投影体系。因此必须经过两次投影变换，首先把一般位置直线变换为投影面平行线，然后再把投影面平行线变为投影面垂直线。

如图 7-7a 所示，AB 为一般位置直线，先变换 V 面，作面 $V_1 /\!/ AB$，使 AB 在 V_1/H 体系中为 V_1面的平行线，然后再变换 H 面，作面 $H_2 \perp AB$，则 AB 在 V_1/H_2体系中就成为 H_2面的垂直线。

图 7-7b 表示投影图的作法。先作轴 $X_1 /\!/ ab$，求出直线 AB 在 V_1面上的投影 $a_1'b_1'$；再作新轴 $X_2 \perp a_1'b_1'$，作出直线 AB 在 H_2面上的投影 a_2b_2，这时 a_2b_2积聚为一点。

同理，也可先变换 H 面，然后再变换 V 面，使直线 AB 成为新投影面 V_2的垂直线。

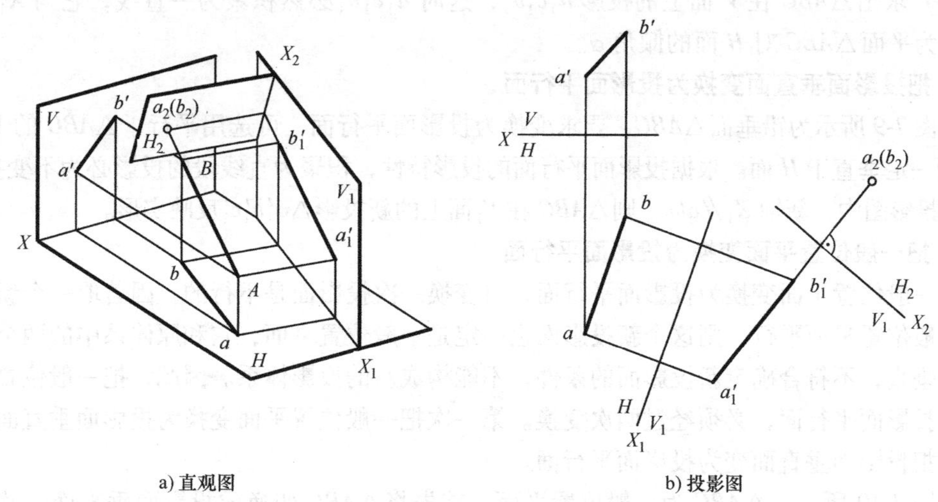

图 7-7　一般位置直线变换为投影面垂直线

7.1.4　平面换面的基本问题

1. 把一般位置平面变换为投影面垂直面

如图 7-8a 所示，$\triangle ABC$ 在 V/H 体系中为一般位置平面，如要把$\triangle ABC$ 变换为正垂面，

必须取新投影面 V_1 替换 V 面，V_1 面应同时垂直于△ABC 和 H 面，为此可在△ABC 上作一水平线 CD，然后作 V_1 面与该水平线 CD 垂直，V_1 面也一定垂直于 H 面。这样，△ABC 在 V_1 面上的投影就积聚为一直线段，它与新轴的夹角反映平面对 H 面的倾角 α。其投影图的作图步骤如下(图 7-8b)：

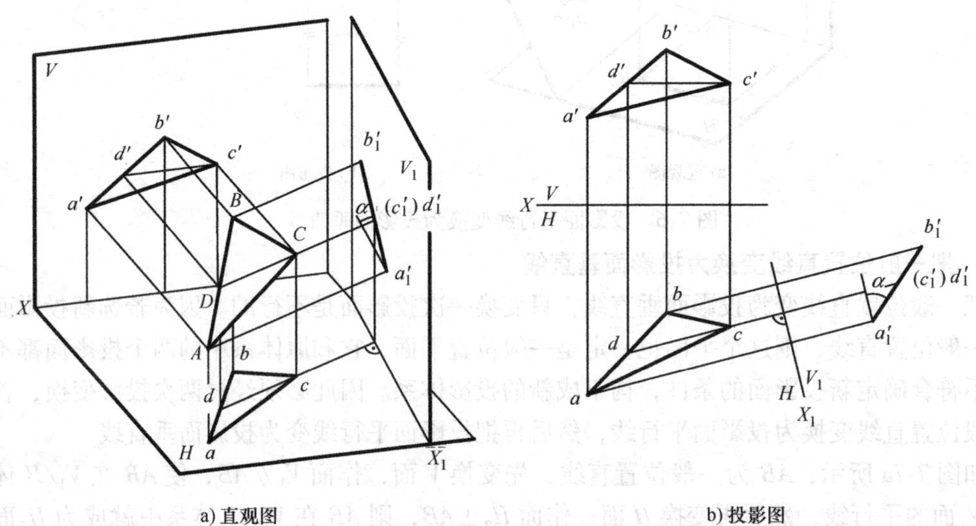

图 7-8 一般位置平面变换为投影面垂直面

(1) 在△ABC 内引一水平线 $CD(cd,c'd')$；

(2) 作新轴 $X_1 \perp cd$；

(3) 求出△ABC 在 V_1 面上的投影 $a_1'c_1'b_1'$，这时 $a_1'c_1'b_1'$ 必然积聚为一直线，它与 X_1 轴的夹角即为平面△ABC 对 H 面的倾角 α。

2. 把投影面垂直面变换为投影面平行面

如图 7-9 所示为铅垂面△ABC，要求变换为投影面平行面，可选用平行于△ABC 的 V_1 面，则 V_1 面一定垂直于 H 面。根据投影面平行面的投影特性，积聚为直线段的投影必为不变投影，因此在投影图中，新轴 $X_1 /\!/ abc$，则△ABC 在 V_1 面上的新投影△$a_1'b_1'c_1'$ 反映实形。

3. 把一般位置平面变换为投影面平行面

把一般位置平面变换为投影面平行面，只变换一次投影面是不行的。因若取一个新投影面与一般位置平面平行，则这个新投影面也一定是一般位置平面，它和原体系中的两个投影面都不垂直，不符合确定新投影面的条件，不能构成新的投影体系。因此，把一般位置平面变换为投影面平行面，必须经过两次变换。第一次把一般位置平面变换为投影面垂直面，第二次再把投影面垂直面变为投影面平行面。

如图 7-10 所示，△ABC 为一般位置平面，首先将△ABC 变换成投影面垂直面，然后再将△ABC 变换成投影面平行面。具体作图步骤如下：

(1) 在△ABC 上取水平线 $CD(c'd',cd)$，作新轴 $X_1 \perp cd$，则△ABC 在 V_1 面上的新投影 $a_1'c_1'b_1'$ 积聚为一直线，△ABC 变为 V_1 面的垂直面。

(2) 作新轴 $X_2 /\!/ a_1'c_1'b_1'$，则△ABC 在 H_2 面上的新投影△$a_2b_2c_2$ 反映△ABC 的实形，此时△ABC 变为 H_2 面上的平行面。

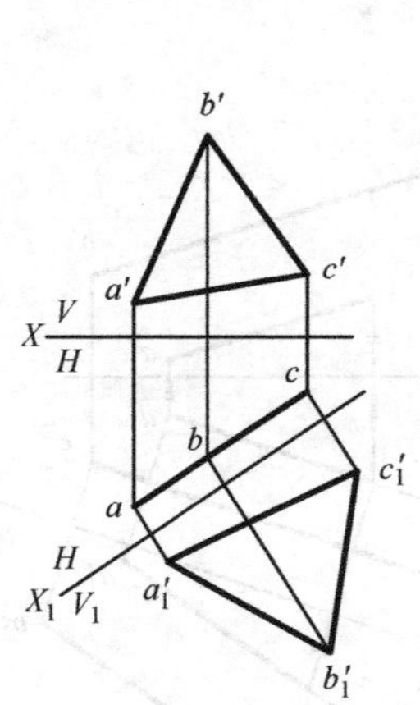

图 7-9 投影面垂直面变换为投影面平行面

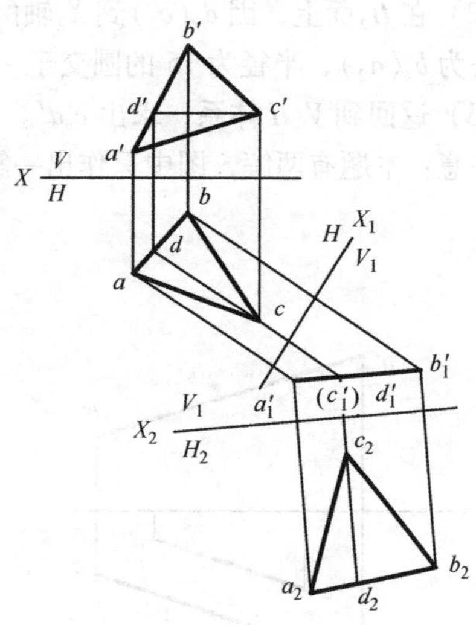

图 7-10 一般位置平面变换为投影面平行面

7.1.5 应用举例

【例 7-1】 如图 7-11a 所示，过点 *M* 作直线 *MK* 与已知直线 *AB* 垂直相交。

分析：由直角投影定理可知，当互相垂直的两直线中有一条平行于某一投影面时，它们在该投影面上的投影反映直角。因此，若把直线 *AB* 变换为投影面平行线，则在投影图上就可由点 *M* 直接向直线 *AB* 作垂线，如图 7-11b 所示。把直线 *AB* 变为投影面平行线，只需一次变换。

作图(图 7-11a)：

(1) 将直线 *AB* 变换成 V_1 面上的平行线。取新轴 $X_1 /\!/ ab$，求出直线 *AB* 的新投影 $a_1'b_1'$，点 *M* 随之变换为 m_1'。

(2) 由 m_1' 向 $a_1'b_1'$ 作垂线，并与之相交于点 k_1'；

(3) 由 k_1' 返回原体系，求出相应的 *k* 和 *k'*，连接 *mk* 和 *m'k'* 即为所求。

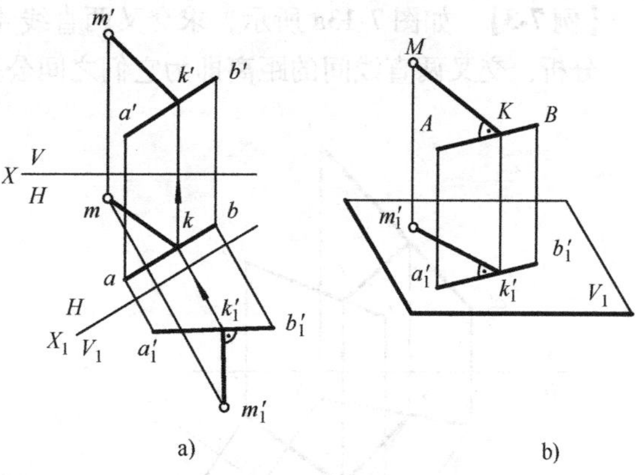

图 7-11 过点作直线与已知直线垂直相交

讨论：若求点 *M* 到直线 *AB* 的距离，可在求出垂线 *MK*(*mk*, *m'k'*)的基础上，再变换一次投影面，将直线 *AB* 变换为投影面垂直线，则新投影 a_2、b_2、k_2 积聚为一点，此时，*MK* 必然变为投影面平行线，其新投影 m_2k_2 就反映点 *M* 到直线 *AB* 的真实距离。

【例 7-2】 如图 7-12a 所示，已知线段 $AB /\!/ CD$，且相距 15，求 *CD* 的正面投影 *c'd'*。

分析：只要将两直线同时变换为新投影面的垂直线，则两直线有积聚性的投影之间的距离反映两直线间的距离。将处于一般位置的直线变为投影面的垂直线，需换面两次。

作图(图 7-12b)：

(1) 两次换面，将直线 *AB* 变为 H_2 面的垂直线，*AB* 的新投影 a_2b_2 积聚为一点。

（2）在 H_2面上，因 $d_2(c_2)$到 X_2轴的距离等于 cd 到 X_1轴的距离，为此作 X_2轴的平行线，与圆心为 $b_2(a_2)$，半径为 15 的圆交于一点，该点即为 $d_2(c_2)$。

（3）返回到 V/H 体系，求出 $c'd'$。

注意：本题有两解，图中只作出一解。

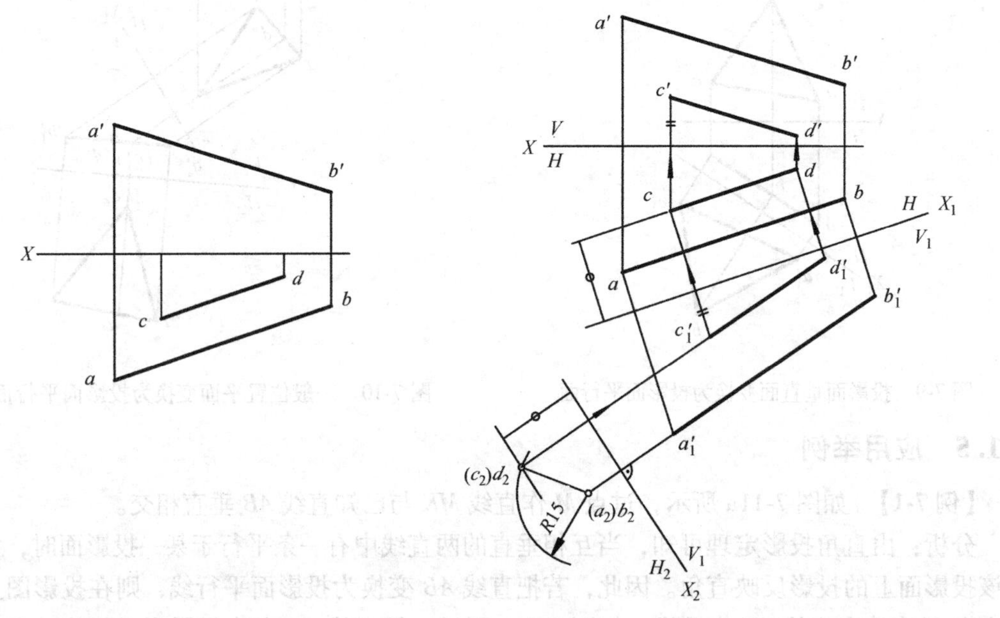

图 7-12 求与已知直线平行且相距为定长的直线

【例 7-3】 如图 7-13a 所示，求交叉两直线 AB 和 CD 间的距离。

分析：交叉两直线间的距离即为它们之间公垂线的长度。如图 7-13b 所示，若使交叉两

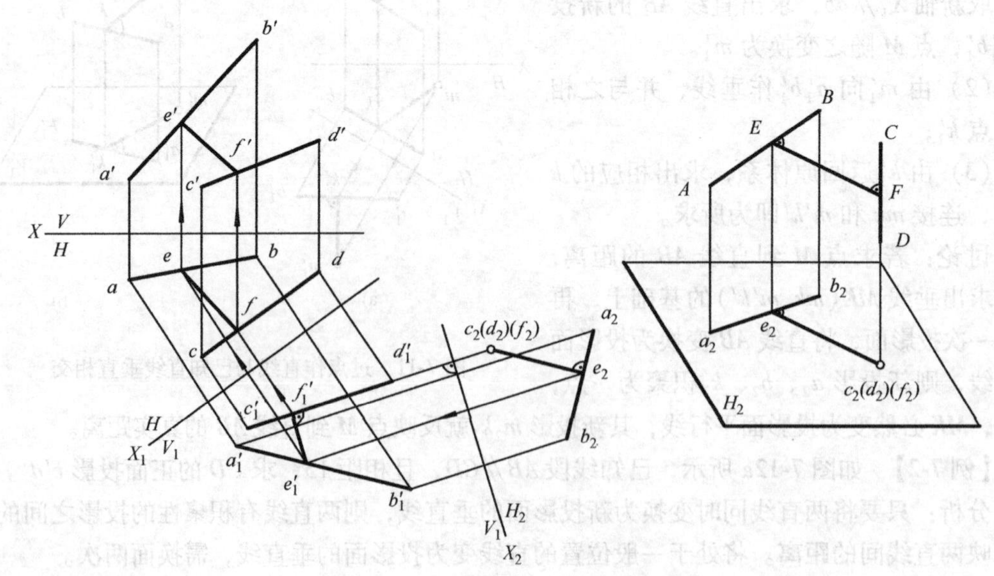

图 7-13 求两交叉直线间的距离

直线之一(如 CD)变换为新投影面的垂直线，则公垂线 EF 一定平行于该投影面，其新投影反映实长，且与另一直线 AB 正交。一般位置直线变换为投影面垂直线，需要两次变换。

作图(图 7-13a)：

(1) 先将直线 CD 变为 V_1/H 体系中 V_1 面的平行线，同时直线 AB 也随之变换，其新投影分别为 $c_1'd_1'$ 及 $a_1'b_1'$。

(2) 再将直线 CD 变为 V_1/H_2 体系中 H_2 面的垂直线，直线 AB 也随之相应地变换，其新投影分别为 c_2d_2 及 a_2b_2，其中 c_2d_2 积聚为一点。

(3) 过 $c_2(d_2)$ 作 $e_2f_2 \perp a_2b_2$，e_2f_2 反映公垂线 EF 的实长，即为 AB 和 CD 间的距离。

(4) 由 e_2f_2 返回即可求出 EF 在 H、V 面上的投影 ef 和 $e'f'$，其中 $e_1'f_1' /\!/ X_2$ 轴。

【例 7-4】 如图 7-14 所示，已知由四个梯形平面组成的料斗，求料斗的相邻两表面 $ABCD$ 与 $CDEF$ 的夹角。

分析：当两平面同时变换成某投影面的垂直面，即它们的交线变换成投影面的垂直线时，两平面在该投影面上有积聚性的投影之间的夹角，就反映两个平面间的真实夹角。要将处于一般位置的交线 CD 变为投影面的垂直线，需换面两次。因直线与线外一点确定一个平面，所以对平面 $ABCD$ 和 $CDEF$，只需变换其上的点 A 和点 E 即可。

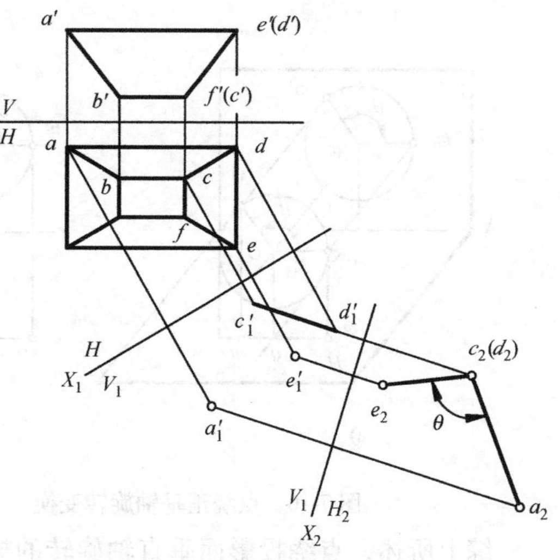

图 7-14 求两平面间的夹角

作图：

(1) 将 CD 变换为 V_1 面的平行线。作新轴 $X_1 /\!/ cd$，求出直线 CD 及点 A 和点 E 的新投影 $c_1'd_1'$ 及 a_1' 和 e_1'。

(2) 将 CD 变换为 H_2 面的垂直线。作新轴 $X_2 \perp c_1'd_1'$，求出 CD 及点 A 和点 E 的 H_2 面投影 c_2d_2 及 a_2 和 e_2，将积聚为一点的 c_2d_2 与 a_2 和 e_2 相连，即为两平面 $ABCD$ 和 $CDEF$ 在 H_2 面上的积聚投影，它们之间的夹角 θ 即为所求。

7.2 旋转法

7.2.1 旋转法的基本概念

旋转法是投影面保持不变，将空间几何元素绕某一指定轴旋转到有利于解题的位置。

如图 7-15 所示，平面 $\triangle ABC$ 为铅垂面，若将其绕垂直于 H 面的边 AB(即旋转轴)旋转，使它成为正平面 $\triangle ABC_1$，则该平面在 V 面上的投影 $\triangle a'b'c_1'$ 就反映其实形。若平面绕垂直于 V 面的轴旋转，则不能得出该平面的实形。可见，旋转轴的选择必须有利于解题。

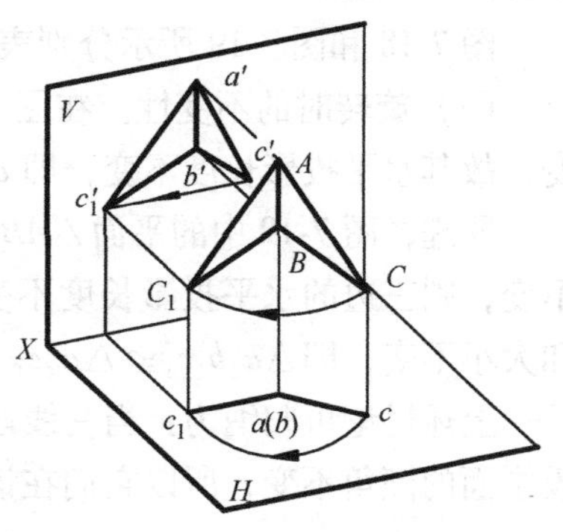

图 7-15 旋转轴的合理选择

7.2.2 绕投影面垂直轴旋转的基本变换规律

1. 点的旋转变换规律

如图 7-16a 所示，点 M 绕垂直于 V 面的轴 OO 旋转时，其轨迹是以 O 为中心的圆，该圆在垂直于旋转轴的正平面内，因此点 M 的旋转轨迹在 H 面上的投影为一平行于 X 轴的直线，在 V 面上的投影反映该圆的实形，其圆心是 OO 轴的正面投影，旋转半径是点 M 到轴 OO 之间的距离。如果点 M 旋转 θ 角到达 M_1 的位置，则在 V 面上反映出 θ 角的真实大小，由 m' 旋转到 m_1'，而水平投影则沿平行于 X 轴的方向移动，由 m 移到 m_1。图 7-16b 表示其投影图的作法。

图 7-17 表示点 M 绕垂直于 H 面的轴旋转时的投影作图。点 M 的旋转轨迹在 H 面上的投影为反映实形的圆，在 V 面上的投影为一平行于 X 轴的直线段。

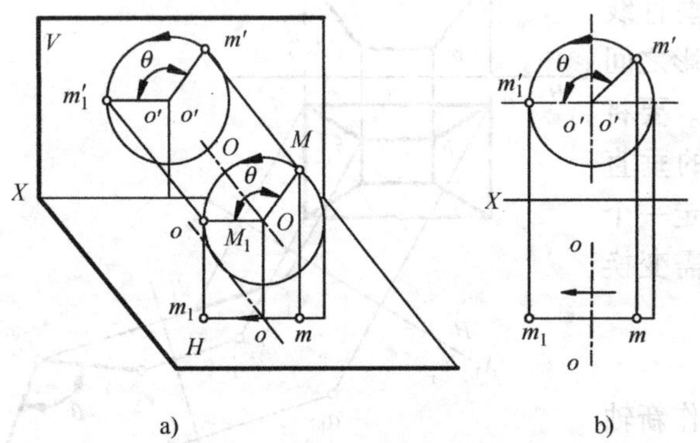

图 7-16 点绕正垂轴旋转变换

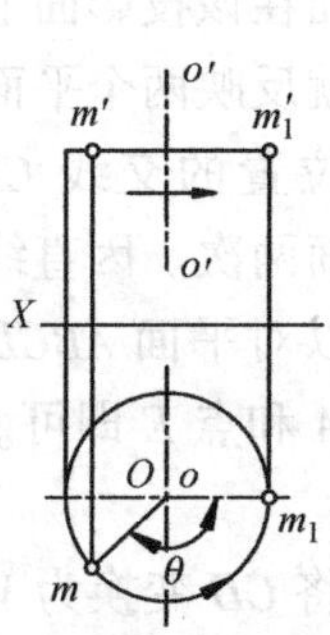

图 7-17 点绕铅垂轴旋转变换

综上所述，点绕投影面垂直轴旋转的规律为：当一点绕投影面垂直轴旋转时，它的运动轨迹在该投影面上的投影为一个圆，而在另一投影面上的投影为一平行于投影轴的直线。

2. 直线和平面的旋转变换规律

(1)“三同”旋转规律。直线和平面图形都可看作由若干个相距一定距离的点组成，在旋转时，它们之间的相对位置不能改变，因此各点旋转时必须绕同一旋转轴、按同一方向、旋转同一角度。

图 7-18 和图 7-19 所示分别表示直线 AB 和平面△ABC 绕铅垂轴旋转的情况。

(2) 旋转时的不变性。在图 7-18 中，线段 AB 绕铅垂轴旋转时，因对 H 面的倾角 α 不变，故其水平投影长度不变，即 $a_1b_1=ab=AB\cos\alpha$。

同理，图 7-19 中的平面△ABC 绕铅垂轴旋转时，其三边 AB、BC、CA 对 H 面的倾角 α 不变，则三边的水平投影长度不变，即 $a_1b_1=ab$，$b_1c_1=bc$，$c_1a_1=ca$，故其水平投影的形状和大小不变，即 $\triangle a_1b_1c_1\cong\triangle abc$。

上述讨论可归纳为：当一线段或平面图形绕垂直于某一投影面的轴旋转时，因它们对该投影面的倾角不变，所以它们在该投影面上投影的形状和大小不变。

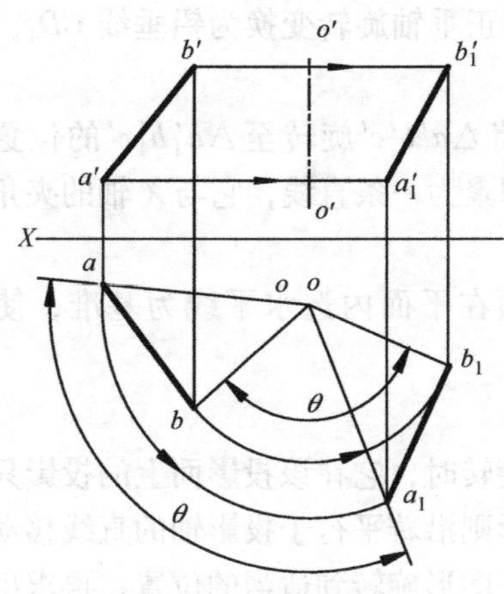

图 7-18 直线的旋转变换

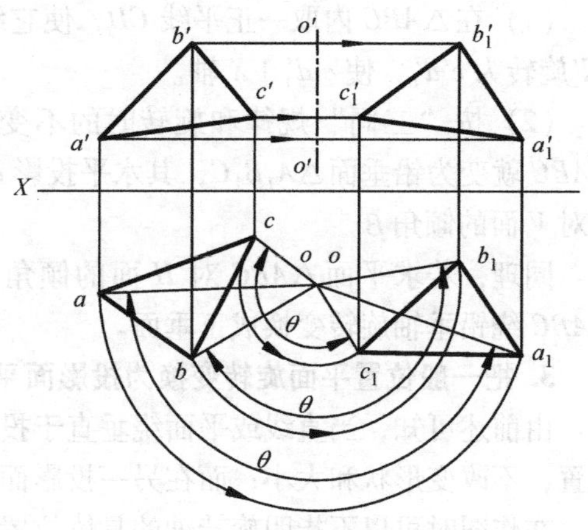

图 7-19 平面的旋转变换

7.2.3 旋转变换作图示例

1. 把一般位置直线旋转变换为投影面平行线

如图 7-20 所示，若将一般位置直线 AB 旋转为正平线，须将其水平投影 ab 旋转到与 X 轴平行的位置，因此应选铅垂线为旋转轴。为了简化作图，可取过端点 A 且垂直于 H 面的直线为轴，这样只要旋转另一端点 B 即可完成作图。具体作图步骤如下：

（1）过点 $A(a,a')$ 作铅垂轴 $AO(a'o',ao)$；

（2）以 o 为圆心，ob 为半径画圆弧，将 b 旋转至 b_1，使 $ab_1 /\!/ X$ 轴；

（3）过 b' 作 X 轴的平行线，与自 b_1 作的投影连线相交得 b'_1。$a'b'_1$ 即为直线 AB 的实长，它与 X 轴的夹角即为 AB 对 H 面的倾角 α。

同理，若求直线 AB 的实长及其对 V 面的倾角 β，则必须绕正垂轴旋转。

2. 把一般位置平面旋转变换为投影面垂直面

如图 7-21 所示，$\triangle ABC$ 为一般位置平面，若将其旋转为投影面垂直面，只要在 $\triangle ABC$ 内取一条投影面平行线（如正平线），将其旋转为投影面垂直线（铅垂线），则 $\triangle ABC$ 随之变为投影面垂直面（铅垂面）。具体作图步骤如下：

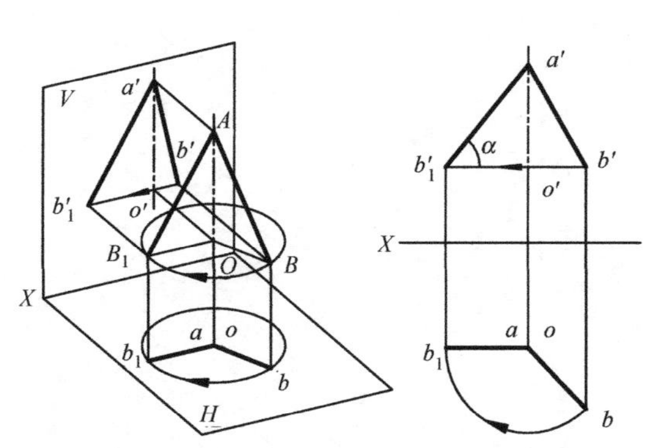

图 7-20 一般位置直线旋转变换为正平线

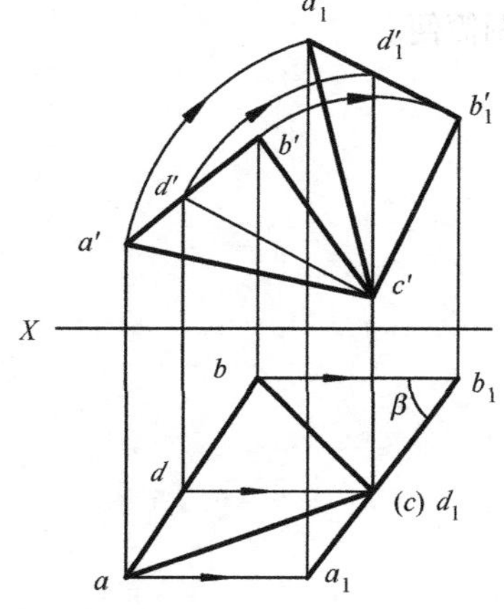

图 7-21 一般位置平面旋转变换为铅垂面

（1）在△ABC 内取一正平线 CD，使它绕过 C 点的正垂轴旋转变换为铅垂线 CD_1，即将 $c'd'$旋转为 $c'd'_1$，使 $c'd'_1 \perp X$ 轴。

（2）按“三同”规律和旋转时的不变性规律，将△$a'b'c'$旋转至△$a'_1b'_1c'$的位置，则△ABC 就变为铅垂面△A_1B_1C，其水平投影 a_1cb_1必定积聚为一条直线，它与 X 轴的夹角反映其对 V 面的倾角 β。

同理，若求平面△ABC 对 H 面的倾角 α，则必须在平面内选水平线为基准，使平面△ABC 绕铅垂轴旋转变换成正垂面。

3. 把一般位置平面旋转变换为投影面平行面

由前述可知，当直线或平面绕垂直于投影面的轴旋转时，它在该投影面上的投影只改变位置，不改变形状和大小；而在另一投影面上，其投影则沿着平行于投影轴的直线移动。因此，在作图时可以不指明旋转轴的具体位置，而将某一图形旋转到适当的位置，再求出另一投影。

在图 7-22 中，第一次是将△ABC 旋转到△$A_1B_1C_1$的位置，此时平面内的正平线 CD 变为铅垂线 C_1D_1，其水平投影 $a_1c_1b_1$变为积聚直线；第二次是将△$A_1B_1C_1$旋转到△$A_2B_2C_2$的位置，此时水平投影 $a_2c_2b_2$与 X 轴方向平行，△$A_2B_2C_2$必为正平面，其正面投影△$a'_2b'_2c'_2$反映实形。

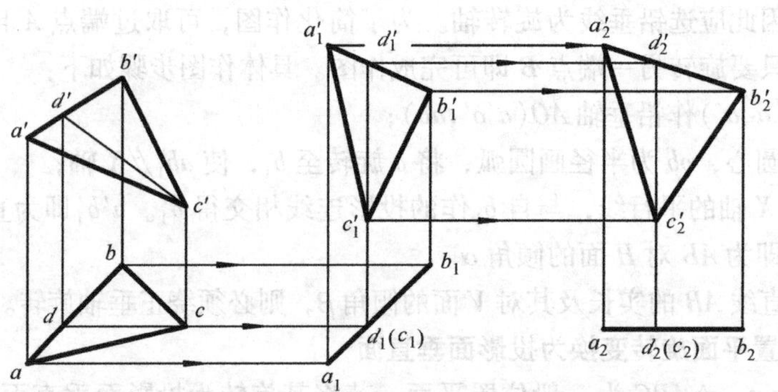

图 7-22 不指明旋转轴变换一般位置平面为投影面平行面

由此可见，用不指明旋转轴的旋转变换方法解题，可避免图形重叠，而使图面清晰，并且作图简便。

第8章　立　体

立体一般分为平面立体和曲面立体，由若干平面围成的立体称为平面立体，常见的平面立体有棱柱、棱锥等；表面由曲面或曲面和平面围成的立体称为曲面立体，常见的曲面立体有圆柱、圆锥、圆球、圆环等。

8.1　平面立体

平面立体表面的表面片都是平面多边形，多边形的边和顶点就是立体表面上的棱线和顶点，每一条棱线是两个相邻表面的共有边。画平面立体的投影，就是绘制其表面棱线及各顶点的投影。

8.1.1　棱柱

在平面立体中，如果有两个面相互平行，其余每相邻两个面的交线都相互平行，这样的多面体称为棱柱。平行的两个面为棱柱的底面，其余的面为棱柱的棱面，相邻两棱面的交线称为棱柱的棱线。棱线垂直于底面为直棱柱，棱线与底面倾斜的棱柱称为斜棱柱。

在三投影体系中，为了便于图示，直棱柱一般按如下位置放置：上、下底面为投影面平行面，其他的棱面为投影面垂直面、平行面或一般位置平面。

图 8-1 为正五棱柱的三面投影图，上、下底面平行于 H 面，在 H 面的投影为正五边形，反映实形，正面投影和侧面投影均积聚成水平线段；五个棱面均垂直于 H 面，水平投影积聚成直线段；后棱面平行于 V 面，正面投影反映后棱面的实形，后棱面的侧面投影积聚成铅直线段；另四个棱面均倾斜于 V、W 面，正面和侧面投影都是类似图形。具体作图步骤

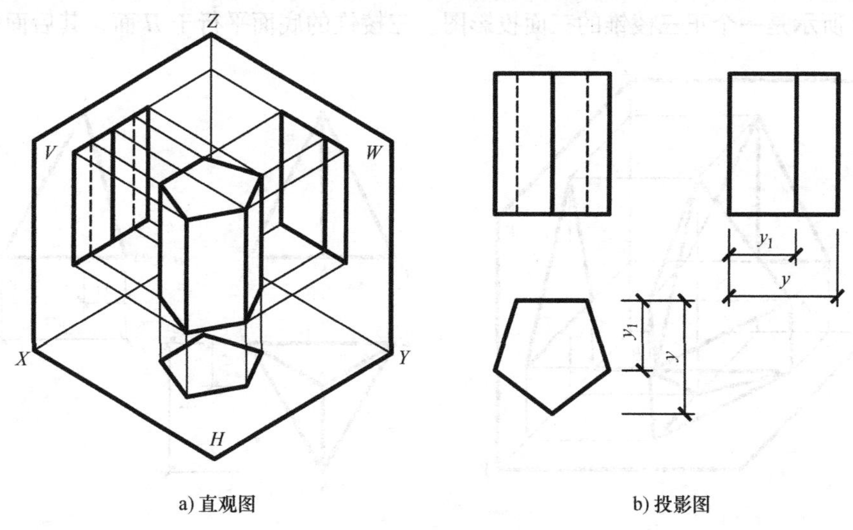

a) 直观图　　b) 投影图

图 8-1　画五棱柱的投影图

如下：

（1）绘制出五棱柱的对称线的投影；

（2）绘制出上、下底面的三面投影；

（3）绘制出各棱线的三面投影。

绘制平面立体的投影图，必须要注意的是：可见线段用实线绘制，不可见线段用虚线绘制，当可见与不可见投影重影时，只画可见投影。

组成立体的每一个棱面、底面、棱线、顶点，在每一个投影中都应得到反映。要学会识别它们在每个投影中的位置。

图 8-2 所示为一斜三棱柱的三面投影。该棱柱的底面为水平面，水平投影为$\triangle a_1b_1c_1$和$\triangle abc$，反映了上、下底面的实形；它们的正面投影为两条水平线。三条侧棱在各投影中均平行。水平、侧面投影有不可见的棱线，将其画成虚线。区分可见性的方法如下：

（1）每个投影的外轮廓线都是可见的；

（2）外轮廓以内的线可利用重影点来判别交叉两直线的可见性，例如利用图 8-2 的重影点Ⅰ、Ⅱ判别；

（3）非外轮廓线交于同一顶点时，它们的可见性相同。

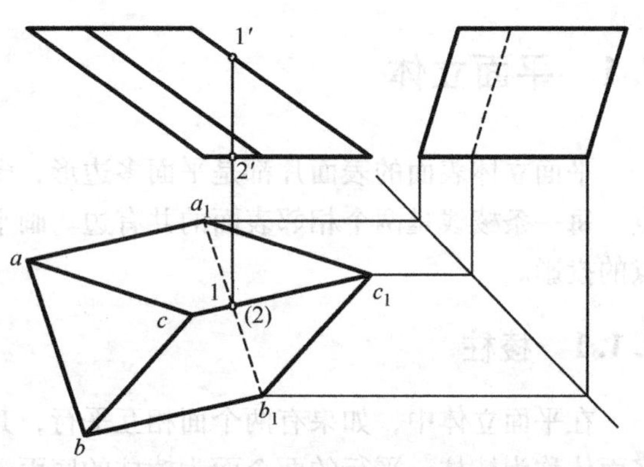

图 8-2 斜三棱柱的投影

8.1.2 棱锥

棱锥的结构特点是它的表面有一个是多边形，其余各面是具有公共顶点的三角形。这个多边形是棱锥的底面，各个三角形就是棱锥的棱面。如果棱锥的底面是一个正多边形，而且顶点与正多边形底面的中心连线垂直于该底面，这样的棱锥就称为正棱锥。

图 8-3 所示是一个正三棱锥的三面投影图。三棱锥的底面平行于 H 面，其后面的棱面垂

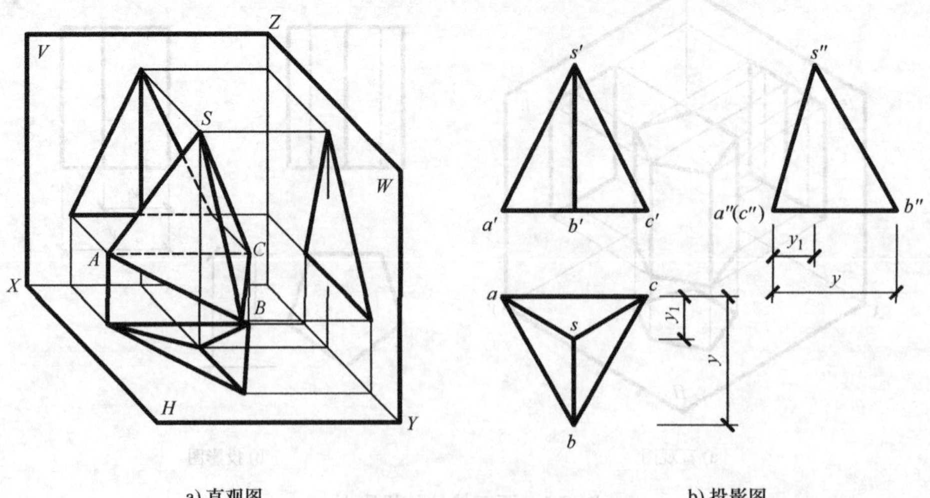

a) 直观图 b) 投影图

图 8-3 三棱锥的投影

直于 W 面。

三棱锥底面△ABC 的水平投影△abc 反映了它的实形，正面投影和侧面投影成为水平直线段。后面的棱面△SAC 垂直于 W 面而倾斜于 H 面和 V 面，所以侧面投影积聚成一段倾斜的直线，水平投影和正面投影成为两个类似形。棱面△SAB 和△SBC 与三个面都倾斜，它们的三个投影都是类似的三角形。具体绘图步骤如下：

（1）绘出三棱锥对称线的投影；

（2）绘出底面的三面投影；

（3）绘出棱锥顶点的三面投影；

（4）绘出各棱线的三面投影。

需要注意的是，正三棱锥的侧面投影不是一个等腰三角形。宽度 y_1 和 y 应与水平投影中相应的宽度相等。

图 8-4 所示为常见的平面立体的投影图，试比较它们的投影特点。

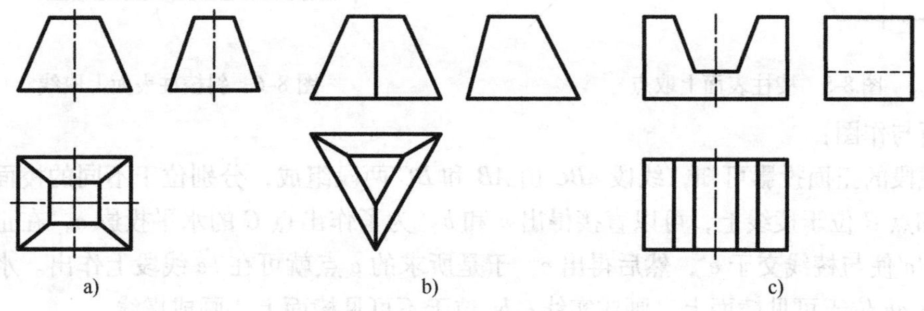

图 8-4 平面体的投影

8.1.3 平面立体表面取点和取线

平面立体是由一些平面围成的，在平面立体上取点和线的实质，就是在平面上取点、线。关键就是要分析这些点、线在哪个平面上，从而在该平面的投影内取点、线的投影。点、线的可见性与它们所在的平面的可见性一致。

【例 8-1】 图 8-5 所示，已知正六棱柱的三投影及表面上点的投影(b)、a'、c''，试求出点的其他投影。

分析与作图：

首先判断已知点分别位于哪个平面上，然后通过平面上取点的方法，完成投影作图，并判别可见性。

本例中，(b)不可见，由此判断 B 在下底面上，由于该平面的 V、W 面投影均有积聚性，所以可以直接得出 b'、b''，a'可见，于是判断出 A 是属于右侧前面的棱面上，由于该平面的 H 面投影有积聚性，所以直接得出 a，根据点的投影规律可以求出 a''，c''可见，可以判断出 C 点位于左侧的棱面上，利用 45°辅助线，得到 c，由 c、c''得到 c'，它位于左侧的后部，所以，c'不可见。

综上所述，当点位于特殊位置平面上时，先把点对应到有积聚性的投影上，然后再求第三个投影。

【例 8-2】 如图 8-6 所示，已知斜三棱柱的两面投影及表面上的线段 ABC 的正面投

影 $a'b'c'$，求作该线段的水平投影 abc。

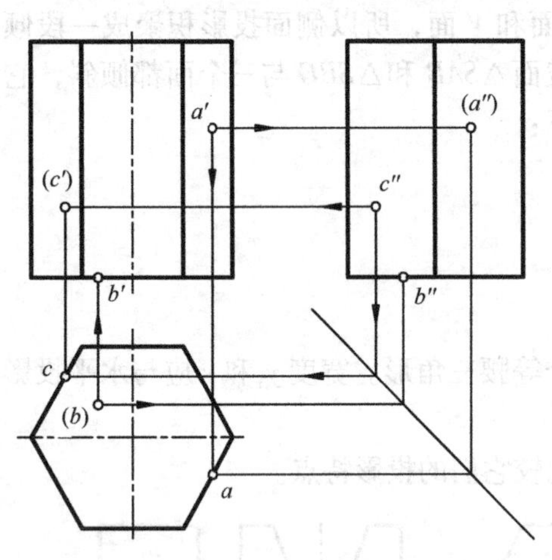

图 8-5　棱柱表面上取点

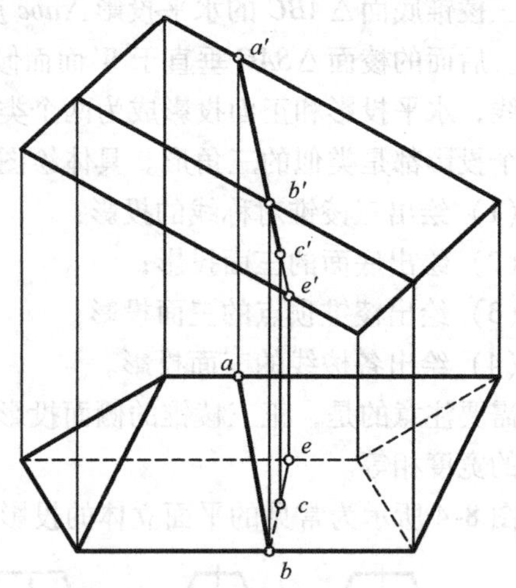

图 8-6　斜棱柱表面上取线

分析与作图：

由线段的正面投影可知，线段 ABC 由 AB 和 BC 两段组成，分别位于不同的棱面上，由于点 A 和点 B 位于棱线上，可以直接得出 a 和 b。为了作出点 C 的水平投影 c，在正面投影中延长 $b'c'$ 使与棱线交于 e'，然后得出 e，于是所求的 c 点就可在 be 线段上作出。水平投影中，线段 ab 位于可见棱面上，画成实线；bc 位于不可见棱面上，画成虚线。

8.2　曲面立体

表面由曲面或曲面与平面围成的立体称为曲面立体，一般常见的有圆柱、圆锥、圆球、圆环。

8.2.1　圆柱

1. 圆柱的投影

圆柱体由圆柱面和上、下两底面包围而成。圆柱面是由一条直母线绕与它平行的轴线旋转而成的。圆柱上的所有素线都是与轴线平行的直线。为方便图示，一般把圆柱放置为轴线是投影面垂直线，底面是投影面平行面。图 8-7 所示是圆柱的投影步骤：

(1) 绘出回转轴线的三面投影；

(2) 绘制上、下底面的三面投影。图示圆柱上、下底面是水平面，水平投影反映圆的实形，其他投影积聚为直线段，长度等于底圆的直径；

(3) 绘制各转向轮廓线投影。

本例中圆柱对正投影面的转向轮廓线是 AA_1 和 BB_1，在侧面投影图中，它们的投影与轴线重合；圆柱对侧投影面的转向轮廓线是 CC_1 和 DD_1，它们的正面投影与轴线投影重合。

圆柱面上所有点的水平投影都积聚于圆上。底面上的点除边界外，水平投影都不在圆上。

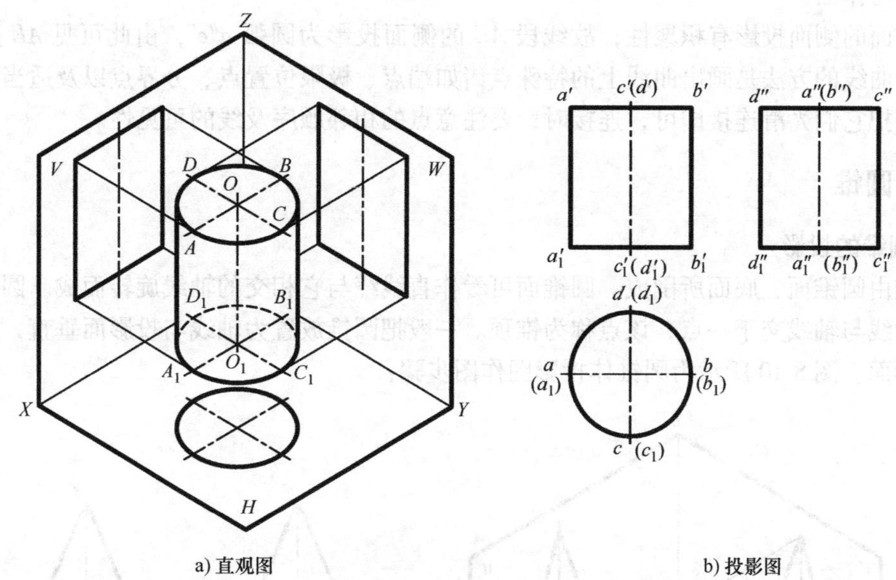

a) 直观图　　b) 投影图

图 8-7　圆柱的投影

2. 圆柱表面上取点和取线

当圆柱面投影有积聚性时，在圆柱面上取点，可利用积聚性进行作图。

【例 8-3】 已知圆柱面上点 A 的正面投影 a' 及 B 的侧面投影(b'')，如图 8-8 所示，求点 A 和 B 的其他两面投影。

分析与作图：

因圆柱面的水平投影有积聚性，故可根据 a'直接求出 a，a'可见，所以 a 对应在水平投影的前半圆上。然后根据 a'和按点的投影关系定出 a''，点 A 在右半圆柱面上，故 a''不可见。点 B 在侧面投影中位于轴线上，不可见，由此判断点 B 在最右的转向轮廓线上，由此直接对应出 b'和 b。

【例 8-4】 如图 8-9 所示，已知圆柱面上线段 AE 的正面投影，求其他两投影。

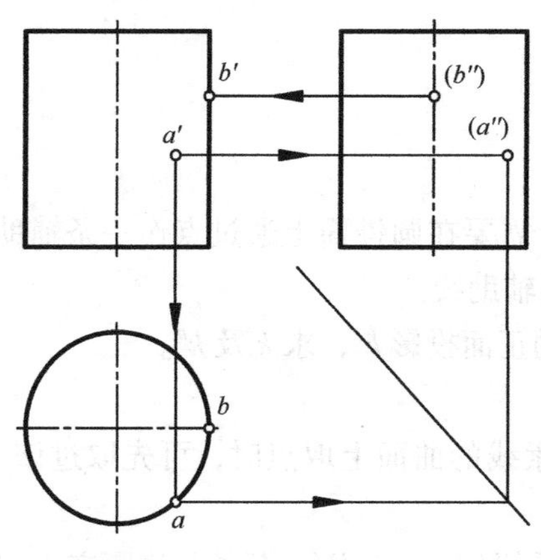

图 8-8　圆柱表面上取点

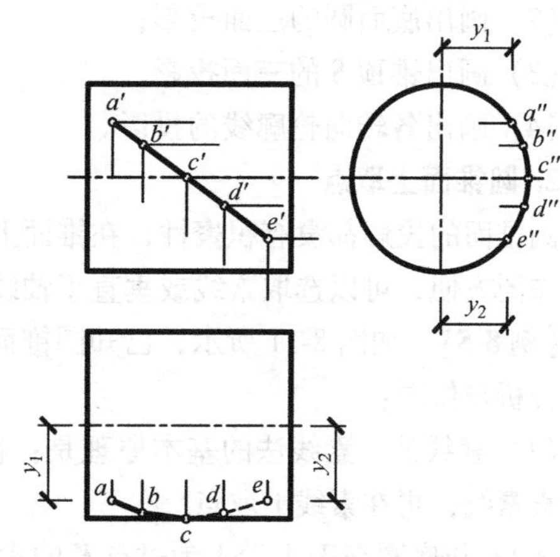

图 8-9　圆柱表面上取线

分析与作图：

圆柱面的侧面投影有积聚性，故线段 *AE* 的侧面投影为圆弧 $a''e''$，由此可见 *AE* 是曲线段，表示曲线的方法是画出曲线上的特殊点诸如端点、极限位置点、分界点以及适当数量的一般点，把它们光滑连接即可，连接时，要注意点的相邻顺序及线的可见性。

8.2.2 圆锥

1. 圆锥的投影

圆锥由圆锥面、底面所围成。圆锥面可看作直线绕与它相交的轴线旋转而成。圆锥面上的所有素线与轴线交于一点，该点称为锥顶。一般把圆锥放置为轴线与投影面垂直，底面平行于投影面。图 8-10 所示为圆锥体投影图作图步骤：

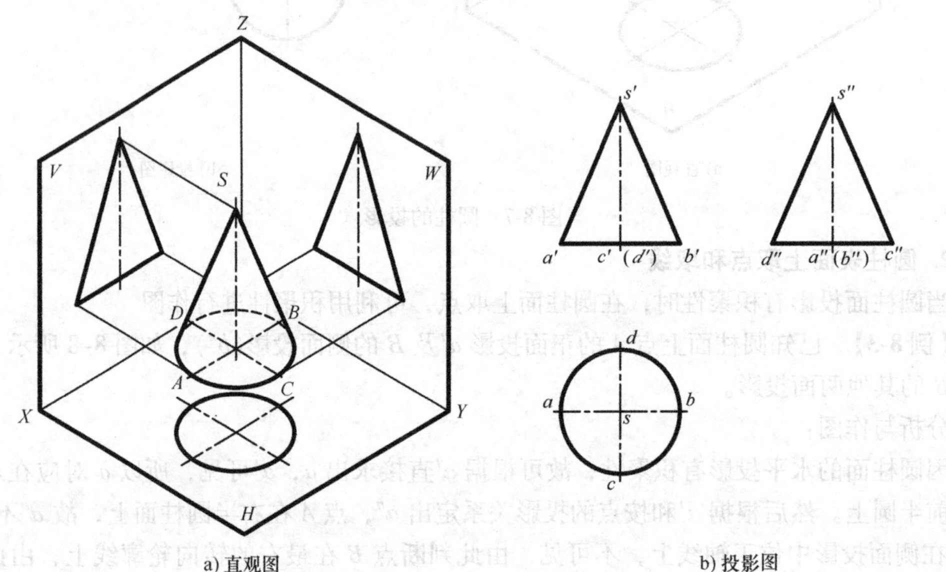

a) 直观图 b) 投影图

图 8-10 圆锥的投影

（1）画出对称线及轴线的三面投影；

（2）画出底面圆的三面投影；

（3）画出锥顶 *S* 的三面投影；

（4）画出各转向轮廓线的投影。

2. 圆锥面上取点

圆锥面的投影都没有积聚性，在锥面上取点时，需要在圆锥面上通过点作一条辅助线。为了作图方便，可以选取素线或垂直于轴线的圆作为辅助线。

【例 8-5】 如图 8-11 所示，已知圆锥面上点 *K* 的正面投影 k'，求 k 及 k''。

分析与作图：

（1）素线法。素线法的基本原理是：在包含直素线的曲面上取点时，可先取过该点的一条直素线，再在素线上取点。

连 *SK* 与底圆交于 *A*，*SA* 为过点 *K* 的素线。在投影图中，连 $s'k'$，延长与底圆交于 a'，*A* 在底圆上，求出 sa 及 $s''a''$，即可在其上定出 k 及 k''。

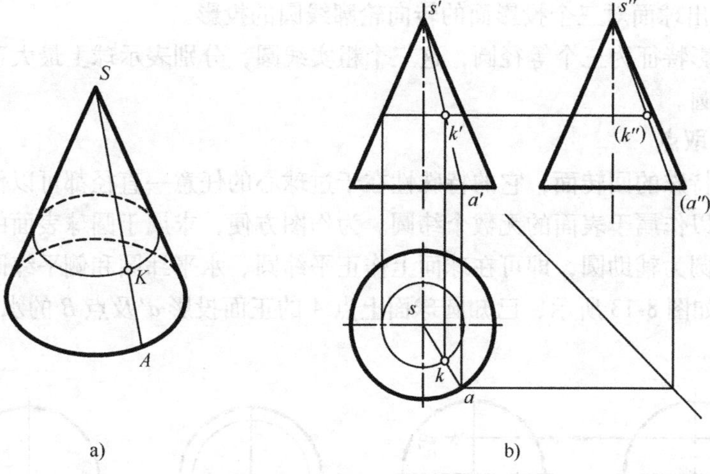

图 8-11 圆锥面上取点

(2) 纬圆法。过回转面上每一个点都可以作一个与轴线垂直的纬圆，利用辅助纬圆在回转面上取点的方法称为纬圆法。

过 K 的纬圆的正面投影是一过 k' 的水平线，长度等于纬圆的直径 ϕ，水平投影是纬圆的实形，侧面投影也是一条水平线。在此纬圆上可以分别定出 k 及 k''。

8.2.3 球

1. 圆球的投影

图 8-12 所示为圆球的三面投影图。在圆球上有三个重要的大圆，即水平大圆 A，正平大圆 B 和侧平大圆 C，它们分别是球面对三个投影面的转向轮廓线。圆球投影图画法如下：

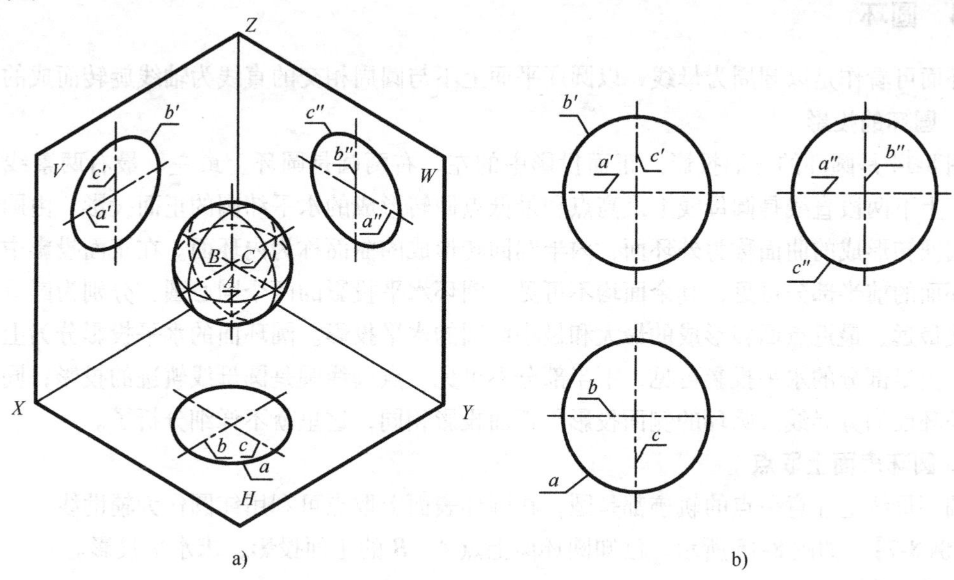

图 8-12 圆球的投影

(1) 画出球心的位置，即圆的中心线；

(2) 分别画出球面对三个投影面的转向轮廓线圆的投影。

圆球的三投影特征为三个等径圆，这三个粗实线圆，分别表示球上最大正平圆、最大水平圆和最大侧平圆。

2. 圆球面上取点

圆球是比较特殊的回转面，它的特殊性在于过球心的任意一直径都可以作为回转轴，过表面上一点，可以作属于表面的无数个纬圆。为作图方便，求属于圆球表面的点，可利用作投影面平行的纬圆为辅助圆，即可在球面上作正平纬圆、水平纬圆和侧平纬圆。

【例 8-6】 如图 8-13 所示，已知圆球面上点 A 的正面投影 a' 及点 B 的水平投影 (b)，求两点的其余投影。

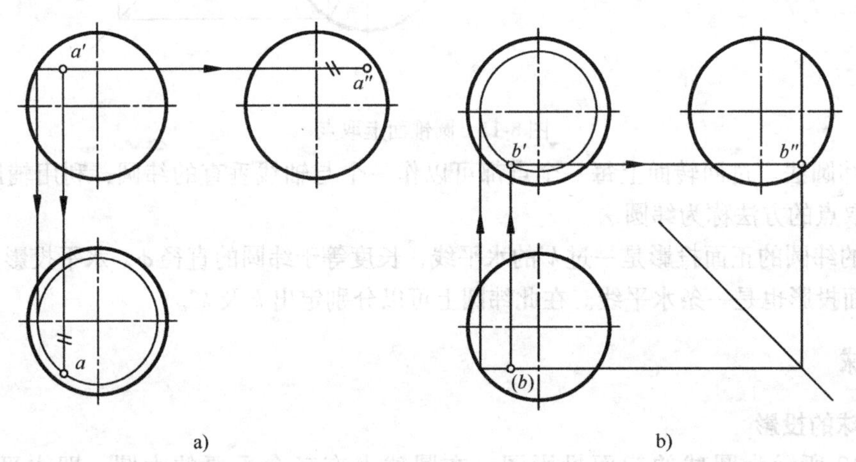

图 8-13 圆球面上取点

8.2.4 圆环

环面可看作是以圆周为母线，以圆周平面上不与圆周相交的直线为轴线旋转而成的。

1. 圆环的投影

图 8-14 是圆环的三面投影。正面投影中的左、右两圆是圆环上最左、最右两素线圆的投影。上下两段直线是圆母线上最高点和最低点回转形成的水平纬圆的正面投影。由圆母线外半圆回转形成的曲面称为外环面，内半圆回转形成的曲面称为内环面。在正面投影中，只有外环面的前半部分可见，其余面均不可见。圆环水平投影的两个同心圆，分别为圆母线上离轴线最远、最近点回转形成的最大和最小纬圆的水平投影。圆环面的水平投影分为上下两部分，上半部分的水平投影可见，下半部分不可见。点画线圆是圆母线轨迹的投影，同时也是内外环面的分界线。圆环的侧面投影与正面投影相同，这里就不详细分析了。

2. 圆环表面上取点

圆环母线上任意一点的轨迹都是圆，在圆环表面上取点可利用纬圆作为辅助线。

【例 8-7】 如图 8-15 所示，已知圆环面上点 A、B 的正面投影，求水平投影。

分析与作图：

由于 a' 可见，故 A 点在外环面的前半部分，过 a' 作纬圆的正面投影，a 在该纬圆的水平投影上。点 A 在上半环面上，所以其水平投影 a 为可见。B 点在圆环的正视转向轮廓线上，可按投影关系直接求出，由于 B 点在下半圆环面上，其水平投影 b 不可见。

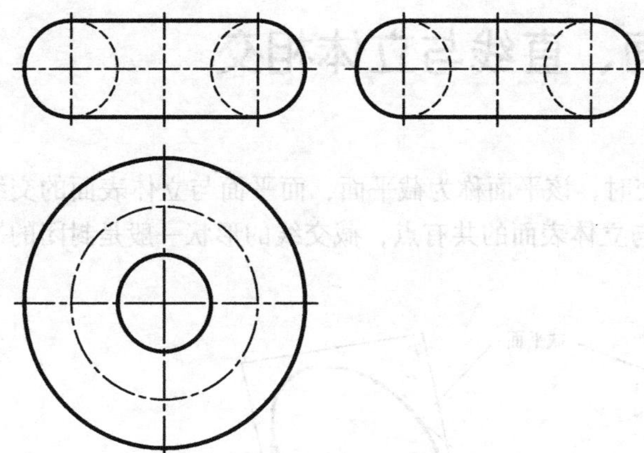

图 8-14　圆环的投影

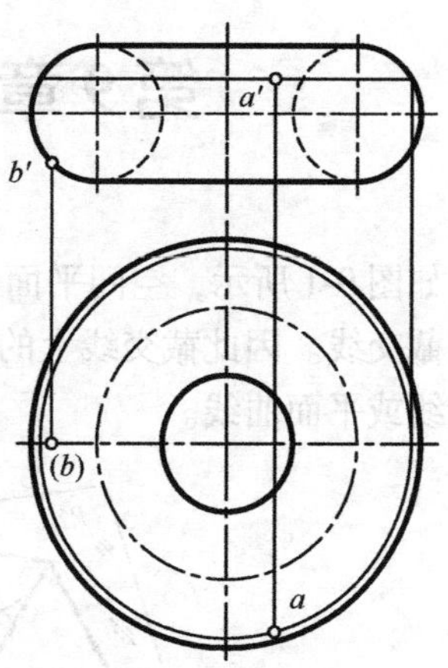

图 8-15　圆环面上取点

第9章　平面、直线与立体相交

如图9-1所示，空间平面与立体相交时，该平面称为截平面，而平面与立体表面的交线就是截交线。因此截交线上的点是平面与立体表面的共有点，截交线的形状一般是封闭的平面折线或平面曲线。

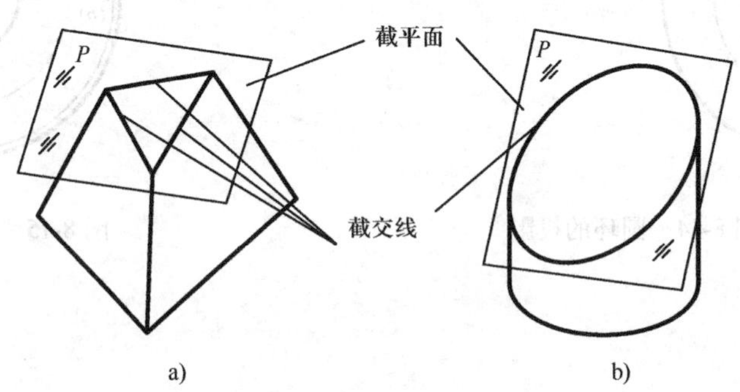

图9-1　截平面与截交线

9.1　平面与平面立体相交

平面与平面立体相交，截交线是封闭多边形。多边形的边是平面与立体表面的交线。因此，求平面与平面立体截交线的方法是求出平面立体各棱线(或底边)与截平面的交点和交线，然后依次连成多边形，其实质是求直线与平面的交点。

【例9-1】　图9-2所示，已知正五棱柱的正面、水平和侧面投影，用正垂面 P 切割掉左上角的一块(图中用双点画线表示)，要求补全切割后的五棱柱的三面投影。

分析与作图：

平面 P 与五棱柱相交，截交线是平面多边形，先要分析判定它的顶点数。P 与3条棱线相交产生3个顶点，P 与上底面相交，也产生一条交线及两个顶点，因此截交线是一个五边形。

因为截交线的各边是正垂面 P 和五棱柱表面的交线，它们的正面投影都重合在 P 平面上，而五棱柱的水平投影有积聚性，截交线的水平投影应分别在各棱面的水平投影上，由正面和水平投影可以求出截交线的侧面投影。

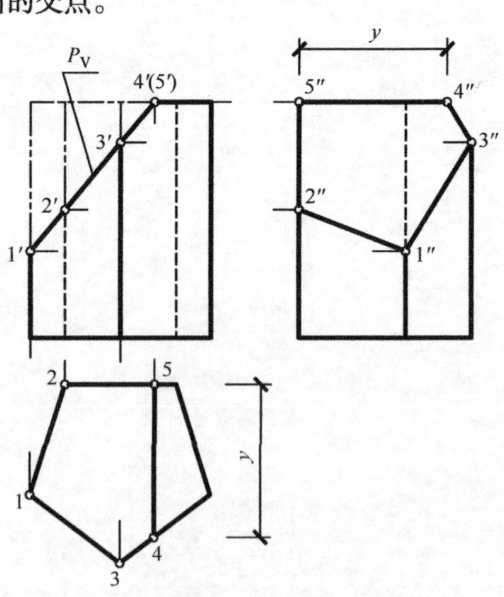

图9-2　求平面 P 与五棱柱的截交线

最后，顺序连线并判断可见性。

截断面的实形可用变换投影面法求出。图 9-3 的五边形即为截断面的实形。

【例 9-2】　图 9-4 所示，三棱锥被正垂面所截，求截交线的投影。

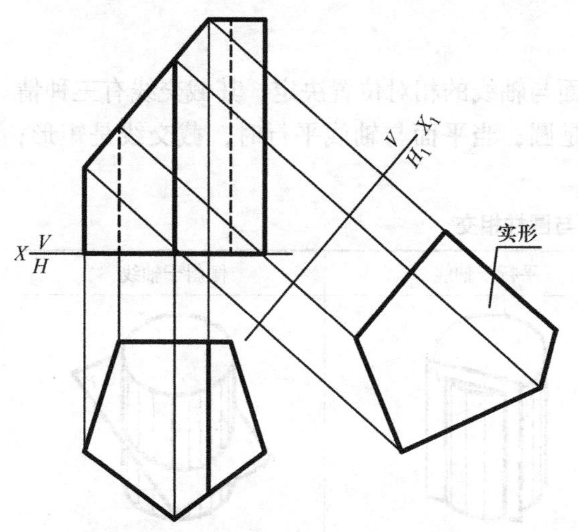

图 9-3　用换面法求截断面的实形

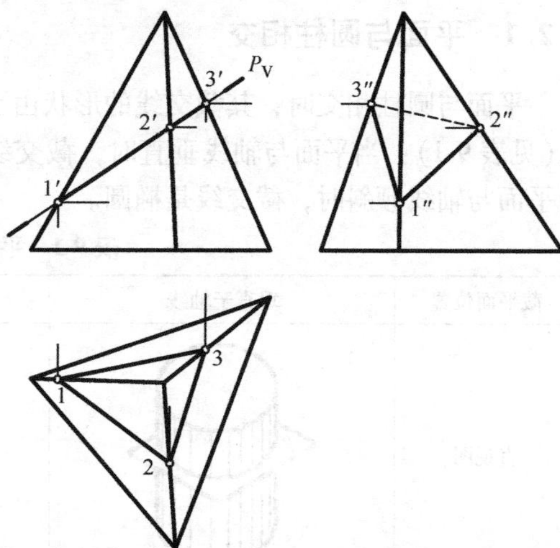

图 9-4　求平面 P 与三棱锥的截交线

分析与作图：

截平面与三棱锥的三条棱线相交产生 3 个交点，所以截断面应该是一个三角形。截交线是截平面与立体表面的共有线，截平面 P 为正垂面，正面投影有积聚性，故 P_V 上的线段 $1'2'3'$ 为截交线的正面投影，由此分别在相应的棱线上，对应出水平投影 1、2、3 和侧面投影 1″、2″、3″。截交线的可见性根据它所在立体表面的可见性来判断，三棱锥的三个棱面的水平投影皆为可见，故截交线的水平投影都可见，连为实线；三棱锥的三个棱面的侧面投影中两个可见，一个不可见，故连两条实线，一条虚线。

【例 9-3】　如图 9-5 所示，完成带缺口三棱锥的水平及侧面投影。

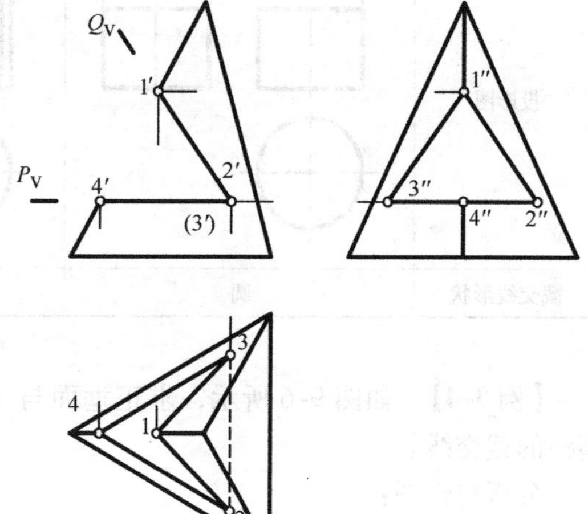

图 9-5　带缺口三棱锥的投影

分析与作图：

从图上可看出三棱锥被水平面 P 及正垂面 Q 同时切割。三棱锥各棱面与平面 P 的截交线分别与对应棱面的底边平行；与平面 Q 的截交线为三角形。作图时，先分别求出 P、Q 两平面与三棱锥的交线，再画出两截平面的交线，最后将结果加深。

9.2　平面与曲面立体相交

平面与曲面立体相交，截交线在一般情况下是一条封闭的平面曲线，或者是由平面曲线和直线组合成的平面图形。截交线的形状取决于曲面立体表面的形状及其与截平面的相对位置。

9.2.1 平面与圆柱相交

平面与圆柱相交时，其截交线的形状由平面与轴线的相对位置决定，其截交线有三种情况(见表9-1)：当平面与轴线垂直时，截交线是圆；当平面与轴线平行时，截交线是矩形；当平面与轴线倾斜时，截交线是椭圆。

表 9-1 平面与圆柱相交

截平面位置	垂直于轴线	平行于轴线	倾斜于轴线
直观图	P	P	P
投影图			
截交线形状	圆	矩形	椭圆

【例 9-4】 如图 9-6 所示，求正垂面与圆柱的截交线。

分析与作图：

图中圆柱轴线垂直于侧投影面，圆柱的侧投影面积聚为圆。

截平面与圆柱轴线倾斜，其截交线是椭圆，截交线的正面投影与截平面的正面投影重合，侧面投影与圆柱的侧面投影重合。截交线的水平投影成椭圆的类似形，仍为椭圆。

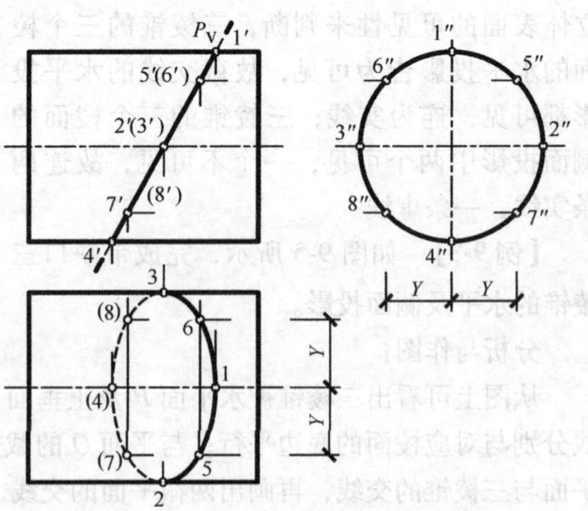

图 9-6 正垂面与圆柱面的截交线

作图步骤如下：

(1) 求特殊点：轮廓线上的点，极限点(最左、最右、最前、最后、最上、最下)以及椭圆的长、短轴端点。

最左点Ⅳ(也是最低点)、最右点Ⅰ(也是最高点)，最前点Ⅱ和最后点Ⅲ，它们分别是轮廓线上的点，又是椭圆长、短轴的端点。可直接求出其水平投影及侧面投影。

（2）求一般点：为了作图准确，在特殊点之间可适当选取一些截交线上的一般位置点。图中选取了Ⅴ、Ⅵ、Ⅶ、Ⅷ四个点，由正面投影 5′、6′、7′、8′及侧面投影 5″、6″、7″、8″求出水平投影 5、6、(7)、(8)。

【例 9-5】 如图 9-7 所示，求带缺口圆柱的投影。

分析与作图：

由正面投影可以看出，该圆柱在两处被五个平面组合截切，给每个平面都编上序号，如图中 P_1、P_2、P_3、P_4、P_5。

P_1、P_3、P_5 是平行于轴线的平面，形状是矩形，它们是侧平面，水平投影积聚为直线，侧面投影反映矩形的实形，矩形的长度由水平投影量取，高度由高平齐定出；P_2 是垂直于轴线的平面，形状为圆弧，是水平面，水平投影反映实形，侧面投影积聚为一直线；P_4 与轴线倾斜形状为椭圆弧，是正垂面，由于圆柱面的积聚性，使它的水平投影重合在圆上，由正面投影和水平投影，可以求出侧面投影。

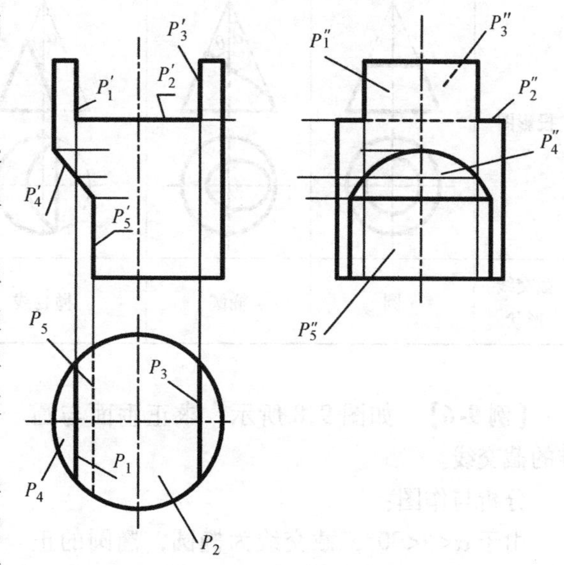

图 9-7　带缺口圆柱的投影

9.2.2　平面与圆锥相交

根据平面与圆锥轴线的相对位置，圆锥的截交线有五种基本形式，见表 9-2。

当截平面垂直于圆锥轴线时，截交线为圆；

当截平面倾斜于圆锥的轴线时：

当 $\alpha<\theta<90°$ 时，截交线为椭圆；$\theta=\alpha$ 时，截交线为抛物线；$0\leqslant\theta<\alpha$ 时，截交线为双曲线；当截平面过锥顶时，截交线为相交于锥顶的两条直线。

表 9-2　圆锥截交线的基本形式

截平面位置	垂直于轴线 $\theta=90°$	倾斜于轴线且与所有素线均相交 $\alpha<\theta<90°$	倾斜于轴线且平行于一条素线 $\theta=\alpha$	倾斜或平行于轴线且平行于两条素线 $0\leqslant\theta<\alpha$	过锥顶
直观图	P	P	P	P	P

（续）

截平面位置	垂直于轴线 $\theta=90°$	倾斜于轴线且与所有素线均相交 $\alpha<\theta<90°$	倾斜于轴线且平行于一条素线 $\theta=\alpha$	倾斜或平行于轴线且平行于两条素线 $0\leqslant\theta<\alpha$	过锥顶
投影图	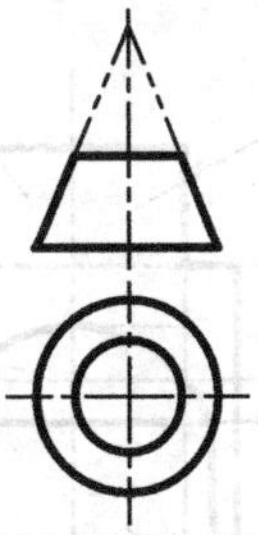	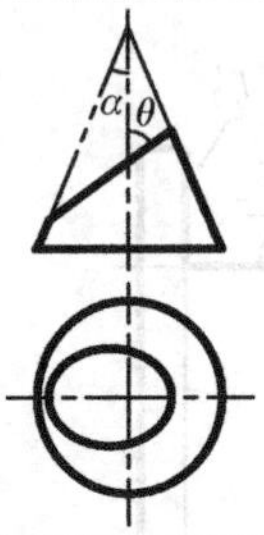	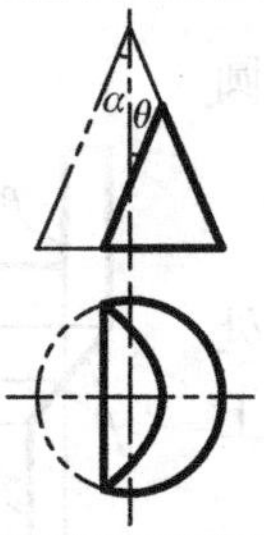	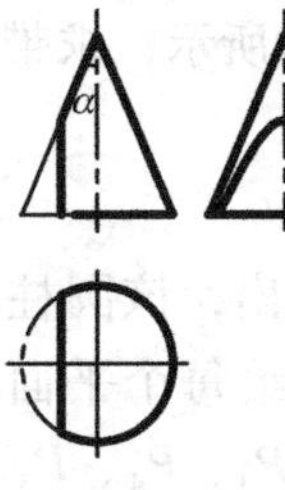	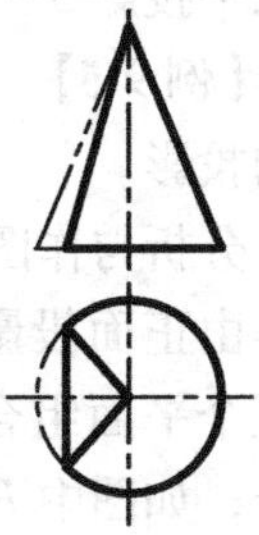
截交线形状	圆	椭圆	抛物线	双曲线	三角形

【例 9-6】 如图 9-8 所示，求正垂面与圆锥的截交线。

分析与作图：

由于 $\alpha<\theta<90°$，截交线为椭圆，椭圆的正面投影已知。

（1）求椭圆的特殊位置点

最高和最右点是Ⅷ点，最低和最左点是Ⅰ，它们分别在最左和最右转向轮廓线上，由长对正得 1 和 8，高平齐得 1″和(8″)；最前点Ⅴ和最后点Ⅳ 按如下方法确定：线段 1′8′的中点就是 5′(4′)，用纬圆法求出 5、4，然后求出 5″和 4″；图中Ⅶ、Ⅵ 两点是锥面对侧投影面的转向轮廓线上的点，它们是椭圆侧面投影可见与不可见的分界点。另外，Ⅰ点和Ⅷ点，以及Ⅳ点和Ⅴ点分别是椭圆长短轴的端点。

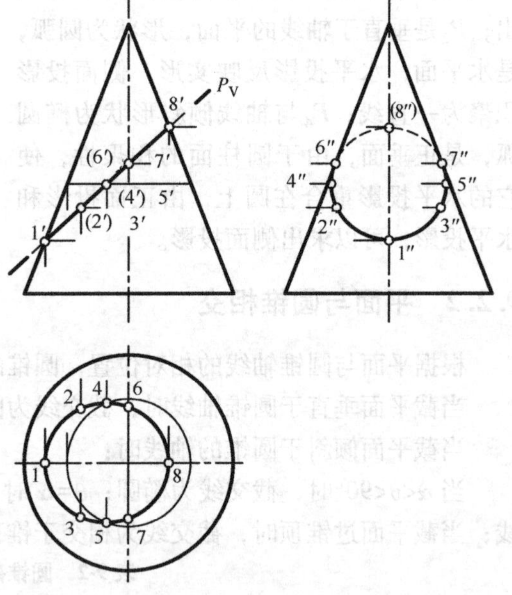

图 9-8 圆锥的截交线

（2）求椭圆的一般位置点

为了提高作图的准确度，可适当选取一些截交线上的一般位置点，图中选取了Ⅱ、Ⅲ两点，用纬圆法分别求出 2、3，再求得 2″和 3″。

（3）顺序连线并判断可见性

水平投影为可见，用实线顺序连 13578642；侧面投影中 6″8″7″段为不可见，用虚线画出，其余部分即 6″4″2″1″3″5″7″用粗实线光滑连接。

【例 9-7】 如图 9-9 所示，求正平面与圆锥的截交线。

分析与作图：

截平面与圆锥的轴线平行，截交线为双曲线。截交线的水平投影已知。

（1）求双曲线的特殊位置点

首先求出双曲线的端点Ⅰ、Ⅱ，这两点在底圆上，由长对正得 1′2′；点Ⅲ位于最前的转向轮廓线上，用纬圆法定出 3′，它是双曲线在对称轴上的顶点，也是最高点。

（2）求双曲线的一般位置点

在截交线的适当位置上作两个中间点Ⅳ、Ⅴ，图中用纬圆法确定了 4′、5′。

（3）顺序连线并判断可见性

截交线位于圆锥的前部，它的正面投影可见，按截交线水平投影的顺序，将 1′4′3′5′2′用粗实线光滑连接。

【例 9-8】　如图 9-10 所示，求带缺口圆锥的投影。

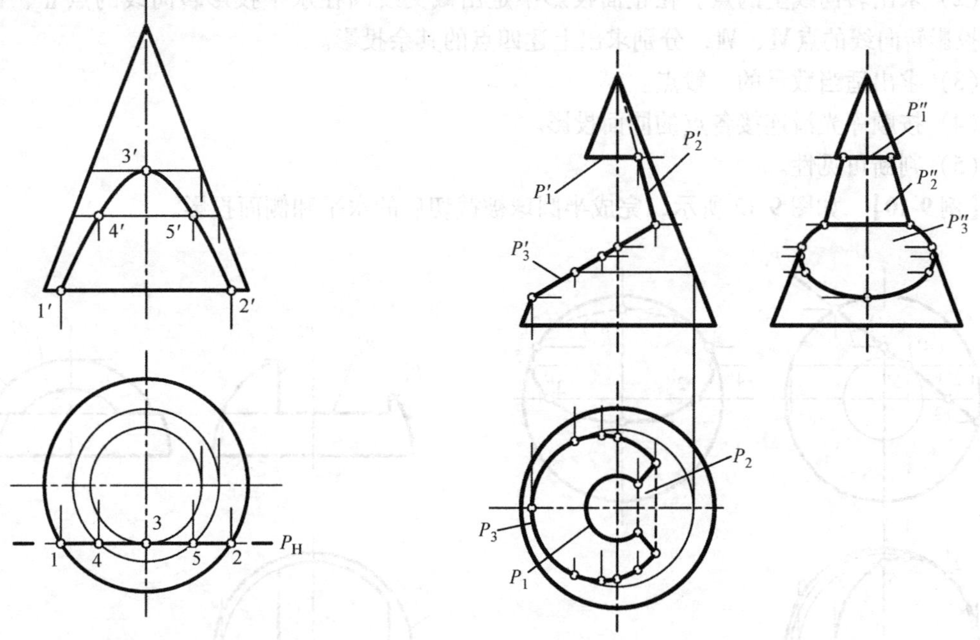

图 9-9　正平面与圆锥的截交线　　　　图 9-10　求带缺口圆锥的投影

分析与作图：

由正面投影可以看出，该圆锥被三个平面组合截切，每个截平面的序号分别是 P_1、P_2、P_3。

P_1是垂直于轴线的平面，它的截交线形状是圆弧，它是水平面，侧面投影积聚为直线，水平投影反映圆弧的实形，半径直接从正面投影量取；P_2是过锥顶的平面，为一正垂面，截交线形状是梯形，梯形的四个端点用纬圆法确定它的水平和侧面投影；P_3与轴线倾斜且 $\alpha<\theta<90°$，形状为椭圆弧，是正垂面，用纬圆法求出它的水平和侧面投影。

9.2.3　平面与圆球相交

平面与圆球的截交线是圆，其投影形状要视截平面与投影面的相对位置而定。当截平面为投影面平行面时，截交线在平行于截平面的投影面上的投影为实形；当截平面垂直于投影面时，在垂直于截平面的投影面上的投影为直线，长度等于截交圆的直径，在倾斜于截平面的投影面上的投影为椭圆。

【例 9-9】　如图 9-11 所示，求正垂面与圆球面的截交线。

分析与作图：

平面 P 与球面的截交线是圆，其正面投影积聚在 P_V 上长度等于圆的直径，水平投影和侧面投影为椭圆。因平面 P 和圆球的相对位置前后对称，所以截交线也前后对称，其水平投影和侧面投影也前后对称。作图步骤如下：

（1）求椭圆长、短轴的端点。在正面投影中定出截交线圆的最低、最左点的投影 1′和最高、最右点的投影 8′，由此求出 1、8 和 1″、8″，它们分别是水平投影和侧面投影椭圆短轴的端点。1′8′的中点 4′5′是截交线圆的最前和最后的正面投影，由此求出 4、5 和 4″、5″，它们分别是水平投影和侧面投影椭圆长轴端点。

（2）求出转向线上的点。在正面投影中定出截交线圆在水平投影转向线的点Ⅱ、Ⅲ和侧面投影转向线的点Ⅵ、Ⅶ，分别求出上述四点的其余投影。

（3）求出适当数量的一般点。

（4）按顺序光滑连接各点的同面投影。

（5）判断可见性。

【例 9-10】 如图 9-12 所示，完成半圆球被截切后的水平和侧面投影。

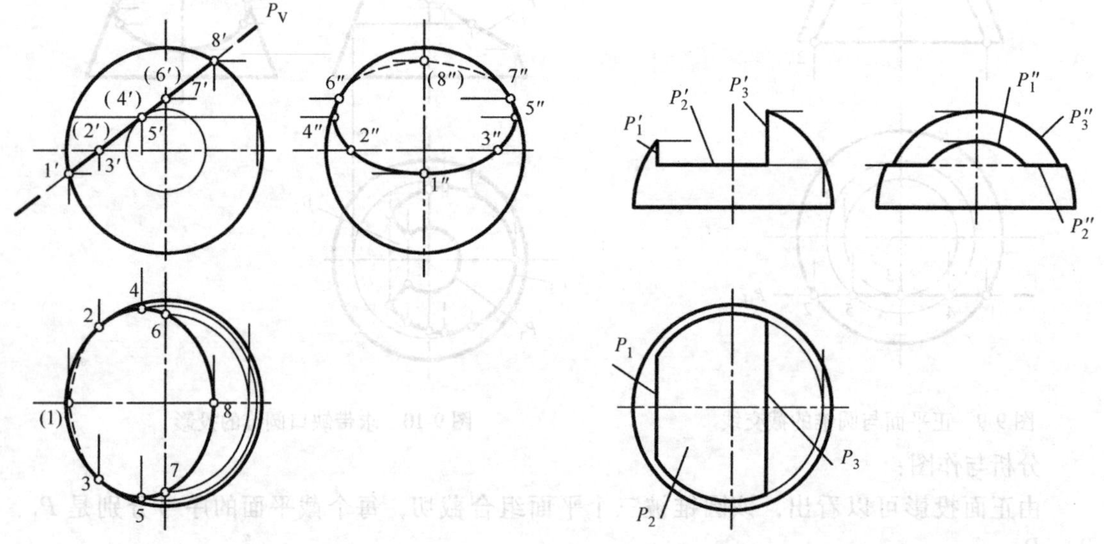

图 9-11　正垂面与圆球的截交线　　　　图 9-12　求半圆球带缺口的投影

分析与作图：

三个截平面与半圆球表面的交线都是圆弧，P_1 和 P_3 是侧平面，交线的侧面投影反映圆弧的实形，交线的水平投影积聚为直线；P_2 是水平面，交线的水平投影反映实形，侧面投影积聚为直线。

9.3　直线与立体相交

直线与立体相交，是直线从形体表面的一点穿入，再从另一点穿出，或多点交替穿入、穿出，这些点叫做贯穿点，贯穿点总是成双存在。研究直线与形体相交，主要是研究贯穿点的投影，而求解贯穿点实质上就是求解直线与平面或直线与曲面的交点。

当立体表面或直线有积聚性时，可利用积聚性求出贯穿点；当立体表面或直线没有积聚性时，可用下列步骤作图：

（1）包含直线作辅助平面，并使辅助平面与立体表面的交线为直线或平行投影面的圆；

（2）求出辅助平面与立体表面的交线；

（3）求上述交线与直线的交点，即为所求的贯穿点。

9.3.1　直线与平面立体相交

【例 9-11】　如图 9-13 所示，求直线 AB 与三棱柱的贯穿点。

分析与作图：

三棱柱各面都为铅垂面，利用其水平投影有积聚性，可直接求出贯穿点Ⅰ和Ⅱ。其中Ⅰ点的正面投影位于可见棱面上，为可见；Ⅱ的正面投影位于不可见棱面上，不可见。

由于立体为实体，穿入立体内部的线段ⅠⅡ不复存在，因此不再画任何线。

9.3.2　直线与曲面立体相交

【例 9-12】　如图 9-14 所示，求水平线 AB 与圆球的贯穿点。

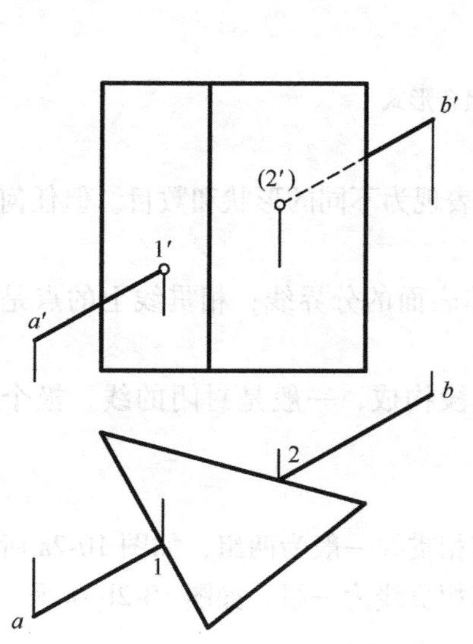

图 9-13　求直线与三棱柱的贯穿点

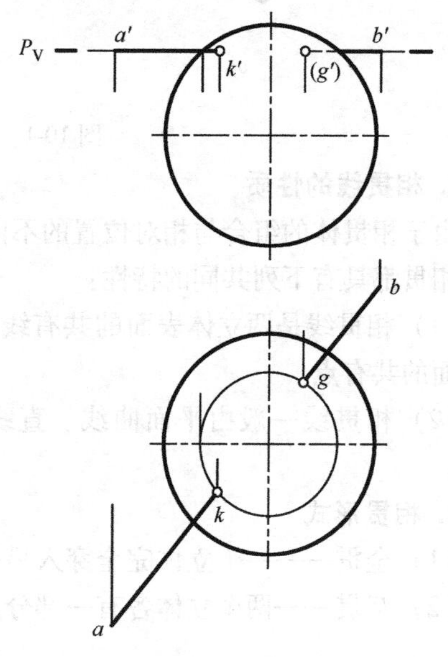

图 9-14　求直线与圆球的贯穿点

分析与作图：

由于球面的投影没有积聚性，故包含直线 AB 作水平面 P 为辅助平面。平面 P 与圆球面的交线为一平行于 H 面的圆，此圆的水平投影与直线的水平投影交于 k、g，利用直线上的点的作图方法求出 k'、g'。

第 10 章　两立体相交

两立体相交称为相贯，相交两立体称为相贯体，其表面交线称为相贯线。由于立体分为平面立体和曲面立体，故两立体相交可分为三种组合：两平面立体相交(图 10-1a)、平面立体与曲面立体相交(图 10-1b)、两曲面立体相交(图 10-1c)。

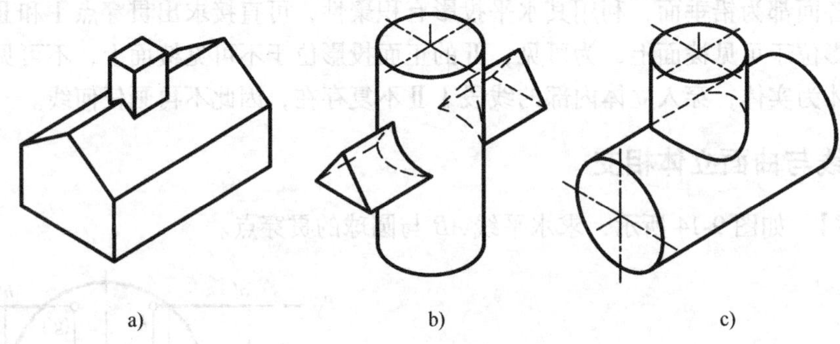

图 10-1　两相交立体的组合形式

1. 相贯线的性质

由于相贯体的组合与相对位置的不同，相贯线也表现为不同的形状和数目。但任何两立体的相贯都具有下列共同的特性：

(1) 相贯线是两立体表面的共有线，也是两立体表面的分界线；相贯线上的点是两立体表面的共有点。

(2) 相贯线一般由平面曲线、直线或空间曲线段构成，一般是封闭的线，极个别不封闭。

2. 相贯形式

(1) 全贯——一个立体完全穿入另一个立体，其相贯线一般为两组，如图 10-2a 所示。

(2) 互贯——两个立体各有一部分参与相贯，其相贯线为一组，如图 10-2b 所示。

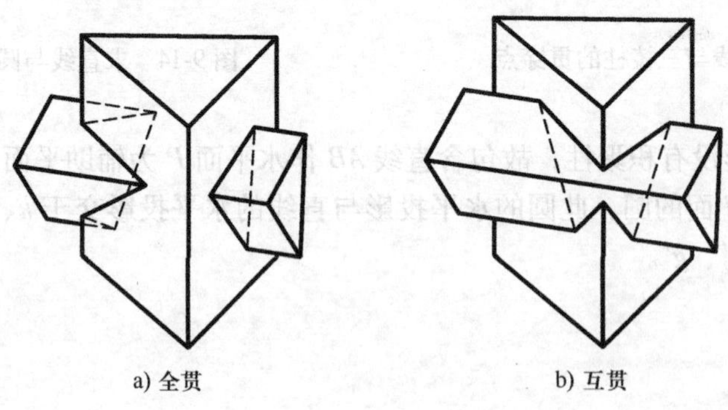

a) 全贯　　b) 互贯

图 10-2　相贯形式

10.1　两平面立体相交

两平面立体的相贯线是闭合的空间折线或闭合的平面多边形。组成折线的每一直线段都是两立体各棱面的交线，而折线的各个顶点则是某一立体的棱线与另一立体表面的贯穿点。因此，求两立体相贯线的方法，只要求出这些交线或贯穿点，相贯线就可确定了。确定贯穿点后，连线原则是：既位于某立体同一侧面上，同时又位于另一立体的同一侧面上的两点才能相连。将所求得的贯穿点依次相连，即得所求相贯线。此外，还需判断相贯线的可见性，其基本原则是：在同一投影中只有当两立体的相交表面都可见时，其交线才可见，否则不可见。

【例10-1】　如图10-3a所示，求四棱柱与三棱锥的相贯线。

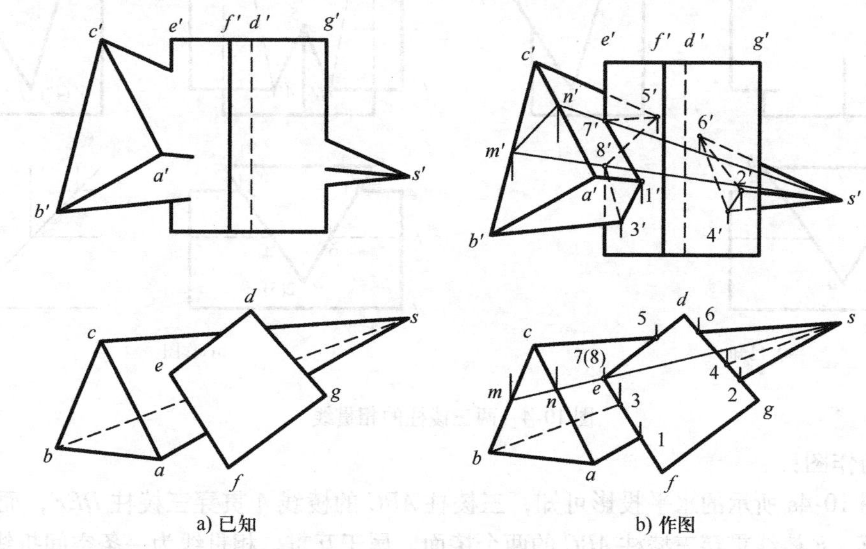

图10-3　四棱柱与三棱锥的相贯线

分析与作图：

根据图10-3a所示，三棱锥贯穿四棱柱，为全贯，形成左右两条相贯线。左面一条是由三棱锥的三个棱面与四棱柱的两个棱面相交而成的闭合的空间折线。右面一条是由三棱锥的三个棱面与四棱柱的一个棱面相交而成的平面三角形。

四棱柱的四条棱线均为铅垂线，故其四个棱面均为铅垂面，水平投影有积聚性。作图时，可通过求参加相贯的棱线与棱面的贯穿点求得相贯线，过程如下：

（1）求贯穿点。如图10-3b所示，利用四棱柱的水平投影直接求得三棱锥的三条棱线*SA*、*SB*、*SC*与棱柱*DE*、*EF*和*DG*棱面交点的水平投影1、2、3、4、5、6，根据投影关系求得正面投影1′、2′、3′、4′、5′、6′。棱柱的*E*棱与三棱锥的*SAC*与*SBC*棱面的贯穿点7、8的水平投影为已知，求其正面投影则需包含*E*棱作一辅助平面，图中过*SE*作一辅助铅垂面，与*SBC*、*SAC*棱面的截交线为*SMN*，截交线的水平投影为直线段*smn*，其正面投影为三角形*s′m′n′*。于是在棱线*e′*上得出交点7′和8′。

（2）连接贯穿点并判别可见性。根据连线原则和判别可见性原则，在正面投影中*EF*

棱面、*SAB*、*SAC* 棱面均可见，其交线 1′7′、1′3′为可见，用实线连接；*DE* 的正面投影不可见，*SBC* 棱面的正面投影也不可见，所以交线的正面投影 5′7′、5′8′、3′8′不可见，用虚线连接；由于 *DG* 棱面正面投影不可见，所以交线的正面投影 2′4′6′不可见，用虚线连接。

（3）整理补轮廓。将参与相贯的各棱线补画到贯穿点，不可见的画成虚线。*D* 棱未参与相贯其正面投影不可见，画成虚线，*F*、*G* 棱也未参与相贯正面投影画成实线。两投影中 *E* 棱及三棱锥的棱线以贯穿点分界，贯穿点之间不连线。

【例 10-2】 如图 10-4a 所示，求两三棱柱的相贯线。

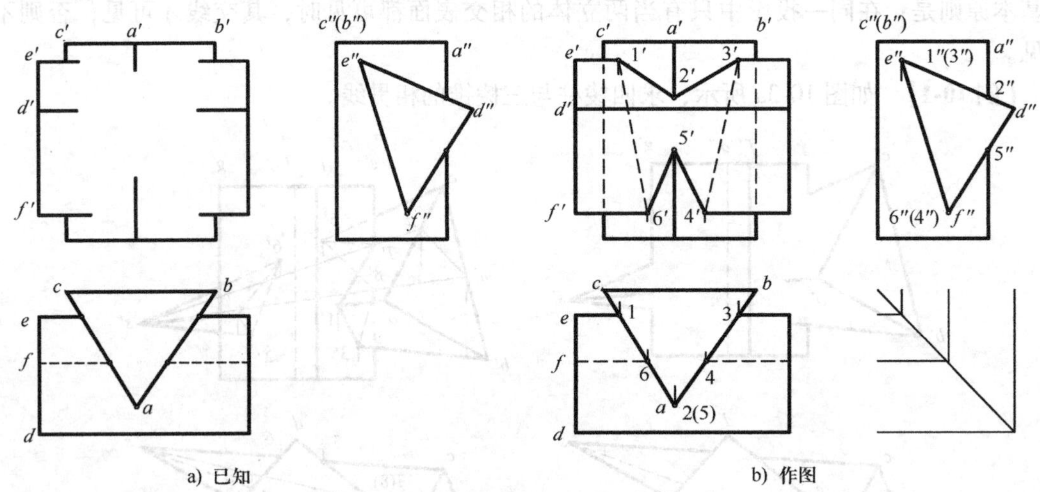

图 10-4　两三棱柱的相贯线

分析与作图：

根据图 10-4a 所示的水平投影可知，三棱柱 *ABC* 的棱线 *A* 贯穿三棱柱 *DEF*，而三棱柱 *DEF* 中的 *E*、*F* 棱线贯穿三棱柱 *ABC* 的两个棱面，属于互贯。相贯线为一条空间折线。

由于三棱柱 *ABC* 的三个棱面水平投影有积聚性，相贯线的水平投影随之积聚。同理，三棱柱 *DEF* 的侧面投影有积聚性，相贯线的侧面投影随之积聚。这样相贯线的水平投影与侧面投影为已知，只需求出相贯线的正面投影即可，过程如下：

（1）求贯穿点。如图 10-4b 所示，求棱线 *E* 与 *AC*、*AB* 棱面的贯穿点Ⅰ、Ⅲ。在水平投影上找到 1、3，求出 1′、3′。求 *F* 棱线与棱面 *AC*、*AB* 的贯穿点Ⅳ、Ⅵ。在水平投影上找到 4、6，求出 4′、6′。求棱线 *A* 与 *DE*、*DF* 棱面的贯穿点Ⅱ、Ⅴ。在侧面投影上找到棱线 *a*″与 *d*″*e*″棱面的交点 2″，以及与 *d*″*f*″棱面的交点 5″，然后在棱线 *a*′上求出 2′、5′的投影。

（2）连线并判别可见性。在正面投影中，三棱柱 *ABC* 参与相贯的棱面投影均可见，三棱 *DEF* 中 *DE*、*DF* 棱面与其相交的交线 1′2′3′、4′5′6′可见，用实线连接；三棱柱 *DEF* 中的 *EF* 棱面的正面投影不可见，故该棱面上的交线 1′6′、3′4′不可见，用虚线连接。

（3）整理。将参与相贯的棱线补画到贯穿点，三棱柱 *ABC* 中的 *B*、*C* 棱线未参与相贯，但其正面投影中间部分被三棱柱 *DEF* 遮挡不可见，用虚线补出。

10.2　平面立体与曲面立体相交

平面立体与曲面立体相交，相贯线是由若干段平面曲线或直线所围成的空间曲线。每一段平面曲线或直线都是由平面立体的一个棱面与曲面立体相交而成的截交线，相邻两截交线的交点是平面立体棱线与曲面立体表面的贯穿点。因此，求平面立体与曲面立体的相贯线可归结为求截交线和贯穿点的问题。

【例10-3】　如图10-5a所示，求三棱柱与圆柱的相贯线。

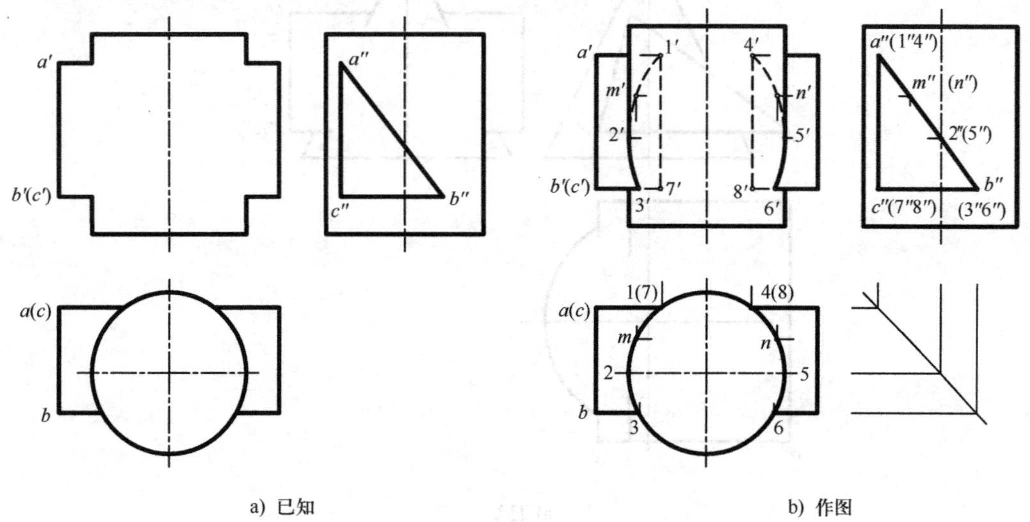

a) 已知　　b) 作图

图10-5　三棱柱与圆柱的相贯线

分析与作图：

根据图10-5a所示，三棱柱的三个棱面完全贯穿圆柱，为全贯，形成左右两条相贯线。相贯线的空间形状，取决于三棱柱三个棱面与圆柱轴线的相对位置。三棱柱 AB 棱面与圆柱轴线倾斜，其截交线为椭圆曲线；AC 棱面与圆柱轴线平行，其截交线为直线；BC 棱面与圆柱轴线垂直，其截交线为圆弧。因此，三棱柱与圆柱的相贯线为椭圆弧、直线与圆弧的组合。

三棱柱各个棱面、圆柱与投影面的相对位置确定相贯线的投影。三棱柱的三个棱面垂直侧面，积聚为三角形，相贯线的侧面投影与其重影；圆柱的轴线垂直于水平面，圆柱面的水平投影积聚为圆，相贯线的水平投影与其重影。这样相贯线可根据其水平投影和侧面投影求出正面投影。作图过程如下：

（1）求特殊点。如图10-5b所示，A 棱与圆柱面的贯穿点Ⅰ、Ⅳ，根据1、4，及1″、4″求出1′、4′；B 棱与圆柱面的贯穿点Ⅲ、Ⅵ，根据3、6及3″、6″求出3′、6′。同理，求出 C 棱与圆柱面的贯穿点Ⅶ、Ⅷ的正面投影7′、8′。AB 棱面与圆柱的左、右轮廓线交于Ⅱ、Ⅴ，根据侧面投影、水平投影求出其正面投影2′、5′。

（2）求一般点。为了作图更准确，在椭圆范围内取若干一般点，如 M、N。

（3）连线并判别可见性。AB 棱面正面投影可见，但是圆柱的后半部分圆柱面正面投影不可见，所以其相贯线的椭圆曲线有一部分正面投影不可见，应画成虚线，虚、实分界点为Ⅱ、Ⅴ。*AC* 棱面在后半圆柱面上，其交线 1′7′、4′8′不可见应画成虚线。*BC* 棱面为水平面，其与圆柱的交线，左右两段圆弧的正面投影积聚为直线，因圆柱面的后半个圆柱面正面投影不可见，所以直线有虚实之分。

（4）补轮廓。*A* 棱正面投影有一部分被前半圆柱面遮挡，画成虚线。

【例 10-4】 如图 10-6a 所示，求三棱柱与圆锥的相贯线。

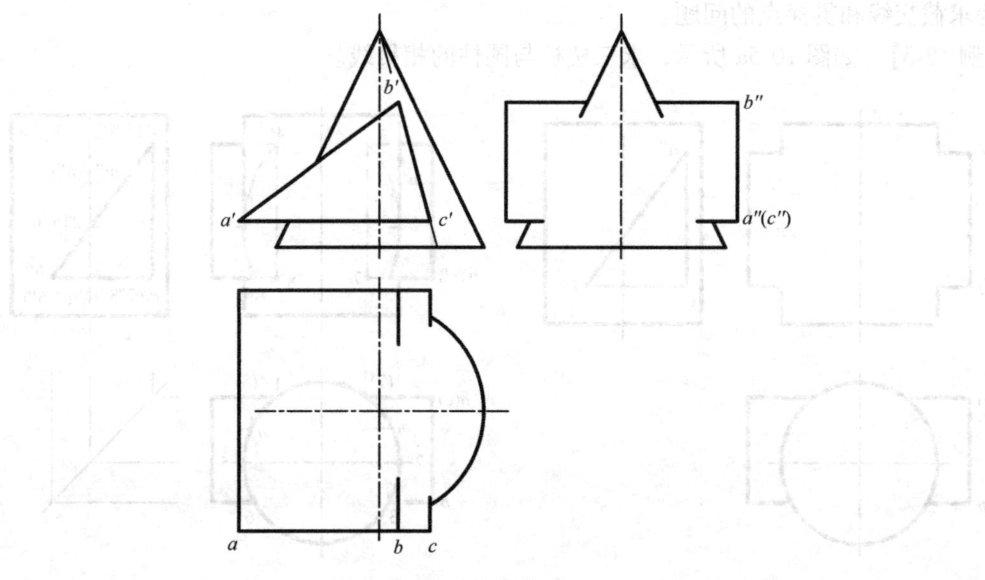

a) 已知

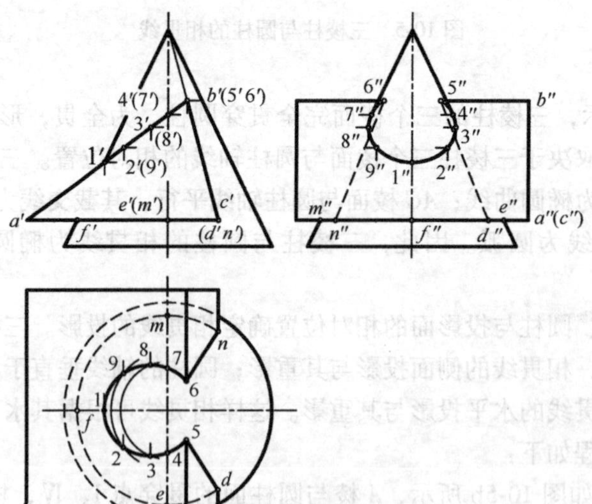

b) 作图

图 10-6 三棱柱与圆锥的相贯线

分析与作图：

根据图10-6a所示，三棱柱与圆锥为互贯，相贯线为一组平面曲线与直线的组合。三棱柱的*AB*棱面与圆锥轴线倾斜，其截交线为椭圆曲线；*AC*棱面与圆锥轴线垂直，其截交线为圆弧；*BC*棱面过锥顶，其截交线为两条直线。三棱柱与圆锥的相贯线即为椭圆曲线、圆弧与两条直线的组合。

三棱柱的三个棱面为正垂面，其正面投影积聚为三角形，相贯线的正面投影与其重影为已知。故只需求出相贯线的水平投影和侧面投影。

(1) 求特殊点。如图10-6b所示，*B*棱与圆锥的贯穿点Ⅴ、Ⅵ，也是*AB*棱面与*BC*棱面的上截交线的连接点。根据正面投影5′、6′，可用圆锥面表面取点的方法求出其水平投影和侧面投影。*AC*棱面与圆锥的截交线为水平圆，其水平投影反映圆弧的实形，*D*、*N*两点为*C*棱的贯穿点，也是*AC*与*BC*棱面截交线的连接点。*AB*棱面与圆锥的交线为椭圆曲线，与圆锥面的最左、最前、最后素线的交点Ⅰ、Ⅳ、Ⅶ，椭圆曲线上长短轴的端点也为特殊点，Ⅰ为长轴的一个端点，Ⅲ、Ⅷ为短轴的端点。根据其正面投影1′、4′、7′、3′、8′，求出其相应点的水平投影及侧面投影。

(2) 求一般点。根据圆锥面上表面取点的方法，取若干点如图中Ⅱ、Ⅸ(2′、9′,2、9,2″、9″)。

(3) 连线并判别可见性。水平投影中，棱面*AB*、*BC*为可见，其上的椭圆曲线6-7-8-9-1-2-3-4-5和直线段5*d*、6*n*可见，画成实线。棱面*AC*不可见，其上的圆弧不可见，画成虚线。相贯线的侧面投影如图10-6b所示，其中4″、7″为圆锥面上前、后轮廓线上的点，也是可见与不可见的分界点。*AB*棱面有一部分在右圆锥面上，故椭圆曲线5″4″、6″7″不可见，画成虚线。*BC*棱面的侧面投影不可见，其上直线段6″*n*″、5″*d*″不可见，画成虚线。

(4) 补轮廓。圆锥底圆的水平投影被三棱柱遮挡的一段为不可见，画成虚线。*B*棱侧面投影有一部分被左半圆锥面遮挡，画成虚线。圆锥面侧面投影的转向轮廓线补画到4″、7″点。棱面*AC*为水平面，侧面投影积聚为一直线。

10.3 两曲面立体相交

两曲面立体的相贯线，在一般情况为闭合的空间曲线，特殊情况下可能是平面曲线或直线，相贯线是两曲面立体表面的共有线，是两相交曲面立体表面共有点的集合，也是两相交曲面立体表面的分界线。为此，求相贯线的实质是求两立体表面上一系列共有点，然后依次光滑连接，并判别其可见与不可见部分，即得相贯线。

求解相贯线应注意以下几点：

(1) 共有点包括特殊点(转向轮廓线上的点、位置极限点、可见性分界点)和一般点。特殊点确定相贯线的投影范围、特征和判断可见性，应尽可能找全；一般点控制曲线的趋向，适当数量的一般点可使作图更准确。

(2) 判断可见性原则。当两立体表面都可见时，它们的交线才可见，否则均不可见。

(3) 连线原则。依据两立体参加相贯的相邻素线，顺次光滑连接。

(4) 相贯线的形状。取决于两曲面立体的表面形状、曲面立体之间的相对位置及其大小。

两曲面立体求相贯线的方法主要有：表面取点法、辅助平面法、辅助球面法。

10.3.1 表面取点法

当两曲面立体相交，且其中之一为轴线垂直于某投影面的柱面时，柱面的投影具有积聚性，相贯线在该投影面上的投影与其重合，相贯线的投影则为已知。可利用相贯线的已知投影在另一曲面立体表面上取点的方法作出相贯线的其余投影。

【例 10-5】 如图 10-7a 所示，作两正交圆柱的相贯线。

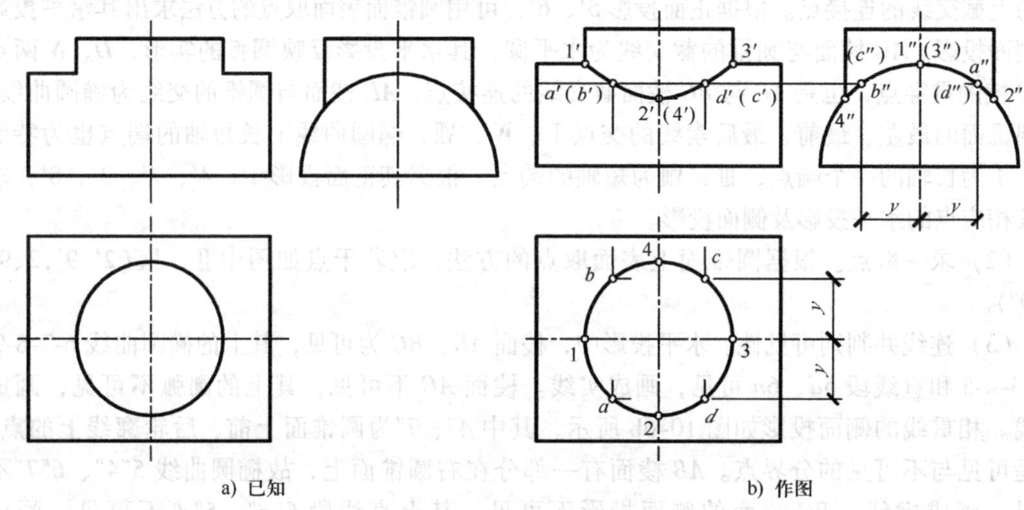

图 10-7 两正交圆柱的相贯线

分析与作图：

如图 10-7a 所示，这是两个直径不等，轴线垂直相交的两圆柱，呈全贯的局部形式，交线为一条前后及左右对称的空间曲线。

由于小圆柱的轴线垂直于水平投影面，其水平投影积聚为圆，相贯线的水平投影与其重影。大半圆柱的轴线垂直于侧面，其侧面投影积聚为半圆，相贯线的侧面投影与其重影。这样相贯线的水平投影为圆，侧面投影为圆弧，故可按投影关系求出其正面投影。如图 10-7b 所示，其作图过程如下：

(1) 作特殊点。先在相贯线的水平投影上，找出极限点（最左、最右、最前、最后）Ⅰ、Ⅱ、Ⅲ、Ⅳ的水平投影 1、2、3、4，这四个点同时也是圆柱面上转向轮廓线上的点，然后定出侧面投影 1″、2″、3″、4″，继而按投影关系求出 1′、2′、3′、4′。同时还可看出，Ⅰ、Ⅲ为最高点，Ⅱ、Ⅳ为最低点。

(2) 作一般点。为使作图准确曲线光滑，应适量取若干一般点，如点 *A*、*B*、*C*、*D*，可先作出 *a*、*b*、*c*、*d* 及 *a*″、*b*″、*c*″、*d*″，然后按投影关系找出 *a*′、*b*′、*c*′、*d*′。

(3) 连线并判别可见性。由于相贯线前后对称，故其前后两部分的正面投影必重合，这样只需用实线画出前半部分的正面投影即可。

(4) 补轮廓。大圆柱的最高轮廓线与小圆柱的最左、最右轮廓线的交点Ⅰ、Ⅲ，正面投影 1′、3′之间不连接，其轮廓线用实线画出，如图 10-7b 所示。

现实生活当中，两曲面相交的形式是多种多样的，除了图 10-7 所示两曲面外表面相交产生相贯线外，还有曲面内表面与立体外表面相交产生的相贯线，和两曲面内表面产生的相贯线等形式，如图 10-8 所示。

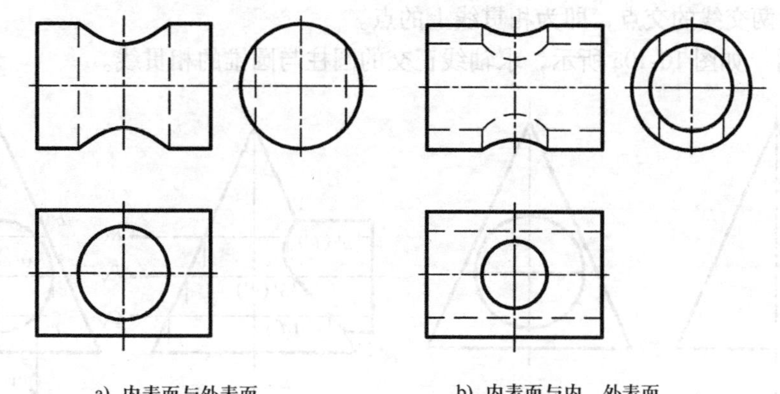

a) 内表面与外表面　　b) 内表面与内、外表面

图 10-8　相贯线的几种形式

10.3.2　辅助平面法

以圆锥与圆柱相交为例，如图 10-9 所示，辅助平面法的作图原理为：作一辅助平面，使之与两曲面立体相交，分别求出平面与两曲面立体的表面交线(截交线)，再作出两交线的交点，交点是辅助平面与两曲面的三面共点，即为相贯线上的点。同样，再作若干辅助平面，求出更多的点，并依次相连，即为相贯线。所选的辅助平面可以是投影面平行面、投影面垂直面及一般位置平面，只要辅助平面与曲面的截交线的投影形状简单易画(如直线或圆)，就可作为辅助平面。

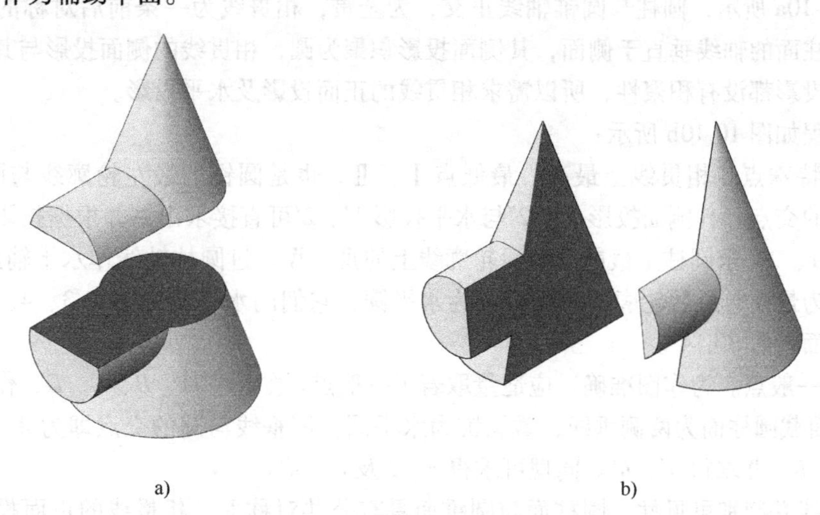

a)　　b)

图 10-9　辅助平面法作图原理

如图 10-9 所示，圆锥与水平圆柱相贯时，可选择垂直于圆锥轴线又平行圆柱轴线的水平面作为辅助面，使截交线为圆及两平行直线，如图 10-9a；也可选择过锥顶并平行于圆柱轴线的侧垂面为辅助平面，使截交线为两相交直线及两平行直线，如图 10-9b 所示。

辅助平面法求相贯线的作图步骤如下：

（1）选择适当位置的辅助平面。

（2）分别作出辅助平面与两相贯立体表面的交线。

（3）作出两交线的交点，即为相贯线上的点。

【例 10-6】 如图 10-10a 所示，求轴线正交的圆柱与圆锥的相贯线。

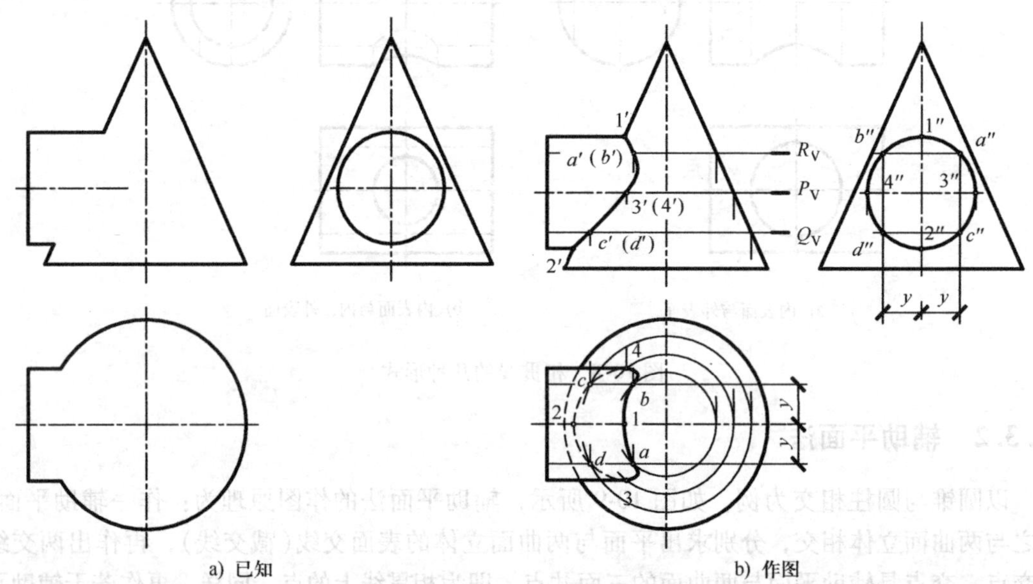

图 10-10 轴线正交的圆柱与圆锥的相贯线

分析与作图：

如图 10-10a 所示，圆柱与圆锥轴线正交，为全贯，相贯线为一条前后对称的闭合的空间曲线。圆柱面的轴线垂直于侧面，其侧面投影积聚为圆，相贯线的侧面投影与其重影，圆锥面的三个投影都没有积聚性，所以需求相贯线的正面投影及水平投影。

作图过程如图 10-10b 所示：

（1）作特殊点。相贯线上最高、最低点Ⅰ、Ⅱ，也是圆锥的最左轮廓线与圆柱最高、最低轮廓线的交点。其侧面投影 1″、2″与水平投影 1′、2′可直接求出，并根据投影关系求出其水平投影 1、2。求圆柱上最前、最后轮廓线上的Ⅲ、Ⅳ。过圆柱轴线作水平辅助面 P，P 平面截圆柱为最前、最后轮廓线，截圆锥为水平圆，它们的水平投影交于 3、4，根据投影关系求得正面投影 3′、4′。

（2）作一般点。为作图准确，应适量取若干一般点。如图中 A、B、C、D，作辅助水平面 R，R 平面截圆柱面为两侧垂线，截圆锥为水平圆，侧垂线与圆的交点即为 A、B 两点的水平投影 a、b，并求得 a'、b'。同理可求得 c、d 及 c'、d'。

（3）连线并判别可见性。圆柱面与圆锥面具有公共对称面，相贯线的正面投影前后对称，前后曲线重合，用实线画出。圆锥面的水平投影可见，圆柱面上半部水平投影可见，按判别可见性原则可知，属于圆柱面上半部的相贯线 3-a-1-b-4 可见，画成实线；3-d-2-c-4 不可见，画成虚线；3、4 为相贯线水平投影上可见与不可见的分界点。

（4）补轮廓。圆锥面有部分底圆被圆柱面遮挡，应画成虚线。

10.3.3　辅助球面法

辅助球面法的作图原理如图10-11a所示，当两回转体的轴线倾斜相交，且同时平行某一投影面时，以其轴线的交点O为球心，以适当大小的半径作辅助球面，该球面与两回转体的交线分别为圆L_1、L_2，L_1、L_2两圆同在球面上，它们的交点C、D就是相贯线上的点。

【例10-7】 如图10-11b所示，求轴线倾斜相交的圆柱与圆锥的相贯线。

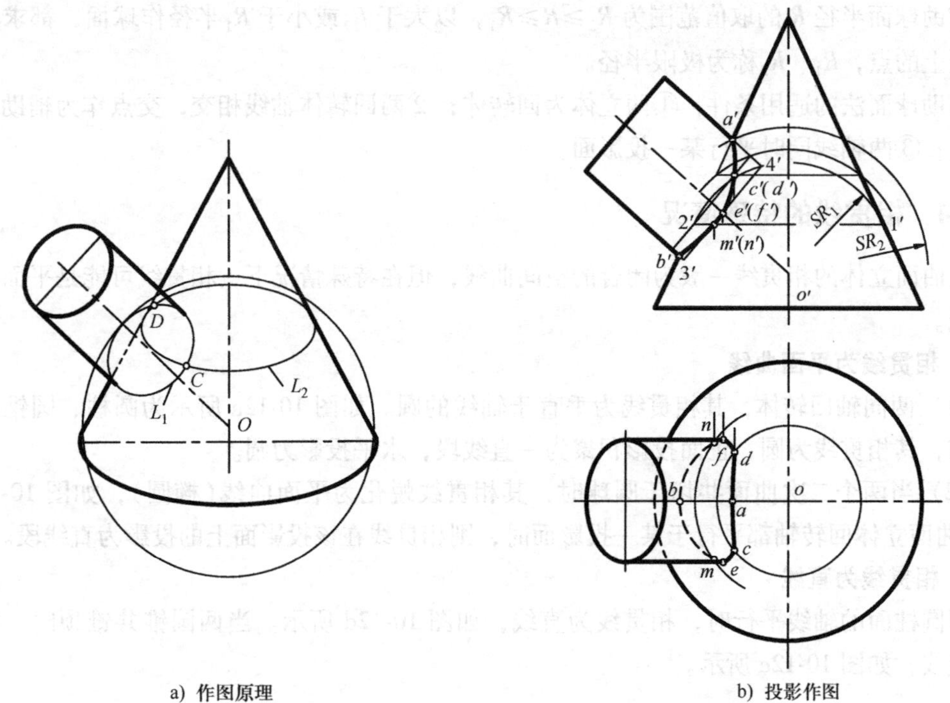

图10-11　辅助球面法作图原理及投影作图

分析与作图：

圆柱与圆锥的轴线斜交（交点为O），并同时平行于V面；柱面、锥面相交成全贯的局部形式，其交线为一条前后对称的空间曲线。可利用辅助球面法求相贯线的投影，如图10-11b所示，作图过程如下：

（1）求特殊点。圆柱与圆锥的轴线相交且平行于V面，因此，两曲面正面转向轮廓线交点为相贯线上的点，其正面投影a'、b'可直接求出，从而作出水平投影a、b。

以o'为球心，作与圆锥面相切半径为R_1作辅助球面，与圆锥和圆柱的正面转向轮廓线分别切于1′、2′和交于3′、4′。线段1′2′和3′4′即辅助球面与两回转体交线圆的投影。1′2′和3′4′的交点m'(n')即为点M、N的正面投影，其水平投影可利用圆锥表面取点的方法求出。M、N为相贯线的极限位置点。

圆柱最前、最后轮廓线与圆锥面的贯穿点E、F，则需求出相贯线正面投影后才可确定。

（2）求一般点。以轴线交点O为球心，适当尺寸为半径作若干辅助球面，可求出若干一般点，如点C、D。

（3）连线并判别可见性。因圆柱与圆锥有公共的对称面，相贯线前、后对称，正面投影以实线画出，相贯线的水平投影以 e、f 为分界点，一部分以实线相连，一部分以虚线相连，如图 10-11b 所示。

（4）补轮廓。圆锥的底圆被圆柱遮挡的部分，以虚线画出。

从以上例子看出，应用辅助球面法，最突出的优点是可以在一个投影图上完成相贯线的全部作图。但用辅助球面法作相贯线时，相贯线上的某些特殊点，如图 10-11b 中圆柱最前、最后轮廓线与圆锥面的贯穿点 E、F，就不是准确作图求得的。为能有效地作出相贯线上的点，辅助球面半径 R 的取值范围为 $R_2 \geqslant R \geqslant R_1$，以大于 R_2 或小于 R_1 半径作球面，都求不出相贯线上的点，R_1、R_2 称为极限半径。

辅助球面法的适用条件：①两立体为回转体；②两回转体轴线相交，交点作为辅助球面的球心；③两轴线同时平行某一投影面。

10.3.4 相贯线的特殊情况

两曲面立体的相贯线一般为闭合的空间曲线，但在特殊情况下，相贯线可能是平面曲线或直线。

1. 相贯线为平面曲线

（1）两同轴回转体，其相贯线为垂直于轴线的圆。如图 10-12a 所示为圆柱、圆锥和圆球相贯，其相贯线为圆，正面投影积聚为一直线段，水平投影为圆。

（2）当两个二次曲面共切于圆球时，其相贯线蜕化为平面曲线（椭圆），如图 10-12b、c。若曲面立体回转轴都平行于某一投影面时，则相贯线在该投影面上的投影为直线段。

2. 相贯线为直线

两圆柱面的轴线平行时，相贯线为直线，如图 10-12d 所示。当两圆锥共锥顶时，相贯线为直线，如图 10-12e 所示。

10.4 同坡屋面

在房屋建筑中，坡屋面是常见的一种斜面体屋顶的形式。檐口高度相等、各个坡面的水平倾角又相同的屋面，称为同坡屋面（也称为同坡屋顶）。

同坡屋面各坡面的交线，可以看作是特殊形式的平面立体相交而成。根据两个相交坡面檐口线不同的位置关系，交线分为屋脊线、斜脊线或斜沟线，如图 10-13a 所示。

10.4.1 同坡屋面投影的特性

同坡屋面的投影有如下特性：

（1）檐口线平行的两坡面交线（屋脊线）平行于檐口线，它的 H 面投影为与两檐口线等距离的平行线；

（2）檐口线相交的两坡面交线（斜脊线或斜沟）的水平投影为两檐口线夹角的分角线；

（3）若两斜脊（沟）相交，则交点处必定还有另一条屋脊线相交；

（4）同坡屋面的 V 面投影和 W 面投影中，垂直于投影面的屋面的投影积聚成线，能反映屋面坡度的大小。空间互相平行的屋面，其投影线也互相平行。

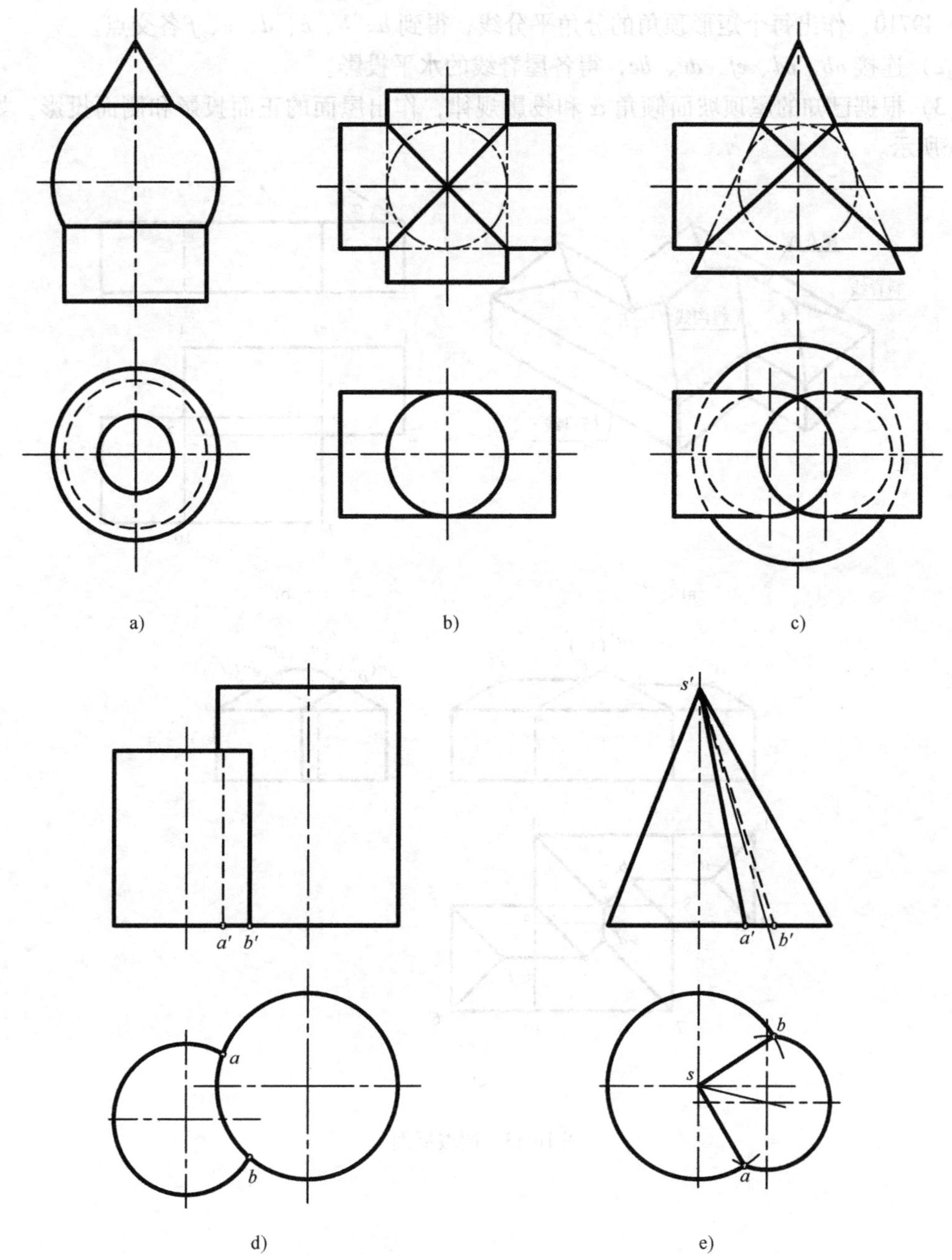

图 10-12　相贯线的特殊情况

10.4.2　求同坡屋面的交线

【例 10-8】　如图 10-13b，已知四坡屋面的倾角 $\alpha=30°$ 及檐口线的水平投影，完成屋面交线的水平投影和屋面的正面、侧面投影。

分析与作图：

根据同坡屋面交线的投影特点，作图如下：

(1) 在水平投影图中延长檐口线，使其成为如图 10-13b 所示的三个重叠矩形 1234、

5678、49710，作出每个矩形顶角的分角平分线，得到 a、b、c、d、e、f 各交点。

（2）连接 ab、cd、ef、de、bc，得各屋脊线的水平投影。

（3）根据已知的屋顶坡面倾角 α 和投影规律，作出屋面的正面投影和侧面投影，如图10-13c所示。

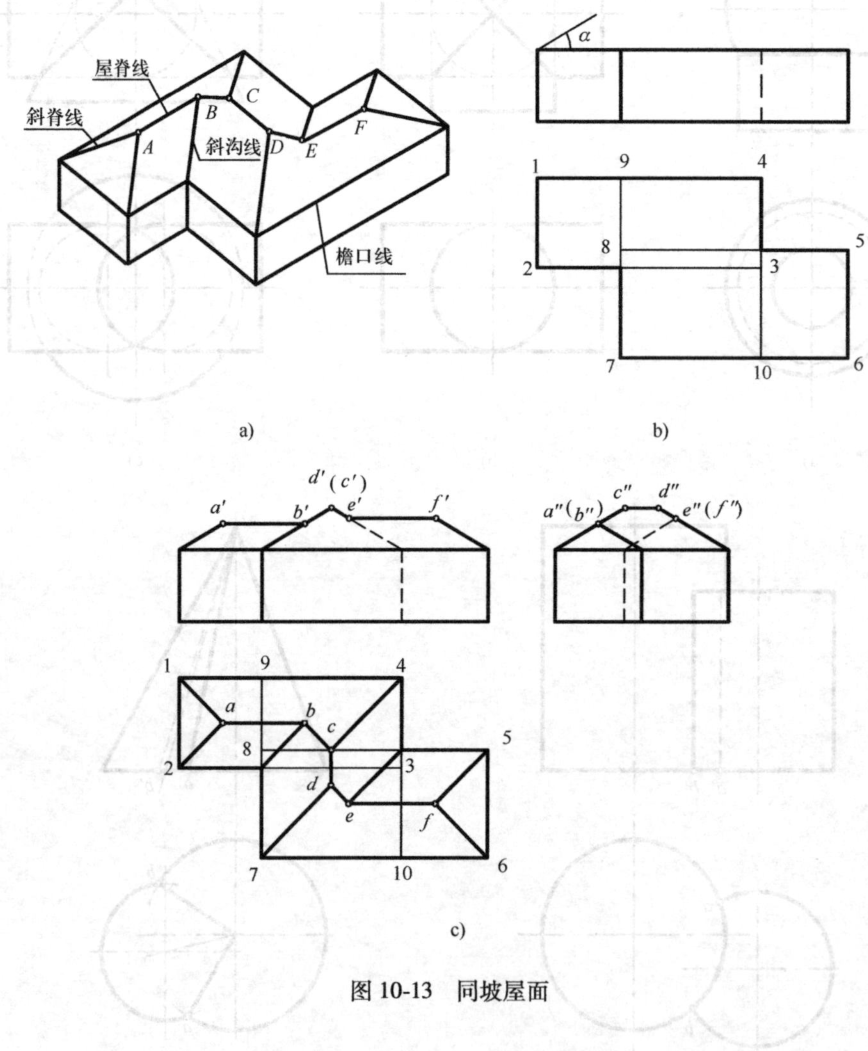

图 10-13 同坡屋面

第11章 轴测投影

多面正投影图能够准确地表达出形体的形状，并且作图简便，因此是工程上的主要图样。但它的缺点是直观性差，不易想象空间形状，只有受过专门训练者才能看懂。而形体的轴测投影图能同时反映其3个主要坐标平面方向的形状，因而立体感较强。尽管其度量性略差，只在长、宽、高3个方向和平行于这3个方向上按一定的伸缩系数可度量(此即为轴测的含义)，但作为一种辅助图样，轴测投影图在工程上有着广泛的应用，主要用于空间设计构思、插图说明、外观造型设计和广告设计等。

11.1 轴测投影的基本知识

11.1.1 轴测投影的形成

图 11-1 表明了轴测投影的形成过程。轴测投影是将形体连同确定其长、宽、高空间位置的直角坐标体系，沿不平行于任一坐标平面的方向，用平行投影法将其投射到选定的单一投影面 P 上所得到的投影。用这种方法画出的图，称为轴测投影图，简称轴测图。该投影面 P 称为轴测投影面。

轴测投影图的两种基本形成方法：

（1）使形体的3个坐标面与轴测投影面均处于倾斜位置，然后用正投影法向该投影面进行投影所得到的投影图，称为正轴测投影图，简称为正轴测图，如图 11-1a 所示。

（2）用斜投影的方法将形体和附于形体的3个坐标面一同投影到轴测投影面上，所得到的投影图，称为斜轴测投影图，简称为斜轴测图。此时，为了画图方便，往往可使形体的某个坐标面平行于轴测投影面，以简化作图过程，如图 11-1b 所示。

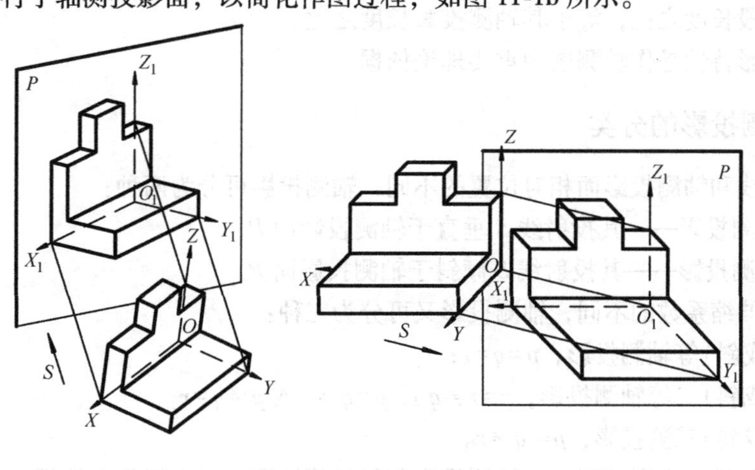

图 11-1　轴测投影图的形成

11.1.2 轴间角与轴向伸缩系数

1. 轴间角

如图 11-2，确定形体的空间直角坐标系 OX、OY、OZ 在轴测投影面 P 上的投影 O_1X_1、O_1Y_1、O_1Z_1 称为轴测投影轴，简称轴测轴。轴测轴之间的夹角 $\angle X_1O_1Y_1$、$\angle X_1O_1Z_1$、$\angle Y_1O_1Z_1$ 称为轴间角。

2. 轴向伸缩系数

由于形体上 3 个坐标轴对轴测投影面倾斜角度不同，所以在轴测图上各个坐标轴线长度的伸缩程度也不相同，轴测轴上某线段长度与它的实长之比，称为轴向伸缩系数。在图 11-2 中，设线段 u 为直角坐标系上各轴的单位长度，i、j、k 是它们在轴测投影面 P 上的投影长度，则：

$p=i/u$ 为 OX 轴向伸缩系数；

$q=j/u$ 为 OY 轴向伸缩系数；

$r=k/u$ 为 OZ 轴向伸缩系数。

如果给出轴间角，即可作出轴测轴。再给出轴向伸缩系数，便可画出与空间坐标轴平行线段的轴测投影。所以，轴间角和轴向伸缩系数是画轴测图的两组重要的基本参数。

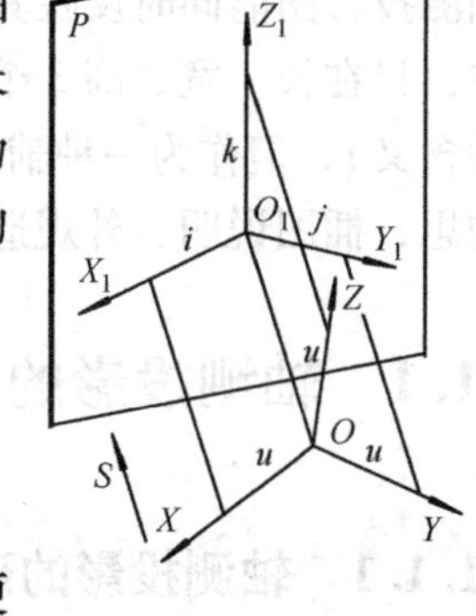

图 11-2 坐标轴的投影

11.1.3 轴测投影的投影特性

轴测投影是在单一投影面上获得的平行投影，所以，它具有平行投影的一切投影特性。在此应特别指出的是平行性和定比性。

1. 平行性

空间相互平行的直线，其轴测投影仍相互平行。因此，形体上平行于某坐标轴的线段，其轴测投影平行于相应的轴测轴。

2. 定比性

平行二线段长度之比，等于其轴测投影长度之比。

这两条投影特性是作轴测图的重要理论依据。

11.1.4 轴测投影的分类

根据投射线和轴测投影面相对位置的不同，轴测投影可分为两种：

(1) 正轴测投影——其投射线 S 垂直于轴测投影面 P；

(2) 斜轴测投影——其投射线 S 倾斜于轴测投影面 P。

根据轴向伸缩系数的不同，轴测投影又可分为三种：

(1) 正(或斜)等轴测投影，$p=q=r$；

(2) 正(或斜)二等轴测投影，$p=r\neq q$ 或 $p=q\neq r$ 或 $p\neq q=r$；

(3) 正(或斜)三测投影，$p\neq q\neq r$。

其中，正等轴测投影、正二等轴测投影和斜二等轴测投影在工程上常用。

11.2 常用的轴测投影图

11.2.1 正等轴测图

当投射方向 S 垂直于轴测投影面 P，并且形体上 3 个坐标轴与 P 面倾角相等，因而所得 3 个坐标轴的轴向伸缩系数相等，形成的 3 个轴间角也相等。此时在 P 面上所得到的轴测投影图称为正等轴测图。

1. 轴间角和轴向伸缩系数

用解析的方法可以证明，正等测的轴向伸缩系数 $p=q=r\approx 0.82$，轴间角 $\angle X_1O_1Z_1=\angle X_1O_1Y_1=\angle Y_1O_1Z_1=120°$，如图 11-3 所示。

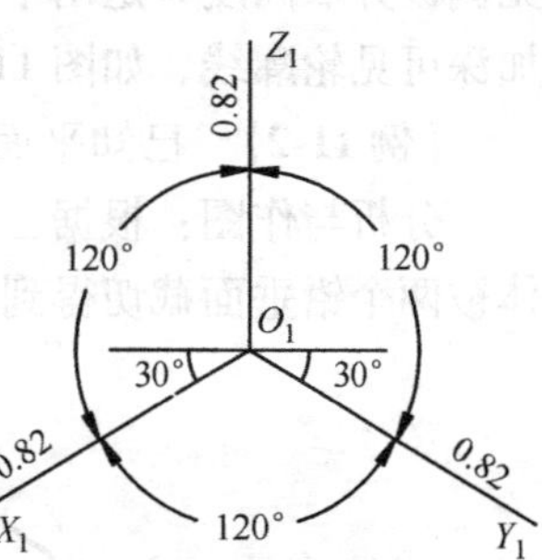

图 11-3 正等测的轴间角和轴向伸缩系数

画正等测图时，规定把 O_1Z_1 轴画成竖直位置，因而 O_1X_1、O_1Y_1 轴与水平线均成 30°角，故可直接用 30°三角板作图。

为作图方便，将伸缩系数 0.82 近似地取为 1，即取 $p=q=r=1$。这样的近似伸缩系数被称为简化伸缩系数。用简化伸缩系数作轴测图，在轴的方向便可按实际尺寸度量，但画出的图形比原轴测投影图放大了 1/0.82≈1.22 倍。

为了使图形更富有立体感，轴测图上通常不画出不可见轮廓线。

2. 平面立体的正等轴测图

画轴测图时，可根据立体的构成形式，灵活采用端面拉伸、截切、叠加等手段，提高作图效率。

【例 11-1】 作出如图 11-4a 两面投影所示正六棱柱体的正等轴测图。

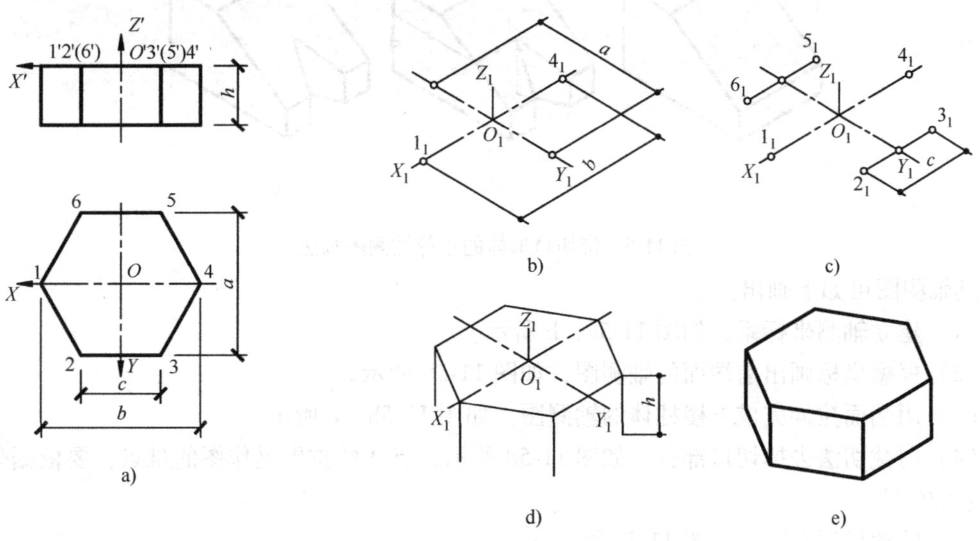

图 11-4 正六棱柱体的正等测图

分析与作图：

(1) 分析立体形状和方位，确定坐标轴。如图 11-4a 所示，根据正六棱柱的两面投影可知，其上底面和下底面均为水平的正六边形，并且大小相等对应边平行，六条侧棱都为铅垂线。轴测图中上底面可见，下底面不可见，所以把坐标原点设在顶面正六边形的几何中心。

(2) 根据各顶点坐标及平行性，作出上底面正六边形各顶点的轴测投影，作图过程如图 11-4b 和图 11-4c 所示。

(3) 用端面拉伸的方法完成六棱柱体的轴测图，过上底面各顶点作平行于 O_1Z_1 轴的可见侧棱并取高度 h 定出下底面上对应顶点，然后作出可见底边的轴测投影，擦去多余的线，加深可见轮廓线，如图 11-4d 和图 11-4e 所示。

【例 11-2】 已知平面立体的三面投影如图 11-5a 所示，画出其正等轴测图。

分析与作图：根据三投影，该立体是一个带切口的平面立体，其端面为正平面的五棱柱体被两个铅垂面截切得到的。

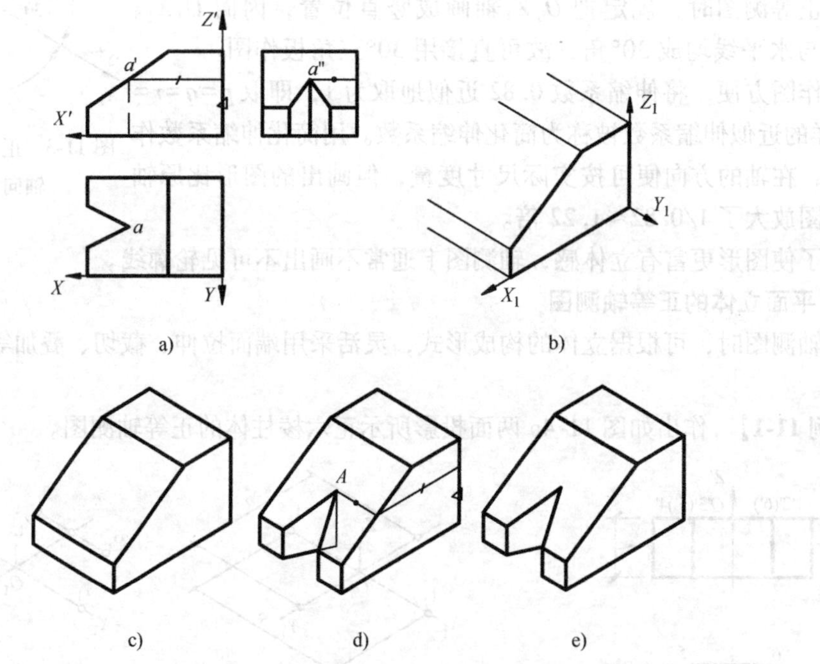

图 11-5 带切口形体的正等轴测图画法

其轴测图可如下画出：

(1) 建立轴测坐标系，如图 11-5a、b 所示。

(2) 根据坐标画出前端面的轴测图，如图 11-5b 所示。

(3) 用端面拉伸完成五棱柱体的轴测图，如图 11-5b、c 所示。

(4) 用截切法去掉切口部分，如图 11-5d 所示，点 A 的位置是作图的难点，要依据坐标确定它的位置。

(5) 整理描深全图，如图 11-5e 所示。

3. 圆的正等轴测投影

(1) 用平行弦法画圆的正等轴测投影。一般情况下，圆的正等轴测投影为椭圆。因此，其轴测投影可根据点的坐标求得。即先在圆上取一系列点，然后作出这些点的轴测投影，再将这些点依次光滑地连接起来，即得到圆的轴测投影。如果在圆上可取若干平行于某坐标轴的弦，则可分别度量出这些弦的端点的轴测投影位置，并依次光滑地将这些端点连接成椭圆。这种方法，被称为平行弦法。

如图 11-6 所示，给出一水平圆，要作出该圆的正等测图，步骤如下：

① 过圆心作 OX、OY 轴得到坐标轴与圆的 4 个交点 1、2、3、4，并作出对应轴和对应点的轴测投影。

② 过 OY 轴上的任意点 a、b 作 OX 轴的平行弦，与圆相交于 5、6、7、8，并作出对应点的轴测投影。

③ 用此法求得圆上一系列点的轴测投影，依次光滑连接各点并加深即为所求。

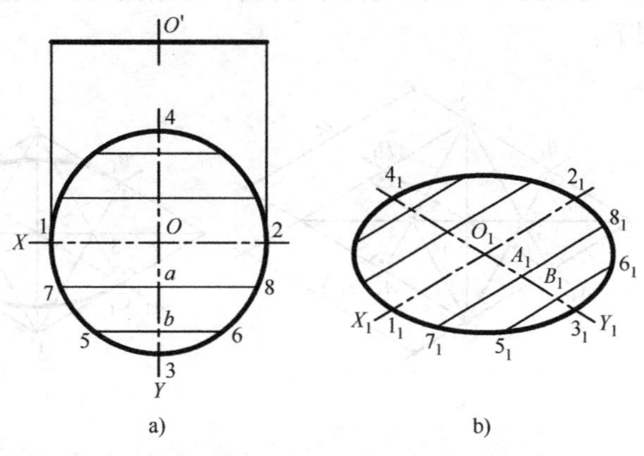

图 11-6　用平行弦法画圆的正等轴测投影

（2）平行于坐标面的圆的正等轴测投影。通过理论分析，与坐标面平行的圆的正等轴测投影为椭圆，其长轴实际上是圆内与轴测投影面平行的某条直径的投影；而椭圆的短轴则是圆内与轴测投影面倾斜角度最大的某条直径的投影。正等轴测投影是用正投影的方法形成的，根据直角投影定理，与该坐标平面垂直的轴测轴必然与椭圆的长轴垂直，当然也就与短轴平行。但要注意的是：如果用简化伸缩系数作正等测，则椭圆的长轴不再等于直径的长度，它和短轴一样均被放大了约 1.22 倍。

图 11-7a 表明了用轴向伸缩系数 0.82 所画的正方体和表面内切圆的正等轴测图，其中椭圆的长轴为圆的直径 d，短轴为 $0.58d$；图 11-7b 表明了用简化伸缩系数 1 所画该形体的正等测图，由于放大了 1.22 倍，椭圆的长轴变为 $1.22d$，短轴为 $1.22\times0.58d\approx0.7d$。图 11-7c 表明了椭圆长轴与对应轴测轴的垂直关系，当圆位于与 XOY 面平行的位置时，它的正等测投影——椭圆长轴方向与 O_1Z_1 轴垂直，短轴与 O_1Z_1 轴平行。同理，平行于 YOZ 面的圆的正等测投影——椭圆长轴垂直于 O_1X_1 轴，短轴与 O_1X_1 轴平行；平行于 XOZ 面的圆的正等测

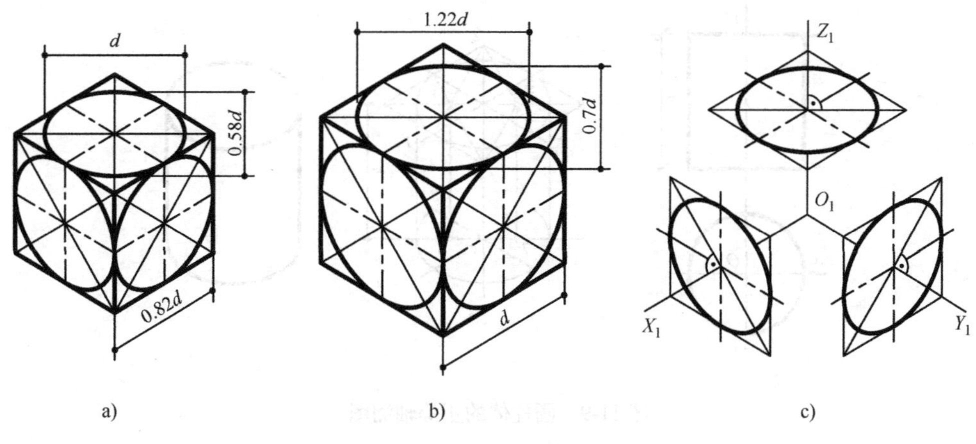

图 11-7　平行于坐标面的圆的正等轴测图

投影——椭圆长轴垂直于 O_1Y_1 轴，短轴与 O_1Y_1 轴平行。

(3) 椭圆的近似画法。画圆的正等轴测投影椭圆时，一般先画圆的外切正方形的轴测投影——菱形，然后，再用四心法近似画出椭圆。

现以图 11-8 所示水平圆为例，介绍圆的正等测投影——椭圆的近似画法。其作图步骤如下：

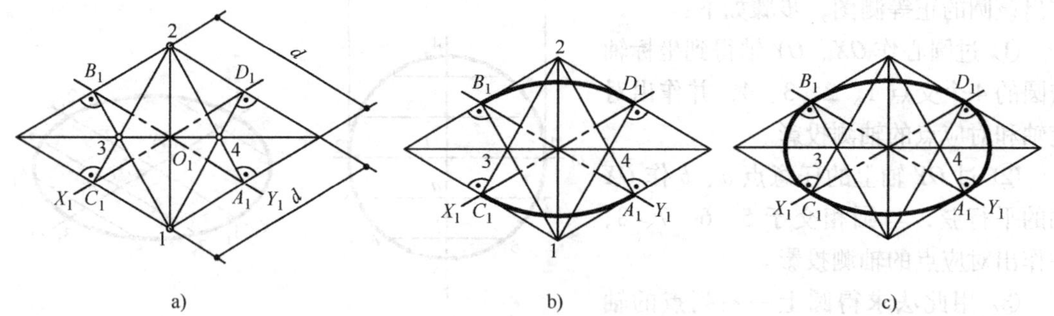

图 11-8 正等轴测椭圆的近似画法

① 画轴测轴，按直径 d 量取 A_1、B_1、C_1 和 D_1 点。过点 A_1、B_1 作直线平行于 O_1X_1 轴，过点 C_1、D_1 作直线平行于 O_1Y_1 轴，交得菱形，此即为圆的外切正方形的正等轴测投影，如图 11-8a 所示。再连线 $1B_1$、$1D_1$、$2A_1$、$2C_1$。

② 以点 1 为圆心，以 $1B_1$ 为半径作圆弧 D_1B_1；以点 2 为圆心，$2A_1$ 为半径作圆弧 C_1A_1，如图 11-8b 所示。

③ 线段 $1B_1$、$1D_1$ 分别与菱形长对角线交于点 3、4。以点 3 为圆心，$3B_1$ 为半径作圆弧 B_1C_1；以点 4 为圆心，$4A_1$ 为半径作圆弧 A_1D_1，如图 11-8c 所示。

以上 4 段圆弧组成的近似椭圆，即为所求水平圆的近似正等轴测投影。其中椭圆的长轴为 $1.15d$、短轴为 $0.73d$，可以得出：椭圆的长轴比实际长轴($1.22d$)略短，而短轴比实际短轴($0.7d$)略长。

4. 曲面立体的正等轴测图

(1) 圆柱体的正等轴测图。图 11-9 所示为圆柱体的正等轴测图画法，作图步骤如下：

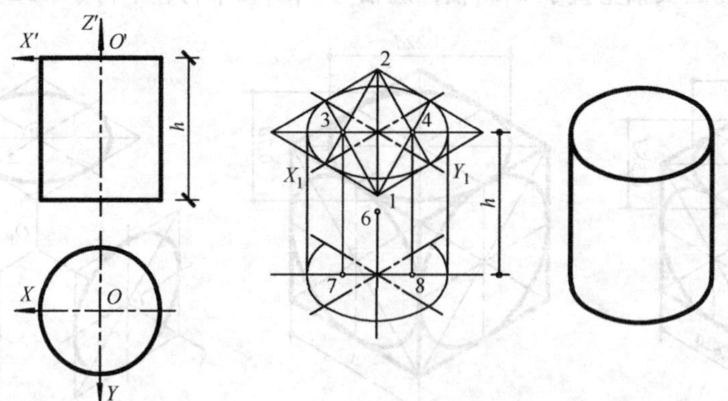

图 11-9 圆柱体的正等轴测图

① 选坐标系，用椭圆的近似画法画出上底面圆的正等轴测图；

② 将上底圆心 2、3、4 向下平移距离 h，得到圆心 6、7、8，分别以这 3 个圆心画出下底圆可见部分轮廓线；

③ 作上下两椭圆的公切线，擦去多余的线和不可见部分，并加深。

（2）圆角的正等轴测图。圆的正等轴测的近似画法，也适用于平行于坐标面的圆角。从图 11-8 椭圆的近似画法可知，大圆弧的圆心与小圆弧的圆心连线分别垂直于菱形各边。因此，画 1/4 圆角轴测图时，只要在所画圆角的边线上量取圆角半径 R，自量得的点作边线的垂线，然后以两垂线交点为圆心，垂线长为半径画弧，所画弧即为轴测图上圆角的投影。

图 11-10a 所示平板上有 4 个圆角，每一段圆弧相当于整圆的 1/4，其正等轴测画法如图 11-10b 和图 11-10c 所示。每段圆弧的圆心是过外接各边切点所作垂线的交点，从上面圆心向下平移 h 即可得到下面圆弧的圆心。

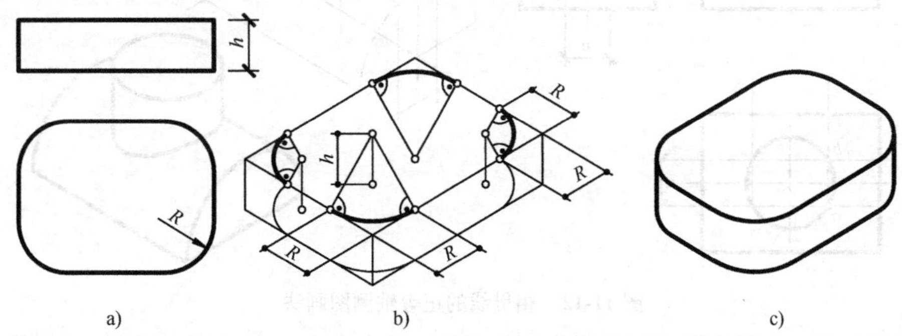

图 11-10 圆角的正等轴测图画法

5. 交线的正等轴测图

【例 11-3】 已知如图 11-11 所示带切口柱体的三面投影，画出其正等轴测图。

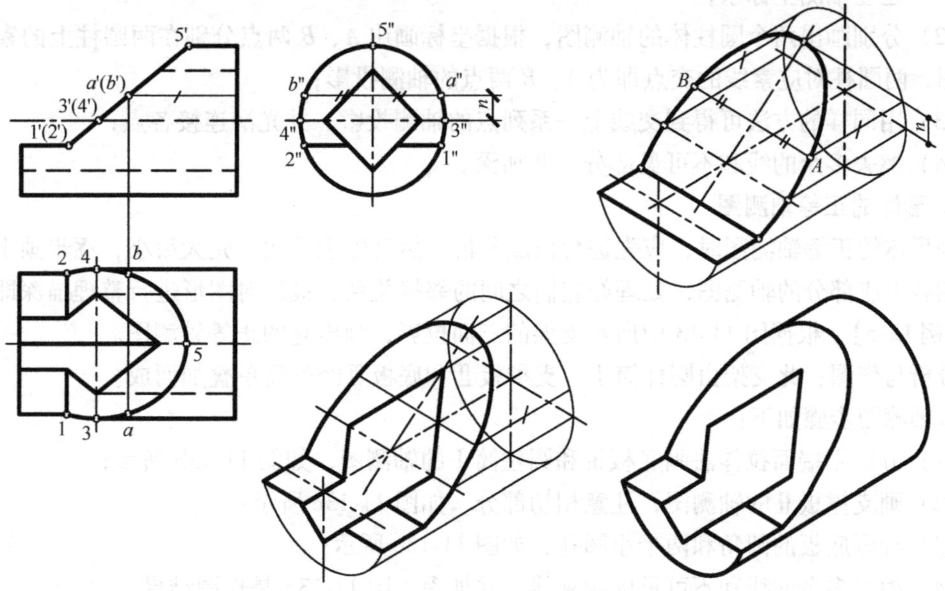

图 11-11 截交线的正等轴测图画法

分析与作图：此柱体为外圆内方，被水平面和正垂面截切，水平面截切后截面形状为矩形，正垂面截切后截面形状外为椭圆弧内为直线，椭圆弧的轴测投影可用平行弦法画出。

作图步骤如下：

（1）画出外圆柱体的轴测图，再用平行弦法作出其表面上属于椭圆弧的 A、B 等一系列点的轴测投影，将它们光滑连接，完成外截交线；

（2）作出内四棱柱被截断面的轴测投影图；

（3）整理图线并加深全图。

【例 11-4】 已知图 11-12 中两相交圆柱体的三面投影，画出其正等轴测图。

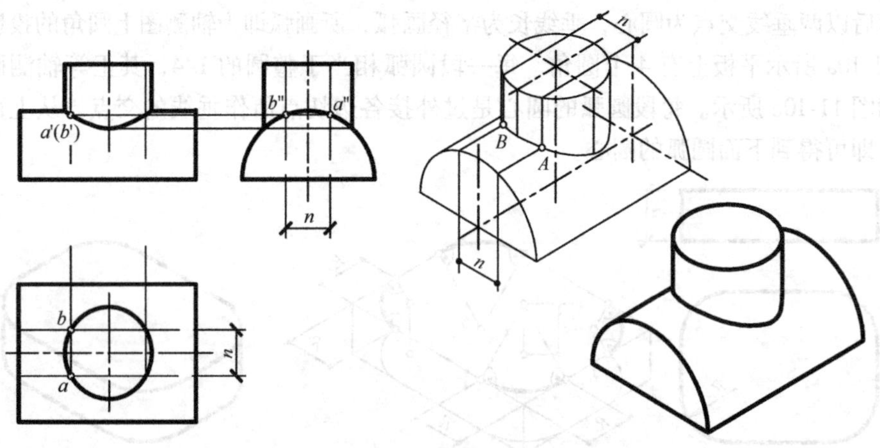

图 11-12 相贯线的正等轴测图画法

分析与作图：该形体是两圆柱体相交生成的，其中一个为半圆柱。因此，分别画出各圆柱体的轴测图后，添加两者的表面交线，再擦去多余线条即可。

作图步骤如下：

（1）建立轴测坐标系；

（2）分别画出两个圆柱体的轴测图，根据坐标画出 A、B 两点分别在两圆柱上的素线的轴测图，两圆柱对应素线的交点即为 A、B 两点的轴测投影；

（3）用同样的方法可得到交线上一系列点的轴测投影，并光滑连接各点；

（4）擦去多余的线和不可见部分，并加深。

6. 形体的正等轴测图

画形体的正等轴测图时，应先进行构成分析，然后先主后次，先大后小，逐步画出构成形体的各组成部分的轴测图，处理好它们之间的邻接关系，最后对图形进行整理描深即可。

【例 11-5】 根据图 11-13 中所示支架的三面投影，画出它的正等轴测图。

分析与作图：此支架由圆柱筒Ⅰ、支撑板Ⅱ和底板Ⅲ经过简单叠加而成。

画轴测图步骤如下：

（1）分别用端面拉伸法画底板Ⅲ和圆柱筒Ⅰ的轴测图，如图 11-13b 所示；

（2）画支撑板Ⅱ的轴测图，注意相切部分，如图 11-13c 所示；

（3）补画底板的圆角和两个小圆孔，如图 11-13c 所示；

（4）擦去多余的线和不可见的轮廓线，并加深，图 11-13d 是作图结果。

11.2.2 斜轴测图

当投射方向 S 倾斜于轴测投影面 P，在轴测投影面 P 上所得到的投影称为斜轴测投影，

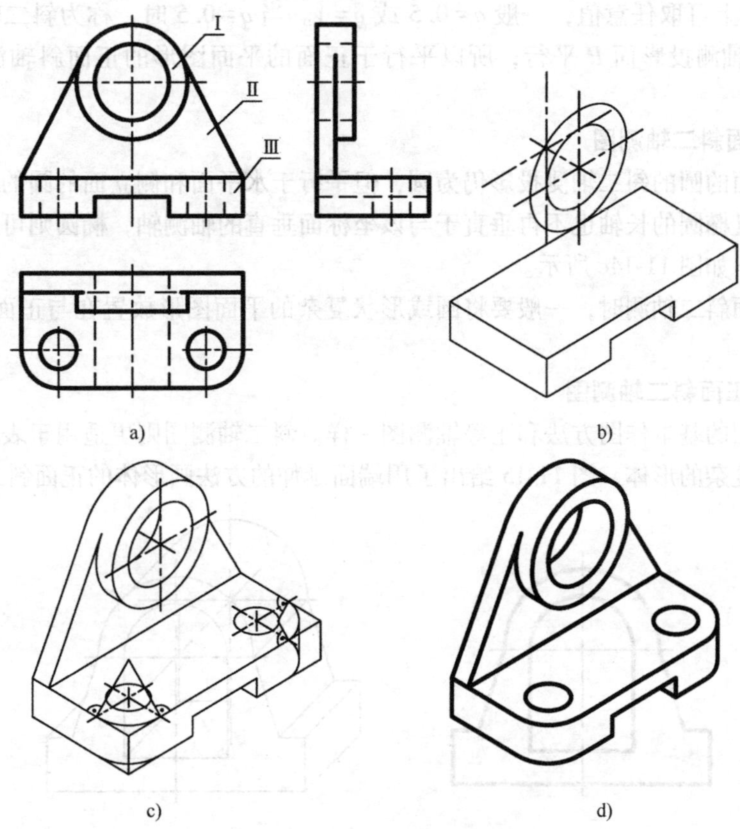

图 11-13　支架的正等轴测图画法

所画图形简称为斜轴测图。较常见的斜轴测图有正面斜轴测图、水平斜轴测图两种。当坐标面 XOZ 平行于 P 面时，得到的是正面斜轴测轴，如图 11-14a 所示。

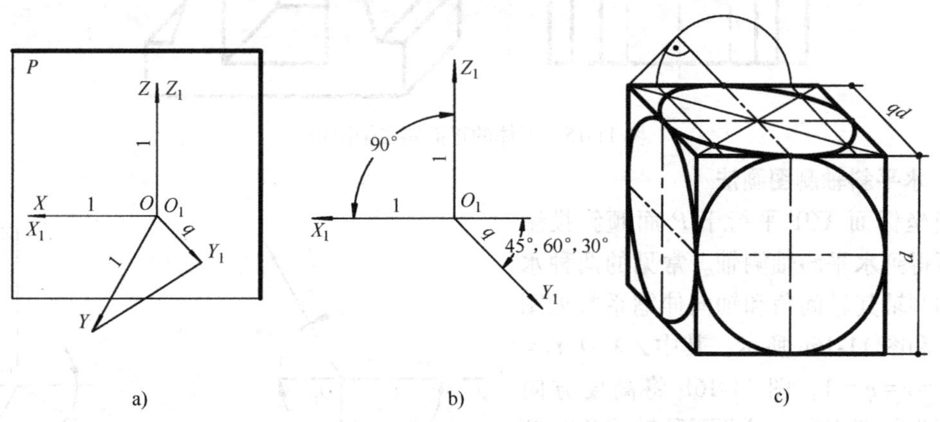

图 11-14　正面斜轴测轴以及平行于坐标面圆的画法

1. 正面斜轴测图轴间角和轴向伸缩系数

图 11-14b 给出了常用的正面斜轴测投影的轴间角和轴向伸缩系数，由于坐标面 XOZ 平行于正平面，轴间角 $\angle X_1O_1Z_1=90°$，O_1Y_1 轴与水平线可成 45°、60°、30°等，轴向伸缩系数

$p=r=1$，q 原则上可取任意值，一般 $q=0.5$ 或 $q=1$。当 $q=0.5$ 时，称为斜二轴测图。由于坐标面 XOZ 与轴测投影面 P 平行，所以平行于正面的平面图形的正面斜轴测投影都反映实形。

2. 圆的正面斜二轴测图

平行于正面的圆的斜二轴测投影仍为圆，但平行于水平面和侧立面的圆的斜二轴测投影则为椭圆，并且椭圆的长轴也不再垂直于与该坐标面垂直的轴测轴，椭圆则可采用八点法或平行弦法作出，如图 11-14c 所示。

在采用正面斜二轴测时，一般要将圆或形状复杂的平面图形放置在与正面平行的位置，以便简化作图。

3. 形体的正面斜二轴测图

斜二轴测图的基本作图方法和正等轴测图一样。斜二轴测图则更适用于表达某一方向圆较多或形状较复杂的形体，图 11-15 给出了用端面延伸的方法画形体的正面斜二轴测图。

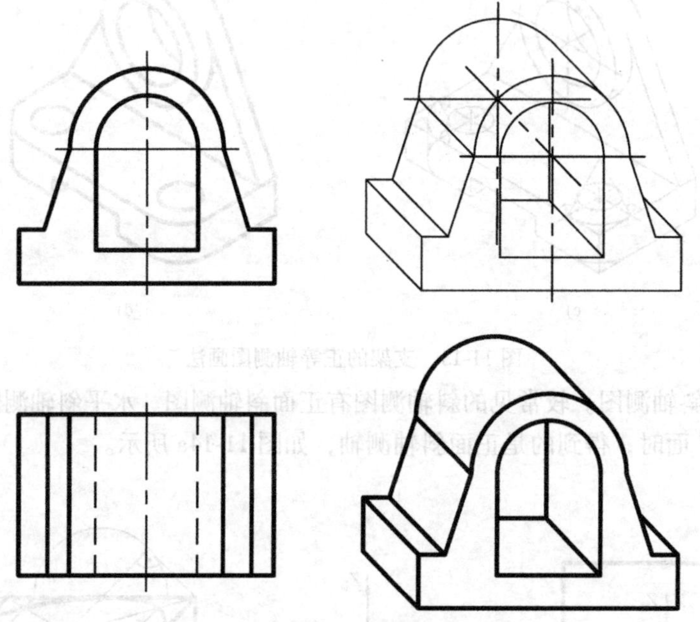

图 11-15　形体的正面斜二轴测图

4. 水平斜轴测图画法

当坐标面 XOY 平行于 P 面倾斜投影时，可得到水平斜轴测轴。常见的两种水平斜轴测轴其轴间角和轴向伸缩系数见图 11-16a 和图 11-16b 所示，其中 $\angle X_1O_1Y_1=90°$，$p=r=q=1$，图 11-16b 将高度方向 O_1Z_1 置为竖直方向。以此两种轴间角和轴向伸缩系数所画的水平轴测图见 11-17a 及图 11-17b 所示。水平斜轴测图主要用于建筑形体的水平轴测剖视图和小区规划轴测图的绘制。

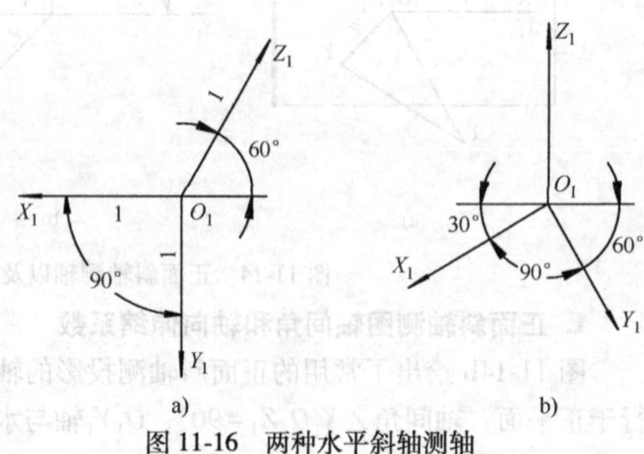

图 11-16　两种水平斜轴测轴

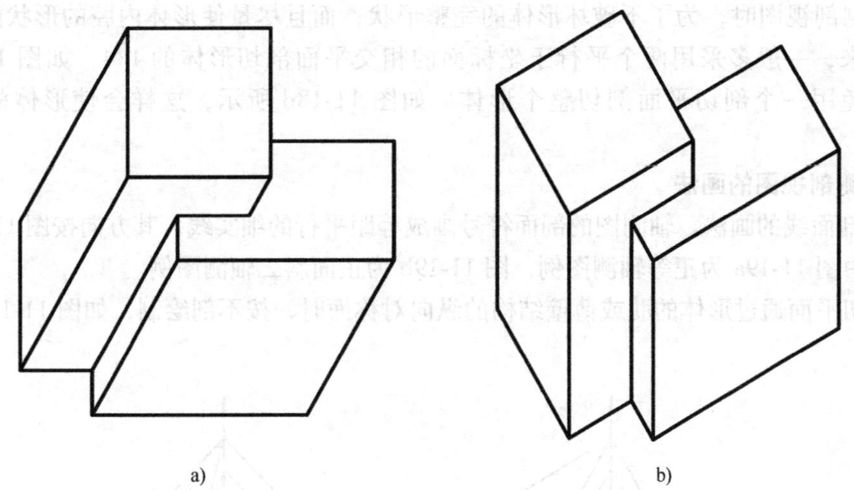
a)　　b)

图 11-17　水平斜轴测图示例

11.3　轴测剖视图的画法

在轴测图中，为了表达形体的内腔结构，可假想用剖切平面剖切去形体的一部分，这种剖切后的轴测图称为轴测剖视图(在建筑制图标准中,称为轴测剖面图)，如图 11-18 所示。

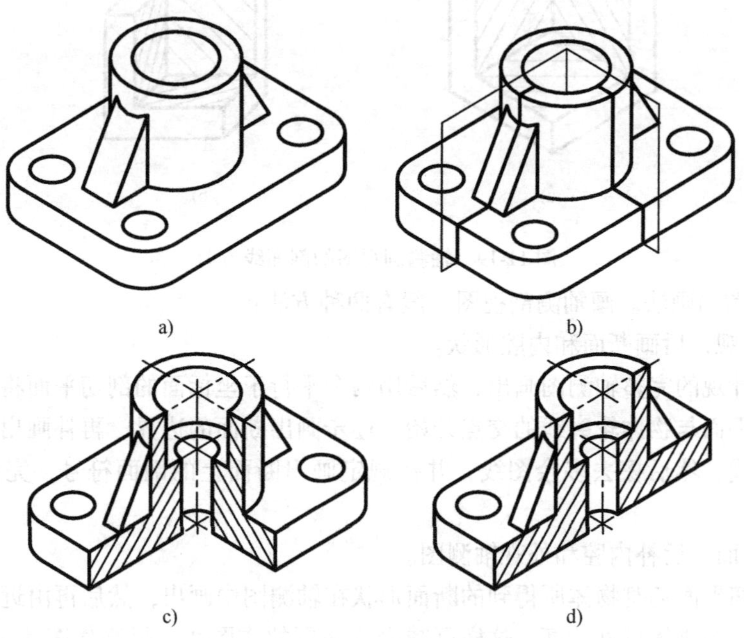
a)　　b)

c)　　d)

图 11-18　轴测剖视图的形成

1. 轴测剖视图的剖切方法

画轴测剖视图时，为了不破坏形体的完整形状，而且尽量使形体内腔的形状能够清晰地表达出来，一般多采用两个平行于坐标面的相交平面剖切形体的 1/4，如图 11-18c 所示。要避免用一个剖切平面剖切整个形体，如图 11-18d 所示，这样会使形体的外形不完整。

2. 轴测剖视图的画法

（1）剖面线的画法。轴测图的剖面符号画成等距平行的细实线，其方向按图 11-19 图例画出。其中图 11-19a 为正等轴测图例，图 11-19b 为正面斜二轴测图例。

当剖切平面通过形体的肋或薄壁结构的纵向对称面时，按不剖绘制，如图 11-18 所示。

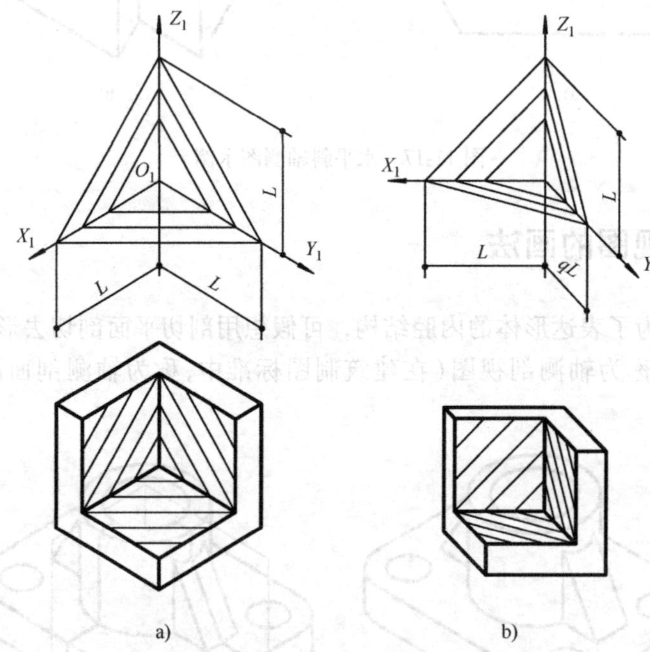

图 11-19　轴测剖视图的剖面线方向

（2）剖视图的画法。画轴测剖视图一般有两种方法：

① 先画外观，后画断面和内腔形状。

先把形体外观的完整轴测图画出，然后用两个平行于坐标面的剖切平面将物体切开，由外而内从剖切平面与物体轮廓线的交点开始，逐步画出断面的边界，再补画出剖切后物体内腔的可见轮廓线，然后擦去多余图线，并按规定画出断面上的剖面符号，完成作图，如图 11-18c 所示。

② 先画断面，后补内腔和外观轴测图。

首先把剖切平面切割物体所得到的断面形状在轴测图中画出，然后再由近及远地依次画出断面后边余下的物体可见轮廓，这样可减少不必要的作图线，提高作图速度，如图 11-20 所示。

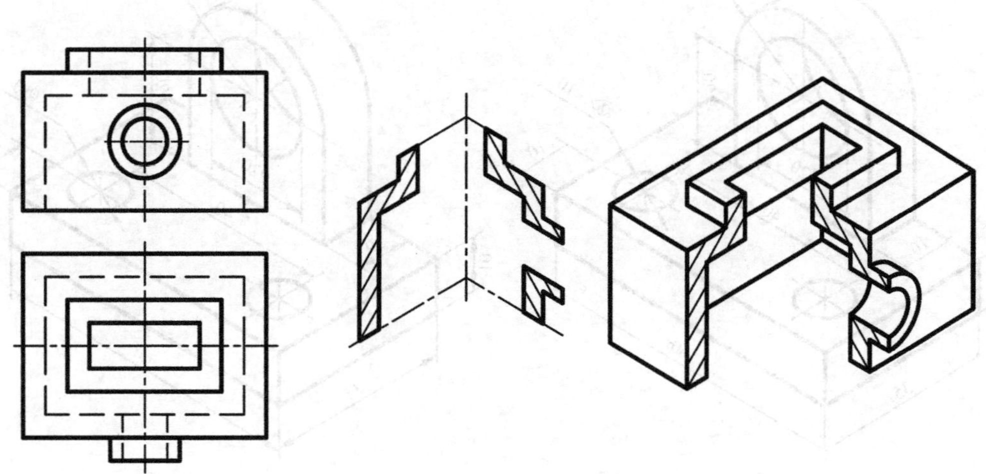

图 11-20　先画断面，后画可见轮廓

11.4　轴测图的尺寸标注

轴测图上的尺寸标注应遵循如下规定：

（1）轴测图的线性尺寸，一般应沿轴测轴方向标注，尺寸数值为形体的真实大小。

（2）尺寸线必须和所标注的线段平行；两条尺寸界线必须处在同一平面内，并且应平行于同一条轴测轴；尺寸数字应按相应的轴测图形标注在尺寸线上方中间。当图形中出现数字字头向下时，应用引出线引出标注，并将数字按水平位置注写。

（3）标注角度尺寸时，尺寸线应画成与该坐标平面相一致的椭圆弧，角度数一般写在尺寸线的中断处，数字按水平位置注写，如图 11-21 所示。

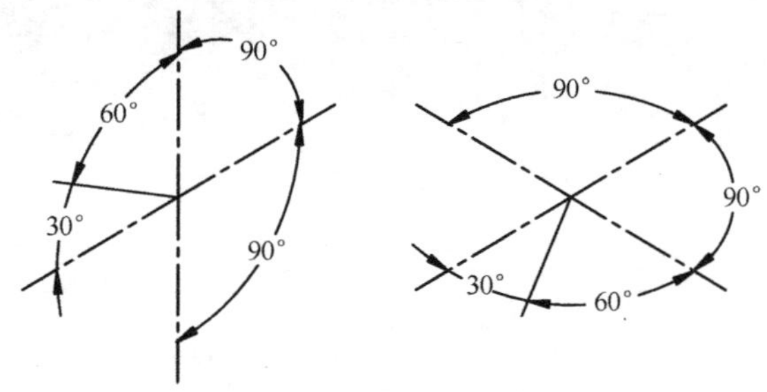

图 11-21　轴测图上角度的注法

（4）标注圆的直径时，尺寸线和尺寸界线应分别平行于圆所在的平面内的轴测轴，标注圆弧半径或较小圆的直径时，尺寸线可以从圆心或通过圆心引出标注，但注写尺寸数字的横线必须平行于轴测轴。

图 11-22a 给出了按照建筑制图标准标注轴测图样尺寸范例，图 11-22b 给出了按照水工制图标准标注轴测图样尺寸范例，两者只是箭头上有所区别。

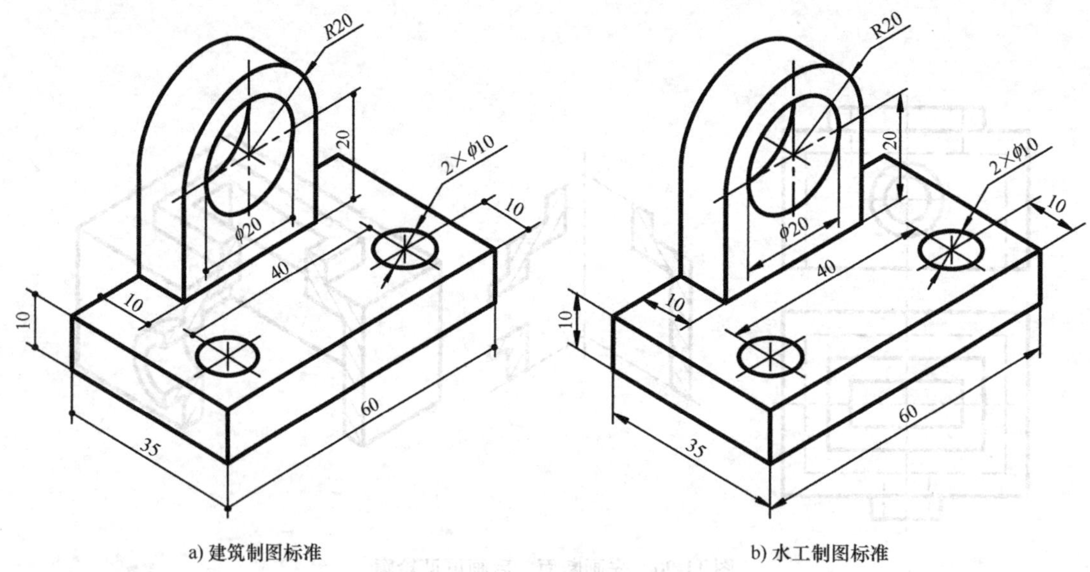

图 11-22 轴测图的尺寸注法

第12章　集合体与计算机三维绘图

集合体是指由两个或两个以上的基本体或简单形体经一定的构成方式形成的三维实体。任何实体都由表面包围着一定材质构成。

12.1　集合体的构成分析

12.1.1　集合操作与集合体

集合运算包括并、交、差运算，如图12-1所示，分别用“∪”“∩”“-”运算符号表示。它们分别相当于数学中的加法、乘法和减法运算。

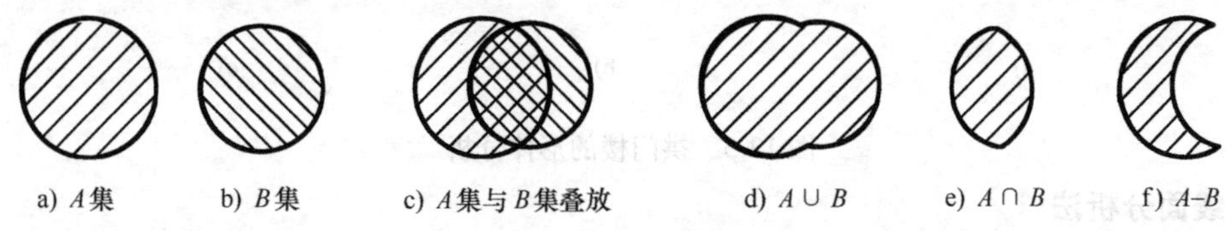

图12-1　集合运算图

与图12-1类同，任何集合体都由同种材质表面包围材质而成。当两个形体重叠放在一起时，共有区域互相重叠，如图12-2c所示。并操作时，两形体表面以交线邻接，共有区域内形体表面的线条溶解消失，形成如图12-2d所示的形体。交操作时，只保留共有区域，两形体表面仍以交线邻接，形成如图12-2e所示的形体。差操作相当于减法运算，运算时，被减体中减去了减体的区域，被减体中产生减体的内表面轮廓，两形体表面仍以交线邻接，形成如图12-2f所示的形体。

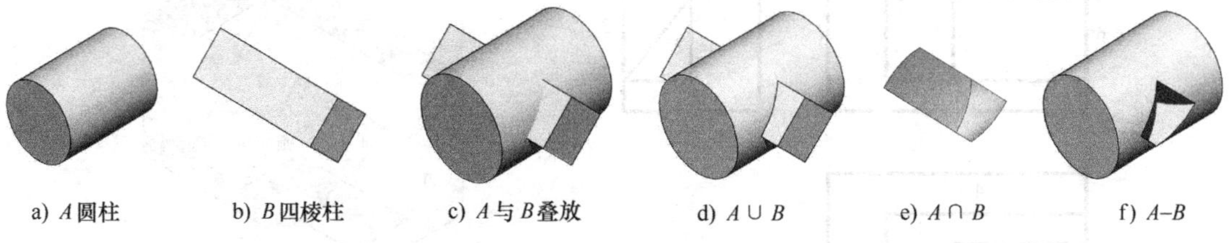

图12-2　两形体的集合操作

显然，形体表面上的线是两个表面相交的结果；而点是两个以上表面共同相交的结果。

12.1.2　集合体的分析方法

1. 形体分析法

分析集合体的整体形状，将其分解为若干简单形体(或基本体)，分析各简单形体的形状，以及各简单形体之间的相对位置和表面连接关系，从而解决集合体问题的方法，称为形体分析法。

如图 12-3a 所示的拱门楼，可以按图 12-3b 所示的方式，将其分解成由五边形柱体、长方体、U 形柱体和带圆角的长方体四部分构成，其中五边形柱体、长方体和带圆角的长方体经过并运算后构成拱门楼整体，再经差运算减去 U 形柱体。

按形体分析法分解集合体往往不是唯一的，如图 12-3c 所示的分解方法就和图 12-3b 所示的分解方法不同，但最终结果都是一样的。

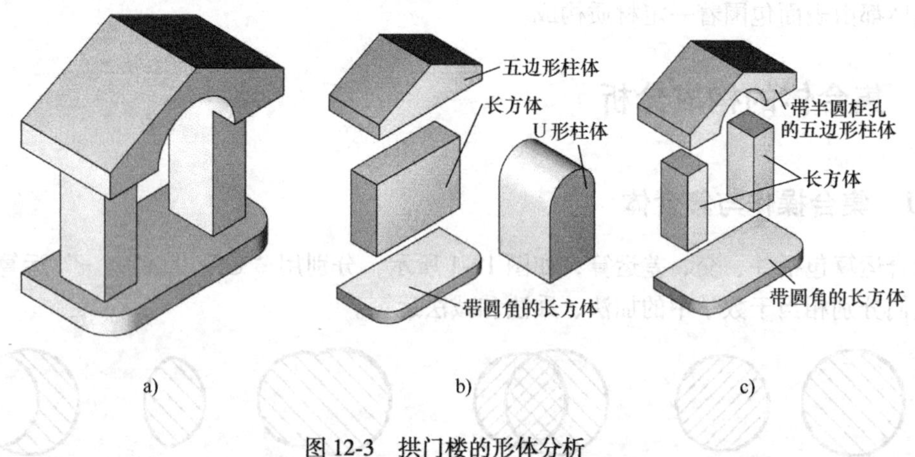

图 12-3 拱门楼的形体分析

2. 线面分析法

由于任何形体都是由表面包围而成的实体，解决集合体问题时，将构成集合体表面的线和面的投影特性，与包围实体的表面相联系，进行求解集合体问题的方法，就是线面分析法。

如图 12-4 的集合体，包围形体的表面除后、下、右面，即主、俯、左视图的长方形外框外，还有Ⅰ、Ⅱ、Ⅲ、Ⅳ、Ⅴ、Ⅵ、Ⅶ、Ⅷ个平面，其中Ⅰ为侧垂面，Ⅱ、Ⅲ为正平面，Ⅳ、Ⅴ为水平面，Ⅵ、Ⅶ、Ⅷ为侧平面，当把这 8 个平面图形分析完成后，这个集合体的整体概念就迎刃而解了。

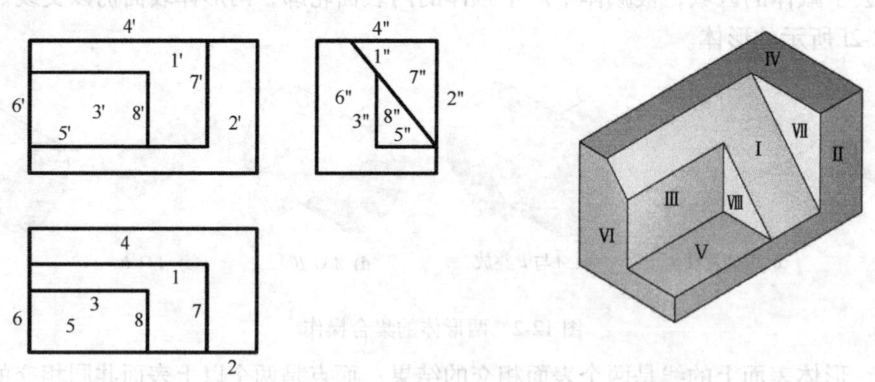

图 12-4 集合体的线面分析

12.1.3 集合体的表面连接关系

两个形体构成一个整体时，形体表面之间必定相互作用，产生一定的连接关系，不同的表面连接方式，对集合体表面的线条产生重要影响，集合体表面连接关系可归结为下列两组情况：

（1）共面处无线，不共面处有线。

如果形体的两个表面共面，即二面合二为一时，两个表面共有处的线条消失，外框线条封闭为一完整的图形。如图 12-5 所示，左侧面两矩形合二为一合构成为“凸”字形；顶面矩形和圆共面，构成“勺把”形。

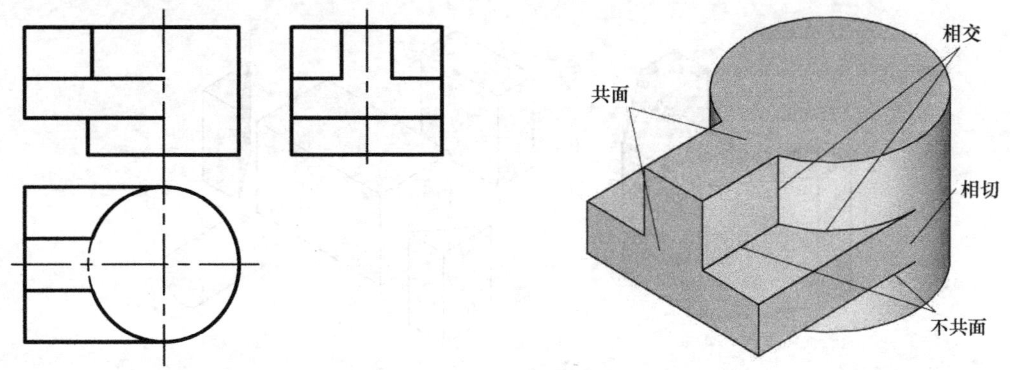

图 12-5　表面连接关系

如果形体的两个表面发生转折，或相互错开时，分界处会生成新的线条，这类线也要画出，不可见时，用虚线表示，如图 12-5 所示。

（2）相切处无线，相交处有交线。

当形体的两表面相切时，两表面间是光滑过渡的，此处没有线条。如图 12-5 所示，矩形板和圆柱表面相切，相当于长方形表面在此处光滑过渡到圆柱表面，没有产生表面线条，不需要画出切线。

两形体表面的交线，包括截交线和相贯线，在集合体中必须画出。至于它们的求解方法在前面章节中已作了详细的叙述，此处就不进行赘述了。

12.1.4　集合体分类

1. 叠加型集合体

叠加型集合体的构成方式相当于并集合运算，如图 12-6 所示的窨井内模，由 2 个长方

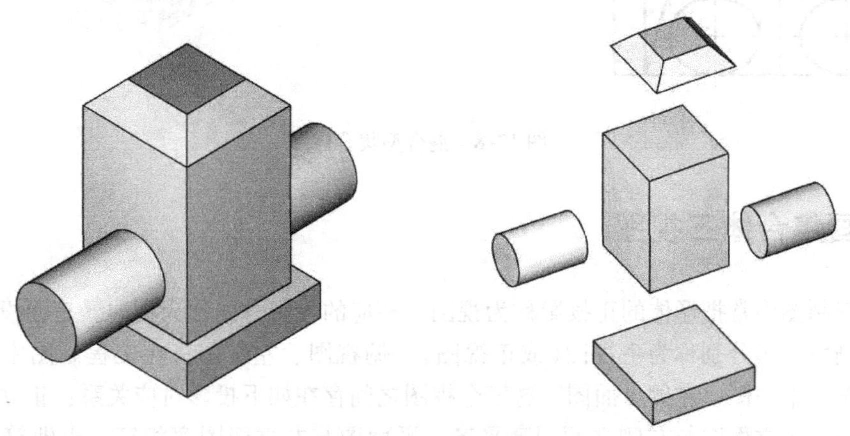

图 12-6　叠加型集合体

体、1个四棱台、2个圆柱叠加而成。

2. 挖切型集合体

挖切型集合体是指某种形状的形体，经过切割或挖切得到的集合体。如图12-7所示的集合体，是由长方体在前面两侧各切掉一个角，后面中间挖去一个长方体，之后在中间从前往后挖去一个圆柱孔。

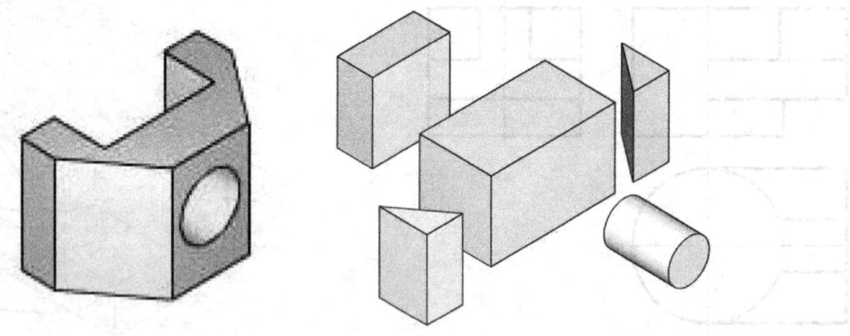

图12-7 挖切型集合体

3. 混合型集合体

大多数集合体的构成不是简单的单一构成方式，往往是叠加方式和挖切方式共同作用，构成混合型集合体，如图12-8所示的涵洞。

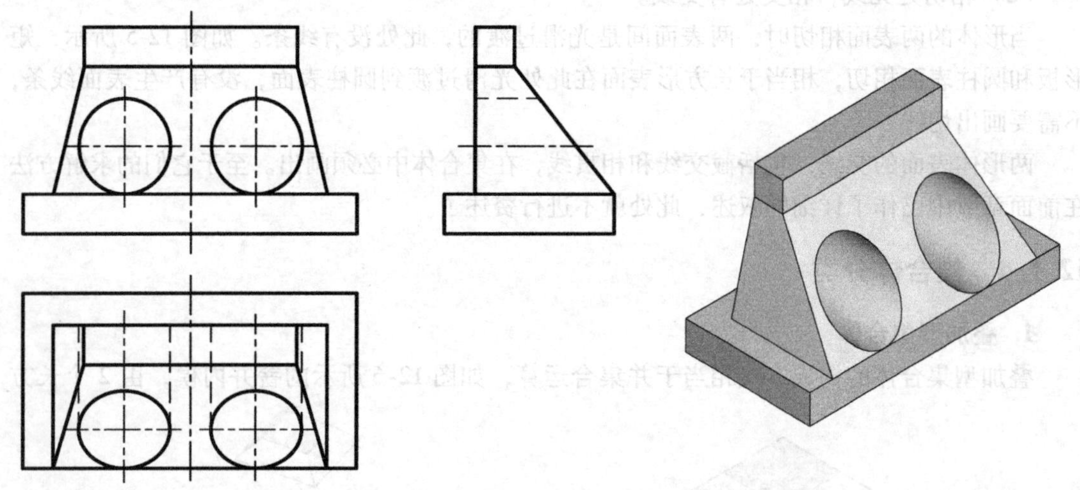

图12-8 混合型集合体

12.2 画集合体三视图

在工程制图中常把形体的正投影称为视图，相应的投影方向称为视向。正面投影、水平投影、左侧面投影分别称为主视图(或正视图)、俯视图、左视图；在工程制图中则分别称为正立面图、平面图、左侧立面图。这三个视图之间存在如下投影对应关系：正立面图与平面图长对正，正立面图与左侧立面图高平齐，平面图与左立面图宽相等，也即符合“长对正、高平齐、宽相等”的投影规律。

画集合体视图就是把集合体用一组视图表达出来，并且做到简明、清楚。形体分析法是绘制集合体三视图的主要手段，线面分析法常用作绘制三视图的辅助手段。绘图时，首先，假想将集合体分解为若干简单体(或基本体)；其次，判断各简单体之间的相对位置；然后，确定各简单体相互间的构成方式；最后，确定表面连接处线条的取舍，并判别可见性。绘图中，对于具体线条的正确与否和比较难的结构，应结合线面分析法去推敲。

现以具体实例说明集合体三视图的绘制方法。

【例 12-1】　画出图 12-9 中肋式杯形基础的三视图。

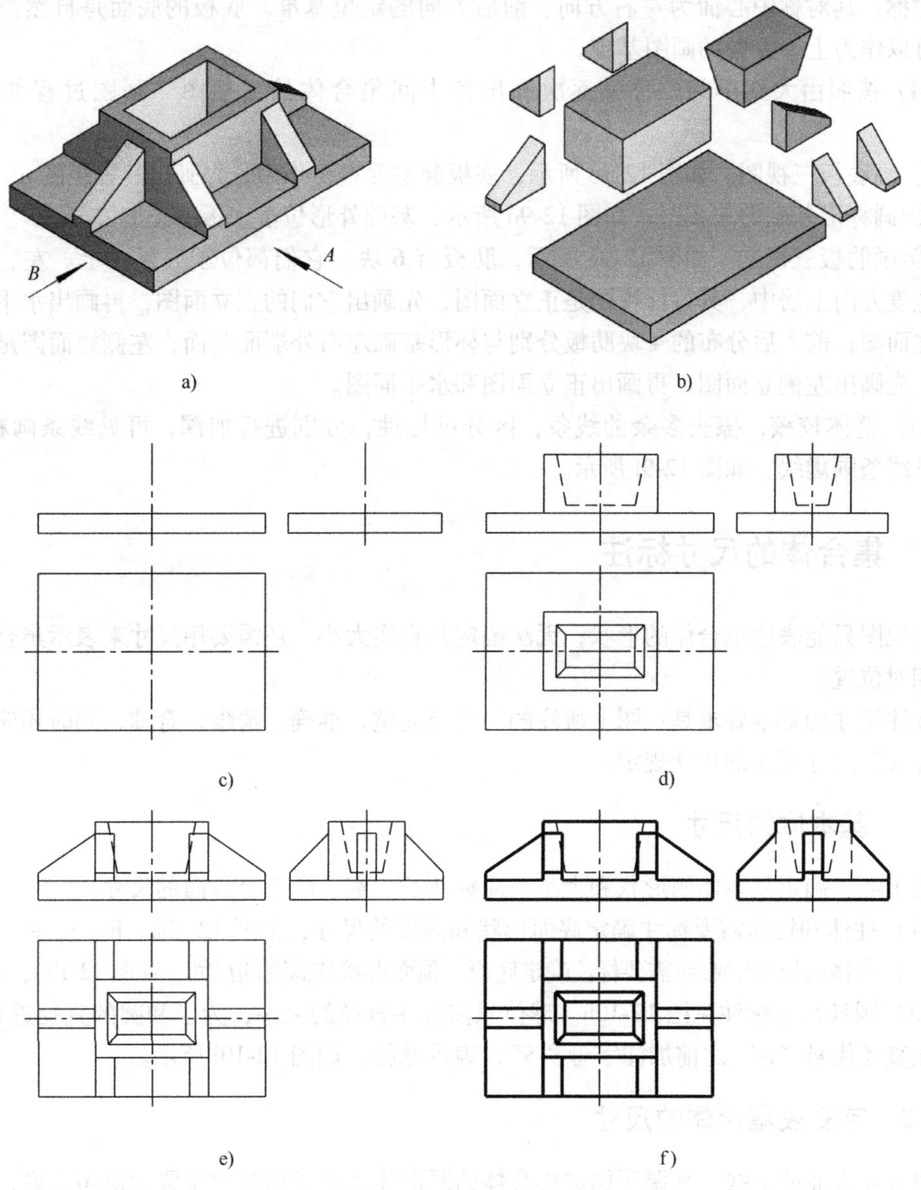

图 12-9　画肋式杯形基础三视图

(1) 对肋式杯形基础进行形体分析。如图 12-9a、b 所示，整体上讲，肋式杯形基础由底板、杯形基础、肋板构成，其中：底板为长方体；杯形基础外形是长方体，上部中央挖去四棱台；6块肋板是梯形柱体。底板、杯形基础外形以及肋板经叠加构成整体，再挖去四棱台，属于混合型集合体。

（2）选择正立面图。按自然位置，将肋式杯形基础底板至于平行于 H 面。从图12-9a中可以看出，选择 A 向、B 向都可以在三视图中清楚地表达肋式杯形基础的结构特征。为了使正立面图中尽可能多地反映肋式杯形基础的整体结构特征，选择 A 向作为正立面图的投射方向。

（3）定比例、选图幅，合理布图、画出主要定位线　整体上讲，肋式杯形基础左右、前后对称，其对称中心面为左右方向、前后方向的定位基准。底板的底面是自然位置的基准，可以作为上下方向的画图基准。

（4）按照由大到小的顺序，逐次画出各中间集合体的三视图　画图过程如图12-9所示。

① 画底板三视图。如图12-9c所示，底板起主要定位作用，先画出其三视图。

② 画杯形基础的三视图。如图12-9d所示，基础外形位于底板的正上方。

③ 画肋板三视图。如图12-9e所示，肋板有6块，它们都位于底板之上。左、右2块肋板宽度方向上居中，其特征视图是正立面图，先画出它们的正立面图，再画出水平面图和左侧立面图；前、后分布的4块肋板分别与杯形基础左右外端面共面，左侧立面图是其特征视图，先画出左侧立面图，再画出正立面图和水平面图。

（5）整体校核，擦去多余的线条，区分可见性，分别进行加深，可见线条画粗实线，不可见线条画虚线，如图12-9f所示。

12.3 集合体的尺寸标注

三视图只能表达集合体的形状，无法确定其真实大小。还需要用尺寸来表示集合体的大小和相对位置。

标注尺寸的基本要求是：图上所注的尺寸应完整、准确、清晰、合理，同时还应遵守国家标准关于尺寸标注的各项规定。

12.3.1 基本体的尺寸

为了唯一确定基本体的形状和大小，应标注长、宽、高三个方向的尺寸。

（1）柱体和锥体需要标注确定底面形状和高度的尺寸，如图12-10a、b、c、e、f所示；

（2）台体(棱台或圆台)需要标注确定底面、顶面形状和高度的尺寸，如图12-10d、g所示；

（3）圆环尺寸标注见图12-10h。球体只需标注直径的大小，为了和圆的直径进行区别，规定在直径代号“ϕ”之前加注字母“S”，表示球径，如图12-10i所示。

12.3.2 有交线集合体的尺寸

集合体表面的交线，来源于构成集合体的两形体的形状和相对位置。换句话说，只要构成集合体的形体的形状和位置一旦确定，作为两者之间的交线必定会自然产生，也就是说交线是被动线条。因此标注尺寸时，应标注构成集合体的各个形体的定位尺寸和定形尺寸，而

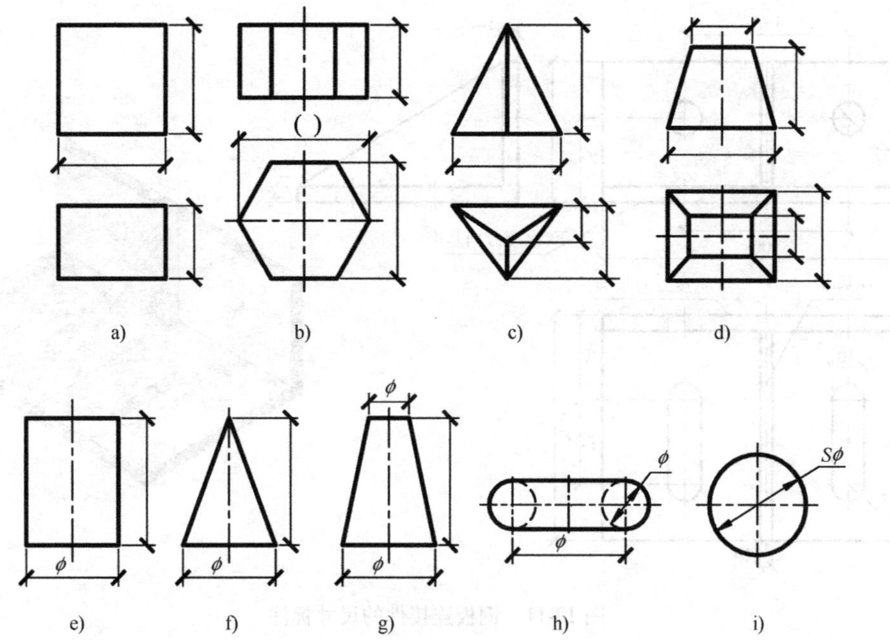

图 12-10　立体尺寸标注

不应直接标注交线的定形尺寸。

12.3.3　集合体的尺寸

1. 尺寸标注的步骤

集合体的尺寸标注是形体分析法的又一个应用。标注尺寸时，首先选定尺寸基准，然后，注出各构成体的定位尺寸和定形尺寸，以及集合体的总体尺寸，标注步骤如下：

（1）分析形体，确定尺寸基准。在标注尺寸时要同时满足施工和测量方面的要求，为此至少要在长、宽、高三方向上各选定一个度量平面或重要轴线作为尺寸标注的基准。有时在某一方向有几个基准，其中一个为主要基准，其余的称为辅助基准。一般选取集合体的对称面、底面、顶面、端面或回转体的轴线作为尺寸基准。图 12-11 所示的钢板连接件为叠加型集合体，它由底板(带两长圆孔)、竖板(带两圆孔)、肋板经叠加构成。连接件左右对称面为长度方向的基准，高度和宽度方向的基准分别为底面和后面。

（2）确定并标注各构成体的定形尺寸。定形尺寸是确定各构成体大小的尺寸。如图 12-11 钢板连接件的底板，长 300、宽 200、高 14，其上长圆孔的宽度 30、高度与板厚相同；竖板长 300、高 125、板厚 14，它上面开有两直径是 30 的通孔；肋板高 111(125-14)、宽 186(200-14)、厚度 14。

（3）标注各构成体相对于基准的定位尺寸。定位尺寸是确定构成体相对位置的尺寸。图 12-11 中底板上长圆孔的定位尺寸是：长度方向的 150，前后方向的 75、75，高度方向因是通孔，不需标注定位尺寸；竖板上圆孔的定位尺寸是：长度方向 150、高度方向 75，前后方向不需定位；肋板的定位尺寸是：长度方向的对称面，高度和宽度方向的 14。

（4）标注总体尺寸。总体尺寸是确定集合体外形总长、总宽、总高的尺寸。图 12-11 的总长 300、总宽 200，总高 125。

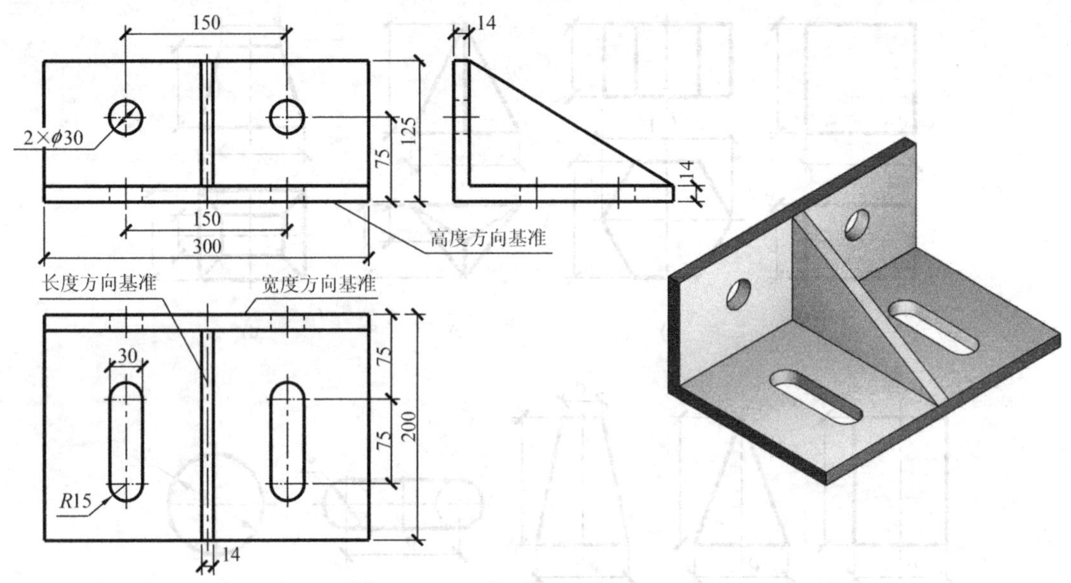

图 12-11 钢板连接件的尺寸标注

2. 标注集合体尺寸时应注意的问题

(1) 尺寸应尽量标注在反映形状特征的视图上，尽量使定形、定位尺寸集中标注，尽量避免在虚线上标注尺寸。如图 12-11 中圆孔的定形尺寸和定位尺寸。

(2) 与两视图有关的尺寸，应尽量标注在两视图之间，以便于读图和查找。如图 12-11 中的高度方向尺寸注于正立面和左侧立面之间。

(3) 图面应清晰，尺寸布置应整齐、美观。尺寸尽量布置在图形之外，小尺寸在里，大尺寸在外，为此，最好先标注较小结构的尺寸，再标注大结构的尺寸，最后标注总体尺寸；同一方向上尺寸互相不重叠时，应尽量布置在一条直线上；有多排(层)尺寸时，尺寸线间的间隔应相等，为 7~10mm。

(4) 尺寸标注要合理，是指集合体尺寸的标注要兼顾到施工、测量、安装及工艺要求等多方面的因素。只有在掌握了丰富的专业知识和生产实践知识后，才能真正保证所标注尺寸合理。在此要求多看已有图例，积累知识，尽量使尺寸标注趋于合理。

3. 集合体尺寸标注举例

【例 12-2】 如图 12-12 所示为涵洞三视图，试标注其尺寸。

(1) 进行形体分析，确定尺寸基准。涵洞由底板、墙身、顶部经叠加构成，其中墙体上开有拱形孔洞，因此涵洞属于混合型集合体。涵洞左右对称，长度方向选择左右对称面作为基准；涵洞按自然位置放置，选择底板的底面作为上下方向的基准；墙身、底板、顶部在前端共面，形成宽度方向上最大的直墙面，因此，选择涵洞前端面作为宽度方向的基准。

(2) 标注定形尺寸

① 拱形孔洞：下部分长方体的尺寸是 288×168；上部分半圆柱的半径为 144。

② 底板：凹槽的长 216、宽 456、高 60；底板的长 792、宽 456、高 96。

③ 墙身：下底长 672、宽 384；上底长 432、宽 216；高度为 432(672−144−96)。

④ 顶部：确定五棱柱形状的尺寸为 216、72、72、144；棱柱体高度 432。

(3) 标注定位尺寸

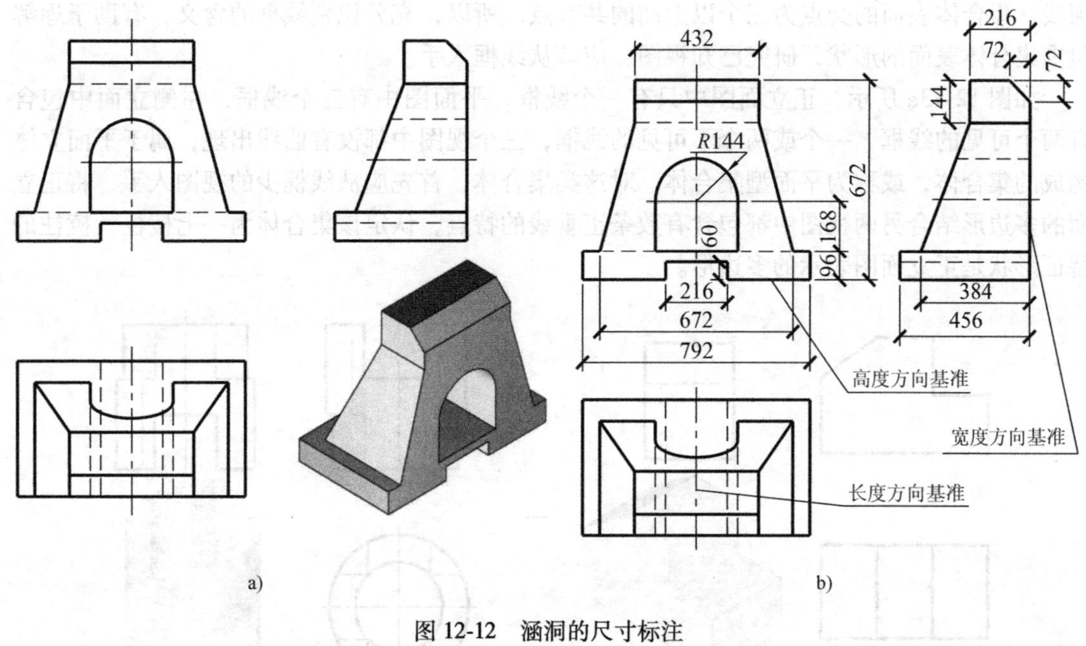

图 12-12　涵洞的尺寸标注

① 底板左右对称，前端面与直墙共面，自然放平，故不需要标注定位尺寸；

② 墙身与拱形洞左右对称，不需定位；坐落在底板之上，底板高度即为上下方向的定位尺寸；前端面与直墙共面，也不需要标注定位尺寸；拱形孔洞半圆柱的定位尺寸为底板和拱形洞长方体的高度之和，即 96+168。

③ 顶部左右对称，不需标注定位尺寸；前端与直墙共面，也不需要标注定位尺寸；高度方向，顶部坐落在墙身之上，底板和墙身的高度之和应为其定位尺寸，但墙身的高度由涵洞总高、底板高度及顶部高度间接给出，因此，它的定位尺寸也是间接给出，其值为涵洞总高-顶部高度，即 672-144。

（4）标注总体尺寸。涵洞的总长 792、总宽 456、总高为 672。

（5）检查所标注的尺寸有无遗漏和错误，删除多余尺寸，修改、调整不妥之处。

12.4　集合体视图的阅读

阅读集合体的视图，就是运用投影规律，根据所给视图想象出它的形状，求解给定问题，常把这个过程称为看集合体三视图的过程。因此，阅读视图要综合应用所学的投影知识，由浅到深，由简到繁，逐步加强空间想象能力。

12.4.1　阅读视图及构思空间结构

1. 了解视图中线、线框的含义，判别形体表面的形状和位置

集合体由表面包围一定材质而成，理解视图中线和线框的含义对想象出集合体的形状非常重要。

表面的投影一般为封闭的线框，因此，视图中的线框一定代表表面的投影。视图中的线可能为：①表面积聚的结果；②面的边框，也是面与面之间的交线；③回转体表面的转向轮廓线。集合体表面的交点为三个以上面的共有点。所以，充分识别线框的含义，有助于理解包围集合体表面的形状，研究已知视图，应该从线框入手。

如图 12-13a 所示，正立面图中只有一个线框，平面图中有三个线框，左侧立面中包含有两个可见的线框，一个或两个不可见的线框，三个视图中都没有曲线出现，属于平面立体构成的集合体，或称为平面型集合体。对这类集合体，首先应从线框少的视图入手，将正立面的多边形结合另两视图中都包含有数条正垂线的特点，认定该集合体为一七棱柱，棱柱的特征形状是正立面图表示的多边形。

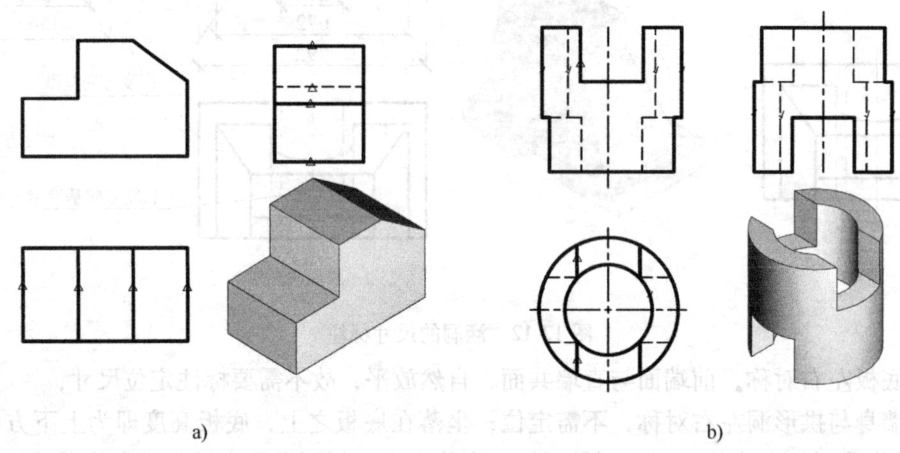

图 12-13 集合体线框含义分析

图 12-13b 的平面图中有两个直径不等的同心圆，和圆的投影相对应的另两视图中是铅垂的直线，而且两视图中都有轴线存在，这正符合圆柱的投影特点，因此该集合体的主体结构是圆管。正立面图上部圆管中间有一缺口，知道是圆管上部被挖去了一部分。进一步探究投影特点，在方口两侧是平行于 Z 轴的线对应着平行于 Y 轴的线，这两条线在空间应该构成一侧平面，按长对正、高平齐、宽相等的三等规律，对照左立面图的投影，知这两线的真实形状为一矩形，圆管上中部开的是一前后贯通的方形槽。同理，圆管下部开了左右贯通的方槽。

2. 结合可见性判定线、线框所表示结构的方位

对于同一投影区域有两个以上结构的集合体，仅仅用三等规律很难判断构成体的具体位置，需要在投影对应关系的前提下，结合可见性来解决问题。

利用可见性判定方位的原理是：对正立面图、平面图、左侧立面图的可见性判别方法依次为是前遮后、上遮下、左遮右。

3. 从反映线框特征的视图入手，联系几个视图，构想线框所表示结构的空间形状

通常一个视图不能确切表示集合体的形状，如图 12-14 所示。有时即使两个视图，如果视图选择不当，仍然不能唯一表示集合体的形状，如图 12-15 所示。因此必须把几个视图联系起来，分析投影规律，推想空间形状。

为了避免看图者产生歧义，视图中尽可能包含特征视图，所谓特征视图，就是反映形状特征充分的那个视图。例如板、柱类构成体，反映端面实形的那个视图为特征视图，如图 12-16 所示。

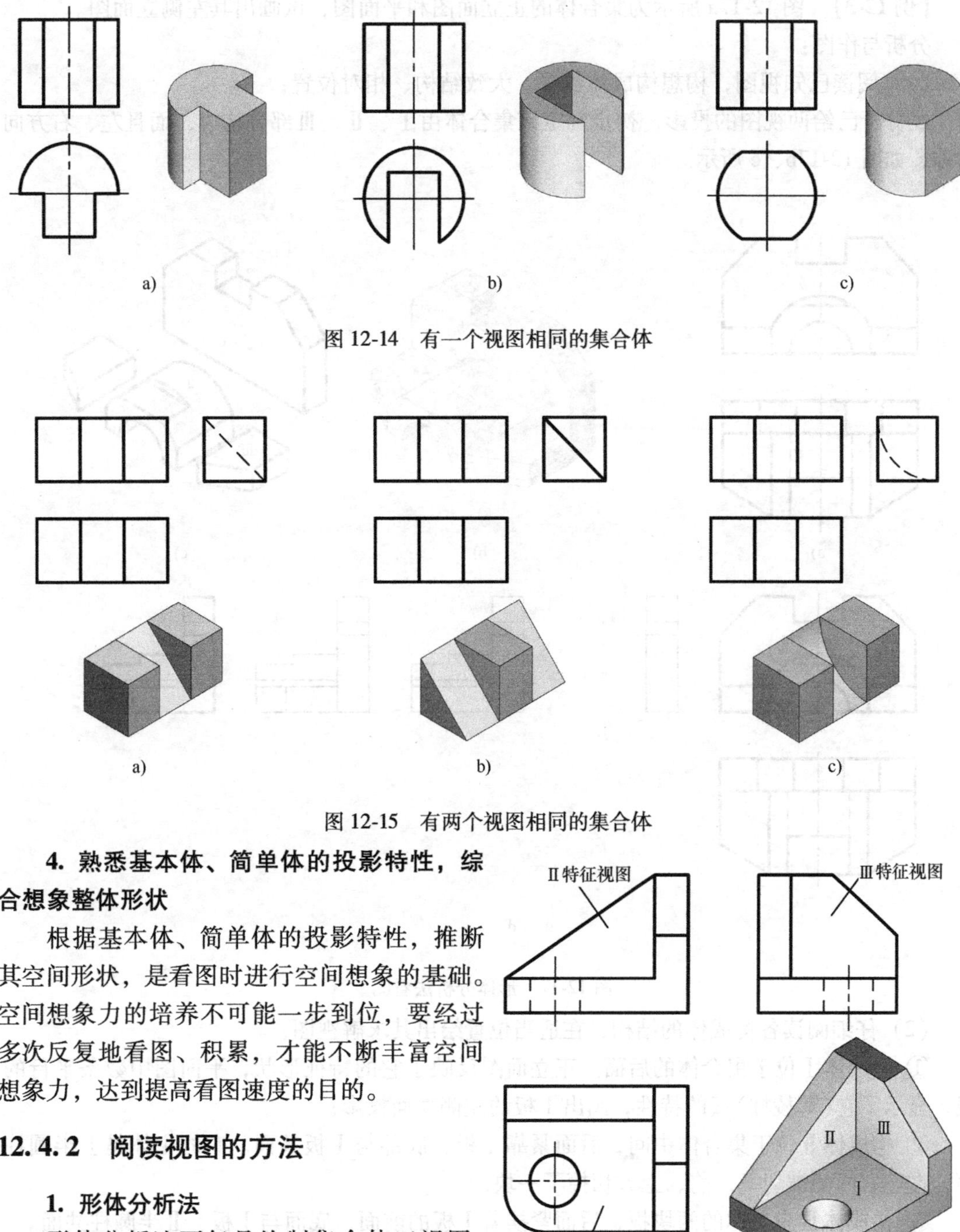

图 12-14　有一个视图相同的集合体

图 12-15　有两个视图相同的集合体

图 12-16　各构成体的特征视图

4. 熟悉基本体、简单体的投影特性，综合想象整体形状

根据基本体、简单体的投影特性，推断其空间形状，是看图时进行空间想象的基础。空间想象力的培养不可能一步到位，要经过多次反复地看图、积累，才能不断丰富空间想象力，达到提高看图速度的目的。

12.4.2　阅读视图的方法

1. 形体分析法

形体分析法不仅是绘制集合体三视图、标注其尺寸的主要方法，同样也是阅读集合体视图的有效方法。

阅读集合体视图时，需要根据已给的视图想象出它的各构成体的空间形状，以及各构成体之间的相对位置和表面连接关系，然后绘制其他视图，或补画视图中缺漏的线条。

【例 12-3】 图 12-17a 所示为集合体的正立面图和平面图，试画出其左侧立面图。

分析与作图：

(1) 阅读已知视图，构想构成体数量、大致结构、相对位置；

经分析已给两视图的投影，初步判定该集合体由Ⅰ、Ⅱ、Ⅲ部分构成，而且左、右方向对称，如图 12-17b、c 所示。

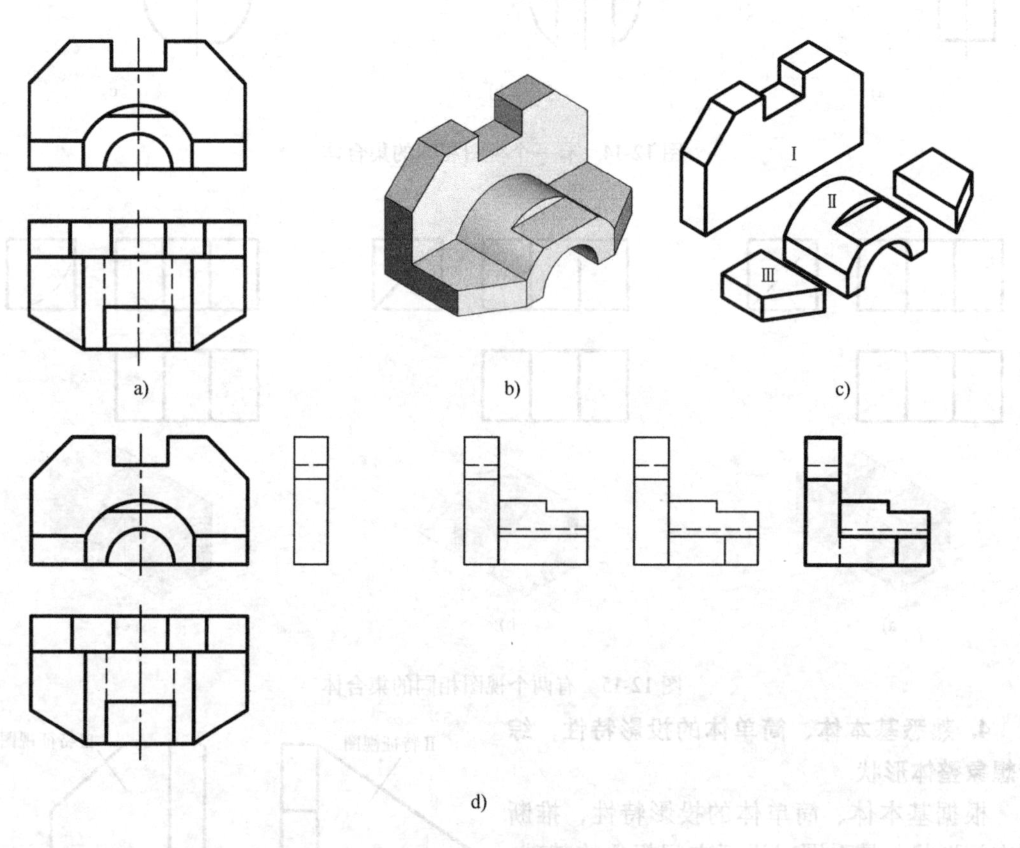

图 12-17　形体分析法看图

(2) 仔细阅读各构成体的结构，在适当位置绘出其求解视图；

① 构成体Ⅰ位于集合体的后面。正立面图反映了它的特征形状，平面图中数条平行的线，显示了它(薄棱柱)板的特性，画出Ⅰ板的左侧立面投影；

② 构成体Ⅱ位于集合体中间，后面紧靠Ⅰ板，底部与Ⅰ板共面。它的主体是上半圆柱筒，左、右两侧被切平，前、上方切掉了一块；

③ 构成体Ⅲ为对称的两块板，后面紧挨着Ⅰ板的前面，底面与Ⅰ板、Ⅱ半圆柱共面。

(3) 依次画出各构成体，并检查各构成体的图线是否正确，调整表面连接处的线条，完成图形，如图 12-17d 所示。

Ⅰ板、Ⅲ板和中间的半圆柱底面共面，连接处的线条消失，但Ⅱ的半圆孔最后端开到Ⅰ板前面终止，此处的分界线处于圆孔内侧，需用虚线画出。

2. 线面分析法

在形体分析法的基础上，对某些较复杂的局部结构，还需根据其构成的面、线的投影特征，进一步分析这些局部结构的空间形状。

基本原理：当包围集合体的表面是平面时，按平面相对于投影面的位置不同，平面有一般位置平面、投影面垂直面、投影面平行面，下面按这三种平面进行讨论。

(1) 一般位置平面在三面投影体系中的投影为三个类似形。

(2) 投影面垂直面的投影特性为一积聚两类似。

(3) 投影面平行面的投影特性是一实形两积聚。

具体做法：从线框少的视图入手，按一般位置平面、投影面垂直面、投影面平行面的顺序分析、求画未知视图。

【例 12-4】 已知挡土墙的正立面图和平面图，如图 12-18a 所示，用线面分析法画出其左侧立面图。

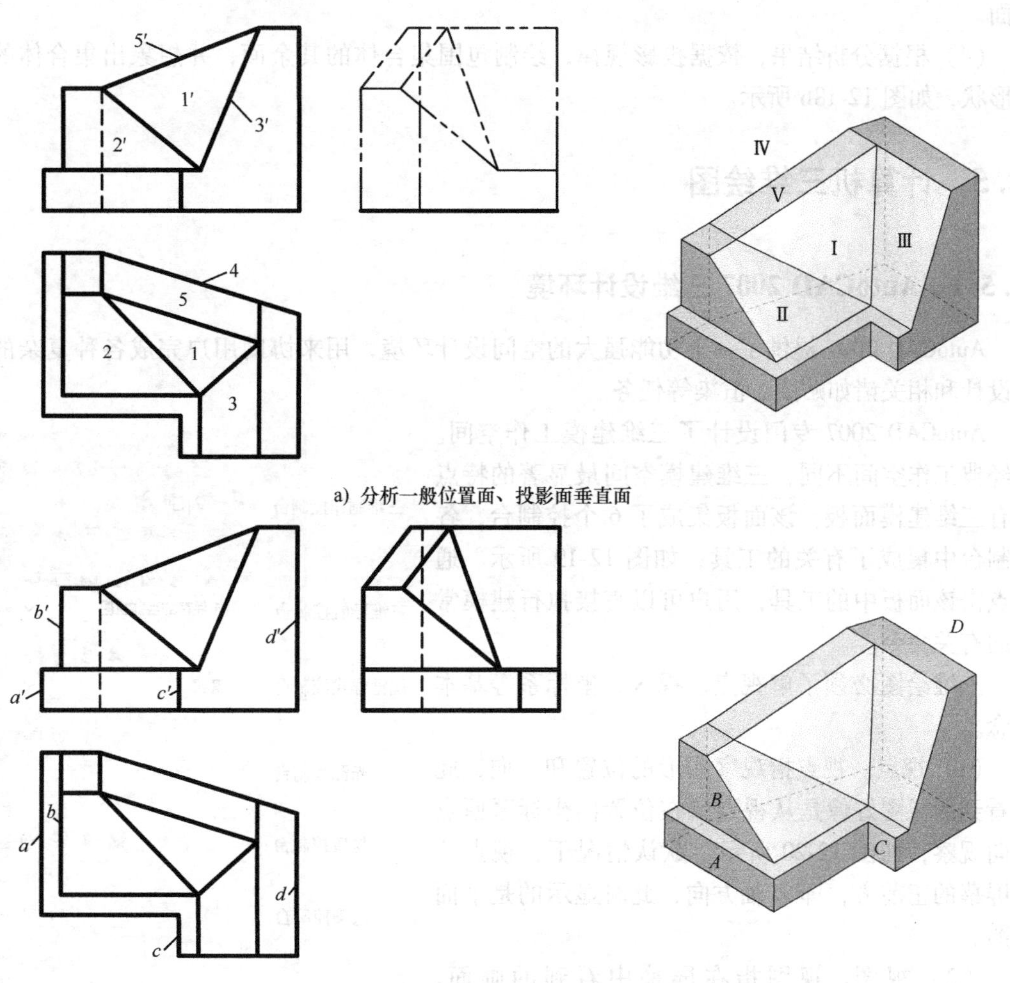

a) 分析一般位置面、投影面垂直面

b) 分析投影面平行面，并画出其左侧立面图

图 12-18　线面分析法看图

(1) 从线框少的视图入手，分析一般位置平面的投影

给出的正立面图比平面图中线框较少，对照平面图：知三角形平面Ⅰ为一般位置平面，

如图 12-18a 所示。

(2) 分析投影面垂直面的投影。与所求投影面垂直的平面，在该投影面的投影积聚为一条与轴倾斜的直线，在此只需观察，而不需要进行作图，如图 12-18a 所示，其中的Ⅱ平面就是侧垂面。

其他两个方向的投影面垂直面，在所求投影面中为一封闭的线框，必须按照一积聚两类似的特点，进行求画，如图 12-18a 所示。其中：平面Ⅲ、Ⅴ为正垂面，平面Ⅳ为铅垂面；平面Ⅳ在集合体的右、后方，正立面和侧立面的投影不可见。

(3) 从可见到不可见的顺序，分析、绘制投影面的平行面，绘制时，从基准处开始。与所求投影面平行的面，在该投影面中反映平面实形，而在已给的投影中，为与轴平行的直线。侧平面在正立面和平面图中的投影分别为平行于 OZ 轴、OY 轴的直线，按从可见到不可见的顺序，依次求画出各个面的侧面投影，如图 12-18b 所示的 A、B、C 平面。

(4) 根据分析结果，依据投影规律，绘制包围集合体的其余面，并想象出集合体的空间形状，如图 12-18b 所示。

12.5　计算机三维绘图

12.5.1　AutoCAD 2007 三维设计环境

AutoCAD 2007 提供了一个功能强大的空间设计环境，用来协助用户完成各种复杂的图形设计和相关诸如贴图、渲染等任务。

AutoCAD 2007 专门设计了三维建模工作空间。与经典工作空间不同，三维建模空间最显著的特点是有三维建模面板，该面板集成了 6 个控制台，各控制台中集成了有关的工具，如图 12-19 所示。通过点击该面板中的工具，用户可以直接执行建模常见的有关命令。

图 12-19　三维建模面板

三维绘图必须了解视点、视区、坐标系等基本概念。

(1) 视点。视点指观察图形的位置和方向，此时看到的视图好像是从视点所在位置向坐标系原点方向观察，如图 12-20 所示。默认情况下，视点位于屏幕的正前方，即 Z 轴方向，此时显示的是平面视图。

(2) 视图。视图指在屏幕中看到的画面，Auto CAD可以创建命名的视图，可以给视图指定比例、位置和方向。如图 12-21 所示，创建了名称为“1”的视图。

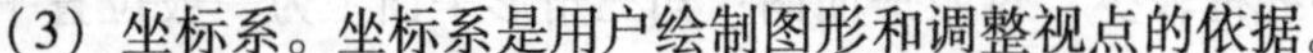

(3) 坐标系。坐标系是用户绘制图形和调整视点的依据。

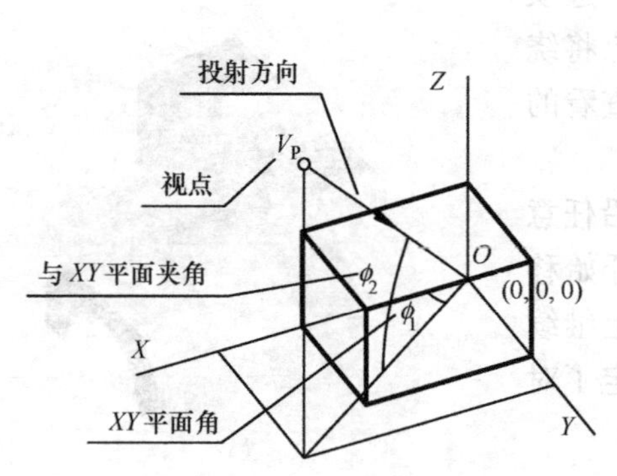

图 12-20　视点及投射方向图

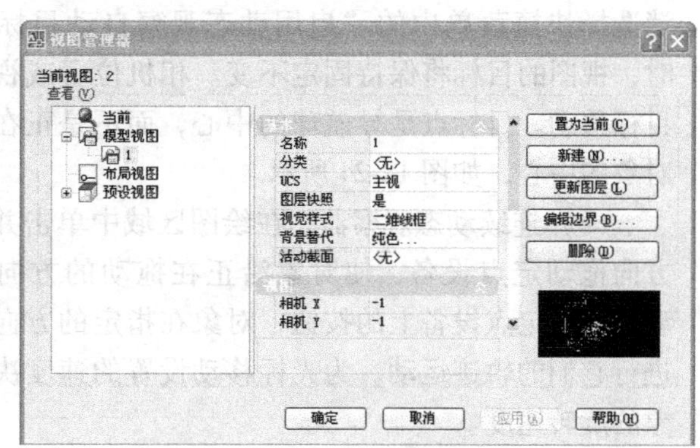

图 12-21　视图管理器

AutoCAD 提供了两个坐标系：一个称为世界坐标系(WCS)的固定坐标系和一个称为用户坐标系(UCS)的可移动坐标系。系统的默认坐标系为世界坐标系。UCS 对于输入坐标、定义图形平面和设置视图非常有用。改变 UCS 并不改变视点，只改变坐标系的方向和倾斜度。

无论怎样改变坐标系，三维坐标系永远符合右手定则，即伸出右手，四指指向 X 轴的正方向，向 Y 轴的正方向旋转四指，则拇指指向 Z 轴的正方向。

用户可视情况建立不同的 UCS，并加以命名和保存。在系统空间中，当前坐标系只有一个，需要的话，用户可随时切换。执行 ucs 命令可以建立需要的用户坐标系。

12.5.2　观察三维图形

与二维图形不同，处理三维图形时，经常要从不同角度观察图形，这就需要改变视点。

1. 标准三维视图

除了常用的主、俯、左、右、仰、后 6 个基本视图外，AutoCAD 的标准视图还有西南、东南、东北、西北等轴测图，如图 12-22 所示。

2. 三维动态观察器

AutoCAD 为用户提供了如图 12-23 所示的三种动态观察器。

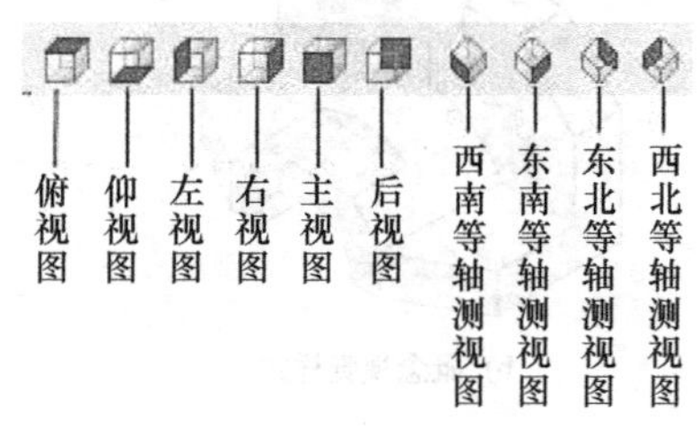

图 12-22　标准三维视图工具图标

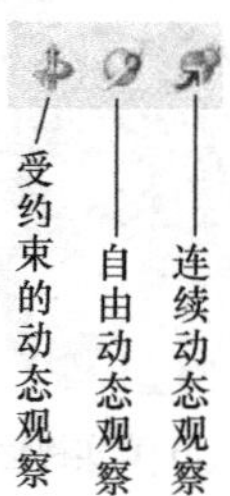

图 12-23　标准三维视图工具图标

(1) 受约束的动态观察器。当受约束的动态观察器处于活动状态时，视图的目标将保持静止，而相机的位置(或视点)将围绕目标移动。但是，从用户的视点看起来就像三维模型正在随着鼠标光标拖动而旋转。用户可以以此方式指定模型的任意视图。如果水平拖动光标，相机将平行于 XY 平面移动。如果垂直拖动光标，相机将沿 Z 轴移动。

(2) 三维自由动态观察器。视图中显示一个导航球，它被更小的圆分成四个区域。取消选择快捷菜单中的“启用动态观察自动目标”选项时，视图的目标将保持固定不变。相机位置或视点将绕目标移动。目标点是导航球的中心，而不是正在查看的对象的中心，如图 12-24 所示。

（3）连续动态观察器。在绘图区域中单击并沿任意方向拖动定点设备，使对象沿正在拖动的方向开始移动。释放定点设备上的按钮，对象在指定的方向上继续进行它们的轨迹运动。为光标移动设置的速度决定了对象的旋转速度。

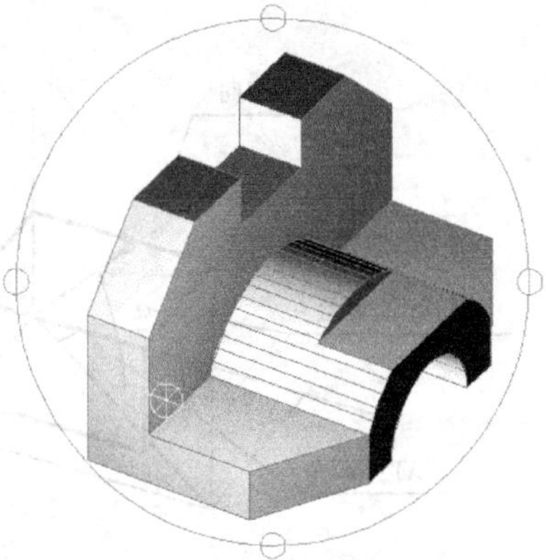

3. 视觉样式

（1）二维线框和三维线框。在二维和三维视觉样式下，系统用直线和曲线表示边界对象，并且显示对象的线型和线宽属性，不同的是三维线宽时的 UCS 图标是三维着色图标，如图 12-25 所示。

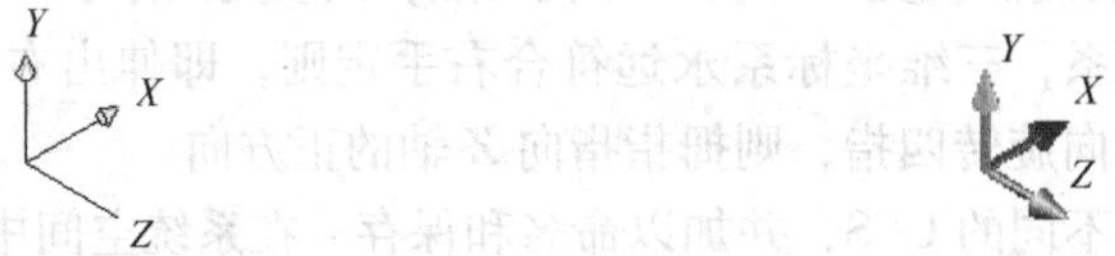

图 12-24 三维自由动态观察导航球

二维坐标系图标　　三维坐标系图标

图 12-25 二维与三维 UCS 图标

（2）消隐视觉样式。通过消隐图形，可将位于三维视图背面看不见的部分遮挡起来，使用户更好地观察视图。

（3）真实与概念视觉样式。这两种视觉样式下，系统对多边形平面间的对象进行着色，并使对象的边平滑化。不同的是，概念视觉样式使用冷色和暖色之间的过渡；而真实视觉样式下，可以显示已附着到对象的材质，和光源对对象的照射效果，如图 12-26 所示。

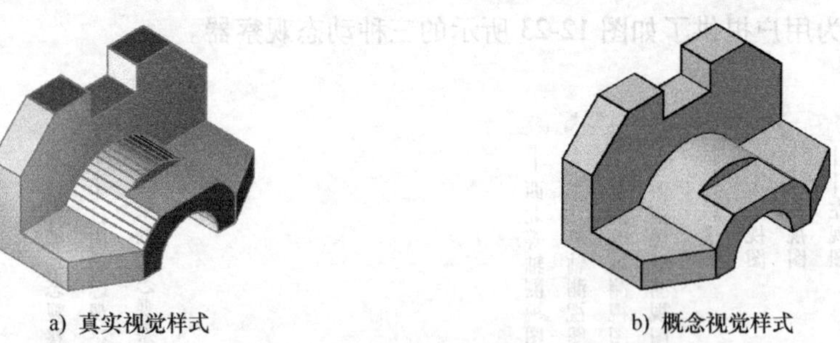

a) 真实视觉样式　　b) 概念视觉样式

图 12-26 各种视觉样式下图形显示效果

12.5.3 三维建模

使用三维建模，可以创建用户设计的实体。常见的简单形体，AutoCAD 2007 可以直接执行命令，输入参数建模；较复杂的形体可以通过拉伸、旋转、扫掠、放样实现建模；集合体可以通过切割、集合操作建模。

1. 创建基本实体

绘制基本实体，可在下拉菜单中选择“绘图→建模”下的子菜单图标，也可选择下拉菜单“工具→选项板→面板”中的图标，还可以选中建模工具栏中的图标，各图标对应的命令如表 12-1 所示。

表 12-1 创建基本实体命令

命令及图标	功 能	图 例	特殊功能	图 例
多段体	多段体实际上是具有宽度和高度的多段线		用户可以将现有直线、二维多段线、圆弧或圆“对象（O）”转换为多段体	
长方体	创建长方体		可以利用“立方体（C）”选项创建正方体	
楔体	创建楔体		利用“立方体（C）”选项创建等边楔体	
圆锥体	以圆或椭圆为底面，创建圆锥体或椭圆锥体		利用“顶面半径（T）”选项来创建圆台或椭圆台	
球体	创建球体			
圆柱体	创建圆柱		使用“椭圆（E）”选项创建椭圆柱	
圆环体	创建圆环			
棱锥体	创建棱锥		使用“顶面半径”选项创建棱台	

2. 创建闭合实体

表 12-2 所列命令可以将闭合的多段线平面或面域创建成需要的实体。

封闭的线框，如果不是多段线，可以执行面域命令将其变成面域，使其具有面的属性；

或者执行下拉菜单“绘图→边界”命令，将其变成封闭多段线线框或面域。

表 12-2 创建闭合实体命令

命令及图标	功能	源对象	图例	特殊功能	源对象	图例
拉伸 	拉伸选定的对象创建实体	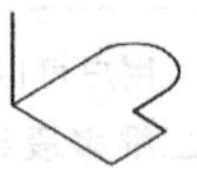	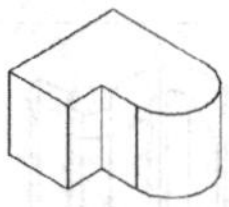	使用“路径(P)”选项将沿指定路径拉伸对象	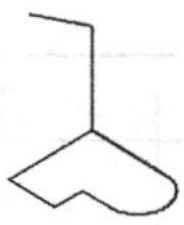	
				使用“倾角(T)”选项生成指定对象的台体		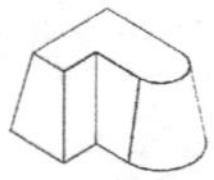
旋转 	绕轴旋转对象创建回转体	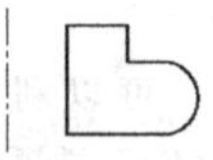	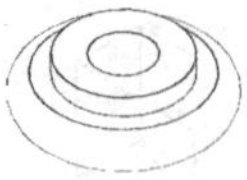			
扫掠 	沿开放或闭合的二维或三维路径扫掠闭合线框或面域创建实体	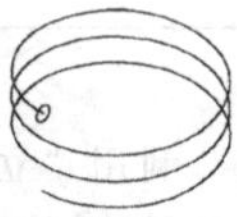				
放样 	通过对两个或两个以上横截面进行放样创建三维实体	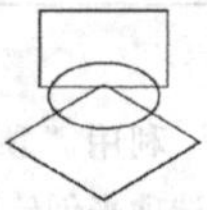	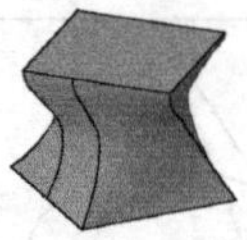	使用“导向(G)”选项使横截面按指定曲线放样	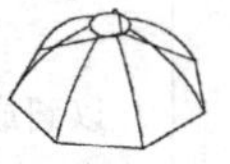	

3. 集合体

集合体无法经过上述任何一个单一命令构成实体。一般需要执行诸如集合运算、切割等的二级命令创建新的复合实体。表 12-3 为常用创建集合体的二级命令。

表 12-3 常用创建集合体的二级命令

命令及图标	功能	源对象	图例	备注
并集 	合并两个或两个以上实体创建复合实体	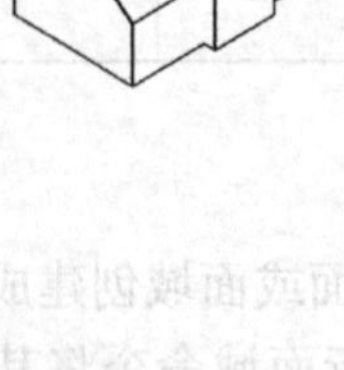	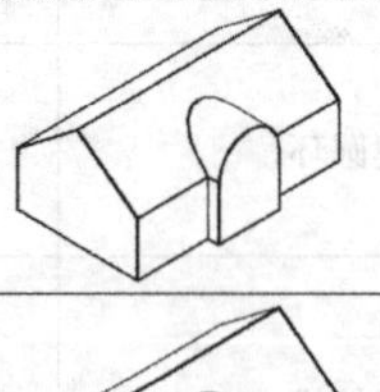	
差集 	从一个或一组实体中删除与另一个或一组实体的公共区域创建复合实体		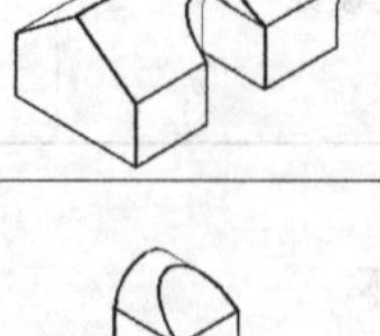	
交集 	从两个或两个以上重叠实体的公共部分创建复合实体		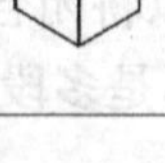	

（续）

命令及图标	功　能	源对象	图　例	备　注
拉伸面 	将选定的三维实体对象的面拉伸到指定的高度或沿一路径拉伸	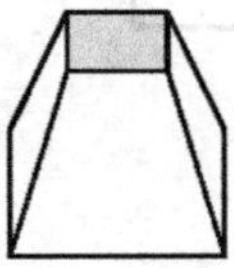	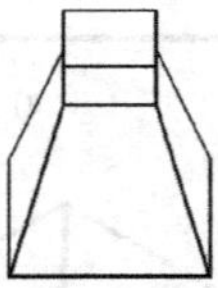	0°倾角，高度 5 拉伸面
抽壳 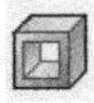	用指定的厚度创建一个空的薄层	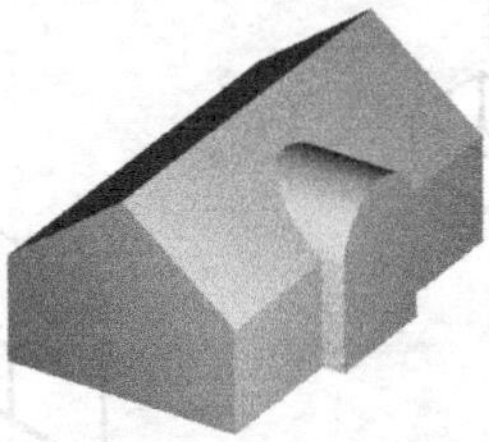	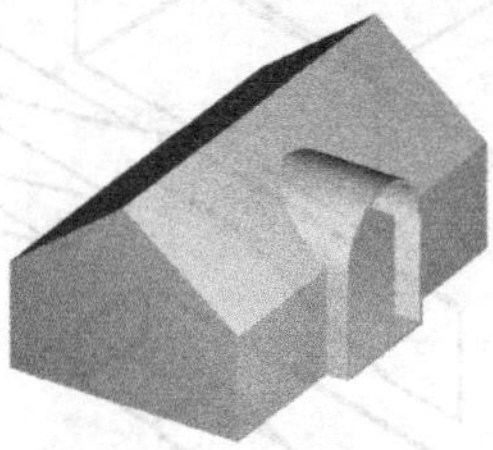	以 0.5 为抽壳距离，并删除 U 形面
切割 	通过剖切现有实体可以创建新实体	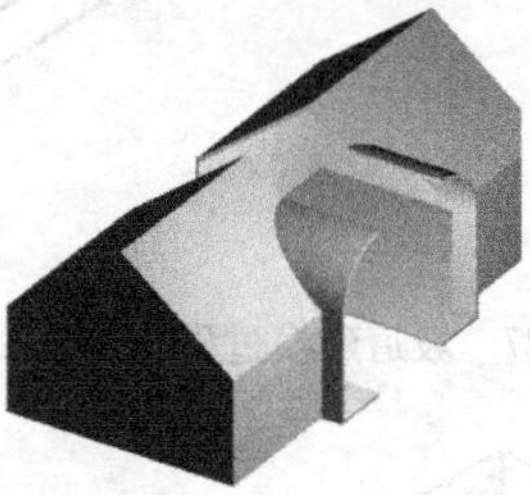	沿 U 形对称面剖切房屋，并保留两侧实体	

【例 12-5】 根据如图 12-27a 所示的坡道的主、左视图，试创建其三维视图。

（1）分析视图，确定形体结构。对坡道的两个视图进行投影分析知，坡道由长方体挖去两块柱体得到。

（2）创建实体。首先要确定基本视向；然后进行造型；之后，调整各构成体之间的相对位置；最后进行集合运算。

① 坡道的主视图是各块构型的特征视图，将已知视图放在主视图的投影方向上，按图中尺寸数值创建长方体，如图 12-27b 所示；

② 由主视图中的线框创建如图 12-27b 所示的两个面域，并拉伸成略长的柱体；

③ 用移动或三维移动命令将两块柱体放置到长方体上的适当位置，如图 12-27c 所示；

④ 用长方体差切去两块柱体，得到如图 12-27d 所示的三维实体。

【例 12-6】 试根据图 12-28a 凉亭顶外形主、俯视图，创建三维视图。

（1）分析视图，确定形体结构。总体上讲，凉亭顶由圆柱、下方上圆的放样实体、圆锥构成，如图 12-28a 所示。至于放样实体与圆锥中间的圆柱、圆锥底面的薄圆柱和放样体底部的薄四方体，可以通过拉伸面命令来实现。

（2）创建实体

① 创建下方上圆的放样实体：选择俯视视向，绘制正方体；连接对角线，以对角线的中心为圆心绘画圆；选择西南等轴测视向，将圆沿 Z 轴方向移动给定的高度；创建仅横截面的放样实体，选择概念视觉样式，如图 12-28b 所示。

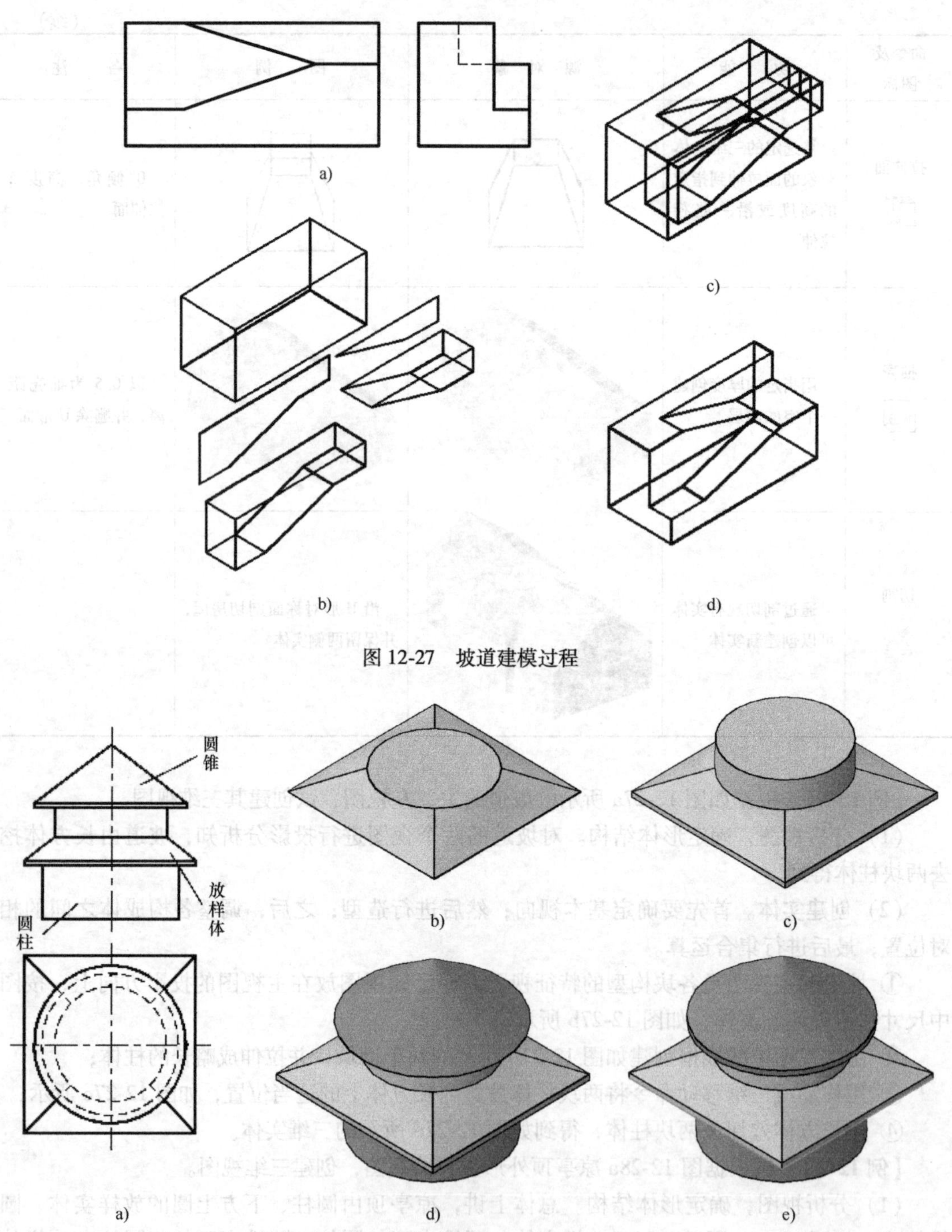

图 12-27　坡道建模过程

图 12-28　创建凉亭顶三维视图

② 执行拉伸面命令，将放样实体的顶上拉伸出指定高度的圆柱；执行受约束的动态观察命令，向上转动视向，使得底面可见，以方便选择；执行拉伸面命令，将底面拉伸出指定高度的四棱柱；回到西南等轴测视向，概念视觉样式，如图 12-28c 所示。

③ 选择二维线框视觉样式，选择俯视视向，以正方形的对角线交点为圆心，创建一负

高度的圆柱；以放样实体的顶面圆心为圆心，创建顶部圆锥，回到西南等轴测视向，概念视觉样式，如图 12-28d 所示。

④ 执行受约束的动态观察命令，向上转动视向，使得底面可见；执行拉伸面命令，将圆锥底面拉伸出一给定高度的圆柱；变成二维视觉样式，多视向观察对象，移动对象到需要的位置，再多视向观察对象，当所有对象都在合适的位置上时，执行并集命令合并对象，最后结果如图 12-28e 所示。

应该注意的是，同一个集合体，形体分析时分解的中间过程不一样，创建实体的过程也会不同，但只要分析正确，最终的结果应该完全相同。

第13章 工程形体的表达方法

前面介绍了正投影的基本原理和用三视图表达形体的方法，它们是工程制图的基础。在生产实践中，由于工程形体的作用不同，其结构形状是复杂多样的；并且绘制工程图样时，在正确、完整、清晰地表达各部分形状的前提下，还应力求画图简便、读图容易。显然，仅用三视图这一表达方法难以达到要求。为此，制图标准总结并规定了多种表达方法。本章根据国家有关制图标准介绍视图、剖视图、断面图等常用的几种表达方法，为提高表达能力和阅读能力打下基础。

13.1 视图

视图主要用于表达工程形体的外部结构形状，一般只画出形体的可见部分，必要时用虚线表示其不可见部分。视图分为基本视图、向视图、局部视图和斜视图等。

13.1.1 基本视图

对于某些复杂的工程形体，为了清楚地表达形体在各个基本方向上的结构形状，国家标准规定，在原三面投影体系的基础上，再在体系的左方、前方和上方各增加一个与 V、H、W 平行的投影面 V_1、H_1、W_1，构成正六面投影体系，其中每个投影面称为一个基本投影面。将工程形体置于投影体系中，按照“观察者→形体→投影面”的方式进行投射，所得到的形体在六个基本投影面上的视图称为基本视图。除主、俯、左视图外，新增加了从右向左投射得到的右视图，从下向上投射得到的仰视图，以及从后向前投射得到的后视图。

基本投影体系的展开规则如图13-1a所示，展开后各视图的相对位置配置如图13-1b所示。六个视图仍应符合“长对正、高平齐、宽相等”的投影规律。在同一张图纸上绘制多个视图且按图13-1b所示的相对位置配置时，可不标注图名。

13.1.2 向视图

当六个基本视图自由配置时，称为向视图。必须对向视图进行标注，标注规定是，根据所要表达的对象或根据专业的需要，从下列两种表达方式中选择一种：

（1）在向视图的上方标注“×”（×为大写拉丁字母），在相应的视图附近用箭头指明投射方向，并标注相应的字母，如图13-2b所示。图中，在主视图附近标出了 B、C、D、E 四个投射方向，故相应的向视图在命名后均可自由配置。例如，在 C 向视图（左视图）附近标出了 F 投射方向，根据投影关系，可看出 F 向视图为后视图。绘制机械图样和建筑装饰施工图时，可采用这种表达方式。

（2）在视图下方（或上方）标注图名，在图名下用粗实线画一条横线，其长度应以图名所占长度为准，并宜在图名的右侧标注比例。各视图比例相同时，可统一注写在标题栏内。

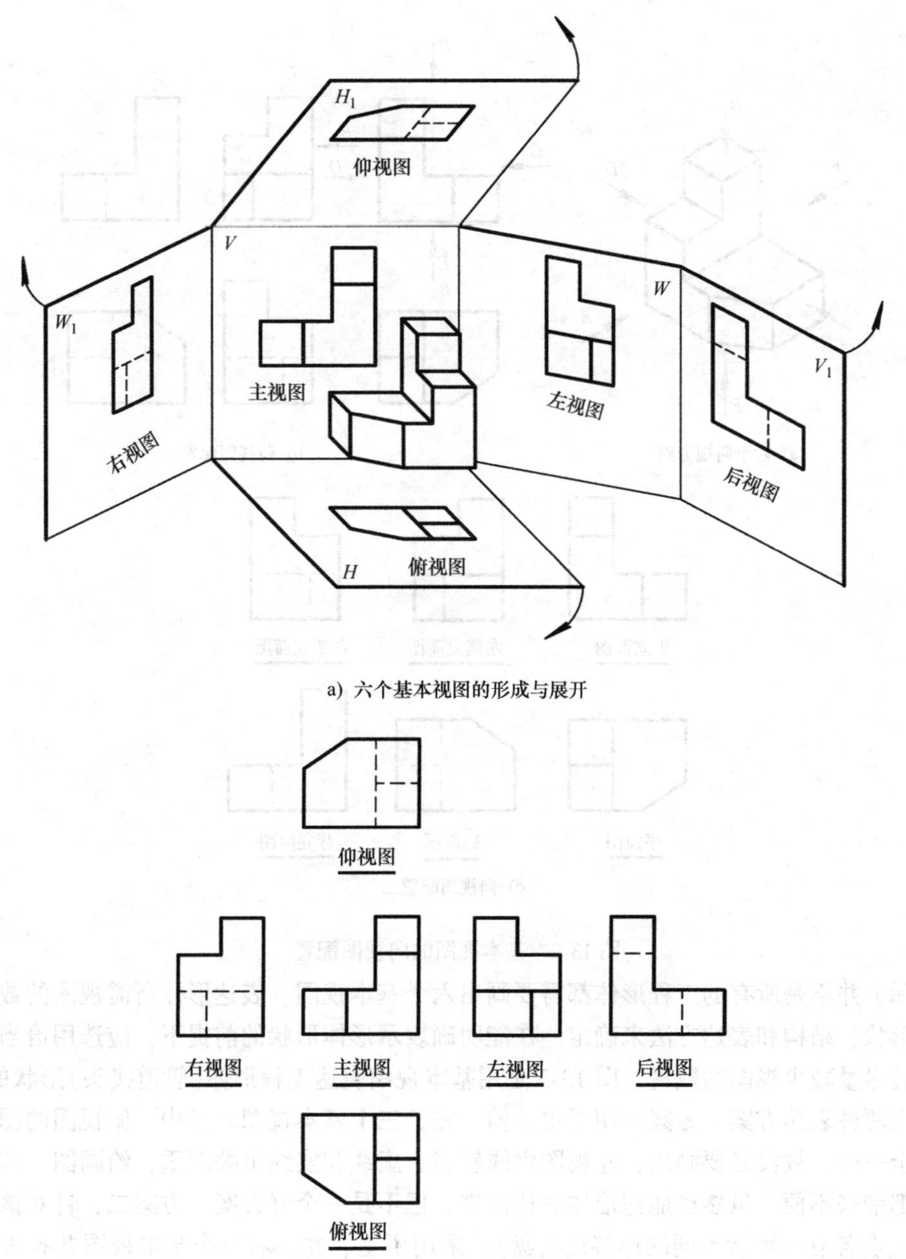

a) 六个基本视图的形成与展开

b) 基本视图的一般配置

图 13-1　基本视图

在同一张图纸上绘制多个向视图时，宜按图 13-2c 的相对位置配置。土木、水利工程工制图中常采用这种表达方式。关于图名，根据专业的不同或表达对象的不同可有不同的叫法(投影原理是相同的)。以图 13-2a、c 为例，《房屋建筑制图统一标准》GB/T 50001—2010 规定：自前方 *A* 向投射得到的视图称为正立面图；自上方 *B* 向投射得到的视图称为平面图；自左方 *C* 向投射得到的视图称为左侧立面图；自右方 *D* 向投射得到的视图称为右侧立面图；自下方 *E* 向投射得到的视图称为底面图；自后方 *F* 向投射得到的视图称为背立面图。在水利工程制图中，有时也按水流方向起名，如“上游立面图”“下游立面图”等。

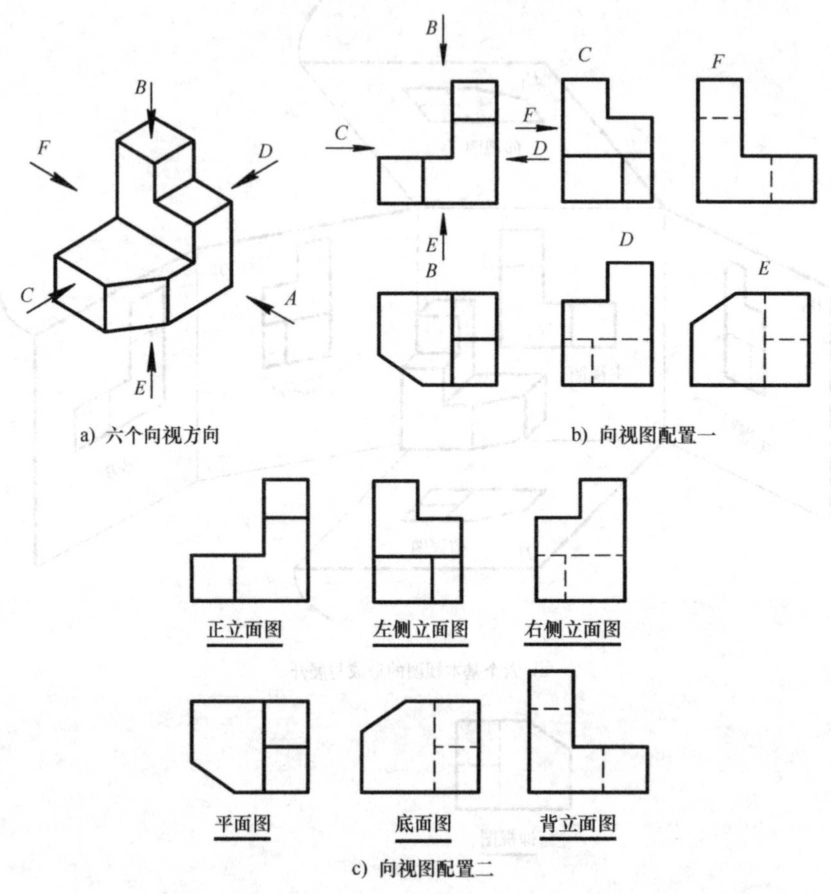

图 13-2 基本视图的向视图配置

实际上并不是所有的工程形体都需要画出六个基本视图。表达形体所需视图的数量，应根据其形状、结构和表达方法来确定。在能明确表示形体形状的前提下，应选用恰当的基本视图并且尽量减少视图的数量。图 13-3 是用基本视图表达工程形体(管道接头)形状的实例，图中给出两种表达方案。方案一用了主、俯、左，三个基本视图。其中，俯视图的图形与主视图完全一样，故没必要画出；左视图虚线较多、虚线和实线重叠严重，给画图、读图和标注尺寸都带来不便。虽然也能把形体表达出来，但不是一个好方案。方案二，针对该形体的特点(左、右各有一形状不同的连接法兰盘)，采用了主、左、右三个基本视图并省去了不必要的虚线，是一个较好的表达方案。

13.1.3 局部视图

将工程形体的部分结构形状向基本投影面投射所得到的视图，称为局部视图。如图 13-4a、b 所示的集水井，它的大部分形状用主视图和俯视图已经表示清楚，只有左、右两个局部形状还没有表达清楚。这时，可以只画出没有表达清楚的那部分结构的视图，没必要再画出完整的左视图和右视图。局部视图减少了画图工作量，而且重点突出，简单明了，表达方式灵活。画局部视图时应注意：

(1) 局部视图本质上是局部的向视图，所以应该标注。一般在局部视图的上方标注出

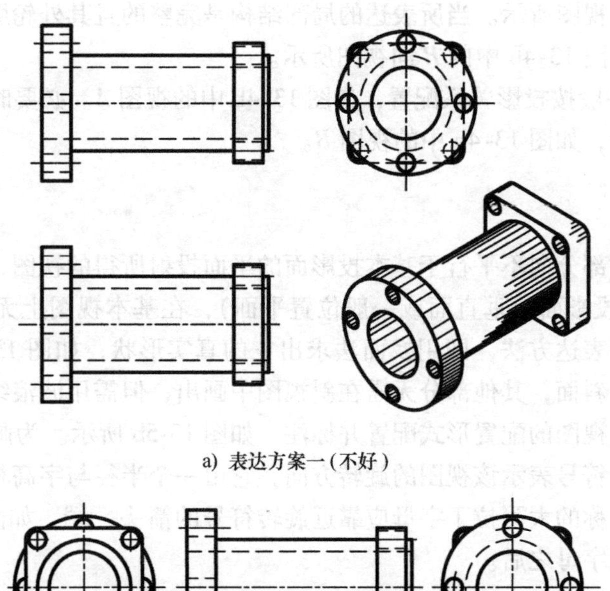

a) 表达方案一（不好）

b) 表达方案二（较好）

图 13-3　基本视图的应用举例

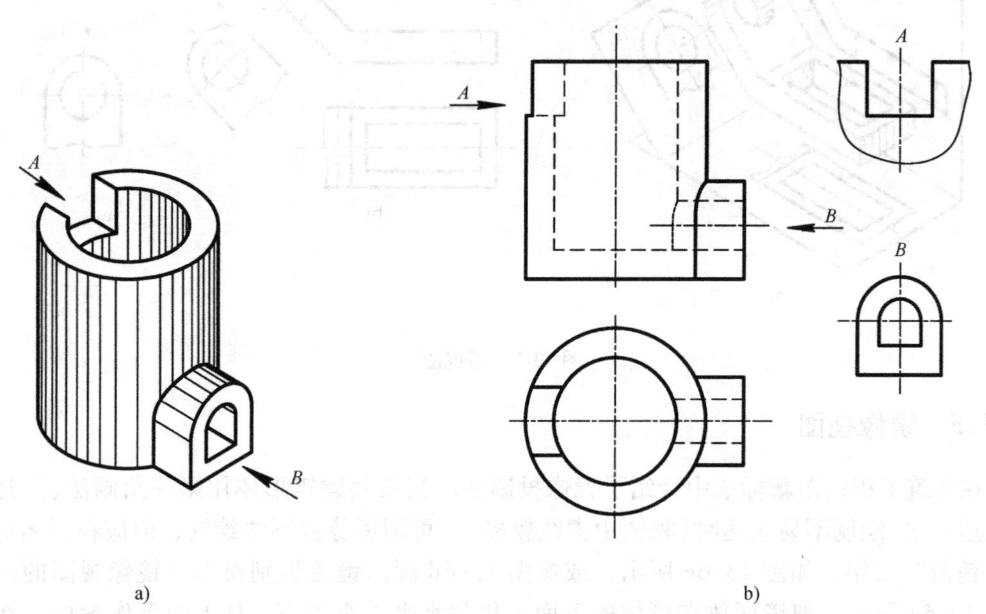

图 13-4　局部视图

视图的名称"×"（×为大写拉丁字母），并在相应的视图附近用箭头指明投射方向，并标注相同的字母，如图 13-4 中的 A、B。

（2）局部视图的断裂边界线用波浪线(或双折线)表示，它只在形体的连续表面上画出，如图 13-4b 中的 A 向视图所示。当所表达的局部结构是完整的且其外轮廓线又成封闭时，波浪线可省略不画，如图 13-4b 中的 B 向视图所示。

（3）局部视图一般按投影关系配置，如图 13-4b 中的视图 A。必要时可按向视图的方式配置在其他适当位置，如图 13-4b 中的视图 B。

13.1.4　斜视图

将工程形体的一部分向不平行于基本投影面的平面投射所得的视图，称为斜视图。当形体上的倾斜表面(指投影面的垂直面或一般位置平面)，在基本视图上无法表达出真实形状时，可采用斜视图的表达方法，即用换面法求出它的真实形状，如图 13-5 所示。斜视图表达的重点是形体上的斜面，其他部分无需在斜视图中画出，但需用波浪线画出相应的断裂边界。斜视图通常按向视图的配置形式配置并标注，如图 13-5b 所示。为画图方便，允许将斜视图旋转配置。旋转符号表示该视图的旋转方向，它由一个半径与字高相等的半圆及箭头所构成。表示该视图名称的大写拉丁字母应靠近旋转符号的箭头一端，如图 13-5c 所示，也允许将旋转角度标注在字母之后。

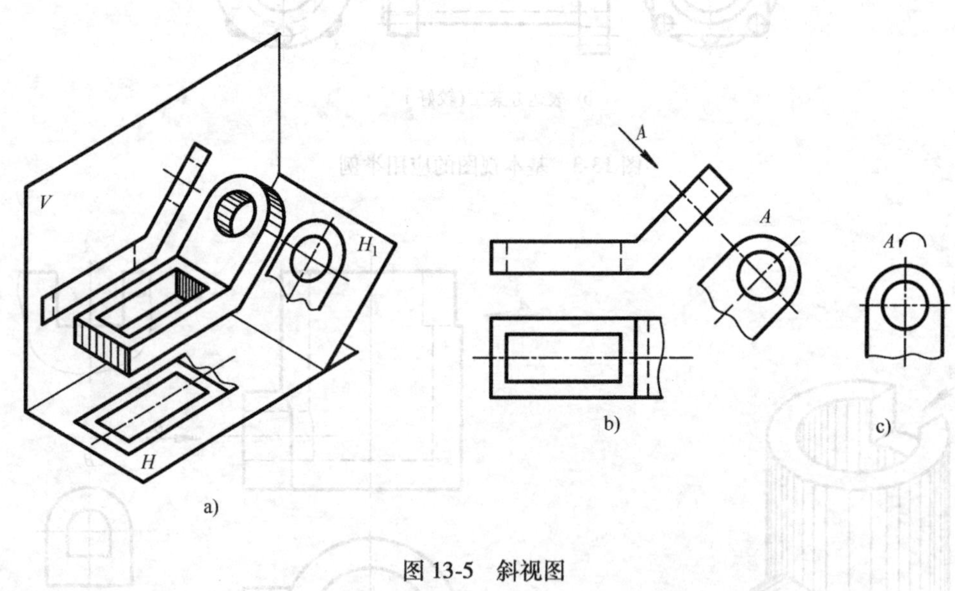

图 13-5　斜视图

13.1.5　镜像视图

在建筑工程制图新标准中介绍了镜像投影法。当某些建筑形体用第一角画法(上述视图表达方法)绘制不易表达时(视图中虚线较多)，可用镜像投影法绘制，但应在图名后注写“镜像”二字，如图 13-6c 所示，或按图 13-6d 画出镜像识别符号。镜像视图的形成如图 13-6a 所示，把镜面放在形体的下面，代替水平投影面 H，从上向下作投射，在镜面中反射得到的图像，则成为“平面图(镜像)”。要注意镜像视图与平面图和底面图的区别。

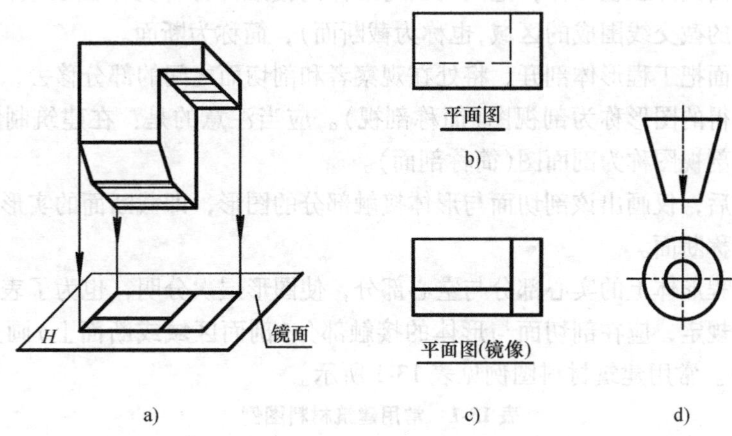

图 13-6　镜像视图

13.2　剖视图与断面图

用视图表达工程形体时，形体上的可见轮廓用实线画出，不可见轮廓用虚线画出。当工程形体的内部结构比较复杂或被遮挡部分较多时，如果仍采用视图进行表达则会在图形上出现过多虚线及虚、实线交叉重叠的现象。这样会给画图、看图及标注尺寸带来不便，并且工程图上还有表达工程形体的(截)断面及所用材料的需求。为解决上述问题，在工程制图中常采用剖视图和断面图的方法表达这类形体。图 13-7a、b 是表达同一工程形体的两种方案。方案二，是工程中常用的表达方法，而方案一几乎不用。

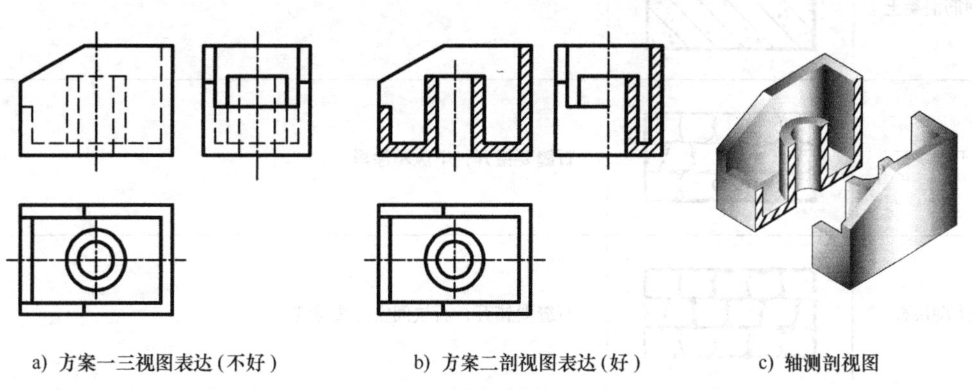

a) 方案一三视图表达(不好)
b) 方案二剖视图表达(好)
c) 轴测剖视图

图 13-7　剖视表达与视图表达的比较

13.2.1　基本概念

1. 剖视图、断面图的形成和画法

剖视的方法就是假想将工程形体剖开后，移去剖切面与人之间的部分，使不可见的轮廓变为可见，再进行观察(投影)和绘制形体视图的方法。

假想用来剖切形体的平面(或曲面)称为剖切面；

假想用剖切面剖开工程形体，把剖切面与形体的接触部分称为剖面区域(剖面区域其实就是画法几何中的截交线围成的区域,也称为截断面)，简称为断面。

假想用剖切面把工程形体剖开，将处在观察者和剖切面之间的部分移去，而将其余部分向投影面投射所得的图形称为剖视图(简称剖视)。应当注意的是：在建筑制图标准中，沿用传统习惯，将剖视图称为剖面图(简称剖面)。

若剖开形体后，仅画出该剖切面与形体接触部分的图形，即截断面的实形，则该图形称之为断面图，简称断面。

为了区分工程形体上的实心部分与空心部分，使图形层次分明，也为了表示形体所用的材料，国家标准规定，应在剖切面与形体的接触部分(剖面区域或断面上)画上规定的材料符号(剖面符号)。常用建筑材料图例见表 13-1 所示。

表 13-1 常用建筑材料图例

材 料	符 号	说 明
天然土壤		包括各种自然土壤
夯实土壤		包括各种回填土
混凝土		① 本图例仅适用于能承重的混凝土及钢筋混凝土 ② 包括各种强度等级、骨料、添加剂的混凝土 ③ 在剖(视)面图上画出钢筋时，不画图例线 ④ 断面图形小，不易画出图例线时，可涂黑
钢筋混凝土		
干砌块石		石缝要错开，空隙不涂黑
浆砌块石		石缝要错开，石块间空隙要涂黑
金 属		建筑工程图样中使用的图例 ① 包括各种金属 ② 图形小时，可涂黑
		水利工程和机械图样中使用的图例 ① 包括各种金属 ② 图形小时，可涂黑

（续）

材　料	符　号	说　明
普通砖	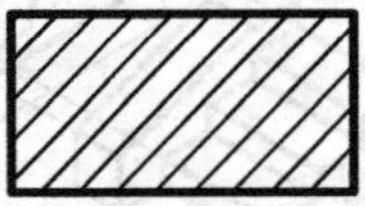	建筑工程图样中使用的图例 ① 包括实心砖、多孔砖、砌块等砌体 ② 断面较窄，不易画出图例线时，可涂红
碎　石	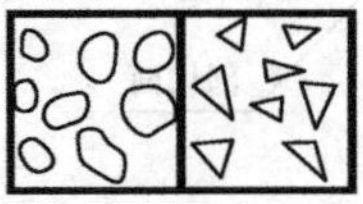	① 左半幅图为无棱角石子(卵石)的图例 ② 右半幅图为有棱角石子的图例
木　材		① 上半幅图为纵断面上使用的图例 ② 下半幅图为横断面上使用的图例
砂、灰土		点为不均匀的小圆点，靠近轮廓线绘较密的点
水、液体	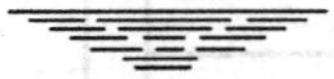	
岩　基		粗线为开挖断面线

图 13-8a 是台阶的一组视图，“踏步”在左视图上是用虚线表示的。如图 13-8b 所示，假想用一个平行于侧立投影面(W)的剖切平面 1—1 将台阶“切开”，并把剖切平面 1—1 左边的部分移开，然后从左向右投射，把剩下的部分画成视图，并在断面上画上材料符号，所得的视图就是剖视图，见图 13-8c 中的 1—1 剖视图。若仅画出带材料符号的断面图形，所得的视图就是断面图，见图 13-8d 中的 1—1 断面图。

2. 剖视图、断面图的标注

为了明确视图之间的投影对应关系，便于读图，用剖视图或断面图配合其他视图表达形体时，一般应标注剖切位置、投射方向和视图名称，如图 13-8c、d 所示。

剖切位置：用剖切位置线表示。在剖切面起、迄和转折处画出短粗实线，此线应尽可能不与形体的轮廓线相交，如图 13-8c 所示。

投影方向：用剖视方向线表示。在剖切位置线的两端，用箭头表示剖切后的投射方向(机械图样)，也可用短粗实线(剖视方向线)代替箭头(建筑图样)，如图 13-8c 所示。在建筑制图标准中，断面图的投影方向，不画箭头或短粗实线，而用表示视图名称的数字或字母的注写位置表示，数字或字母所在短粗实线的一侧即为投射方向，在短粗线的右侧，即表示

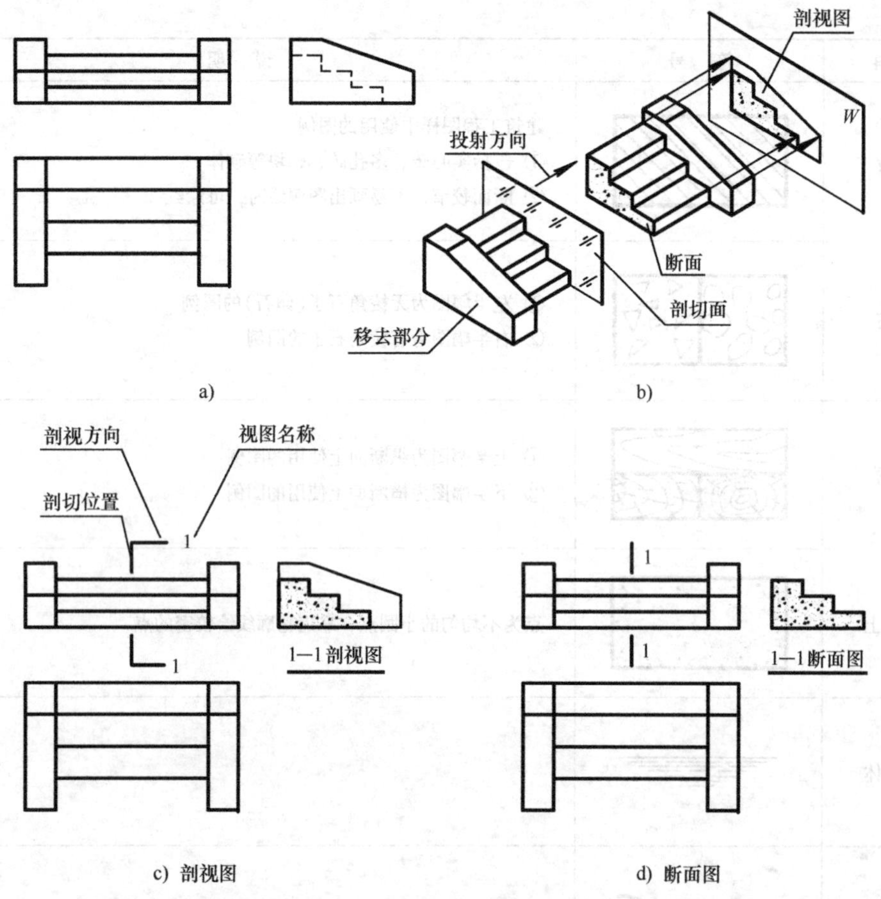

图 13-8 剖视图、断面图的形成

向右投射，如图 13-8d 所示。

视图名称：用相同的数字或大写拉丁字母注写在剖切位置线的一侧，并一律水平书写，而在相应的剖视图或断面图的上方或下方，注出视图名称“×—×”。“×”代表相同的数字或大写拉丁字母，如图 13-8c、d 所示。在建筑制图标准中，习惯采用数字标注名称。

当剖视图、断面图与原视图按投影关系配置，中间又无其他图形隔开时，可省略投射方向，如图 13-9 所示；在剖视图、断面图的配置符合上述条件的情况下，若剖切平面与工程形体的对称面重合，则标注可完全省略，如图 13-7b 所示。

3. 画剖视图、断面图的注意事项

（1）剖视图、断面图均是形体被假想“切开”后所画的图形，形体并未真的被切开和移走一部分。所以画出剖视图、断面图后，其余视图仍应画出完整的图形。如图 13-8c、d 中的正视图和俯视图并没有只画一半，而仍画完整的图形。

（2）剖切平面一般平行于基本投影面，并通过内部结构的主要轴线或对称面，如图 13-7b、c 所示。必要时也可用投影面垂直面或柱面作剖切面；可用一个剖切平面剖切工程形体；也可用互相平行的两个或多个、或两个相交的剖切面剖切形体，如图 13-14、图 13-17 所示。

（3）画剖视图时，未剖到，但从投影方向观察，可见的轮廓线均应画出(画断面图时则不应画出)。即剖视图是一个“体”的投影，而断面图是一个“面”的投影，如图 13-8c、 d 所示。在建筑工程制图中，通常将断面的轮廓线用粗实线画出，其他可见轮廓用中粗实线画出，别的线型、线宽同前。

（4）用剖视图配合其他视图表达形体时，图上的虚线一般可省略不画。但当省略虚线将影响视图完整表达时，则此虚线仍应画出，如图 13-17b 所示。

（5）在剖切面与形体接触部分画剖面符号时，应注意在同一张图纸上，同一形体的所有剖视图或断面图上的剖面符号必须一致，而且各视图中的 45°斜线应方向一致、间距相同，如图 13-7b 所示。当表达的对象是土、水建筑物、且断面面积较大时，也可在局部的剖面区域上画出材料符号，如图 13-20、图 13-30 所示；同一断面上用了两种或两种以上材料的图形，应用粗实线表示材料分界线，如图 13-20 所示。

13. 2. 2　剖视图的种类

剖视图可分为全剖视图、半剖视图、局部剖视图、阶梯剖视图和旋转剖视图等。

1. 全剖视图

用一个剖切面完全地剖开形体后所得到的剖视图，称为全剖视图(简称全剖)。如图 13-7b、图 13-8c 所示。

全剖视图一般适用于表达外形简单、内部结构比较复杂的形体，或主要为了表示形体内部结构时采用。

图 13-7 所示的形体正视方向外形是一个简单的五边形，但内部是空的且在底板上还竖立着一个圆筒，所以在主视图采用了全剖视图；而该形体从左视方向观察内、外形状均较复杂，所以左视图上不适合采用全剖视图，而改用半剖视图。

2. 半剖视图

当工程形体具有对称平面时，向垂直于对称平面的投影面上投射所得的图形，可以对称中心线为界，一半画成表示形体内部结构的剖视图，另一半画成表示其外部形状的视图，这种图形称为半剖视图(简称半剖)，如图 13-7b、图 13-9b 所示。

半剖视图主要用于表达内、外形状均复杂，又有对称平面的形体。

图 13-9 表示的是一金属支座，因其左右对称，故主视图和俯视图，均可如图 13-9a 所示，作全剖后采用半剖视图表示，使其内、外形状同时表达清楚，如图 13-9b 所示。

图 13-10 表示的是一钢筋混凝土水池，因其左右和前后均对称，故主视图、俯视图及左视图均可用半剖表示，其原理如图 13-10b、c 所示，作全剖后采用半剖视图表示。把其内、外形状同时表达清楚，如图 13-10a 所示。

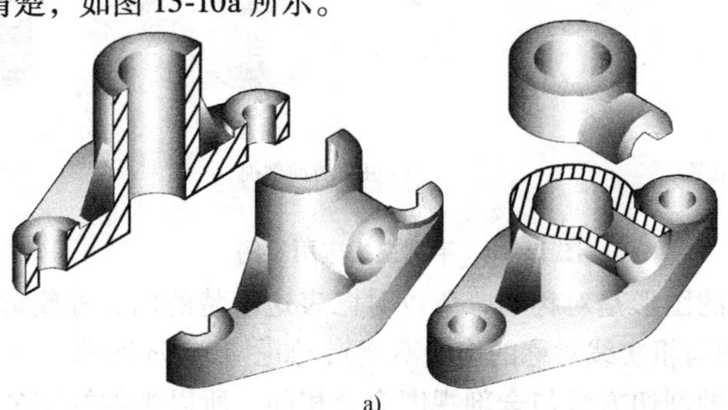

a)

图 13-9　半剖视图的形成和画法

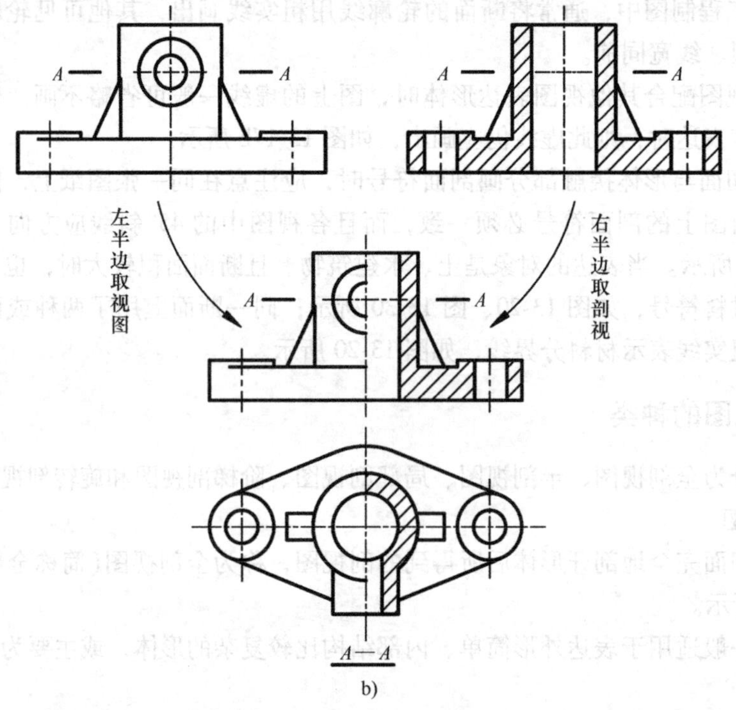

图 13-9 半剖视图的形成和画法(续)

画半剖视图应注意:

(1) 剖视图与视图的分界线应该是图形的对称线(细单点长画线),按习惯把剖开部分画在对称线的右边或下边,如图 13-10a 所示,并应在对称线的两端画上对称符号(当表达对象是机械零件时,除外)。

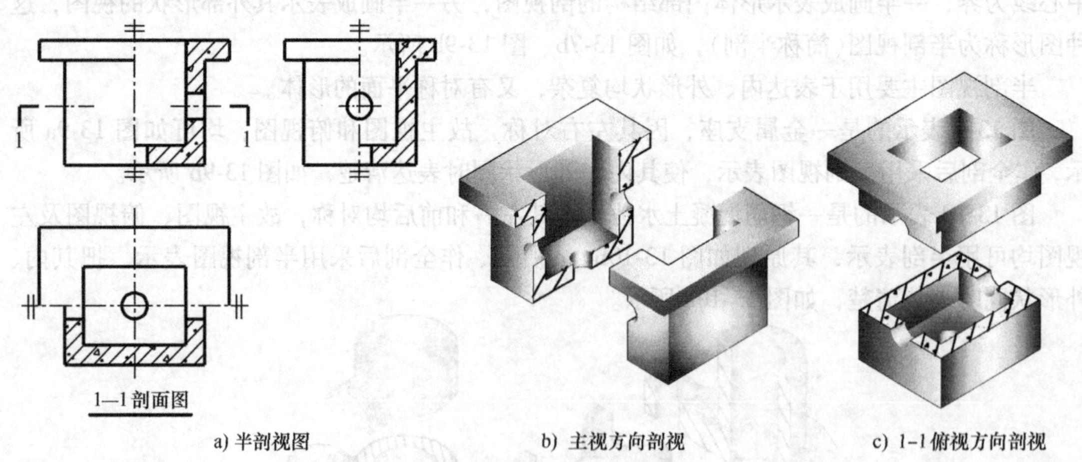

图 13-10 半剖视的应用实例

(2) 由于半剖视图的图形是对称的,所以对已表达清楚的内、外轮廓,在其另一半视图中就不应再画虚线(即与粗实线对称的虚线不画),如图 13-10a 所示。

(3) 由于半剖视图的剖切方法与全剖视图完全相同,所以半剖视图的标注方法与全剖视图相同，如图 13-10 所示。

3. 局部剖视图

用剖切面局部的剖开形体所得到的剖视图，称为局部剖视图(简称局部剖)。

当形体的部分结构尚未表达清楚但又没必要作全剖视时，或内、外形状需同时表达但形体又不对称时，均可采用局部剖视图，故其应用十分广泛且灵活。

图 13-11 是表达钢筋混凝土水管的一组视图。为了表示其内部形状，主视图采用了局部剖视，在被“切开”部分画出管子的内部结构和剖面材料符号，其余部分仍画外形视图并省去了不必要的虚线。

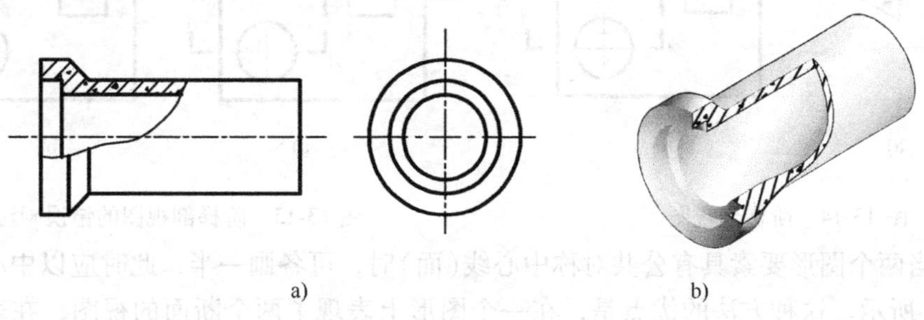

图 13-11　局部剖视图

局部剖视图的剖切范围用波浪线表示，剖切位置明显(如,经过圆孔中心线)时不需标注，剖切位置不明显示时应标注。

画波浪线时应注意：

(1) 波浪线不能超出图形的轮廓线；

(2) 不能与轮廓线重合；

(3) 不能画在“孔”(空)中，如图 13-12 所示。

当对称线与轮廓线重合时，应注意波浪线的位置(剖切范围)，如图 13-13 所示。

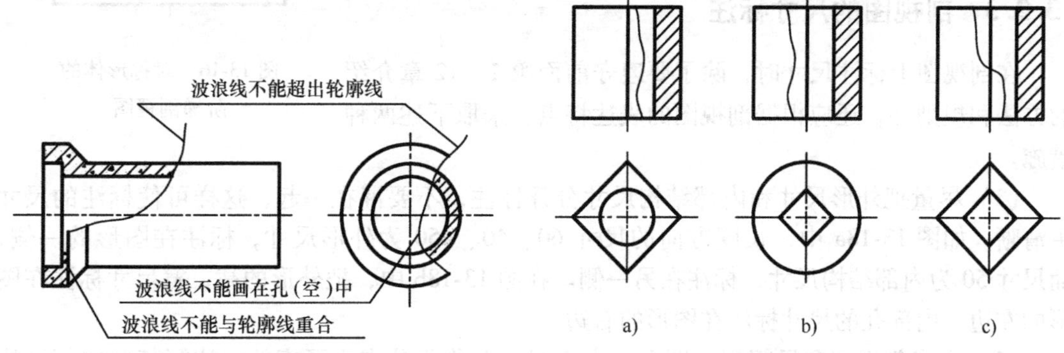

图 13-12　波浪线的错误画法　　图 13-13　对称线与轮廓线重合的局部剖视图

4. 阶梯剖视图

当形体的内部结构较复杂，用一个平面无法将形体上需要表达的内容都剖切到时，可假想用两个或多个互相平行的剖切平面剖切形体，这样得到的剖视图，称为阶梯剖视图(简称阶梯剖)，如图 13-14 所示。

画阶梯剖视图时，在剖切平面的起、迄、转折处均应标注。应注意：

（1）由于剖切形体是假想的，所以在剖视图上，剖切平面的转折处不应画线，如图 13-15a 所示。

（2）采用这种方法画剖视图时，图形内不应出现不完整的要素，如图 13-15b 所示。

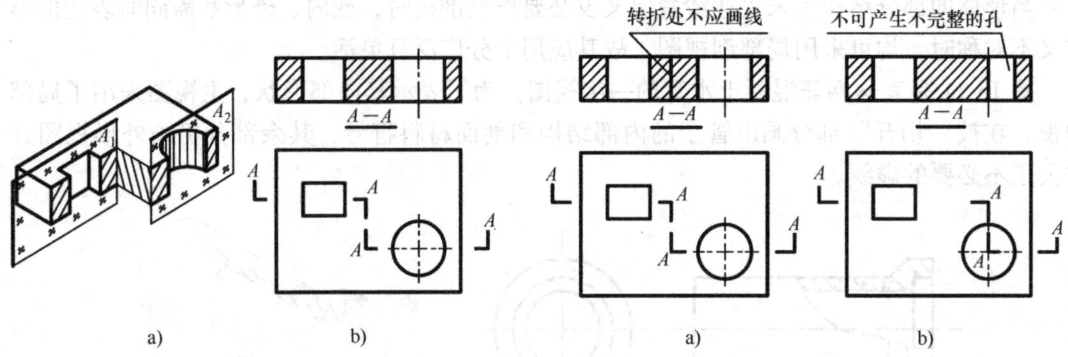

图 13-14 阶梯剖视图　　图 13-15 阶梯剖视图的错误画法

（3）当两个图形要素具有公共对称中心线(面)时，可各画一半，此时应以中心线为界，如图 13-16 所示。这种方法的优点是，在一个图形上表现了两个断面的视图，在表达隧洞、渠道等对称工程形体时常用此方法。

5. 旋转剖视图

当工程形体为带孔(管)的回转体时，且不适合用一个或多个互相平行的平面进行剖切，这时可用两相交的平面(该两平面的交线应垂直于基本投影面)进行剖切。剖开后，先将倾斜于基本投影面的剖切面绕其交线旋转到与基本投影面平行的位置后，再向基本投影面投影。这样得到的剖视图，称为旋转剖视图，如图 13-17 所示。

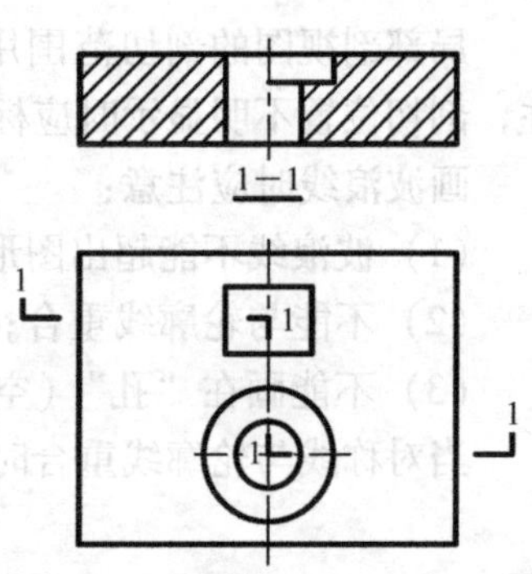

图 13-16 对称形体的阶梯剖视图

13.2.3 剖视图的尺寸标注

在剖视图上标注尺寸时，除了要遵守前面第 1、12 章介绍的方法和规则外，还应根据剖视图的表达特点，采取下述两种措施。

（1）尽量把外形尺寸和内部结构尺寸分开标注，不要混在一起，这样可使标注的尺寸更清晰。如图 13-18a 中，长度方向的尺寸 60、40、450 为外形尺寸，标注在图形的一侧；而尺寸 50 为内部结构尺寸，标注在另一侧。在图 13-18b 中，把外形的高、宽尺寸标注在图形的左边，内部孔的尺寸标注在图形的右边。

（2）在半剖视图和局部剖视图上，由于图上对称部分省去了虚线，注写某些内部结构尺寸时，只能画出一边的尺寸界线和尺寸起止符。这时尺寸线长度必须超过对称线，尺寸数字应注写完整结构的尺寸，如图 13-18a 中的 $\phi150$、$\phi210$ 和图 13-18b 主视图中的表示内孔长度的 500、400 等。

13.2.4 断面图

断面图主要用于表达形体上某一局部的断面形状，根据断面图在图面上的配置不同，可

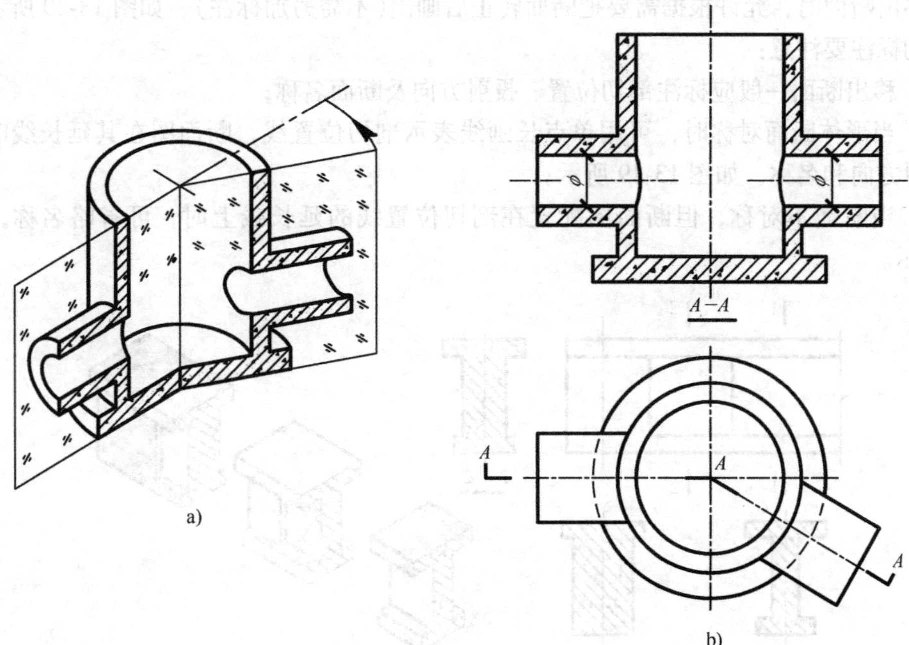

图 13-17　旋转剖视图

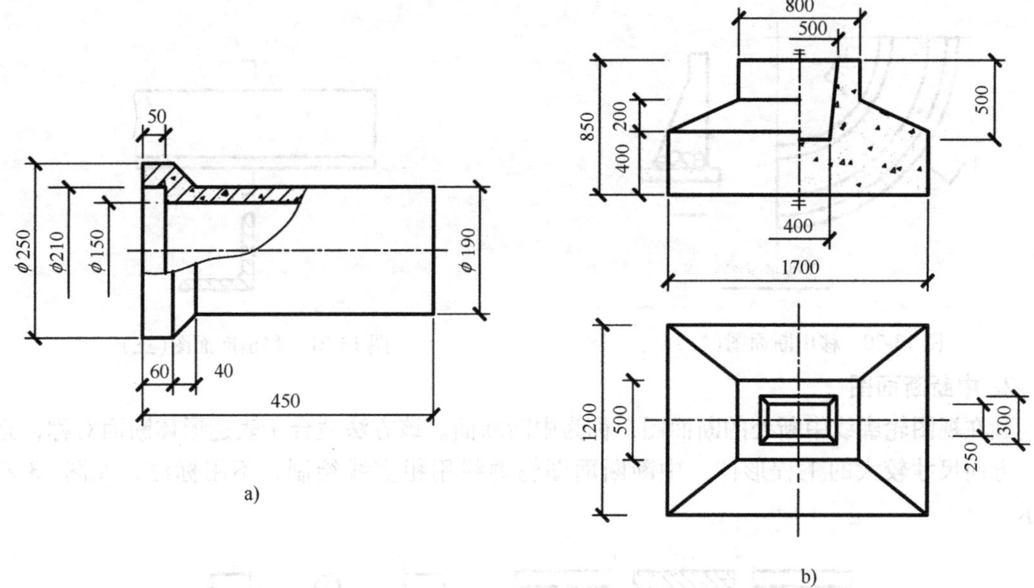

图 13-18　剖视图的尺寸标注

分为移出断面、中断断面和重合断面三种。

1. 移出断面图

当把形体的某一特定断面图画在其视图的轮廓线之外时，称其为移出断面。移出断面适合于表达断面变化较多的形体，如钢筋混凝土梁、柱等。断面的轮廓线用粗实线画出，断面图可配置在剖切位置线的延长线上或其他适当的位置，如图 13-19 所示。

画移出断面时，允许根据需要把断面转正后画出(不需另加标注)，如图 13-20 所示。移出断面的标注要注意：

(1) 移出断面一般应标注剖切位置、投射方向及断面名称；

(2) 当形体断面对称时，可用单点长画线表示剖切位置线，断面图在其延长线时，可省略投射方向和名称，如图 13-19 所示；

(3) 当断面不对称，但断面图配置在剖切位置线的延长线上时，可省略名称，如图 13-21所示。

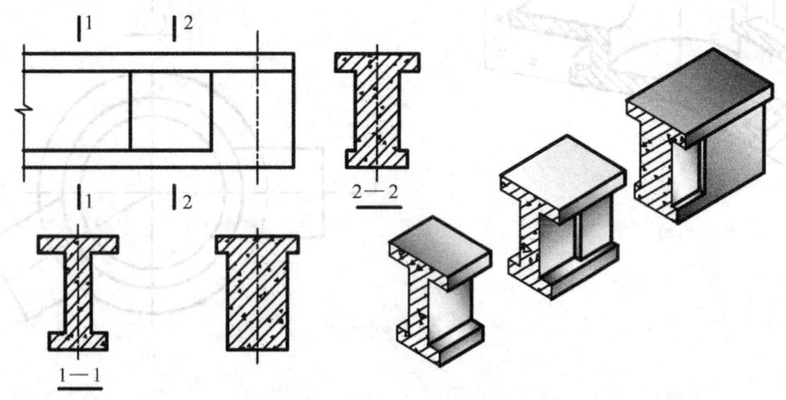

图 13-19　移出断面图(一)

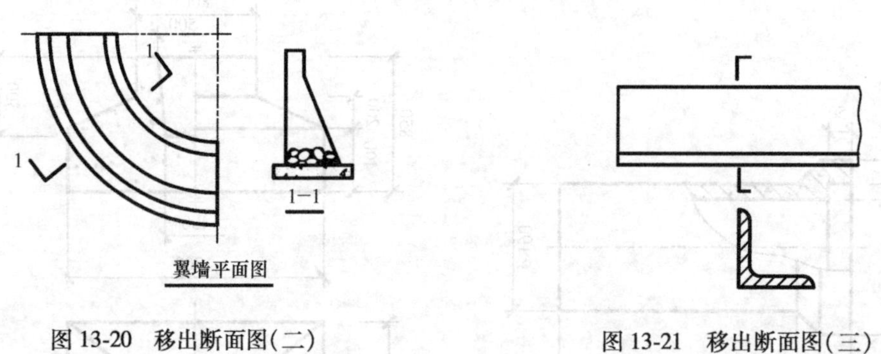

图 13-20　移出断面图(二)　　图 13-21　移出断面图(三)

2. 中断断面图

画在视图轮廓线中断处的断面图，称为中断断面。该方法适合于表达形体断面对称，且某一方向尺寸较大的工程形体。中断断面图轮廓线用粗实线绘制，不用标注，如图 13-22 所示。

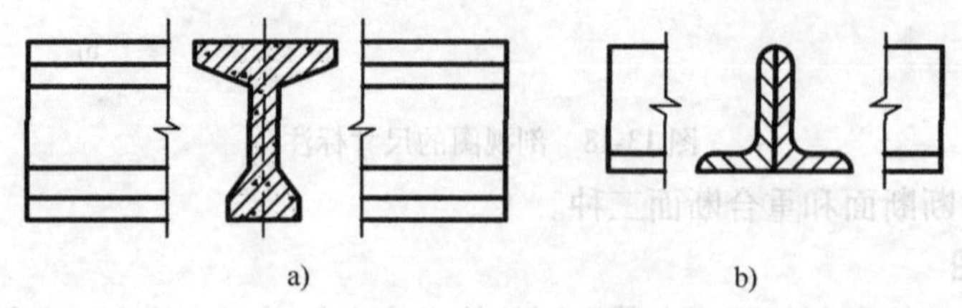

图 13-22　中断断面图

3. 重合断面图

画在视图内且与视图某些轮廓线重合的断面图，称重合断面。该方法主要适合于表达形体断面单一，且某一方向尺寸较大的工程形体。重合断面图轮廓线用细实线绘制，与视图轮廓线重合时，视图轮廓线应完整画出，如图13-23所示。当断面轮廓不是封闭线框围成，则其轮廓线应比原视图轮廓线还要粗，并沿断面内边缘画上材料图例，如图 13-24 所示。

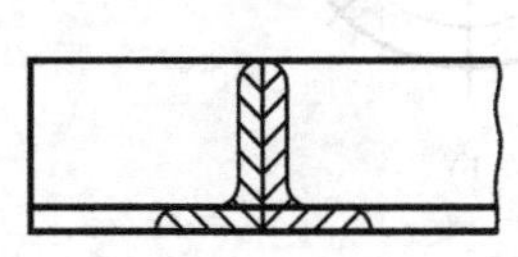

图 13-23　重合断面(一)

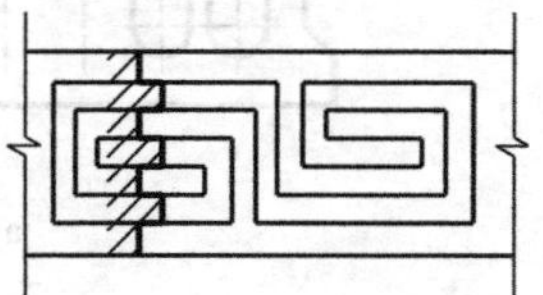

图 13-24　重合断面(二)

13.3　简化画法与规定画法

除上面介绍的各种表达工程形体的方法外，画图表达形体时，还可以针对形体的特点和专业特点采用下述简化画法和规定画法。

13.3.1　简化画法

(1) 当形体的视图对称(有一条对称中心线)时，可以只画一半，但要在对称线两端画上对称符号，如图 13-25a；当形体的视图有两条对称线时，可以只画四分之一，并画出对称符号，如图 13-25b 所示。

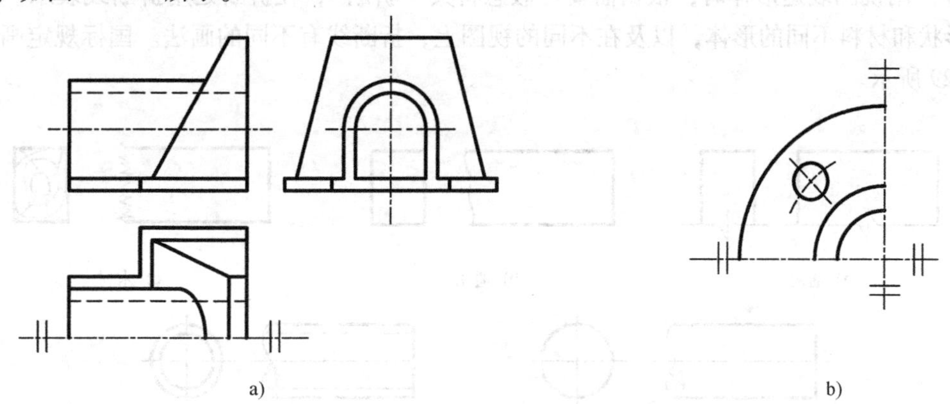

图 13-25　对称图形简化画法

(2) 当形体的视图内有多个完全相同的而连续排列的图形要素时，可以仅在两端或适当位置画出其完整形状，其余部分用中心线或中心线的交点表示，如图 13-26 所示。

(3) 对于较长的工程形体(轴、杆、型钢等)，且其断面形状沿长度方向相同或按一定规律变化时，其视图可采用断开简化画法(只画两端部分)。断开处应以折断线表示，视图的尺寸应标注形体的全长，如图 13-27 所示。

(4) 对于较长的工程形体(轴、杆、型钢等)，如果绘制其视图时图面位置不够，可将其断开分成几个部分绘制，在断开处以连接符号表示，如图 13-28 所示。

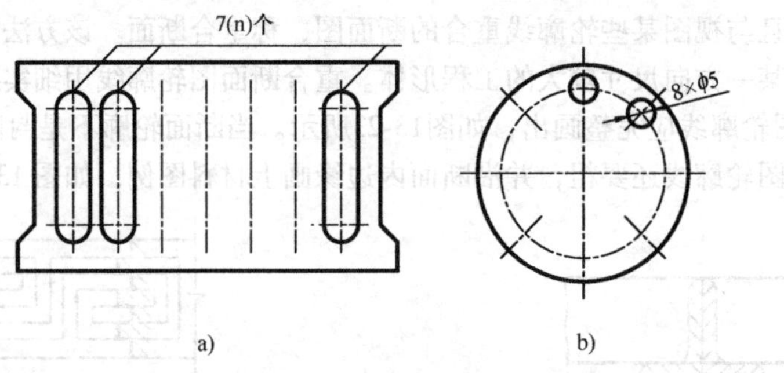

图 13-26　相同要素简化画法

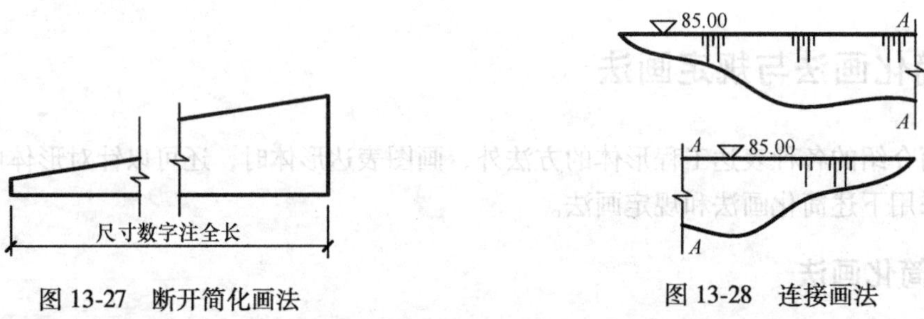

图 13-27　断开简化画法　　图 13-28　连接画法

13.3.2　规定画法

（1）用视图表达形体时，根据需要可假想将其“折断”，在折断处用折断线表示。对于断面形状和材料不同的形体，以及在不同的视图上，折断线有不同的画法。国标规定画法如图 13-29 所示。

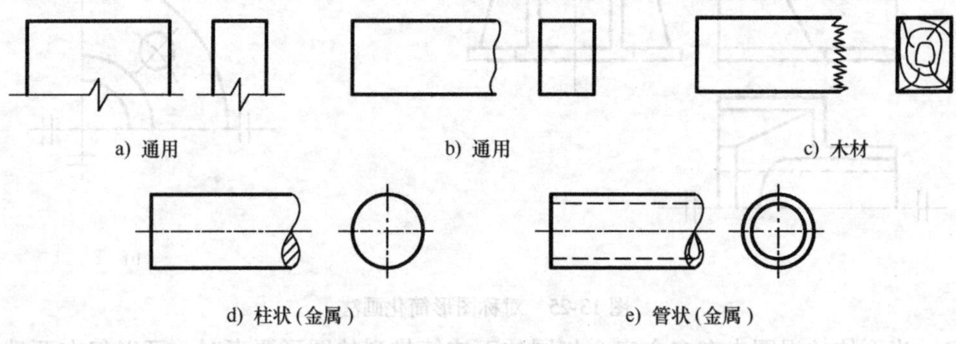

图 13-29　折断线的规定画法

（2）对于工程形体上的支撑板、肋板等薄壁构造和实心结构（如轴、墩、桩、杆、柱、梁等），当剖切面与其轴线、中心线或薄板板面平行时，国标规定这些构造都按不剖处理。此时，在这些特定的剖面区域内不画剖面材料符号，而用粗实线将其与邻接部分分开。图 13-30，1—1 剖视图中的闸墩；图 13-31，挡土墙 1—1 断面图中的支撑板；以及图 13-9 主视图中的肋板，都采用了这种画法。

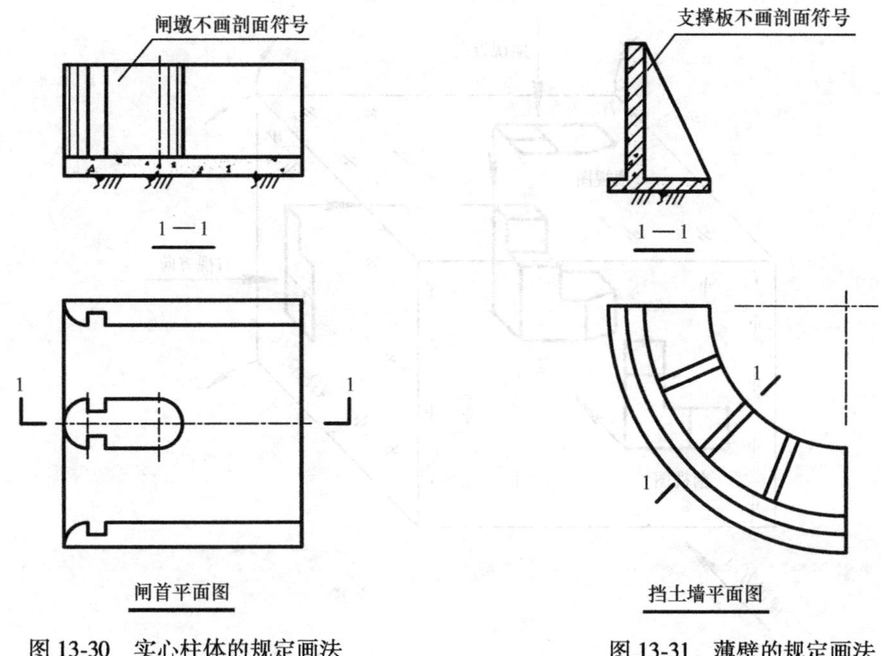

图 13-30　实心柱体的规定画法　　图 13-31　薄壁的规定画法

13.4　第三角画法简介

前述表达工程形体所采用的投影方法称为第一角投影画法，它是目前我国、俄罗斯及一些东欧国家《国家标准》要求优先采用的方法。国际上采用的有两种投影画法，美国、日本及一些西方国家采用的是第三角投影画法；还有些国家(英国等)两种都采用。为了国际间的技术交流，简要介绍第三角投影画法。第一角画法与第三角画法本质上是相同的，只是形式上有所变化，所以只需注意它们之间的异同即可掌握。

(1) 第一角画法与第三角画法采用的都是正投影法，投影的三等规律不变。

相互垂直的三个投影面(V、H、W)将空间分为八个分(卦)角。所谓第一角画法就是将形(物)体放在第一分角内，按“人→形体→投影面”的方式进行投射，得到形体在三个投影面上投影(视图)的方法。而第三角画法是将形(物)体放在第三分角内，按“人→投影面→形体”的方式进行投射，得到形体在三个投影面上投影(视图)的方法，如图 13-32 所示。这种投影法假定投影面是透明的，把从前向后观察，在 V 面上得到的视图称为前视图；从上向下观察，在 H 面上得到的视图称为顶视图；从右向左观察，在 W 面上得到的视图称为右视图。

(2) 三个投影面(图)展开到一个平面上的原则相同。

展开的方法是：V 面不动，H 面向上转 90°、W 面向前转 90°与 V 面重合，如图 13-33a 所示。

(3) 三个投影(视图)的配置不同，方位不同，但三等规律相同。

由于形成和展开的方法有所不同，所以要特别注意三个视图的配置与第一角画法是不同的，如图 13-33b 所示。在第一角画法中，“远离主视图(V 面投影)的是前方”；而在第三角

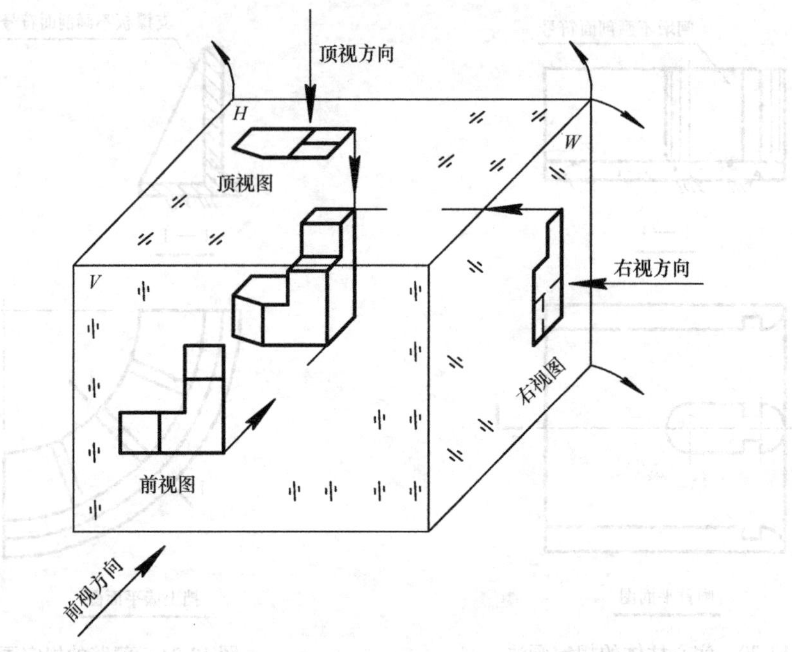

图 13-32　第三角投影的形成与展开

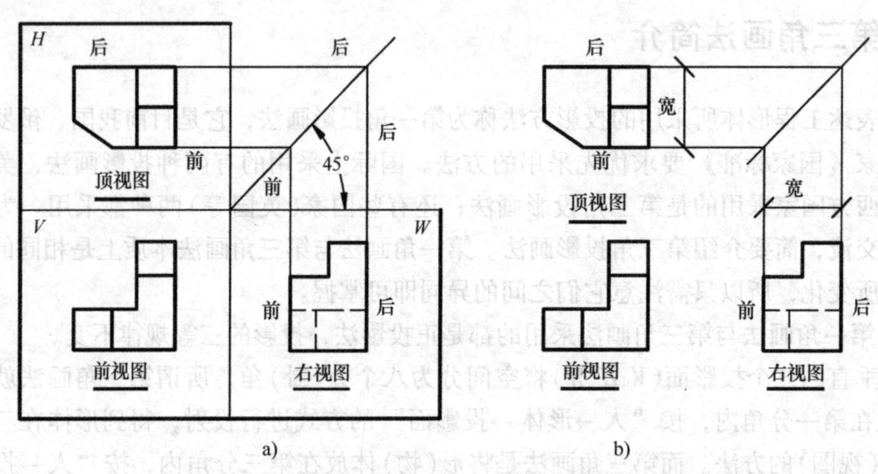

图 13-33　第三角画法三面投影图的配置

画法中，“远离前视图（V 面投影）的是后方”。

（4）第三角画法的标示符号。为了便于在图上识别所采用的投影法，国标规定：涉外的图样必须在标题栏内画出国际标准化组织（ISO）规定的第一角画法或第三角画法的识别符号。第一角画法和第三角画法的标识符号如图 13-34 所示。

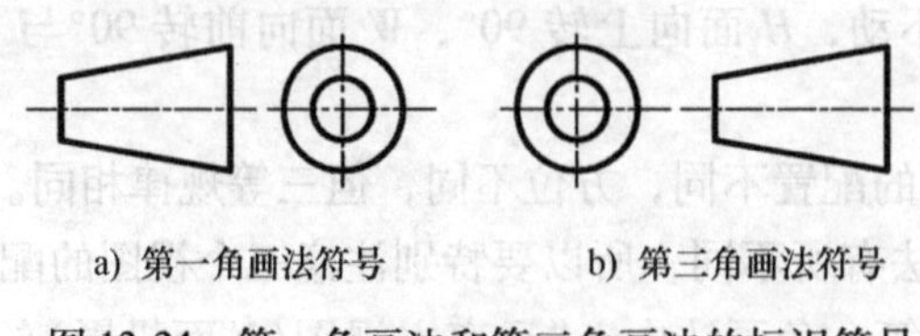

a) 第一角画法符号　　b) 第三角画法符号

图 13-34　第一角画法和第三角画法的标识符号

第 14 章　工程中常用的曲面

14.1　概述

在工程中，经常会遇到各种复杂曲面，有些建筑物的表面就是由某些特殊的曲面构成的，这些曲面称为工程曲面。曲面的种类很多，本章仅论述工程中常用曲面的形成和它们的表示方法。

曲面可以看成是由直线或曲线在空间按一定规律运动形成的。形成曲面的动线称为母线。约束母线运动的点、线或平面称为定点、导线和导平面；母线在曲面上的某一具体位置称为素线。母线及约束母线运动的几何元素(导线、导面等)为形成曲面的基本要素。

常用曲面的分类有下述几种情况：

(1) 按母线是直线还是曲线分成直线面和曲线面。

直线面又称直纹曲面；曲线面又称为非直纹曲面。

如果连续两素线相交或平行的直线面称为可展直线面(单曲面)；如果连续两素线既不平行又不相交的直线面称为不可展直线面(扭曲面)。

(2) 按母线运动过程中是否变化分为定线曲面和变线曲面。

曲线面在形成过程中，曲母线的形状保持不变的曲线面即为定线曲面，或常母线曲面；曲母线形状不断变化的曲线面称为变线曲面，或变母线曲面。

(3) 按曲面由母线回转形成还是非回转形成分为回转面和非回转面。

回转面是最常见的曲面。母线为直线的回转面称为直线回转面；母线为曲线的回转面称为曲线回转面。

在回转面中，母线上各点绕回转轴旋转一周形成的轨迹圆称为纬圆；回转面上直径最大的纬圆称为赤道圆；直径最小的纬圆称为喉圆；最高的纬圆称为顶圆，最低的纬圆称为底圆。

14.2　直线面

14.2.1　可展直线面

1. 柱面

柱面是一直母线沿一曲导线运动，且始终平行于一直导线而形成的曲面。绘制柱面投影时，一般应表示出其导线和外形，必要时还可以表示出若干素线。如图 14-1 所示，图中还显示了通过素线求其表面上点的投影的作图方法。

柱面的素线互相平行。如用一组与素线相交的互相平行的平面截柱面，所得的截面形状和大小都相同。

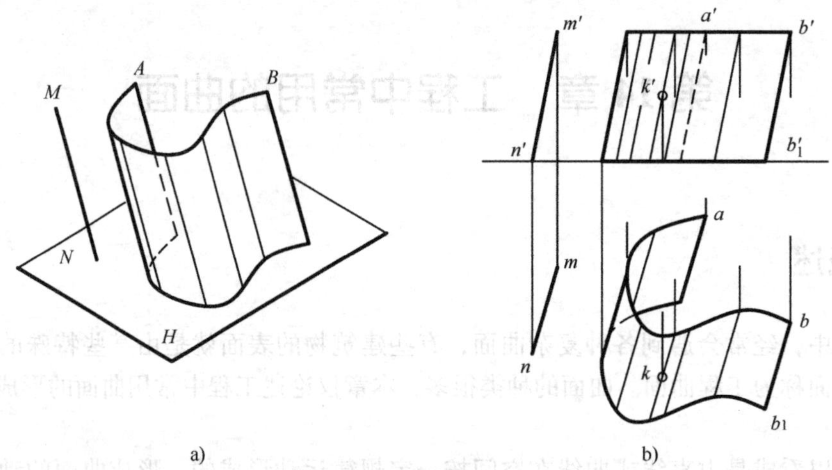

图 14-1　柱面的形成及投影

垂直于柱面素线的截面称为正截面。正截面的形状反映柱面的特征，当柱面的正截面为圆时，该柱面称为圆柱；当正截面为椭圆时，该柱面称为椭圆柱面，如图 14-2 所示。

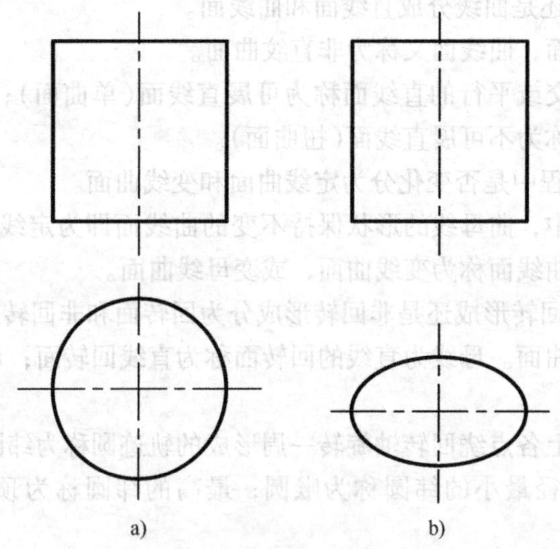

图 14-2　圆柱和椭圆柱面

轴线与底面倾斜的椭圆柱面，称为斜椭圆柱面。图 14-3 是底面为圆的斜椭圆柱面，该斜椭圆柱面上取点时，可以利用柱面上的素线或水平圆作辅助线。某闸墩一端的表面就是斜椭圆柱面，如图 14-4 所示。

2. 锥面

锥面是一直母线过一定点并沿着一曲导线运动形成的曲面。当锥顶在无穷远处时，锥面变成柱面。

图 14-5 中定点 S 为锥顶，L 为曲导线，锥面上的所有素线都通过锥顶。由于素线可无限延长，因此锥面是可无限扩大的。具体作图时，常截取其中的一部分，通常取锥面与投影面交线作为锥底，图 14-5 中的 L 实际上也是该锥面的锥底。

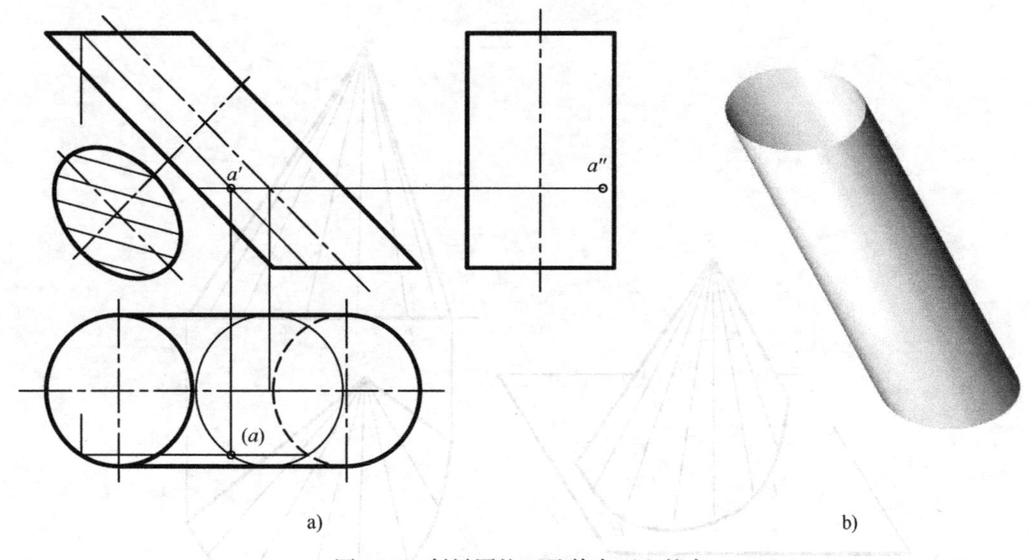

图 14-3　斜椭圆柱面及其表面上的点

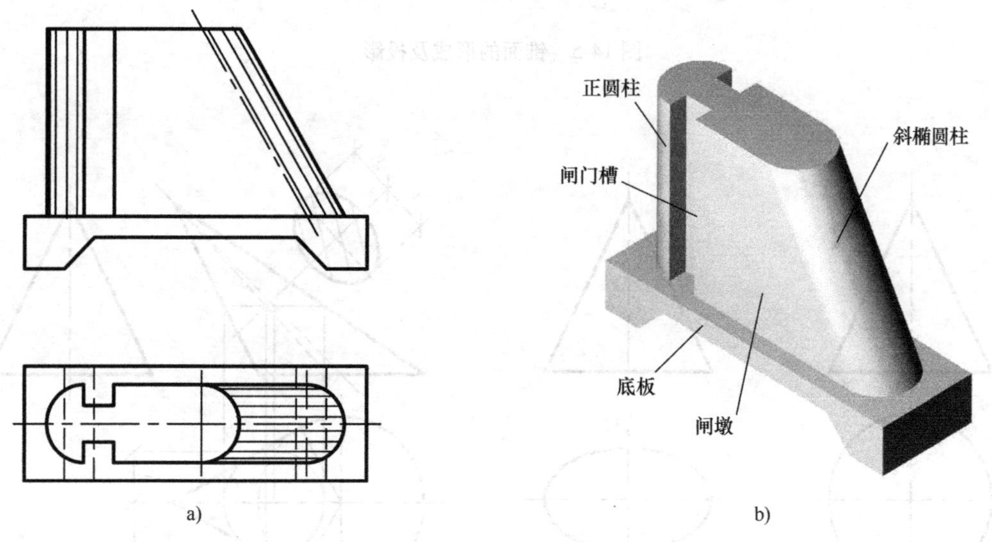

图 14-4　闸墩上的斜椭圆柱面

锥面各对称平面的交线称为锥面的轴线。垂直于轴线的平面与锥面的交线称为正截交线。正截交线为圆的锥面称为圆锥面，如图 14-6a 所示；正截交线为椭圆的锥面称为椭圆锥面，如图 14-6b 所示。轴线与底面倾斜的椭圆锥面称为斜椭圆锥面，如图 14-6c 所示。图 14-7 所示的大小管道连接段的表面和渠道转弯处的斜坡面都是斜椭圆锥面。

14.2.2　不可展直线面

1. 柱状面

柱状面是一直母线沿两曲导线运动时，始终与一导平面平行而形成的曲面。

如图 14-8 所示，为沿着曲导线 L_1、L_2，且始终平行于 P 平面的直线运动形成的柱状面。

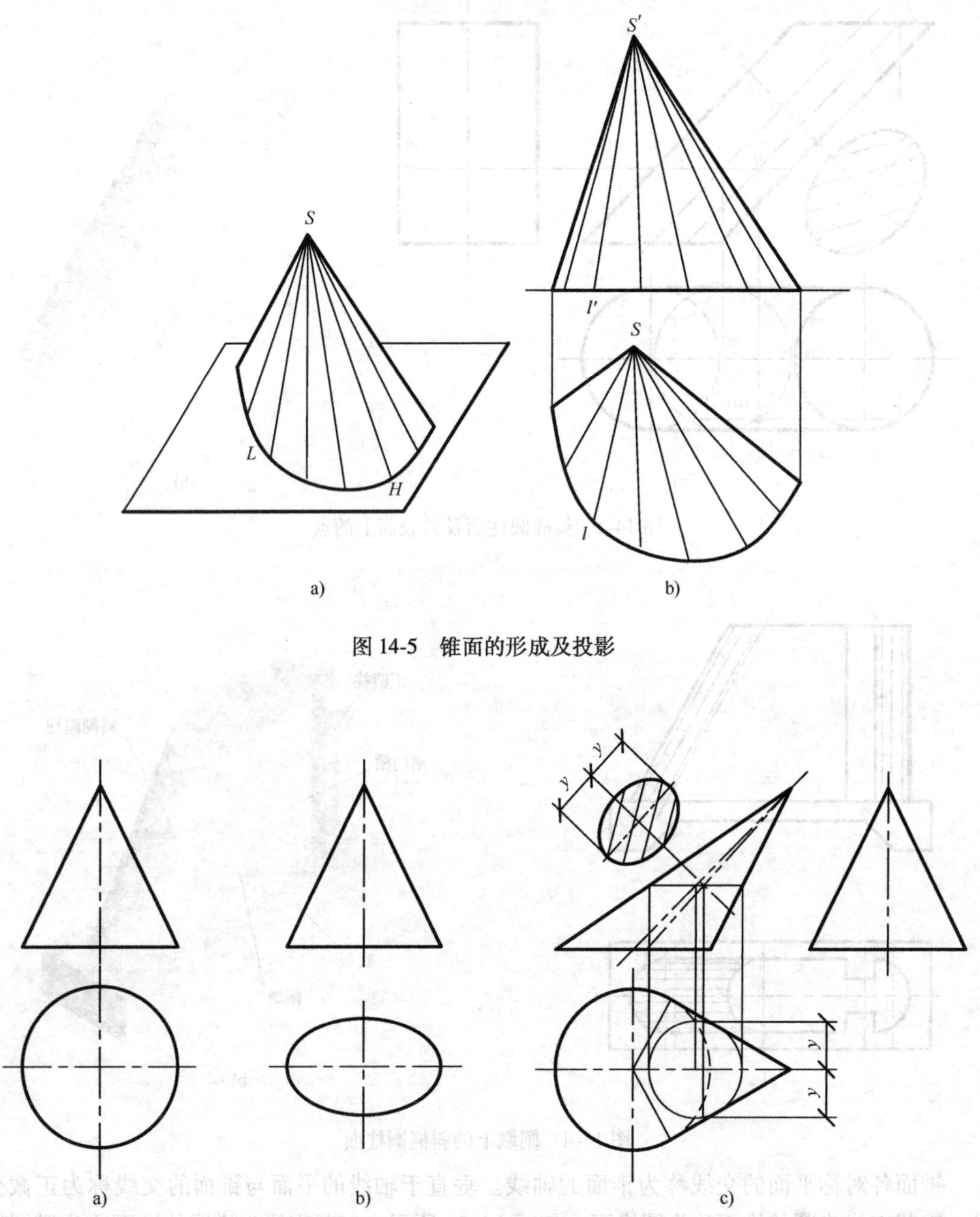

图 14-5　锥面的形成及投影

图 14-6　圆锥面、椭圆锥面和斜椭圆锥面

其中 A_1A_2、B_1B_2……为柱状面的素线。

柱状面的投影图应画出曲导线 L_1 和 L_2、导平面 P、外形线以及若干素线的投影。图14-9为轴线正交的两等直径圆管的柱状面管接头，导平面为正平面，在投影图中可以省略不画。

2. 锥状面

锥状面是一直母线沿一曲导线和一直导线运动，且始终与一导平面平行而形成的曲面。图 14-10 中为沿着曲导线 L 和直线 AB，且始终平行于 P 平面的直线运动形成的锥状面。

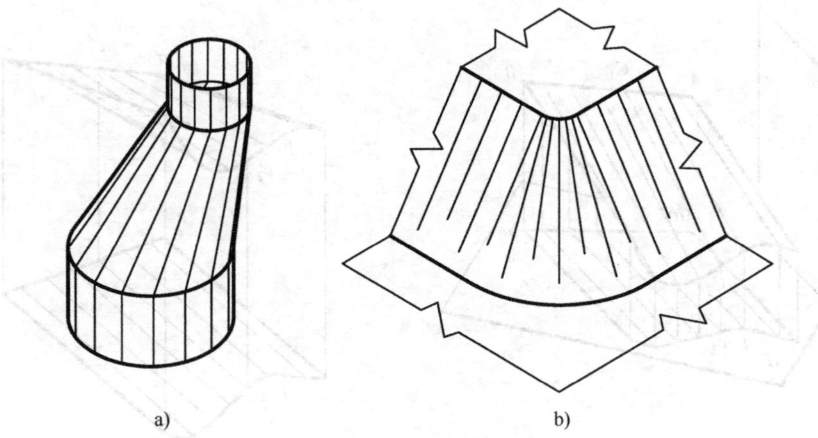

图 14-7　大小管道连接段和渠道转弯处斜坡面

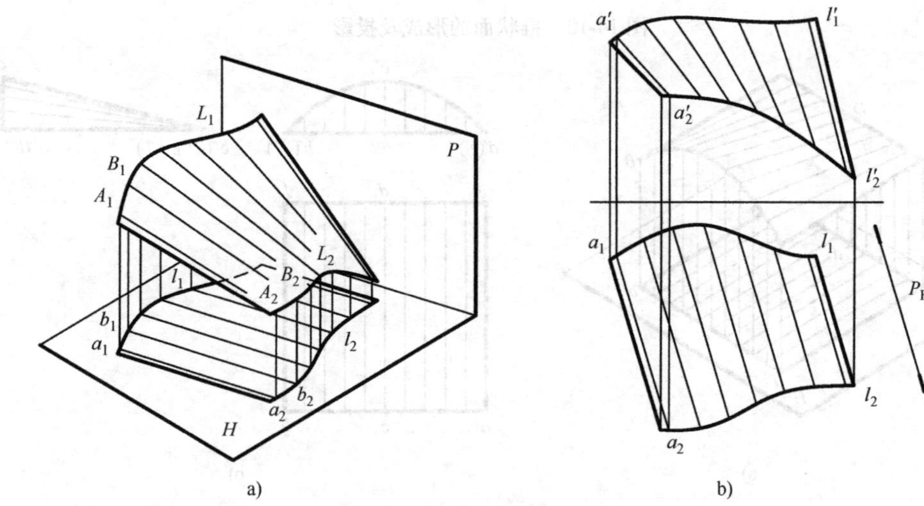

图 14-8　柱状面的形成及投影

该锥状面上的素线为平行于 P 平面的一簇直线，如图 14-10 中的 C_1C_2。

锥状面的投影一般应画出曲导线、直导线、导平面和若干素线的投影。图 14-11 所示为一以抛物线为曲导线，侧垂线为直导线，平行于侧立投影面的直线运动形成的锥状面屋顶。

3. 双曲抛物面

双曲抛物面是一直线沿两交叉直线运动，且始终与导平面平行而形成的曲面。

如图 14-12 所示，直母线沿交叉两直线 AC、BD，且始终平行于 P 平面运动，形成了双曲抛物面。

同理，图 14-12 中的双曲抛物面也可以看作

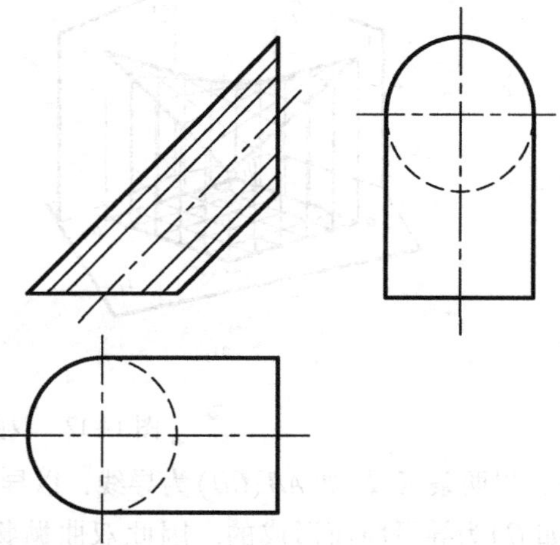

图 14-9　两正交等直径圆管接头的投影

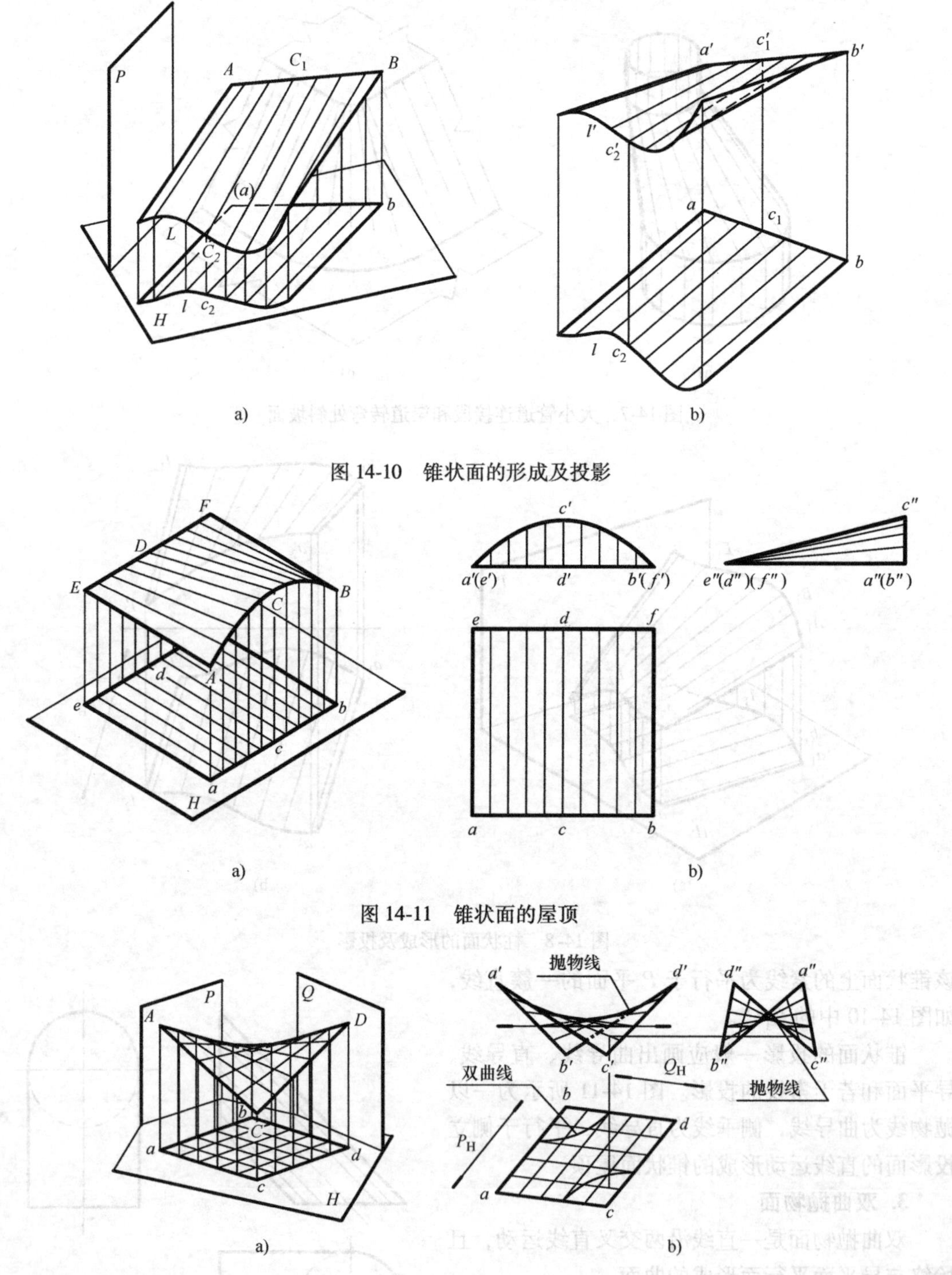

图 14-10　锥状面的形成及投影

图 14-11　锥状面的屋顶

图 14-12　双曲抛物面的形成及投影

是，以两条素线(如 AB、CD)为导线，以导线之一为母线(如 AC 或 BD)，平行于素线的平面(如 Q)为导平面而形成的。因此双曲抛物面是由两族直线组成的直线面，又称为双纹曲面。其一族素线中任一素线必与另一素线全部相交。

双曲抛物面投影时，应画出其导线和母线、曲面边界线以及外轮廓线的投影，而且还要用细实线画出若干素线的投影。

双曲抛物面经常用于屋顶和闸门的进出口。

4. 单叶回转双曲面

单叶回转双曲面是直线绕与其交叉的轴线旋转而形成的曲面。

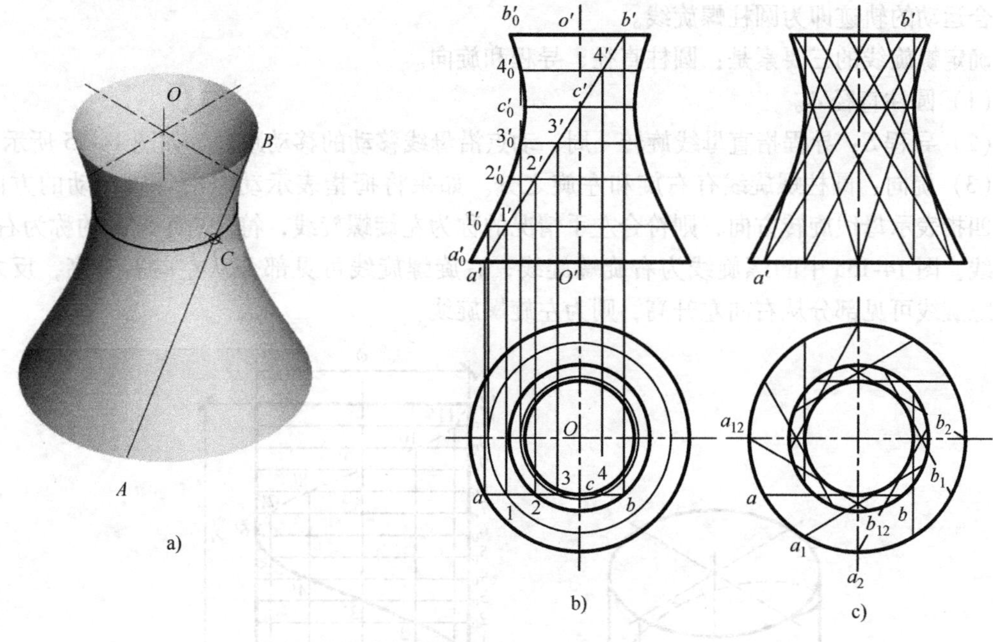

图 14-13　单叶回转双曲面

如图 14-13a 所示，直线 AB 绕轴 OO 旋转一周形成的单叶回转双曲面。投影时，应画出外形轮廓线——双曲线和顶圆、底圆、喉圆的投影。求作转向轮廓双曲线有两种方法：

（1）纬圆法。母线 AB 上所有的点都绕轴 OO 做圆周运动，因此，可以在 AB 上取一系列点Ⅰ、Ⅱ、Ⅲ等，画出它们对应纬圆的正面投影，并将它们的端点 a_0'、$1_0'$、…、b_0'用光滑曲线连接，绘制出双曲面的正视投影，如图 14-13b 所示。

（2）素线法。母线 AB 绕轴 OO 旋转时，母线上各点的旋转角度相同，因此，先画出两端点回转圆周的投影，并将它们自 A、B 两点开始分成相同的等分，将对应等分点的同面投影用直线连接，绘制出各素线的投影。然后，作出这些素线正面投影的包络线——双曲线和素线水平投影的公切圆（喉圆），如图 14-13c 所示。

塔架结构工程上常用单叶回转双曲面，如图 14-14 所示的水塔架结构等。

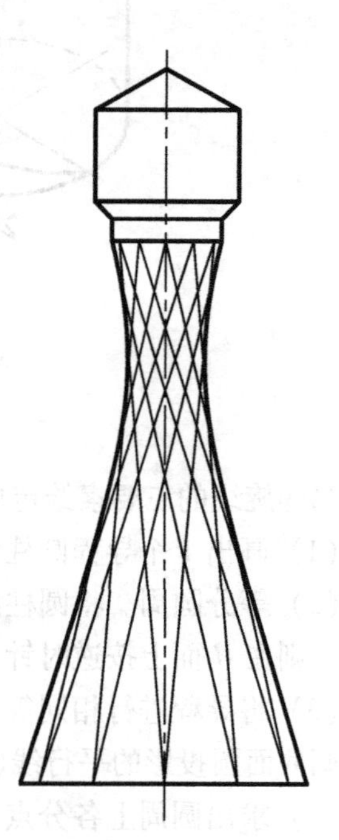

图 14-14　水塔架

14.3　螺旋线与螺旋面

14.3.1　圆柱螺旋线

动点沿着圆柱面的直母线作匀速直线运动，同时该直母线绕其轴线作匀速圆周运动，动点复合运动的轨迹即为圆柱螺旋线。

确定螺旋线的三要素是：圆柱直径、导程和旋向。

（1）圆柱直径 ϕ。

（2）导程 S：导程指直母线旋转一周，动点沿母线移动的移动距离，如图 14-15 所示。

（3）旋向：圆柱螺旋线有右旋和左旋之分。如果将拇指表示动点沿母线移动的方向，其他四指表示母线旋转方向，则符合左手情况的称为左旋螺旋线，符合右手情况的称为右旋螺旋线。图 14-15a 中的螺旋线为右旋螺旋线，右旋螺旋线可见部分从左向右升高，反之，如果螺旋线可见部分从右向左升高，则为左旋螺旋线。

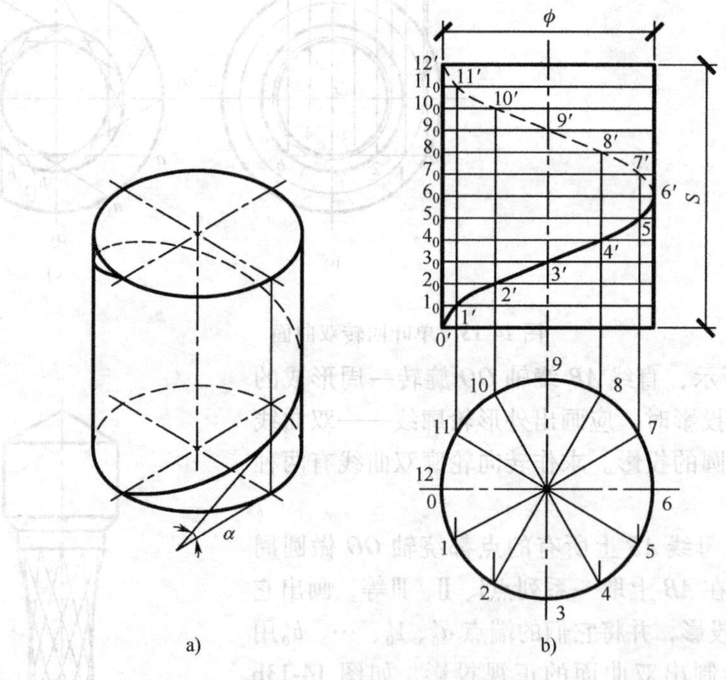

图 14-15　螺旋线的形成及画法

当螺旋线的三要素给定后，可根据下述步骤画出(1 个导程)螺旋线的投影。

（1）画出 1 个导程圆柱的投影。

（2）等分圆周。将圆柱的圆周分为若干等分(一般为 12 等分)，如所画螺旋线为右旋螺旋线，则在 H 面上按逆时针方向标出个分点 0、1、…。

（3）将导程进行相同等分。在 V 面给相应的 12 个分点自下而上编号 1_0、2_0、…，从各分点画底面圆投影的平行线(水平线)。

（4）求出圆周上各分点 0、1、…，在过 V 面投影的各分点 1_0、2_0、…的相应水平线上的投影 1′、2′、…、12′。

（5）将 1′、2′、…、12′各点光滑连接，并区分可见性，即得螺旋线的 *V* 面投影，如图 14-15b 所示。螺旋线的 *H* 面投影积聚在圆周上。

由形成规律可知，螺旋线的展开图为一直角三角形的斜边，导程 *S* 为一直角边，另一直角边为圆柱底面圆的周长 πd，斜边的长为 $\sqrt{(\pi d)^2+S^2}$，α 为螺旋线的升角。

14.3.2　圆柱螺旋面

正螺旋面是一直母线沿圆柱螺旋线，且始终正交于圆柱轴线连续运动而形成的曲面，如图 14-16a 所示。按螺旋面形成的规律，它属于锥状面的范畴。

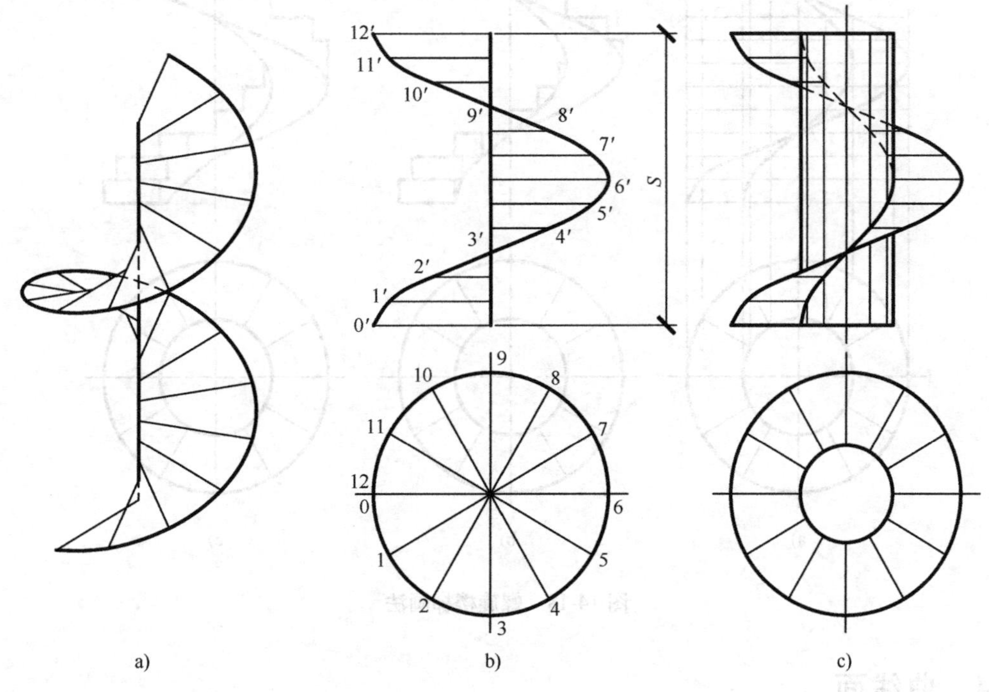

图 14-16　圆柱和带轴芯圆柱螺旋面的投影

图 14-16b 是以螺旋线为曲导线，以螺旋线的轴线为直导线，以水平面为导平面的直母线运动形成的正圆柱螺旋面的投影。

图 14-16c 表示当正螺旋面有一小圆柱轴芯时，螺旋面与小圆柱相交，在小圆柱面上形成一条导程和旋向相同的螺旋线。

圆柱正螺旋面在工程上应用十分广泛，图 14-17 所示的柱形螺旋楼梯就是一个常见的实例。螺旋楼梯的画法大致如下：

（1）根据内、外圆柱的半径、导程和楼梯级数，做出螺旋面的投影，如图 14-18a 所示。

（2）依次画第 1 步级、第 2 步级…… 的踢面和踏面的可见投影。踢面的高度就是楼梯一级的高度——梯板高度，而长度从水平投影得来。踏面是一系列水平面，在 *V* 面中的投影，积聚成平行于 *X* 轴的直线。结果如图 14-18b 所示。

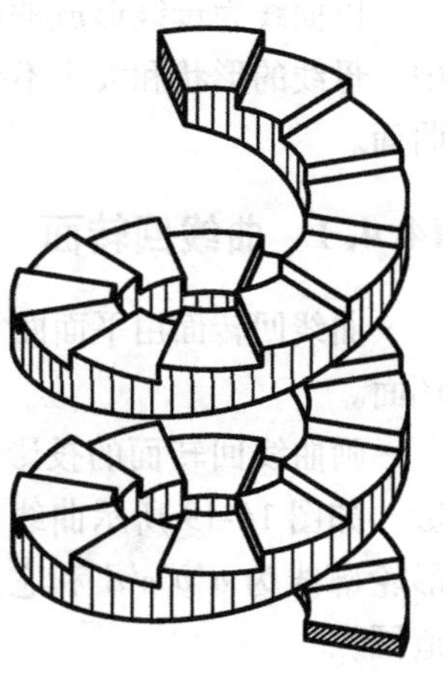

图 14-17　螺旋楼梯

需要注意的是，第 4 级和第 10 级踢面平行于 W 面，它的 V 面投影积聚成一铅垂线段。第 5 级至第 9 级的踢面，被螺旋梯本身遮挡，它们的 V 面投影不可见。

（3）画螺旋楼梯底面的投影。梯板底面是一个螺旋面，它的形状和大小与梯级的螺旋面完全一样，两者只相距一个梯板高度，因此将梯级螺旋面的可见螺旋线下移一个梯板高度，如图 14-18c 所示。

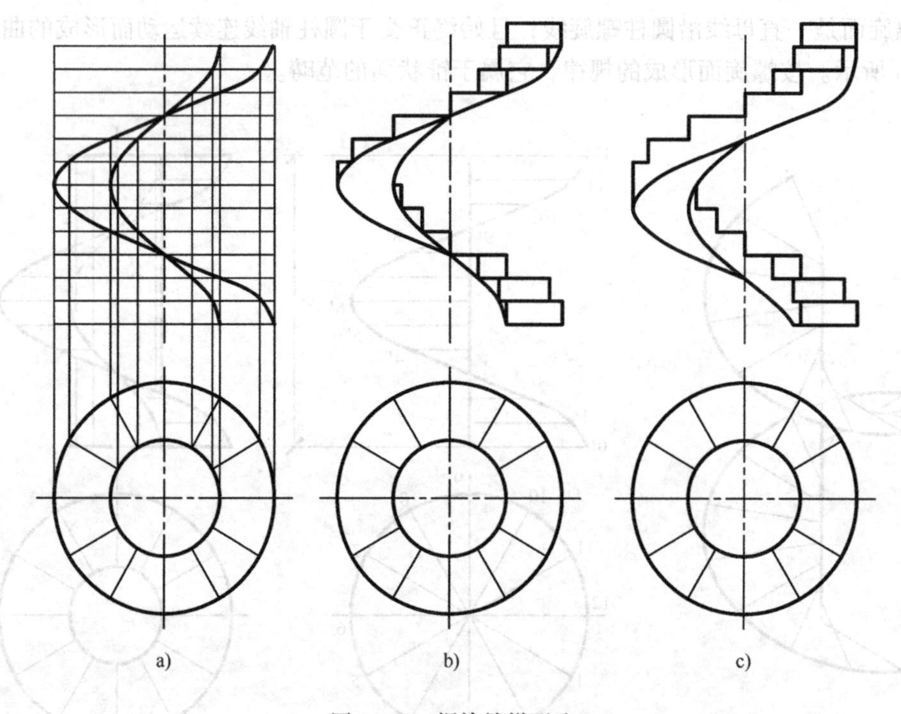

图 14-18 螺旋楼梯画法

14.4 曲线面

以曲线为母线形成的曲面称为曲线面。曲线面上不存在任何直线。曲线面在形成过程中，母线的形状和大小不变的曲面称为定线曲面；母线的形状和大小变化的曲面称为变线曲面。

14.4.1 曲线回转面

曲线回转面由平面曲线绕该平面上一轴线旋转而成。最常见的曲线回转面为圆球面和圆环面。

画曲线回转面的投影时，通常要画出回转轴、曲母线、曲面边界线及外形轮廓线的投影。如图 14-19 所示曲线回转面的母线为曲线 $ABCD$，曲面边界线为顶圆、底圆，V 面外形轮廓线为 $a'b'c'd'$ 和它的对称线，H 面外形轮廓线为最小纬圆（喉圆）及最大纬圆（赤道圆）。

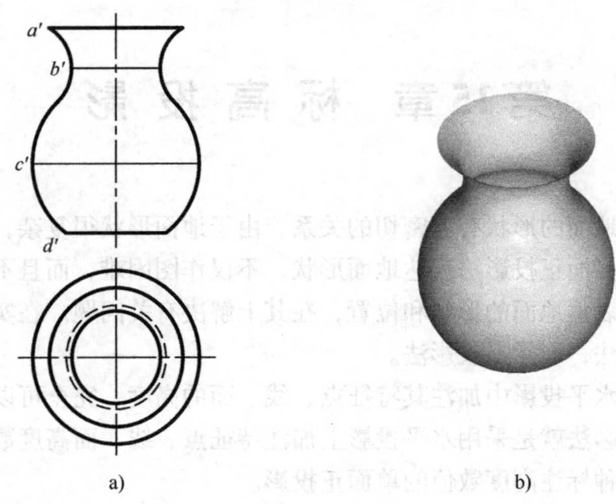

图 14-19　曲线回转面

14.4.2　圆纹曲面

母线为圆周或圆弧的曲面称为圆纹曲面(见图 14-20)，运动过程中如果母线圆的直径按一定规律发生变化，且圆平面始终垂直于曲导线，这样形成的曲面称为变线圆纹曲面。

圆纹曲面的投影图上需画出导线(圆心轨迹)和曲面外形轮廓线，此外为了表示母线圆直径变化的情形，还要画出一些截面，如图 14-21 所示的牛角面就是一变直径的圆纹曲面。

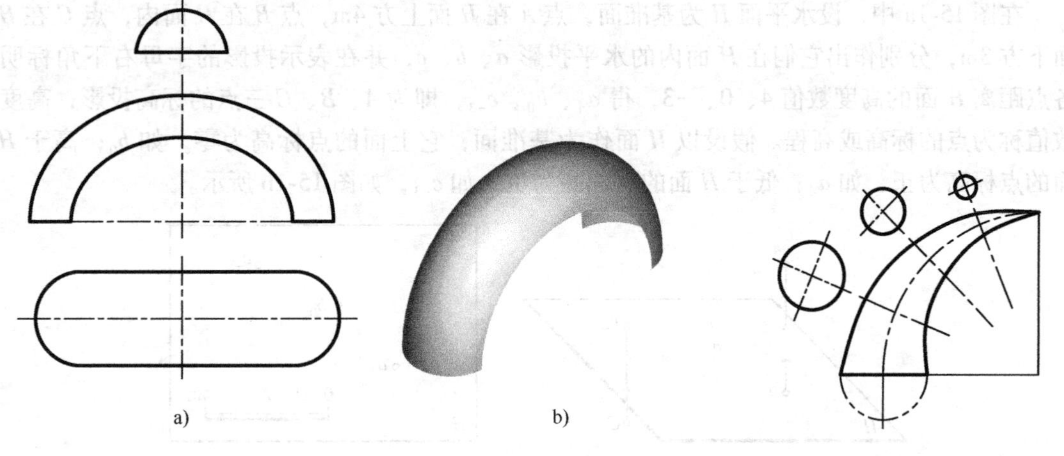

图 14-20　圆纹曲面　　图 14-21　牛角面的投影

第15章　标 高 投 影

建筑物的建造与地面的形状有着密切的关系。由于地面形状很复杂，长度、宽度与高度相差很大，若仍采用多面正投影法表达地面形状，不仅作图困难，而且不易表达清楚。工程中通过绘制地形图，表达地面的形状和位置，在其上解决有关问题。在实践中，人们创造了一种绘制地形图的方法，即标高投影法。

若在空间形体的水平投影中加注其特征点、线、面的高度，完全可以确定该空间形体的形状和位置。标高投影法就是采用水平投影上加注特征点、线、面高度数值表达空间形体的方法。标高投影是一种标注高度数值的单面正投影。

在标高投影中，有时还要在适当的位置作垂直于水平面的辅助投影面，画出辅助投影，以便解决某些问题。

15.1　点和直线的标高投影

15.1.1　点的标高投影

在点的水平投影旁，标注出点的高程，便得到该点的标高投影。

在图15-1a中，设水平面H为基准面，点A在H面上方4m，点B在H面内，点C在H面下方3m，分别作出它们在H面内的水平投影a、b、c，并在表示投影的字母右下角标明各点距离H面的高度数值4、0、-3，得a_4、b_0、c_{-3}，即为A、B、C三点的标高投影，高度数值称为点的标高或高程。假设以H面作为基准面，它上面的点标高为零，如b_0；高于H面的点标高为正，如a_4；低于H面的点标高为负，如c_{-3}，如图15-1b所示。

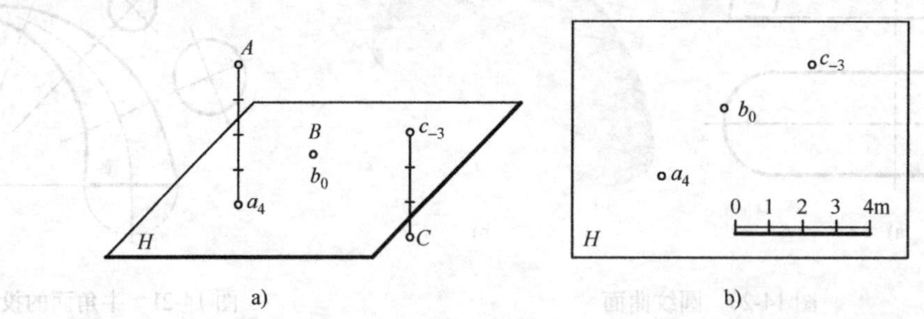

图15-1　点的标高投影

在标高投影图中，标高单位为m，一般不需标注。为了度量需要，在标高投影图上必须注明绘图比例或画出比例尺。

15.1.2　直线的标高投影

1. 直线的坡度和平距

直线上任意两点的高差与水平距离之比称为该直线的坡度，用“i”表示。如图15-2a

所示，A、B 两点的高差为 H，其水平距离为 L，AB 对 H 面的倾角为 α，则有：

$$i=\frac{\text{高差}}{\text{水平距离}}=\frac{H}{L}=\tan\alpha$$

上式表明，坡度 i 就是当直线上两点间的水平距离为一个单位时两点的高差，如图 15-2a 所示。

当直线上两点的高差为 1 个单位时，其水平距离就称为该直线的平距，用“l”表示。从图 15-2b 中可得出：

$$l=\frac{\text{水平距离}}{\text{高差}}=\frac{L}{H}=\frac{1}{\tan\alpha}=\frac{1}{i}$$

由此可见，直线的平距和坡度互为倒数，坡度大则平距小；坡度小则平距大。直线的平距和坡度均反映直线对 H 面的倾斜程度。

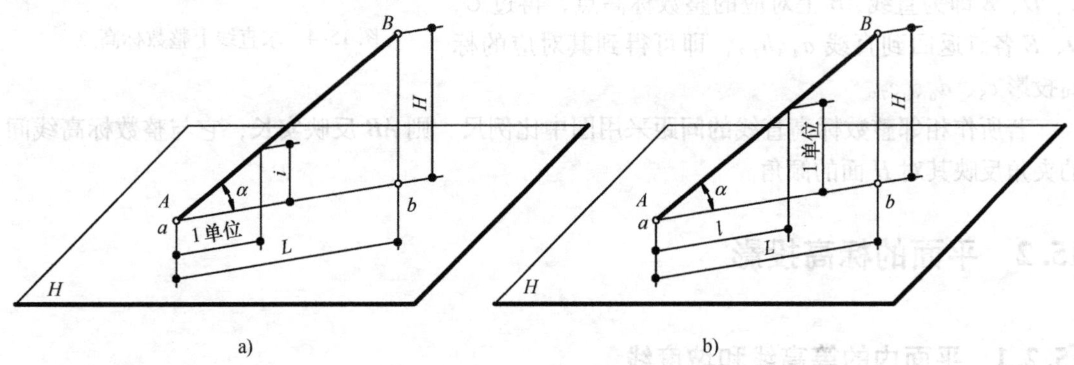

图 15-2 直线的坡度和平距

2. 直线的表示法

在标高投影中，直线的位置可由直线上的两个点或直线上一点及该直线的方向来确定。因此直线的表示法有以下两种：

（1）直线由它的水平投影并加注直线上两点的标高投影来表示。如图 15-3 中直线 AB，它的标高投影为 a_2b_5。

（2）倾斜直线可由直线上一个点的标高投影并加注直线的坡度和下坡方向来表示。如图 15-3 所示的过 D 点的直线，图中直线的方向是用坡度和箭头指向表示的，箭头指向下坡方向。

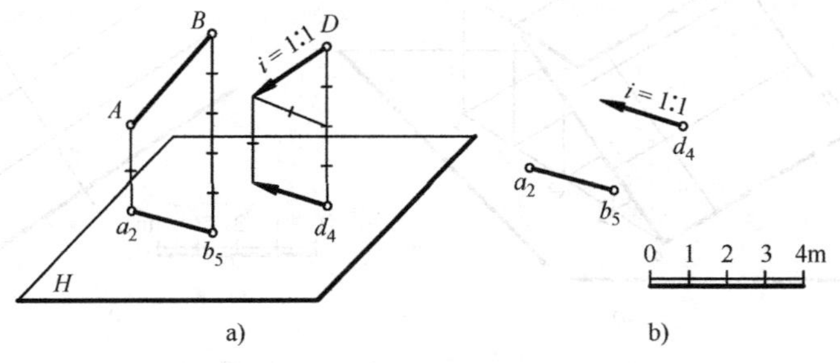

图 15-3 直线的标高投影

3. 直线上的点

直线上的点有两类问题需要求解：一是已知直线上的点，计算该点的标高；二是在已知直线上定出任意标高点的位置。

【例 15-1】 如图 15-4 所示，已知直线 AB 的标高投影为 $a_{4.5}b_{7.8}$，求该直线上整数标高点。

分析与作图：

(1) 如图 15-4 所示，在适当位置按比例尺作一组与 $a_{4.5}b_{7.8}$平行且间距相等的整数标高线，标高依次为 4m、5m、6m、7m、8m；

(2) 过 $a_{4.5}$、$b_{7.8}$分别作标高线的垂线，根据标高定出点 A 和 B，用直线连接 AB，与整数标高线的交点 C、D、E 即为直线 AB 上对应的整数标高点，再过 C、D、E 各点返回到直线 $a_{4.5}b_{7.8}$，即可得到其对应的标高投影 c_5、d_6、e_7。

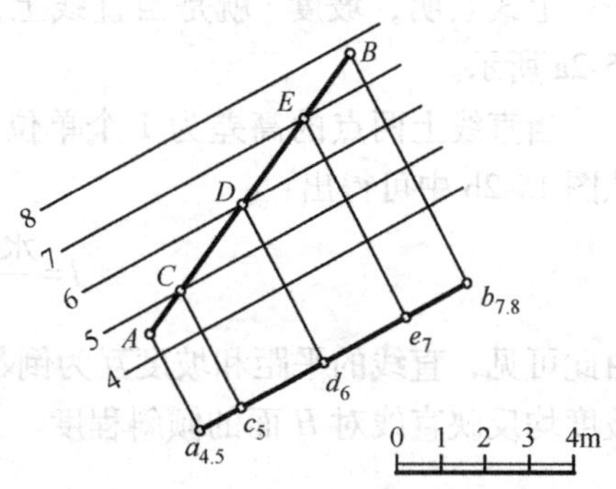

图 15-4　求直线上整数标高点

若所作相邻整数标高直线的间距采用图中比例尺，则 AB 反映实长，它与整数标高线间的夹角反映其对 H 面的倾角。

15.2　平面的标高投影

15.2.1　平面内的等高线和坡度线

1. 等高线

在标高投影中平面内的水平线称为等高线，可看作是水平面与该平面的交线。平面与基准面 H 的交线是平面内标高为零的等高线。在实际应用中通常将平面内整数标高的水平线作为等高线。如图 15-5a 所示，平面 P 内等高线的空间分布；如图 15-5b 所示，平面 P 内等高线的标高投影。从图中可以看出平面内的等高线有下列特性：

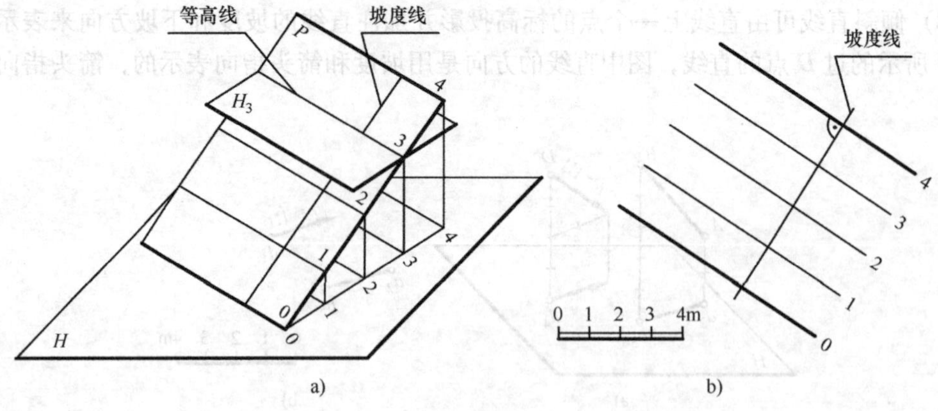

图 15-5　平面内的等高线和坡度线

(1) 等高线互相平行；

(2) 等高线的高差相等时，其水平距离也相等。

2. 坡度线

平面内对水平面的最大斜度线称为坡度线，如图 15-5 所示。坡度线对基准面 H 的倾角，即为平面对基准面 H 的倾角。平面内的坡度线有下列特性：

(1) 平面内的坡度线与等高线垂直，它们的水平投影也反映垂直；

(2) 平面内坡度线的坡度代表该平面的坡度。

15.2.2　平面的表示法

1. 用几何元素表示平面

在本书第 5 章中，用几何元素表示平面的方法，在标高投影中仍然适用。

2. 用一条等高线和平面的坡度表示平面

如图 15-6a 所示，用平面内一条标高为 12m 的等高线和平面的坡度 $i=1:2$ 所表示的平面，如果要作出该平面内其他等高线，如标高为 11m、10m、9m、8m 的等高线，其作图步骤如下：

(1) 根据坡度 $i=1:2$，求出平距 $l=2$；

(2) 从坡度线与 12m 等高线的交点处，顺箭头方向按比例连续量取四个平距，在坡度线上得四个点，过这些点作已知等高线的平行线，即为所求，如图 15-6b 所示。

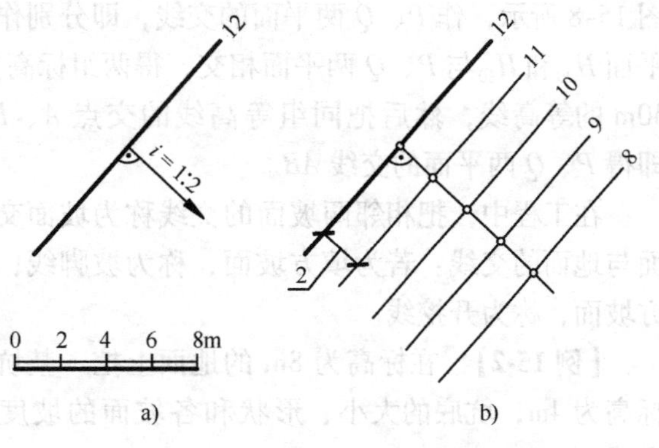

图 15-6　用一条等高线和坡度表示平面

3. 用一条倾斜直线和平面的坡度表示平面

过一条倾斜直线可以作无数个平面，若给定平面的坡度和大致的坡度方向，则此平面的空间位置唯一确定。如图 15-7b 所示，用平面内一条倾斜直线 AB 的标高投影 a_4b_0 和平面的坡度表示平面，图中箭头仅表明平面向直线的一侧倾斜，不代表平面的实际坡度方向，所以用虚线表示。如果要确定平面的真实坡度方向，方法如下：

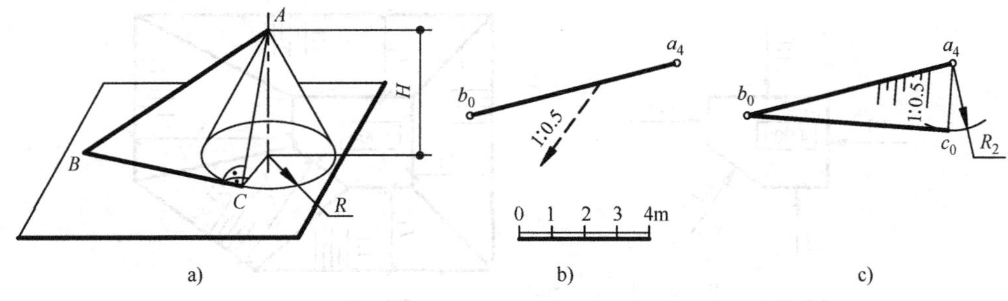

图 15-7　用一条倾斜直线和坡度表示平面

(1) 以 a_4 为圆心，$R=2$m 为半径作圆弧；

(2) 过 b_0 作该圆弧的切线，得标高为 0m 的等高线；

（3）过 a_4 作该切线的垂线 a_4c_0，得平面的真实坡度线，并用示坡线表示。

上述作图原理如图 15-7a 所示，过 AB 作一平面与点 A 为锥顶的同坡度锥面相切，切线就是该平面的坡度线。已知 A、B 的高差为 4m，根据坡度计算可知相切锥底圆半径为 2m，过 B 作底圆的切线，该切线即为平面内与 B 点标高相同的等高线，与此等高线垂直的直线即为坡度线。

为了更为直观地反映平面的倾斜方向，投影图中的平面常常画出示坡线。示坡线是由平面高端出发长短相间且间隔均匀的细实线表示，其方向与坡度线平行，并垂直于等高线。

15.2.3 两平面的交线

在标高投影中，求两平面的交线时，一般采用水平面作为辅助面。利用两平面内相同标高等高线相交，分别找出两个交点并连接求得交线。如图 15-8 所示，作 P、Q 两平面的交线，即分别作两个水平面 H_{20} 和 H_{30} 与 P、Q 两平面相交，得两组标高为 20m、30m 的等高线，然后把同组等高线的交点 A、B 相连，即得 P、Q 两平面的交线 AB。

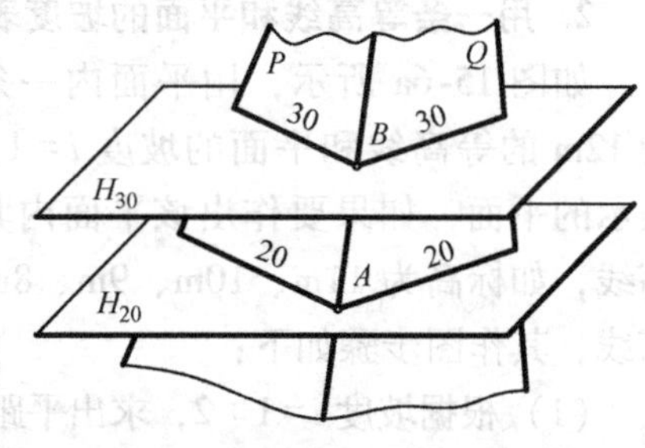

图 15-8 两平面交线的求法

在工程中，把相邻两坡面的交线称为坡面交线，坡面与地面的交线：若为填方坡面，称为坡脚线；若为挖方坡面，称为开挖线。

【例 15-2】 在标高为 8m 的地面上挖一基坑，坑底标高为 4m，坑底的大小、形状和各坡面的坡度如图 15-9a 所示，作基坑的开挖线及坡面交线。

分析与作图：

（1）作开挖线。地面标高为 8m，因此开挖线是各坡面上标高为 8m 的等高线，它们分别与相应的坑底边线平行，其水平距离由 $L=l\times H$ 求得，式中平距 l 分别为 1、1.5、2，高差 $H=4\text{m}$，所以 $L_1=1\times4\text{m}=4\text{m}$、$L_2=1.5\times4\text{m}=6\text{m}$、$L_3=2\times4\text{m}=8\text{m}$，按照算出的 L 值作基坑底边的平行线，即为开挖线。

（2）作坡面交线。分别连接相邻两坡面相同标高等高线的交点，得到五条坡面交线。

（3）画出各坡面的示坡线，如图 15-9b 所示。

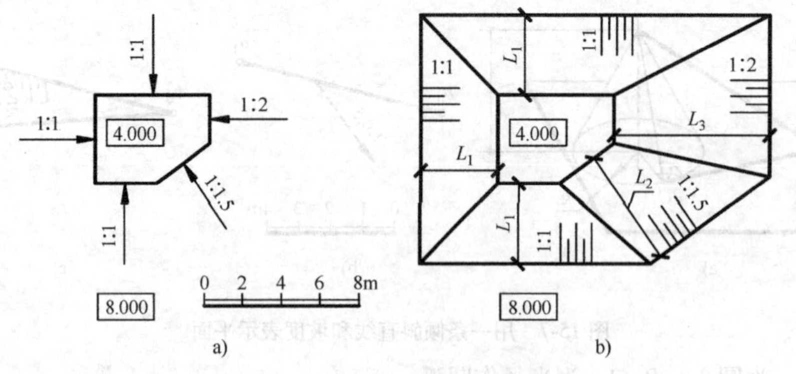

图 15-9 作基坑的开挖线及坡面交线

【例 15-3】 已知堤坝坝顶平面标高为 4m，地面标高为 0m，有一斜坡道通到堤坝坝顶，各坡面坡度如图 15-10a 所示，求作斜坡道的坡脚线和坡面交线。

分析与作图：

（1）作坡脚线。地面标高为 0m，因此各坡面的坡脚线是各坡面上标高为 0m 的等高线。堤坝坡面的坡脚线与坝顶平面边线平行，水平距离按比例量取 $L_1=l\times H=1\times4\text{m}=4\text{m}$；斜坡道两侧坡面的坡脚线与图 15-7 的作图方法相同，分别以 a_4、b_4 为圆心，按比例量取 $R=1\times4\text{m}=4\text{m}$ 为半径画圆弧，再过 d_0、c_0 分别作两圆弧的切线，即为斜坡道两侧坡面的坡脚线，与堤坝坡面的坡脚线相交得到 e_0、f_0，如图 15-10b 所示。

（2）作坡面交线。如图 15-10c 所示，连接 a_4e_0 及 b_4f_0，即得坡面交线。

（3）画出各坡面的示坡线，如图 15-10c 所示。

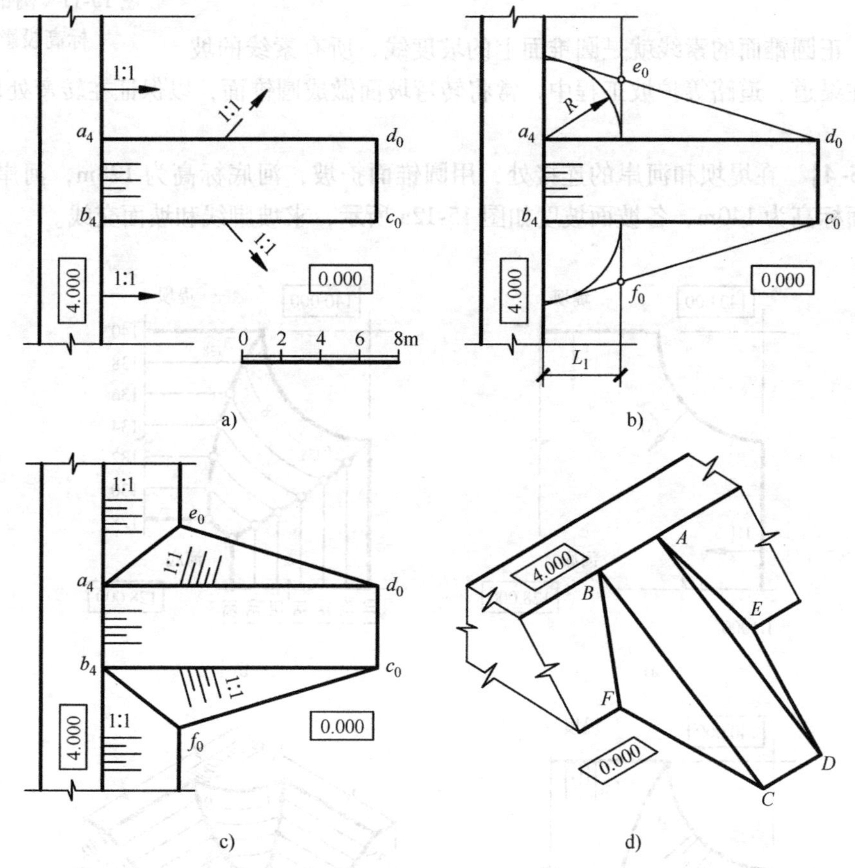

图 15-10　斜坡道的坡脚线和坡面交线

15.3　曲面的标高投影

在标高投影中，用一系列水平面截曲面产生交线，画出这些交线的标高投影得到曲面的标高投影。本节介绍工程中常见的正圆锥面、同坡曲面、地形面及地形断面图。

15.3.1 正圆锥面

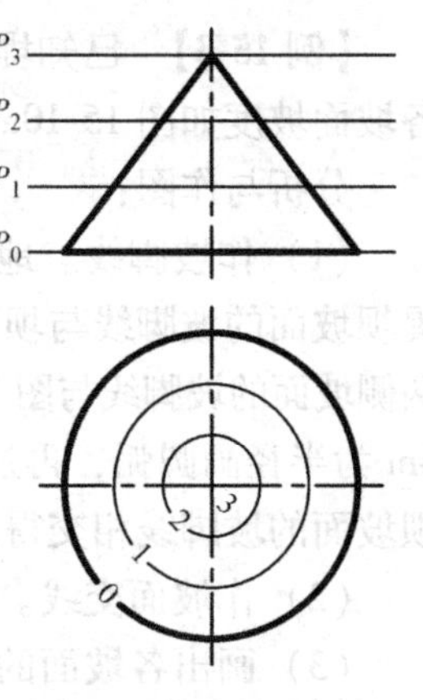

图 15-11 圆锥面的标高投影

图 15-11 为一正立圆锥，若用一组高差相等的水平面和它相截，其交线(一组水平圆)就是其等高线。在锥顶及等高线的水平投影上标注标高，即得正圆锥面的标高投影。正圆锥面的标高投影具有下列特性：

（1）等高线是一组同心圆；

（2）高差相等时等高线间的水平距离相等；

（3）当圆锥正立时，等高线越靠近圆心，其标高数值越大，如图 15-11 所示；当圆锥倒立时，等高线越靠近圆心，其标高数值越小。

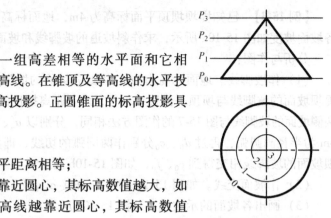

显然，正圆锥面的素线就是圆锥面上的坡度线，所有素线的坡度相等。在渠道、道路等护坡工程中，常将转弯坡面做成圆锥面，以保证在转弯处坡面的坡度不变。

【例 15-4】 在堤坝和河岸的连接处，用圆锥面护坡，河底标高为 128m，河岸、堤坝、圆锥台顶面标高为 140m，各坡面坡度如图 15-12a 所示，求坡脚线和坡面交线。

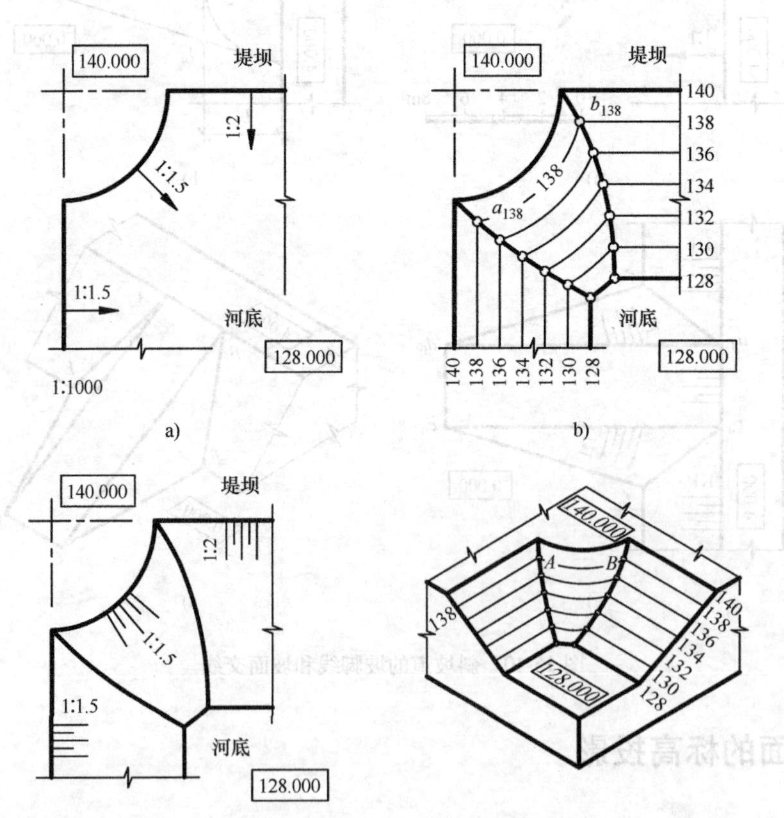

图 15-12 堤坝的坡脚线及坡面交线

分析与作图：

(1) 作坡脚线：堤坝、河岸、圆锥台坡面的平距 l 分别为 2、1.5、1.5，高差均为 $H=140m-128m=12m$，则各坡面坡脚线与坡面顶端边线间的水平距离为：

$L_{堤坝}=l\times H=2\times 12m=24m$

$L_{河岸}=L_{圆锥台}=l\times H=1.5\times 12m=18m$

根据计算所得水平距离，按比例作出各坡面坡脚线，如图 15-12b 所示，堤坝和河岸的坡脚线是直线，圆锥面的坡脚线是圆锥台顶圆的同心圆，其半径为圆锥台顶圆的半径与其水平距离(18m)之和。

(2) 作坡面交线：在各坡面上作出相同标高的等高线，它们的交点(如标高为 138m 等高线的交点 a_{138}、b_{138})是坡面交线上点的标高投影。依次光滑连接各点即得交线，如图 15-12b 所示。

(3) 画出各坡面的示坡线，如图 15-12c 所示。图 15-12d 为堤坝轴测图。

15.3.2 同坡曲面

如图 15-13b 所示为一弯曲斜坡道，其两侧曲面上任何地方的坡度都相等，这种曲面称为同坡曲面。显然，正圆锥面上每条素线的坡度均相等，所以正圆锥面是同坡曲面的特殊情况。

同坡曲面的形成如图 15-13a 所示，以一条空间曲线作导线，一个正圆锥面的顶点沿此导线运动，运动时圆锥的轴线始终垂直于水平面，则正圆锥面的包络曲面就是同坡曲面。运动正圆锥在任何位置时，同坡曲面都与它相切，其切线既是运动正圆锥的素线，又是同坡曲面的坡度线，因此同坡曲面的坡度等于运动正圆锥的坡度。同坡曲面上的等高线与圆锥面上相同高程等高线一定相切，切点在同坡曲面与圆锥面的切线上。作同坡曲面上的等高线就是作圆锥面等高线的包络线。同坡曲面上任一坡度线的坡度都相等，因此同坡曲面的任意两条等高线之间的间隔保持不变，当高差相同时，等高线的间距也相等。

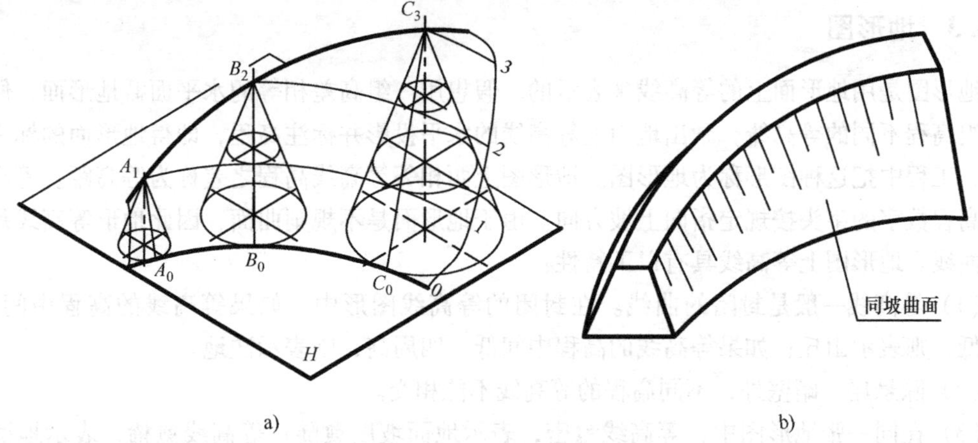

图 15-13 同坡曲面的形成及应用

【例 15-5】 如图 15-14a 所示为一弯道与干道相连，干道顶面的标高为 4m，地面标高为 0m，弯道由地面逐渐升高与干道相接。弯道路面两侧边线为空间曲线，其水平投影为两段同心圆弧，两侧坡面为同坡曲面。两侧坡面及干道坡面坡度均为 1∶1，求坡脚线及坡面交线。

分析与作图：

（1）作坡脚线：干道顶端边线是直线，坡面为平面，坡脚线与边线平行，按比例量取水平距离 $L_1 = l \times H = 1 \times 4\text{m} = 4\text{m}$。弯道两侧边线为空间曲线，其两侧坡面是同坡曲面。在同坡曲面上，当等高线之间的高差为 1m 时，水平距离为 1m。分别以 e_1、f_2、g_3、c_4 为圆心，按比例量取 1m、2m、3m、4m 为半径作圆弧，自 b_0 作曲线与所作圆弧相切，即得到弯道内侧同坡曲面的坡脚线。用同样方法可求得弯道外侧同坡曲面的坡脚线，如图 15-14b 所示。

（2）作坡面交线：弯道两侧同坡曲面与干道平面坡面相交，交线是两段平面曲线。分别求出弯道两侧同坡曲面和干道坡面上标高为 1m、2m、3m 的等高线，把相同标高等高线的交点连成光滑曲线，即为坡面交线。如图 15-14b 所示。

（3）画出各坡面的示坡线，如图 15-14b 所示。

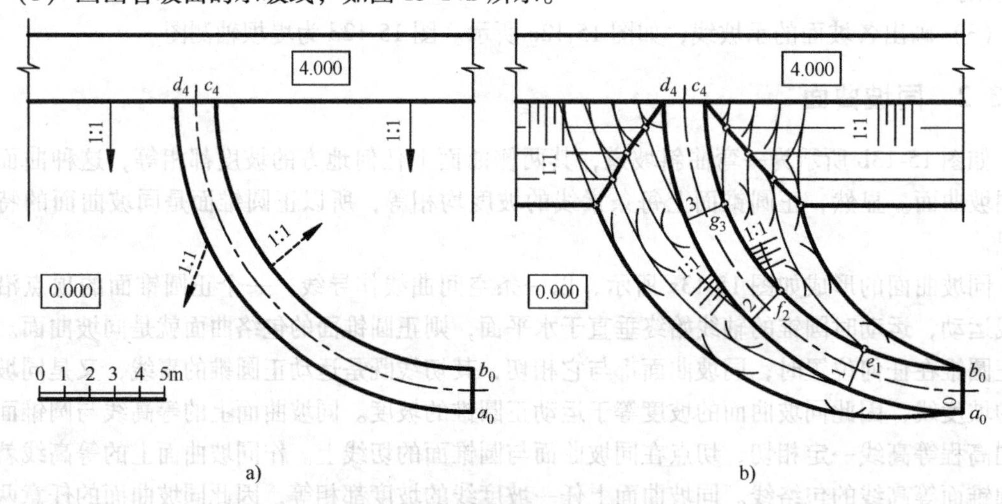

图 15-14 斜弯道的坡脚线及坡面交线

15.3.3 地形图

地形图是用地形面上的等高线来表示的。假想用一组高差相等的水平面截地形面，便得到一组高程不同的等高线，画出地面上等高线的水平投影并标注高程，即得地形面的标高投影图，工程中把这种图形称为地形图。地形图上两相邻等高线高程之差称为等高距。等高线上的高程数字的字头按规定指向上坡方向。由于地形面是不规则曲面，因此地形等高线是不规则曲线。地形图上等高线具有以下特性：

（1）等高线一般是封闭的曲线。在封闭的等高线图形中，如果等高线的高程中间高，四周低，则表示山丘；如果等高线的高程中间低，四周高，则表示洼地。

（2）除悬崖、峭壁外，不同高程的等高线不能相交。

（3）在同一张地形图中，等高线愈密，表示地面坡度愈陡；等高线愈稀，表示地面坡度愈平缓。

在地形图中，高程数值逢“0”、“5”的等高线用粗实线画出，称为计曲线。为了便于看地形图，除知道等高线的特性外，还应了解一些常见地形等高线的特征：山脊和山谷的等高线都是朝同方向凸出的曲线。顺着等高线的凸出方向看，若等高线的高程数值越来越小时，则为山脊地形；若等高线的高程数值越来越大时，则为山谷地形。相邻两山丘之间，形状像马鞍的区域称为鞍部。在鞍部两侧相同高程的等高线，其排列接近成对称形。

15.3.4 地形断面图

用一剖切平面剖切地形面，画出剖切平面与地形面的交线及剖面材料图例，即得到地形断面图。其作图方法如图15-15所示，作图步骤如下：

(1) 作剖切平面$I-I$，它与地形面上各等高线的交点为a、b、c等点，这些点的高程与所在等高线的高程相同。

(2) 按等高距及地形图的绘图比例画一组水平线（等高线），并标注高程34m、36m、38m、…、48m。

(3) 将剖切线$I-I$上与各等高线的交点a、b、c等移至高程为34m的等高线上，保持各点间的距离不变。

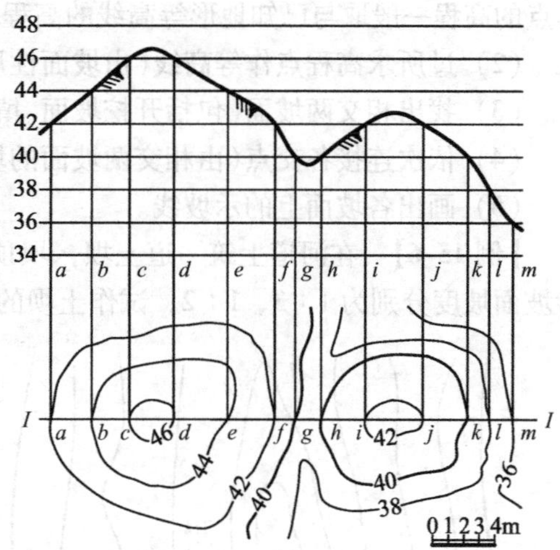

图15-15 地形断面图的画法

(4) 过a、b、c等各点分别作铅垂线与相应高程的水平线相交得交点。

(5) 依次将各交点连成曲线，并根据地质情况作出相应的剖面材料图例。

当地形面的地势较平缓时，为了充分显示地面的起伏情况，在绘制地形断面图时允许采用不同的纵横比例，使纵向比例比横向比例大，此时地形断面图不表示断面处的实际形状，而只表达断面处的地形变化情况。

地形断面图对局部地形特征反映比较直观，因此把同一地点的多张地形断面图重叠在一起，可以直观地分析该地点地形的变化过程。利用地形断面图还可以求作建筑物坡面的坡脚线(或开挖线)以及计算土石方工程量等。

15.4 标高投影在工程中的应用

依据标高投影的基本原理和作图方法，可以解决工程中坡面间的交线以及坡面与地面的交线(坡脚线或开挖线)，同时便于在图样中表达坡面的空间位置、坡面间的相互关系和坡面的范围，或在工程造价预算中对填(挖)土石方量进行估算。

由于施工对象的表面可能是平面或曲面，地面也可能是水平地面或不规则地形面。因此，它们的交线可能是直线或曲线，但求解的基本方法都是用水平面作辅助面求相交两表面相同高程等高线的交点，用直线或曲线连接，若交线是直线，只需求出两个交点并连成直线即可；若交线是曲线，应求出一系列交点，然后依次连接成光滑曲线即得交线。

坡脚线或开挖线都是由施工对象的边坡与地面相交产生的，因此，施工时一条边线产生一个边坡、有一条坡脚线或开挖线(个别坡脚线或开挖线会被其他边坡遮挡)。通常情况下，施工对象边线为直线，坡面为平面；边线是圆弧，坡面是圆锥面；边线是空间曲线，坡面为同坡曲面。

在工程中求解上述交线时，可按下列步骤作图：

（1）根据坡度定出开挖或填方坡面上坡度线的若干高程点。若坡面与地形面相交，高程点的高程一般取与已知地形等高线的高程相对应。

（2）过所求高程点作等高线（由坡面性质决定等高线的类型）。

（3）找出相交两坡面（包括开挖坡面、填方坡面、地形面）上相同高程等高线的交点。

（4）依次连接各交点（由相交两坡面的坡面性质决定连线的类型）。

（5）画出各坡面上的示坡线。

【例 15-6】　在河道上筑一道土坝，坝顶的位置、高程如图 15-16a 所示，上游坡面、下游坡面坡度分别为 1∶3、1∶2，试作土坝的标高投影图。

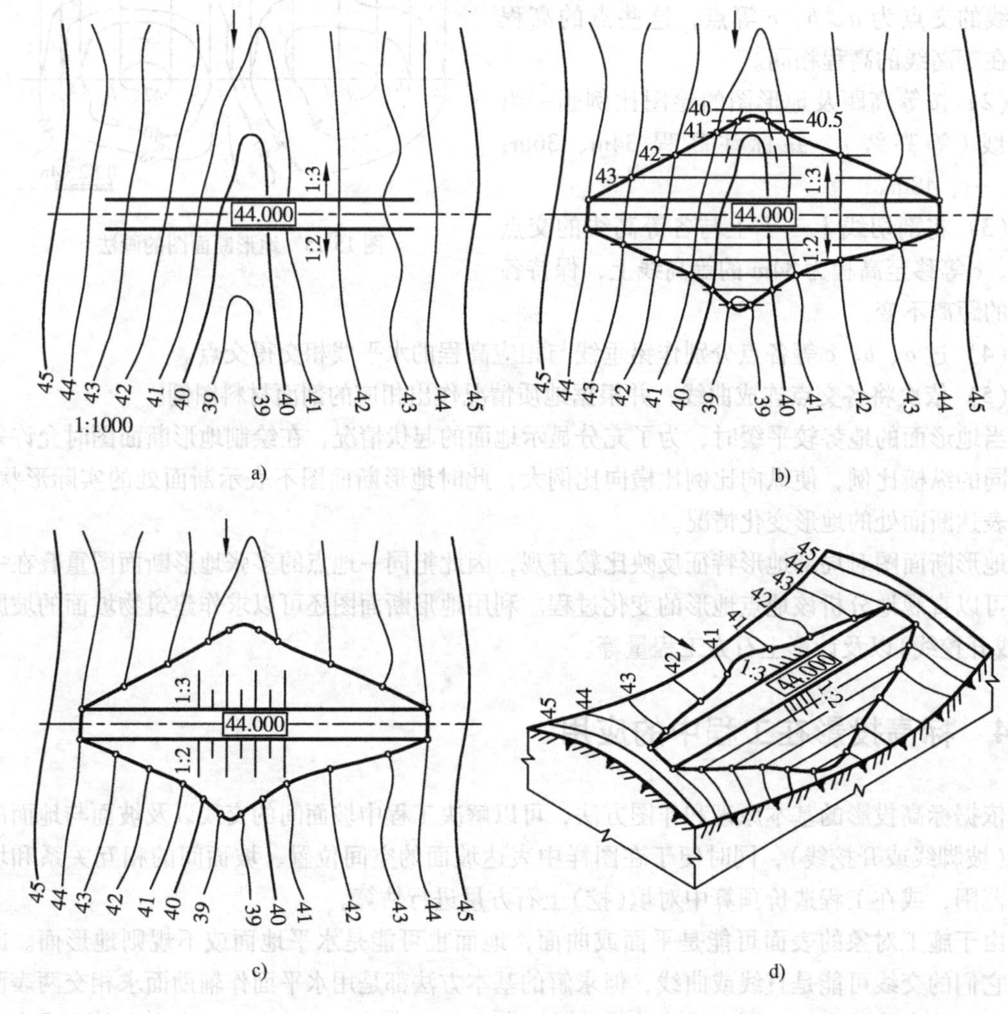

图 15-16　土坝的坡脚线

分析与作图：

从 15-16a 中可看出，坝顶高程为 44m，高于河床，所以是填方工程。土坝顶面及上下游坡面与地面都有交线。由于地面是不规则曲面，所以交线都是不规则的平面曲线。坝顶有两条边线，因此有两个坡面与地面产生两条坡脚线，坡脚线上的点是坡面与地面相同高程等高线的交点。坝顶是水平面，它与地面的交线是地面上相同高程等高线的一小段。

（1）作坝顶与地面的交线。坝顶平面是高程为 44m 的水平面，它与地面的交线是地面上高程为 44m 的等高线的一小段。作图时，将坝顶边线延长到与地面上高程为 44m 的等高线相交处(有两处)。如图 15-16b 所示。

(2) 作上游坡面的坡脚线。在上游坡面上作与地形面上等高线相同高程的等高线，上游坡面坡度 1 : 3，则平距 $l=3$，按比例作出高程为 43m、42m 等一系列的等高线，然后求出土坝坡面与地面相同高程等高线的交点，顺次光滑连接各交点，即得上游坡面坡脚线。如图 15-16b 所示。

求作上游坡脚线时应注意：河道为凹槽，坡脚线在河槽最低处应为曲线，即不应将高程为 41m 的等高线上的两个点连成直线，可以在坡面和地面上各插入一条高程为 40.5m 的等高线(图中用虚线表示)，可求得两个交点，沿坡脚线的弯曲趋势连成曲线(凸向上游)。

(3) 作下游坡面的坡脚线。下游坡面坡脚线与上游坡面坡脚线的作法相同，只是下游坡面坡度为 1 : 2，所以坡面上等高线的平距 $l=2$。依次连接所求交点，可得下游坡面的坡交线(最低处连成凸向下游的曲线)。如图 15-16b 所示。

(4) 画出两坡面的示坡线，并注明各坡面的坡度，如图 15-16c 所示。图 15-16d 为土坝轴测图。

【例 15-7】 如图 15-17a 所示，在山坡上修筑一块水平场地。已知水平场地的平面图及

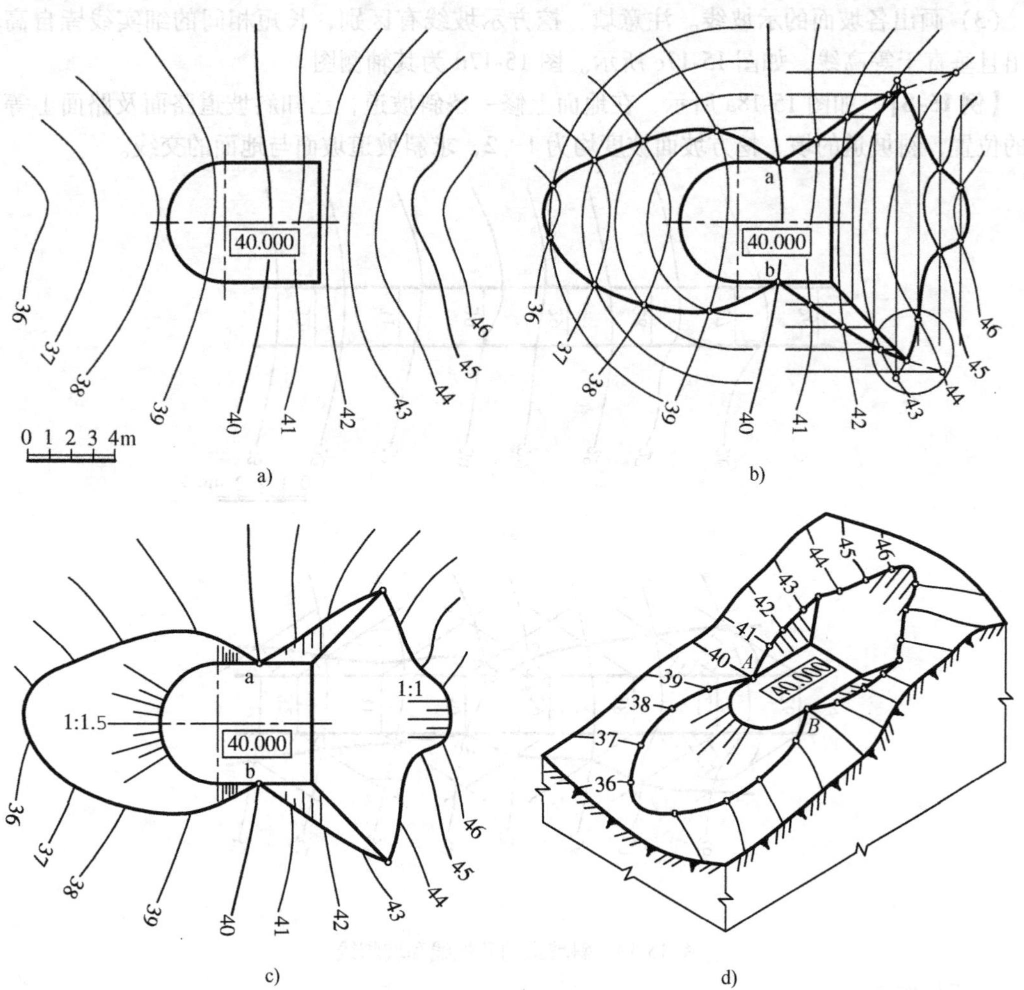

图 15-17　场地的开挖线、坡脚线和坡面交线

其高程为 40m，挖方坡度为 1∶1，填方坡度为 1∶1.5，求作开挖线、坡脚线及坡面交线。

分析与作图：

如图 15-17b 所示，地面上高程为 40m 的等高线与水平场地边线的交点 a、b 为填、挖分界点。因地形图上等高距是 1m，所以坡面的等高距也取 1m。挖方坡度为 1∶1，平距为 1；填方坡度为 1∶1.5，平距为 1.5。

（1）作开挖线和坡面交线。由地形图看出，填挖分界点东侧均为挖方，挖方坡面为三个平面，分别按比例作出三个坡面上的等高线，画出三个坡面的开挖线。相邻两个坡面坡度相等时，坡面交线是角平分线，如图 15-17b 中的角平分线。此时注意两相邻坡面开挖线和坡面交线应交于同一点，如图 15-17b 右下角圆圈内所示，它是两坡面及地形面的共有点，画图时应适当延长两个坡面的坡脚线，以便找出交点。

（2）作坡脚线。由地形图看出，填挖分界点西侧均为填方，填方坡面包括一个圆锥面和两个与它相切的平面，分别作等高线（圆锥面的等高线为一组同心圆，由于圆锥面和它两侧的平面坡度相同，所以它们相同高程的等高线相切），与地面相同高程等高线相交得各交点。连接各交点即得填方部分的坡脚线。如图 15-17b 所示。

（3）画出各坡面的示坡线。注意填、挖方示坡线有区别，长短相间的细实线皆自高端引出且垂直于等高线，如图 15-17c 所示。图 15-17d 为其轴测图。

【例 15-8】 如图 15-18a 所示，在地面上修一条斜坡道，已知斜坡道路面及路面上等高线的位置，斜坡道的填、挖方坡面坡度均为 1∶2，求斜坡道坡面与地面的交线。

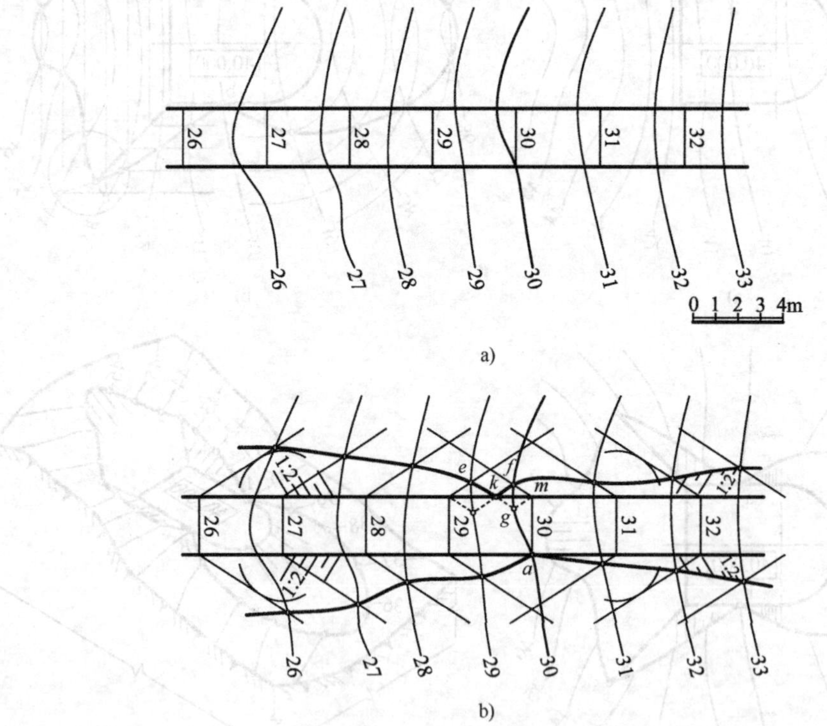

图 15-18 斜坡道的开挖线和坡脚线

分析与作图：

比较路面与地面的高程，可以看出道路的西侧比地面高，应填方，东侧比地面低，应挖方。路南填、挖方分界点在路边线高程30m处(路面高程为30m的等高线与地面高程为30m的等高线交点a)；路北的填、挖方分界点大致在29m与30m之间，准确位置要通过作图确定。

(1) 作填方两侧坡面的等高线。以路面边线上高程为27m的点为圆心，按比例量取2m为半径作圆弧(此圆弧可理解为素线坡度为1∶2的正圆锥面上高程为26m的等高线)，自路面边线上高程为26m的点作此圆弧的切线，得填方坡面上高程为26m的等高线；再过路面边线上高程为27m、28m、29m的点作此切线的平行线，即得到填方坡面上相应高程的等高线。如图15-18b所示。

(2) 作挖方两侧坡面的等高线。与填方坡面等高线的作法相同，但与同侧填方坡面等高线的方向相反，因为此时所作的圆锥面是倒圆锥面，顶点在下面，如图15-18b所示。

(3) 将坡面与地面相同高程等高线的交点依次光滑连接，得到各坡面与地面的交线。应注意图中e、f两点不能直接相连，这两点都应与填、挖分界点k相连。图中k点的作法如下：假想扩大填方坡面，自高程为30m的点m再作一高程为30m的等高线(图中一般用虚线表示,此线与高程为29m的等高线平行)，求出它与地面高程为30m的等高线的交点g，连接eg，与路面边界线交于k点，k点就是填、挖方分界点。如假想扩大路北挖方的坡面，也可得出相同的结果。如图15-18b所示。

(4) 画出各坡面的示坡线(注意各坡面的示坡线与坡面等高线垂直)，如图15-18b所示。

【例15-9】 如图15-19a所示，在地面上修一条道路，已知路面位置及道路的标准断面图，路面高程为50m，试求作道路坡面与地面的交线。

分析与作图：

如图15-19b所示，路面高程为50m，所以地面高程50m的等高线与道路边线交点k、6是填、挖方分界点，地面低于路面时，要填方；地面高于路面时，要挖方。

求路面边坡坡面与地面的交线，一般可采用坡面与地面相同高程等高线相交求交点的方法来解决。本例题中，道路的某些地方坡面上等高线与地面等高线接近平行，若采用上述方法则不易求出相同高程等高线的交点，这时可采用地形断面图来求开挖线或坡脚线上的点。具体作法是：在道路中心线上每隔一定距离作一个与道路中心线垂直的铅垂面，并作出地形断面图和道路断面图，两断面图轮廓线的交点就是开挖线或坡脚线上的点。

(1) A—A断面作图步骤如下：在地形图的适当位置作剖切线A—A；取地形图相同的绘图比例作地形断面图A—A，并定出道路中心线的位置；按剖切位置可以确定，A—A断面位置应是挖方，在地形断面图中画出道路挖方断面，边坡为1∶1；在A—A断面图中找出道路边坡与地形断面的交点Ⅰ、Ⅱ，并在地形图的A—A剖切线上量取$O1$、$O2$分别等于A—A断面图中Ⅰ、Ⅱ两点到中心线的距离，求得开挖线上的1、2两点。如图15-19b所示。

(2) 用同样的方法作B—B、C—C、D—D等断面图，可以求出开挖线或坡脚线的其他各点，如3、4、5、6、…。将同侧的点依次连接，得开挖线或坡脚线。如图15-19b所示。

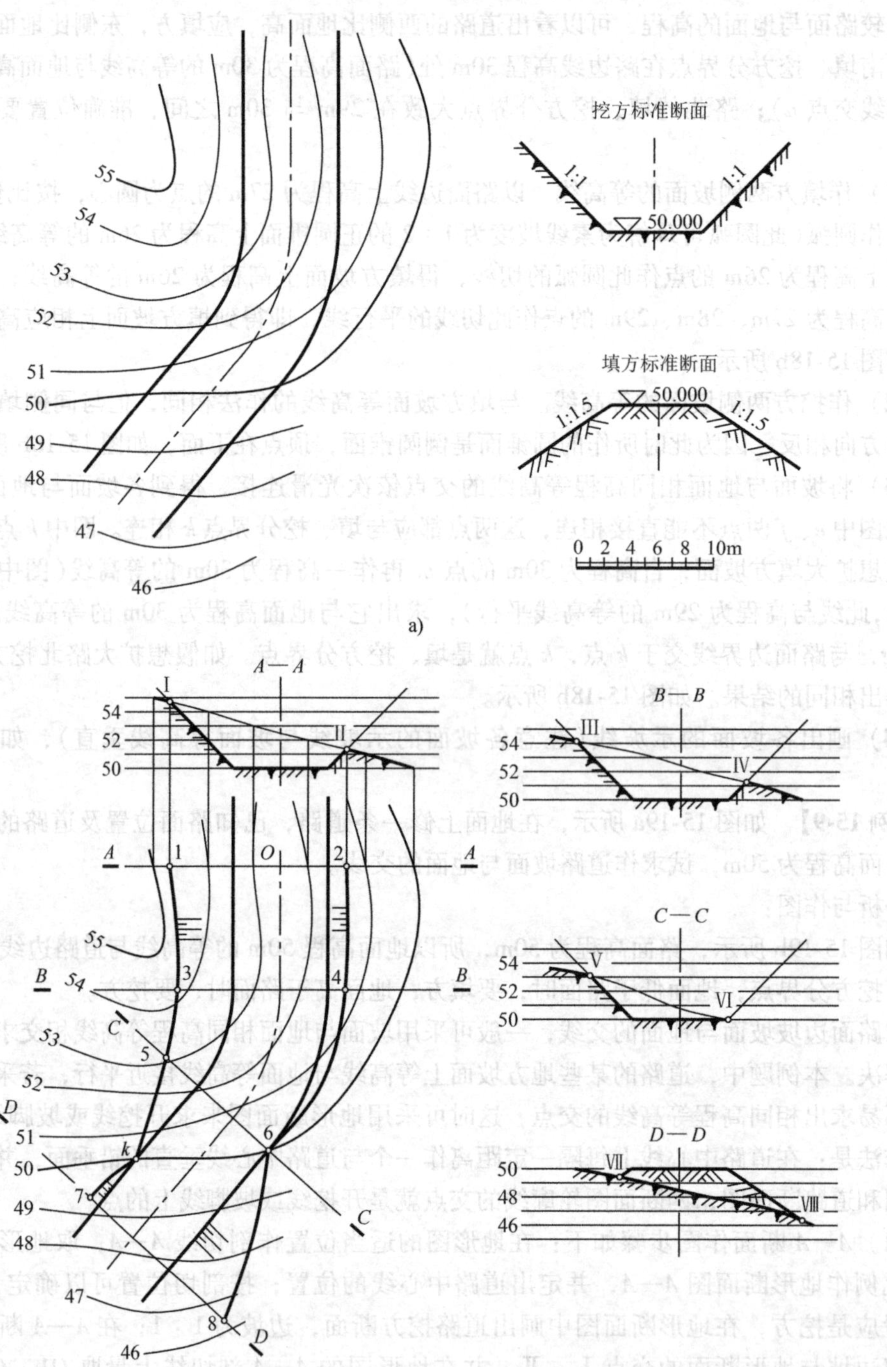

图 15-19 用断面法求开挖线和坡脚线

第 16 章　房屋建筑施工图

16.1　概述

16.1.1　房屋的组成及作用

房屋也称建筑物，按照它们的使用性质，通常可分为工业建筑(厂房、仓库、动力站等)、农业建筑(农机站、谷仓、饲养厂等)和民用建筑。民用建筑又可分为公共建筑(学校、医院、车站、体育馆等)和居住建筑(住宅、宿舍、公寓等)。虽然各种不同类型的建筑的使用要求、空间组合、外形处理、结构形式、构造方式以及规模的大小各不相同，但是构成房屋的主要部分大致是相同的，都是由基础、墙(或柱)、楼(地)面、屋面、楼梯和门窗等六大基本部分组成，此外，房屋还有台阶、坡道、阳台、雨篷、女儿墙、散水等。各组成部分在建筑物中起着不同的作用。

基础是房屋最下面的部分，它承受房屋的全部荷载，并将这些荷载传递给地基。墙体是房屋的承重和维护构件。作为承重构件承受屋面和各楼层传来的荷载，并将这些荷载传递给基础。墙有内墙和外墙之分，外墙起围护作用，内墙起分隔房间的作用。当房屋的内部空间较大时，用柱子来承受上部荷载，墙体只起围护和分隔作用。楼(地)面是楼房中水平方向的承重构件。除承受荷载外，楼面在垂直方向将建筑空间分成若干层。屋面是房屋顶部的维护和承重构件。它和外墙组成房屋的外壳，起围护作用，同时又承受风雪荷载和自重。楼梯是楼房上下楼层垂直交通的设施。供人们上下楼层之用。门主要用于室内外交通和分隔房间。窗主要用于采光和通风。门窗均安装在墙上，因此也和墙一样起着分割和围护的作用。门窗是非承重构件。

图 16-1 是一幢办公楼的轴测剖面图，它表明了房屋各组成部分的名称及所在位置。

16.1.2　房屋施工图的设计程序

建造一幢房屋需要经历设计与施工两个过程。房屋设计过程一般分为初步设计和施工图设计两个阶段。但对于一些大型的或比较复杂的工程在两个设计阶段之间，还应增加一个技术设计阶段，用来协调该工程各专业工种之间的关系和进行绘制施工图准备。

初步设计的任务是提出设计方案，表明房屋的平面布置、立面处理、结构形式等内容。初步设计包括房屋的建筑总平面图、建筑平面图、建筑立面图、建筑剖面图，有关技术和经济指标，总概算等内容，供有关部门研究和批准。施工图设计是根据报批获准的初步设计方案，修改和完善初步设计，在满足施工要求及协调各专业之间关系后最终完成设计，并绘出房屋的建筑施工图、结构施工图、设备施工图。

16.1.3　房屋施工图的图示特点及内容

房屋施工图是用来指导施工的一套图样。它是采用正投影的方法并按照国家《建筑制图

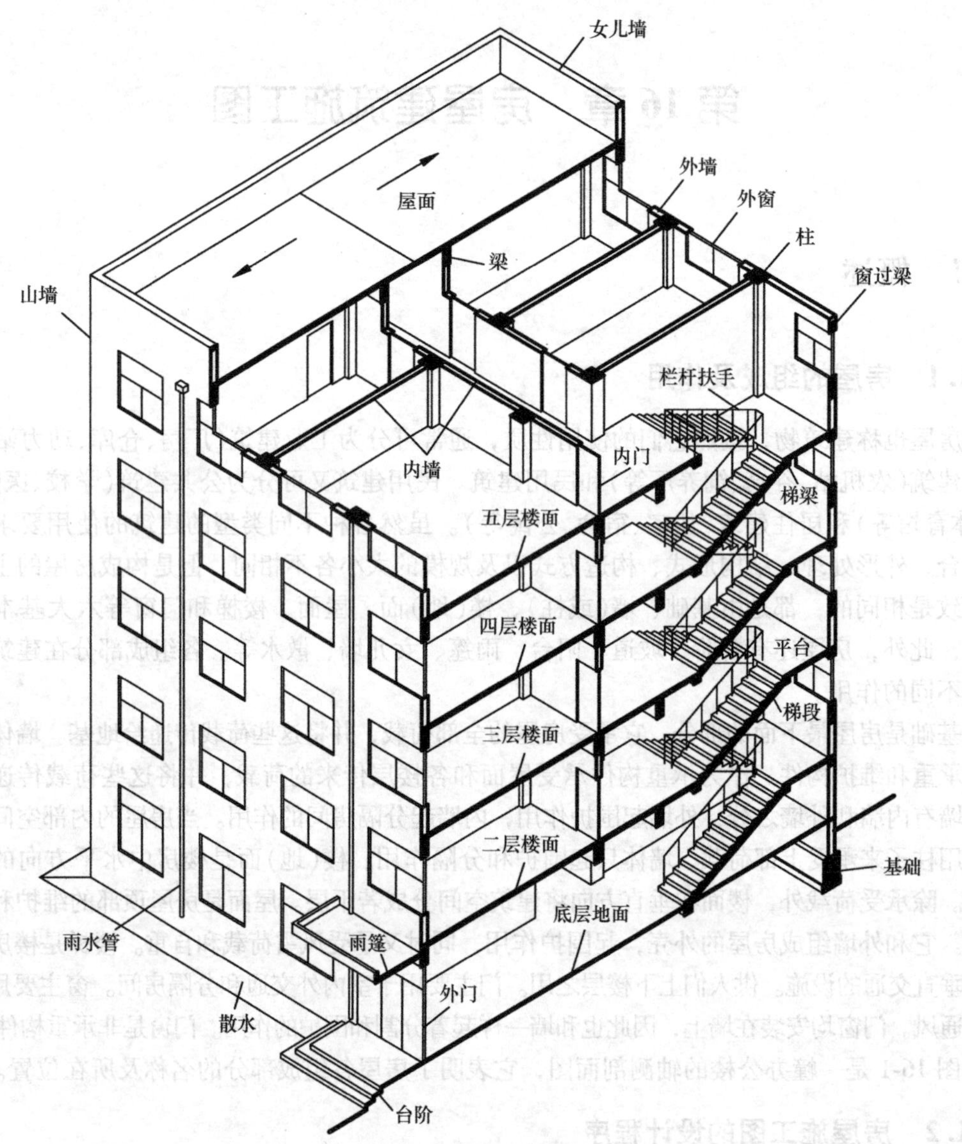

图 16-1 房屋的组成

标准》(GB/T 50104—2010)的规定，详细准确地将房屋的内外形状和大小，各部分的结构、构造、装饰、设备等的做法表达出来，并注写尺寸和文字说明。

房屋施工图有如下图示特点：

(1) 施工图中各图样采用正投影法绘制。根据图幅的大小，可将房屋的建筑平面图、建筑立面图和建筑剖面图按照投影的关系画在同一张图纸上，也可分别单独画出。

(2) 房屋形体较大，施工图一般采用较小比例绘制。

(3) 国家《建筑制图标准》(GB/T 50104—2010)规定用图形符号来表示建筑构配件、卫生设施和建筑材料，这些图形符号称为图例。

一套完整的房屋施工图，按照其内容和作用的不同，一般分为：

(1) 图纸目录——列出本套图纸是由哪几类图纸组成的，各类图纸的张数，每张图纸的编号、图名和图幅大小，以便查找图纸。如果选用标准设计图，则应注明该标准设计图所在标准图集的名称、图号或页码。

(2) 设计总说明。内容包括本工程的概况；工程设计依据和设计标准；本工程项目的相对标高和绝对标高的对应关系；建筑用料和施工要求等内容。一般小型工程的设计总说明不单独列出，可放在建筑施工图内。

(3) 建筑施工图(简称"建施")。主要表达新建房屋的规划位置、房屋的外部造型、内部各房间的布置、室内外装修、细部构造及施工要求等内容。包括建筑总平面图、建筑平面图、建筑立面图、建筑剖面图和建筑详图。

(4) 结构施工图(简称"结施")。主要表达房屋承重结构的结构类型、结构的布置和各构件的外形、大小、材料、数量及作法等内容。包括结构设计说明书、结构布置图和构件详图。

(5) 设备施工图(简称"设施")。主要表达房屋的给水排水、采暖通风、供电照明等设备的布置和施工要求等内容。包括各种设备的布置图、系统图和详图。

本章主要介绍建筑施工图的内容。

16.2 建筑总平面图

16.2.1 图示方法

在地形图上画出新建房屋在一定范围内的建筑物、构筑物以及周围环境的水平投影图，称为建筑总平面图，简称"总平面图"。总平面图用来表达建筑基地的形状、大小、地形地貌，新建房屋的具体位置、朝向、平面形状和占地面积，新建房屋与原有建筑物、构筑物、道路和绿化等之间的位置关系。

建筑总平面图是新建房屋定位、施工放线、土方施工及施工现场布置的依据，也是规划设计水、暖、电等专业工程总平面图和绘制管线综合图的依据。

16.2.2 图示特点

1. 比例

建筑总平面图所表达的范围较大，一般都采用较小的比例绘制。国家制定的《总图制图标准》(GB/T 50103—2010)(以下简称《总图》)规定：建筑总平面图应采用1：300、1：500、1：1000、1：2000等比例绘制。

2. 图例

由于建筑总平面图采用较小的比例绘制，所以建筑总平面图上的房屋、道路、桥梁、绿化等内容都是用图例表示的。表16-1中给出了《总图》规定的建筑总平面图图例中一些常用的图例。如果在建筑总平面图中使用了《总图》中没有的图例，应在图纸的适当位置全部列出，并加以说明。

3. 新建房屋的定位

新建房屋的位置，一般根据原有的房屋或道路来定位，以m为单位标注出定位尺寸。为了保证在复杂地形中放线准确，总平面图中也常采用坐标来定位。

表 16-1 总平面图常用图例

名　　称	图　　例	说　　明
新建的建筑物	X= Y= ① 12F/2D H=59.00m	用粗实线表示，建筑物一般以±0.00 高度处的外墙定位轴线交叉点坐标定位。轴线用细实线表示，并标明轴线号 根据不同设计阶段标注建筑编号，地上、地下层数，建筑高度，建筑出入口位置(两种表示方法均可,但同一图纸采用一种表示方法)
原有的建筑物		用细实线表示
计划扩建的预留地或建筑物		用中虚线表示
拆除的建筑物		用细实线表示
新建的地下建筑物或构筑物		用粗虚线表示
建筑物下面的通道		
散状材料露天堆场		需要时可注明材料名称
其他材料露天堆场或露天作业场		需要时可注明材料名称
铺砌场地		
围墙及大门		如仅表示围墙时，不画大门
坐标	1. X=105.00 Y=425.00 2. A=131.51 B=278.25	1. 表示地形测量坐标系 2. 表示自设坐标系 坐标数字平行于建筑标注
方格网交叉点标高	−0.50 77.85 78.35	“78. 35” 为原地面标高 “77. 85” 为设计标高 “−0. 50” 为施工高度 “−” 表示挖方(“+”表示填方)
填挖边坡		边坡较长时，可在一端或两端局部表示
室内标高	151.00 (±0.00)	数字平行于建筑书写

（续）

名 称	图 例	说 明
室外地坪标高	143.00	室外标高也可采用等高线
新建道路	R=6.00 0.30% 100.00 107.50	“R=6.00”表示道路转弯半径； “107.50”为道路中心线交叉点设计标高，两种表示方式均可，同一图纸采用一种方式表示； “100.00”为变坡点之间距离，“0.30%”表示道路坡度，—→表示坡向
原有的道路		
计划扩建的道路		
拆除的道路		
人行道		

坐标分为测量坐标和施工坐标。坐标网格应以细实线表示，是以100m×100m或50m×50m为一方格在地形图上绘制的方格网，它与地形图采用同一比例尺。测量坐标网应画成交叉十字线，坐标代号宜用“*X*、*Y*”表示，施工坐标网应画成网格通线，坐标代号宜用“*A*、*B*”表示，如图16-2所示。为了施工的方便，常将建设地区的某一点定为“0”，再用建筑物墙角距“0”点的距离确定其位置，这就是施工坐标。表示建筑物位置的坐标宜标注其三个角的坐标，如建筑物与坐标轴线平行，可标注其对角坐标。

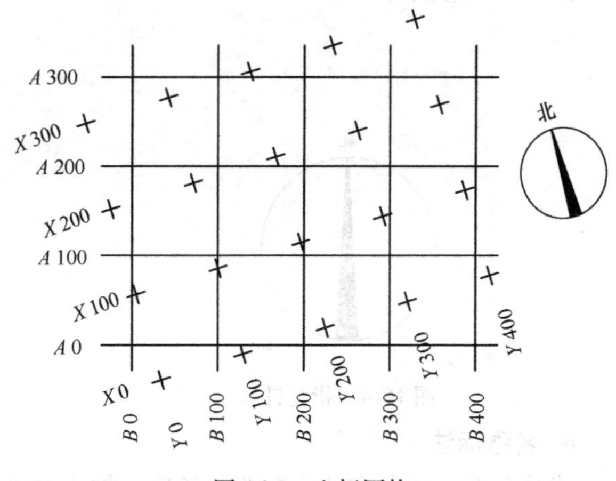

图16-2 坐标网格

4. 尺寸和标高

建筑总平面图上标注的尺寸以m为单位，标注到小数点后两位。

建筑总平面图上应标注新建房屋的总长和总宽尺寸，标注新建房屋与原有房屋或道路中心线距离的位置尺寸。标注新建房屋室内地坪和室外整平的绝对标高尺寸。

标高是标注建筑物某一点高度的一种尺寸形式。在图中用标高符号加注尺寸数字表示，如图16-3a所示。标高符号用细实线绘制，符号中的三角形为等腰直角三角形，高约3mm，如图 16-3b 所示。总平面图室外地坪标高符号，宜用涂黑的三角形表示，如图 16-3c 所示。标高符号的尖端应指至被注高度的位置，尖端宜向下，也可以向上，标高数字应注写在标高符号的上侧或下侧，如图 16-3d 所示。标高数字应以 m 为单位，注写到小数点以后第三位。在总平面图中，注写到小数点后二位。零点标高应注写成±0. 000，正数标高不注“+”号，负数标高应注“-”号，例如 3. 000、-0. 450。在图样的同一位置需表示几个不同标高时，标高数字可按图 16-3e 的形式注写。

同一张图纸上的标高符号应大小相等，对正画出。

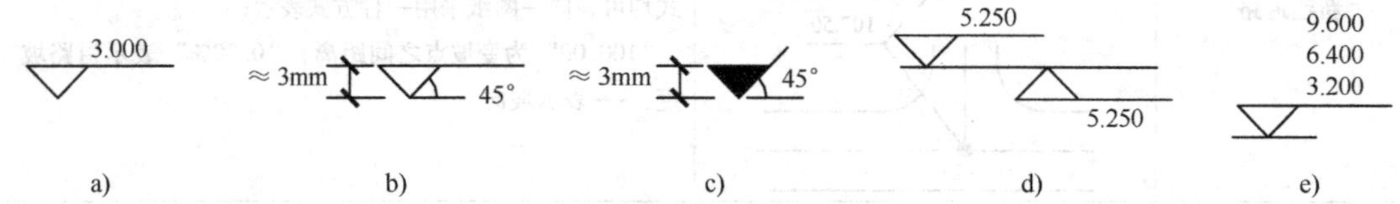

图 16-3　标高符号

标高分绝对标高和相对标高两种。绝对标高，是指我国青岛市外的黄海海平面作为零点而测定的高度尺寸。相对标高，是指该房屋的首层室内地面为零点而标注的高度尺寸。

5. 新建房屋的朝向和风向

用指北针或带有指北针的风向频率玫瑰图(简称“风玫瑰”)来表示新建房屋的朝向以及该地区常年风向频率。指北针用细实线绘制，圆的直径宜为 24mm，指针尖为北向，并应写出“北”或“N”字，指针尾部的宽度宜为 3mm。如图 16-4 所示。风玫瑰是用 16 个方向上长短线表示该地区常年的风向频率。用粗实线表示全年风向频率，用虚线表示夏季风向频率，如图 16-5 所示。

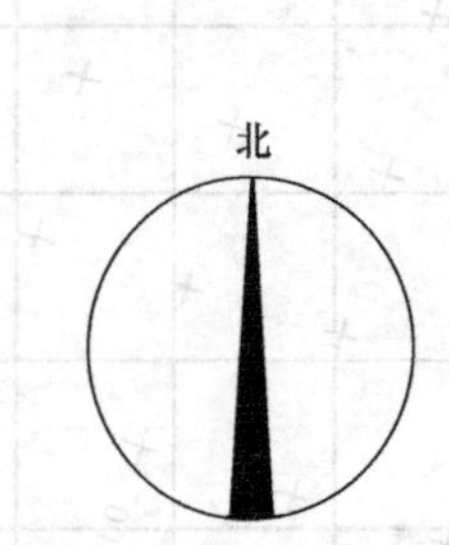

图 16-4　指北针

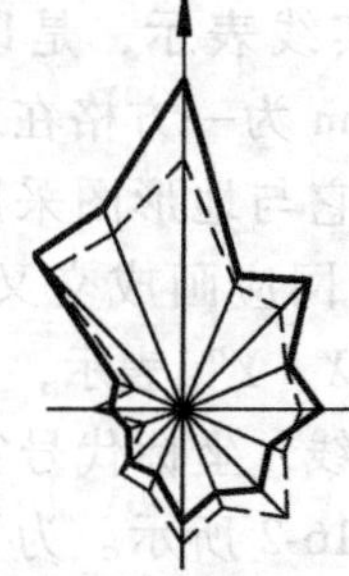

图 16-5　风向频率玫瑰图

6. 名称标注

建筑总平面图中应标注出图上各建筑物或构筑物的名称。

图 16-6 是某办公楼工程的建筑总平面图。采用 1∶1000 的比例绘制。建筑基地的地形是通过总平面图上的标高点来表示的，从图中可以看出整个基地比较平坦。该办公楼南北朝向，为五层建筑，主要出入口在南面，平面形状为矩形，长 30. 20m，宽 16. 40m。办公楼室外地坪标高为 788. 58m，室内地坪标高为 789. 03m，均为绝对标高，室内外高差为 0. 45m。办公楼距西面六层的教学楼 10m，距南面的道路边缘 8m。从图 16-6 中还可以看出在办公楼东面有一计划拆除的建筑。

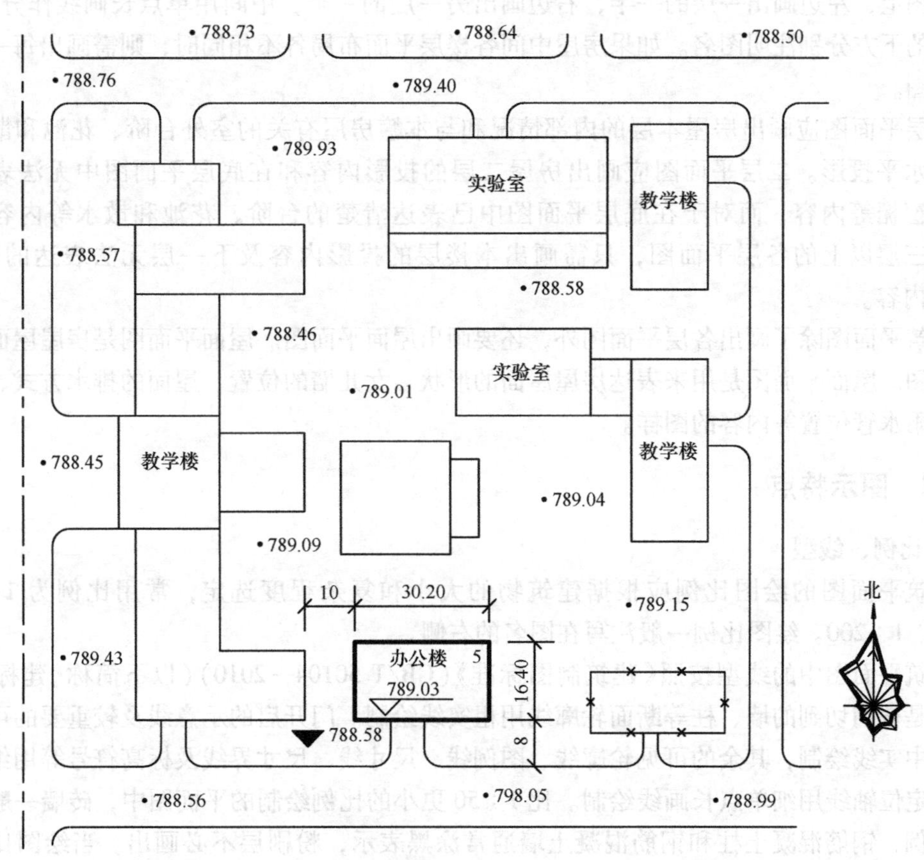

图 16-6　总平面图

16.3　建筑平面图

16.3.1　图示方法

假想用一个水平剖切平面沿房屋门窗洞口的位置将整幢房屋剖开，对剖切平面以下部分作出的水平全剖面图，称为建筑平面图，简称“平面图”。建筑平面图用来表达房屋的平面形状、大小和房间的布置，墙(或柱)的位置、尺寸和材料，门窗的位置和类型等内容的图样。

建筑平面图是建筑施工图的主要图样之一，是施工时放线、砌墙、安装门窗、进行室内装修、编制预算以及施工备料的主要依据。

一般地说，房屋有几层就应画出几个平面图，并在图的下方注明相应的图名，如底层平面图、二层平面图等。多层房屋的平面图是由底层(一层)平面图，中间各层平面图和顶层平面图组成。如中间各楼层平面布局相同，则相同的楼层可共用一个平面图表示，称为标准层平面图，也可标注为×层~×层平面图。如果建筑平面图左右对称时，亦可将两层平面图画在同一图上，左边画出一层的一半，右边画出另一层的一半，中间用单点长画线作分界线，并在图的下方分别注明图名。如果房屋中间各楼层平面布局各不相同时，则需画出每一楼层的平面图。

底层平面图应画出房屋本层的内部情况和与本幢房屋有关的室外台阶、花池和散水等内容的水平投影。二层平面图应画出房屋二层的投影内容和在底层平面图中无法表达的雨篷、窗楣等内容，而对于在底层平面图中已表达清楚的台阶、花池和散水等内容不再画出。三层以上的各层平面图，只需画出本楼层的投影内容及下一层无法表达的雨篷、窗楣等内容。

建筑平面图除了画出各层平面图外，还要画出屋面平面图。屋面平面图是房屋屋面的水平投影图。屋面平面图是用来表达房屋屋面的形状、女儿墙的位置、屋面的排水方式、排水坡度及雨水管位置等内容的图样。

16.3.2 图示特点

1. 比例、线型

建筑平面图的绘图比例应根据建筑物的大小和复杂程度选定，常用比例为 1∶50、1∶100、1∶200。绘图比例一般注写在图名的右侧。

建筑平面图中的线型按照《建筑制图标准》(GB/T 50104—2010)(以下简称《建标》)规定：凡是被剖切到的墙、柱等断面轮廓线用粗实线绘制。门开启的示意线及较重要的可见轮廓线用中实线绘制，其余的可见轮廓线、图例线、尺寸线、尺寸界线及标高符号等用细实线绘制，定位轴线用细单点长画线绘制。比 1∶50 更小的比例绘制的平面图中，砖墙一般不画材料图例，钢筋混凝土柱和钢筋混凝土墙通常涂黑表示，粉刷层不必画出。当绘图比例为 1∶50或更大时，粉刷层则需要用细实线画出。

2. 图例

由于建筑平面图采用较小的比例绘制，各层平面图中的楼梯、门窗、卫生设备等都不能按照实际形状画出，均采用《建标》规定的图例表示。《建标》中常用的建筑构造配件图例见表 16-2。有关卫生设备的图例见表 18-3。用 90°或 45°的中实线表示门的位置和开启方向；

表 16-2 建筑构造配件图例

名 称	图 例	说 明
墙体		① 上图为外墙，下图为内墙 ② 外墙细线表示有保温层或有幕墙 ③ 应加注文字或涂色或图案填充表示各种材料的墙体 ④ 在各层平面图中防火墙宜着重以特殊图案填充表示
隔断		① 加注文字或涂色或图案填充表示各种材料的轻质隔断 ② 适用于到顶与不到顶隔断
栏杆		

（续）

名　　称	图　　例	说　　明
楼梯	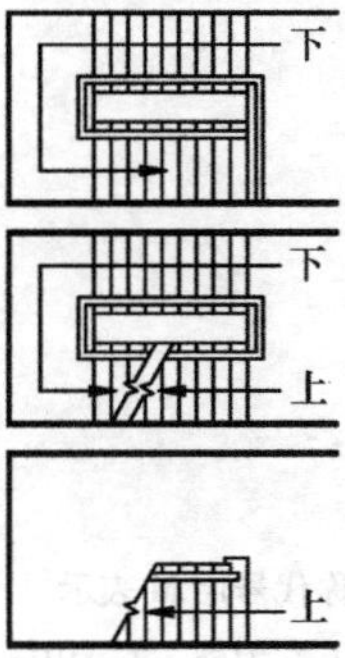 下 下 上 上	① 上图为顶层楼梯平面，中图为中间层楼梯平面，下图为底层楼梯平面 ② 需设置靠墙扶手或中间扶手时，应在图中表示
坡道	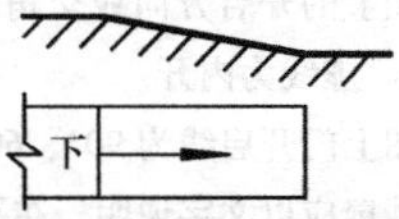 下	长坡道
检查口	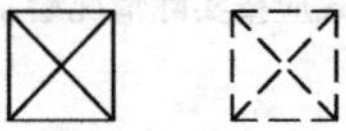	左图为可见检查口 右图为不可见检查口
孔洞		阴影部分亦可填充灰度或涂色代替
坑槽	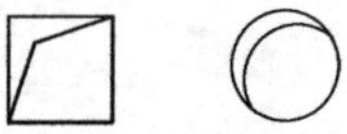	
墙预留洞、槽	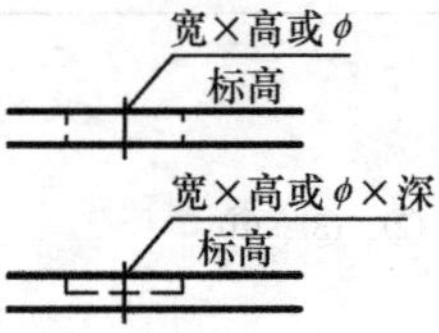 宽×高或ϕ 标高 宽×高或ϕ×深 标高	① 上图为预留洞，下图为预留槽 ② 平面以洞(槽)中心定位 ③ 标高以洞(槽)底或中心定位 ④ 宜以涂色区别墙体和预留洞(槽)
烟道		① 阴影部分亦可填充灰度或涂色代替 ② 烟道、风道与墙体为相同材料，其相接处墙身线应连通 ③ 烟道、风道根据需要增加不同材料的内衬
风道	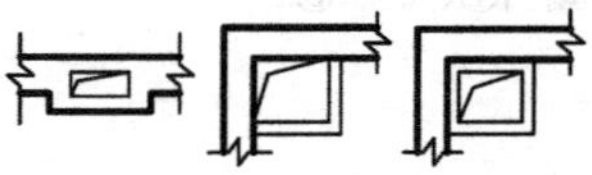	
空门洞	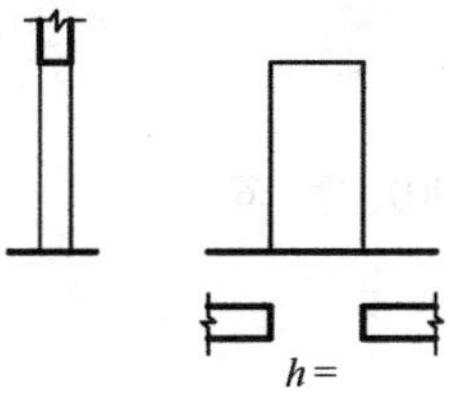 $h=$	h 为门洞高度

（续）

名　称	图　例	说　明
单扇门（包括平开或单面弹簧）	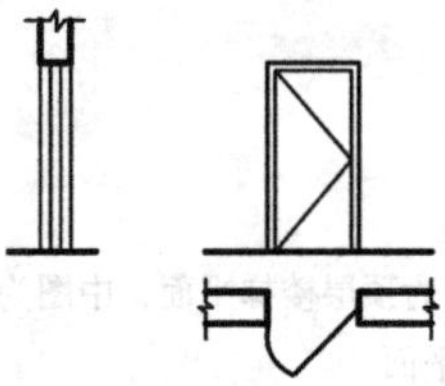	① 门的名称代号用 M 表示 ② 剖面图上左为外，右为内；平面图上下为外，上为内 ③ 立面图上的开启方向线交角的一侧为安装合页的一侧，实线为外开。虚线为内开 ④ 平面图上门开启线为 90°、60°、45°，开启弧线宜绘出 ⑤ 附加纱扇应以文字说明，在平、立、剖面图中均不表示 ⑥ 立面形式应按实际情况绘制
双面开启单扇门（包括双面平开或双面弹簧）	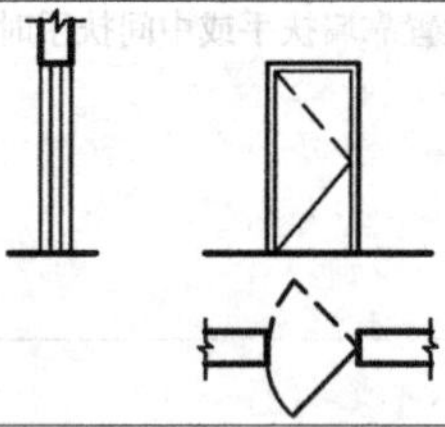	
单面开启双扇门（包括平开或单面弹簧）	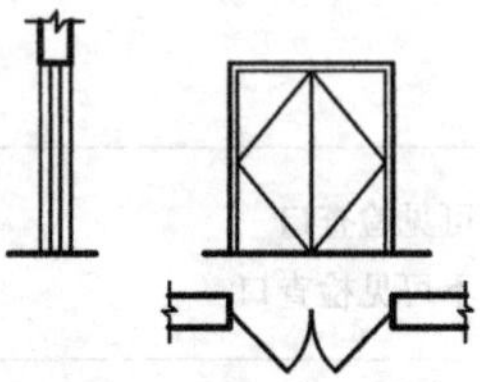	
双面开启双扇门（包括双面平开或双面弹簧）	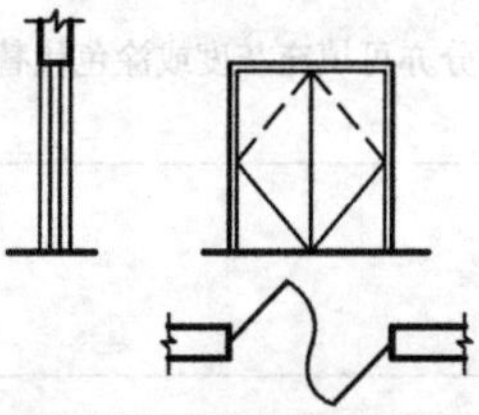	
折叠门	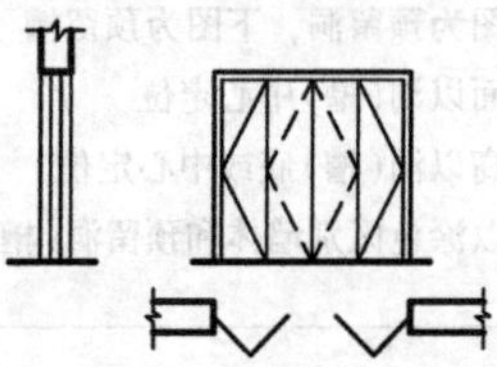	同上①、②、③、⑥
卷帘门	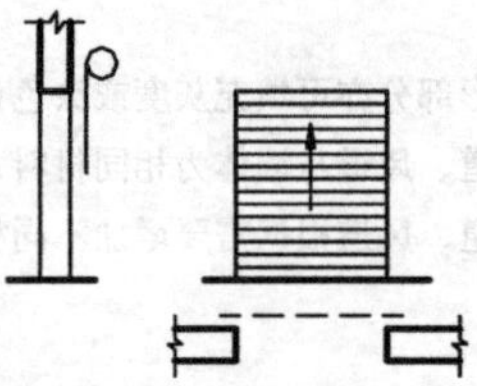	同单扇门①、②、⑥
墙中双扇推拉门	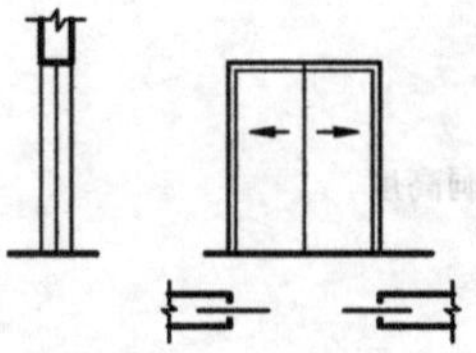	同单扇门①、②、⑥

（续）

名　称	图　例	说　明
固定窗	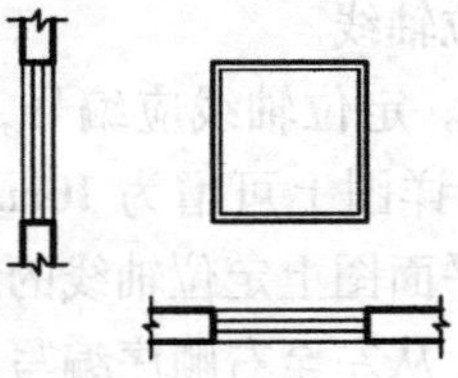	① 窗的名称代号用C表示 ② 立面图中的斜线表示窗的开关方向，实线为外开，虚线为内开；开启方向线交角的一侧为安装合页的一侧，一般设计图中可不表示 ③ 剖面图上左为外，右为内，平面图上下为外，上为内 ④ 平、剖面图上的虚线仅说明开关方式，在设计图中不需表示 ⑤ 附加纱窗应以文字说明，在平、立、剖面图中均不表示 ⑥ 窗的立面形式应按实际情况绘制
中悬窗	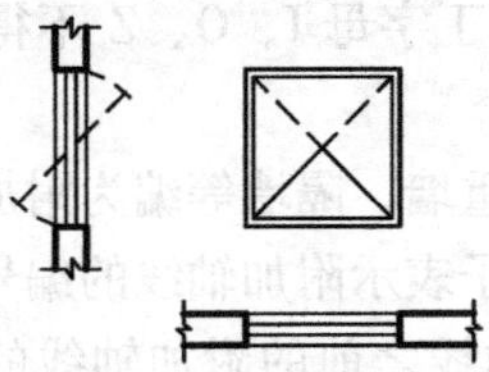	
单层外开平开窗	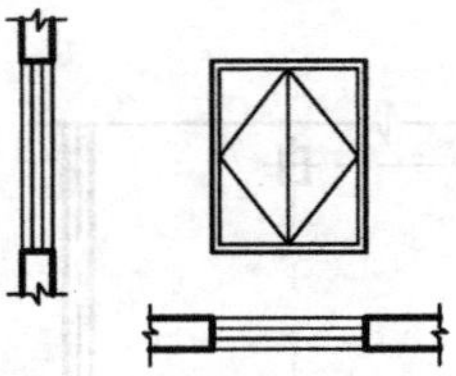	
单层推拉窗	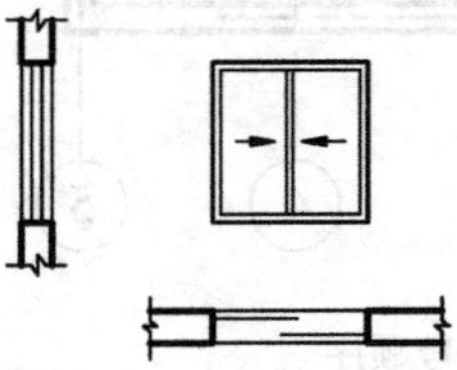	同上①、⑥
上推窗	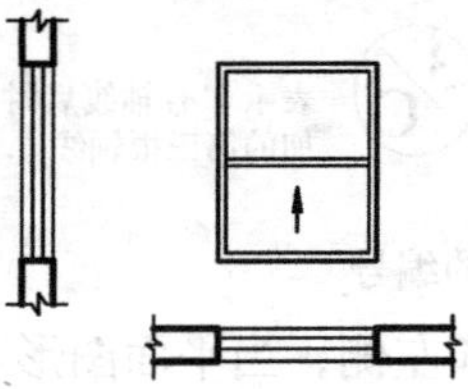	同固定窗①、⑥
百叶窗	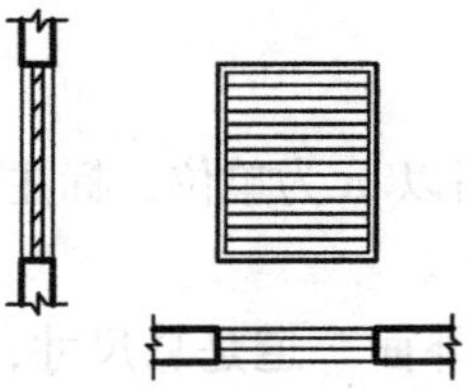	同固定窗①、⑥

用两条平行的细实线表示窗框与窗扇。门窗除用图例表示外，还用M、C分别表示门和窗的代号，门窗代号的后面都注有编号，编号为阿拉伯数字如M1、M2、…、C1、C2、…。同一代号和编号的门或窗，其尺寸、形式及材料等都相同。当设计选用的门窗是标准设计时，可选用门窗标准图集中的门窗型号或代号来标注。平面图中的楼梯按《建标》中的图例画出。

3. 定位轴线及编号

在施工图中，通常将房屋的基础、墙、柱和屋架等承重构件的轴线画出，并进行编号，以便施工时定位放线和查阅图样。这些轴线称为定位轴线。

《建标》规定：定位轴线应用细单点长画线绘制。定位轴线应编号，编号应注写在轴线端部的圆内，圆应用细实线绘制，直径应为8mm，详图上可增为10mm。定位轴线圆的圆心，应在定位轴线的延长线上或延长线的折线上。平面图上定位轴线的编号，宜标注在图样的下方或左侧。平面图上横向编号应用阿拉伯数字，从左至右顺序编写，竖向编号应用大写拉丁字母，从下至上顺序编写，如图16-7所示。拉丁字母I、O、Z不得用为轴线编号，以免与阿拉伯数字中的1、0、2混淆。

一般承重墙、柱及外墙编为主轴线，对于非承重墙、隔墙等编为附加轴线。两根轴线之间的附加轴线，应以分母表示前一轴线的编号，分子表示附加轴线的编号，编号宜用阿拉伯数字顺次编写，如图16-8所示。1号轴线或A号轴线之前的附加轴线的分母应以01或0A表示。

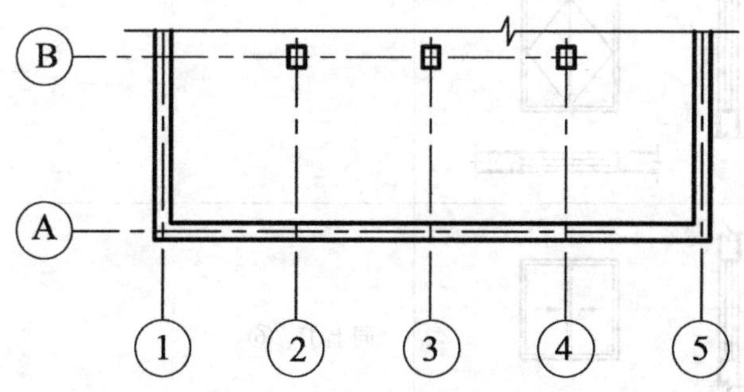

图16-7 定位轴线编号顺序

1/2 表示2号轴线后附加的第一根轴线

3/C 表示C号轴线后附加的第三根轴线

图16-8 附加轴线的编号

平面图中轴线编号一般标注在平面图形的下方和左侧，当平面图形不对称时，平面图形的上方和右侧也应标注轴线编号。

4. 尺寸和标高

建筑平面图中所标注的尺寸以mm为单位。标高以m为单位，标注到小数点后三位。

建筑平面图上标注的尺寸有外部尺寸和内部尺寸。

(1) 外部尺寸。外部尺寸应标注三道尺寸。最外面一道是总尺寸，标注房屋的总长和总宽尺寸。中间一道是轴线的间距尺寸，标注房间的开间和进深尺寸，是承重构件的定位尺寸。最里面一道是细部尺寸，标注外墙门、窗洞的宽度和洞间墙的尺寸，这道尺寸应从轴线注起。

如果房屋的平面图形是对称的，宜在图形的左侧和下方标注外部尺寸，如果平面图形不对称，则需在各个方向标注尺寸，或在不对称的部分标注外部尺寸。

(2) 内部尺寸。标注各房间长、宽方向的净空尺寸，墙的厚度及与轴线的关系、柱子的断面、房屋内墙门窗洞口、门垛等细部尺寸。底层平面图中还应标注出室外台阶和散水等尺寸。

（3）标高。建筑平面图上应标注底层地面、各层楼面、楼梯休息平台、台阶顶面、阳台顶面和室外地坪的相对标高，以表示各部位对于标高零点的相对高度。

5. 其他标注

在底层平面图上应画出指北针，以表示房屋的朝向。底层平面图上应画出建筑剖面图的剖切符号及剖面图的编号，以便与剖面图对照查阅。在平面图中如果某个部位需要另见详图，需要用详图索引符号注明要画详图的位置、详图的编号及详图所在图纸的编号。平面图中各房间的用途宜用文字标出，如“办公室”“会议室”和“计算机机房”等。

图 16-9 为某办公楼底层平面图，采用 1∶100 的比例绘制。该办公楼的平面形状为矩形，总长 30. 20m，总宽 16. 40m。办公楼南北向，正门在南面。平面布置为内廊式，走廊两侧的房间为办公室、传达室和计算机机房。室内地面标高为±0. 000m，室外整平标高为-0. 450m，室内外高差为 0. 450m，卫生间地面标高为-0. 020m，比室内地面低 20mm。

该办公楼为钢筋混凝土框架结构，涂黑的正方形是钢筋混凝土框架柱，是主要承重构件，其断面尺寸为 500mm×500mm。外墙厚 250mm，内墙厚 200mm，均采用加气混凝土砌块。这里墙主要起围护和分割作用。

定位轴线是以框架柱来确定的。横向轴线从①~⑨，纵向定位轴线从Ⓐ~Ⓓ，墙的中心线未与定位轴线重合。房间的开间尺寸在①②轴线、②③轴线、⑦⑧轴线和⑧⑨轴线间距为 3. 300m，在③④轴线、⑤⑥轴线和⑥⑦轴线间距为 3. 600m。房间进深尺寸为 6. 600m。门厅在④⑤轴线之间，开间尺寸为 5. 700m，楼梯间与门厅正对。

底层平面图上用到的各种门窗分别用图例表示并编号。底层平面图上共有 4 种门，M1、M2 为双扇弹簧门，M3、M4 为单扇平开门；有 3 种类型的窗，C1、C2、C3 为铝合金推拉窗。1—1 剖面图和 2—2 剖面图的剖切符号及编号分别标注在④~⑤和②~③轴线之间。由于平面图形上下和左右均不对称，在图形的四周都标注了外部尺寸，以便看图。

图 16-10 为办公楼二~四层平面图，采用 1∶100 的比例绘制。办公楼二~四层的平面布置完全相同，只是在二层平面图中应表达出室外的雨篷，这里我们用一个平面图表达二、三和四层的平面情况，并用文字说明雨篷仅用于二层平面图。二~四层楼面的标高分别为 3. 900m、7. 500m、11. 100m，表示底层高度为 3. 900m，二层、三层和四层高度均为 3. 600m。

图 16-11 为办公楼五层平面图，表达了房屋五层平面布置情况。在④~⑦轴线和Ⓐ~Ⓑ轴线间是一会议室。

图 16-12 为办公楼屋面平面图，采用 1∶100 的比例绘制。屋面平面图比较简单，也可以采用 1∶200 的比例绘制。屋面的排水方式为双向排水，画有分水线，排水坡度 $i=2\%$，图中用箭头表示排水方向。图中可以看到女儿墙和雨水管的位置。屋面上建有一 700mm×600mm 的上人检查孔。屋面的标高为 18. 300m。

16. 3. 3　门窗表

为了方便工程预算，订货与加工，通常画出门窗明细表，列出该房屋所选用的门窗编号、洞口尺寸、数量、采用的标准图集及编号等内容，如表 16-3 所示。

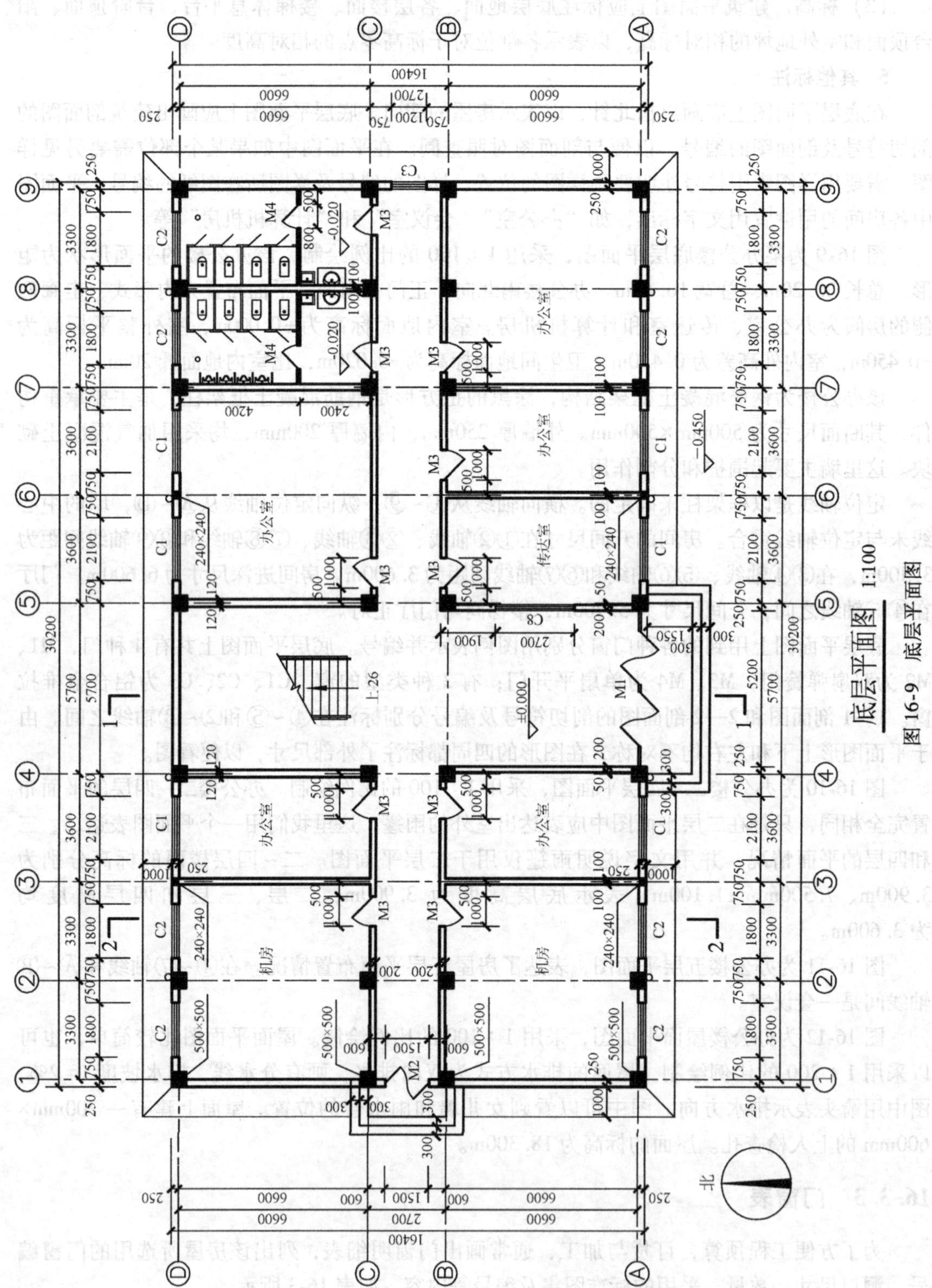

图16-9 底层平面图

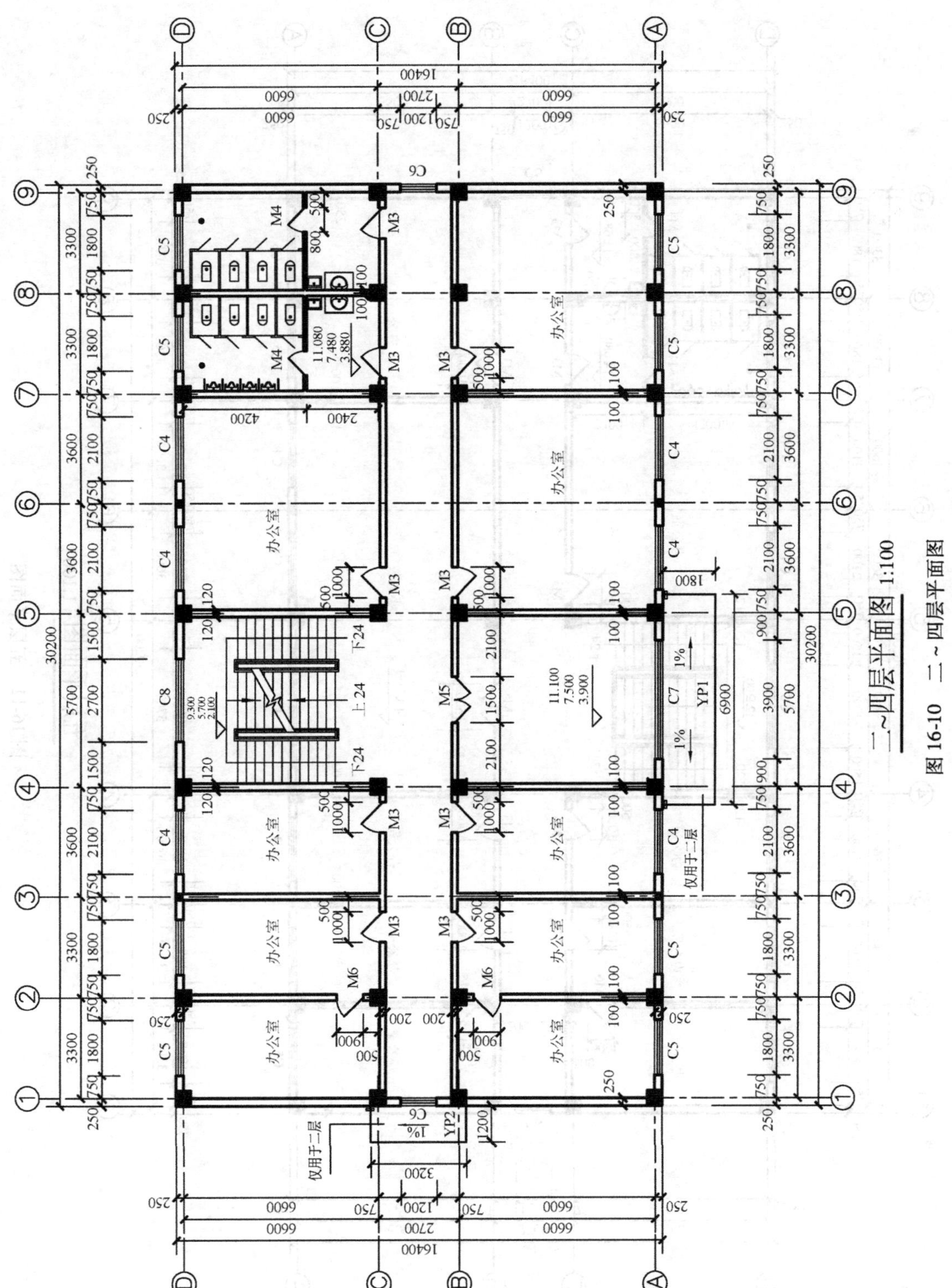

图 16-10　二～四层平面图

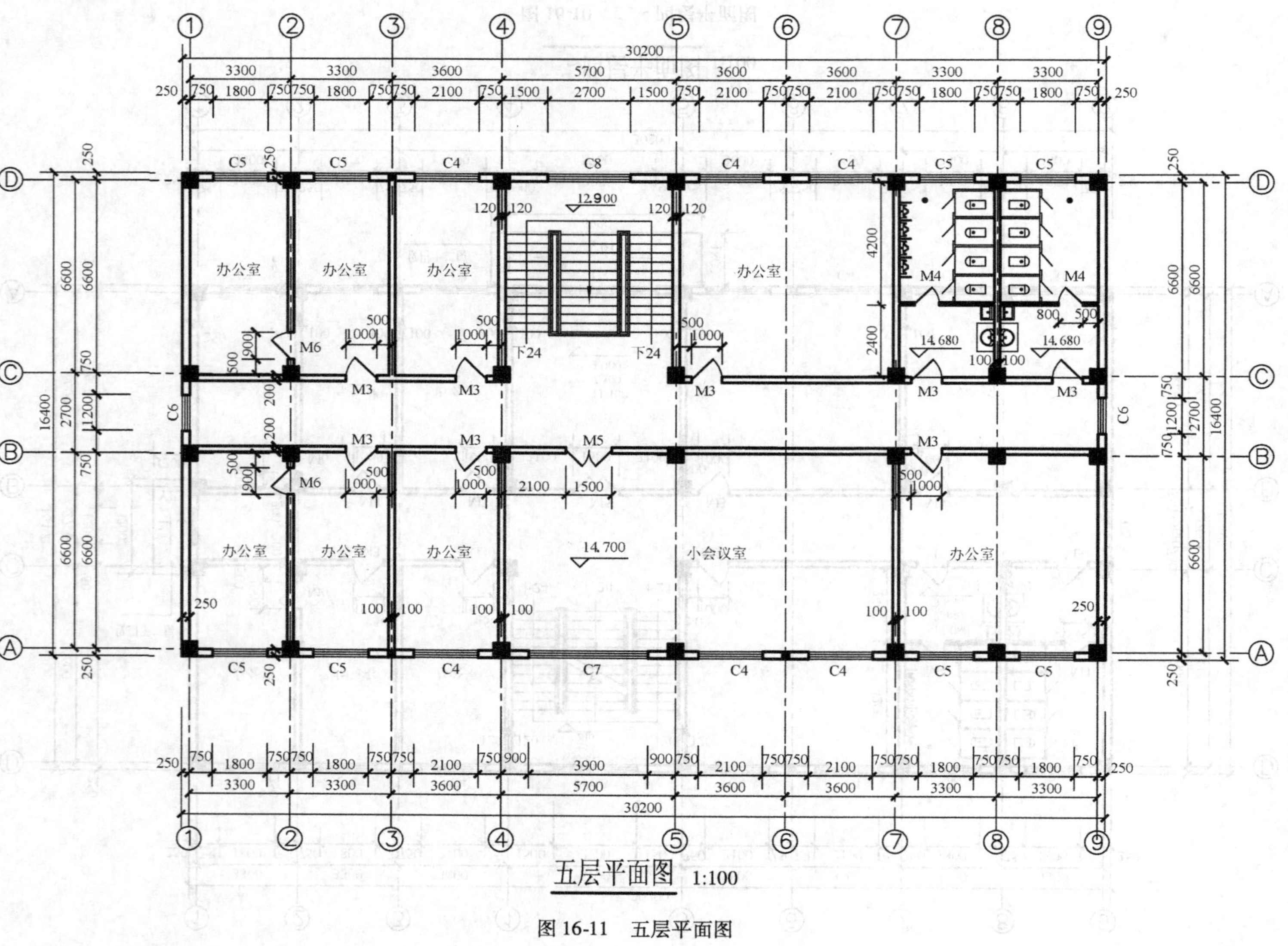

图 16-11 五层平面图

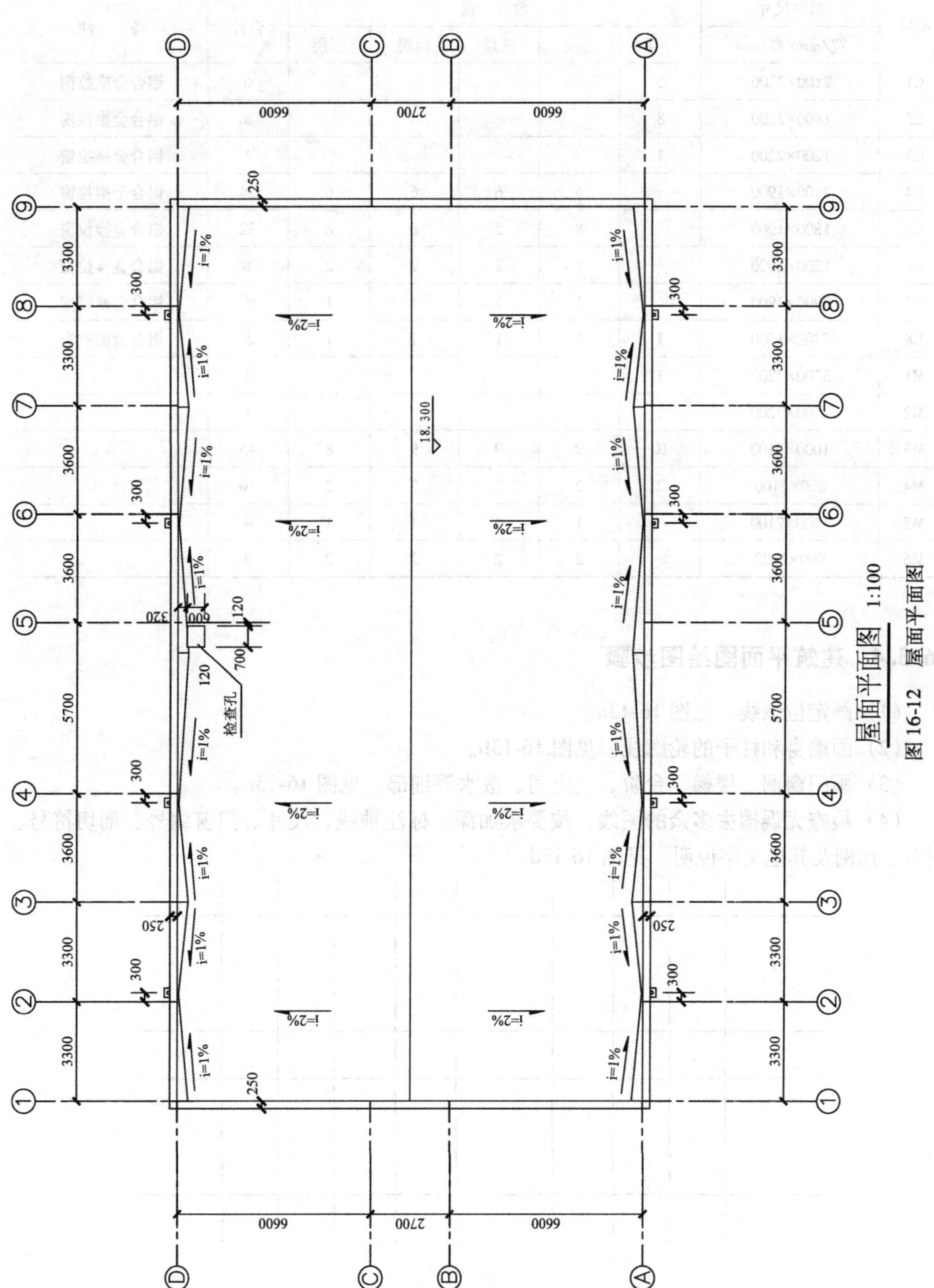
屋面平面图 1:100
18.300
检查孔
i=1%
i=2%
6600
2700
3300
3600
5700
300
250
320
600
120
700

图 16-12　屋面平面图

表 16-3 门窗表

编号	洞口尺寸	数量					合计	备注
	宽/mm×高/mm	一层	二层	三层	四层	五层		
C1	2100×2200	6					6	铝合金推拉窗
C2	1800×2200	8					8	铝合金推拉窗
C3	1200×2200	1					1	铝合金推拉窗
C4	2100×1900		6	6	6	6	24	铝合金推拉窗
C5	1800×1900		8	8	8	8	32	铝合金推拉窗
C6	1200×1900		2	2	2	2	8	铝合金推拉窗
C7	3900×1900		1	1	1	1	4	铝合金推拉窗
C8	2700×1500	1	1	1	1	1	5	铝合金推拉窗
M1	5200×3200	1					1	
M2	1500×3200	1					1	
M3	1000×2100	10	9	9	9	8	45	
M4	800×2100	2	2	2	2	2	10	
M5	1500×2100		1	1	1	1	4	
M6	900×2100		2	2	2	2	8	

16.3.4 建筑平面图绘图步骤

（1）画定位轴线。见图 16-13a。

（2）画墙身和柱子的轮廓线。见图 16-13b。

（3）画门窗洞、楼梯、台阶、卫生间、散水等细部。见图 16-13c。

（4）检查无误擦去多余的图线，按要求加深。标注轴线、尺寸、门窗编号、剖切符号、图名、比例及其他文字说明。见图 16-13d。

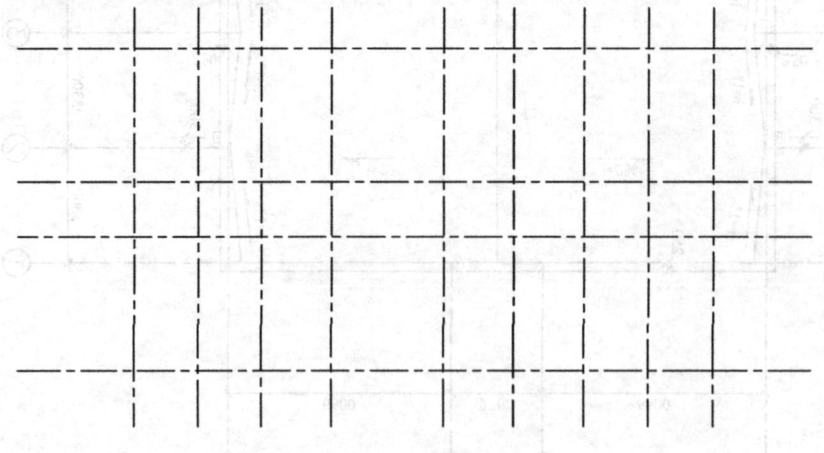

a)

图 16-13 建筑平面图绘图步骤

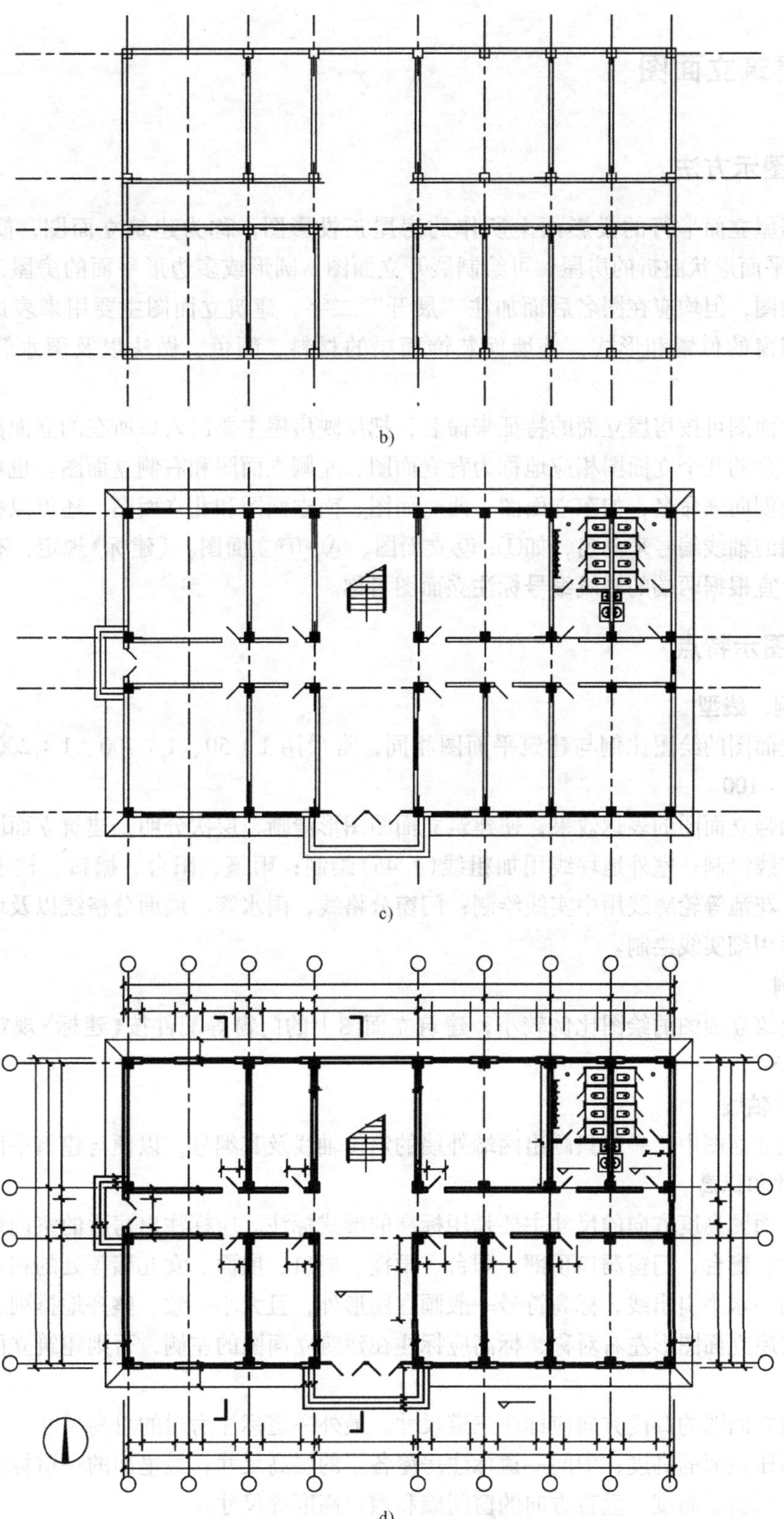

b)

c)

d)

图16-13　建筑平面图绘图步骤(续)

16.4 建筑立面图

16.4.1 图示方法

在与房屋立面平行的投影面上所作的房屋正投影图，称为建筑立面图，简称“立面图”。对于平面形状曲折的房屋，可绘制展开立面图，圆形或多边形平面的房屋，可分段展开绘制立面图，但均应在图名后面加注“展开”二字。建筑立面图主要用来表达房屋的外部造型、门窗的位置和形式，外墙面装饰面层的材料、颜色、做法以及雨水管的位置等内容。

建筑立面图可按房屋立面的特征来命名，把反映房屋主要出入口所在的立面图，称为正立面图，其余的几个立面图相应地称为背立面图、左侧立面图和右侧立面图。也可以根据房屋各墙面的朝向来命名，如东立面图、西立面图、南立面图和北立面图。还可以根据房屋立面两端外墙的轴线编号来命名，如①~⑨立面图、Ⓐ~Ⓓ立面图。《建标》规定：有定位轴线的建筑物，宜根据两端的轴线编号标注立面图名称。

16.4.2 图示特点

1. 比例、线型

建筑立面图的绘图比例与建筑平面图相同，常采用 1∶50、1∶100、1∶200 的比例绘制，多用 1∶100。

为了加强立面图的表达效果，使建筑立面图图形清晰、层次分明，建筑立面图的最外轮廓线用粗实线绘制；室外地坪线用加粗线($1.4b$)绘制；雨篷、阳台、檐口、柱子及门窗洞口、台阶、花池等轮廓线用中实线绘制；门窗分格线、雨水管、墙面分格线以及墙面用料说明引出线等用细实线绘制。

2. 图例

由于建筑立面图的绘图比例较小，建筑立面图上的门窗等配件按《建标》规定的图例表示，见表 16-2。

3. 定位轴线

在建筑立面图中，一般只画出两端外墙的定位轴线及其编号，以便与建筑平面图对照。

4. 尺寸和标高

建筑立面图高度方向的尺寸主要是用标高的形式标注。应标注出房屋的室内地面、室外地坪、台阶、窗台、门窗洞口顶部、阳台、雨篷、檐口、屋面、女儿墙等处的相对标高。在所标注处画一水平引出线，标高符号一般画在图形外，且大小一致、整齐地排列在同一铅垂线上。若房屋立面图形左右对称，标高应标注在建筑立面图的左侧，否则建筑立面图的两侧均应标注。

在建筑立面图的高度方向应标注三道尺寸。最外一道标注房屋的总高尺寸，表示室外地坪到女儿墙压顶面的高度；中间一道标注房屋各层的层高尺寸；最里面的一道标注房屋的室内外高差、门窗洞高度、垂直方向的窗间墙和檐口高度等尺寸。

建筑立面图水平方向上不标注尺寸。

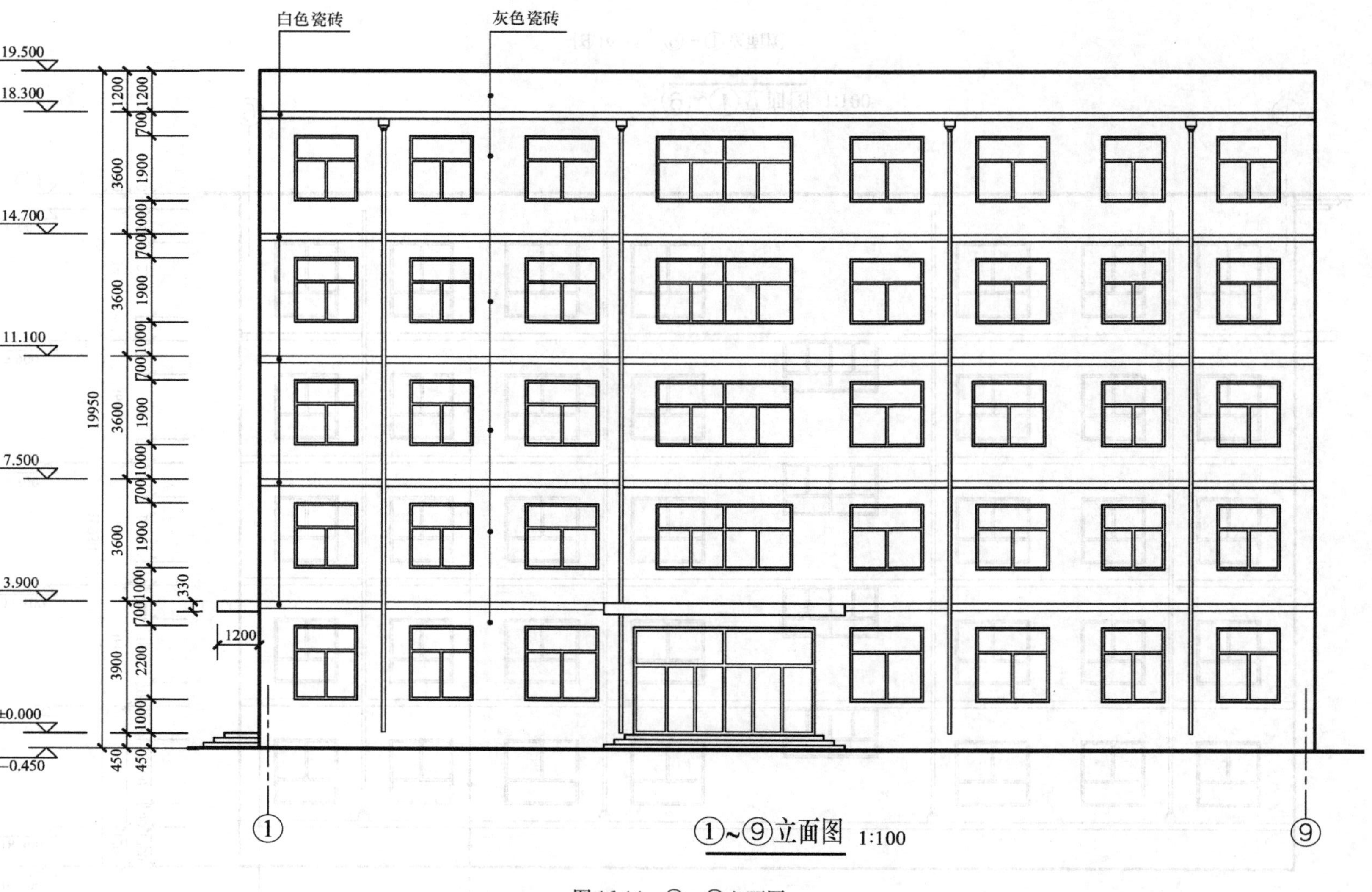

白色瓷砖
灰色瓷砖
19.500
18.300
14.700
11.100
7.500
3.900
±0.000
−0.450
19950
1200 3600 3600 3600 3600 3900 450
1200 700 1900 1000 700 1900 1000 700 1900 1000 700 1900 1000 700 2200 1000 450
330
1200
①~⑨立面图 1:100

图 16-14　①~⑨立面图

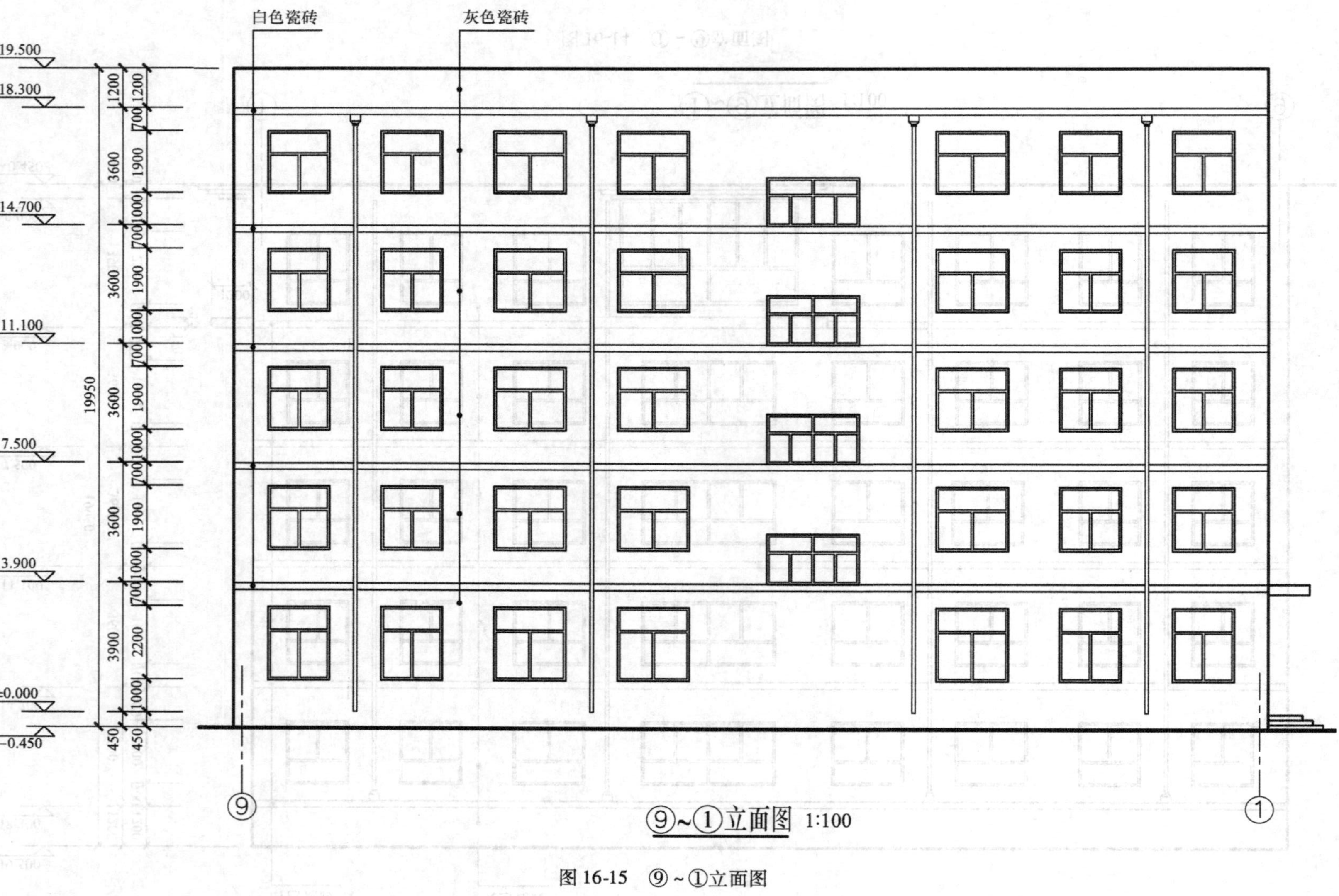
白色瓷砖
灰色瓷砖
19.500
18.300
14.700
11.100
7.500
3.900
±0.000
−0.450
19950
⑨～①立面图 1:100

图 16-15 ⑨～①立面图

5. 其他标注

房屋外墙面选用的装饰材料、具体做法和色彩等用指引线引出用文字说明，也可以在房屋室内外工程做法说明表中给予说明。如果某个部位需要另见详图，应画出详图索引符号。

图 16-14 为办公楼①~⑨立面图，是办公楼的主要立面图，它反映了该立面的外貌特征和主要出入口的位置，采用 1∶100 的比例绘制。该办公楼为五层，总高 19. 950m，一层高 3. 900m，二~五层层高 3. 600m，室内外高差为 0. 450m ，通过三级台阶进入室内。一层窗高 2. 200m，二~五层窗高 1. 900m，各层均采用铝合金推拉窗。外墙装饰采用深灰色和白色的瓷砖贴面，整个立面造型简洁、大方。

图 16-15 为办公楼⑨~①立面图，是办公楼的背立面图，采用 1∶100 的比例绘制。图 16-16 为办公楼Ⓓ~Ⓐ立面图，采用 1∶100 的比例绘制。它们表达了办公楼各向墙面的外貌、门窗位置、形式以及标高等内容。

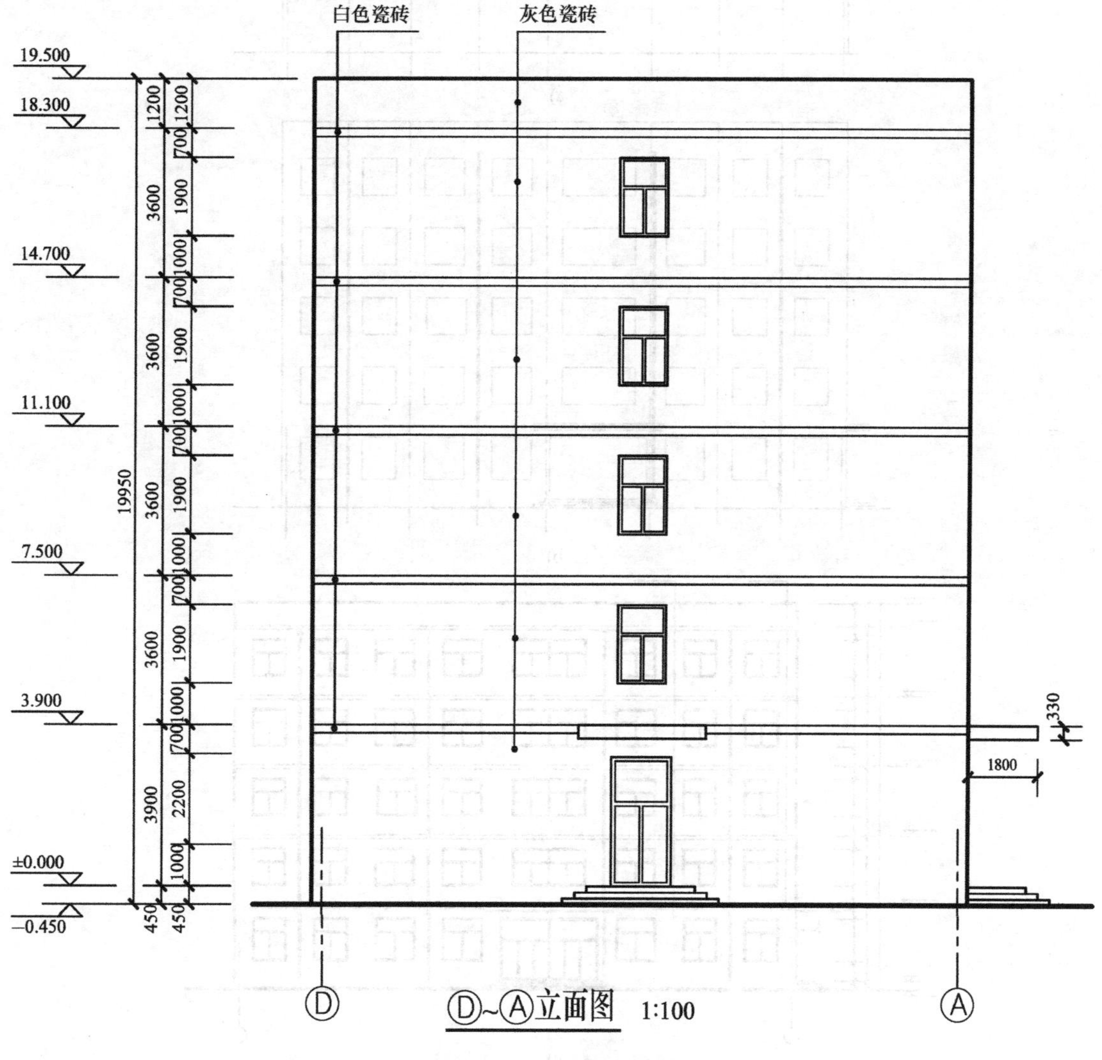

图 16-16　Ⓓ~Ⓐ立面图

16.4.3　建筑立面图绘图步骤

（1）画室外地坪线、楼面线、屋面线，画水平方向定位轴线和外墙轮廓线，见图16-17a。

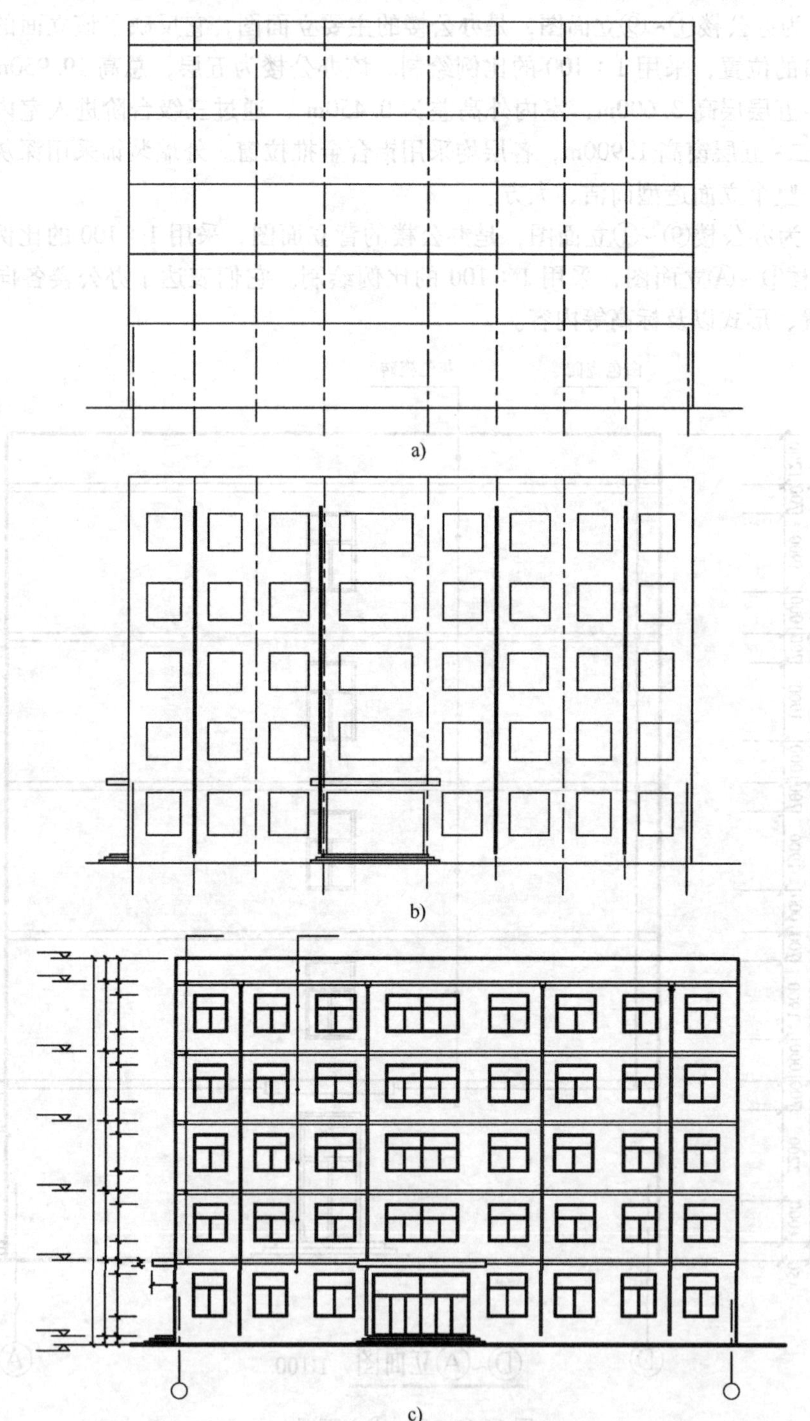

图16-17　建筑立面图绘图步骤

（2）画门檐口、门窗洞、阳台、雨篷、窗台、台阶、雨水管等细部，见图16-17b。

（3）画少量门窗扇、墙面分格线。擦去多余的图线，按要求加深图线。标注尺寸、标高、轴线编号、详图索引符号、图名、比例及其文字说明，见图16-17c。

16.5　建筑剖面图

16.5.1　图示方法

假想用一个垂直于外墙轴线的铅垂切平面将房屋剖切开，所得到的剖面图称为建筑剖面图，简称“剖面图”。建筑剖面图用来表达房屋内部的结构或构造形式、分层情况、各部位的联系、材料及其高度等内容。建筑剖面图与建筑平面图和建筑立面图相互配合是建筑施工图不可缺少的重要图样之一。

建筑剖面图的数量视房屋的复杂程度和需要来决定。剖切平面一般采用横向，即平行侧立面，必要时也可采用纵向，即平行于正立面。剖切符号的剖视方向宜向左、向上，必要时可采用阶梯剖面图。剖面图的剖切位置，应选择在房屋内部结构比较复杂及典型的部位，并通过门窗洞的位置。若为多层房屋，剖切平面通常选择在楼梯间处将房屋剖开。剖面图的剖切符号应标注在房屋的底层平面图上，剖面图的图名编号应与底层平面图上所标注剖切符号的编号一致，如图16-18所示。

习惯上，建筑剖面图不画房屋基础的投影，在基础墙处用折断线断开。

16.5.2　图示特点

1. 比例、线型

建筑剖面图的绘图比例与建筑平面图和建筑立面图相同，常采用1：50、1：100、1：200的比例绘制。

建筑剖面图中的线型按照《建标》规定：凡是被剖切到的墙、梁和板等断面轮廓线用粗实线绘制。砖墙不画图例，钢筋混凝土的梁、楼板和屋面涂黑表示。粉刷层在1：100比例绘制的剖面图中不必画出；当绘图比例为1：50或更大时，则需要用细实线画出。室内外地坪线用加粗线($1.4b$)绘制；没有剖切到的可见轮廓线，如门窗洞、踢脚线、楼梯栏杆和扶手等用中实线绘制；雨水管、引出线、图例线、尺寸线、尺寸界线、标高符号等用细实线绘制；定位轴线用细单点长画线绘制。

2. 图例

建筑剖面图上的门窗用《建标》规定的图例表示，见表16-2。

3. 尺寸和标高

建筑剖面图高度方向应标注外部尺寸、内部尺寸和标高。

（1）外部尺寸。建筑剖面图在高度方向应标注三道尺寸。最外一道标注房屋的总高尺寸，表示室外地坪到女儿墙压顶面的高度；中间一道标注房屋各层的层高尺寸；最里面的一道是细部尺寸，标注房屋室内外高差、门窗洞高度、垂直方向的窗间墙和檐口高度等尺寸。

（2）内部尺寸。标注内墙门窗洞、楼梯栏杆、墙裙高度尺寸，屋檐、雨篷等挑出尺寸。建筑剖面图在水平方向还应标注墙、柱的轴线编号及轴线间的尺寸。

（3）标高。标注房屋的室外地坪、室内地面、各层楼面、楼梯休息平台、屋面、女儿墙压顶面等处的相对标高。

若房屋剖面图形左右对称，标高应标注在建筑剖面图的左侧，否则建筑剖面图的两侧均应标注。

4. 其他标注

由于建筑剖面图绘图比例较小，有些部位如墙脚、散水、窗台、过梁、檐口等节点不能详尽表达出来，可在该部位画出详图索引符号，另用详图表达其细部构造和尺寸等内容。房屋倾斜的地方如屋面、散水等，需要用坡度来表示倾斜的程度。

图 16-18 为办公楼的 1—1 剖面图，采用 1∶100 的比例绘制。剖切平面在④~⑤轴线之间的门厅和楼梯间处将办公楼横向剖开，向左投影得到的。从图中可以看出办公楼为五层，底层层高 3.900m，二、三、四和五层层高 3.600m，总高 19.950m，室内外高差 0.450m；

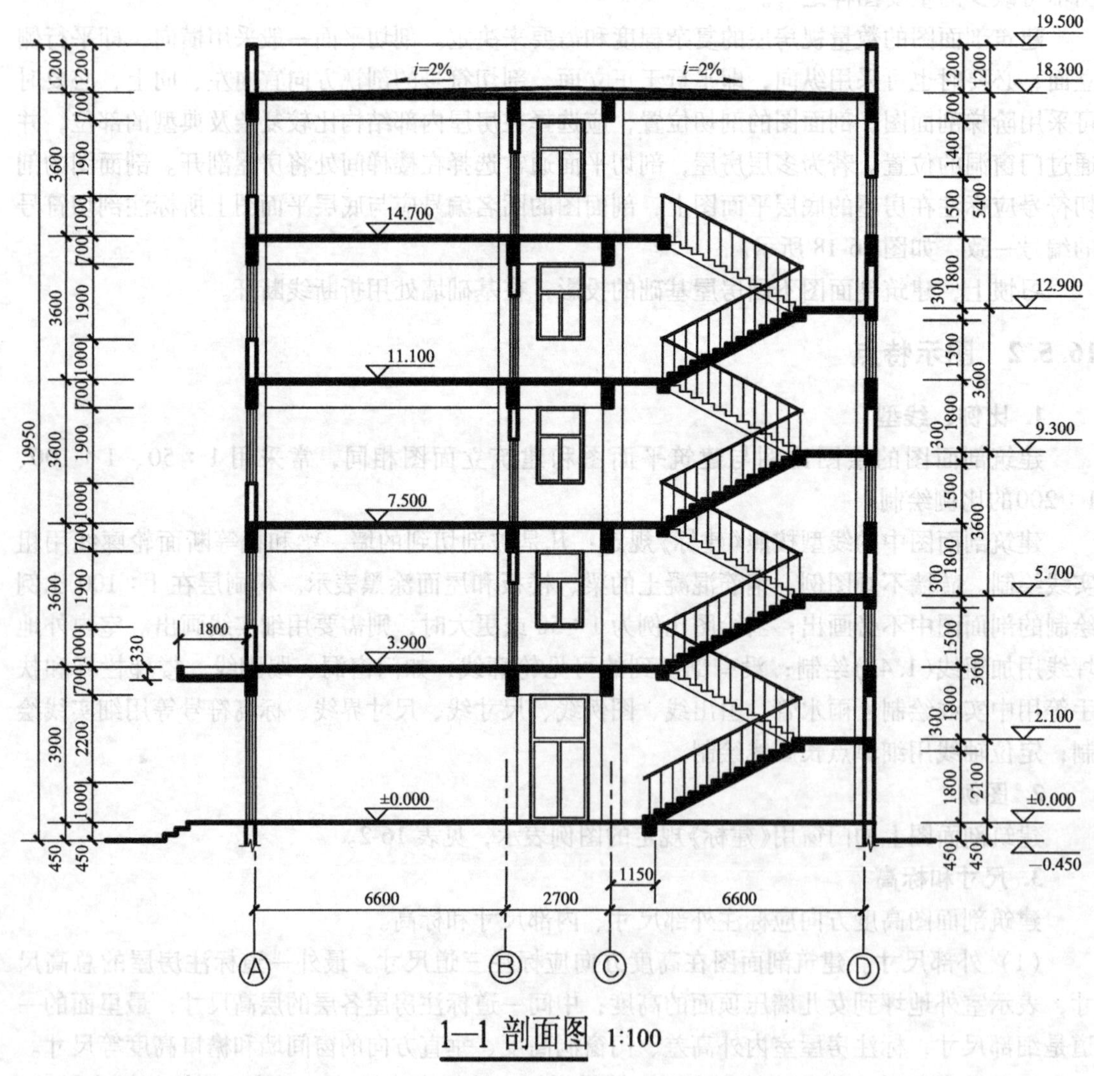

图 16-18 1—1 剖面图

底层大门高度 3.200m；雨篷高 0.330m，挑出 1.800m。各层楼地面和楼梯休息平台的高度见图 16-18。屋面为双向排水，坡度 $i=2\%$。剖面图中剖到的墙不画图例，剖到的钢筋混凝土的梁、楼板、屋面、女儿墙压顶等涂黑表示。

图 16-19 为办公楼的 2—2 剖面图，采用 1∶100 的比例绘制。2—2 剖面图是剖切平面在②~③轴线之间将办公楼横向剖开，向左投影得到的。2—2 剖面图表达了办公楼层数、层高、总高、室内外高差和外墙窗洞的高度；屋面的排水的方式及排水坡度；走廊的宽度及走廊两侧办公室的进深情况，剖到Ⓑ、Ⓒ轴线和未剖到的②轴线内墙门洞的高度为 2.100m。在墙脚、窗台和檐口处画有详图索引符号，说明在该处另有详图。

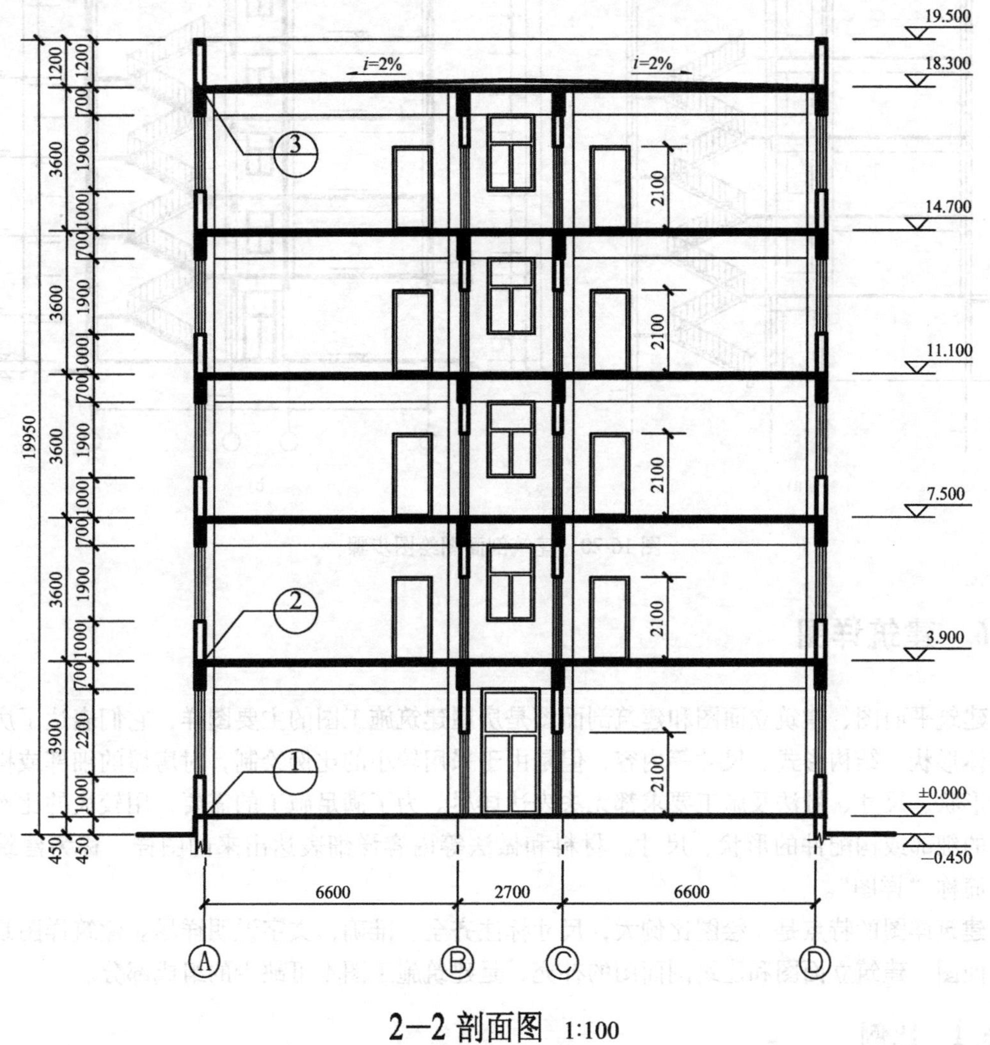

图 16-19　2—2 剖面图

16.5.3 建筑剖面图绘图步骤

（1）画轴线，室内外地坪线、层高线、女儿墙顶部位置线。

（2）画墙身、楼层、屋面、楼梯剖面、门窗、雨篷、台阶等，见图 16-20a。

（3）擦去多余的图线，按照建筑剖面图的要求加深图线，画材料图例。标注尺寸、标高、轴线编号、详图索引符号、图名、比例及有关文字说明，见图 16-20b。

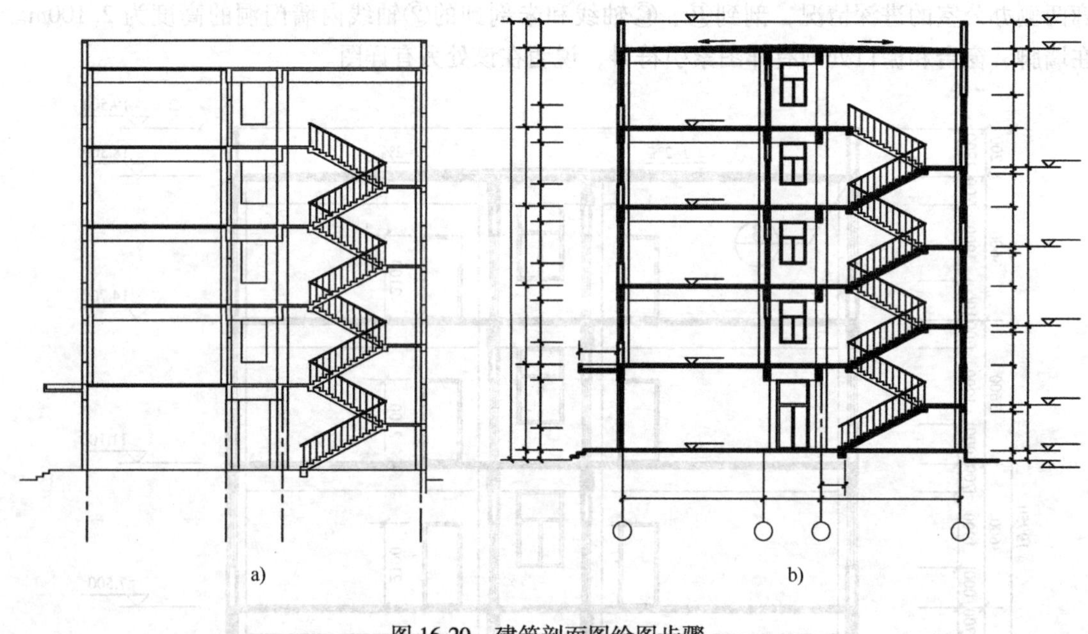

图 16-20 建筑剖面图绘图步骤

16.6 建筑详图

建筑平面图、建筑立面图和建筑剖面图是房屋建筑施工图的主要图样，它们表达了房屋的整体形状、结构形式、尺寸等内容，但是由于采用较小的比例绘制，对房屋的细部或构配件的形状、尺寸、做法及施工要求都无法表达详尽。为了满足施工的需要，用较大的比例将建筑的细部或构配件的形状、尺寸、材料和做法等内容详细表达出来的图样，称为建筑详图，简称“详图”。

建筑详图的特点是：绘图比例大，尺寸标注齐全、准确，文字说明详尽。建筑详图是建筑平面图、建筑立面图和建筑剖面图的补充，是建筑施工图不可缺少的组成部分。

16.6.1 比例

《建标》规定：建筑详图宜采用 1：1、1：2、1：5、1：10、1：20、1：50 等比例绘制。

16.6.2 索引符号及详图符号

在房屋建筑图中的某一局部或构件，如需另见详图，应以索引符号索引。索引符号的圆及直径应以细实线绘制，圆的直径应为 10mm，如图 16-21a 所示。索引出的详图，如与被索引的图样同在一张图纸内，应在索引符号的上半圆中用阿拉伯数字注明该详图的编号，并在下半圆中间画一段水平细实线，如图16-21b所示。索引出的详图，如与被索引的图样不在同在一张图纸内，应在索引符号的下半圆中用阿拉伯数字注明该详图所在的图纸的图纸号，如图 16-21c 所示。索引出的详图，如采用标准图，应在索引符号水平直径的延长线上加注该标准图集的编号，如图 16-21d 所示。

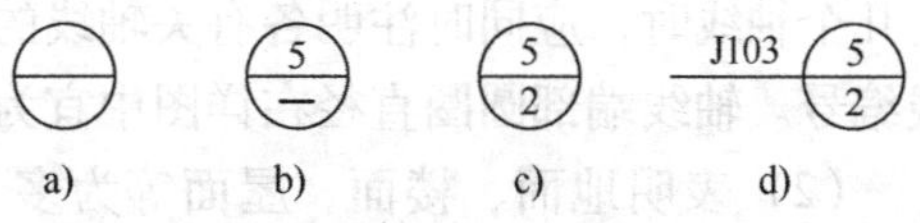

图 16-21　索引符号

索引符号如用于索引剖视详图，应在被剖切的部位绘制剖切位置线，并应以引出线引出索引符号，引出线所在的一侧应为剖视方向。索引符号的编写同图 16-22 所示。

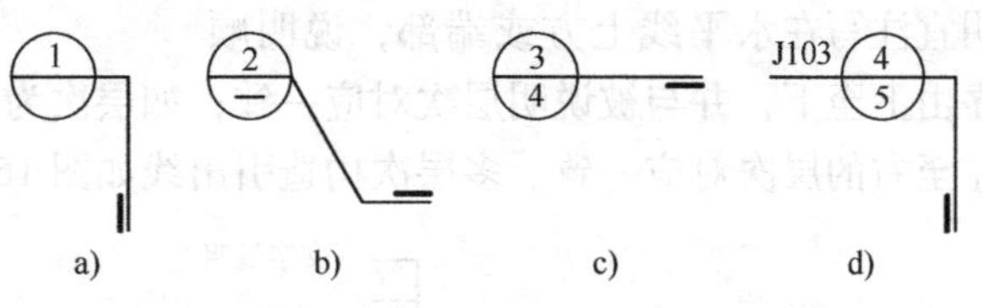

图 16-22　用于索引剖面详图的索引符号

引出线应以细实线绘制，宜采用水平方向的直线，与水平方向成 30°、45°、60°、90°的直线，或经上述角度再折为水平的折线。文字说明宜注写在水平线的上方，如图 16-23a 所示。也可注在水平线的端部，如图 16-23b 所示。索引详图的引出线，应对准索引符号的圆心，如图 16-23c 所示。

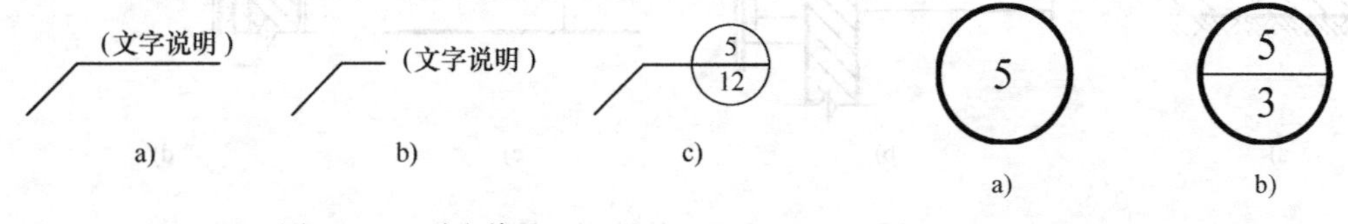

图 16-23　引出线

图 16-24　详图符号

详图的位置和编号应以详图符号表示，详图符号应以粗实线圆绘制，直径应为 14mm。详图与被索引的图样同在一张图纸内时，应在详图符号内用阿拉伯数字注明详图的编号，如图 16-24a 所示。详图与被索引的图样，如不在同一张图纸内，可用细实线在详图符号内画一水平直径，在上半个圆中注明详图编号，在下半个圆中注明被索引图纸的图纸号，如图 16-24b 所示。

详图如套用标准图集或通用图集的做法，只需标注出图集的名称、详图的编号及详图所在的页码，不必画出详图。

详图采用较大的比例绘制，在剖面详图中用图例表示材料的做法。材料图例见表 13-1。

16.6.3　外墙身详图

外墙身详图实际上是建筑剖面图的局部放大图。外墙身详图详尽地表达了外墙身从防潮层至屋顶各主要节点的构造做法。外墙身详图可以根据底层平面图中外墙的剖切位置和投影方向来绘制，也可根据剖面图中索引符号所指需要绘制详图的节点来绘制。外墙身详图是施工的重要依据。

外墙身详图通常采用 1∶20 的比例绘制。对于多层房屋，如果中间层外墙节点相同时，可只画出底层、中间层和顶层的节点详图，在窗洞处用折断线断开，成为几个节点详图的组合。外墙身详图主要表达以下基本内容：

（1）表明外墙的轴线编号、墙厚及墙与轴线的关系。《建标》规定：如果一个详图适用于几个轴线时，应同时注明各有关轴线的编号。通用详图的定位轴线应只画圆圈，不注写轴线编号。轴线端部圆圈直径在详图中宜为 10mm。详图的轴线编号如图 16-25 所示。

（2）表明地面、楼面、屋面等为多层次构造。《建标》规定：多层次构造用分层说明的方法标注其构造做法。多层次构造的共用引出线应通过被引出的各层，并用圆点示意对应各层次。文字说明宜注写在水平线上方或端部，说明顺序由上至下，并与被说明层次对应一致；如层次为横向排列，则由上至下的说明顺序应与由左至右的层次对应一致。多层次构造引出线如图 16-26 所示。

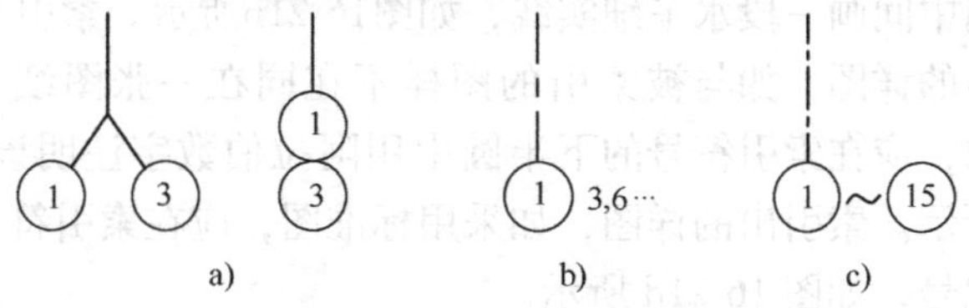

图 16-25　详图中的轴线编号

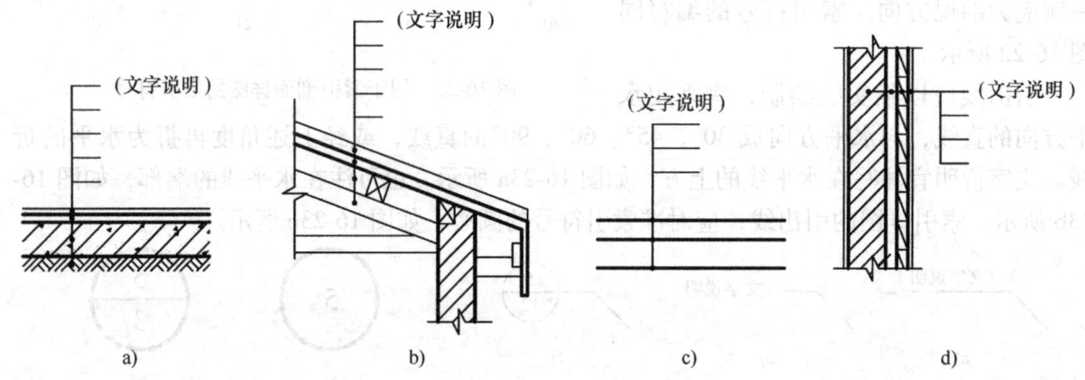

图 16-26　多层次构造引出线

（3）表明室内、外地坪处外墙节点、楼层处的外墙节点和屋顶处的外墙各节点构造。

（4）表明室外地坪、室内地面、各层楼面、屋面、女儿墙压顶、门窗洞上下口处的相对标高；窗洞口、垂直方向窗间墙、底层窗下墙及女儿墙等的高度。

（5）表明立面各部位的做法。包括檐口、雨篷、窗台、勒脚、散水及防潮层的尺寸、材料和做法。屋面、散水的排水方向和坡度。

外墙身详图的线型与剖面图相同。防潮层以下的墙体以结构施工图中的基础图为准。

图 16-27 为办公楼外墙身详图。采用 1∶20 的比例绘制，用了三个节点详图来表达外墙身。从图中可以看出此详图适用于Ⓐ轴线。外墙厚 250mm，外墙皮距轴线 250mm。散水坡度为 $i=3\%$。各层窗台距室内地面 1000mm。办公楼为框架结构，框架梁高 700mm，楼板和屋面板厚 100mm，楼板和屋面板与框架梁整体浇注。女儿墙高 1200mm。地面、楼面及屋面的构造做法，用分层说明的方法标注，如图 16-27 所示。

16.6.4　楼梯详图

楼梯是多层房屋上下交通的必要设施。目前多采用现浇钢筋混凝土楼梯。楼梯主要由楼梯梯段、休息平台和栏杆扶手（或拦板）三部分组成。楼梯的构造比较复杂，在建筑平面图和建筑剖面图中不易表达详尽，需要另画详图。楼梯详图主要表达楼梯的类型、结构形式、各部位的尺寸及装修做法等内容，是楼梯施工的主要依据。楼梯详图包括：楼梯平面图、楼梯剖面图和楼梯节点详图。楼梯详图应尽量绘制在一张图纸上，以便阅读。

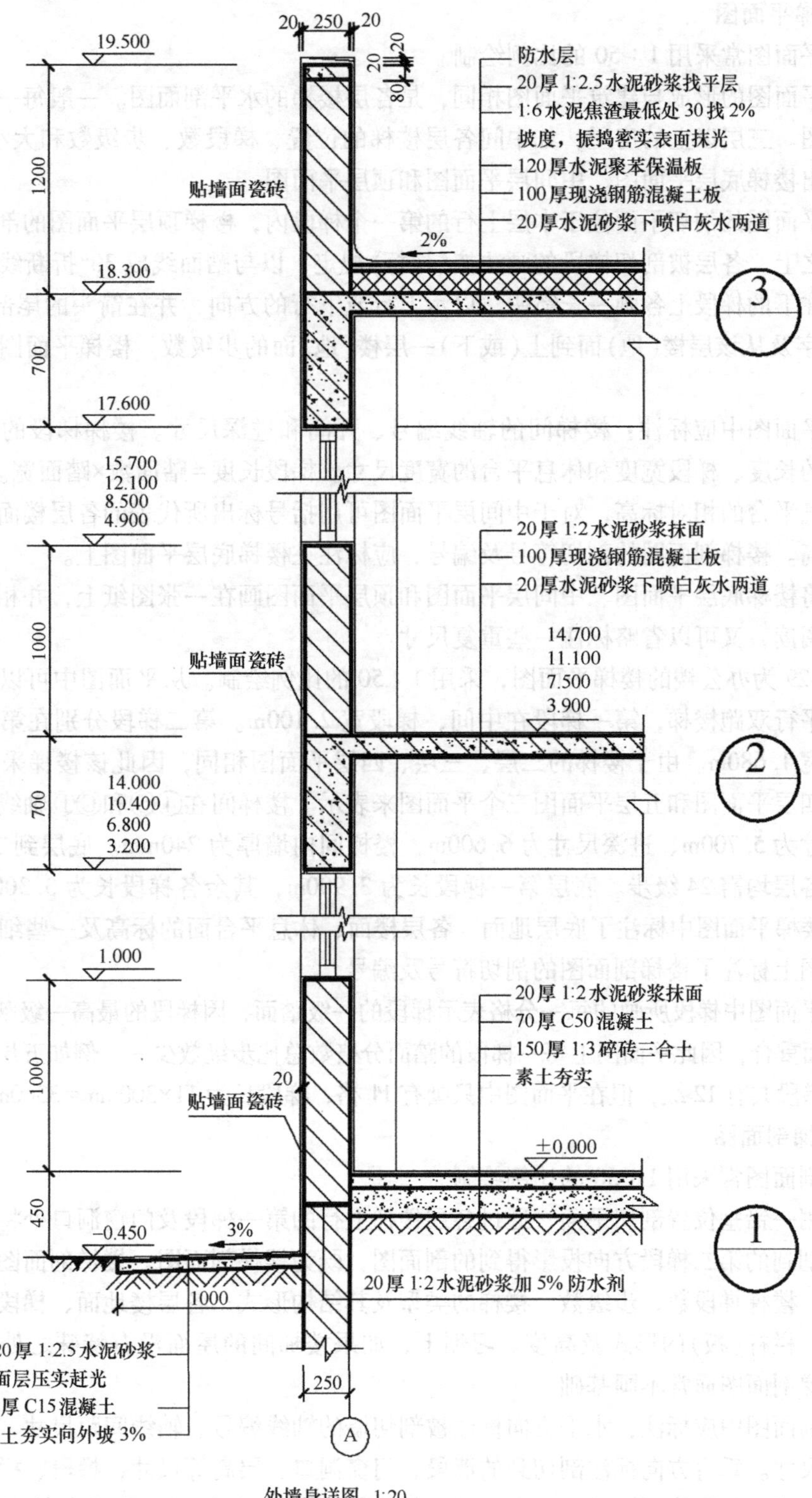
20 250 20
20
20
80
19.500
防水层
20厚1:2.5水泥砂浆找平层
1:6水泥焦渣最低处30找2%
坡度，振捣密实表面抹光
120厚水泥聚苯保温板
100厚现浇钢筋混凝土板
20厚水泥砂浆下喷白灰水两道
1200
贴墙面瓷砖
2%
18.300
3
700
17.600
15.700
12.100
8.500
4.900
20厚1:2水泥砂浆抹面
100厚现浇钢筋混凝土板
20厚水泥砂浆下喷白灰水两道
1000
贴墙面瓷砖
14.700
11.100
7.500
3.900
2
14.000
10.400
6.800
3.200
700
1.000
20厚1:2水泥砂浆抹面
70厚C50混凝土
150厚1:3碎砖三合土
素土夯实
1000
20
贴墙面瓷砖
±0.000
450
-0.450
3%
1
20厚1:2水泥砂浆加5%防水剂
1000
20厚1:2.5水泥砂浆
面层压实赶光
60厚C15混凝土
素土夯实向外坡3%
250
A
外墙身详图 1:20

图16-27 外墙身详图

1. 楼梯平面图

楼梯平面图常采用1：50的比例绘制。

楼梯平面图的形成与建筑平面图相同，是各层楼梯的水平剖面图。一般每一层都要画出楼梯平面图。三层以上的房屋，如中间各层楼梯的位置、梯段数、步级数和大小都相同时，通常只画出楼梯底层平面图、中间层平面图和顶层平面图。

楼梯平面图的剖切平面位于本层上行的第一个梯段内，楼梯顶层平面图的剖切平面是在安全拦板之上。各层被剖切梯段的画法按《建标》规定，以与踏面线成30°折断线表示。在各层往上或往下的梯段上各画一长箭头，以示上行或下行的方向，并在箭头的尾部注写“上”或“下”字及从该层楼(地)面到上(或下)一层楼(地)面的步级数。楼梯平面图的形成如图16-28所示。

楼梯平面图中应标注：楼梯间的轴线编号、开间和进深尺寸。楼梯梯段的起步位置尺寸、梯段的长度、梯段宽度和休息平台的宽度尺寸。梯段长度=踏面数×踏面宽。标注地面、楼面和休息平台的相对标高，对于中间层平面图可用括号标出所代表的各层楼面和休息平台的相应标高。楼梯剖面图的剖切符号及编号，应标注在楼梯底层平面图上。

通常将楼梯底层平面图、中间层平面图和顶层平面图画在一张图纸上，并相互对齐，这样既便于阅读，又可以省略标注一些重复尺寸。

图16-29为办公楼的楼梯平面图，采用1：50的比例绘制。从平面图中可以看出该楼梯为合分式平行双跑楼梯，第一梯段在中间，梯段宽2.100m。第二梯段分别在第一梯段的两侧，梯段宽1.680m。由于楼梯的二层、三层、四层平面图相同，因此该楼梯采用底层平面图、二至四层平面图和五层平面图三个平面图来表示。楼梯间在④⑤和ⒸⒹ轴线之间，楼梯间开间尺寸为5.700m、进深尺寸为6.600m，楼梯间内墙厚为240mm。底层到二层需26步级，其余各层均需24级步。底层第一梯段长为3.900m，其余各梯段长为3.300m，踏面宽300mm。楼梯平面图中标注了底层地面、各层楼面、休息平台面的标高及一些细部尺寸。在底层平面图上标注了楼梯剖面图的剖切符号及编号。

各层平面图中梯段所画的每一分格表示梯段的一级踏面，因梯段的最高一级踏面与休息平台面或楼面重合，因此平面图上每一梯段的踏面分格数总比步级数少一。例如五层平面图向下走的第一梯段共有12级，但在平面图中只画有11格，梯段长为11×300mm=3300mm。

2. 楼梯剖面图

楼梯剖面图常采用1：50的比例绘制。

假想用一铅垂位置剖切平面，通过各层楼梯上行的第一梯段及门窗洞口处将楼梯垂直剖切，向未剖到的第二梯段方向投影得到的剖面图，既为楼梯剖面图。楼梯剖面图主要表达房屋的层数、楼梯梯段数、步级数、楼梯的类型及其结构形式；各层楼地面、梯段、休息平台构接方式，栏杆(板)的形式及高度。习惯上，如果楼梯间的屋面没有特殊之处，一般可不画出。楼梯剖面图通常不画基础。

楼梯剖面图中应标注：水平方向标注被剖切墙的轴线编号、轴线间距尺寸、平台宽度及梯段长等尺寸。垂直方向标注剖切到的墙段、门窗洞口、层高等尺寸，梯段、拦板的高度尺寸。梯段高度=踢面数×踢面高。扶手高度是指踏面宽度中心到扶手顶点的高度，一般为900mm，扶手的坡度应与楼梯坡度一致。标注地面、休息平台面、楼面等相对标高。

楼梯的踏步、栏杆和扶手等细部构造用详图索引符号索引，另用详图表示。

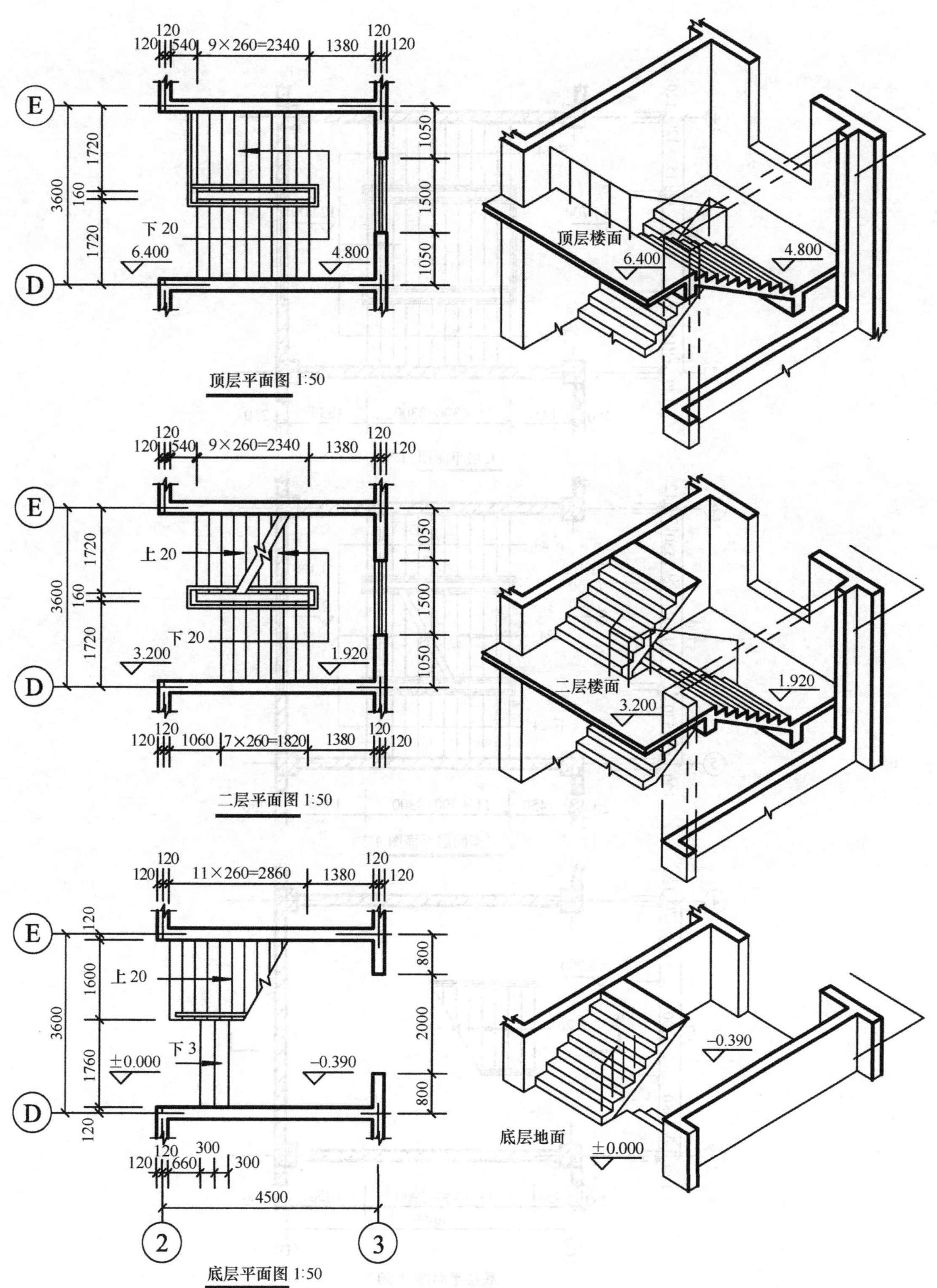

图 16-28　楼梯平面图的形成

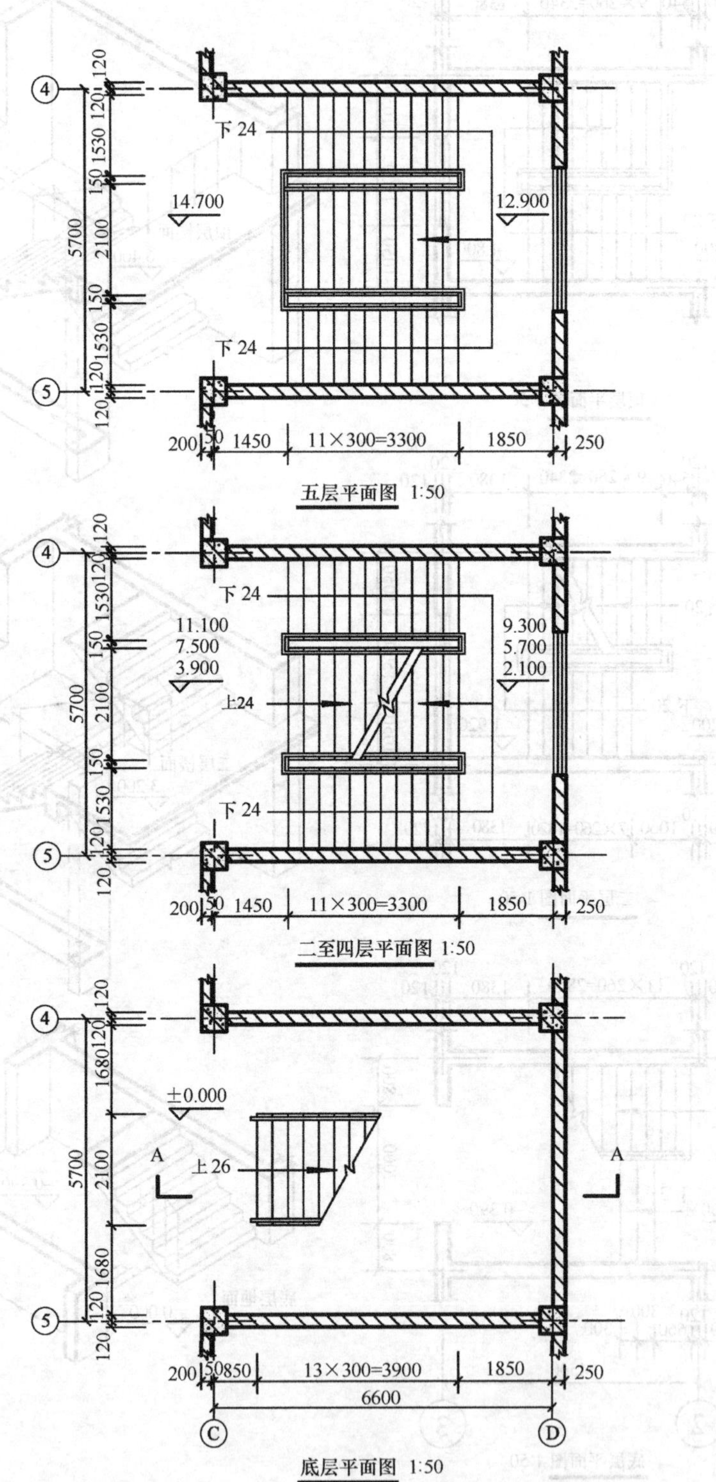
④
⑤
120
1530
150
2100
5700
下 24
14.700
12.900
200
50
1450
11×300=3300
1850
250
五层平面图 1:50
11.100
7.500
3.900
9.300
5.700
2.100
上24
二至四层平面图 1:50
1680
±0.000
上 26
A
850
13×300=3900
6600
Ⓒ
Ⓓ
底层平面图 1:50

图 16-29 楼梯平面图

图 16-30 是办公楼的楼梯的 *A—A* 剖面图，采用 1∶50 的比例绘制。剖切平面是通过楼梯上行的第一个梯段及Ⓓ轴线墙上窗洞口的位置剖切，向左投影得到的。从 *A—A* 剖面图中可以看出，该楼梯是一现浇钢筋混凝土板式楼梯，每层两个梯段。一层的第一个梯段为 14

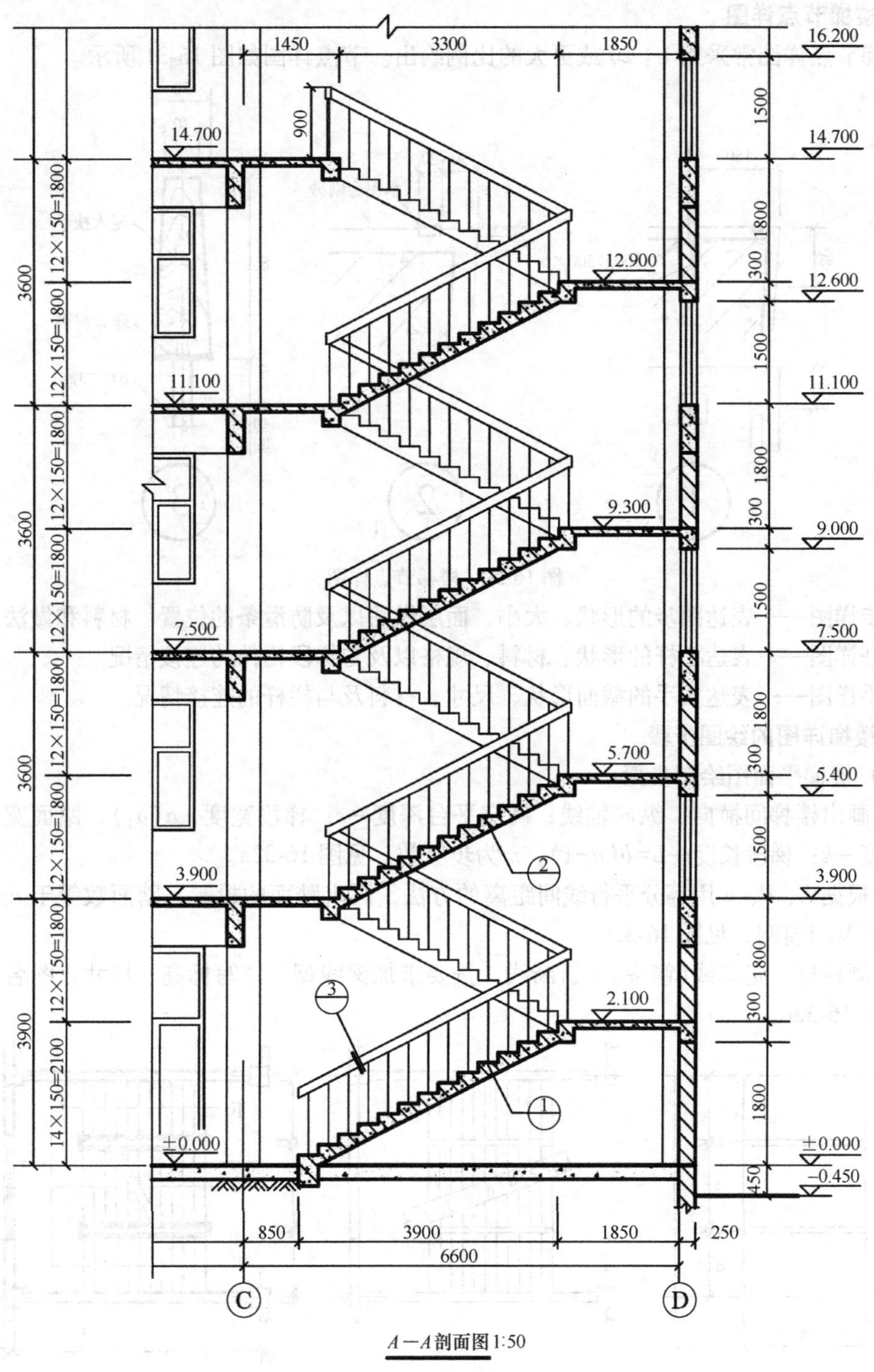

图 16-30　楼梯 *A—A* 剖面图

步级，梯段高为 14×150mm = 2100mm，其余各梯段为 12 步级，梯段高为 12×150mm = 1800mm，踢面高度为 150mm。剖面图上还标注出了地面、休息平台面和楼面的相对标高及栏杆扶手的高度尺寸。用详图索引符号指出踏步、栏杆和扶手需要画详图。

3. 楼梯节点详图

楼梯节点详图常采用 1∶20 或更大的比例绘出。节点详图如图 16-31 所示。

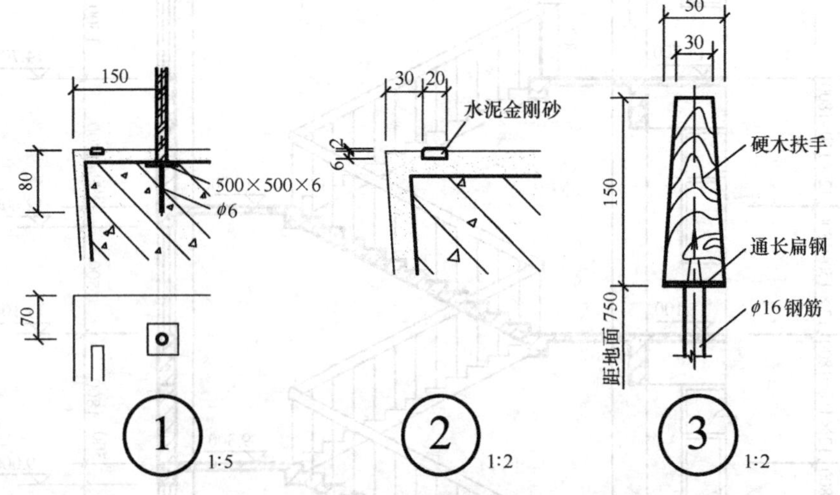

图 16-31　楼梯节点详图

踏步详图——表达踏步的形状、大小、面层做法以及防滑条的位置、材料和做法。

栏杆详图——表达栏杆的形状、材料、规格以及与梯段构件的连接情况。

扶手详图——表达扶手的截面形状、尺寸、材料及与栏杆的连接情况。

4. 楼梯详图的绘图步骤

（1）楼梯平面图绘图步骤

① 画出楼梯间横向、纵向轴线；确定平台深度—s；梯段宽度—$a(a_1)$；踏面宽度—b；梯井宽度—k；梯段长度—$L=b(n-1)$，n 为步级数，见图 16-32a。

② 根据 L、b、n 用等分平行线间距离的方法，画出踏面的投影，踏面数等于 $n-1$。画出墙、柱及门窗洞，见图 16-32b。

③ 画栏杆、走向线(箭头)、折断线。按要求加深线型，注写标高、尺寸、图名、比例等，见图 16-32c。

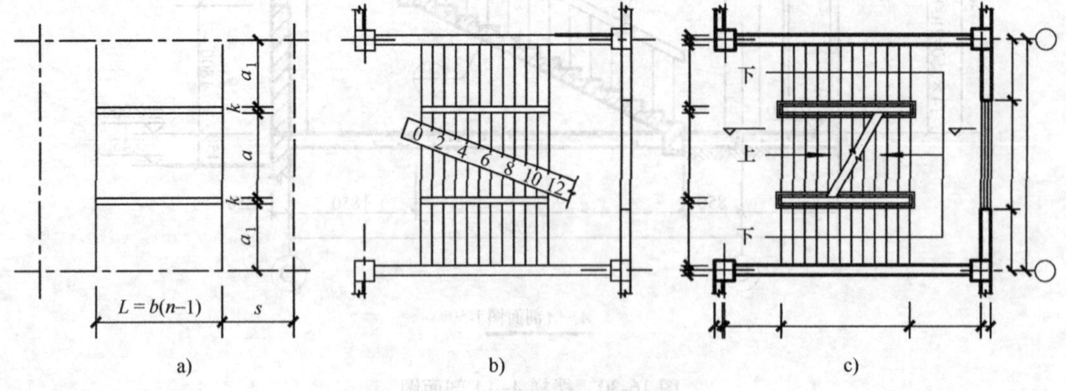

图 16-32　楼梯平面图绘图步骤

（2）楼梯剖面图绘图步骤

① 画轴线，画地面、平台面、楼面线，定楼梯梯段位置、平台宽度，见图 16-33a。

② 用等分平行线间距离的方法确定踏面位置线，见图 16-33b。

③ 画墙身、梁、板、门窗洞、踏面和梯板厚度，见图 16-33c。

④ 按要求加深线型，画材料图例，注写标高、尺寸、图名、比例，见图 16-33d。

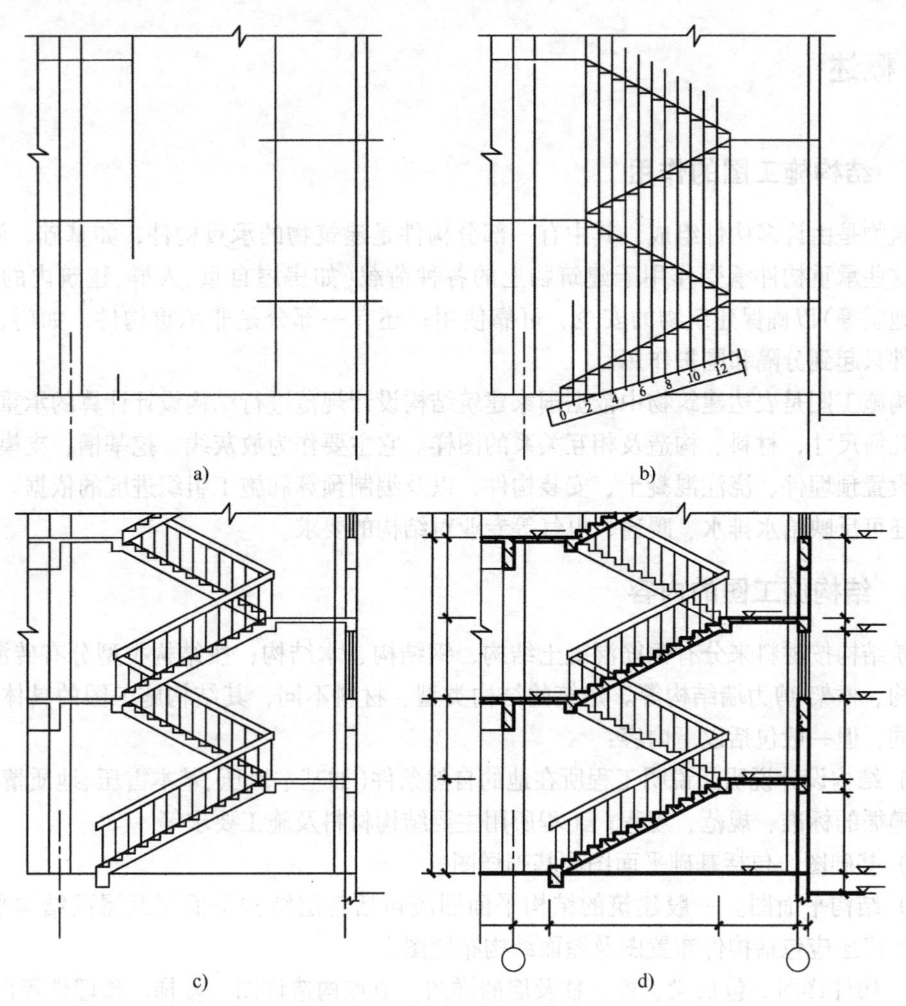

图 16-33　楼梯剖面图绘图步骤

第17章　建筑结构施工图

17.1　概述

17.1.1　结构施工图的作用

建筑物是由许多构件组成，其中有一部分构件是建筑物的承重构件，如基础、梁、板、柱等，这些承重构件承受作用于建筑物上的各种荷载(如房屋自重、人群、建筑内的设施及风、雪、地震等)以确保建筑物的安全、可靠使用；还有一部分是非承重构件，如门、窗等，这些构件只起到分隔和围护作用。

结构施工图是表达建筑物中依据国家建筑结构设计规范进行结构设计计算的承重构件的布置、几何尺寸，材料、构造及相互关系的图样。它主要作为放灰线、挖基槽、支模板、绑钢筋、设置预埋件、浇注混凝土、安装构件，以及编制预算和施工组织进度的依据。结构施工图中还可反映给水排水、暖通、电气等专业对结构的要求。

17.1.2　结构施工图的内容

建筑结构按材料来分有钢筋混凝土结构、钢结构、木结构；按结构类型分有砖混结构、框架结构、框架-剪力墙结构等。建筑的结构类型、材料不同，其结构施工图的具体内容也不尽相同，但一般包括以下内容：

(1) 结构设计说明。说明工程所在地的自然条件(如基本风压、基本雪压、地质情况等)；设计所遵循的标准、规范、规程；工程所用主要结构材料及施工要求等。

(2) 基础图。包括基础平面图和基础详图。

(3) 结构平面图。一般建筑的结构平面图应包括各层结构平面图及屋面结构平面图；单层空旷房屋应包括构件布置图及屋面结构布置图。

(4) 构件详图。包括梁、板、柱及墙的详图，节点构造详图，楼梯、预埋件等详图。

17.1.3　结构施工图的一般规定

建筑结构施工图应符合《房屋建筑制图统一标准》(GB/T 50001—2010)和《建筑结构制图标准》(GB/T 50105—2010)的规定。

1. 图线

建筑结构专业制图图线参照表1-4，各种线型及用途见表17-1。

表17-1　结构施工图中的图线

名　称	线宽	一般用途
粗实线	b	螺栓、钢筋线、结构平面图中的单线结构构件线、钢木支撑及系杆线，图名下横线、剖切线

（续）

名　称	线宽	一般用途
中粗实线	0.7*b*	结构平面图及详图中剖到或可见的墙身轮廓线、基础轮廓线、钢、木结构轮廓线、钢筋线
中实线	0.5*b*	结构平面图及详图中剖到或可见的墙身轮廓线、基础轮廓线、可见的钢筋混凝土构件轮廓线、钢筋线
细实线	0.25*b*	尺寸线、标注引出线、标高符号线、索引符号线
粗虚线	*b*	不可见的钢筋线、螺栓线，结构平面图中的不可见的单线结构构件线及钢、木支撑线
中粗虚线	0.7*b*	结构平面图中的不可见构件、墙身轮廓线及钢、木构件轮廓线，不可见的钢筋线
中虚线	0.5*b*	
细虚线	0.25*b*	基础平面图中的管沟轮廓线、不可见的钢筋混凝土构件轮廓线
粗单点长画线	*b*	柱间支撑、垂直支撑、设备基础轴线图中的中心线
细单点长画线	0.25*b*	定位轴线、对称线、中心线 、重心线
粗双点长画线	*b*	预应力钢筋线
细双点长画线	0.25*b*	原有结构轮廓线
折断线	0.25*b*	断开界线
波浪线	0.25*b*	断开界线

2. 构件代号

结构构件的种类繁多，为了便于阅读和画图，构件的名称应用代号来表示，代号后应用阿拉伯数字标注该构件的型号或编号，当采用标准、通用图集中的构件时，应用该图集中的规定代号或型号注写。常用的构件代号见表 17-2。

表 17-2　常用构件代号

名　称	代　号	名　称	代　号	名　称	代　号
板	B	圈梁	QL	构造柱	GZ
屋面板	WB	过梁	GL	承台	CT
空心板	KB	连系梁	LL	设备基础	SJ
槽形板	CB	基础梁	JL	桩	ZH
折板	ZB	楼梯梁	TL	挡土墙	DQ
楼梯板	TB	框架梁	KL	柱间支撑	ZC
盖板或沟盖板	GB	屋面框架梁	WKL	垂直支撑	CC
挡雨板或檐口板	YB	檩条	LT	水平支撑	SC
墙板	QB	屋架	WJ	梯	T
天沟板	TGB	托架	TJ	雨篷	YP
梁	L	框架	KJ	预埋件	M-
屋面梁	WL	刚架	GJ	钢筋网	W
吊车梁	DL	柱	Z	钢筋骨架	G
单轨吊车梁	DDL	框架柱	KZ	基础	J

注：1. 预制钢筋混凝土构件、现浇钢筋混凝土构件、钢构件和木构件，一般可直接采用本表中的构件代号。在绘图中，当需要区别上述构件的材料种类时，可在构件代号前加注材料代号，并在图纸中加以说明。

2. 预应力钢筋混凝土构件的代号，应在构件代号前加注“Y-”，如 Y-DL 表示预应力钢筋混凝土吊车梁。

3. 比例

绘图时根据图样的用途，被绘物体的复杂程度，应选用表 17-3 中的常用比例，特殊情况下也可选用可用比例。当构件的纵、横向断面尺寸相差悬殊时，可在同一详图中的纵、横向选用不同的比例绘制。

表 17-3　比例

图　　名	常 用 比 例	可 用 比 例
结构平面图、基础平面图	1∶50、1∶100、1∶150	1∶60、1∶200
圈梁平面图、总图中管沟、地下设施等	1∶200、1∶500	1∶300
详　　图	1∶10、1∶20 、1∶50	1∶5、1∶25、1∶30

17.2　钢筋混凝土构件详图

17.2.1　钢筋混凝土构件基本知识

1. 钢筋混凝土构件

钢筋混凝土构件是由钢筋和混凝土两种材料组成的。混凝土是由水泥、砂、石子和水按一定比例混合，经搅拌、浇捣、养护而制成的。凝固后，混凝土坚硬如石，它的抗压性能好，抗拉性能差，而钢筋的抗拉性能好，在混凝土中配置适量的钢筋制成的构件称为钢筋混凝土构件。这种钢筋混凝土构件的抗拉、抗压性能都很好，被广泛应用于梁、板、柱、基础的制作中。若构件是现场制作的称为现浇钢筋混凝土构件；若是在工厂预先做好在现场安装的称为预制钢筋混凝土构件；还有一些构件在制作时预先给混凝土加一定的力称为预应力钢筋混凝土构件，这种构件抗裂性能好。

2. 钢筋

（1）常用钢筋的类型和符号，如表 17-4 所示。

表 17-4　常用钢筋的种类和符号

<table>
<tr><th colspan="2">种　　类</th><th>符　　号</th><th colspan="2">种　　类</th><th>符　　号</th></tr>
<tr><td rowspan="5">普
通
钢
筋</td><td>HPB300</td><td>Φ</td><td rowspan="2">中强度预
应力钢丝</td><td>光面</td><td>Φ^{PM}</td></tr>
<tr><td>HRB335</td><td>$\underline{\Phi}$</td><td>螺旋肋</td><td>Φ^{HM}</td></tr>
<tr><td>HRB400</td><td>$\underline{\Phi\!\!\mid}$</td><td rowspan="2">钢绞线</td><td>1×3</td><td rowspan="2">Φ^{S}</td></tr>
<tr><td>RRB400</td><td>$\underline{\Phi\!\!\mid}^{R}$</td><td>1×7</td></tr>
<tr><td>HRB500</td><td>$\overline{\underline{\Phi}}$</td><td>消除应力钢丝</td><td>光面</td><td>Φ^{P}</td></tr>
</table>

（2）钢筋在构件中的作用(见图 17-1)

钢筋按其作用分下列几种：

① 受力筋——梁、板中主要承受拉力、弯矩，柱中主要承受压力的钢筋。

② 箍筋——主要是固定受力筋的位置，可承受剪力。

③ 架立筋——位于梁类结构的上部，用以固定箍筋的位置，构成钢筋骨架。

④ 分布筋——用于板类结构中，与板内的受力筋垂直布置，主要作用是将力更均匀地传递给受力筋，还可以抵抗温度应力。

⑤ 其他筋——为构造要求而配置的构造筋或为施工安装所配置的钢筋，如为吊装预先安装的吊环。

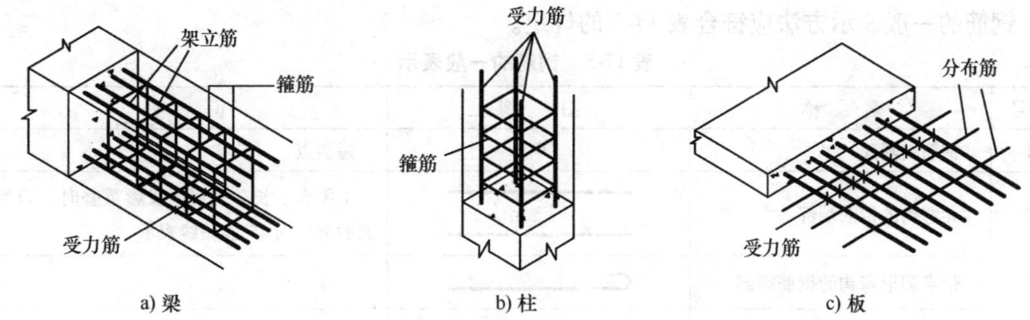

图 17-1　钢筋混凝土梁、柱、板配筋示意图

3. 混凝土

混凝土强度等级按立方体抗压强度标准值确定。立方体抗压强度标准值系指按照标准方法制作养护的边长为 150mm 的立方体试件，在 28d 龄期以标准实验方法测得的具有 95%保证率的抗压强度值。混凝土强度等级有：C15、C20、C25、C30、C35、C40、C45、C50、C55、C60、C65、C70、C75、C80，数字越大，表明混凝土的强度等级越高，抗压、抗拉强度越大。

钢筋混凝土结构的混凝土强度等级不应低于 C20；当采用强度等级 400MPa 及以上的钢筋时，混凝土强度等级不应低于 C25；预应力混凝土结构的混凝土强度等级不应低于 C30。

4. 钢筋混凝土构件的一些构造规定

（1）混凝土保护层。混凝土保护层指结构构件中钢筋外边缘至构件表面范围用于保护钢筋的混凝土。构件中受力钢筋的保护层厚度不应小于钢筋的公称直径。在室内干燥环境下，板、墙、壳最外层钢筋的保护层厚度不应小于 15mm；梁、柱、杆不小于 20mm。钢筋混凝土基础应设置混凝土垫层，基础中钢筋的混凝土保护层厚度应从垫层顶面算起，且不应小于 40mm。

（2）钢筋的弯钩。为了防止钢筋在受拉时滑动，增强钢筋与混凝土间的粘结力，光圆钢筋末端应做 180°弯钩（做受压钢筋使用时，末端可不做弯钩），其弯弧内直径不应小于钢筋直径的 2.5 倍，弯后平直段长度不应小于钢筋直径的 3 倍。图 17-2 为常见的几种钢筋弯钩形式。

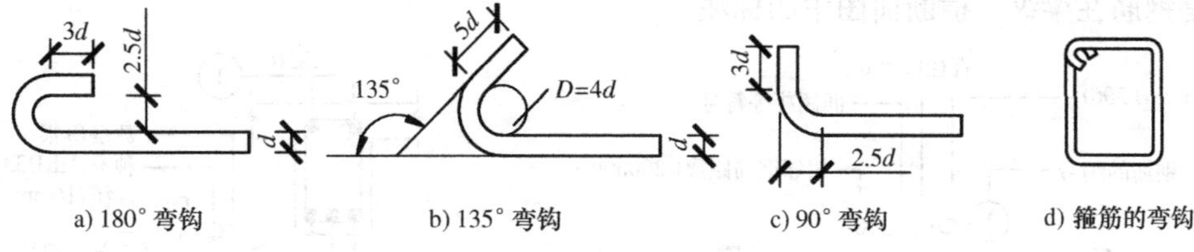

图 17-2　常见的几种钢筋弯钩

17.2.2 钢筋的图示方法

1. 钢筋的一般表示方法

在钢筋混凝土构件图中，单根一般钢筋用粗实线表达，预应力钢筋用粗双点长画线表达。钢筋的一般表示方法应符合表 17-5 的规定。

表 17-5 钢筋的一般表示

序号	名 称	图 例	说 明
1	钢筋横断面		黑圆点
2	无弯钩的钢筋端部		下图表示长、短钢筋投影重叠时，短钢筋的端部用 45°斜画线表示
3	带半圆形弯钩的钢筋端部		
4	带直钩的钢筋端部		
5	带丝扣的钢筋端部		
6	无弯钩的钢筋搭接		
7	带半圆弯钩的钢筋搭接		
8	带直钩的钢筋搭接		
9	花篮螺丝钢筋接头		
10	机械连接的钢筋接头		用文字说明机械连接方式(或冷挤压或直螺纹等)
11	预应力钢筋或钢绞线		
12	预应力钢筋断面		

注：钢筋网片、钢筋焊接接头可查阅《建筑结构制图标准》(GB/T 50105—2010)。

2. 钢筋的画法

钢筋的画法应符合表 17-6 的规定。

3. 钢筋的标注

在钢筋混凝土构件图中需说明钢筋的编号、直径、种类、数量、间距等，其说明一般沿钢筋的长度标注或标注在相关钢筋的引出线上，如图 17-3 所示。钢筋编号写在直径为 5~6mm 的细实线圆中，采用阿拉伯数字按顺序编写。图 17-3a 是钢筋在平面图中的标注，图 17-3b 是钢筋在梁纵、横断面图中的标注。

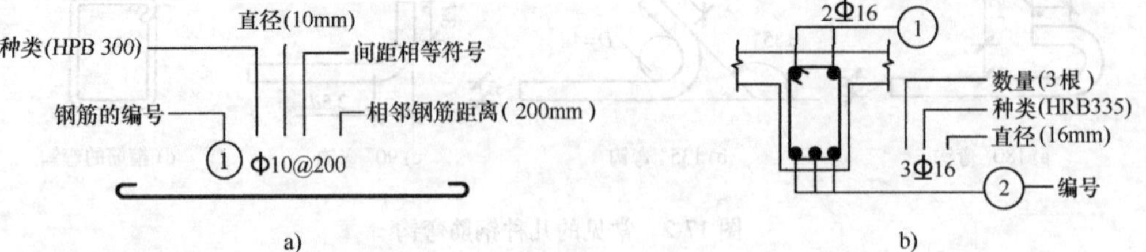

图 17-3 钢筋的标注方法

表 17-6　钢筋的画法

序号	说　明	图　例
1	在结构楼板中配置双层钢筋时，底层钢筋的弯钩应向上或向左，顶层钢筋的弯钩则向下或向右	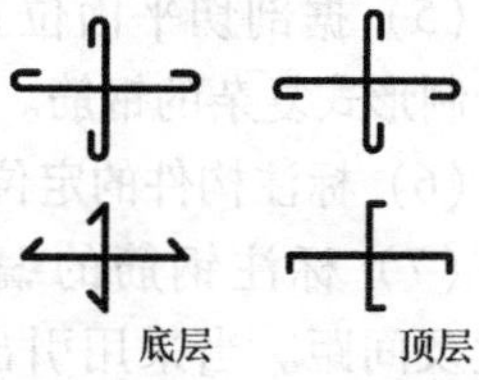 底层　顶层
2	钢筋混凝土墙体配双层钢筋时，在配筋立面图中，远面钢筋的弯钩应向上或向左，而近面钢筋的弯钩向下或向右(JM 近面；YM 远面)	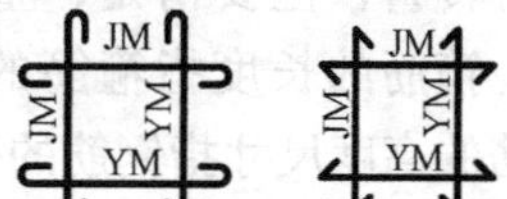 JM　YM
3	若在断面图中不能表达清楚的钢筋布置，应在断面图外增加钢筋大样图(如：钢筋混凝土墙、楼梯等)	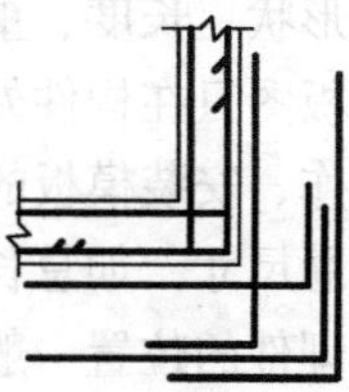
4	图中所表示箍筋、环筋等，若布置复杂时，可加画钢筋大样及说明	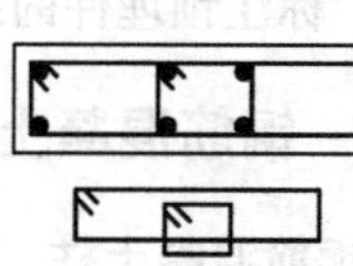
5	每组相同的钢筋、箍筋或环筋，可用一根粗实线表示，同时用一两端带斜短画线的横穿细线，表示其余钢筋及起止范围	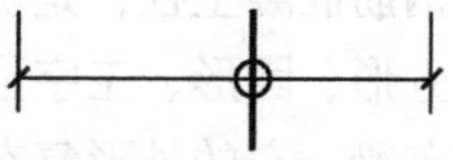

17.2.3　钢筋混凝土构件详图

钢筋混凝土构件详图包括配筋图、钢筋明细表、模板图、预埋件图。

配筋图是钢筋混凝土构件详图的主要图样，一般用构件的平面图、立面图及断面图表达混凝土内钢筋的配置情况，故绘制时假设混凝土透明、钢筋可视，形式复杂的钢筋宜分离绘制。配筋图依构件形状和配筋形式来选择：如板和基础的配筋图多用平面图表达；梁、柱的配筋图多用立面图和断面图表达。配筋图的图示内容和方法如下：

(1) 选择比例，布置图样。平面图、立面图的常用比例为 1∶100、1∶50，断面图可采用 1∶20、1∶10 绘制。

(2) 绘制构件的平(立)面图。用细单点画线绘制构件的定位轴线，与建筑平面图轴线应一致；用中实线绘制构件的可见轮廓；用细虚线绘不可见的轮廓。

(3) 绘制构件内的每根钢筋。单根一般钢筋采用粗实线绘制，箍筋采用中实线绘制，预应力钢筋线采用粗双点画线绘制，具体画法见表 17-5、表 17-6；当在构件内某一方向配置的钢筋相同且间距有规律时，可只在该方向绘制一根钢筋；外边缘的钢筋与构件的轮廓线间应留有一段距离，表示混凝土保护层的厚度。

（4）确定剖切平面的位置，并表达在平（立）面图上。剖切平面选择在配筋发生变化的地方。

（5）据剖切平面位置画出断面图，单独绘制形式复杂的钢筋。

（6）标注构件的定位尺寸、轮廓尺寸。

（7）标注钢筋的编号、直径、种类、长度及间距。当采用引出线标注时，引出线可转折，但要清楚，整齐，尽量避免交叉；箍筋的长度指箍筋的里皮尺寸，弯起钢筋的高度尺寸指钢筋的外皮尺寸，如图17-4所示。

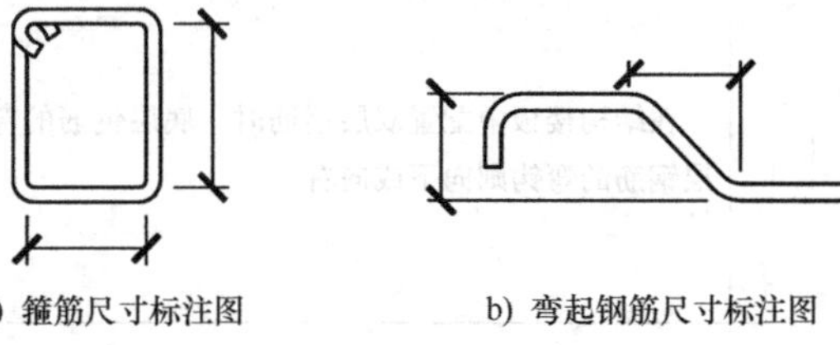

a) 箍筋尺寸标注图　　b) 弯起钢筋尺寸标注图

图 17-4　钢箍尺寸标注法

有时仅有配筋图表达还不够清楚，还需画出钢筋明细表、材料表，表中说明构件中各种钢筋的形状、长度、重量、直径等。

模板图只在构件外形复杂时才单独绘制，主要表示构件的外形、尺寸及预埋件的位置，作为制作、安装模板的依据。模板图一般包括构件的平面图、立面图、断面图和节点详图。需标注总尺寸，如总长、总宽、总高；标注细部尺寸，如预埋件位置尺寸、螺栓孔尺寸。

预埋件的位置一般表达在构件的模板图中。当布置预埋件较多、复杂时，可单独绘制预埋件图，标注预埋件的编号、各部分尺寸及焊缝。

17.2.4　钢筋混凝土构件详图举例

1. 钢筋混凝土柱

钢筋混凝土柱，是房屋、桥梁、水工等各种工程结构中的最基本竖向承重构件，截面形式有方形、圆形、工字形等。图17-5为牛腿柱的详图，牛腿柱常用于厂房建筑，牛腿上放置吊车梁，它的外形复杂，详图除配筋图外，还包括模板图、预埋件详图及钢筋明细表。

（1）模板图。柱子的模板图常用立面图表示，断面的形状尺寸与配筋图结合反映。由图可知柱长9.4m，上柱高度为3.3m，结合断面图可知柱子的断面形状为矩形，上柱的尺寸为400mm×400mm，下柱的截面尺寸为400mm×600mm。柱子中预埋件有3个，柱顶处的M-1是将与屋架进行连接的预埋件，300mm的尺寸定出了它的位置。牛腿上中心距轴线为750mm的M-3和距牛腿面910mm的M-2是将与吊车梁进行连接的预埋件。

（2）配筋图。柱的配筋图常用立面图和断面图来表示。由构件的立面配筋图可知牛腿柱内配置了11种钢筋，编号⑥到⑪的钢筋均为箍筋。箍筋的间距、加密的长度标注在立面图的右侧，如上柱的端部850mm与1200mm范围内箍筋加密，间距为100mm，而柱的中间1250mm范围内箍筋间距200mm，牛腿部分和下柱的表达方法与上柱相同。编号为⑤的钢筋位于牛腿处，形式复杂，单独分离绘制。断面图主要表达钢筋的位置，如由1−1断面图知编号为③的钢筋共12根，两边各配置6根，用编号为⑨⑩的箍筋绑扎；由3−3断面图可知编号为①的钢筋放置在四角，编号为②的钢筋放置中间，用编号为⑦⑧⑪的箍筋将它们与编号为④的钢筋绑扎在一起。

（3）钢筋明细表。因牛腿柱的配筋复杂，画出了钢筋明细表。由表可清晰地看到各类钢筋的长度、直径、根数，如编号为⑦的钢筋是直径为8mm的HPB300级的箍筋，长度是1970mm，使用了30根。

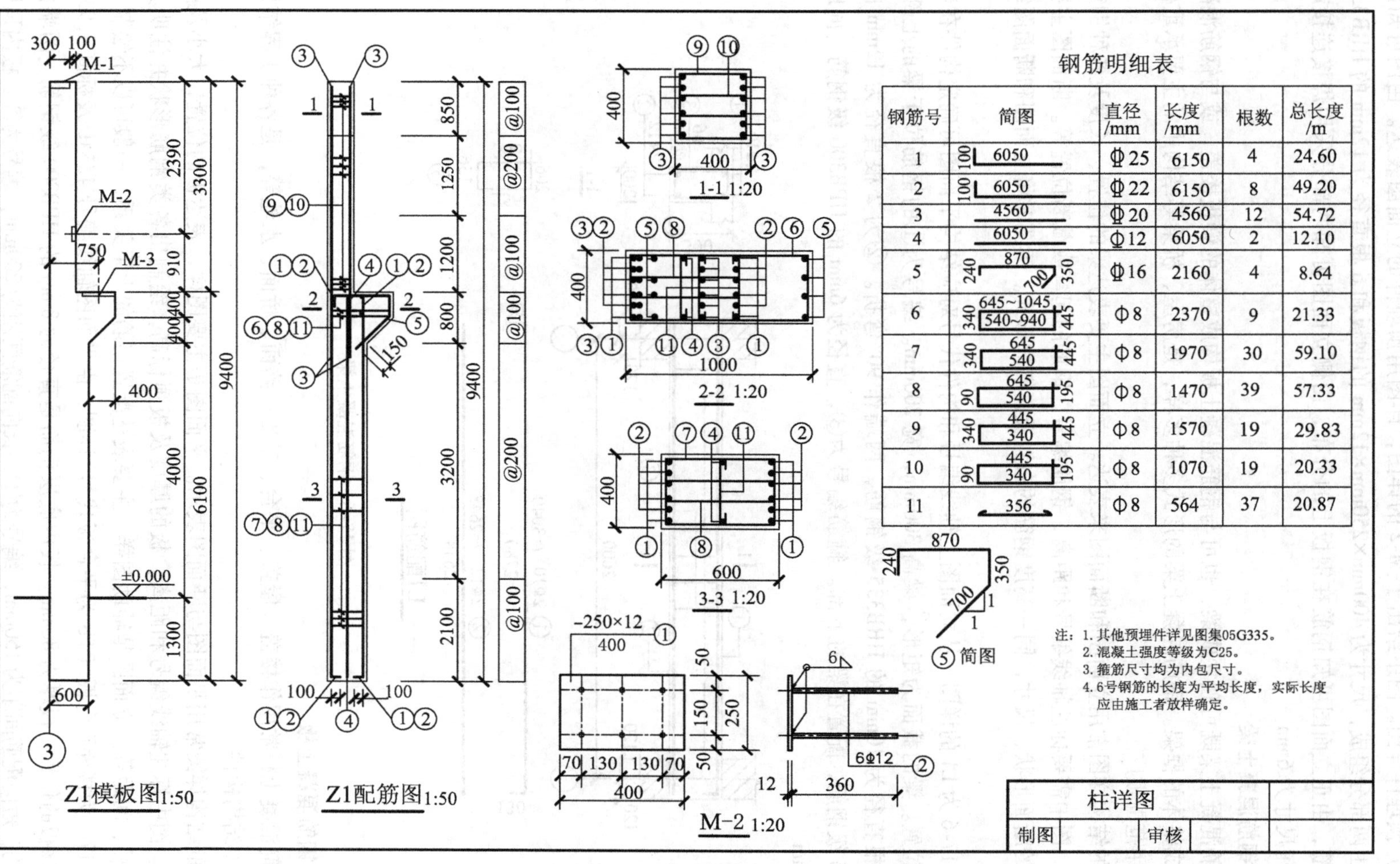

钢筋号	简图	直径/mm	长度/mm	根数	总长度/m
1	100 6050	Φ25	6150	4	24.60
2	100 6050	Φ22	6150	8	49.20
3	4560	Φ20	4560	12	54.72
4	6050	Φ12	6050	2	12.10
5	240 870 700 350	Φ16	2160	4	8.64
6	340 645~1045 540~940 445	Φ8	2370	9	21.33
7	340 645 540 445	Φ8	1970	30	59.10
8	90 645 540 195	Φ8	1470	39	57.33
9	340 445 340 445	Φ8	1570	19	29.83
10	90 445 340 195	Φ8	1070	19	20.33
11	356	Φ8	564	37	20.87

图 17-5　钢筋混凝土柱

(4) 预埋件详图。图中给出了 M-2 的详图，详图用预埋件的立面图表达。由图可知该预埋件由两部分组成，尺寸为400mm×250mm×12mm 的钢板和 6 根直径为 12mm 的 HRB335 级的钢筋，由正立面图可知钢筋在钢板上的分布，由侧立面图可知两部分采用焊接连接起来，焊角尺寸为 6mm。

2. 钢筋混凝土梁

钢筋混凝土梁既可独立成梁，也可与钢筋混凝土板构成整体的梁板楼盖，或与钢筋混凝土柱组成整体的框架。钢筋混凝土梁的形式多种多样，是房屋、桥梁等结构中的主要承重构件，应用范围很广。

梁的结构详图常用立面图和断面图来表达。立面图主要表达梁的位置、长度及各种钢筋的位置。图中需要标注轴线编号和距离，钢筋编号，钢筋的起弯或截断位置等。断面图主要表达梁的断面形状、尺寸，同一高度钢筋的布置及箍筋的形式。读图时将立面图和断面图结合起来。

图 17-6 为 L1 的详图。从立面图上轴线编号和构件代号对应结构平面图可确定构件在建筑中的位置。梁的截面为矩形，梁高 300mm，宽 200mm。编号为①的钢筋位于梁的上部，①为 2 根直径为 10mm 的 HRB335 级钢筋，两端作 90°弯折。②为 2 根直径为 12mm 的 HRB335 级钢筋，配置在梁的下部。箍筋编号为③，直径为 6mm 的 HPB300 级钢筋，间距为 200mm。

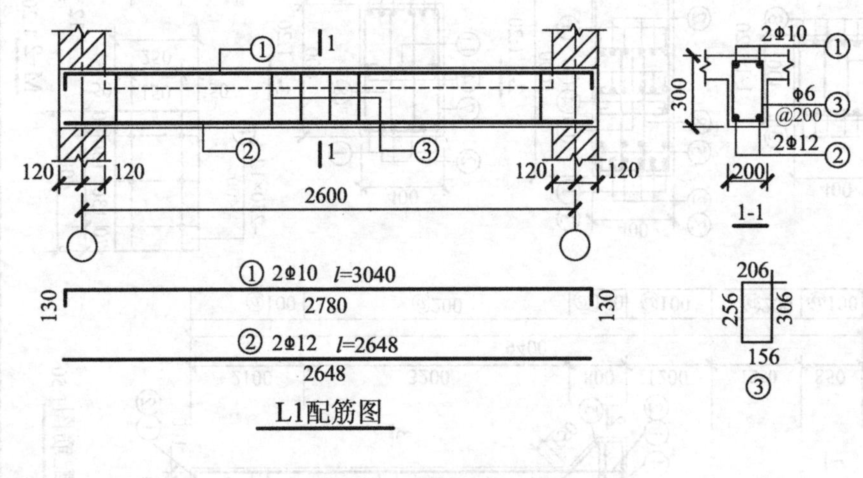

图 17-6 钢筋混凝土梁

3. 钢筋混凝土板

钢筋混凝土板常用作楼盖、屋盖、平台、基础、路面、桥面、水池等，是各种工程结构中的基本结构构件。

板的结构详图常用平面图与断面图表示。平面图是主要图样，表达板的位置，大小及配筋情况。图中标注轴线编号和距离，板的厚度及板顶标高，绘制出各类钢筋形状并注明大小、直径、间距等。立面图是辅助图样，主要表达配置钢筋的上下关系，一般可以不绘制。

图 17-7 为楼梯平台板(PTB 为平台板代号)详图，由平面图轴线编号④⑤Ⓓ及标高 1.93m 可确定该板的位置，板厚为 80mm。板内底层钢筋是直径为 8mm 的 HPB300 级钢筋，两端做 180°弯钩，短向配筋间距为 150mm，编号为①，长向配筋间距为 200mm，编号为②。板内顶层钢筋，即编号为③的钢筋做 90°弯钩，据轴线距离为 500mm，间距为 150mm。

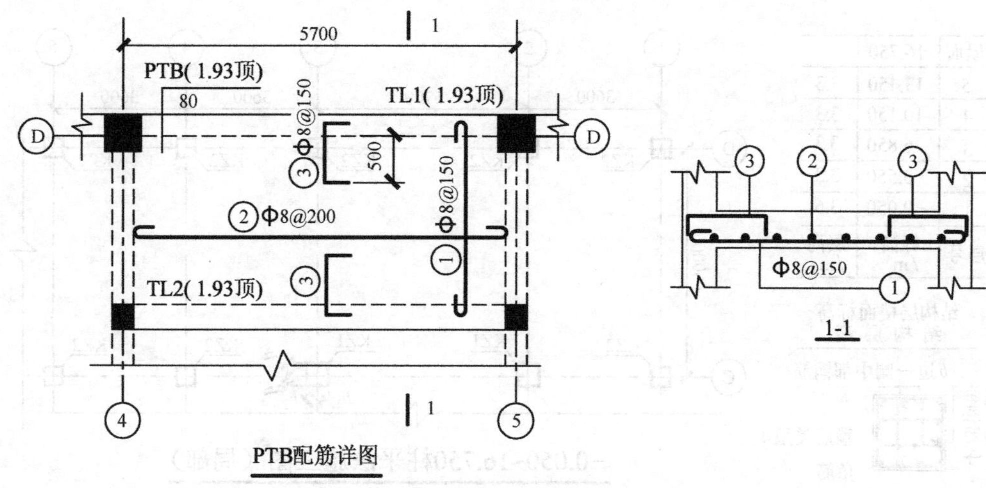

图 17-7　钢筋混凝土板

17.3　建筑结构施工图平面整体设计方法简介

建筑结构施工图平面整体设计方法(简称“平法”)，表达方法是把结构构件的尺寸和配筋等，按照平面整体表示方法制图规则，整体直接表达在各类构件的结构平面布置图上，再与标准构造详图相配合，即构成一套新型完整的结构设计。它改变了传统的那种将构件从结构平面布置图中引出来，再逐个绘制配筋详图的烦琐方法。

本节主要介绍柱平法施工图列表注写方式、梁平法施工图平面注写方式制图规则。

17.3.1　柱平法施工图列表注写方式制图规则

列表注写方式是在柱平面布置图上分别在同一编号的柱中选择一个或几个截面标注几何参数代号，在柱表中注写柱编号、各柱段的起止标高、几何尺寸与配筋的具体数值，并配以各种柱截面形状及其箍筋类型图的方式。图 17-8 为用列表注写方式表达的柱平法施工图示例，以该图为例说明柱表中的内容，柱表中应包括以下内容：

(1) 柱的编号，柱编号由类型代号和序号组成，见表 17-7。

表 17-7　柱编号

柱类型	代号	序号	柱类型	代号	序号
框架柱	KZ	XX	梁上柱	LZ	XX
框支柱	KZZ	XX	芯柱	XZ	XX

(2) 注写各段柱的起止标高。自柱根部往上以变截面位置或截面未变但配筋改变处为界分段注写。

(3) 注写柱的截面尺寸。矩形截面为 $b\times h$，圆截面在直径数字前加 d。

(4) 注写柱与轴线关系的几何参数 b_1、b_2、h_1、h_2，$b= b_1+b_2$、$h =h_1+h_2$。

(5) 注写柱的纵筋。柱纵筋分角筋、截面 b 边中部筋和 h 边中部筋三项注写(对称配筋的矩形截面柱,可仅注写一侧中部筋,对称边省略)，当纵筋直径相同，各边根数也相同时，

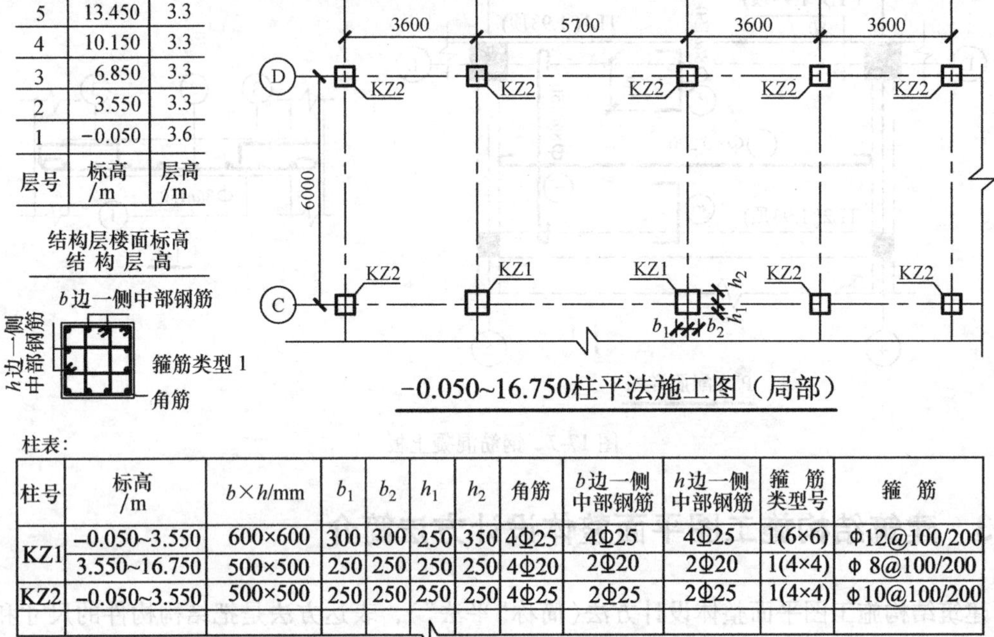

屋面	16.750	
5	13.450	3.3
4	10.150	3.3
3	6.850	3.3
2	3.550	3.3
1	−0.050	3.6
层号	标高/m	层高/m

柱表：

柱号	标高/m	$b\times h$/mm	b_1	b_2	h_1	h_2	角筋	b边一侧中部钢筋	h边一侧中部钢筋	箍筋类型号	箍筋
KZ1	−0.050~3.550	600×600	300	300	250	350	4Φ25	4Φ25	4Φ25	1(6×6)	ϕ12@100/200
	3.550~16.750	500×500	250	250	250	250	4Φ20	2Φ20	2Φ20	1(4×4)	ϕ 8@100/200
KZ2	−0.050~3.550	500×500	250	250	250	250	4Φ25	2Φ25	2Φ25	1(4×4)	ϕ10@100/200

图 17-8　柱平法施工图(列表法)

注写全部纵筋数值。

(6) 注写箍筋类型号和箍筋肢数。

(7) 注写柱箍筋，包括钢筋直径、级别与间距。

为抗震设计时，用斜线“/”区分柱端箍筋加密区与柱身非加密区长度范围内箍筋的不同间距。例ϕ 12@ 100/200 表示箍筋为 HPB300 级钢筋，直径 12mm，加密区间距为 100mm，非加密区间距为 200mm。

17.3.2　梁平法施工图平面注写方式制图规则

平面注写方式是在梁平面布置图中，分别在不同编号的梁中各选一根梁，在其上注写截面尺寸和配筋具体数值的方式。

平面注写包括集中标注与原位标注。

(1) 集中标注表达梁的通用数值，可从任一跨引出标注，一般包括以下内容：

① 梁的编号，包括梁类型代号、序号、跨数及有无悬挑代号，见表 17-8。

表 17-8　梁编号

梁类型	代号	序号	跨数及是否带悬挑	梁类型	代号	序号	跨数及是否带悬挑
楼层框架梁	KL	XX	(XX)、(XXA 或 B)	非框架梁	L	XX	(XX)、(XXA 或 B)
屋面框架梁	WKL	XX	(XX)、(XXA 或 B)	悬挑梁	XL	XX	(XX)、(XXA 或 B)
框支梁	KZL	XX	(XX)、(XXA 或 B)	井字梁	JZL	XX	(XX)、(XXA 或 B)

注：(XXA)表示一端悬挑，(XXB)表示两端悬挑，悬挑不计入跨数。

例：WKL5(3B)表示第 5 号屋面框架梁，三跨，两端悬挑。

② 梁的截面尺寸，等截面梁用 $b×h$ 表示。

③ 梁箍筋，包括钢筋的级别、直径、加密与非加密区间距、肢数。箍筋加密区与非加密区的不同间距用斜线“/”分割，箍筋肢数写在括号内。例：Φ12@100/200（4）表示箍筋 HPB300 级，直径为 12mm，加密区间距为 100mm，非加密区为 200mm，均为四肢箍。

④ 梁上部通长筋或架立筋配置。

当同排纵筋中既有通长筋又有架立筋，应用加号“+”相连，角部纵筋在加号前，架立筋写在加号后的括号内。例：2Φ22+（4Φ12）用于六肢箍，2Φ22 为通长筋，4Φ12 为架立筋。

当梁的上部纵筋和下部纵筋为全跨相同，且多数跨配筋相同时，用分号“；”将上部与下部纵筋的配筋值分隔开来。例：3Φ22；3Φ20 表示梁的上部配置 3Φ22 的通长筋，梁的下部配置 3Φ20 的通长筋。

⑤ 梁侧面纵向构造钢筋或受扭钢筋配置。当需配置纵向构造钢筋，此项注写值以大写字母 G 开头，接着注写设置在梁两个侧面的总配筋值且对称配置。例：G4Φ12 表示梁的两个侧面共配置 4Φ12 的纵向构造钢筋，每侧各配置 2Φ12。

当梁侧面需配置受扭纵向钢筋时，此项注写值以大写字母 N 开头，接着注写配置在两个侧面的总配筋值，且对称配筋。

⑥ 梁顶面标高高差。这个高差指相对于结构层楼面标高的高差值，有高差时，需注写在括号内，无高差时不注。

前五项为必注值，最后一项为选注值。

（2）当集中标注中的某项数值不适用于梁的某部位时，则该项数值原位标注，原位标注表达梁的特殊数值，直接表达在梁旁，施工时，原位标注取值优先。

原位标注的规定如下：

① 梁支座上部纵筋含通长筋在内的所有纵筋。若纵筋多于一排，用“/”将各排纵筋自上而下分开，如梁上部纵筋注写 6Φ25 4/2 表示上一排纵筋 4Φ25，下一排纵筋 2Φ25；当同排纵筋有两种直径时，用“+”连接两种直径，角筋写在前，如 2Φ25+2Φ22 表示梁端配置两种直径不同的钢筋，2Φ25 放在角部，2Φ22 放在中部；当梁中间支座两边的上部纵筋不同时，需在支座两边分别标注，当梁中间支座两边的上部纵筋相同时，可仅在支座一边标注，另一边省略。

② 梁支座下部纵筋。若多于一排，用“/”将各排纵筋自上而下分开；当同排纵筋有两种直径时，用“+”连接两种直径，角筋写在前；当梁下部纵筋不全部深入支座时，将梁支座下部纵筋减少的数量写在括号内，如 6Φ25　2(-2)/4 表示上一排的纵筋 2Φ25 不深入支座，下一排的纵筋 4Φ25 深入支座。

图 17-9 为梁平法施工图平面注写示例。图中 KL2 的集中标注的内容中有五项：

（1）KL2(2A) 表示编号为 2 的框架梁为两跨，一端有悬挑（图中可知为右端悬挑）；

（2）300×650 表示框架梁截面为矩形，宽 300mm，高 650mm；

（3）Φ8@100/200(2) 表示箍筋为直径 8mm 的 HPB300 钢筋，加密区间距为 100mm，非加密区为 200mm，双肢箍；

（4）2Φ25，G4Φ10 表示上部有 2 根直径为 25mm 的 HRB335 的通长纵筋，侧面配置有 4 根直径为 10mm 的 HPB300 的纵向构造钢筋；

（5）(-0.050) 表示该梁顶面低于所在楼层结构标高 0.050m。

直接写在梁上部或下部的均为原位标注，如 2Φ25+2Φ22。由梁的最左端支座上的原位标注可知，此位置配置两种钢筋，2Φ25 放在角部，2Φ22 放在中间。其他原位标注结合 1-1、2-2、3-3 断面图理解。

图 17-9 中 1-1、2-2、3-3 为用传统表示方法绘制，用于对比按平面注写方式表达的同样内容。实际采用平面注写方式表达时，不需绘制梁截面的配筋图和相应的断面图。

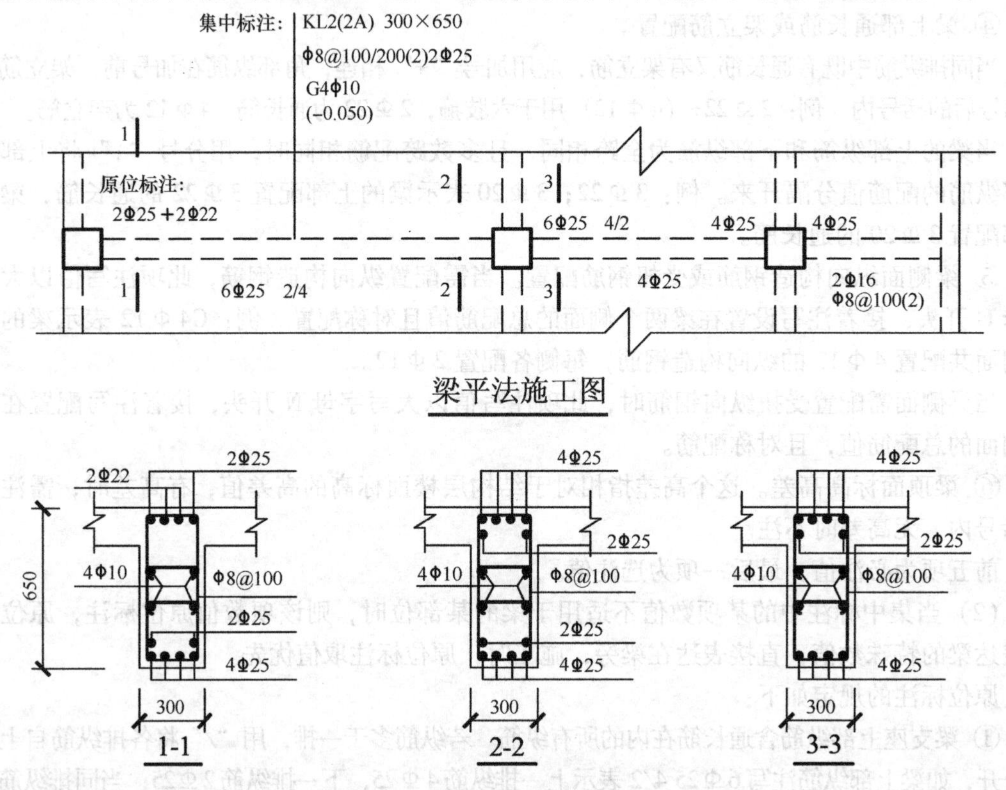

图 17-9　梁平法施工图(平面注写)

柱平法施工图和梁平法施工图的截面注写方式和板的平法表示，请参阅《混凝土结构施工图平面整体表示方法制图规则和构造详图》(11G101-1)。

17.4　钢结构图

钢结构是由钢板、型钢等组合连接制成的，具有强度高、质量轻、施工速度快的特点，常用于高层建筑、大跨度空间结构、可拆卸结构等方面。

17.4.1　常用型钢的标注方法

常用型钢的标注方法见表 17-9。

表 17-9　常用型钢标注方法

名　称	截　面	标　注	说　明
等边角钢		$b \times t$	b 为肢宽，t 为肢厚
不等边角钢	B	$B \times b \times t$	B 为长肢宽，b 为短肢宽，t 为肢厚

（续）

名　称	截　面	标　注	说　明
工字钢	I	I N　Q I N	N 工字钢的型号 轻型工字钢加注 Q 字
槽钢	[	[N　Q [N	N 槽钢的型号 轻型槽钢加注 Q 字
钢板	—	$\frac{-b\times t}{l}$	(宽×厚)/板长
钢管	○	$\phi d\times t$	外径 d×壁厚 t

17.4.2 钢结构的连接

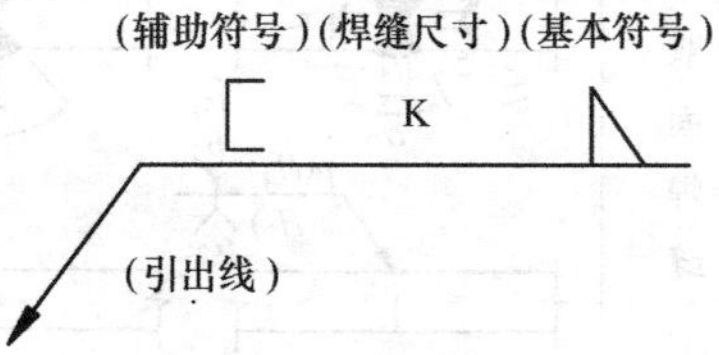

图 17-10　焊缝代号

钢结构的连接方法可分为焊缝连接、螺栓连接、铆钉连接。

1. 焊缝连接

焊缝连接是现代钢结构最主要的连接方式。图样上的焊缝用标准规定的焊缝代号表示，一般由基本符号和指引线组成，必要时还可加上辅助符号、补充符号和焊缝尺寸，如图 17-10 所示。

（1）常用焊缝基本符号、辅助符号和补充符号见表 17-10。

表 17-10　常用符号

名　称		示 意 图	符号	名　称		示 意 图	符号
基本符号	I 形焊缝	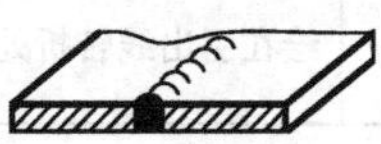	‖	辅助符号	平面符号		—
基本符号	角焊缝	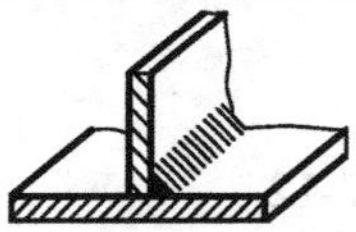	◺	辅助符号	凹面符号	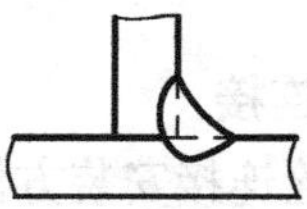	◡
基本符号	带钝边 V 形焊缝		Y	补充符号	三面焊缝符号	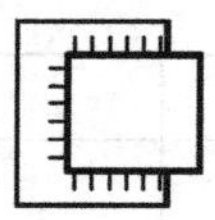	[
基本符号	V 形焊缝		V	补充符号	周围焊缝符号	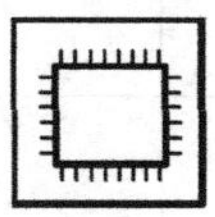	○
基本符号	封底焊缝	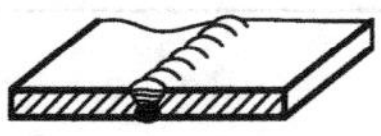	◡	补充符号	现场符号		▶

（2）焊缝标注方法

常用焊缝标注方法见表17-11。

表17-11 常用焊缝标注方法

名称	标注方法示例	说明
单面焊缝	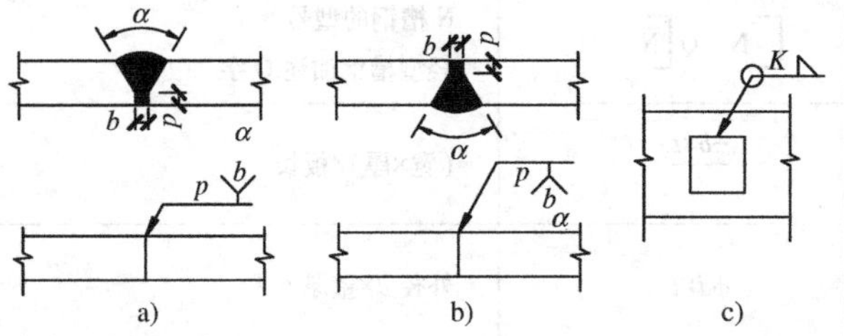 a) b) c)	图a箭头指向焊缝所在面，图形符号、尺寸注在横线上方 图b箭头指向焊缝对应面，图形符号、尺寸注在横线下方 图c表示环绕工作件周围的焊缝时，围焊符号为圆圈，绘在引出线转折处
双面焊缝	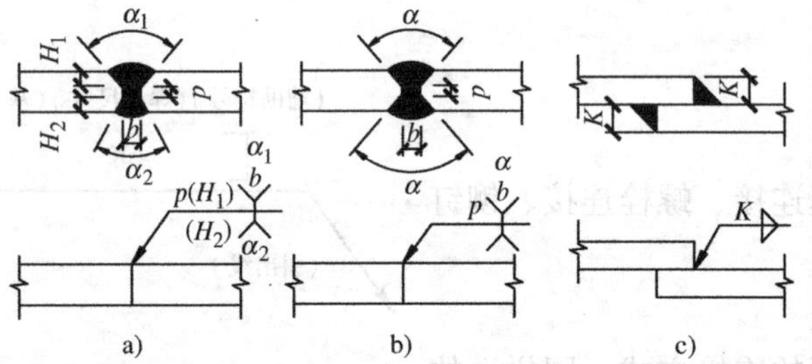 a) b) c)	双面焊缝的标注，应在横线上、下分别注尺寸、图形符号，如图a所示 当两面焊缝相同时，只需在横线上方注尺寸、图形符号，如图b、c所示
其他焊缝	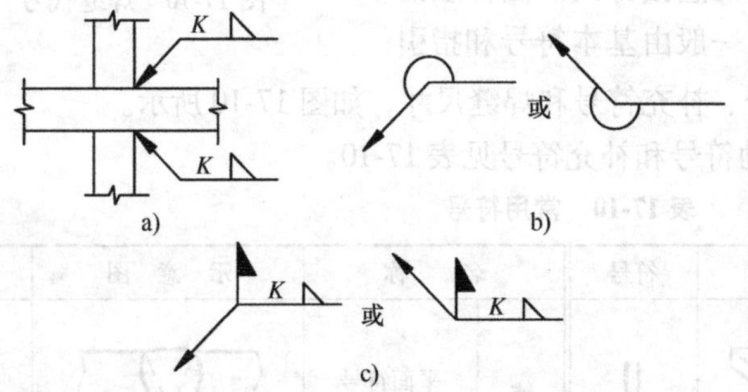 a) b) 或 c) 或	图a表示3个以上焊件的焊缝标注，3个或3个以上焊件相互焊接的焊缝，其焊缝符号和尺寸分别标注 图b表示相同焊缝符号，相同焊缝符号为3/4圆弧，绘在引出线转折处 图c表示施工现场焊接的焊缝标注方法，现场焊缝符号为涂黑的三角形旗号，绘在引出线转折处

说明：α表示坡口角度，p表示钝边，b表示根部间隙，K表示焊角尺寸，H表示坡口深度，L表示焊缝长度。

2. 螺栓连接

螺栓连接安装方便，便于拆卸，表示方法见表17-12。

表17-12 螺栓、孔的表示方法

名称	图例	名称	图例
永久螺栓	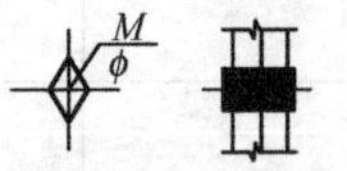 M ϕ	胀锚螺栓	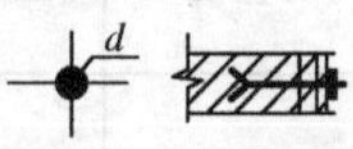 d
高强螺栓	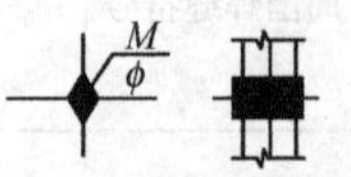 M ϕ	圆形螺栓孔	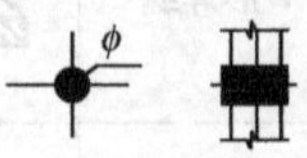 ϕ

说明：1. 细“+”表示定位线。

2. M表示螺栓型号、ϕ表示螺栓孔直径，d表示膨胀螺栓直径。

3. 采用引出线标注螺栓时，横线上标注螺栓规格，横线下标注螺栓孔直径。

3. 铆钉连接

铆钉连接与普通螺栓连接相似，但构造复杂、施工麻烦，不能拆卸，已很少使用。

17.4.3　钢构件图

钢结构是由若干钢构件连接而成，故钢构件详图是钢结构图中的一个主要图样，现以图 17-11 所示的钢结构屋架竖向支撑详图为例说明钢结构图的图示方法和读图方法。

屋架竖向支撑布置在屋架之间，主要作用是保证屋架的稳定和承受水平力。该构件详图的主要图样是构件的立面图：细点画线绘制定位轴线，各零件可见的部分用中实线绘制，不可见的部分用细虚线绘制；图中对各零件进行编号，编号采用直径 4～6mm 的细实线圆表示，先型钢，后钢板，用阿拉伯数字按顺序编写；图中标注零件的定位尺寸，标注的基准选择定位轴线，如编号为①的零件横向的定位尺寸是 55mm，竖向的定位尺寸为 15mm 和 70mm；标注零件间的连接尺寸，如编号为①的零件焊接在编号为④的零件上。

读图时将立面图和材料表相结合。由立面图可知该构件为桁架结构：上弦是由两个肢宽为 63mm，肢厚为 5mm 的等边角钢(编号为①)组成，组合的截面形式为 T 形，为确保两角钢的共同工作，角钢之间焊接有钢板(编号为⑧)；竖杆也是由两个等边角钢(编号③)构成，角钢间的填板编号为⑨；斜腹杆是单个等边角钢(编号②)，两个斜腹杆焊接在编号为⑩的钢板上，采用角焊缝连接，焊脚尺寸为 5mm；组成桁架的各杆件采用焊脚尺寸为 5mm 的角焊缝焊接在钢板上，如上弦、竖杆、斜杆焊接在编号为⑥的钢板上。

17.5　房屋结构施工图

房屋结构施工图一般包括结构设计说明、基础图、结构平面图、结构构件详图与楼梯结构图。

17.5.1　结构设计说明

每一项工程应编写一份结构设计说明，结构设计说明一般包含有下列内容：

(1) 工程概况，工程设计依据；

(2) 建筑结构的安全等级和设计使用年限；

(3) 采用的设计荷载，包括雪荷载、风荷载、楼屋面允许使用荷载；

(4) 设计 0.000 标高所对应的绝对标高值，图纸中标高、尺寸单位；

(5) 所选用结构材料的品种、规格、性能及相应的产品标准，当为钢筋混凝土结构时，应说明受力钢筋的保护层厚度、锚固长度、搭接长度等；

(6) 所采用的通用做法和标准构件图集，施工中应遵守的施工规范和注意事项。

17.5.2　基础图

基础是建筑物的组成部分，是建筑物中埋入土中的承重构件，它承受建筑物的全部荷载，并将荷载传给地基。基础的类型很多，常用的构造形式有条形基础、独立基础、筏形基础、桩基础等，见图 17-12。

基础图一般包括基础平面图、基础详图和文字说明。

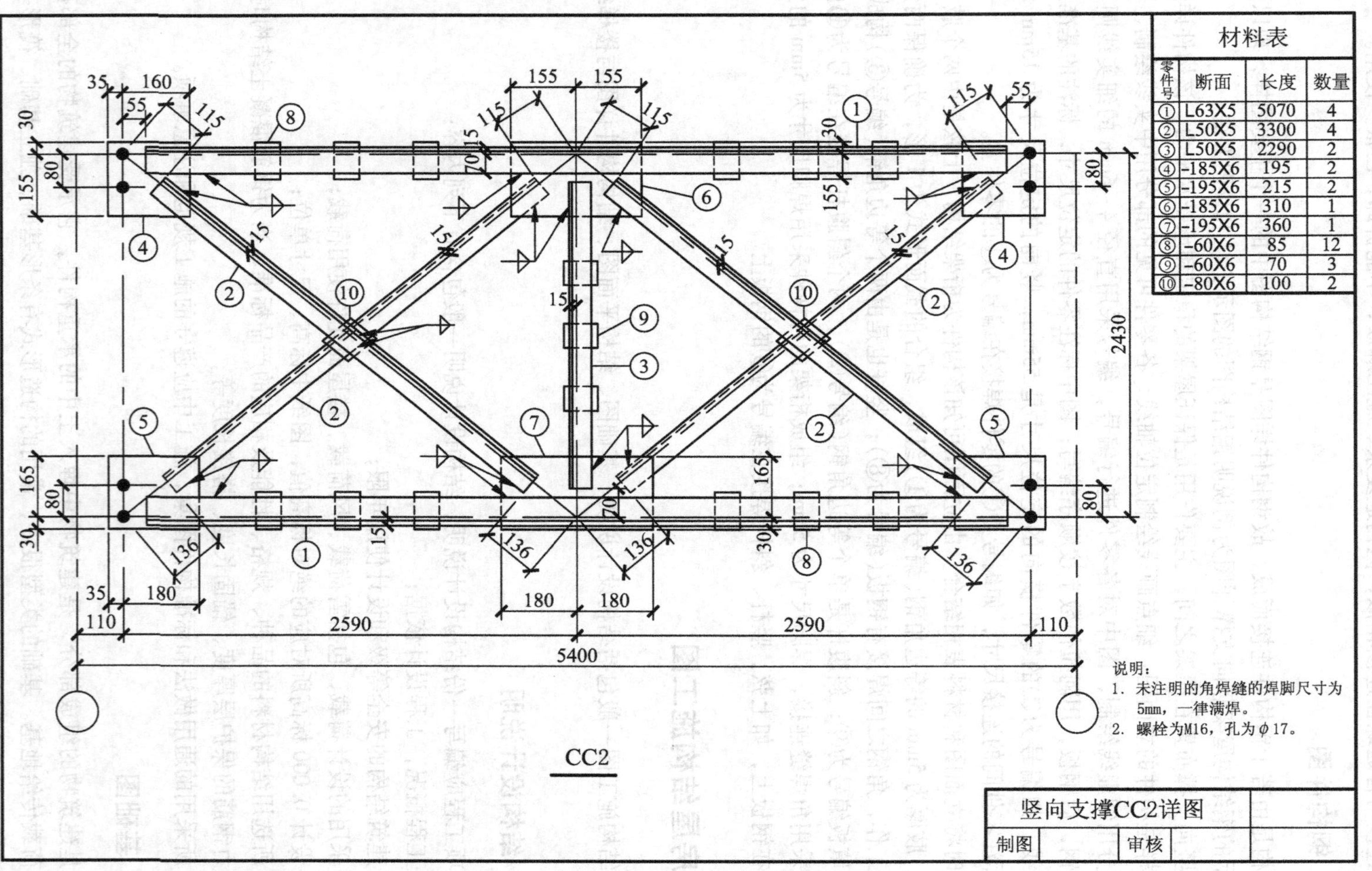

材料表
零件号 断面 长度 数量
① L63X5 5070 4
② L50X5 3300 4
③ L50X5 2290 2
④ -185X6 195 2
⑤ -195X6 215 2
⑥ -185X6 310 1
⑦ -195X6 360 1
⑧ -60X6 85 12
⑨ -60X6 70 3
⑩ -80X6 100 2
说明：
1. 未注明的角焊缝的焊脚尺寸为5mm，一律满焊。
2. 螺栓为M16，孔为φ17。
竖向支撑CC2详图
制图
审核
CC2
2430
2590
2590
5400

图 17-11 竖向支撑详图

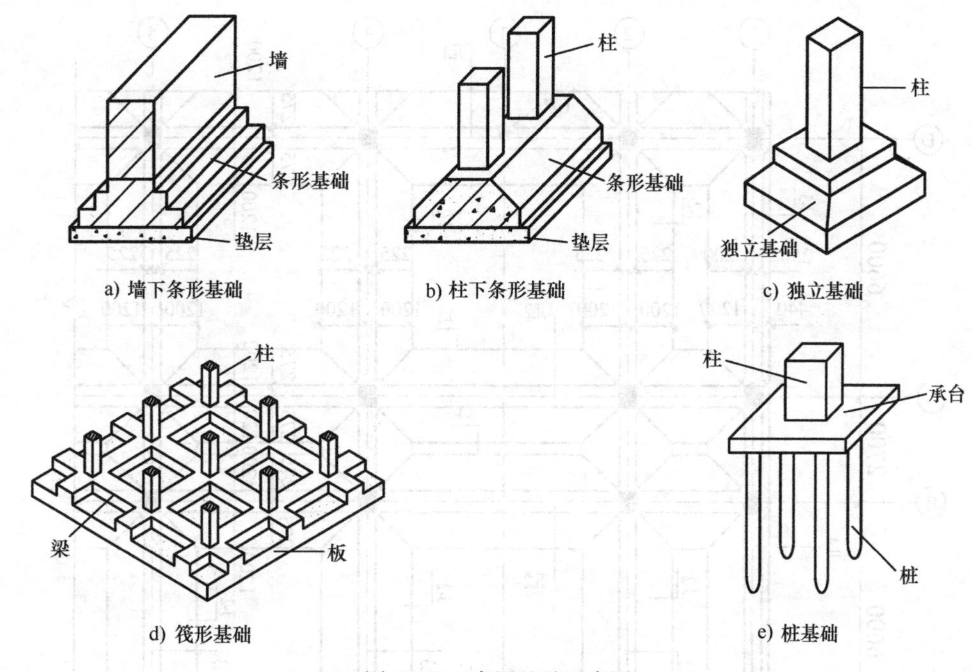

图 17-12　常用基础示意图

1. 基础平面图

基础平面图主要表达基础的平面布置，是假想用一水平面沿房屋的地面与基础之间将房屋剖开，移去上面建筑和土层后向水平面作投影得到的投影图。基础平面图的图示内容与方法如下：

（1）图名、比例，其中比例一般与建筑平面图相同，常用 1∶100；

（2）定位轴线与建筑平面图一致，基础轮廓、基础梁，采用中实线表达，剖到的柱子涂黑，其他线采用细线；

（3）标注定位轴线间尺寸；标注基础、柱、基础梁的定位尺寸及代号；标注基础标高；当基础的尺寸和构造不同时加画断面图，剖切符号表达在平面图中。

图 17-13 为办公楼基础平面图(局部)。该基础为十字交叉条形基础，横向基础代号 J-1，①轴线左侧基础代号为 J-3，图中绘制的其他纵向基础代号均为 J-2。基础之间由基础梁连接，ⒶⒹ轴线的基础梁为 JL1，ⒷⒸ轴线的基础梁为 JL2，①轴线的基础梁为 JL4，其他纵向的基础梁代号为 JL3。JL1 和 J-1 的尺寸标注在④⑤之间，JL1 的宽度为 550mm，J-1 的宽度为 2400mm，都以轴线为对称。J-2、J-3、JL3 的尺寸标注在ⒸⒹ轴线之间。

2. 基础详图

基础平面图表达基础的平面布置，而基础的形状、大小、配筋、埋置深度需用详图表达。基础一般由钢筋混凝土构成，所以它的图示符合钢筋混凝土构件详图的画法。条形基础详图多为基础的断面图，读图时需结合基础平面图。图 17-14 为 J-1 的断面详图，详图给出基础的尺寸，基础配筋，如底板内配置有直径为 14mm 的 HRB335 级钢筋，间距为 150mm，还配置直径为 8mm 的 HPB300 级钢筋，间距为 200mm。

3. 文字说明

附加文字说明基础材料的品种、规格、性能、抗渗等级、垫层材料、钢筋保护层厚度及

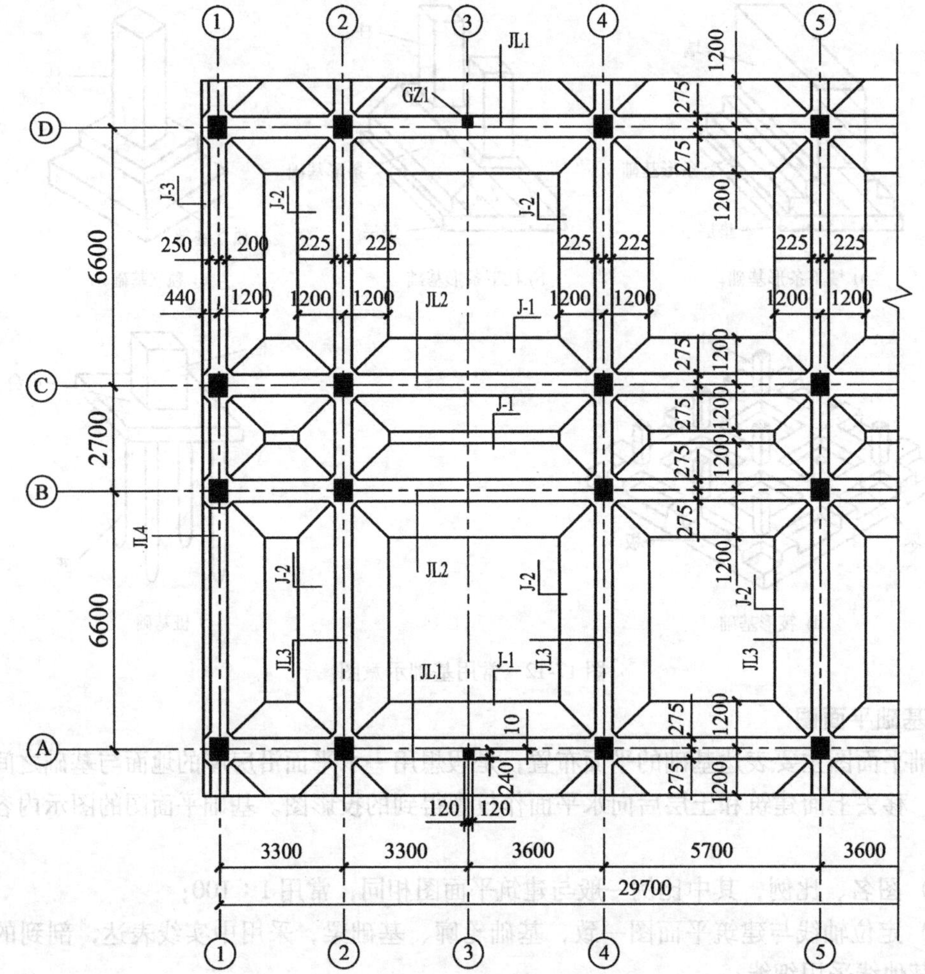

基础结构平面图(局部) 1:100

构件底标高均为−5.50

图 17-13 办公楼基础平面图

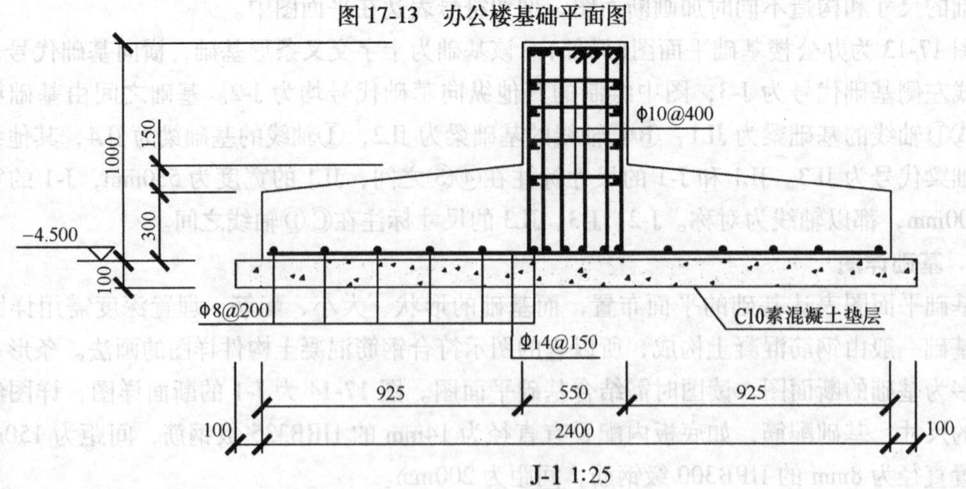

图 17-14 基础详图

其他对施工要求。文字说明有时也可放在结构设计说明中。

17.5.3　结构平面图

结构平面图包括模板图和配筋图，简单的平面可以合并绘制。结构平面图是假想沿每层楼板面水平剖切向下做正投影得到的全剖面图，主要表达楼板、梁、柱的平面布置及楼板的配筋情况。

一般建筑的结构平面图均应有各层结构平面图及屋面结构平面图，若中间几层的结构布置完全相同时，则只画一个标准层。具体内容和图示方法如下：

(1) 常采用与建筑平面图相同比例。

(2) 绘制定位轴线、柱、梁、承重墙等。定位轴线与建筑平面图一致，用细单点画线绘制；可见的轮廓线用中实线绘制，不可见的轮廓线用中虚线绘制；柱子断面涂黑。

(3) 标注各构件的定位尺寸及编号。

(4) 楼梯间一般另有详图，只需绘斜线注明位置。

(5) 当楼板为预制板时，只需在铺设范围内用细实线画出预制板的轮廓，并注明板的跨度方向、板号、数量等。

图 17-15 为结构平面图中预制板的表达方法。由图可知①②轴线与Ⓐ Ⓑ轴线间铺设 10 块预制板，8 块宽度为 500mm 板和 2 块宽度为 600mm 的板。这个范围内的铺板编号为Ⓔ，②③轴线间楼板的铺设与此范围相同，故不再详细画出，只注出编号Ⓔ。

(6) 当楼板为现浇板时，需注明板厚、板面标高、配筋(亦可另绘放大配筋图)，有预留孔、埋件时应表示出规格与位置。配筋的表示方法与钢筋混凝土构件配筋图的表示方法相同。

(7) 当选用标准图中节点或另绘构造详图时，应在平面图中注明详图索引符号。

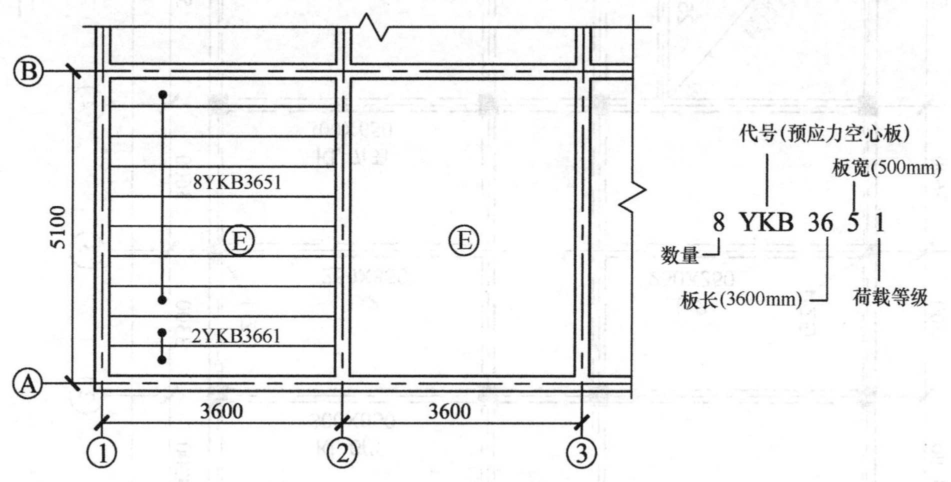

图 17-15　预制板的表示

图 17-16、图 17-17 分别为办公楼二层楼板模板图和配筋图，读图时将两图结合起来。模板图给出了楼板与梁、柱的关系，梁轴线居中或和柱边平齐，图中给出各梁的代号和截面尺寸。如 KL-5(3)300×650，其中 KL 表示框架梁，5 为编号，3 写在括号内表示跨度，300 表示梁宽 300mm，650 表示梁高 650mm。整个楼板为现浇板，②③轴线与Ⓒ Ⓓ轴线之间板内底层配置编号②⑦的钢筋，直径 8mm 的 HPB300 级钢筋，间距为 150mm，两端作 180°弯钩；

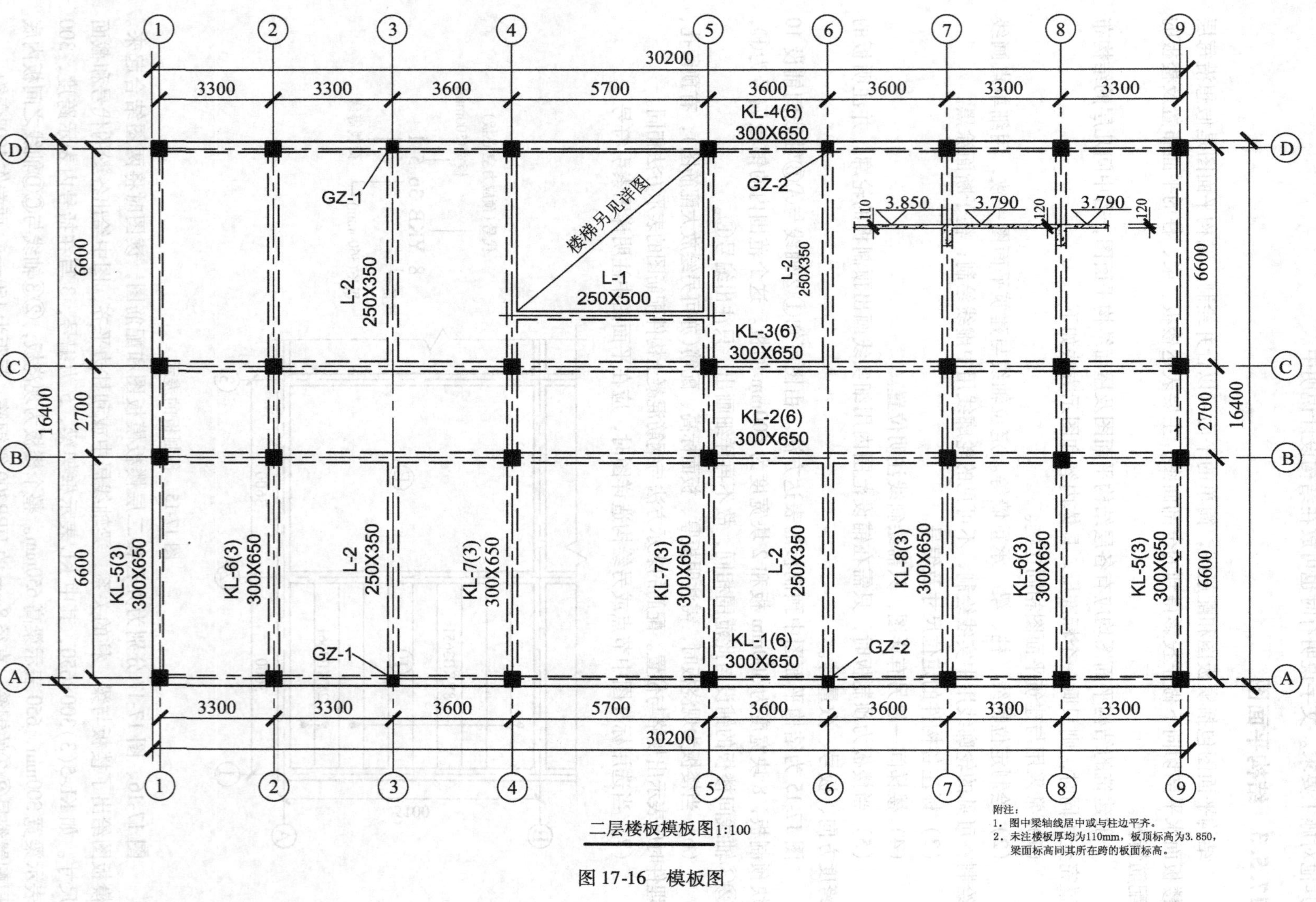

二层楼板模板图 1:100

图 17-16 模板图

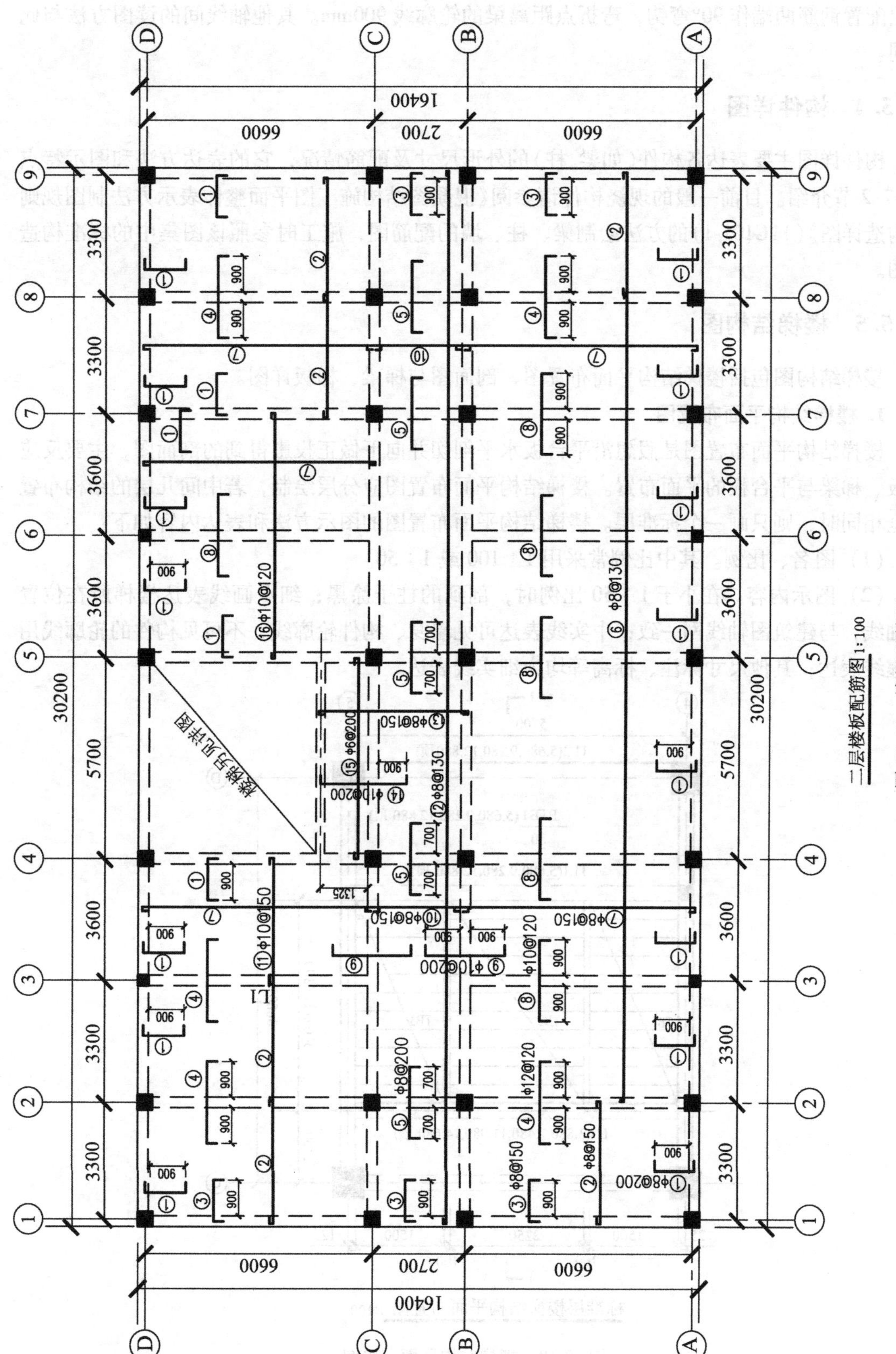

二层楼板配筋图 1:100

图 17-17　楼板配筋图

顶层配置钢筋两端作 90°弯钩，弯折点距离梁的轮廓线 900mm。其他轴线间的读图方法与此相同。

17.5.4 构件详图

构件详图主要表达各构件(如梁、柱)的外形尺寸及配筋情况，它的表达方法和图示特点见 17.2 节介绍。目前一般的现浇构件请参阅《混凝图结构施工图平面整体表示方法制图规则和构造详图》(11G101-1)的方法绘制梁、柱、墙的配筋图，施工时参照该图集中的标准构造详图。

17.5.5 楼梯结构图

楼梯结构图包括楼梯结构平面布置图、剖面图与梯梁、梯板详图。

1. 楼梯结构平面布置图

楼梯结构平面布置图是假想沿平台板水平剖切并向下做正投影得到的剖面图，主要反应梯板、梯梁与平台板的平面布置。楼梯结构平面布置图应分层绘制，若中间几层的结构布置完全相同时，则只画一个标准层。楼梯结构平面布置图的图示方法和表达内容如下：

（1）图名、比例。其中比例常采用 1∶100 或 1∶50。

（2）图示内容。在小于 1∶50 比例时，剖到的柱子涂黑；细点画线表达楼梯所在位置的轴线，与建筑图轴线网一致；中实线表达可见墙身、构件轮廓线，不可见构件的轮廓线用中虚线表达；其他尺寸标注、标高等均为细实线表达。

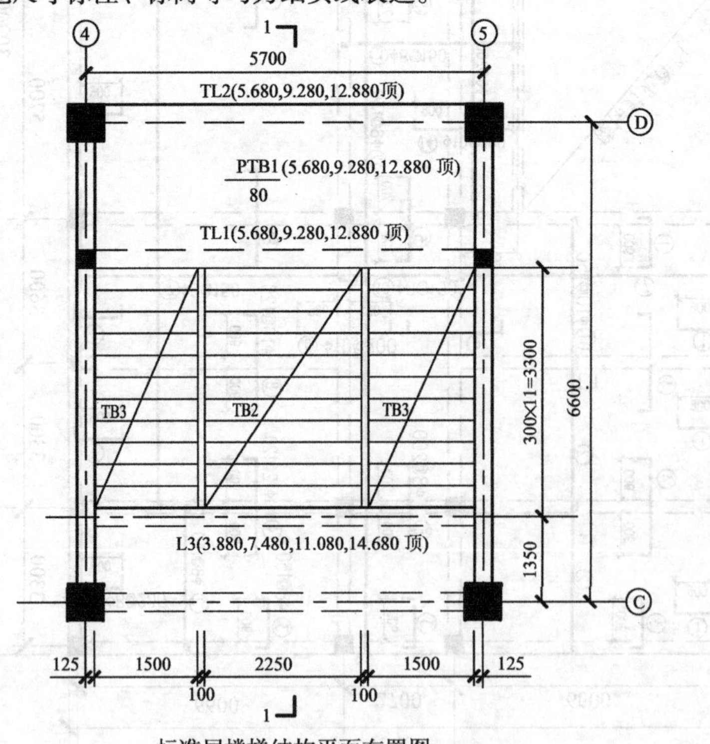

图 17-18 楼梯结构平面布置图

（3）标注内容。在平面图中须标注构件代号、标高及尺寸，标注剖切符号。

图 17-18 为办公楼的楼梯结构平面布置图。由图名可知这是标准层楼梯平面布置图，从轴线编号④⑤ⒸⒹ可知楼梯的位置，梯梁不可见画为虚线，给出梯梁的代号 TL1 与 TL2，代号后括号内表达构件顶部标高，平台板的厚度为 80mm，顶部标高与梯梁相同。

2. 楼梯剖面图

楼梯剖面图表达各楼梯构件竖向布置关系，剖切位置标注在楼梯平面布置图中。剖到的构件轮廓线用中实线表达，其他用细实线，标注构件代号、标高、尺寸。图 17-19 为办公楼楼梯剖面图，更清楚地表达 TL1、TL2、TB2、TB3 的空间布置 。

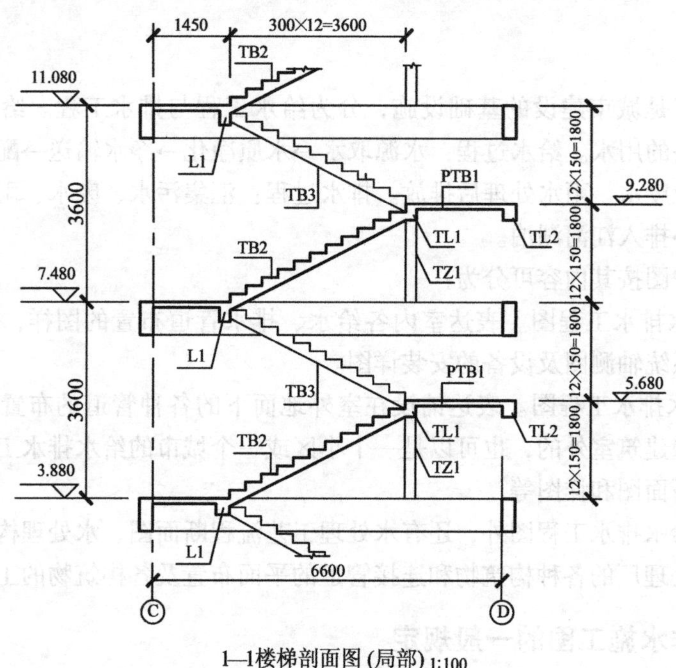

图 17-19　楼梯剖面图

3. 楼梯构件详图

办公楼楼梯为现浇钢筋混凝土楼梯，表达方法参照 17. 2 节钢筋混凝土构件详图。图 17-20 是TB2 的详图。

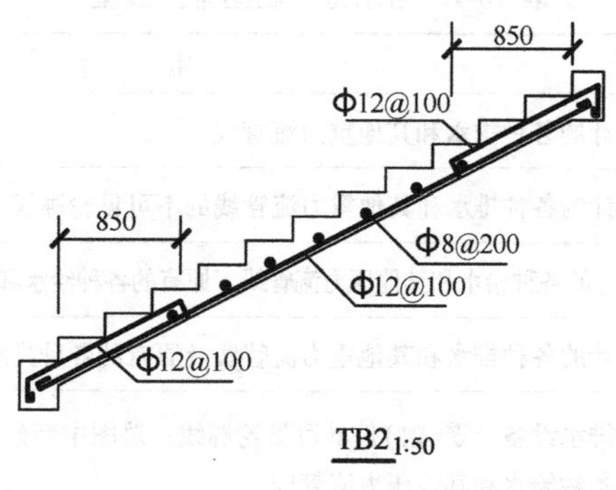

图 17-20　梯板详图

第18章 给水排水工程图

18.1 概述

18.1.1 简介

给水排水工程是城市建设的基础设施，分为给水工程与排水工程。给水是为生活、生产、消防提供合格的用水。给水过程：水源取水→水质净化→净水输送→配水使用。排水是将生活污水、工业废水、雨水处理后排放。排水过程：汇集污水、废水、雨水→输送至指定处理厂→水处理→排入江河湖泊。

给水排水工程图按其内容可分为：

（1）室内给水排水工程图。表达室内各给水、排水管道布置的图样，主要包括给水排水管道平面图、系统轴测图及设备的安装详图。

（2）室外给水排水工程图。表达铺设在室外地面下的各种管道的布置。它表示的范围很广，可以是一幢建筑室外的，也可以是一个小区或一个城市的给水排水工程图，一般包括平面图，管道纵断面图和详图等。

除了室内外给水排水工程图外，还有水处理工艺流程断面图、水处理构筑物工艺图，表达自来水和污水处理厂的各种构筑物和连接管道的平面布置及各构筑物的工艺设计图。

18.1.2 给水排水施工图的一般规定

给水排水工程图应符合《房屋建筑制图统一标准》(GB/T 50001—2010)和《建筑给水排水制图标准》(GB/T 50106—2010)的规定。

1. 图线

为了统一给水排水专业制图规则，提高制图效率，做到图面清晰、简明，常用的各种线型参照表1-4，各种线型及用途见表18-1。

表18-1 给水排水制图常用线型

名称	线宽	用　途
粗实线	b	新设计的各种排水和其他重力流管线
粗虚线	b	新设计的各种排水和其他重力流管线的不可见轮廓线
中粗实线	$0.7b$	新设计的各种给水和其他压力流管线，原有的各种给水和其他压力流管线
中粗虚线	$0.7b$	新设计的各种排水和其他重力流管线及原有的各种排水和其他重力流管线
中实线	$0.5b$	给水排水设备、零(附)件的可见轮廓线；总图中新建的建筑物和构筑物的可见轮廓线；原有的各种给水和其他压力流管线

（续）

名称	线宽	用　途
中虚线	0.5b	给水排水设备、零(附)件的不可见轮廓线；总图中新建的建筑物和构筑物的不可见轮廓线；原有的各种排水和其他压力流管线的不可见轮廓线
细实线	0.25b	建筑的可见轮廓线；总图中原有的建筑物和构筑物的可见轮廓线；制图中的各种标注线
细虚线	0.25b	建筑的不可见轮廓线；总图中原有的建筑物和构筑物的不可见轮廓线
单点长画线	0.25b	中心线、定位轴线
折断线	0.25b	断开界线
波浪线	0.25b	平面图中水面线；局部构造层次范围线；保温范围示意线等

2. 比例

给水排水专业制图常用的比例，宜符合表 18-2 的规定。

在管道纵断面图中，可根据需要对纵向与横向采用不同的比例。在建筑给水排水轴测图中，如局部表达困难时，该处可不按比例绘制。水处理流程图、水处理高程图和建筑给水排水系统原理图均不按比例绘制。

表 18-2　给水排水制图常用比例(GB/T 50106—2010)

名　　称	比　　例
区域规划图、区域位置图	1：50000、1：25000、1：10000、1：5000、1：2000
总平面图	1：1000、1：500、1：300
管道纵断面图	竖向：1：200、1：100、1：50　纵向：1：1000、1：500、1：300
水处理厂(站)平面图	1：500、1：200、1：100
水处理构筑物、设备间、卫生间、泵房平、剖面图	1：100、1：50、1：40、1：30
建筑给排水平面图	1：200、1：150、1：100
建筑给排水轴测图	1：150、1：100、1：50
详图	1：50、1：30、1：20、1：10、1：5、1：2、1：1、2：1

3. 管道的图示方法

（1）双线表示。18-1a 图为管道的投影图，管道的内壁在正立面图中是虚线，平面图中是小圆。图 18-1b 中，管道的正立面图中不表达管道内壁的虚线，平面图中不表达管道内壁的小圆。施工图中表示管道时，不表示管道内壁，只用两根线表示管道的方法称为双线表示法，这种表示法常用于管道的详图中。

（2）单线表示。在工程中管道的截面尺寸比管道的长度小得多，故当采用小比例绘图时，把整个管道用单根线来表示。这种用单根线表达管道的单线表示法常用于管道的平面布置图、轴测图中。图 18-1c 图为管道的单线表示，管道的水平投影为点加小圆圈，小圆圈没有实际含义，点为管道的水平投影积聚点，在施工图中，也可不表达点，直接画一个小圆圈。

4. 标高

(1) 标高以 m 为单位，可注写到小数点后第二位。室内工程应标注相对标高；室外工程宜标注绝对标高，无绝对标高时可标注与总图一致的相对标高。

(2) 压力管道应标注管中心标高，沟渠和重力流管道宜标注管(沟)内底标高。

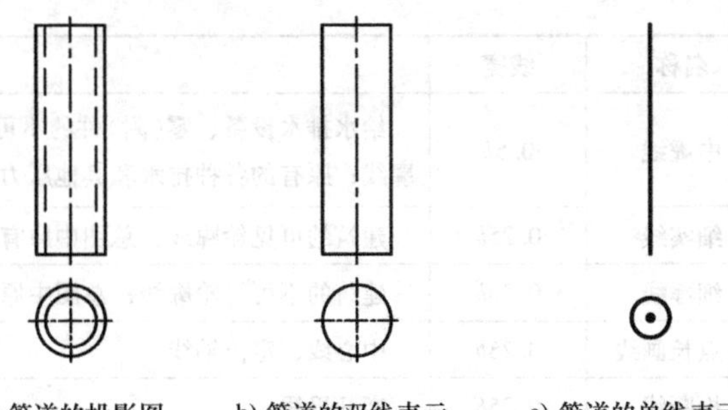

a) 管道的投影图 b) 管道的双线表示 c) 管道的单线表示

图 18-1 管道的表示方法

(3) 标高的标注部位。建筑物内的沟渠和重力流管道的起讫点、转角点、变坡点、变尺寸(管径)点及交叉点；压力流管道中的标高控制点；管道穿外墙、剪力墙和构筑物的壁及底板等处；不同水位线处。

(4) 管道标高的标注方法见图 18-2。图 18-2a、b 为平面图中管道标高标注方法，图 18-2c 为剖面图中管道标高标注方法，图 18-2d、e 为轴测图中管道标高标注方法。

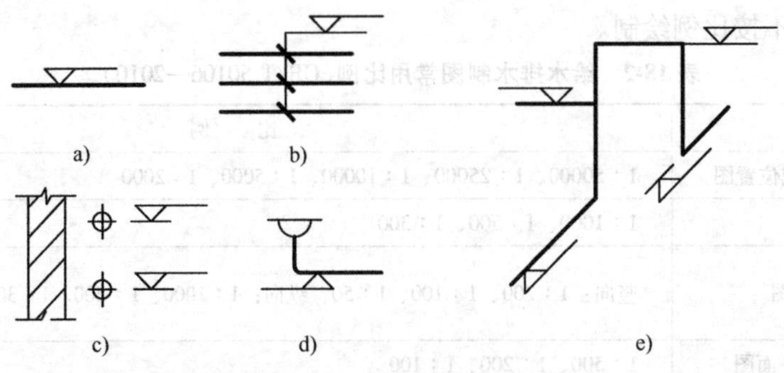

图 18-2 管道标高的标注方法

(5) 在建筑工程中，管道也可标注相对本层建筑地面的标高，标注方法为 *H*+×. ×××，*H* 代表本层建筑地面标高，×. ×××表示管道相对本层建筑地面的标高。如管道标注的标高为 *H*+0. 050 表示管道的标高为本层建筑地面标高加上 0. 050m。

5. 管径

(1) 管径尺寸应以 mm 为单位。

(2) 管径的表达方式。水、煤气输送钢管、铸铁管管径以公称直径 *DN* 表示，如 *DN*50 表示公称直径为 50mm；无缝钢管、焊接钢管等管材管径宜以外径 *D*×壁厚表示，如 *D*108×4 表示管外径为 108mm，壁厚为 4mm；建筑给水排水塑料管材，管径宜以公称外径 *dn*；钢筋混凝土(或混凝土)管、管径宜以内径 *d* 表示，如 *d*230 表示管内径为 230mm。

(3) 横管的管径宜标注在管道的上方，竖向管道的管径宜标注在管道的左侧，管径的标注方法见图 18-3。

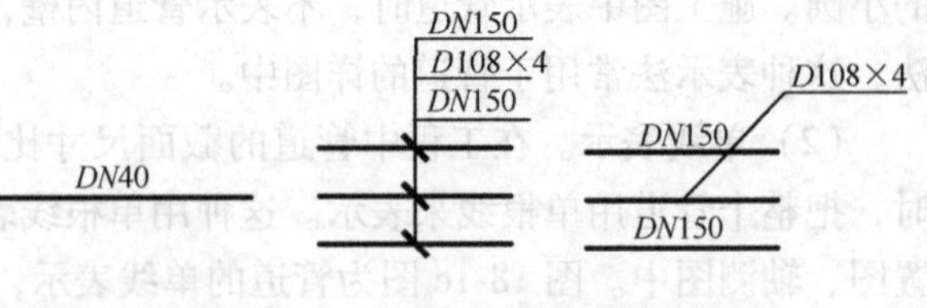

a) 单管管径表示法 b) 两种多管管径表示法

图 18-3 管径的标注方法

6. 编号

(1) 当建筑物的给水引入管或排水

排出管的数量超过 1 根时，应进行编号，当建筑物内穿越楼层的立管超过 1 根时，应进行编号，管道编号表示法见图 18-4。

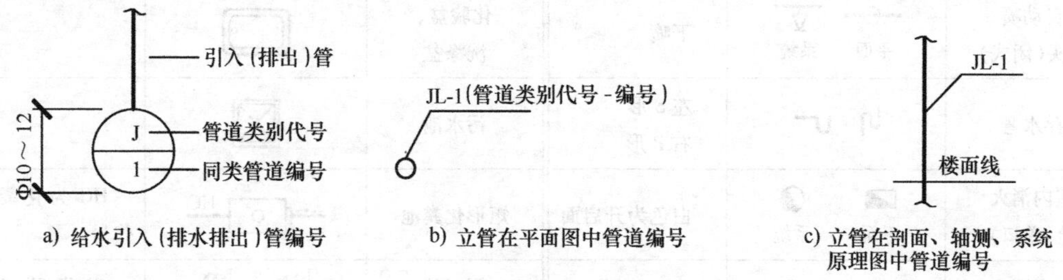

a）给水引入（排水排出）管编号　　b）立管在平面图中管道编号　　c）立管在剖面、轴测、系统原理图中管道编号

图 18-4　管道编号表示法

（2）在总平面图中，当给水排水附属构筑物的数量超过 1 个时，宜进行编号，编号方法：构筑物代号加编号。给水构筑物的编号顺序宜为：从水源到干管，再从干管到支管，最后到用户；排水构筑物的编号顺序宜为：从上游到下游，先干管后支管。

7. 图例

给水排水工程图中各种规格的管道及配件等采用图例表达，常用图例见表 18-3。

表 18-3　给水排水工程图常用图例

名　称	图　例	说　明	名　称	图　例	说　明
给水管	—— J ——		圆形地漏	平面　系统	
污水管	—— W ——		法兰连接		
雨水管	—— Y ——		正三通		
消火栓给水管	—— XH ——		正四通		
多孔管			弯折管		表示管道向后或向下弯折 90°
立管	XL-1 平面　XL-1 系统	X：管道类别 L：立管 1：编号	管道交叉	低　高	在下方或后面的管道应断开
雨水斗	YD- 平面　YD- 系统		闸阀		
清扫口	平面　系统		止回阀		
立管检查口			截止阀	DN≥50	
通气帽	成品　蘑菇形		水龙头	平面　系统	

(续)

名　称	图　例	说　明	名　称	图　例	说　明
自动喷洒头(闭式)	平面　系统	下喷	化验盆、洗涤盆		
存水弯		左S形 右P形	污水池		
室内消火栓(单口)	平面　系统	白色为开启面	矩形化粪池	HC	HC为化粪池代号
室内消火栓(双口)	平面　系统		阀门井 检查井	J-×× W-×× Y-××　J-×× W-×× Y-××	以代号区别管道
台式洗脸盆			水表井		
壁挂式小便器			水表		
蹲式大便器			压力表		

18.2 室内给水排水工程图

18.2.1 室内给水排水工程的基本知识

1. 室内给水系统

(1) 室内给水系统按供水用途分为生活给水系统、生产给水系统和消防给水系统；室内给水工程的任务是根据用户对水质、水量、水压的要求，将水由室外给水管网输送到室内的各种用水点，满足生活、生产和消防的用水需要。

(2) 如图18-5所示，室内给水系统一般由下列几部分组成：

① 引入管——指室外给水管网与室内给水管网的连接管段，作用是将水由室外给水管网引入室内。

② 水表节点——指引入管上装设的水表及其前后的阀门、泄水装置等的总称。

③ 管道系统——指给水系统中的干管、立管、支管等。干管指引入管进入室内的水平主管，由干管上分出的竖管称为立管，由立管分出支管供给各用水点。

④ 给水管道附件——给水管道附件指管道上的配水附件(如各用水点水龙头)和控制附件(如止回阀、闸阀)。

⑤ 升压和储水设备——这一部分并不是所有给水系统均有，当室外管网提供的水量和水压不能满足室内给水的需求时，需要设置升压和储水设备，常用的有水泵、水箱、气压装置水池等。

⑥ 室内消防设备——指为满足防火要求所设置的设备。按照建筑物的防火要求及规定，建筑中一般采用消火栓系统或自动喷洒消防系统等进行灭火。

(3) 给水方式常见有两种，如室外给水管网的压力、水量能满足室内供水需要时，可以直接供水，如图18-6a所示；在室外给水管网供水压力不足时，可设水箱或水泵等的给水方式，图18-6b为设水箱的给水方式。

2. 室内排水系统

(1) 室内排水系统的任务 是将室内的生活污水、生产废水、雨水收集并排放到室外的排水系统中。

(2) 如图18-5所示，室内排水系统一般由下列几部分组成：

① 卫生器具和生产设备受水器。卫生器具是用来收集和排除废、污水的设备，种类很多，包括大便器、小便器、冲洗设备、洗涤器具、地漏等。

② 排水管道系统。包括排水横管、排水立管、排出管(室内排水立管与室外检查井连接的管段)。

③ 清通设备。设置清通设备是为疏通排水管道，保证排水顺畅。通常在横支管上设清扫口等，在立管上设检查口。

④ 通气管道。排水管道内存在气流，为防止因气压波动造成水封破坏而使有毒有害气体进入室内，在排水系统中设置通气管道。对于层数不高的建筑，可将排水立管上部

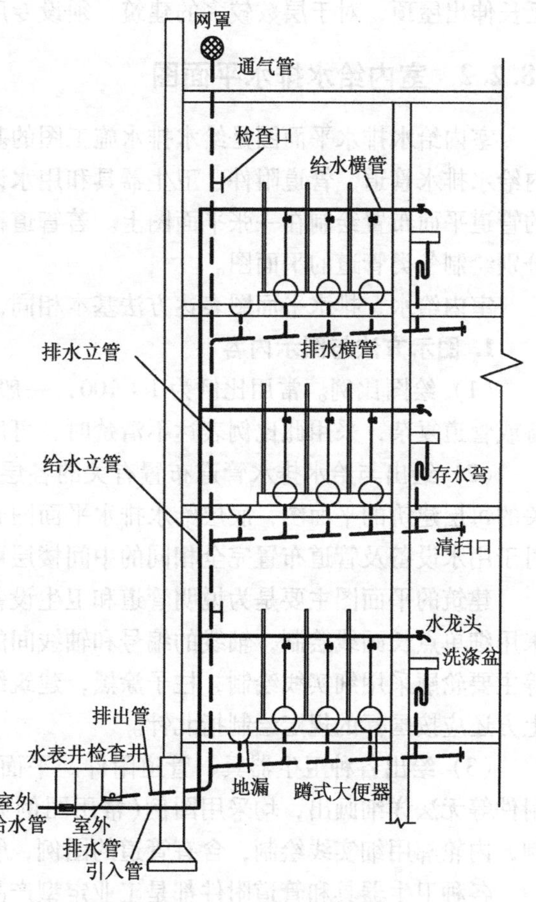

图18-5　室内给水排水系统的组成示意图

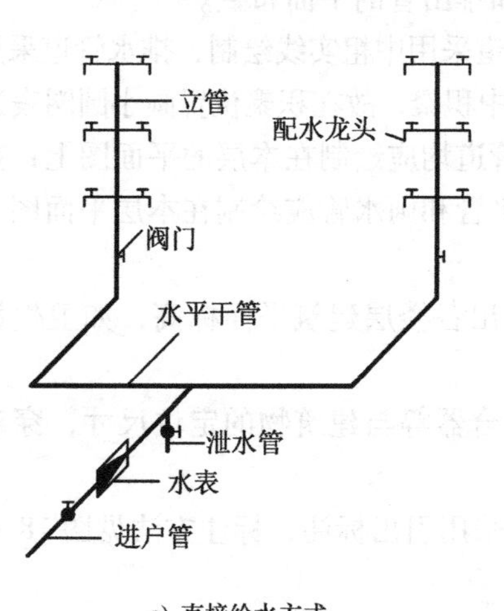

a) 直接给水方式

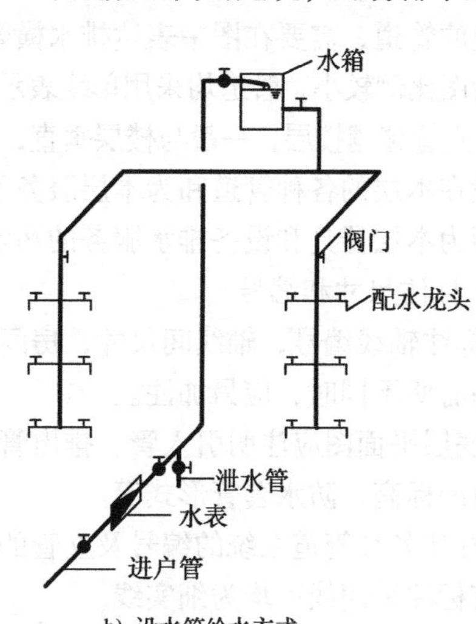

b) 设水箱给水方式

图18-6　给水方式

延长伸出屋顶；对于层数较多的建筑，须设专用通气管道。

18.2.2 室内给水排水平面图

室内给水排水平面图是给水排水施工图的基本图样，是绘制系统图的依据，主要表达室内给水排水管道、管道附件、卫生器具和用水设备的平面布置。通常把给水系统和排水系统的管道平面布置绘制在一张平面图上。若管道种类较多，在一张图纸上表示不清楚时，也可分别绘制各类管道的平面图。

室内给水、排水平面图表达方法基本相同，下面综合说明。

1. 图示方法与图示内容

（1）绘图比例。常用比例为 1：100，一般与建筑平面图比例相同。当用水房间中的设备或管道复杂，采用此比例表达不清楚时，可用较大比例绘制用水房间的局部放大平面图。

（2）绘出与给水排水管道布置有关的各层的平面图。原则上应绘制与给水排水管道有关的每层建筑的平面图，底层给水排水平面图必须画出，以表达室内外管道的连接情况，但对于用水设备及管道布置完全相同的中间楼层可以绘制一个平面图。

建筑的平面图主要是为说明管道和卫生设备在房间内的位置，是辅助内容。建筑的轴线采用细单点长画线绘制，轴线的编号和轴线间的尺寸与建筑平面图一致，建筑中的墙、门窗等主要轮廓采用细实线绘制，柱子涂黑，建筑细部不画。在底层的给水排水平面图的图幅右上方还应按国标的规定绘制指北针。

（3）绘出各种卫生器具、管道附件。平面图采用比例较小，图中各种卫生器具、管道附件等无法详细画出，均采用图例（常用图例见表 18-3）来表达。图例的外轮廓用中实线绘制，内轮廓用细实线绘制，含有管道的图例，管道采用粗实线绘制。

各种卫生器具和管道附件都是工业定型产品，不必标注外形尺寸，定位尺寸可另行标注在设备安装详图中。

（4）绘出给水排水管道。对于给水系统的管道，需要在图中表达给水进户管的位置及与室外管网的连接关系，各给水干管、立管、支管的平面布置及管道上各配件的位置；对于排水系统的管道，需要在图中表达排水横管、立管和排出管的平面布置。

因绘图比例较小，管道均采用单线表示。给水管道采用中粗实线绘制，排水管道采用粗虚线绘制。立管穿越楼层，一般与楼层垂直，在平面图中积聚，故在积聚位置画小圆圈表达。

敷设在本层的各种管道和为本层服务的压力流管道均应绘制在本层的平面图上；敷设在下一层而为本层器具和设备排水服务的污水管、废水管和雨水管应绘制在本层平面图上。

（5）标注尺寸和编号

① 标注轴线编号，轴线间尺寸，房间名称，标出各楼层建筑平面标高，如卫生设备间平面标高有所不同时，应另加注。

② 底层平面图应注明引入管、排出管、水泵结合器等与建筑物的定位尺寸，穿越建筑外墙管道的标高、防水套管形式等。

③ 标注各种管道系统的编号及立管的编号，均采用引出标注，标注方法见图 18-4。

所有标注采用线型均为细实线。

2. 读图

图 18-7 为底层给水排水平面图，由于篇幅所限，只画了用水房间的平面图。由图中

可知房屋北面设有男、女卫生间，处于⑦⑨轴线与ⒸⒹ轴线之间，卫生间地面的标高为-0.020m，比底层地面低20mm，以防止积水外溢。卫生间内设有大便器、地漏、洗脸盆、污水池等，男卫生间内还设有小便器。给水系统管道与排水系统管道种类较少，画在同一平面图内，读图时，需要把给水系统管道和排水系统管道分开来读。

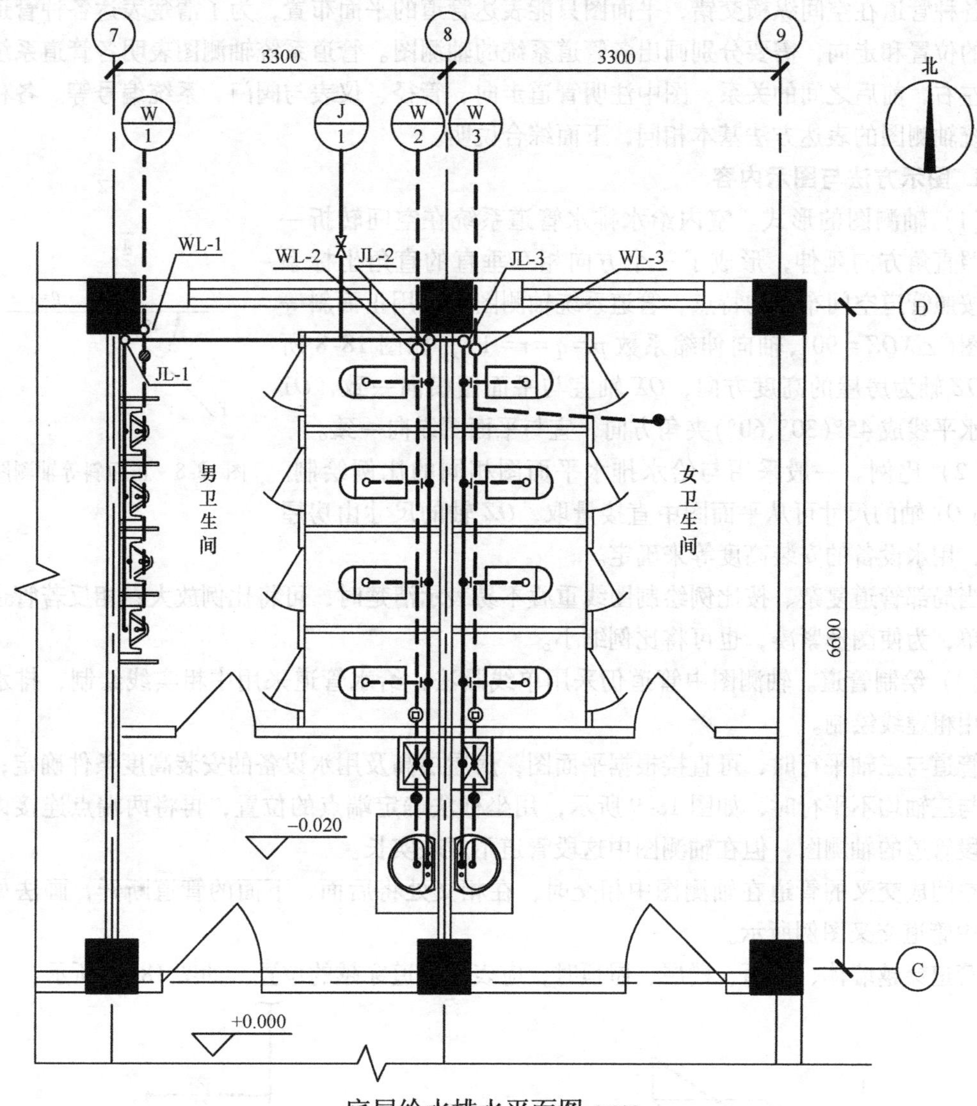

图18-7　底层给水排水平面图

阅读给水系统管道应从进户管开始，然后顺着管道的平面走向到各用水点。图中给水系统进户管一个，编号为J/1，进户管在⑦⑧轴线之间进入男卫生间，向左为小便器供水，通过立管JL-1向上一层小便器供水，向右为大便器、污水池、洗脸池供水，通过立管JL-2和JL-3向上一层供水，穿过男、女卫生间隔墙为女卫生间供水。

阅读排水系统管道应从各卫生器具和受水器开始，沿着管道的平面走向到排出管。图中最左侧有一排水管道线上，由南到北4个小便器和地漏的污水都进入该排水管道，该排水管道向北，穿越⑦⑧轴线间的墙进入排出管，该管道系统编号为W/1。上层同一位置的排水通过 WL-1 进入该排水系统。男卫生间的大便器等的污水进入排水系统 W/2，女卫生间的污水进入排水系统 W/3，每一组有排水立管一个。

18.2.3 室内给水排水系统轴测图

各种管道在空间纵横交错，平面图只能表达管道的平面布置，为了清楚表达各种管道在空间的位置和走向，需要分别画出各管道系统的轴测图。管道系统轴测图表明各管道系统上下、左右、前后之间的关系，图中注明管道走向、管径、仪表与阀门、系统编号等。各种管道系统轴测图的表达方法基本相同，下面综合说明。

1. 图示方法与图示内容

（1）轴测图的形式。室内给水排水管道系统在空间转折一般按照直角方向延伸，形成了三个方向相互垂直的直角坐标系统。按照管道空间布置的特点，管道系统轴测图常采用正面斜等轴测图（$\angle XOZ=90°$，轴向伸缩系数 $p=q=r=1$），如图 18-8 所示。OZ 轴为房屋的高度方向，OX 轴宜与平面图横向一致，OY 轴与水平线成 45°(30°、60°)夹角方向，宜与平面图纵向一致。

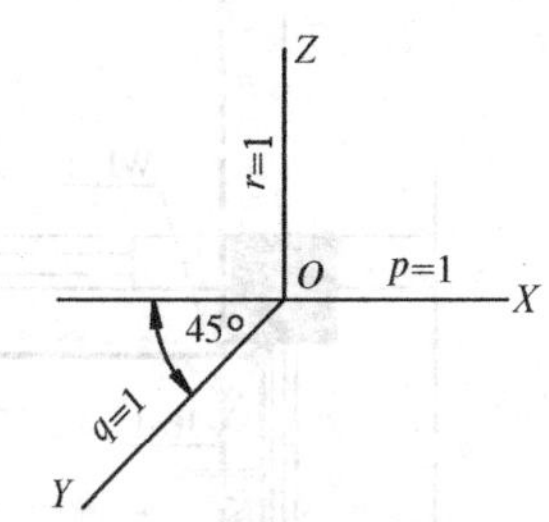

图 18-8 正面斜等轴测图

（2）比例。一般采用与给水排水平面图相同的比例绘制。OX 与 OY 轴的尺寸可从平面图中直接量取，OZ 轴的尺寸由房屋高度，用水设备的安装高度等来确定。

当局部管道复杂、按比例绘制图线重叠不易表示清楚时，可将比例放大；相反若管道系统简单，为使图形紧凑，也可将比例缩小。

（3）绘制管道。轴测图中管道仍采用单线画法，给水管道采用中粗实线绘制，排水管道采用粗虚线绘制。

管道与三轴平行时，可直接根据平面图，房屋层高及用水设备的安装高度条件确定；当管道与三轴均不平行时，如图 18-9 所示，用坐标法确定端点的位置，再将两端点连接即画出该段管道的轴测图，但在轴测图中这段管道不反映实长。

空间成交叉的管道在轴测图中相交时，在相交处将后面、下面的管道断开，画法如表 18-3 中管道交叉图例所示。

管道穿越墙体、地面、楼层、屋顶时，应表达管道穿越的位置，如图 18-10 所示。

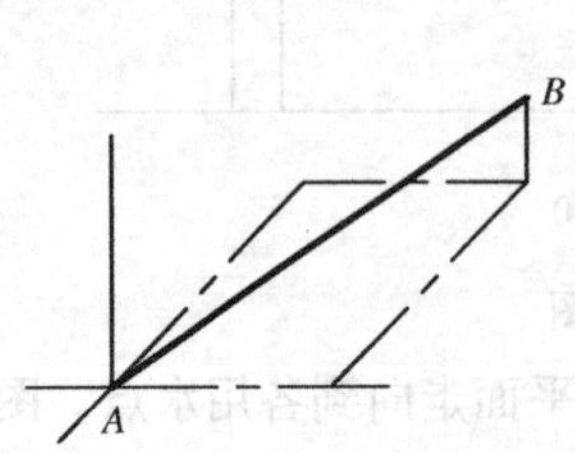

图 18-9 坐标法确定位置

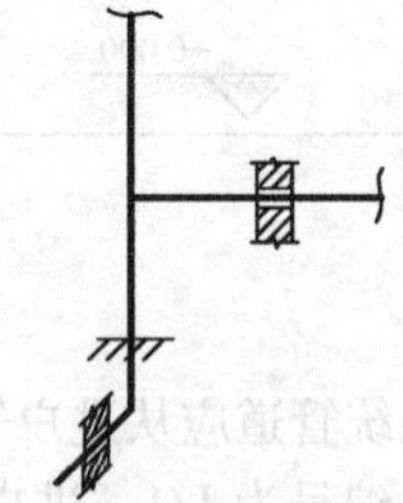
图 18-10 管道穿越墙体

当几个楼层的用水设备与管道布置相同时，可只画一个楼层的所有管道，其他楼层的管道可以省略不画，在折断的支管处注明“同×层”。

（4）绘制其他附件。各式阀门、水龙头、卫生器具等均采用图例表达。如无标准图例时，可自编图例并在图中说明。

（5）标注

① 标注引入管和排出管所穿建筑外墙的轴线号；标注引入管和排出管的管道编号，立管的管道编号，应与平面图一致；标注各管道管径，管径标注方法见图 18-3，管道编号见图 18-4。

② 标高。轴测图中采用标高为相对标高。标注建筑楼层、建筑室内、外地面线相应的标高；排水管道应标注管道的起讫点、连接点、变尺寸(管径)点及交叉点的相对标高；给水管道标注控制点的相对标高；管道穿越外墙、剪力墙处标注标高；各楼层卫生设备和用水设备连接点位置标注标高。

③ 坡度。给水管道为压力流管道，不需标注管道的坡度；排水管道为重力流管道，有一定的坡度，需要标注管道坡度(设计说明已交代者,图中可不注管道坡度)，在坡度数字前加代号“i”，如 $i=2\%$。

2. 读图

给水系统轴测图的读图顺序为：进户管→干管→立管→支管→用水点。

图 18-11 为给水系统轴测图。由图中进户管编号 J/1 知这是编号为 1 的给水管道轴测图，对照平面图找到管位置，给水进户管穿过外墙Ⓓ进入户内，直径为 50mm，管中心标高-1.920，向上至-0.750m 标高处向西向东敷设。

在供水干管上，由西向东接出 3 根管路。给水干管向西管径由 50mm 变为 40mm，继续向上接出给水立管 JL-1；向东管径不变，向上接出给水立管 JL-2，继续向东向上接出给水立管 JL-3。

给水立管 JL-1 在每一层均有接出的支管，每一层接出支管布置相同，故只详细表达了三层，其他略去。详细看三层的布置，在距离地面 1.30m 处接出 *DN*40 支管，在支管上接为小便器供水的管道 *DN*32。立管 JL-2 也只详细表达了三层布置，在距离地面 1.025m 处向前(北)接出支管 *DN*40，在支管上接出为大便器供水的 *DN*32；支管管径由 40mm 变为 20mm 继续向北再向下距离地面 0.800m 处接出污水池供水管；管径变为 15 继续向北向下距离地面 0.800m 处接出洗脸盆供水管。立管 JL-3 与 JL-2 布置相同。

排水系统轴测图的读图顺序为：卫生器具或生产设备受水器→排水横管→排水立管→排出管。

图 18-12 编号为 W/2 的排水系统轴测图，由平面图知它是男卫生间的排水布置。对于各种受水器的布置只详细画出三层的，对照平面图，在三层由北到南接有洗脸盆、污水池、大便器排水管，在污水池和大便器间有一清扫口。这些排水管进入三层的排水横管，横管管径由 50mm 变为 100mm，排水坡度为 2%，在距三层 0.45m 处进入排水立管 WL-2。在排水立管最上方设置通气帽，距楼面 600mm，在每一层设有检查口，距离该地面 1000mm。排水立管管径为 100mm，穿过地面在-1.720m 处转折向南经排出管 *DN*150 排出室外。

18.2.4 设备安装详图

对于一般常采用的卫生设备安装详图，可直接套用《卫生设备安装 09s304》，不需绘制详图，只在施工图中注明所套用的卫生器具的详图编号即可。特殊管件无定型产品又无标准图可利用时，应绘制详图。

安装详图通常采用正投影法表达，设备的外形采用细实线绘制，管道采用粗实线绘制，中心线采用细点画线表达。安装详图中标注设备的定位尺寸，一般以地面或墙面为基准，图中标注各组成部分的编号，在材料表中说明各部分的名称、数量、规格、材料等。图 18-13 为污水池的安装详图。

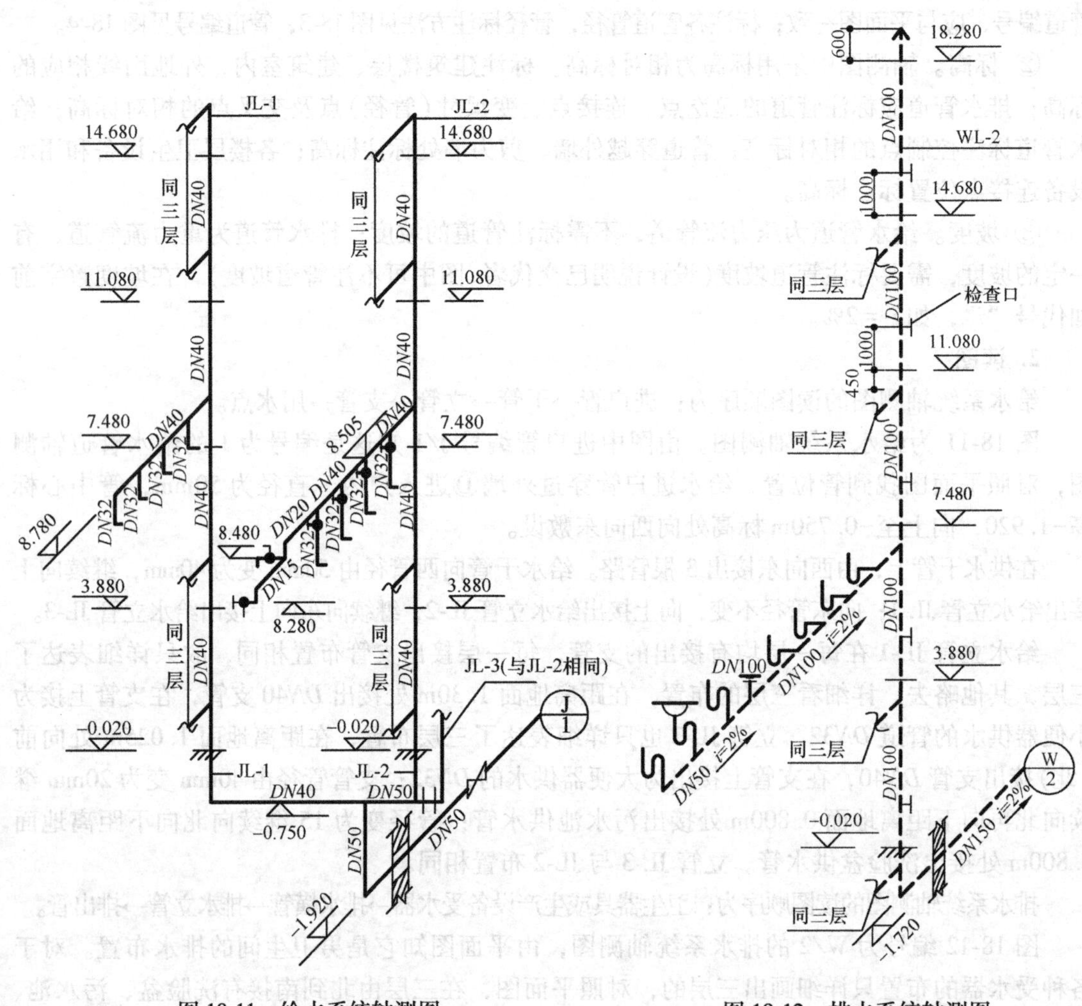

图 18-11 给水系统轴测图　　图 18-12 排水系统轴测图

18.3 室外给水排水工程图

规模不大的室外给水排水工程图常用给水排水总平面图表达，主要表达室内与室外各管道的连接，管道在房屋周围的布置，管道的管径、流向及各附属构筑物的位置。

18.3.1 图示方法与图示内容

1. 比例

给水排水总平面图的比例一般与建筑总平面图相同，常用 1：1000、1：500。

2. 绘出各建筑物

绘出各建筑物的外形和指北针。新建的建筑物采用中实线绘制，原有的建筑物采用细实线绘制，指北针应画在总图图样的右上角。

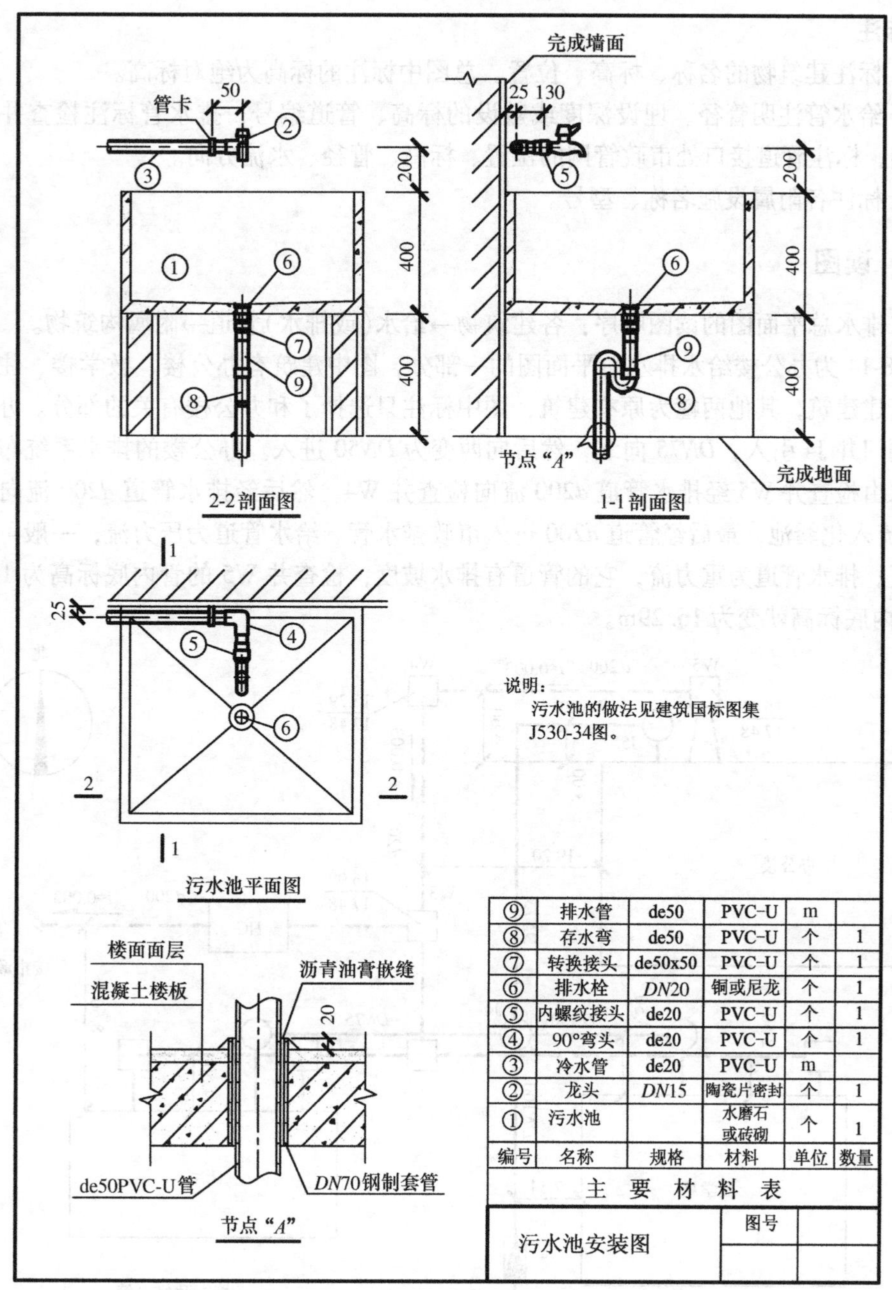

编号	名称	规格	材料	单位	数量
⑨	排水管	de50	PVC-U	m	
⑧	存水弯	de50	PVC-U	个	1
⑦	转换接头	de50x50	PVC-U	个	1
⑥	排水栓	*DN*20	铜或尼龙	个	1
⑤	内螺纹接头	de20	PVC-U	个	1
④	90°弯头	de20	PVC-U	个	1
③	冷水管	de20	PVC-U	m	
②	龙头	*DN*15	陶瓷片密封	个	1
①	污水池		水磨石或砖砌	个	1

图 18-13　污水池安装详图

3. 绘出给水排水附属构筑物

总平面图采用比例较小，各附属设施，如化粪池、水表井、检查井等均采用图例表达，新建的构筑物用中实线，原有的采用细实线。

4. 绘出全部给水排水管网

管网均采用单线画法。室外给水排水管网均埋设于地下，一般给水管网采用中粗实线表示，排水管网采用粗虚线表示。若管道种类较多，地形复杂，宜按压力流管道、重力流管道等分类适当分开画出。

5. 标注

(1) 标注建筑物的名称、标高、位置。总图中标注的标高为绝对标高。

(2) 给水管注明管径、埋设深度或敷设的标高、管道编号；排水管标注检查井编号和水流坡向，标注管道接口处市政管网的位置、标高、管径、水流方向。

(3) 标注各附属设施名称、型号。

18.3.2 读图

给水排水总平面图的读图顺序：各建筑物→给水(或排水)管道→附属构筑物。

图 18-14 为办公楼给水排水总平面图的一部分，图中建筑有办公楼、教学楼、住宅，办公楼为新建建筑，其他两幢为原有建筑，图中标注只选择了和办公楼有关的部分。办公楼的给水从阀门井 J4 引入，*DN*75 向北，然后向西变为 *DN*50 进入。办公楼的排水系统布置：办公楼污水由检查井 W5 经排水管道 *d*200 流向检查井 W4，然后经排水管道 *d*200 流向检查井 3，然后流入化粪池，最后经管道 *d*200 进入市政排水管。给水管道为压力流，一般可说明其埋设深度；排水管道为重力流，它的管道有排水坡度，检查井 W5 的管内底标高为 16.41m，W4 的管内底标高就变为 16.29m。

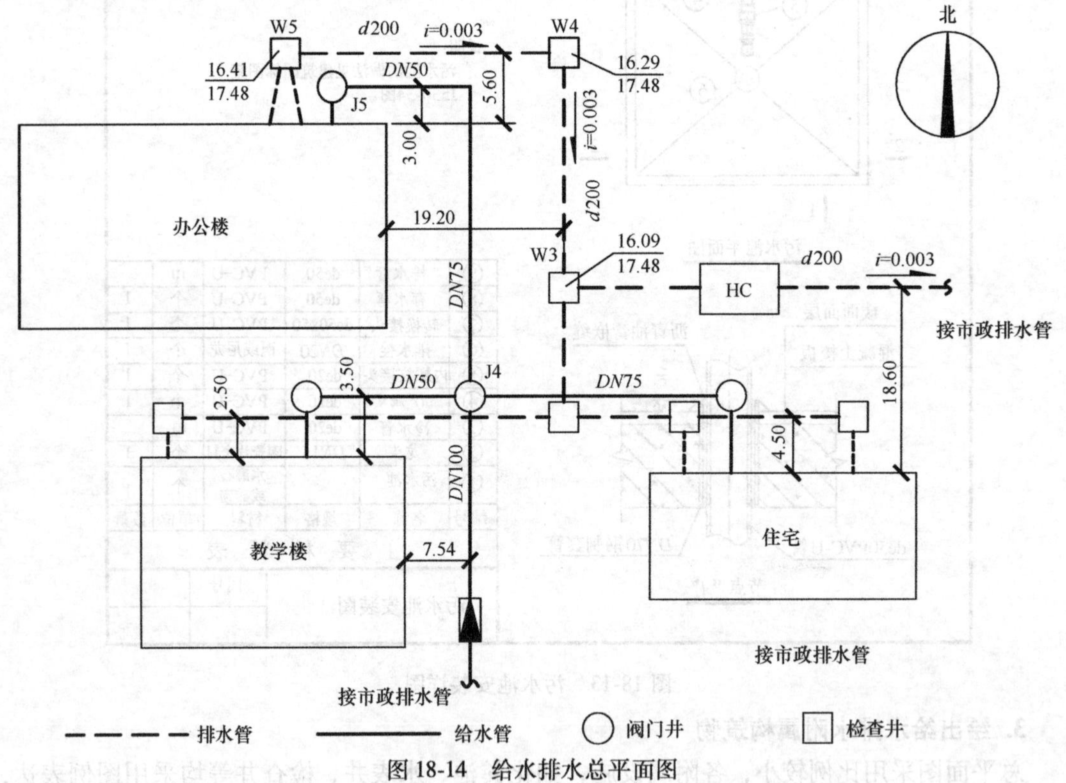

图 18-14 给水排水总平面图

18.4 水处理构筑物工艺图

18.4.1 水处理工艺的基本知识

水处理是将水质不合要求的原料水加工成符合水质标准要求的水的过程。当加工后的水用于生活和工业生产需要时，水处理过程属于给水处理；当加工过的水是为了排入水体或达到其他水质要求时，这样的水处理过程属于污水处理。

图18-15为从地表水制取自来水的处理流程。原水加混凝剂凝聚，使水中胶态颗粒脱稳，然后进入絮凝池使脱稳的胶态颗粒和其他微粒结成絮体，然后进入沉淀池，从水中去除绝大部分悬浮物和絮体，经过滤后进一步去除悬浮物和絮体，然后消毒杀死残留在水中的病原微生物，最后成为进入管网的自来水。

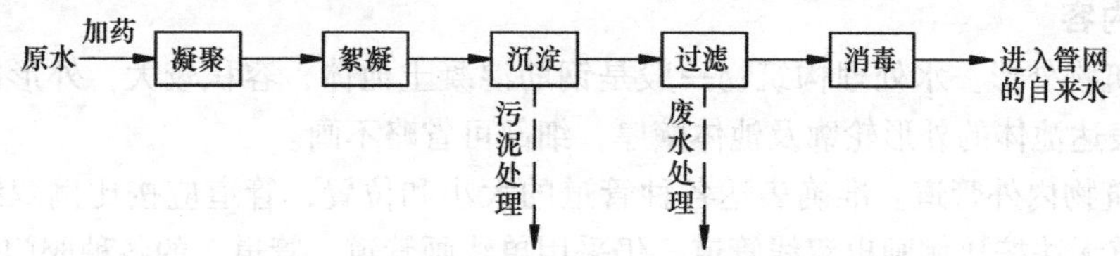

图18-15 从地表水制取自来水的处理方框图

图18-16为城市污水处理工艺流程图。城市污水经格栅、初次沉淀池，去除较大尺寸的悬浮物，然后进入曝汽池进行生物处理，去除污水中呈胶体和溶解状态的有机污染物，然后进入二次沉淀池，然后投氯消毒，最后排放或深度处理。过程中得到的污泥经处理后再利用。

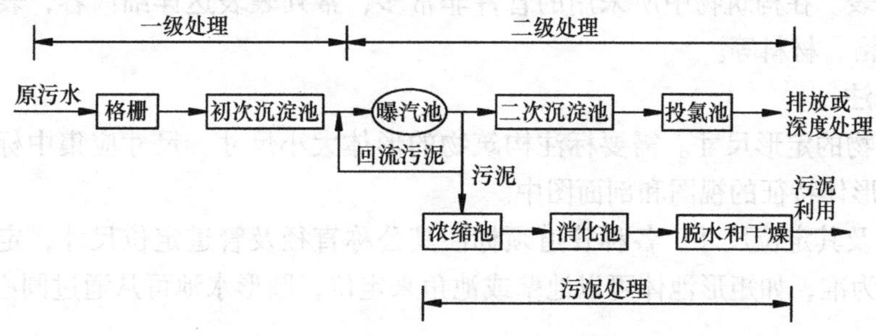

图18-16 城市污水处理工艺流程图

18.4.2 水处理构筑物工艺图

水处理构筑物工艺设备是指水处理过程中对应于处理工艺所用到的各种设备与构筑物，如完成絮凝作用的絮凝池，完成沉淀作用的澄清池、沉淀池等。在大量的水处理构筑物中，主要采用钢筋混凝土和预应力混凝土结构，只在一些小型的工程中才采用砖石结构。

工艺图主要是指各构筑物的总体布置图和内部构造详图。这些构筑物的性质和工艺构造虽然各不相同，但表达方法都相似，具体表达方法如下：

1. 视图选择

水处理构筑物一般都半埋或全埋在土中，外形比较简单，多为圆形或矩形，内部为复杂的工艺设备和管道等构造。通常画出构筑物的外形平面图，当其外壁上没有复杂的管道或特殊设备时，一般不画构筑物外形的立面图和侧面图，当其外壁另有较多管道或其他设施时，则需要画出立面图或侧面图；内部构造常采用剖面图来表达，对于矩形外形的构筑物多采用全剖面图或阶梯剖面图，对于圆形外形的构筑物多采用旋转剖面图，对于局部构造可采用小范围的剖面图。

2. 比例和图线

对于单项的水处理构筑物的工艺总图主要表达工程物的总体构造，一般常选用 1∶100、1∶50、1∶30 的比例。

管道采用粗实线；给水排水设备及构件的轮廓线、剖面图中的剖面轮廓线采用中实线；构筑物未剖切到的建筑外形轮廓线、尺寸线、图例线、引出线等采用细实线，中心线采用细单点长画线。

3. 图示内容

(1) 构筑物外形。水处理构筑物一般是钢筋混凝土池体，容积较大，外形简单。在工艺图中只需表达池体的外形轮廓及池体壁厚，细部可省略不画。

(2) 构筑物内外管道。准确表达各种管道的大小和位置，管道应按比例双线画出，对于小管径管道无法按比例画出双线管道，仍采用单线画管道。管道上的各种阀门配件采用表 18-3 的图例表示，不必画出实际外形。对每一管道配件用指引线引出进行编号标注，在管道旁标注管道的名称，并画箭头以示流向。管道的截断处画以“8”形。

(3) 附属设备。在工艺图中附属设备只需画出简明外轮廓。这些附属设备若采用标准图集需给出图集号；若无标准详图可用，需另画详图。

(4) 材料表。在构筑物中所采用的管件非常多，常列表表达详细内容，表中列出管件号、名称、规格、材料等。

4. 尺寸标注

(1) 构筑物的定形尺寸。需要标注构筑物的形体大小尺寸，尺寸应集中标注，尽可能标注在反映其形体特征的视图和剖面图中。

(2) 管径及其定位尺寸。各种管道须标注其公称直径及管道定位尺寸，定位尺寸应以管道的中心线为准，如矩形池体可以池壁或池角来定位，圆形水池可从通过圆心中心线的圆弧角度来定位。

(3) 标高。在构筑物的主要部位(池底、池顶及有关构件)、水面、管道中心线、地坪等处标注出标高尺寸。

5. 详图

在工艺图中对于池体中管道的安装、细部构造、附属设备等不能详细地表达出来的，还需用较大比例画出局部构造的详图。

18.4.3 举例

辅流沉淀池是水处理过程中常用的一种构筑物，由进水管、出水管、沉淀区、污泥区及排泥装置组成，见图 18-17。沉淀池表面为圆形，污水从池中心进入，呈水平方向向四周辐射流动，污水中悬浮物在重力作用下沉淀，澄清水从池四周溢出。

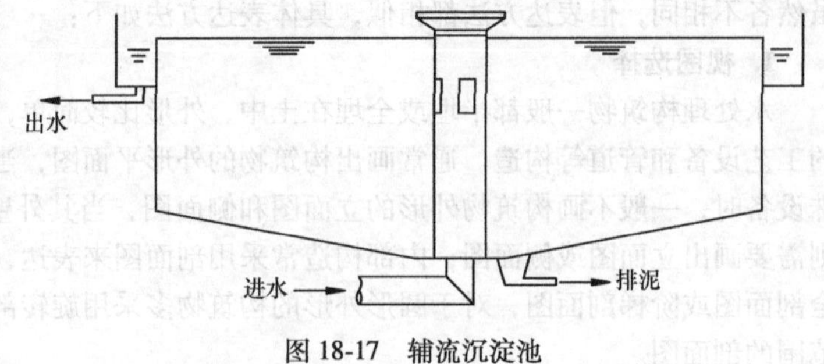

图 18-17 辅流沉淀池

图 18-18 为一辅流沉淀池的平面图，图 18-19 为它的剖面图。由图 18-18 知该沉淀池

外形为圆形，图中给出了各圆半径尺寸，图中给出了剖切符号，对应它的剖面图可知粗的管道是进水管，与之夹角为 45°的管道为排泥管，与排泥管夹角为 30°的地方有浮渣井(主要拦截表面上的漂浮物质)。1-1、2-2 剖面图均为旋转剖面图，剖面图给出内部的具体情况及阀门井的大小和位置，水位的标高等。图中只给出各管道的编号，详细情况见材料表 18-4。

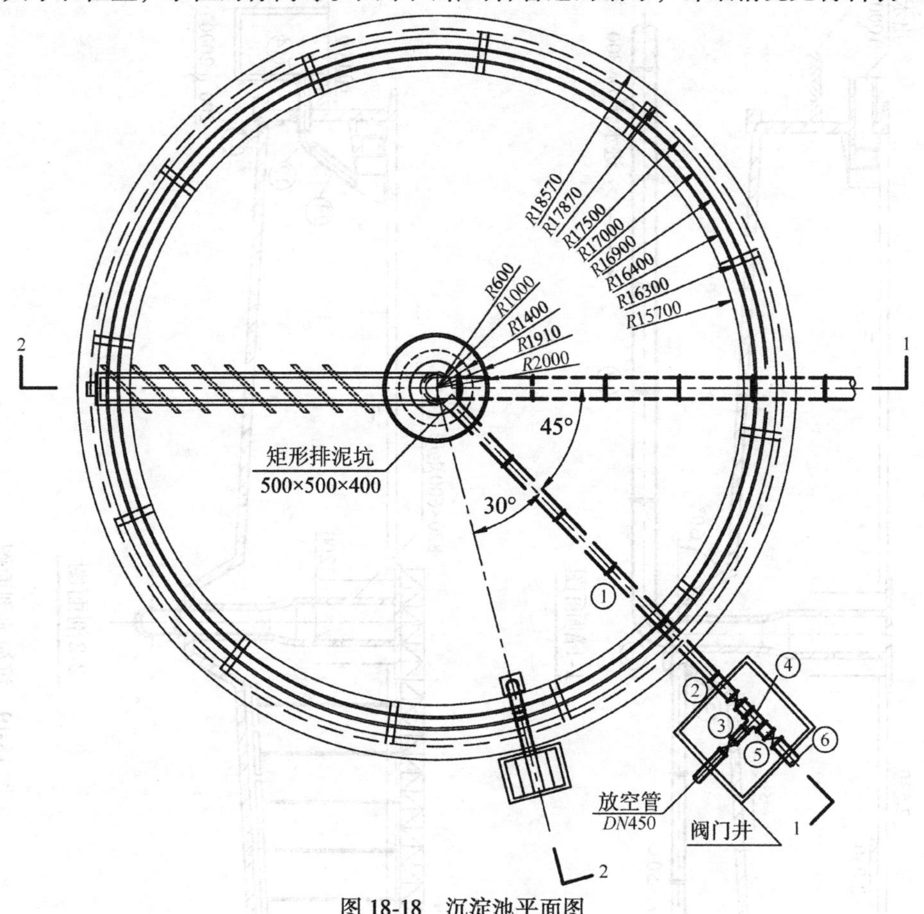

图 18-18　沉淀池平面图

表 18-4　材料表

编号	材 料 名 称	规　　格	材料	单位	数量
①	承插直管	DN=450，L=4000	铸铁	根	5
②	承插短管	DN=450，L=1300	铸铁	根	1
③	闸阀	DN=450，L=500	铸铁	个	3
④	三承丁字管	DN=450	铸铁	个	1
⑤	承插短管	DN=450，L=500	铸铁	根	3
⑥	承插直管	DN=450，L=4000	铸铁	根	1
⑦	承插直管	DN=450，L=4000	铸铁	根	5
⑧	90°弯头	DN=450，D/r=1	铸铁	个	1
⑨	穿墙套管	DN=450，L=370	钢板	套	1
⑩	穿墙套管	DN=450，L=200	钢板	套	2
⑪	承插短管	DN=400，L=2000	铸铁	根	1
⑫	135°弯头	DN=400，D/r=1	铸铁	个	1
⑬	穿墙套管	DN=400，L=370	钢板	套	1
⑭	承插短管	DN=400，L=1950	铸铁	根	1

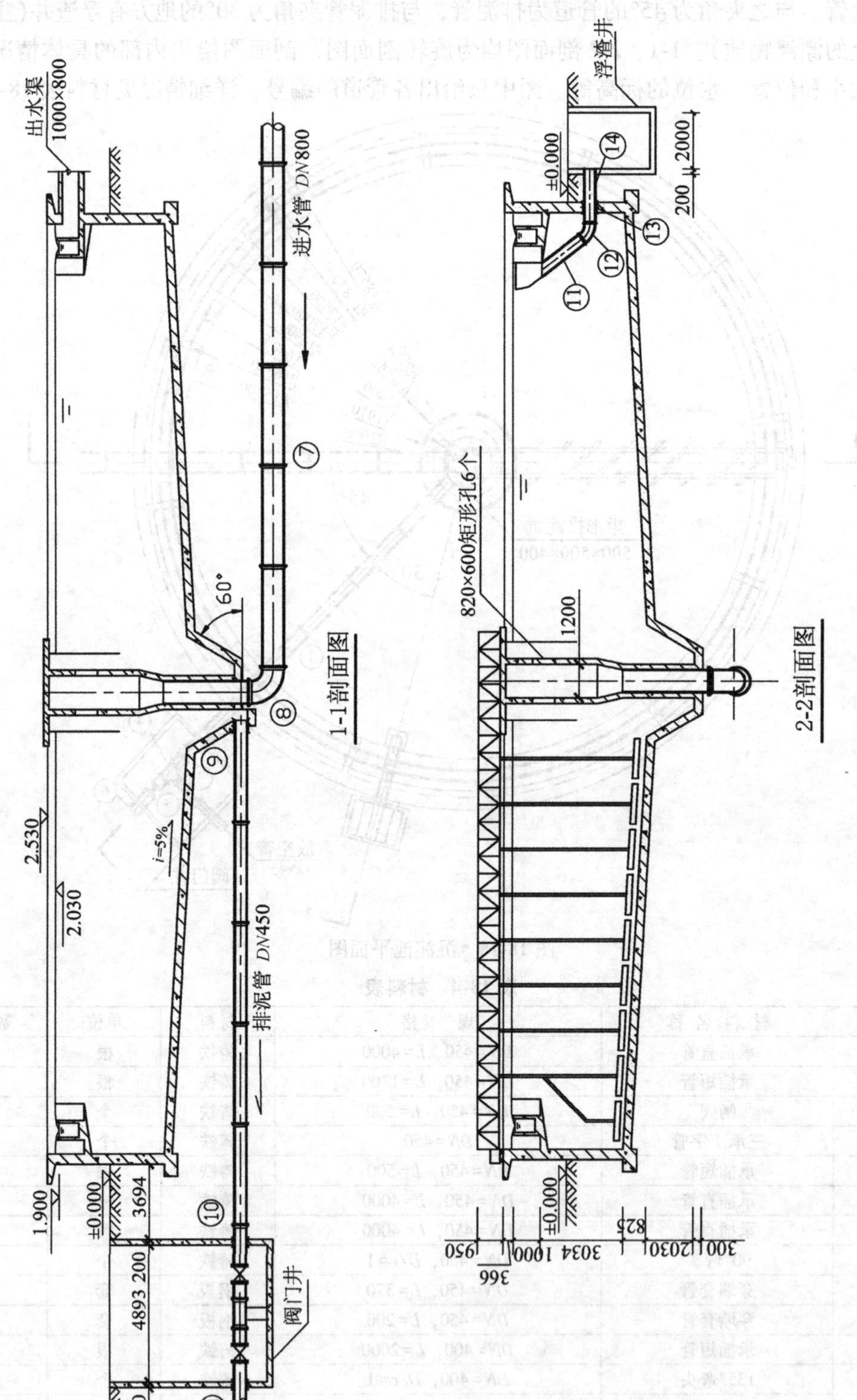

图 18-19 沉淀池剖面图

第19章　暖通空调工程图

19.1　概述

为了完善人们的生活和工作环境，满足人们生活和工作的正常需求，常在建筑物中安装采暖通风设备，即为采暖通风工程。该工程一般分两部分，即采暖工程和通风空调工程。

采暖工程是将热能经管网从热源输送到房间，由室内的散热器将热量扩散到空气中，使室内的温度始终保持在适宜人们生活的程度。采暖的方式按传热媒介的不同一般分为水采暖和蒸汽采暖。

通风空调工程是利用空气处理器、风机、风管和风口等一系列的设备和装置将室内的浊气直接或经过处理后排出室外，并将新鲜的或经过处理的空气输入室内。以使室内的空气保持在需要的温度、湿度和清洁度。

暖通空调工程施工过程依据采暖施工图和通风施工图进行，采暖施工图和通风施工图也是房屋建筑工程图的组成部分，主要包括平面图、剖面图、系统图、详图等。

采暖施工图和通风施工图应遵守国家制定的《暖通空调制图标准》GB/T 50114—2010，还应符合《房屋建筑制图统一标准》GB/T 50001—2010 以及国家现行的有关强制性标准的规定。

19.2　暖通空调制图的一般规定

19.2.1　图线

暖通空调制图采用的线型及其含义见表19-1。图线基本宽度 b 和线宽组，应根据图样的比例、类别及使用方式确定，并应符合表1-3及表1-4的规定。图样中仅使用两种线宽时，线宽组宜为 b 和 $0.25b$。三种线宽的线宽组宜为 b、$0.5b$ 和 $0.25b$。

表19-1　暖通空调制图常用线型

名称	线　宽	用　　途
粗实线	b	单线表示的供水管道
中粗实线	$0.7b$	本专业设备轮廓、双线表示的管道轮廓
中实线	$0.5b$	尺寸、标高、角度等标注线及引出线；建筑物轮廓
细实线	$0.25b$	建筑布置的家具、绿化等；非本专业设备轮廓
粗虚线	b	回水管线及单根表示的管道被遮挡部分的轮廓
中粗虚线	$0.7b$	本专业设备及双线表示的管道被遮挡的轮廓
中虚线	$0.5b$	地下管沟、改造前风管的轮廓线；示意性连线

（续）

名称	线　宽	用　途
细虚线	0.25b	非本专业虚线表示的设备轮廓等
中粗波浪线	0.5b	单线表示的软管
细波浪线	0.25b	断开边界
单点长画线	0.25b	轴线、中心线
双点长画线	0.25b	假象或工艺设备轮廓线
折断线	0.25b	断开边界

19.2.2 比例

暖通空调制图中总平面图、平面图的比例，宜与工程项目设计的主导专业一致，其余可按表 19-2 选用。

表 19-2 暖通空调制图常用比例（GB/T 50114—2010）

名　称	常用比例	可用比例
剖面图	1∶50、1∶100	1∶150、1∶200
局部放大图、管沟断面图	1∶20、1∶50、1∶100	1∶25、1∶30、1∶150、1∶200
索引图、详图	1∶1、1∶2、1∶5、1∶10、1∶20	1∶3、1∶4、1∶15

19.2.3 图例及代号

暖通空调制图中的图例和代号见表 19-3、表 19-4 和表 19-5。

表 19-3 常用附件及设备图例

名　称	图　例	说　明
法兰封头或管封		
阀门（通用）截止阀		① 没有说明时，表示螺纹连接 法兰连接 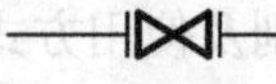 焊接连接  ② 轴测画法 阀杆为垂直  阀杆为水平 
闸阀		
球阀	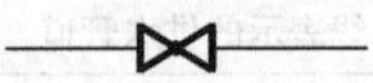	
矩形补偿器		
散热器及手动放气阀	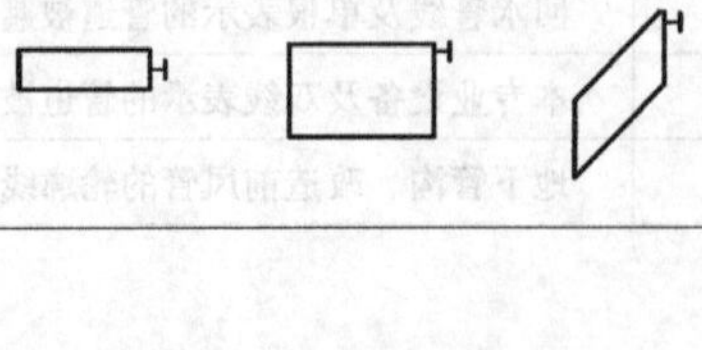	左为平面图画法，中为剖面图和系统图中的画法，右为系统图 Y 方向的画法

（续）

名　称	图　例	说　明
集气罐		
自动排气阀		
防烟、防火阀	* * *　* * *	* * *表示防烟、防火阀名称代号
方形散流器		左为平面图画法，右为剖面图画法
轴流风机		
轴（混）流式管道风机		
离心式管道风机		

表 19-4　水、气管道代号

代号	管 道 名 称	备　注	代号	管 道 名 称	备　注
RG	采暖热水供水管	可附加 1、2、3 等表示一个代号、不同参数的多种管道	CY	除氧水管	
RH	采暖热水回水管	可通过实线、虚线表示供、回水关系省略字母 G、H	n	空调冷凝水管	
LG	空调冷水供水管		X	循环管	
LH	空调冷水回水管		XS	泄水管	
KRG	空调热水供水管		XI	连续排污管	
KRH	空调热水回水管		YS	盐溶液管	
LQG	冷却水供水管		BG	冰水供水管	
LQH	冷却水回水管		BH	冰水回水管	
J	给水管		N	冷结水管	

表19-5 风道代号

代号	管道名称	备注	代号	管道名称	备注
SF	送风管		P(Y)	排烟排风兼用风管	
HF	回风管	一、二次回风可附加1、2区别	XB	消防补风风管	
PF	排风管		S(B)	送风兼消防补风风管	
XF	新风管		ZY	加压送风管	
PY	消防排烟风管				

19.2.4 暖通空调图样画法及标注

1. 管道及设备布置平面图、剖面图及详图

暖通空调管道及设备平面图、剖面图应以直接正投影法绘制。

用于暖通空调系统设计的建筑平面图、剖面图，应用细实线绘出建筑轮廓线和与暖通系统有关的门、窗、梁、柱、平台等建筑构配件，并应标明相应定位轴线编号、房屋名称、平面标高。

管道和设备布置平面图应按假想去除上层板后，按俯视规则绘制。

平面图上应注出设备、管道定位(中心、外轮廓、地脚螺栓孔中心)线与建筑定位(墙边、柱边、柱中)线间的关系；剖面图上应注出设备、管道(中、底或顶)标高。必要时，还应注出距该层楼(地)板面的距离。

剖面图，应在平面图上尽可能地选择反映系统全貌的部位垂直剖切后绘制。当剖切的投射方向为向下或向右，且不至于引起误解时，可省略剖切方向线。

平面图、剖面图中的水、汽道可用单线绘制，风管不宜用单线绘制(方案设计和初步设计除外)。

平面图、剖面图中的局部需另绘详图时，应在平面图、剖面图上标注索引符号。

2. 管道系统图、原理图

管道系统图应确认管径、标高及末端设备，可按系统编号分别绘制。

管道系统图如采用轴测投影法绘制，宜采用与相应平面图一致的比例，按正等轴测或正面斜二轴测图的投影规则绘制。

管道系统图的基本要素应与平、剖面图相对应。

水、汽及通风管道系统图均可采用单线绘制。

系统图中的管线重叠、密集处，可采用断开的画法。断开处宜以相同的小写拉丁字母表示，也可用细虚线连接。

原理图可不按比例和投影规则绘制。

3. 管道转向、分支、重叠及密集处的画法

(1) 单线管道转向的画法如图19-1所示。

(2) 双线管道转向的画法如图19-2所示。

(3) 单线管道分支的画法如图19-3所示。

(4) 双线管道分支的画法如图19-4所示。

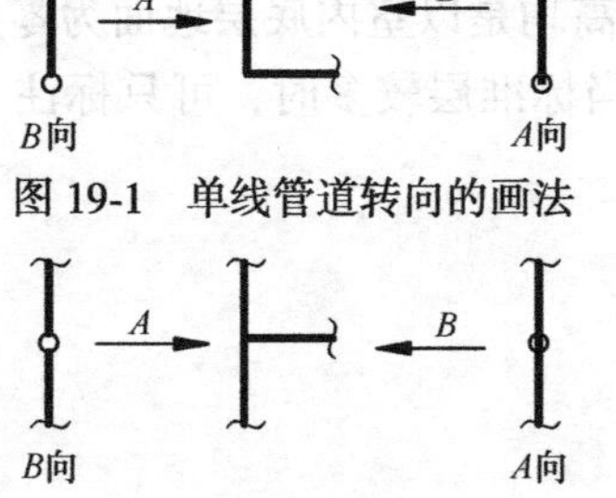

图 19-1　单线管道转向的画法

图 19-3　单线管道分支的画法

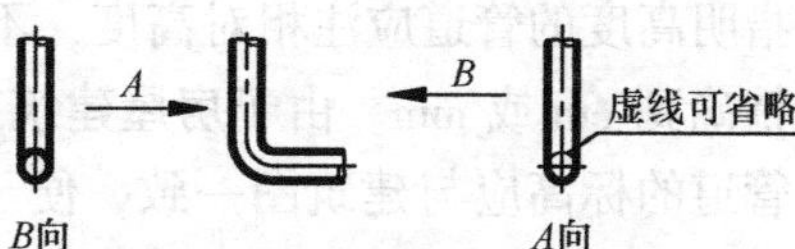

图 19-2　双线管道转向的画法

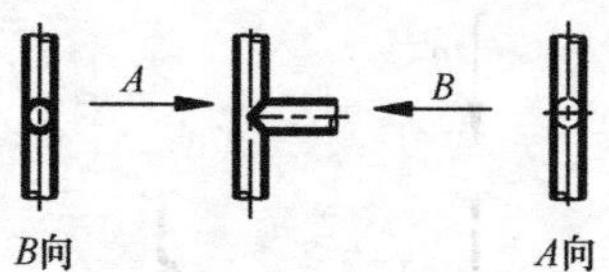

图 19-4　双线管道分支的画法

（5）送风管转向的画法如图 19-5 所示，其中有方、圆两种风管的画法。

（6）回风管转向的画法如图 19-6 所示，其中有方、圆两种风管的画法。

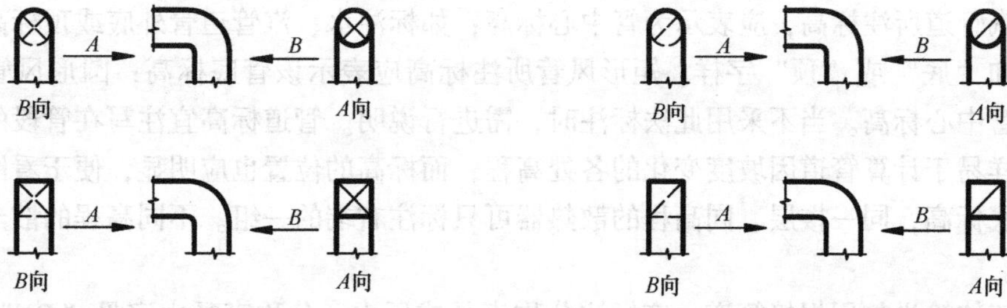

图 19-5　送风管转向的画法

图 19-6　回风管转向的画法

（7）在平面图、剖面图中，管道和风管因投影重叠或图线密集时，可采用断开的画法，如图 19-7 所示。

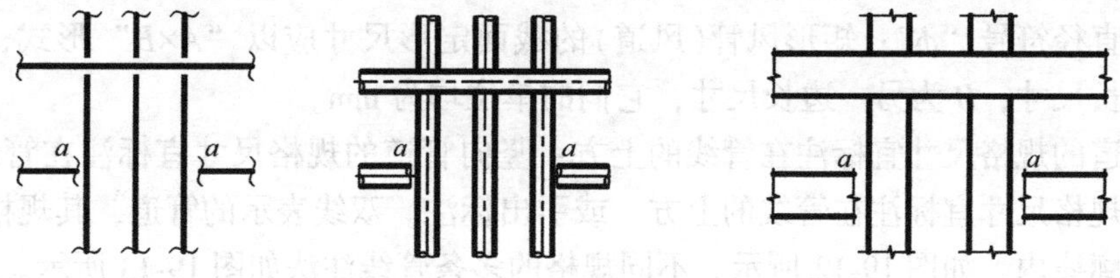

图 19-7　管道断开的画法

（8）管道在本图中断，转到其他图上表示（或由其他图上引来）时，应注明转至（或来自）的图样编号，如图 19-8 所示。

（9）管道相交的画法如图 19-9 所示。

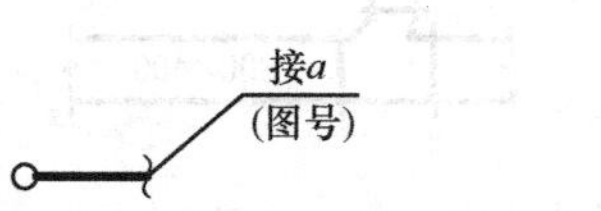

图 19-8　管道在本图中断的画法

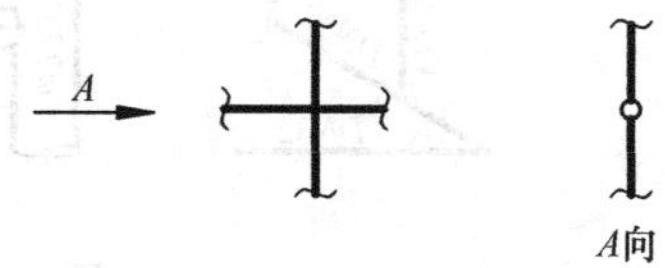

图 19-9　管道相交的画法

（10）管道跨越的画法如图 19-10 所示。

4. 管道标高、管径(压力)、坡度的标注方法

需指明高度的管道应注相对高度，不宜标注垂直尺寸的图样中应注标高。标高以 m 为单位，精确到 cm 或 mm。由于房屋建筑工程图中的标高均是以室内底层地面为零点的相对高程，管道的标高应与建筑图一致，便于对照查阅。当标准层较多时，可只标注与本层楼(地)面的相对标高，如图 19-11 所示。

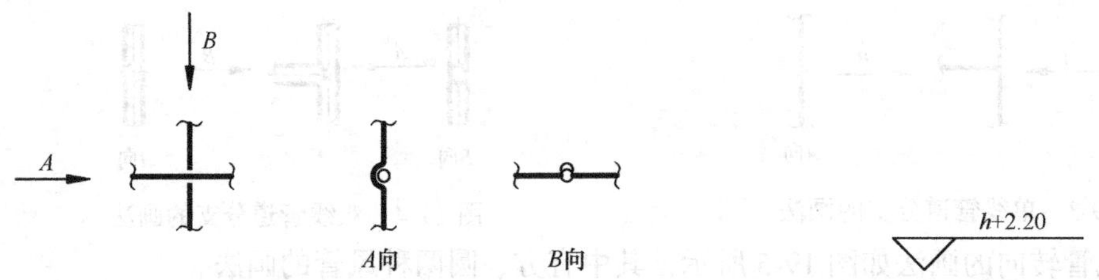

图 19-10　管道跨越的画法　　图 19-11　相对标高的画法

水、汽管道所注标高，应表示为管中心标高；如标注水、汽管道管外底或顶标高时，应在数字前加“底”或“顶”字样。矩形风管所注标高应表示该管底标高；圆形风管所注标高应表示管中心标高。当不采用此法标注时，需进行说明。管道标高宜注写在管段的始端或末端，这样易于计算管道因坡度变化的各处高程，而标高的位置也应明显，便于看图。散热器宜注写底标高，同一楼层、同高程的散热器可只标注右端的一组。不同高程的散热器则应分别标注。

低压流体输送如用焊接管道，应标注公称直径或压力。公称直径由字母“*DN*”后跟一个以 mm 为单位表示的数值组成，如 *DN*15、*DN*32；公称压力的代号“*PN*”。无缝钢管、焊接钢管、铜管、不锈钢管，当需要注明外径和壁厚时，用 D(或 ϕ)外径×壁厚表示，在不致引起误解时，也可采用公称直径表示；塑料管外径应用“*de*”表示。圆形风管的截面定形尺寸前应注直径符号“ϕ”；矩形风管(风道)的截面定形尺寸应以“$A\times B$”形式，A 为该视图投影的边长尺寸，B 为另一边长尺寸，它们的单位均为 mm。

水平管道的规格尺寸宜标注在管线的上方；竖向管道的规格尺寸宜标注在管线的左侧；斜向管道的规格尺寸宜标注在管线的上方，或引出标注。双线表示的管道，其规格尺寸可注写在管道轮廓线内，如图 19-12 所示。不同规格的多条管线注法如图 19-13 所示。在该图中，图19-13a 为管线稀疏时的注法，图 19-13b 为管线密集时可引出注写，图 19-13c 为系统图中的注法，图中的短斜线也可用圆点代替。

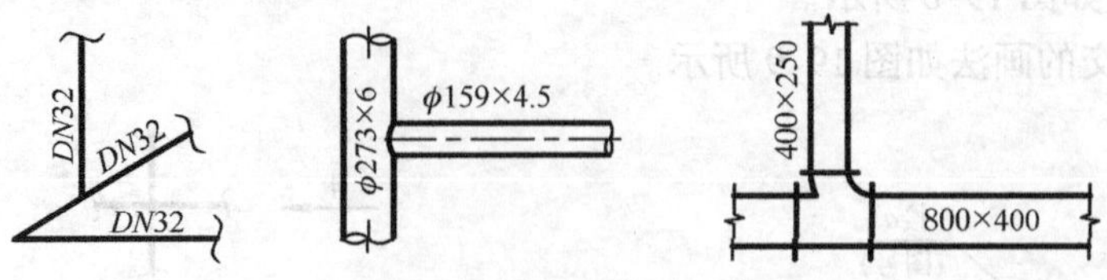

图 19-12　管道截面尺寸注法

采暖图中管道的坡度宜用单边箭头表示，箭头指向下坡方向，坡度数字宜注写在箭头的上方。由于采暖管道的坡度较小，一般采用小数表示，如 0. 003。其注写位置同管径标注位置。平面图中无坡度要求的管道标高可以标注在管道截面尺寸后面的括号内，如“*DN*32

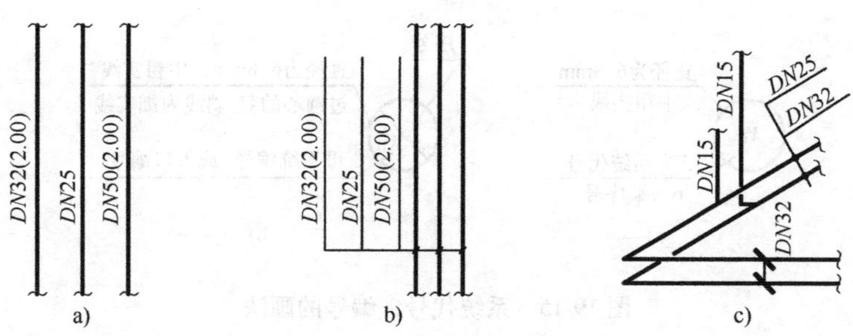

图19-13　多条管线规格的注法

(2.500)”、“200×200(3.100)”。必要时应在标高数字前加“底”或“顶”的字样。有坡度的管道的始端或末端部位也可同样标注。

风口和散流器的规格、数量级风量的表示方法，如图19-14所示。

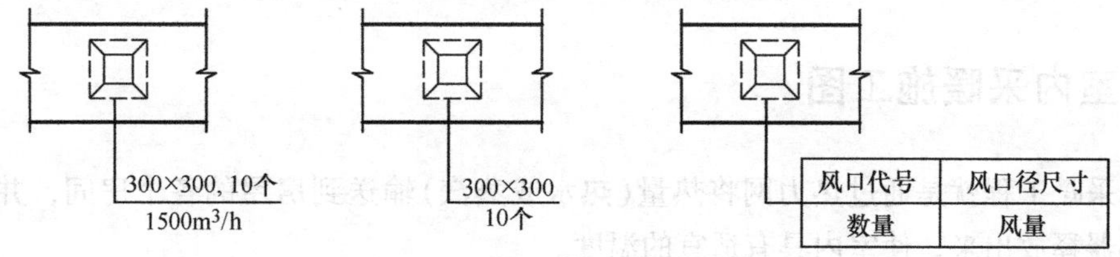

图19-14　风口和散流器的表示方法

暖通空调工程中的设备、零部件等，在图中可直接注写其名称，也可编号表示，但需另列表注明其序号、名称、规格、数量及性能等内容。

5. 系统编号

一个工程设计中同时有采暖、通风、空调等两个及以上的系统时，应进行系统编号。暖通空调系统编号、入口编号，应由系统代号和顺序号组成，系统代号用大写拉丁字母表示见表19-6，顺序号用阿拉伯数字表示，如图19-15a所示。当一个系统出现分支时，可采用图19-15b的画法。系统编号宜标注在系统总管处或建筑物的入口处(又称入口编号)。

表19-6　系统代号

序　号	字母代号	系统名称	序　号	字母代号	系统名称
1	N	(室内)采暖系统	9	H	回风系统
2	L	制冷系统	10	P	排风系统
3	R	热力系统	11	XP	新风换气系统
4	K	空调系统	12	JY	加压送风系统
5	J	净化系统	13	PY	排烟系统
6	C	除尘系统	14	P(PY)	、排风兼排烟系统
7	S	送风系统	15	RS	人防送风系统
8	X	新风系统	16	RP	人防排风系统

竖向布置的垂直管道系统应注立管号。在不引起误解时，可只注序号，但应与建筑轴线编号有明显区别，如图19-16所示。

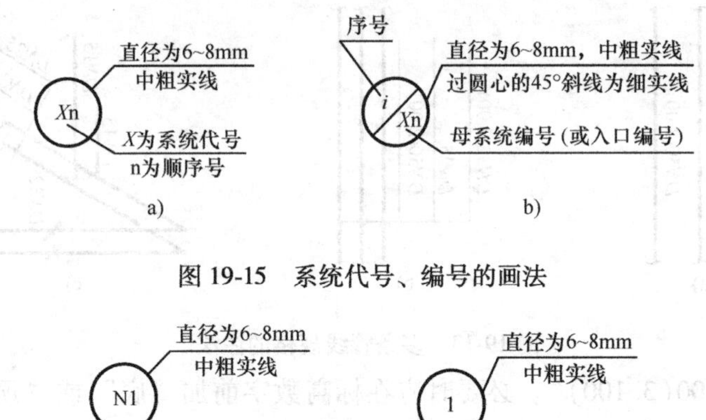

图 19-15　系统代号、编号的画法

图 19-16　立管号的画法

19.3　室内采暖施工图

室内采暖工程就是通过热力网将热量(热水或蒸汽)输送到房屋的各个房间，并将热量通过散热器释放出来，使室内具有适宜的温度。

室内采暖管网包括供热管网和回水管网两部分。

供热管网包括：供热总管(与室外管网相连接并把带热体引入室内)、供热干管(带热体从总管水平输送到房屋的各地段)、供热立管(将带热体输送到各楼层及房屋)、供热支管(将带热体输送到散热器)。

回水管网包括：回水支管(将回水从散热器排到立管)、回水立管(将回水排至底层)、回水干管(将排至底层的回水汇集到总管)、回水总管(与室外管道相连接,使回水循环利用)。

散热器的作用是使水中的热量散发到室内。常用散热器有铸铁和钢制两种。从造型上分，铸铁的散热器有翼型和柱形两种，钢制散热设备有排管散热器和串片散热器等形式。

为使采暖系统正常工作，还要安装各种辅助装置，如采暖管道上安装的各种阀门，用来开启、关闭、调节、逆止等作用；集气罐(或自动排气阀)用来排除管网中的空气，防止堵塞；膨胀水箱用来解除因受热膨胀而产生的超压；疏水器用来阻止蒸汽逸漏、排除凝结水等。

室内采暖管网的布置形式常见的有单管和双管两类。当立管为单管时，散热器在垂直方向上是串联的，存有冷热不均情况，散热效果不好，但建造费用较低。当立管为双管时，散热器是并联配置，散热效果好，但建造费用较高。

管道和散热器的安装有明装和暗装两种形式。因明装易于施工、检查和维修，所以一般常采用明装，只有对房间装饰要求较高的房间采用暗装。无论怎样安装，采暖管道都需每隔一定距离应设置支架或管卡。

19.3.1　室内采暖平面图

采暖平面图主要表示各层管道及设备的平面布置情况，是室内采暖工程图中的基本图样。通常只画房屋底层、标准层及顶层采暖平面图。当各层的建筑结构及管道布置不相同时，应分层绘制。

1. 图示内容

(1) 室内采暖管网的入口(供热总管)和出口(回水总管)的位置，与室外管网的连接及热水(或蒸汽)的来源情况。采暖系统的干管、立管、支管的平面图位置与走向，干管上的阀门、固定支架、补偿器平面位置及立管编号和管道的安装方式(明装或暗装)。

(2) 散热器的平面布置、规格、数量及安装方式。

(3) 与采暖系统相关的设备，如膨胀水箱、集气罐(热水采暖)的平面位置、规格、型号以及设备连接管的平面布置。

2. 图示方法

(1) 绘图比例。采暖平面图一般采用1∶100、1∶50的比例；对于采暖管道复杂的部分，也可用较大的比例画出局部放大图。

(2) 建筑平面图的画法。采暖平面图中所画的建筑平面图(因不是用于建筑的土建施工,而仅作为管道、设备的布置及定位的基准)只需用细实线画出建筑物的轮廓线和与暖通空调有关的门、窗、梁、柱、平台等建筑构配件，并应标明相应定位轴线编号、尺寸、房屋名称和平面标高。

(3) 管道画法。在采暖平面图中，管道及其设备都不必按其真实投影绘制，应按规定的图例画。如供热总管、干管用粗实线表示，支管用中实线表示，回水总管、干管用粗虚线表示。各种管道无论是在楼面(地面)之上或之下，无论是明装或暗装，均不考虑其可见性，仍按规定的线型绘制。管道的安装和连接方式可在施工说明中写清楚，一般在平面图中不表示。

(4) 散热器画法与标注。散热器在采暖平面图中不必按真实投影绘制，应按规定的图例用中实线或细实线画出。通常散热器是安装在靠外墙内侧的窗台下，散热器的规格和数量标注在本组散热器所靠外墙的外侧，远离外墙布置的散热器直接标注在散热器的上侧(横向放置)或右侧(竖向放置)。

(5) 尺寸标注。采暖管道和设备一般是沿墙或靠柱设置的，通常不必标注定位尺寸，必要时以墙面或轴线为定位基准标注。管道的长度一般也不标注，在安装时以实测尺寸为准，具体安装要求详见有关施工规范。

(6) 投影方法。各层采暖平面图是假想去除上层板后按俯视规则绘制，也就是假想在各层管道系统之上水平剖切后，向下投影所绘制的水平投影图。

3. 绘图步骤

(1) 抄绘土建图样的建筑平面图的有关部分。

(2) 画出采暖设备平面图。

(3) 画出由干管、立管、支管组成的管道系统平面图。

(4) 标注尺寸、标高、管径、坡度、注写系统和立管编号以及有关图例、文字说明等。

19.3.2 采暖系统图

采暖系统图也称采暖系统轴测图，轴测图按正等轴测或正面斜二轴测投影规则绘制，主要表明采暖系统中管道及其设备的空间布置与走向。

1. 图示内容

（1）室内采暖管网系统中总管、干管、立管、支管的空间位置和走向；

（2）散热器的空间布置和规格、数量，以及与管道的连接方式；

（3）采暖辅助设备、管道附件（如阀门等）在管道上的位置；

（4）各管段和管径、坡度、标高等，以及立管的编号。

2. 图示方法

（1）绘图比例。常采用和采暖平面图相同的比例，当管道系统较复杂等特殊情况，也可采用其他比例。

（2）轴测类型的选择。为作图简单，采暖系统图常采用正面斜等测图。*OX* 轴为水平位置（通常与房屋横向一致），*OY* 轴（与房屋纵向一致）画成 45°（或 135°）斜线方向，*OZ* 轴竖直即为房层的高度方向，三轴的轴向伸缩系数都是 1∶1。

（3）管道画法。管道均可用单线绘制，线型规则与采暖平面图相同。当空间交叉的管道在图中相交时，应鉴别其前后、上下的可见性，在相交处应将被遮挡的管线断开。对管道密集，投影重叠，表示不清楚的局部，可采用断开画法，然后将断掉的部分绘制在图纸的其他位置。但此时应注明它的出处。方法是在断开处用相同的小写拉丁字母表示，也可用细虚线连接，如图 19-17 所示。

（4）散热器画法及标注。在采暖系统图中，散热器用中实线或细实线按其立面图例绘

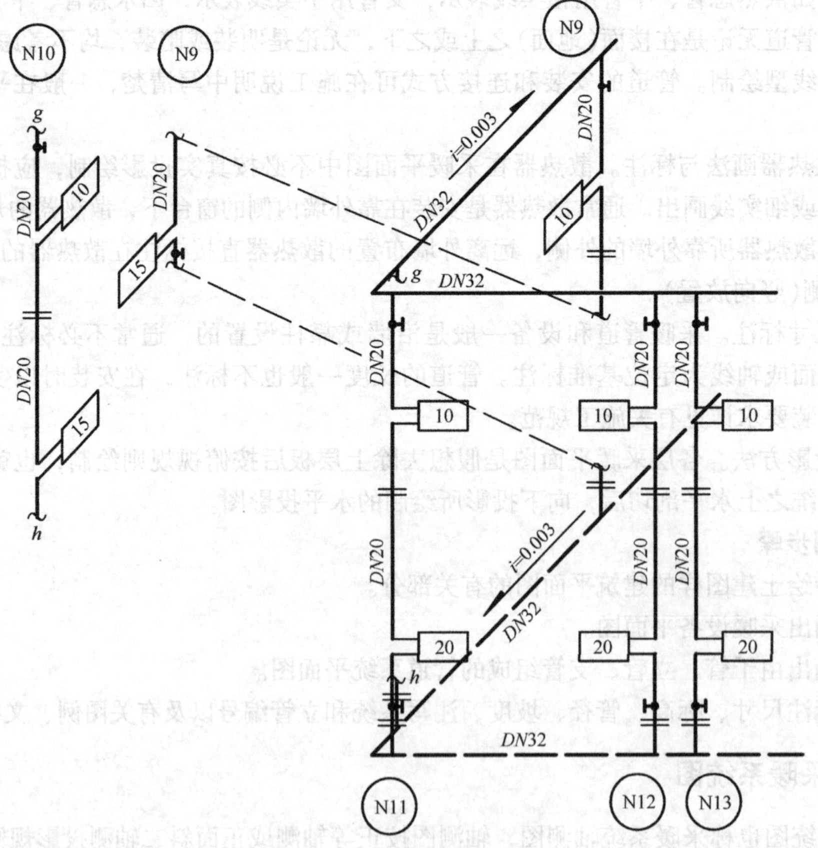

图 19-17 系统图断开画法

制，画法如图 19-17 所示。

（5）房屋构件的位置。为了表示出管道与房屋的关系，在系统图上还要画出管道穿过外墙、地面、楼面等处的位置。

（6）尺寸标注。各管段均需注出管径、横管需标注坡度，坡度可注在管段旁边，数字下边画箭头指出坡度方向。在立管的上方或下方注写立管编号，必要时在入口处注写系统编号。除标注管道和设备标高外，还需注出楼地面的标高。

（7）辅助设备和管道附件。要表示出集气罐或疏水器等的位置和规格以及与管道的连接情况。管道上的阀门、支架等应按它们的所在真实位置绘制。

3. 绘图步骤

（1）选择轴测图的类型，画出轴测轴；

（2）定比例，按平面图上管道的位置，依据系统及编号画出水平干管和立管；

（3）依据散热器安装位置及高度画出各层散热器及散热器支管；

（4）按设计位置，画出管道上的固定卡、控制阀门、集气罐等配件；

（5）画出管道穿越房屋构件的位置，即供热干管与回水干管穿越外墙和立管穿越楼板的位置及画出采暖入口位置；

（6）标注管径、标高、坡度、散热器规格、数量、有关尺寸以及管道系统、立管编号等。

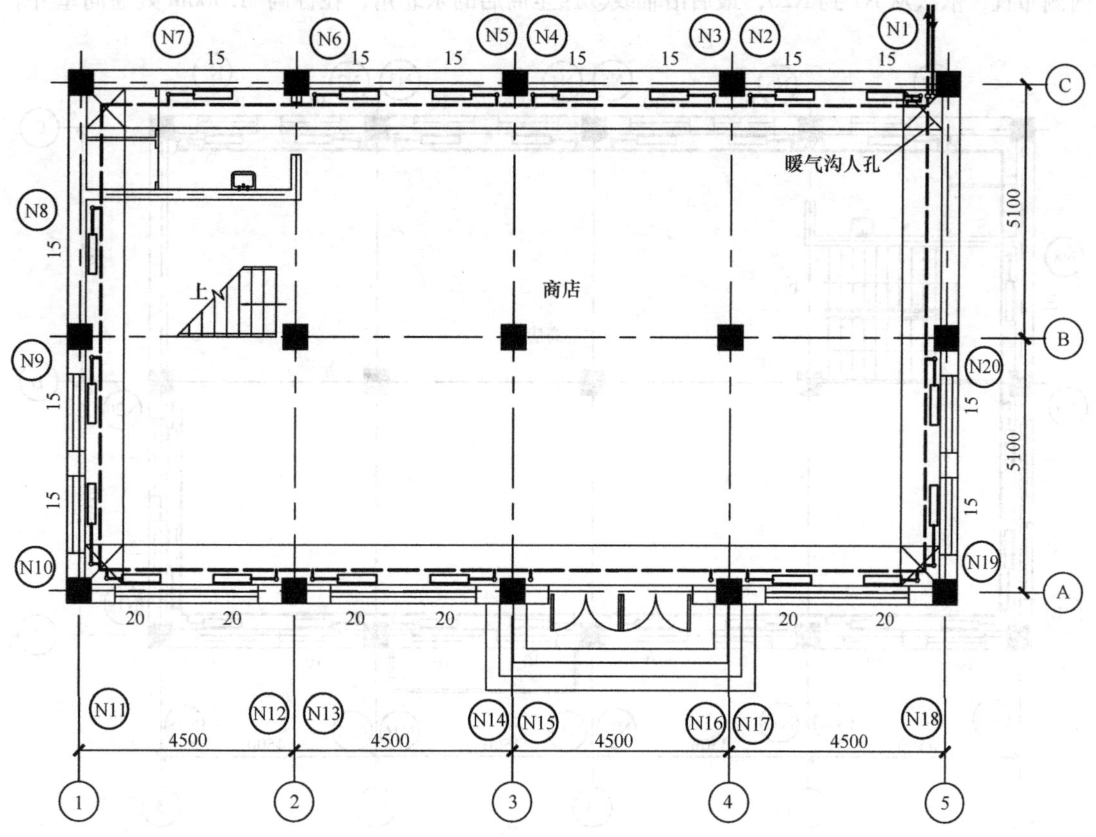

图 19-18 底层采暖平面图

19.3.3　室内采暖施工图的阅读

阅读室内采暖施工图要熟悉图样目录，了解设计说明，了解房屋的结构、形式和构造等土建方面的基本情况，在此基础上将采暖平面图和系统图相互联系、对照阅读，一般是按管道的连接顺着热媒流动的方向进行阅读：采暖入口→供热总管→供热干管→供热立管→供热支管→散热器→回水支管→回水立管→回水干管→回水总管→采暖出口，这样就能较快地掌握整个室内采暖系统的来龙去脉。

图 19-18、图 19-19 分别为某商店的底层和顶层的采暖平面图，图 19-20 为采暖系统图。该工程为热水采暖系统，因只有两层，管道布置采用上行下给单管方式。热水从锅炉房通过室外管道输送至该商店楼，采暖入口处在商店楼的东北角，供热总管通过地下管沟进入室内，标高为-1.500m，在商店楼的东北角处竖直上行，穿过楼面通至二层标高为 6.100m 处，然后沿外墙内侧先向西再南折后又向东环绕布置，最后向北至自动排气阀，形成水平供热干管，干管的坡度为 0.003，在最高处设有自动排气阀。在各采暖地段共设立管二十根，编号依次为 N1、N2、…、N20，连接上下两层。立管位于墙角处，通过支管与散热器相连。散热器为铸铁柱翼 TZY-6-8 型，热水流经散热器时放出热量。回水从支管由立管流到底层回水干管，回水干管敷设在地面下的地沟里，起点处标高为-0.600m，坡度为 0.003，也是沿外墙内侧布置，依次从 N1 到 N20，最后沿轴线⑤通至商店的东北角，在标高-1.500m 处通向室外。

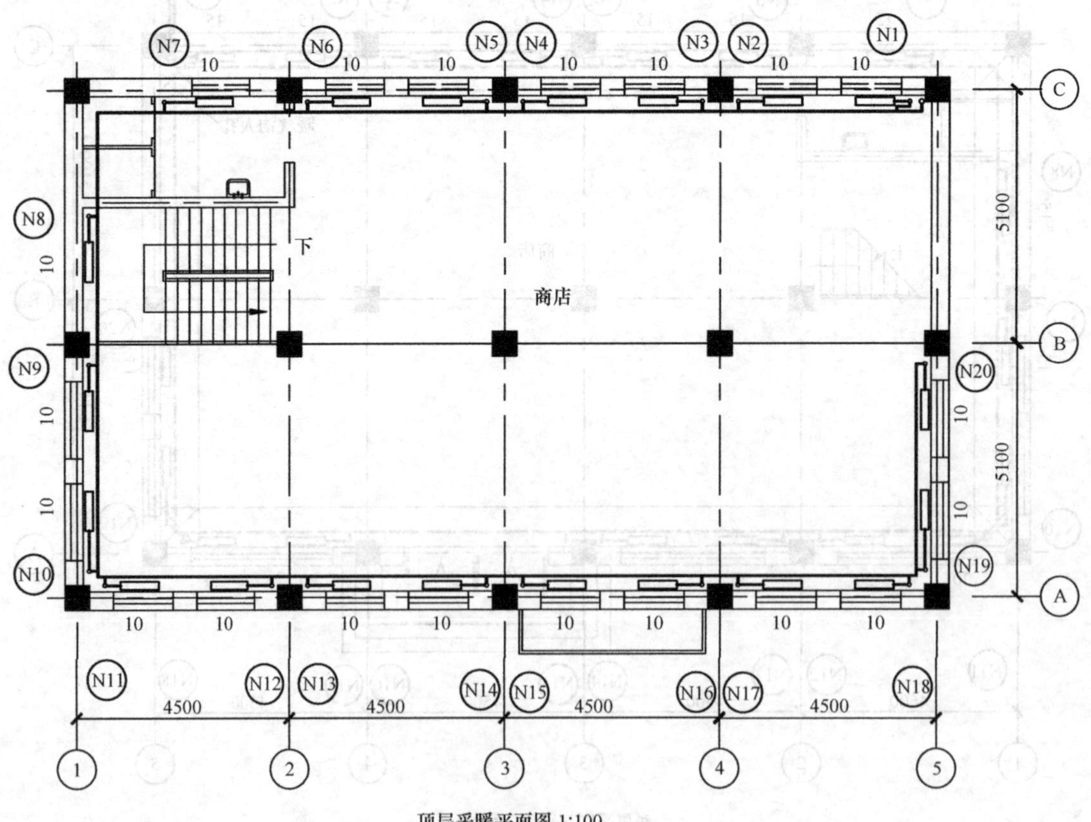

图 19-19　顶层采暖平面图

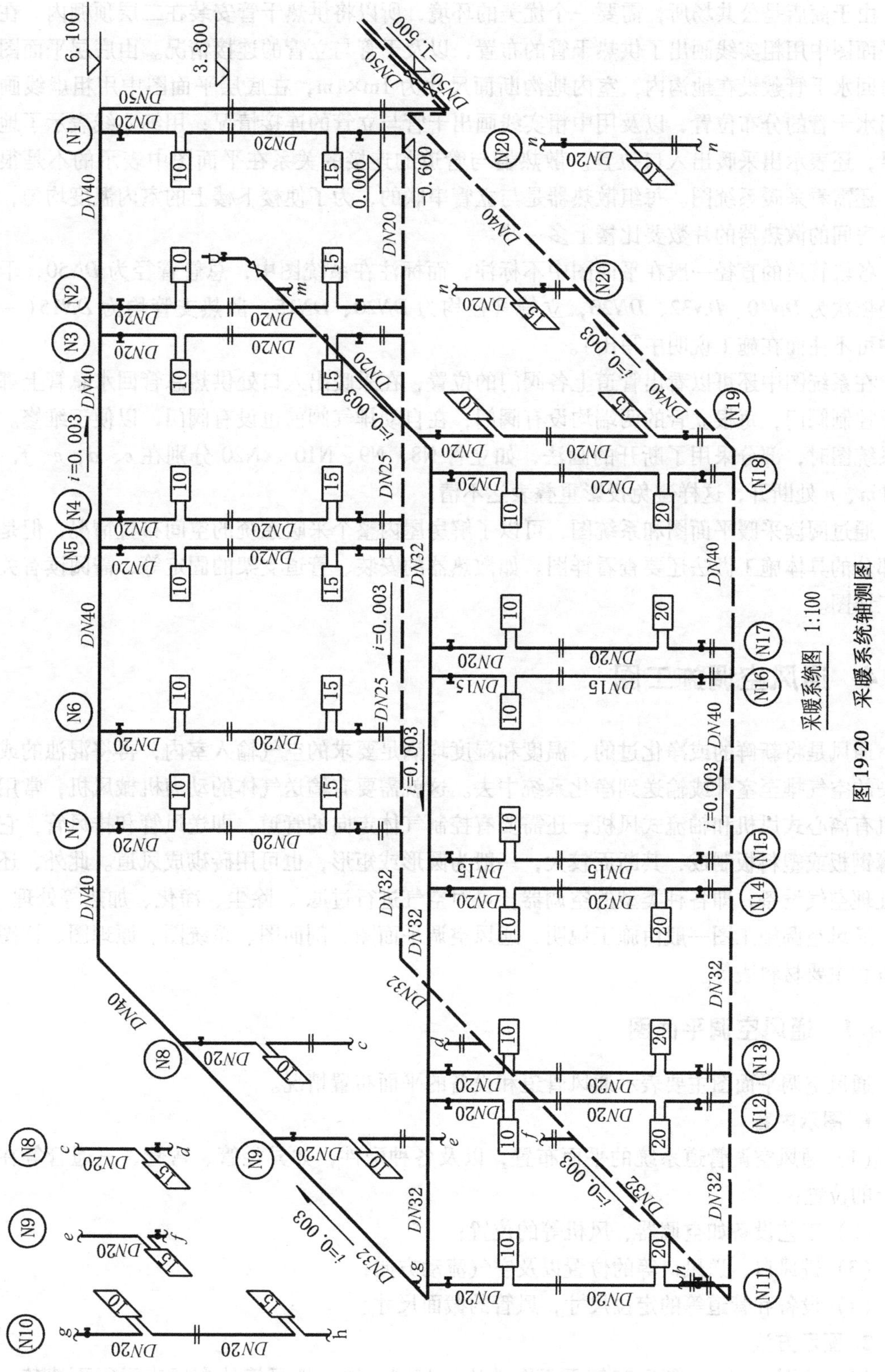

图 19-20　采暖系统轴测图

由底层、顶层采暖平面图，可以看出各楼层房间散热器的数量和位置。

由于商店是公共场所，需要一个优美的环境，所以将供热干管安装在二层顶棚内。在顶层平面图中用粗实线画出了供热干管的布置，以及干管与立管的连接情况。由底层平面图可看出回水干管敷设在地沟内，室内地沟断面尺寸为 1m×1m，在底层平面图中用粗虚线画出了回水干管的分布位置，以及用中粗实线画出干管与立管的连接情况；用细实线表示了地沟边界，还表示出采暖出入口位置。散热器与管道的连接的关系在平面图中表示的不是很清楚，还需看采暖系统图。每组散热器是与立管串联的，为了使楼下楼上的室内温度均匀，楼下各房间的散热器的片数要比楼上多一些。

各段管道的直径一般在平面图中不标注，而标注在系统图中，总管管径为 *DN*50，干管管径依次为 *DN*40、*DN*32、*DN*20，立管管径均为 *DN*20、*DN*15，散热支管均为 *DN*15(一般图中可不注而在施工说明中写出)。

在系统图中还可以看出管道上各阀门的位置，在采暖出入口处供热总管回水总管上都设有总控制阀门，每根立管的两端均设有阀门，在自动排气阀前也设有阀门，以便于维修。绘制系统图时，部分采用了断开的画法，如立管 N8、N9、N10 、N20 分别在 c、d，e、f，g、h 和 m、n 处断开，这样避免投影重叠表达不清。

通过阅读采暖平面图和系统图，可以了解房屋内整个采暖系统的空间布置情况，但是有些部分的具体施工做法还要查看详图。如散热器的安装、管道支架的固定等，需阅读有关的施工详图。

19.4 通风空调施工图

通风是将新鲜的或净化过的、温度和湿度均满足要求的空气输入室内，再将混浊的或被污染的空气排至室外或输送到净化系统中去。这就需要有输送气体的动力机械风机，常用的风机有离心式风机和轴流式风机；还需要有控制气体走向的管道，即送风管和排风管，它常用薄钢板或塑料板制成，其断面较大，一般为圆形或矩形，也可用砖砌成风道。此外，还需要处理空气设备，即各种类型的空调器，可对空气进行过滤 、除尘、净化、加热等处理。

通风空调施工图一般由施工说明、通风空调平面图、剖面图、系统图、原理图、详图及设备和主要材料表等。

19.4.1 通风空调平面图

通风空调平面图主要表示通风管道和设备的平面布置情况。

1. 图示内容

(1) 通风空调管道系统的平面布置，以及各种配件，如异径管、弯管、三通管等在风管上的位置；

(2) 工艺设备如空调器、风机等的位置；

(3) 进风口、送风口等的位置以及空气流动方向；

(4) 设备和管道等的定位尺寸，风管的截面尺寸。

2. 图示方法

(1) 绘图比例。一般和建筑平面图的比例相同，如要把风管的布置表示得更清楚，也可采用更大一些的比例。

(2) 房屋平面图。通常用细线简要绘制建筑平面图中的墙身、梁、柱、门、窗、楼梯等构件的主要轮廓，并应注出相应的定位轴线和房间名称。

(3) 风管。一般按比例用双线绘制，通常用中粗实线表示风管的两条外轮廓线。风管上的异径管、三通管弯头也应画出。

(4) 设备及附件。对设备一般只画轮廓形状，对空调器、风机等，其轮廓一般用中实线绘制，其他部件和附件(如除尘器、散流器、吸风罩等)用细实线绘制；阀门、进出风口等用图例表示。

(5) 尺寸。通风空调平面图中设备和风管的定位尺寸，应以轴线或墙面为基准，注出其定位尺寸。各管段的断面尺寸，直接注在风管上或引出标注。还要注出设备和部件的名称或编号。

(6) 剖切位置。通风空调平面图是从本层上层板下水平剖切后，向下投影所画出的水平投影图。

(7) 平面图的数量。当建筑为多层时，应分层绘制通风空调平面图。

19.4.2　通风空调剖面图

剖面图主要反映通风设备、管道及其部件在竖直方向上的空间位置及连接情况，通风空调系统与建筑结构的相互位置和高度方向的尺寸关系。

1. 图示内容

(1) 管道和设备在高度方向的布置情况；

(2) 管道和设备之间及其与建筑结构在高度方向上的相互位置尺寸。

2. 图示方法

(1) 绘图比例和图样布置。剖面图一般和平面图的绘图比例一致。在同一张图纸中绘制平、剖等多种图样时，宜按平面图、剖面图、安装详图，从上至下、从左至右的顺序排列。

(2) 剖切位置。应在平面图上选择反映系统全貌的位置垂直剖切，并用剖切符号表示剖切位置和投影方向，当剖切的投影方向为向下向右，且不致引起误解时，可省略剖切方向线。

(3) 线型。剖面图采用的线型与平面图基本相同，即建筑物的主要建筑轮廓用细实线绘制；风管用中粗实线绘制，其他设备和部件用中实线或细实线绘制；定位轴线用细点画线，并填写编号。

(4) 尺寸。在剖面图中应标注设备、管道的相互位置尺寸及设备、管道中心(或管底)的标高，一般还需注出房屋的屋面、楼面、地面等处的标高。

19.4.3　通风空调系统图

通风空调系统图是把整个系统的设备、管道及配件用轴测投影法画成能反映通风空调系统全貌立体形象的图样。立体地表明整个系统中各构件的尺寸、型号、数量、布局等。

1. 图示内容

表达整个管道系统包括总管、干管、支管的空间布置和走向；各管段的断面尺寸及主要位置的标高；所需设备、部件等的数量及位置。

2. 图示方法

（1）轴测图的类型。宜采用正面斜等测绘制，也可采用正等测绘制。*OX* 轴和 *OY* 轴宜分别与房屋的横向和纵向一致，*OZ* 轴为高度方向。

（2）绘图比例。宜与平面图和剖面图一致，这样便于看图。

（3）风管画法。风管既可采用双线画法也可采用单线画法。双线画法立体感强，但绘图较烦琐；所以一般情况下，通风空调系统图中的风管大多采用单线画法，用一根粗实线表示管道的位置，也能清楚地表示整个风管系统的空间布置和走向，其断面形状可用尺寸说明。

（4）设备和部件的画法。设备和部件只需用中线或细线绘制其外形轮廓，有标准图例的零部件，应按图例绘制。

（5）尺寸标注。在系统图中应标注风管各段的断面尺寸、主要部位的标高、设备标高、地面或楼面标高等。还应注明各设备和部件的名称或编号。

19.4.4 详图

通风工程的详图较多，一般如空调机、除尘器、通风机等都需有安装详图；有些自制的管道和设备也需有加工详图。详图是表达通风与空调系统中的某些设备的具体构造、安装情况及相应的尺寸的图样。

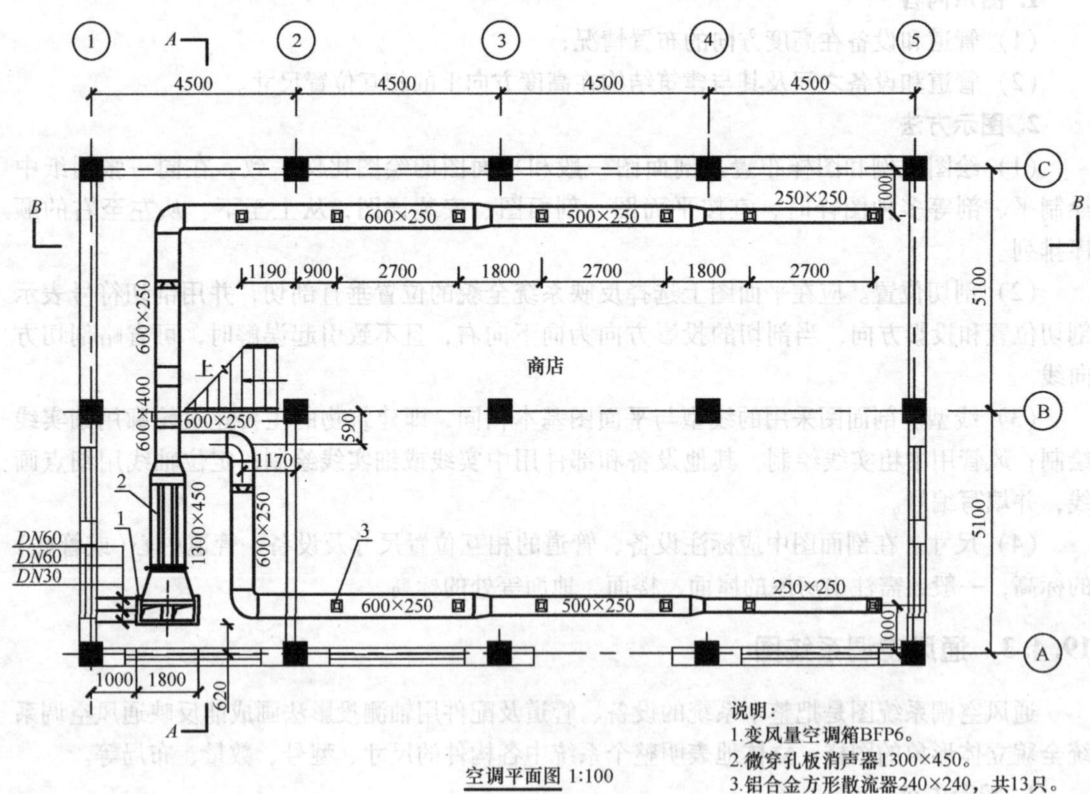

空调平面图 1:100

图 19-21 空调平面图

19.4.5　通风空调施工图的阅读

通风空调施工图是专业性图样，除了要有读图的理论基础外，还要有一定的专业知识作铺垫，在了解房屋的基本情况后，再阅读通风空调工程的设计和施工说明，了解该工程概况，包括空调系统的形式、划分以及主要设备布置等信息。

阅读图样时，应将各主要图样(平面图、剖面图和系统图)相互联系对照起来看，通常是按照通风空调系统中空气的流向，即从进口到出口依次进行，这样可弄清通风空调系统的整体运行情况。

图 19-21、图 19-22 和图 19-23 分别为某商店的通风空调系统的空调平面图、剖面图和风管系统轴测图。该系统负责对商店送风。空调器设在商店的西南角，送风总管从空调器向上直通至屋顶棚内，然后拐弯自南向北布置，形成送风干管。干管与两根支管相连，两根支管直接与散流器相连。送风干管和支管都是暗装在顶棚内，送风口在各室的顶棚下，散流器把新鲜洁净的空气均匀吹向室内。

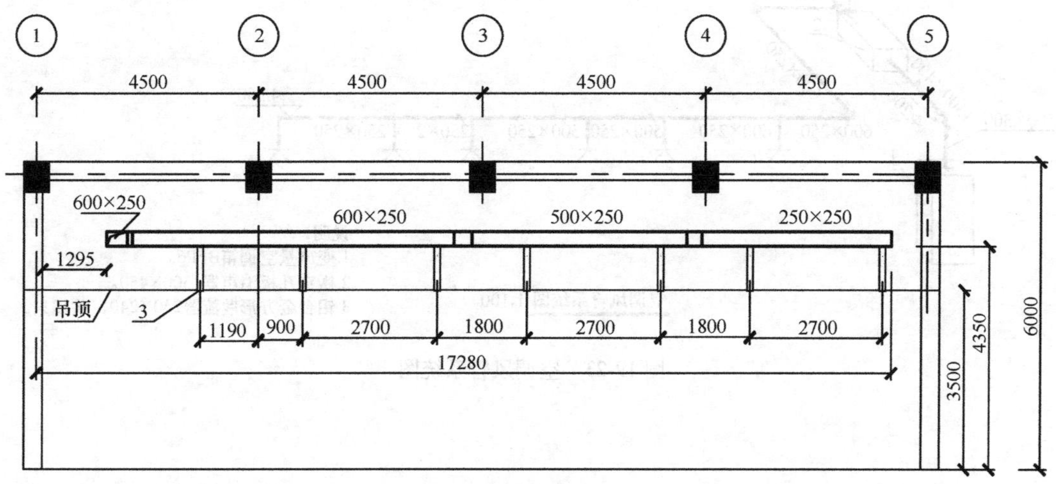

B—B剖面图 1:100

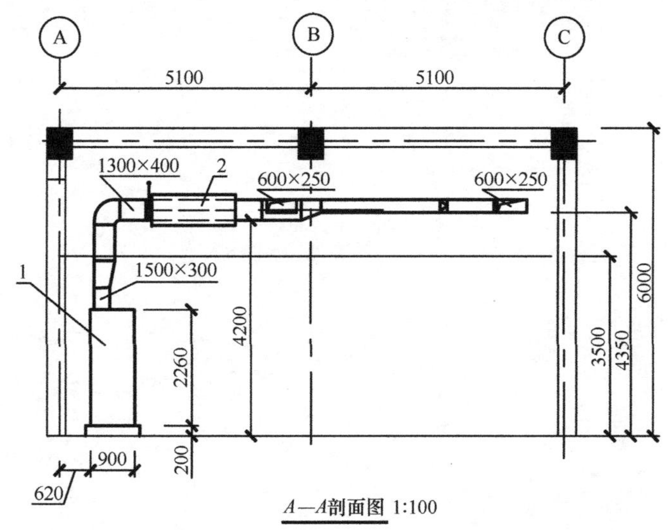

A—A剖面图 1:100

说明：
1.变风量空调箱BFP6。
2.微穿孔板消声器1300×450。
3.铝合金方形散流器240×240，共13只。

图 19-22　空调剖面图

图 19-21 是从房屋的屋面处水平剖切的，表达整个系统的水平投影。图 19-22 中的 *A—A* 剖切图是自左向右剖切，*B—B* 剖面图自南向北剖切，表达管道竖向的布置。图 19-23 用立体形式详细地绘出该通风系统的整体布置情况，空间感好。从这些图中还可以看出通风空调工程各部分的主要尺寸。空调器的外形尺寸为 900mm×1800mm×2260mm，定位尺寸分别为 1000mm 和 620mm。通风管的断面均为矩形，送风管的断面(宽度)是逐段变化的，总管、干管、支管分别为(宽×高)1500mm×300mm，1300mm×400mm，600mm×400mm，600mm × 250mm，500mm×250mm，250mm×250mm。通风管各部分的定位尺寸也都详细地注在图中。

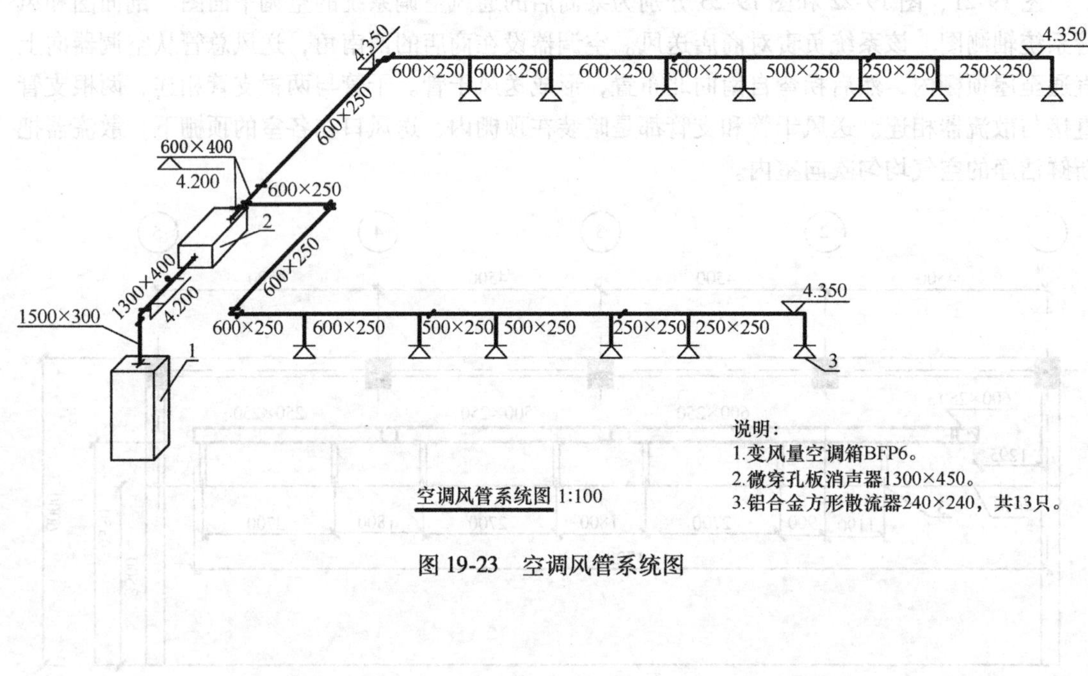

图 19-23　空调风管系统图

第20章 道路工程图

20.1 概述

道路运输可承担客货集散与联系，承担固定路线之外的延伸运输任务，能实现“门到门”的直达运输。从功用上讲，道路是供各种车辆和行人等通行的工程设施，按其使用范围划分为公路、城市道路、厂矿道路、林区道路及乡村道路等。

公路和城市道路是道路的主体部分，它们在技术条件和设施配备上具有普遍的代表性。公路根据使用任务、功能和适应的交通量分为高速公路与一级至四级公路五个等级，城市道路则按其在城市道路系统中的地位、交通功能分为快速路、主干路、次干路、支路四类。

道路工程包括全程道路本体、路线上的桥梁、涵洞、隧道等建筑物，另外还有加油站、收费站、生活服务设施、交通管理及其控制系统等。

按形状来说，道路是具有一定宽度的带状构筑物，它在空间的位置和形状随着所在地区的地形、地貌、地物的分布情况而绵延变化。道路线形是道路路幅中心线(又称中线)的空间位置，它通常表现为由直线和曲线组合而成的空间曲线。

道路中线在水平面上的投影称为路线平面图；用一通过道路中线的铅垂柱面剖切道路得到的断面图称为路线的纵断面图；通过道路中线上任一点作中线的法平面，以该法平面剖切道路得到的断面图称为该点的道路横断面图。根据道路形状的特点，在工程图样上表达道路形状时，通常需要画出道路路线平面图、道路路线纵断面图和道路横断面图。

道路路线设计是指确定路线的平、纵、横三向各部位的尺寸、材料和构造的细致工作，设计结果应表达在设计文件和图样中。设计文件和图样的组成有：(1)总说明书；(2)总体设计；(3)路线；(4)路基；(5)路面；(6)排水及防护工程；(7)桥梁；(8)涵洞；(9)隧道；(10)路线交叉；(11)交通工程及沿线设施；(12)环境保护；(13)渡口码头；(14)其他不可预计的工程等设计资料，以及设计概算等。

为了统一我国道路工程设计图样的制图方法，保证图面质量，提高工作效率，便于技术交流，中华人民共和国国家质量技术监督检验检疫总局和原建设部联合发布了《道路工程制图标准》(GB/T 50162—1992)，从事道路工程建设的技术人员应严格遵守国家标准的规定。

20.2 道路路线工程图

道路路线工程图包括道路平面总体设计图、路线平面图、路线纵断面图、路线横断面图、路基与路面、排水与防护工程及环保绿化等工程的图样。

20.2.1 道路平面总体设计图和路线平面图

一条道路的水平投影图称为道路平面总体设计图。该图表达路线的方位、平面线形、沿路线两侧一定范围内的地形和地物等情况。

图 20-1 所示为某公路的一段平面总体设计图，图中表示出了公路的宽度和中线、路基边线和示坡线、排水系统水流方向及涵洞的位置，以及地形和地物等。

图 20-2 所示为同一段公路的路线平面图，地形和地物与图 20-1 中完全相同，只是仅用加粗的粗实线画出道路中线来表示设计路线。

1. 图示内容

平面总体设计图和路线平面图中可反映出有关该路段的如下内容：

（1）该路段地处 K5+000 与 K6+000 之间。

（2）本图采用坐标网表示地区的方位，E51000、E51200 分别表示标注点坐标距坐标网原点东 51000m、51200m 等，N33900、N34300 为距坐标网原点北 33900m、34300m。

（3）本图采用 1∶2000 的比例。

（4）道路附近存在各种地物并建有道路附属构筑物，它们是用图例表示的。常用图例的形式及意义见表 20-1。

（5）该路段的平面线形是平曲线，由直线和圆曲线组成，有些路段还会在直线和圆曲线之间加过渡用的缓和曲线。图示平曲线的方法为：画出道路中线后，再用中实线画出直线段的延长线，并将相邻延长线的交点标记为 *JD*，按前进方向将交点编号为 $JD_1 \sim JD_n$。在整条平曲线上，圆曲线与直线的切点标记为 *ZY*(直圆)和 *YZ*(圆直)，圆曲线的中点标记为 *QZ*(曲中)，缓和曲线与直线的切点标记为 *ZH*(直缓)和 *HZ*(缓直)，圆曲线与缓和曲线的切点标记为 *HY*(缓圆)和 *YH*(圆缓)。

表 20-1 常用图例符号及意义

名 称	符 号	名 称	符 号	名 称	符 号
房屋	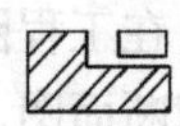 独立 成片	涵洞	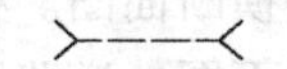	桥梁	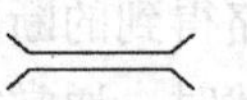
铁路		公路		小路	
草地	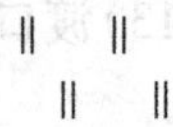	旱田	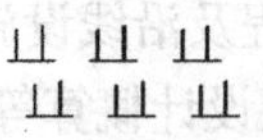	菜地	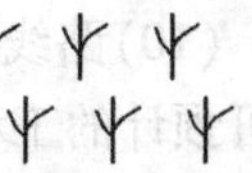
高压电线		低压电线		通信线	
水田	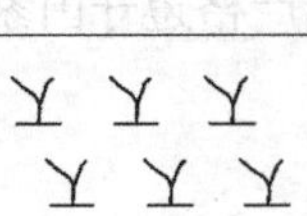	用材林	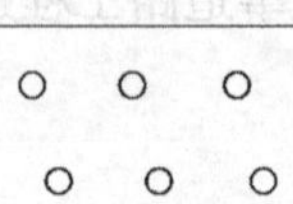	经济林	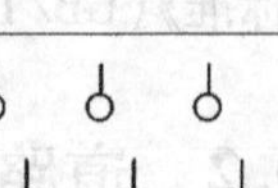
河流		沙滩	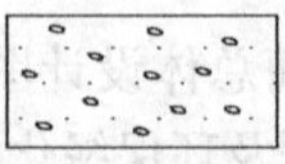	堤坝	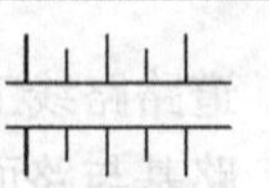

控制平曲线形位的要素有：α 偏角、α_z（ΔL）左偏角、$\alpha_y(\Delta R)$右偏角、圆曲线设计半

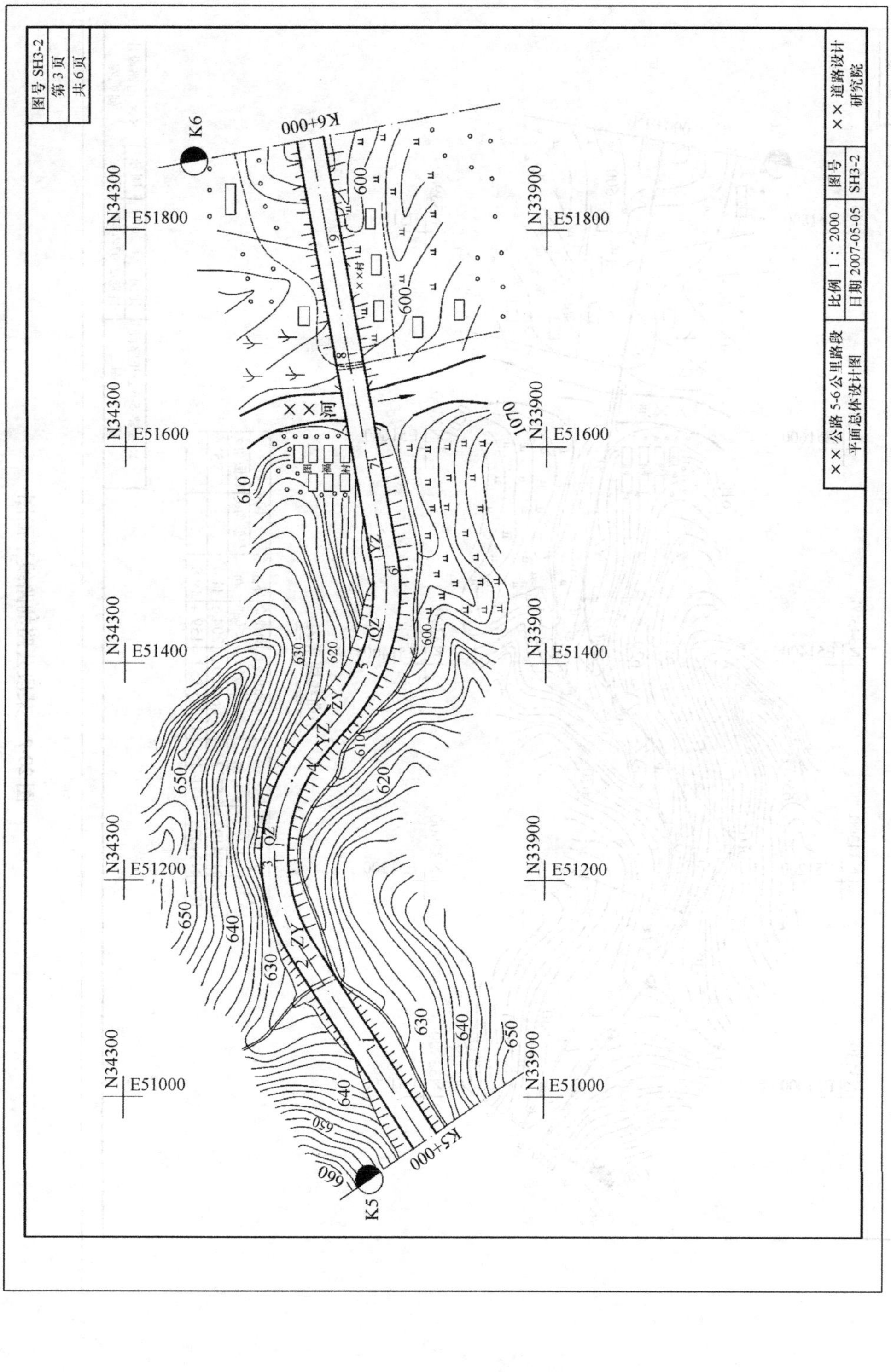

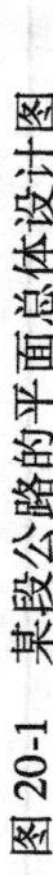

图 20-1　某段公路的平面总体设计图

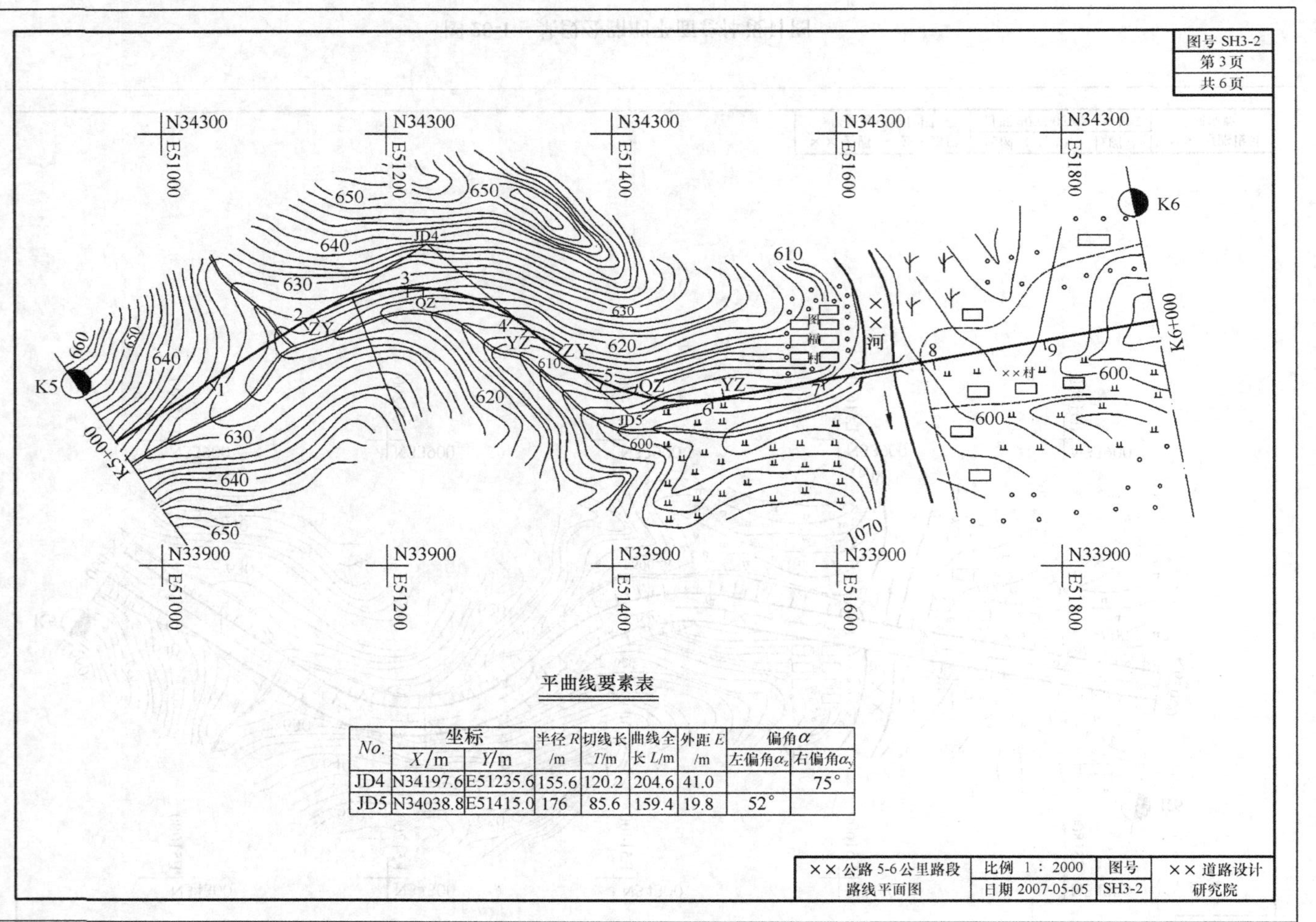

No.	坐标		半径 R/m	切线长 T/m	曲线全长 L/m	外距 E/m	偏角 α	
	X/m	Y/m					左偏角 α_z	右偏角 α_y
JD4	N34197.6	E51235.6	155.6	120.2	204.6	41.0		75°
JD5	N34038.8	E51415.0	176	85.6	159.4	19.8	52°	

图 20-2　某段公路的路线平面图

径 R、切线长 T、曲线全长 L、外距 E、缓和曲线长 L_s，如图 20-3 所示。这些要素必须填入路线平面图下方的平曲线要素表中，如图 20-2 所示。

2. 绘图方法步骤

(1) 先用等高线绘出地形图，然后绘道路中线。路线平面图包括道路中线在内的带状地形图，一般涉及中线两侧 100~200m。

(2) 路线平面图应从左向右绘制，桩号左小右大，用 1.4b 的加粗粗实线绘出道路中线，并绘出平曲线要素表。

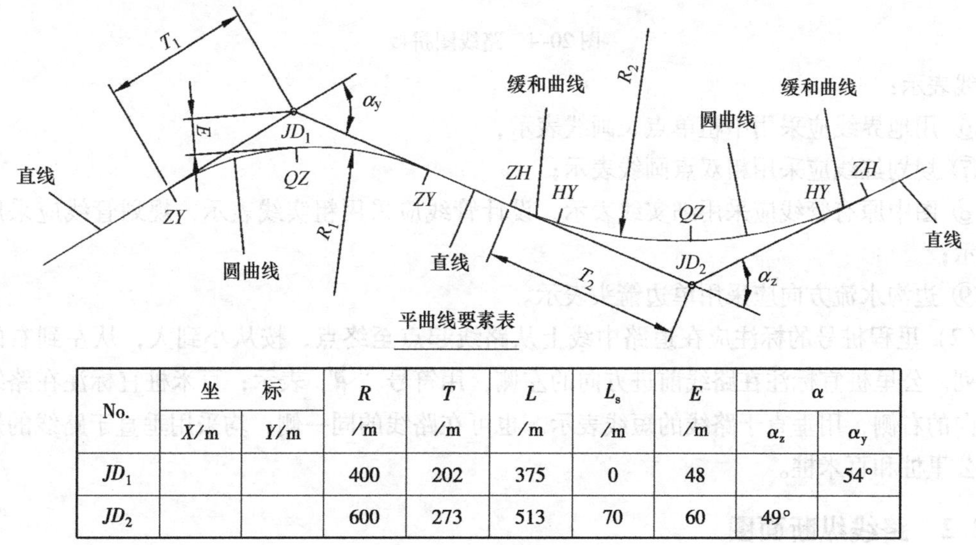

No.	坐标		R	T	L	L_s	E	α	
	X/m	Y/m	/m	/m	/m	/m	/m	α_z	α_y
JD_1			400	202	375	0	48		54°
JD_2			600	273	513	70	60	49°	

图 20-3　平曲线要素

当绘制平面总体设计图时，则路线中线用细单点长画线绘出，然后根据公路宽度从中线两侧逐桩加宽，用粗实线光滑连接直线和曲线。绘好路面宽度后，再用示坡线绘出边坡。

将坐标 E、N 值按比例精确地绘在相应位置上，标注坐标网值，标注平曲线主要要素点、公里桩和百米桩等桩的位置，以及本张图纸中路线的起点和终点里程桩号等。

(3) 路线平面图上的植物图例应朝上或向北绘制，每张图纸的右上角应注明图号、共×页和第×页。

(4) 由于公路路线具有狭长曲线的特点，需要分段画在若干张图纸上，使用时可以将图纸拼接起来。路线分段一般取整数桩号断开，断开的两端均以细单点长画线垂直于路线画出接图线，如图 20-4 所示。

3. 国家标准关于绘制路线平面图的规定摘要

(1) 平面图中常用的图线应符合下列规定：

① 设计路线应采用加粗粗实线表示，比较线应采用加粗粗虚线表示；

② 道路中线应采用细单点长画线表示；

③ 中央分隔带边缘线应采用细实线表示；

④ 路基边缘线应采用粗实线表示；

⑤ 导线、边坡线、护坡道边缘线、边沟线、切线、引出线、原有道路边线等，应采用

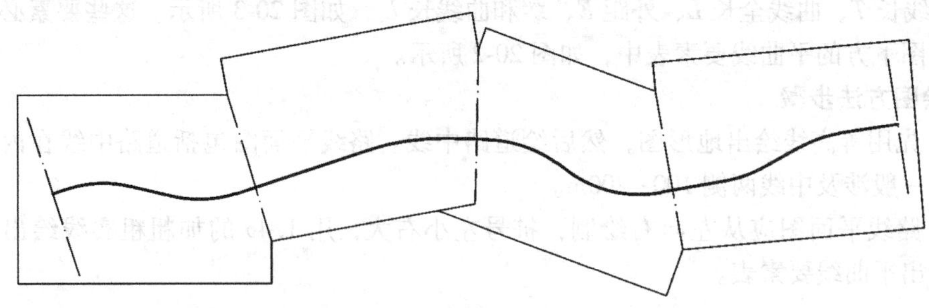

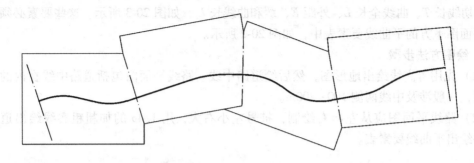

图 20-4 路线图拼接

细实线表示；

⑥ 用地界线应采用中粗单点长画线表示；

⑦ 规划红线应采用粗双点画线表示；

⑧ 图中原有管线应采用细实线表示，设计管线应采用粗实线表示，规划管线应采用虚线表示；

⑨ 边沟水流方向应采用单边箭头表示。

（2）里程桩号的标注应在道路中线上从路线起点至终点，按从小到大，从左到右的顺序排列。公里桩宜标注在路线前进方向的左侧，用符号“●”表示；百米桩宜标注在路线前进方向的右侧，用垂直于路线的短线表示。也可在路线的同一侧，均采用垂直于路线的短线表示公里桩和百米桩。

20.2.2 路线纵断面图

通过道路中线的竖向断面，称为路线纵断面图，它反映路线竖向的走向、高程、纵坡大小，即道路的起伏情况。道路纵断面线的形状是在考虑影响道路设计的综合因素后确定的直线和曲线的组合，图 20-5 是道路纵断面图示例。

纵断面图上表示原地面高程起伏变化的标高线，称为地面线，它是路中心线各桩号实测高程的连线，地面线上各点的高程称为地面高程；沿道路中线所做的立面设计线，称为纵断面设计线。工程设计中对中线各点要求达到的高程称为设计高程。设计线与地面线各对应桩号上的高程差值称为填土或挖土高度。

纵断面图包括高程标尺、图样和测设数据表三部分内容。国家标准规定了路线纵断面图的画法，其主要条目如下：

（1）纵断面图的图样应布置在图幅上部。测设数据应采用表格形式布置在图幅下部。高程标尺应布置在测设数据表的上方左侧，如图 20-5 所示。

测设数据表宜按图 20-5 的顺序排列，表格可根据不同设计阶段和不同道路等级的要求而增减。纵断面图中的距离与高程宜按不同比例绘制。

（2）道路设计线应采用粗实线表示，原地面线应采用细实线表示，地下水位线应采用细双点画线及水位符号表示，地下水位测点可仅用水位符号表示，如图 20-6 所示。

（3）当路线坡度发生变化时，变坡点应用直径为 2mm 中粗线圆圈表示，切线应采用细虚线表示；竖曲线应采用粗实线表示。标注竖曲线的竖直细实线应对准变坡点所在桩号，线左侧标注桩号，线右侧标注变坡点高程。水平细实线两端应对准竖曲线的始终点。两端的短

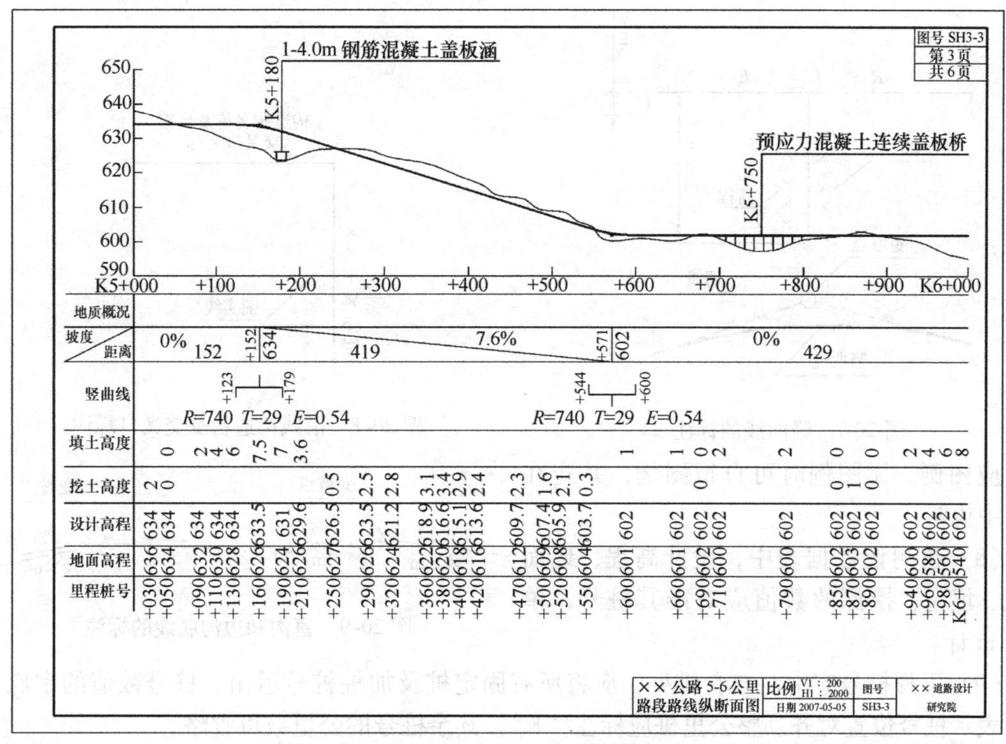

图 20-5　路线纵断面图

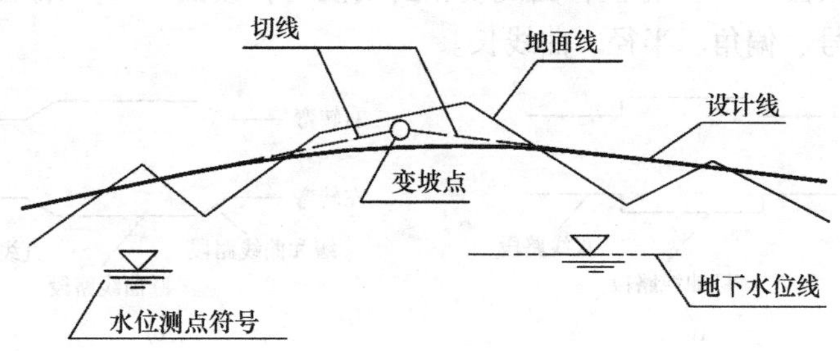

图 20-6　道路设计线、原地面线、地下水位线的标注

竖直细实线在水平线之上为凹曲线，反之为凸曲线。竖曲线要素（半径 R，切线长 T，外距 E）的数值均应标注在水平细实线上方，如图 20-7 所示。竖曲线标注也可布置在测设数据表内，此时，变坡点的位置应在坡度、距离栏内示出，如图 20-5 所示。

（4）道路沿线的构造物、交叉口，可在道路设计线的上方，用竖直引出线标注。竖直引出线应对准构造物或交叉口中心位置。线左侧标注桩号，水平线上方标注构造物名称、规格、交叉口名称，如图 20-8 所示。

（5）盲沟和边沟底线应分别采用中粗虚线和中粗长虚线表示。变坡点、距离、坡度，宜按图 20-9 标注，变坡点用直径 1~2mm 的圆圈表示。

（6）在纵断面图中可根据需要绘制地质柱状图，并示出岩土图例或代号，各地层高程应与高程标尺对应。

（7）在纵断面图中，给水排水管涵应标注规格及管内底的高程。地下管线横断面应采

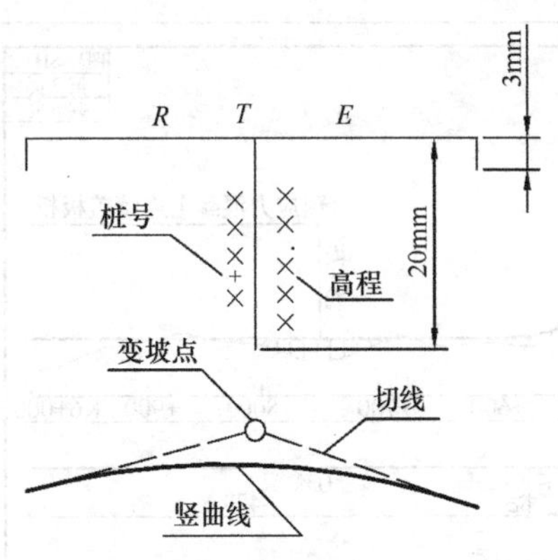

图 20-7 竖曲线的标注

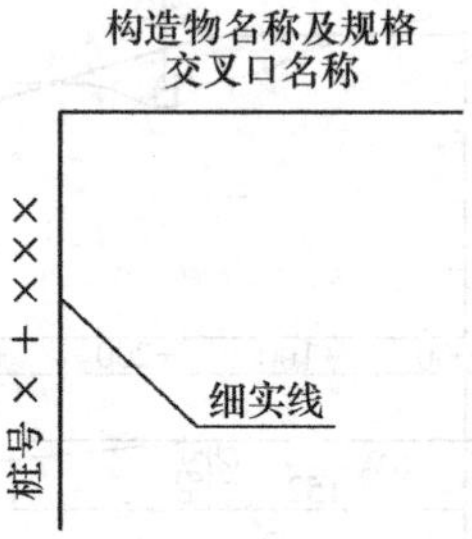

构造物名称及规格
交叉口名称
桩号 × + ×××
细实线

图 20-8 沿线构造物及交叉口标注

用相应图例。无图例时可自拟图例，并应在图例中说明。

（8）在测设数据表中，设计高程、地面高程、填高、挖深的数值应对准其桩号，单位以 m 计。

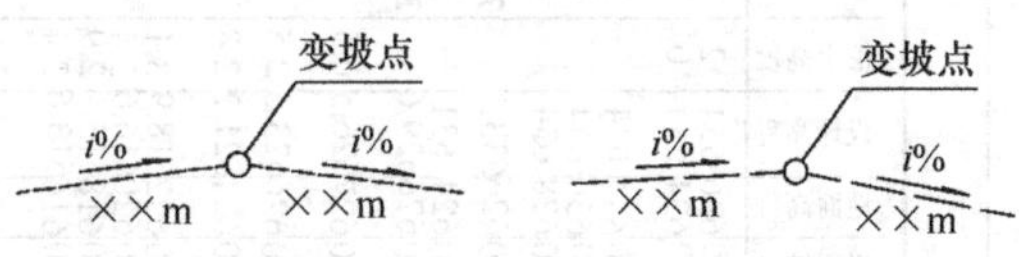

图 20-9 盲沟和边沟底线的标注

（9）里程桩号应由左向右排列，应将所有固定桩及加桩桩号示出。桩号数值的字底应与所表示桩号位置对齐。整公里桩应标注“K”，其余桩号的公里数可省略。

（10）在测设数据表中的平曲线栏中，道路左、右转弯应分别用凹、凸折线表示。当不设缓和曲线段时，按图 20-10a 标注，当设缓和曲线段时，按图 20-10b 标注，在曲线的一侧标注交点编号、桩号、偏角、半径、曲线长。

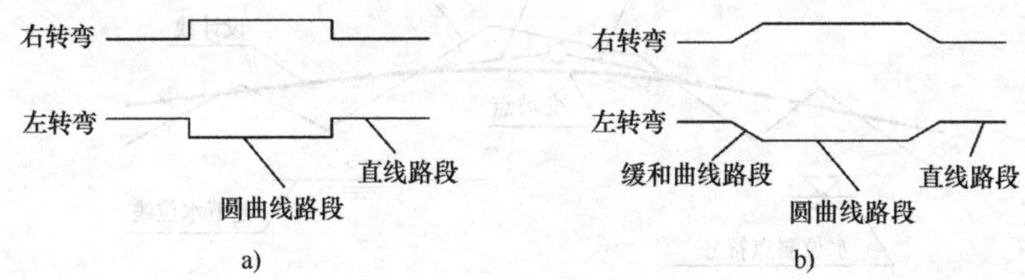

图 20-10 平曲线的标注

20.2.3 路线横断面图

垂直于道路中线所作的竖向端面，称为路线横断面图，用来表达各中心桩处横向地面起伏及设计路基横断面情况。路线横断面图主要由横断面设计线、地面线和边坡线组成。在路线设计时，一般只选取几个具有代表性的断面图绘出，这种图称为路线标准横断面，其作用是表达路线与地形、路线各组成部分用地范围以及与其他构造物的横向布置关系。图 20-11 是公路和城市道路的标准横断面示例。

公路横断面由车行道、路肩、分隔带、边沟、边坡及护坡道等组成。两端路肩边缘之间的距离称为路基宽度。若含边沟、边坡的宽度在内，则为用地范围，又称为地界宽度，如图 20-11a 所示。而城市道路横断面由车行道、人行道和绿地等部分组成，如图 20-11b 所示。

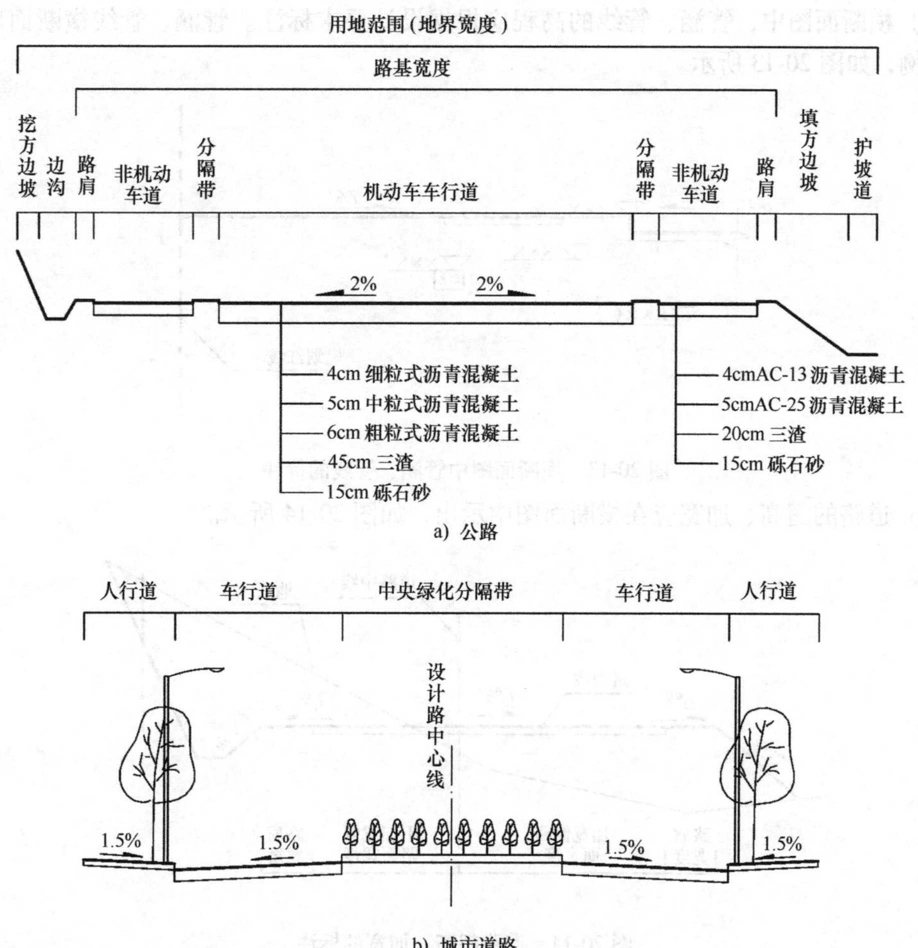

图 20-11　公路和城市道路标准横断面示例

国家标准对路线横断面图的画法作了如下一些规定：

（1）路面线、路肩线、边坡线、护坡线均应采用粗实线表示；路面厚度应采用中粗实线表示，原有地面线应采用细实线表示，设计或原有道路中线应采用细点画线表示，如图 20-12 所示。

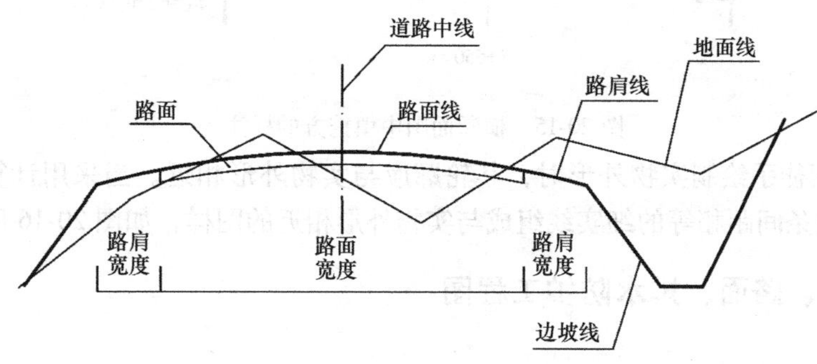

图 20-12　横断面图

（2）横断面图中，管涵、管线的高程应根据设计要求标注。管涵、管线横断面应采用相应图例，如图 20-13 所示。

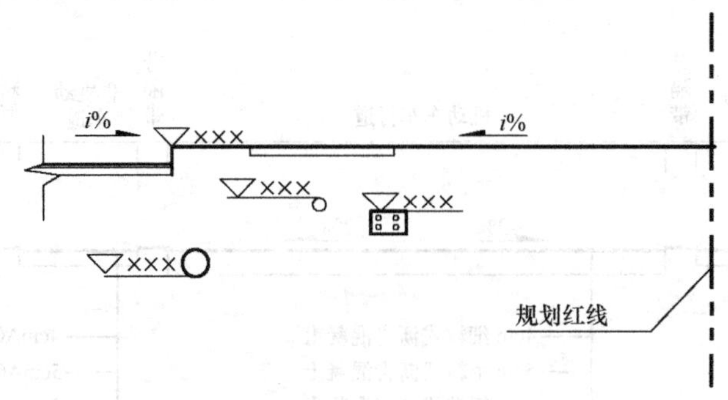

图 20-13　横断面图中管涵、管线的标注

（3）道路的超高、加宽应在横断面图中示出，如图 20-14 所示。

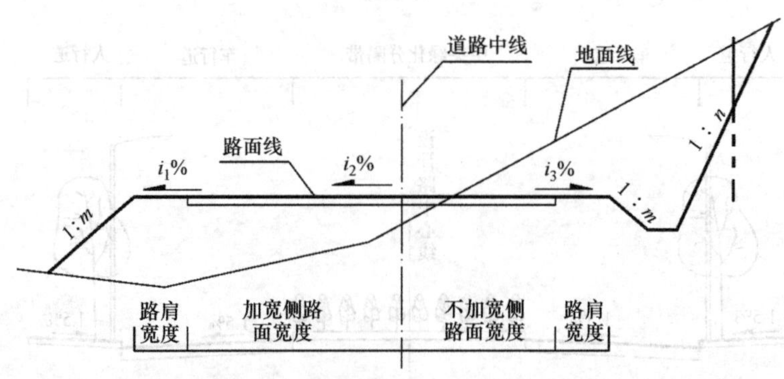

图 20-14　道路超高、加宽的标注

（4）用于施工放样及土方计算的横断面图应在图样下方标注桩号。图样右侧应标注填高、挖深、填方、挖方的面积，并采用中粗点画线示出征地界线，如图 20-15 所示。

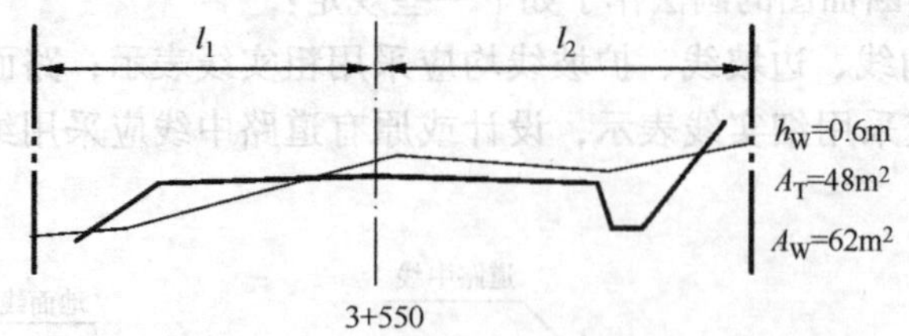

图 20-15　横断面图中填挖方的标注

（5）当采用徒手绘制实物外形时，其轮廓应与实物外形相近。当采用计算机绘制此类实物时，可用数条间距相等的细实线组成与实物外形相近的图样，如图 20-16 所示。

20. 2. 4　路基、路面、排水防护工程图

1. 路基

路基就是路的基础，是路面下用土石材料修筑而成的条形构筑物。路基的基本范围包括路基本体、路基防护和加固工程、路基排水工程，其中，路基本体又由地面线、路面顶面和

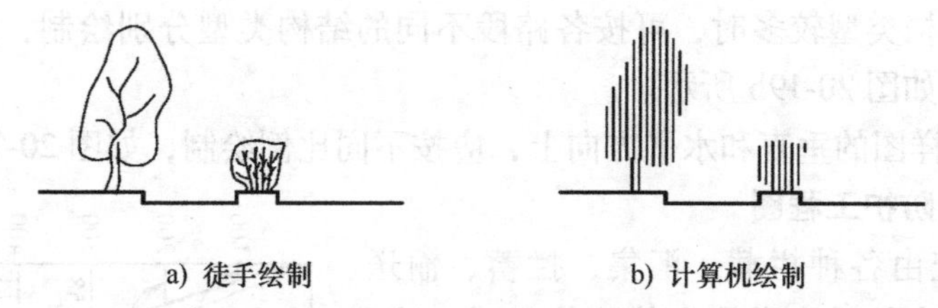

图 20-16　实物外形的绘制

边坡围起的土石方实体组成。路基的组成层次由路基横断面图表示，路基横断面与路线横断面在剖切原理和表达方式上是完全相同的，只是路基横断面的表达内容上更加详尽、全面，图 20-17 是路基结构断面图示例。

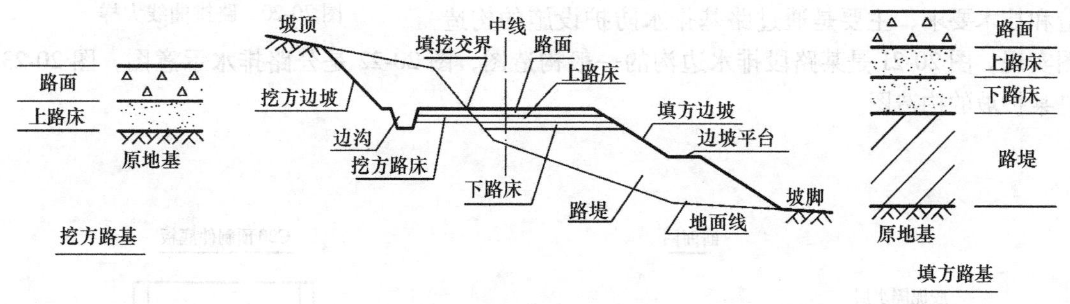

图 20-17　路基结构断面图

国家标准规定：在同一张图纸上的路基横断面，应按桩号的顺序排列，并从图纸的左下方开始，先由下向上，再由左向右排列，如图 20-18 所示。

2. 路面

路面是在路基顶面以上，车行道范围内，用各种不同材料分层铺筑而成的一种层状结构物。路面的主要构造、车行道宽度、路拱、中央分隔带和路肩在标准横断面图上进行表达，但路面结构和路拱形式等需另给有关图样。

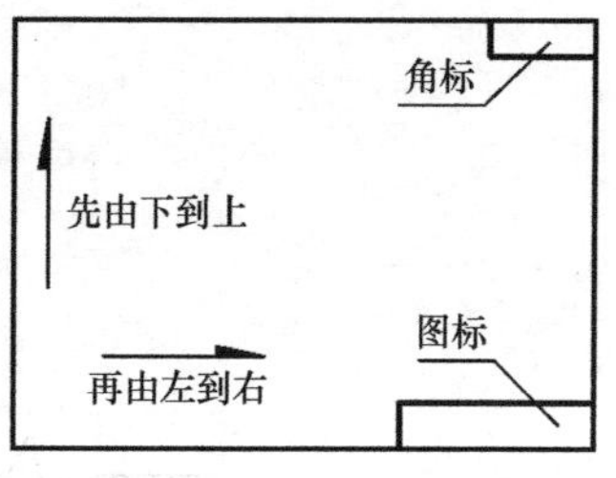

图 20-18　横断面的排列顺序

路面结构图应符合下列规定：

（1）当路面结构类型单一时，可在横断面图上，用竖直引出线标注材料层次及厚度，如图 20-19a 所示。

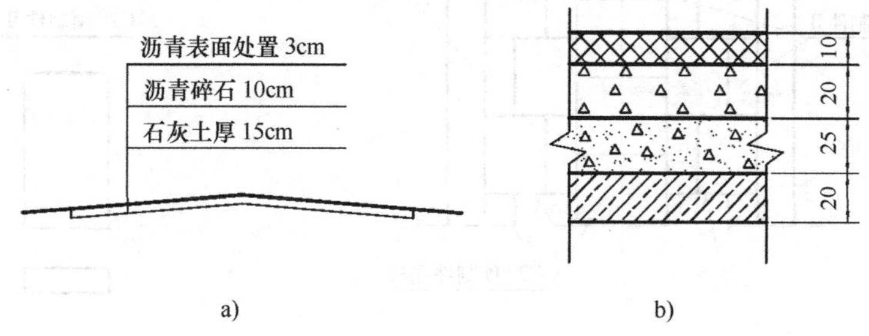

图 20-19　路面结构的标注

（2）当路面结构类型较多时，可按各路段不同的结构类型分别绘制，并标注材料图例(或名称)及厚度，如图 20-19b 所示。

在路拱曲线大样图的垂直和水平方向上，应按不同比例绘制，如图 20-20 所示。

3. 排水系统及防护工程图

公路排水系统由各种拦截、汇集、拦蓄、输送、排放地表水和地下水的排水设施和构造物组成，这些设施和构造物的具体形式有边沟、排水沟、跌水、急流槽、暗沟及检查井等。图示公路排水系统有两大目标：一是表达排水系统在全线的布设情况，通过平、纵、横三种图样来实现；二是表达排水设施的具体构造和技术要求，主要是通过路基排水防护设施的构造图实现。图 20-21 是某路段排水边沟的一般构造图，图 20-22 是公路排水示意图，图 20-23 是某护坡的构造图。

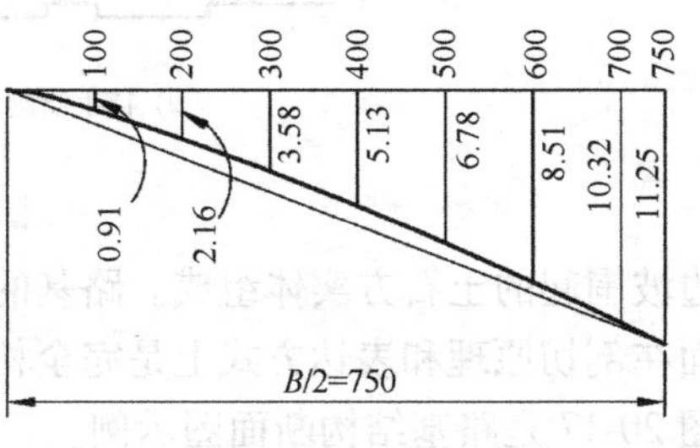

图 20-20 路拱曲线大样

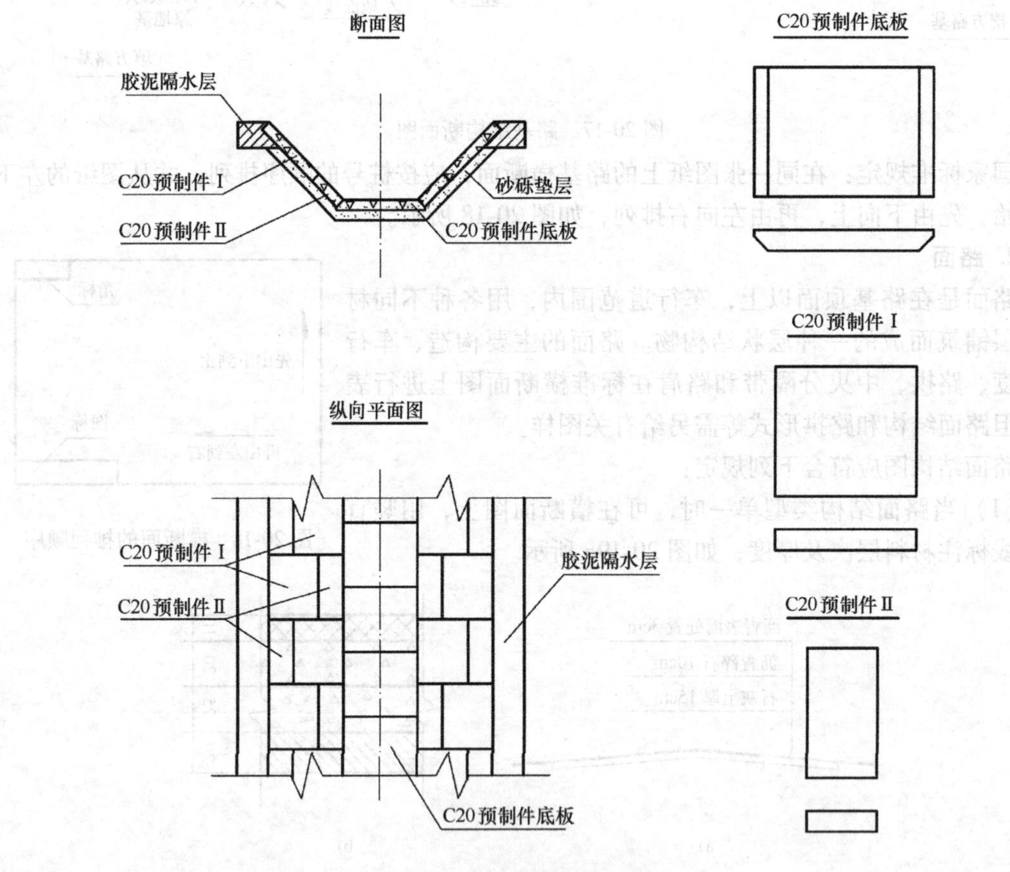

图 20-21 排水边沟的构造图

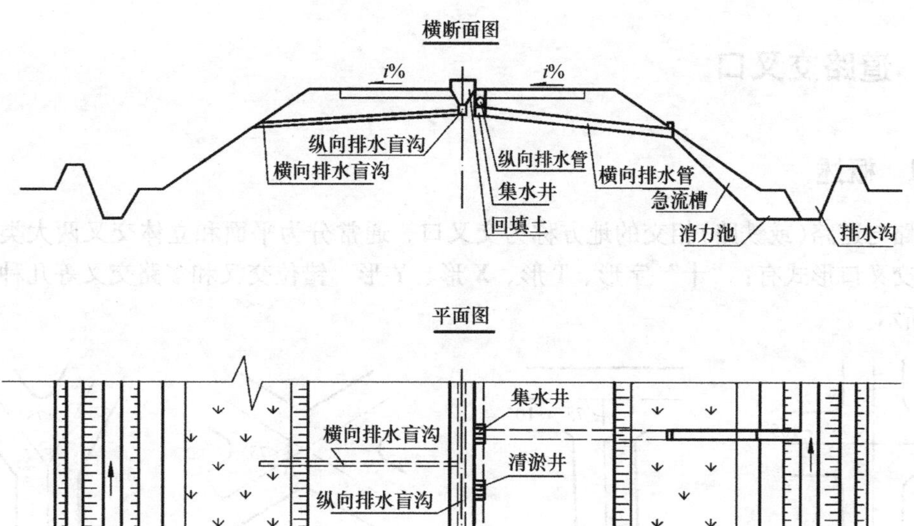

图 20-22　公路排水示意图

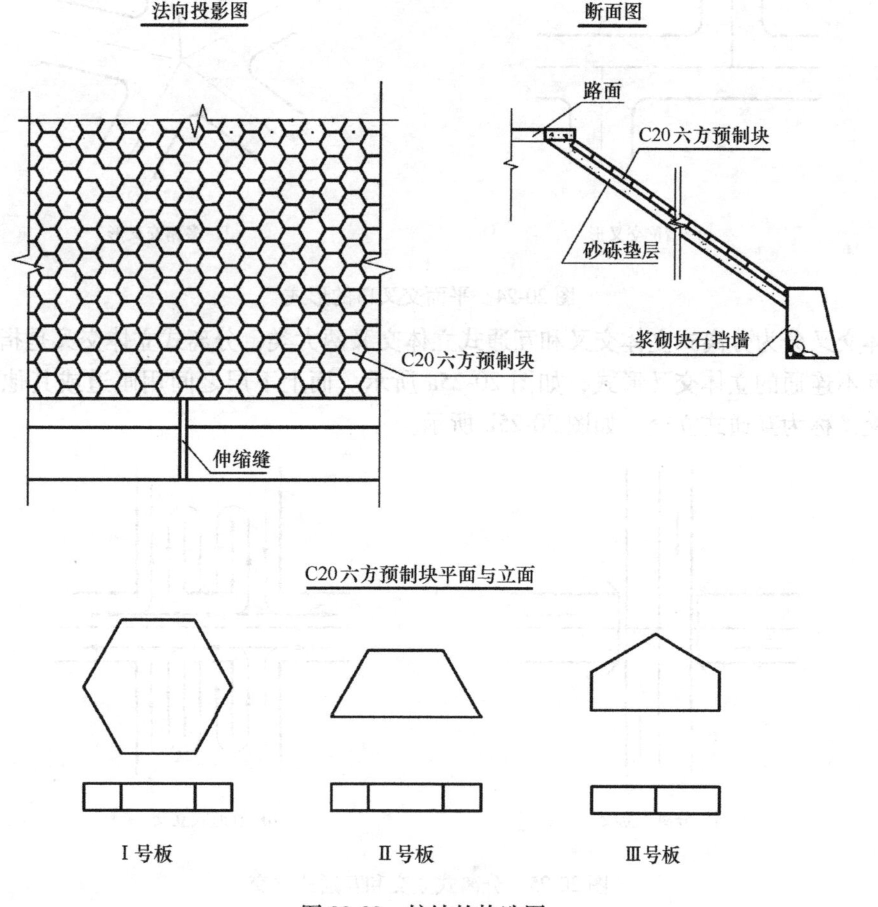

图 20-23　护坡的构造图

20.3 道路交叉口

20.3.1 概述

道路与道路(或铁路)相交的地方称为交叉口，通常分为平面和立体交叉两大类。常见的平面交叉口形式有："十"字形、T形、X形、Y形、错位交叉和多路交叉等几种，如图20-24所示。

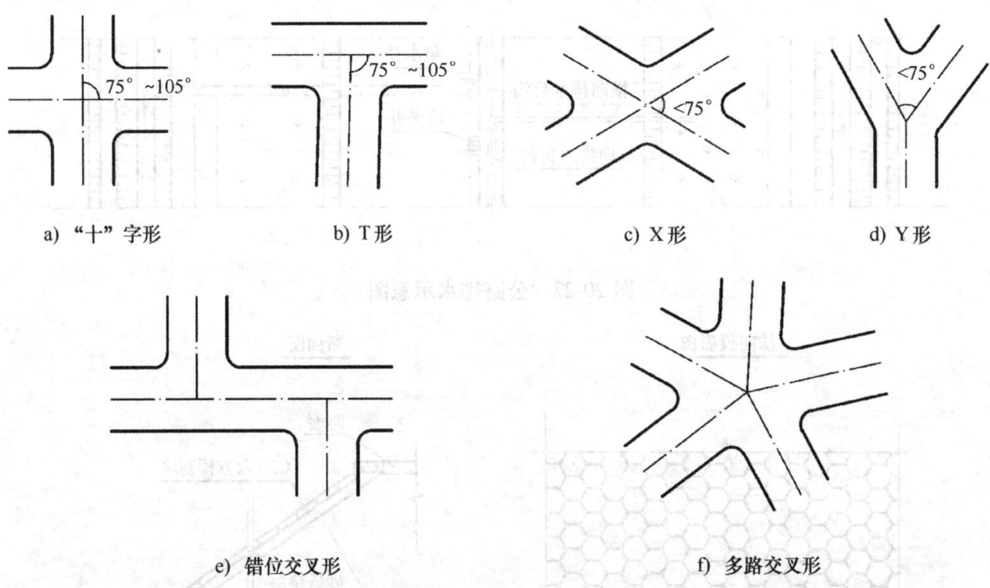

图20-24 平面交叉口的形式

立体交叉分为分离式立体交叉和互通式立体交叉两大类，分离式立体交叉是指上下层道路之间互不连通的立体交叉形式，如图20-25a所示。而上下层之间用匝道或其他方式连接的立体交叉称为互通式立交，如图20-25b所示。

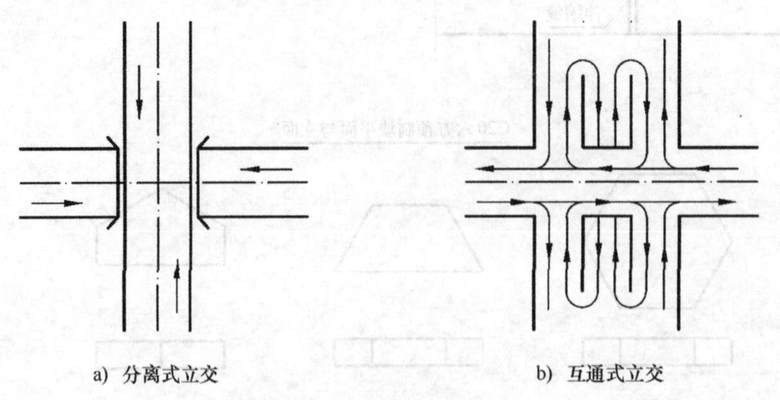

图20-25 分离式立交和互通式立交

不论分离式立交还是互通式立交都有一个主线跨越相交道路、被相交道路跨越的方式，或主线下穿相交道路、相交道路下穿主线的方式，分别称为上跨式立交和下穿式立交。上跨式立交桥的主要交叉构筑物高于地面交通设施，而下穿式立交桥主要交叉构筑物低于地面交通设施。

互通式立体交叉口的种类很多，常见有菱形、喇叭形、苜蓿叶形和环形等，图 20-26 分别是各种互通式立体交叉示意图。

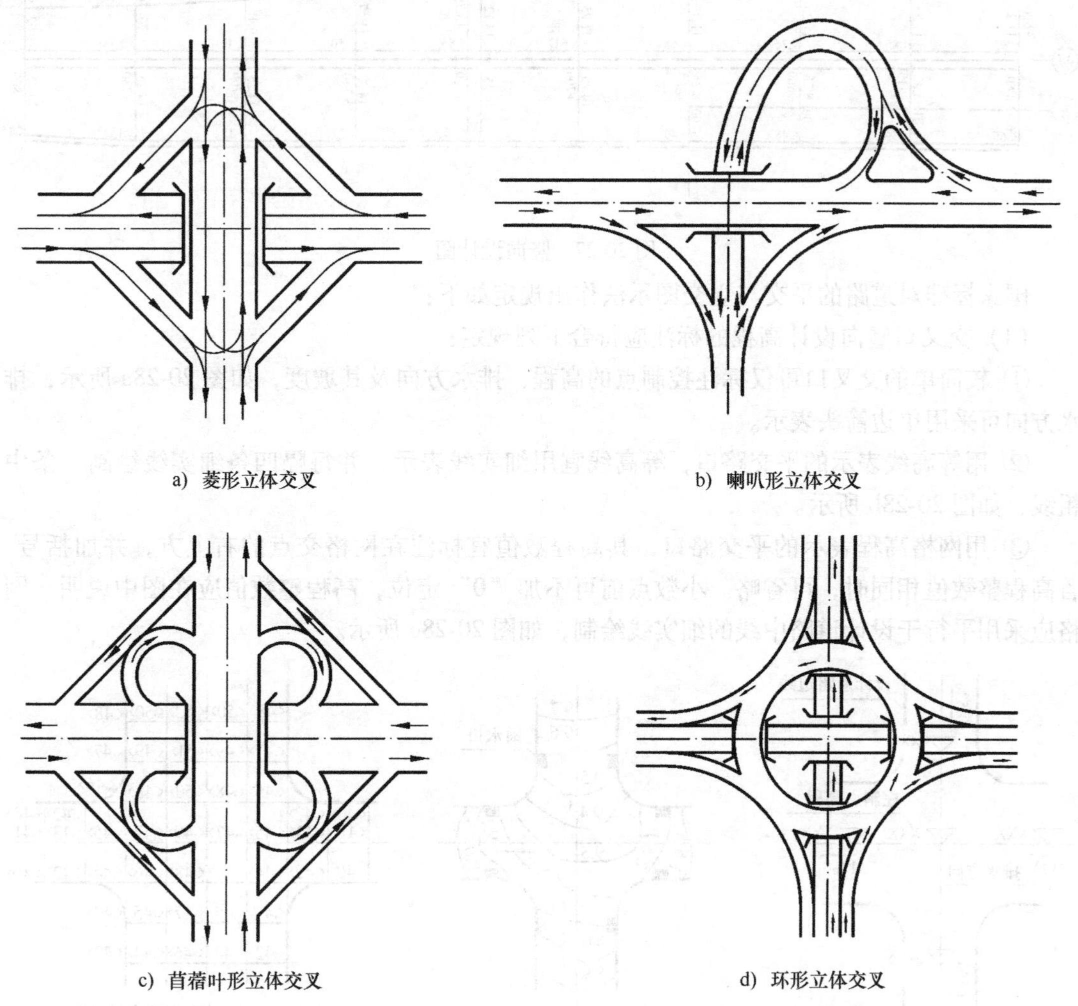

a) 菱形立体交叉　b) 喇叭形立体交叉

c) 苜蓿叶形立体交叉　d) 环形立体交叉

图 20-26　几种互通式立体交叉示意图

20.3.2　图示方法

立体交叉工程图主要包括平面图、线位图、横断面图、纵断面图和竖向设计图。平面图主要表示立体交叉的类型和交通组织方式，通常用细实线箭头表示出机动车的车流方向，如图 20-26 所示。线位图也称线形布置图，主要表示立体交叉的方位和走向，以及线形形状。纵断面图表示机动车和非机动车的道路设计线及测设数据表，以及桥墩、桥台的位置、桩号等。竖向设计图是在平面图上绘出等高线或网格高程，用来确立和表明交叉口范围及其毗连道路的共同面的立面形状和相应部分的设计标高，图 20-27 是用网格高程表示设计标高的竖向设计图例。

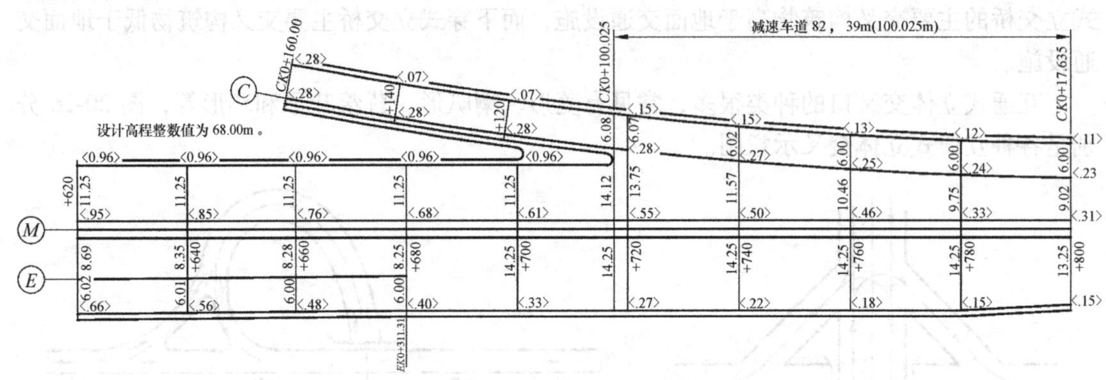

图 20-27 竖向设计图

国家标准对道路的平交与立交图示法作出规定如下：

（1）交叉口竖向设计高程的标注应符合下列规定：

① 较简单的交叉口可仅标注控制点的高程，排水方向及其坡度，如图 20-28a 所示，排水方向可采用单边箭头表示。

② 用等高线表示的平交路口，等高线宜用细实线表示，并每隔四条细实线绘制一条中粗线，如图 20-28b 所示。

③ 用网格高程表示的平交路口，其高程数值宜标注在网格交点的右上方，并加括号。若高程整数值相同时，可省略。小数点前可不加“0”定位，高程整数值应在图中说明。网格应采用平行于设计道路中线的细实线绘制，如图 20-28c 所示。

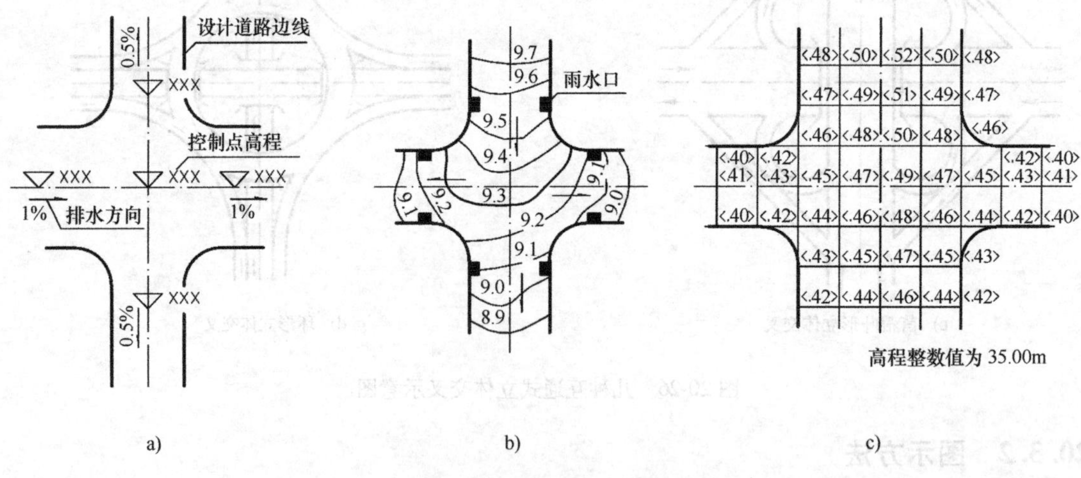

图 20-28 竖向设计高程的标注

（2）水泥混凝土路面的设计高程数值应标注在板角处，并加注括号。在同一张图纸中，当设计高程的整数部分相同时，可省略整数部分，但应在图中说明，如图 20-29 所示。

（3）在立交工程纵断面图中，上层构造物宜采用图例表示，并示出其底部高程。图例的长度为上层构造物底部全宽，如图 20-30 所示。

（4）在立交工程纵断面图中，机动车与非机动车的道路设计线均应采用粗实线绘制，

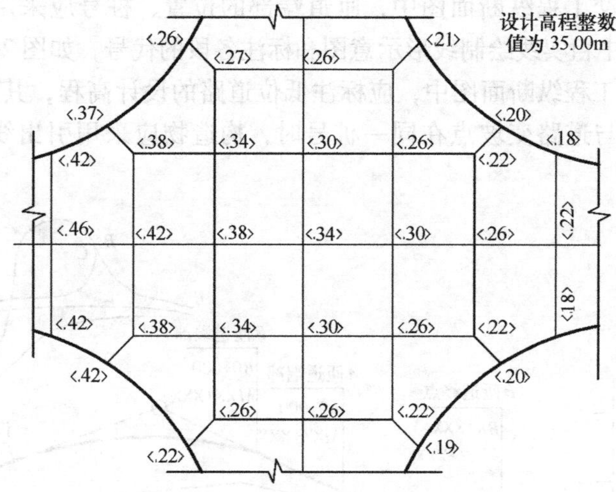

图 20-29　水泥混凝土路面高程标注

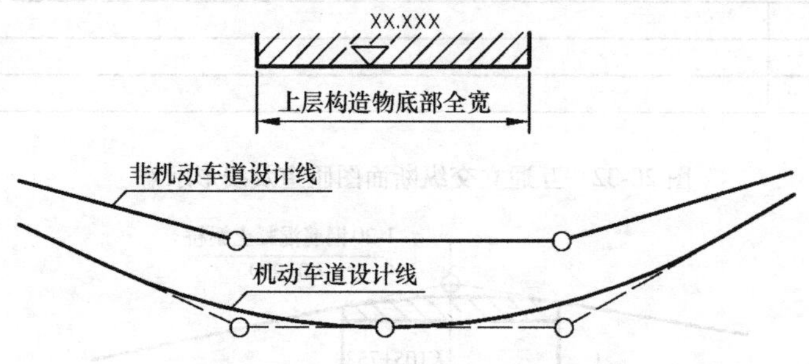

图 20-30　立交工程上层构造物的标注

其测设数据可在测设数据表中分别列出。

（5）在互通式立交工程布置图中，匝道的设计线应采用粗实线表示，干道的道路中线应采用细点画线表示，如图 20-31 所示。图中的交点、圆曲线半径、控制点位置、平曲线要素及匝道长度均应列表示出。

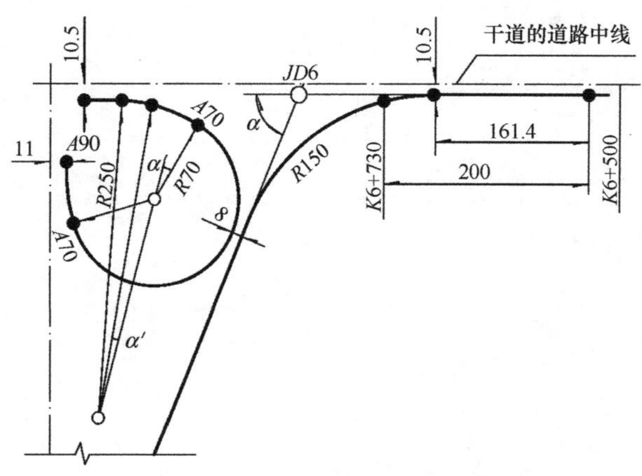

图 20-31　立交工程布置图

（6）在互通式立交工程纵断面图中，匝道端部的位置、桩号应采用竖直引出线标注，并在图中适当位置用中粗实线绘制线形示意图和标注各段的代号，如图 20-32 所示。

（7）在简单立交工程纵断面图中，应标注低位道路的设计高程，其所在桩号用引出线标注。当构造物中心与道路变坡点在同一桩号时，构造物应采用引出线标注，如图 20-33 所示。

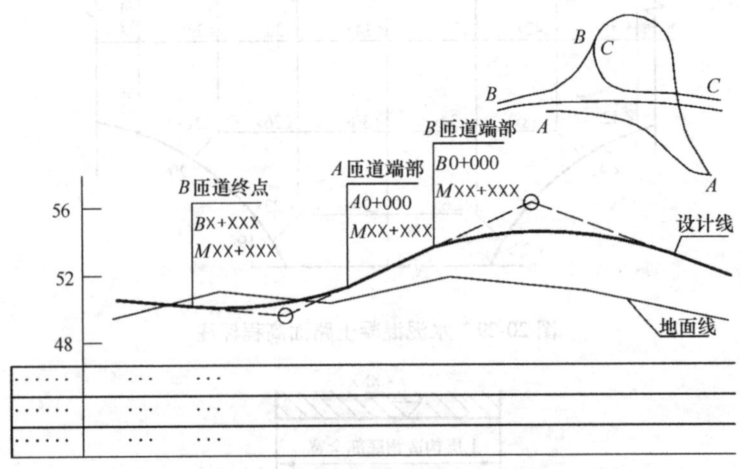

图 20-32 互通立交纵断面图匝道及线形示意

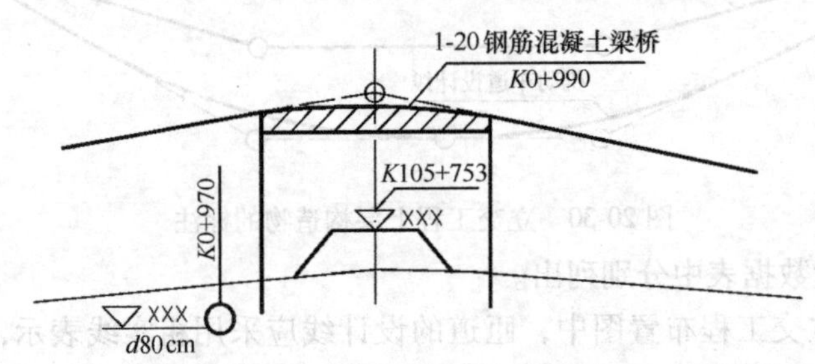

图 20-33 简单立交中低位道路及构造物标注

第21章　水利工程图

21.1　概述

表达水利水电工程建筑物及其施工过程的图样称为水利工程图，简称水工图。水工图的种类繁多，涉及的专业面较广，因此要想正确阅读和绘制水工图，除了需要掌握投影基础知识、工程形体表达方法，了解水工建筑物作用、结构特点等专业知识外，还应遵循有关国家技术制图标准以及行业制图标准，如《水电水利工程基础制图标准》(DL/T 5347—2006)(简称《水标》)、《水电水利工程水工建筑制图标准》(DL/T 5348—2006)等相关规定。

21.1.1　水工建筑物及其常见结构

为了利用自然界的水资源和减轻、控制水灾害而修建的工程建筑物称为水工建筑物。水利枢纽工程就是由水工建筑物群组成的。水工建筑物通常有以下几种：

(1) 挡水建筑物——用以拦截河流，抬高水位形成水库，如水坝、水闸。

(2) 发电建筑物——利用上下游水位差和流量将水能转换成电能的建筑物，如水电站。

(3) 通航建筑物——用以克服水位差，而使船舶顺利通过的建筑物，如船闸、升船机。

(4) 输水建筑物——用以排放上游水流，进行泄洪、灌溉，调节水位、流量的建筑物，如溢洪道、引水洞。

下面介绍水工建筑物中的一些常见结构及其作用。

1. 上、下游翼墙

过水建筑物如水闸、船闸等的进出口处两侧常设置导水墙，这种导水墙称为翼墙。上游进水翼墙的作用是引导水流平缓地进入闸室，以减轻水流对闸室的冲击作用。下游出水翼墙的作用则为将水流均匀地扩散、减少冲刷，使水流平稳地进入下游河渠。上游翼墙常用圆弧式翼墙，下游翼墙常用扭面翼墙，如图21-1所示进水闸轴测图。分水闸的进出口处还常采用斜墙式翼墙(也称八字墙)。

2. 铺盖

如图21-1所示，铺盖是铺设在上游河床上、紧靠闸室或坝体段的一层防冲、防渗保护层，一般用黏土、浆砌块石铺设，其作用为保护上游河床，提高闸室、大坝的安全稳定性。

3. 护坦和消力池

经闸、坝流出的水流带有很大的冲击力，如图21-1所示，为防止对下游河床的冲刷，保证闸、坝的安全，在紧接闸坝的下游河床上，常用钢筋混凝土做出消力池，在消力坎的作用下，水流在池中翻滚，消除大部分水流冲力。消力池的底板称为护坦，上设排水孔，用以排出闸、坝基础的渗漏水，降低闸、坝所承受的渗透压力。

4. 海漫及防冲槽

如图21-1所示，经消力池流出的水仍有一定的能量，因此常在消力池后的河床上再铺

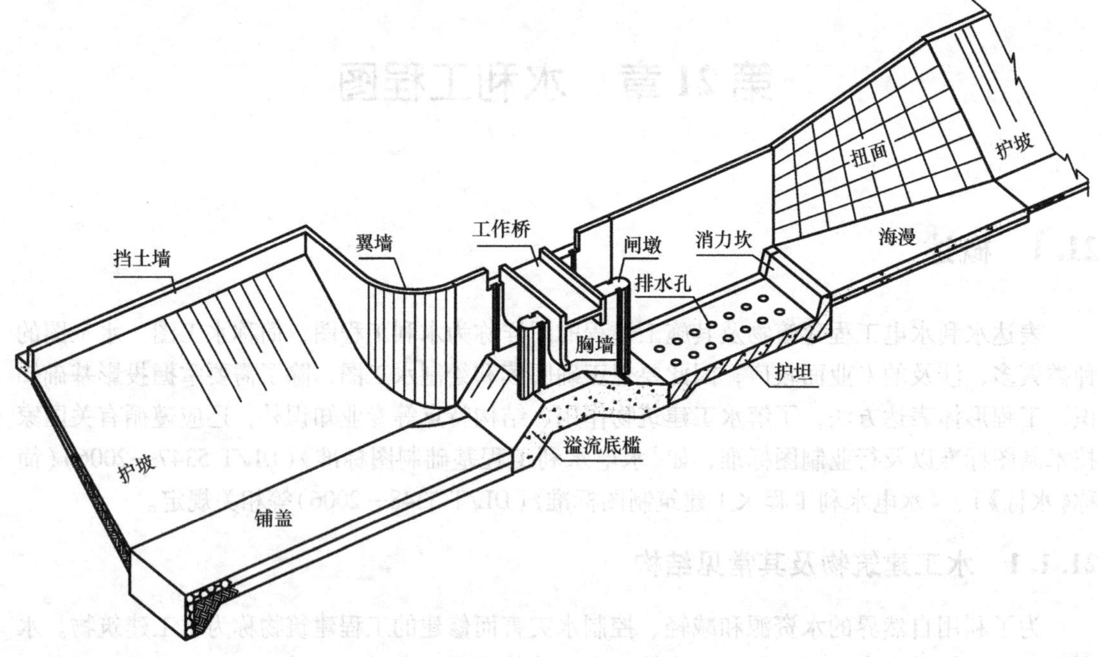

图 21-1　进水闸轴测图

设一段混凝土或块石护底，用以保护河床和继续消除水流残余能量，这种结构称为海漫。海漫末端可设干砌石块防冲槽或防冲石坎，这是为了保护紧接海漫段的河床免受冲刷破坏。

5. 廊道

在大、中型混凝土坝或船闸闸首中，为了工作人员能进行混凝土灌浆、排水、输水、观测、检查、交通而设置的通道称为廊道，如图 21-2 所示。

6. 分缝与止水

在较长或体积较大的混凝土建筑物中，为防止因温度变化而热胀冷缩或地基不均匀沉降而引起混凝土开裂，常采用分缝将混凝土建筑物人为地分小，如图 21-2 所示，这种结构分缝称为伸缩缝或沉降缝。

为防止水流沿分缝渗漏，在水工建筑物的分缝中应设置止水结构，其材料一般为金属止水片、油毛毡、沥青、麻丝和沥青芦席等。

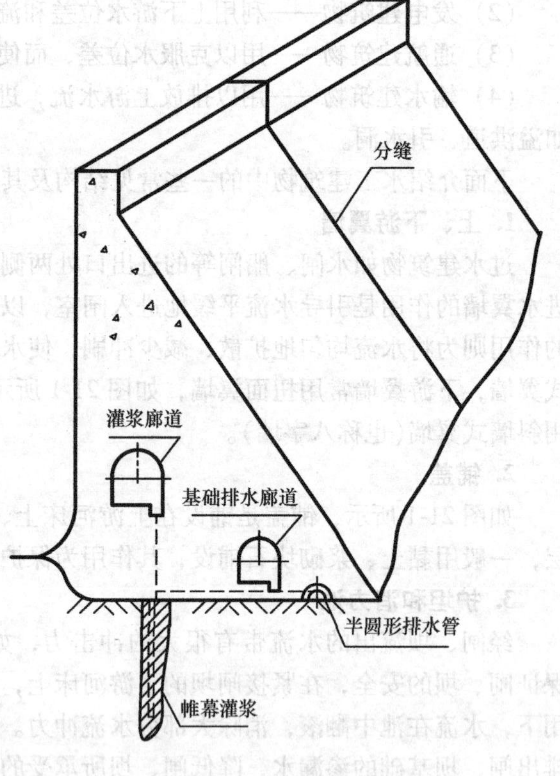

图 21-2　大坝轴测图

21.1.2　水工图的分类

水利工程一般有勘测、规划、设计、施工验收等几个阶段。各个阶段对图样有着不同的要求。勘测阶段有地形图、工程地质图；设计阶段有枢纽布置图、建筑物结构图、细部构造图；施工阶段有施工图；验收阶段有竣工图等。下面对规划图、枢纽布置图、建筑物结构图、施工图和竣工图作简单介绍。

1. 规划图

规划图主要表示一条或一条以上河流的流域内水利水电建设的总体规划、某条河流梯级开发的规划、某地区农田水利建设的规划等。规划图是一个示意性图样，采用符号图例示意方式，反映出对水利资源开发的整体布局、拟建工程类别、分布位置等内容。

2. 枢纽布置图

以控制、利用水资源为目的，由一组相互协同工作的水工建筑物组成的建筑群体称为水利枢纽。每个水利枢纽都以它的主要任务称呼，如以发电为主的称为水力发电水利枢纽，以灌溉为主的称为灌溉水利枢纽。枢纽布置图主要表示整个水利枢纽在平面和立面上的布置情况，它包含以下内容：

(1) 水利枢纽所在地区的地形、河流走向及流向(用箭头表示)、地理方位(用指北针表示)和主要建筑物的控制点(基准点)的测量坐标；

(2) 各建筑物的形状及相互位置关系；

(3) 建筑物与地面的交线、填挖方边坡线；

(4) 建筑物的主要高程及主要轮廓尺寸。

枢纽布置图有以下特点：

(1) 枢纽平面布置图必须画在地形图上。在一般情况下，枢纽平面布置图画在立面图的下方，有时也可画在立面图的上方或单独一张图纸上；

(2) 只需画出建筑物的主要轮廓线，对次要轮廓线和细部构造常省略不画或采用示意画法表示这些构造的位置、种类和作用；

(3) 图中尺寸一般只标注建筑物的外形轮廓尺寸及定位尺寸、主要部位的高程及地面填挖方坡度等。

3. 建筑物结构图

表达水利枢纽或渠系建筑中某一建筑物的形状、大小、结构和材料等内容的图样称为建筑物结构图，包括结构布置图、分部和细部构造图以及钢筋混凝土结构(或钢结构)图等。建筑物结构图包含以下内容：

(1) 建筑物及各组成部分的形状、大小、细部构造和所用材料；

(2) 建筑物基础的地质情况，以及建筑物与地基的连接方式；

(3) 建筑物的工作条件，如上、下游工作水位、水面曲线等；

(4) 建筑物与相邻其他建筑物的连接情况；

(5) 建筑物的附属设备位置等。

4. 施工图

水利工程中用于指导施工的图样称为施工图。它主要用来表达施工组织、施工方法和施工程序等内容。施工图的种类和数量有很多，如反映施工现场布置的施工总平面布置图；反映混凝土分期分块的浇筑图；反映建筑物施工方法和流程的施工方法图；表达建筑物内钢筋配置情况的配筋图等。

5. 竣工图

在施工过程中方案会有局部变动，特殊情况会有较大变动。因此，凡较大的工程完工后，应绘制一套竣工图，以备管理、检修、存档及资料交流使用。

21.2 水工建筑物中的曲面

水工建筑物中的曲面非常丰富，除了前述章节介绍的常见工程曲面外，这里再介绍几种水工建筑物中的常见曲面。

21.2.1 扭面

扭面就其本质而言是双曲抛物面。为了使水流通畅，在闸、渡槽等的进出口与渠道连接处，在矩形断面和梯形断面之间常做成扭面进行过渡。

扭面不同于平面，它的三个投影不存在类似形。按工程习惯，表达扭面除画出构成扭面的边界线外，在正立面图可用“扭面”两字代替扭面素线，而在扭面的平面图和侧立面图中只画呈放射线束的素线，如图 21-3 所示。

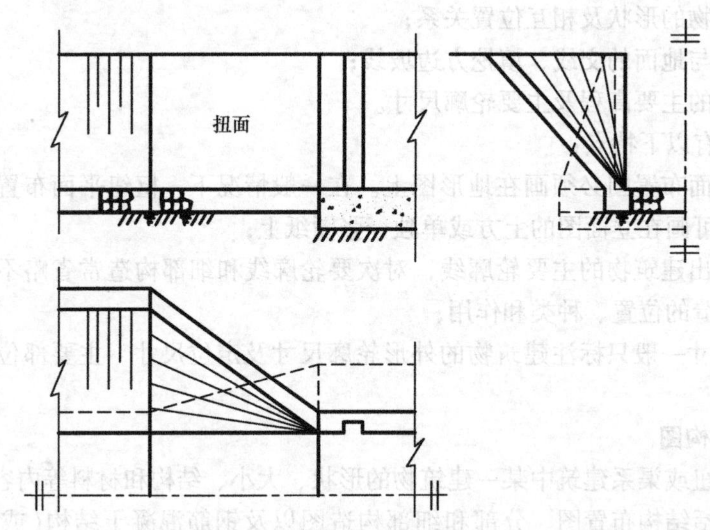

图 21-3 扭面的表示法

图 21-4 介绍了在扭面段作 1-1 剖视图的方法。

通过读图分析，可知该过渡段包括迎水扭面如图 21-4a 所示和背水(挡土)扭面如图 21-4b 所示共两个扭面。这两个扭面的导平面既有侧平面，也有水平面，故其两族直素线分别是侧平线和水平线。画扭面 1-1 的剖视图，就是要确定剖切平面与工程形体表面的交线及其端点的投影。

作图步骤如下：

(1) 过剖切位置作一条辅助线与形体表面棱线相交，其中在扭面和其余相交表面上，所得交线都是直线段，首先确定各直线段端点的正面投影和水平投影；

（2）根据正面投影和水平投影，补出相应点的侧面投影；

（3）依次连接各端点的侧面投影，并补画其余轮廓线，如图 21-4c 所示。

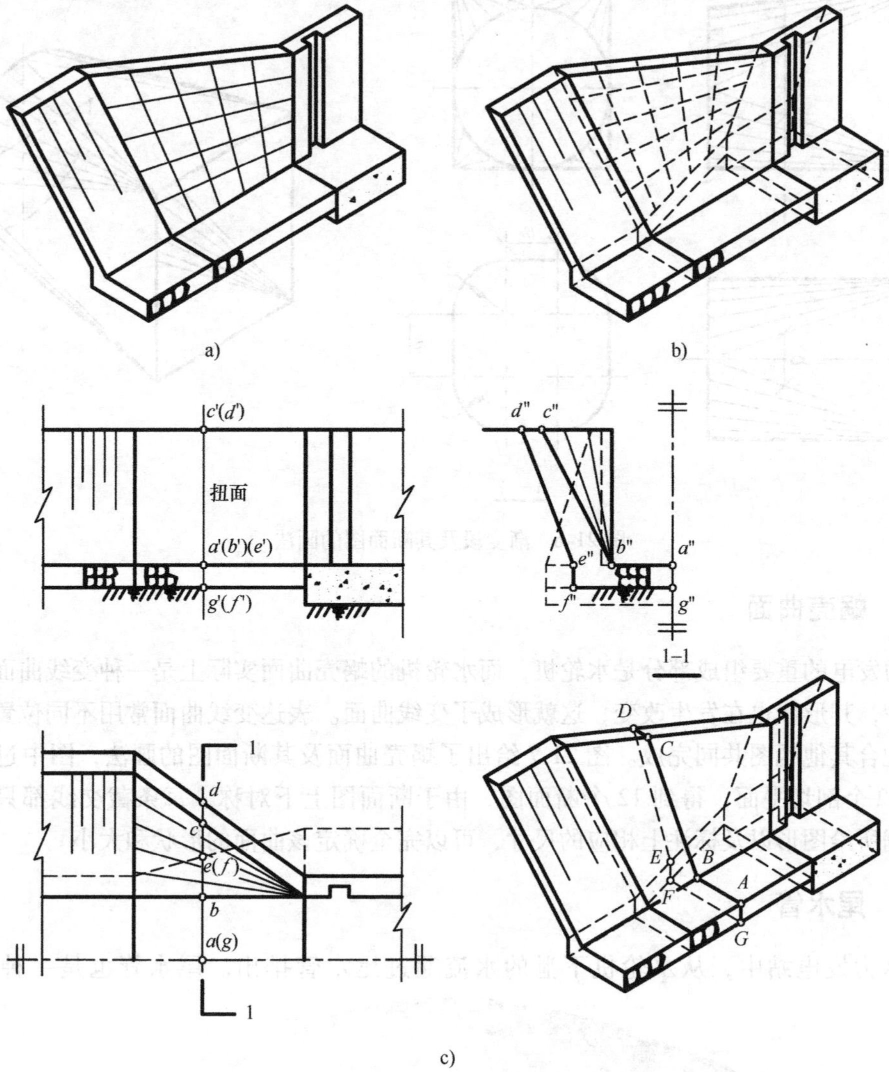

图 21-4　在扭面段作剖切

21.2.2　渐变段

水电站及抽水机站的引水管道或隧洞通常是圆形断面，而安装闸门处需要做成矩形断面。为使水流平顺，在矩形断面和圆形断面之间，常采用渐变段进行过渡，如图 21-5 所示。

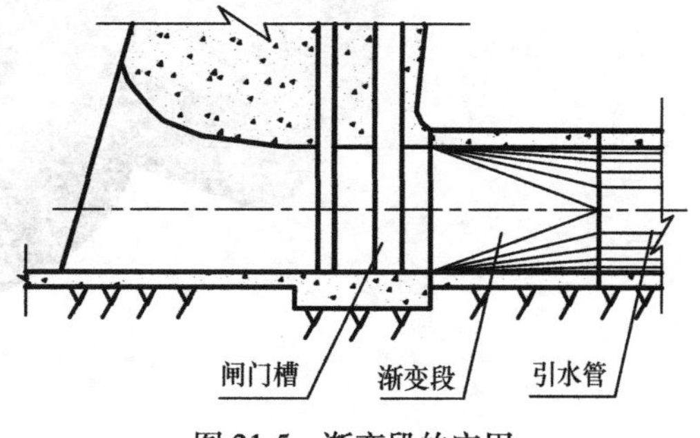

图 21-5　渐变段的应用

渐变段实际上是一种组合面，它是由 4 个三角形平面和 4 个不完整斜圆锥面组成，矩形的 4 个顶点分别是 4 个斜圆锥面的锥顶，圆周的 4 段 1/4 圆弧分别是 4 个斜圆锥面的导线，图 21-6 给出了渐变段及其断面图的画法。

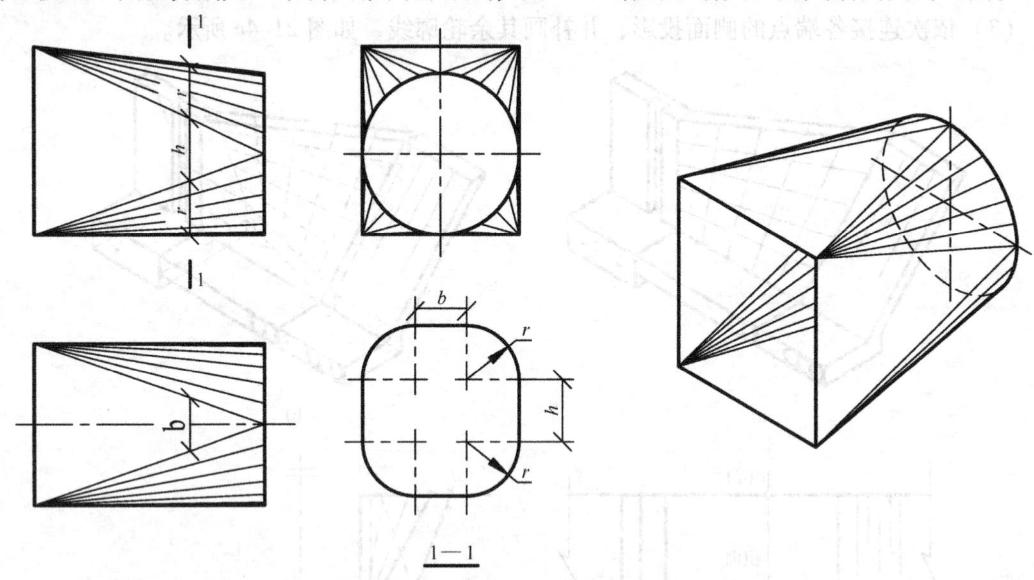

图 21-6 渐变段及其断面图的画法

21.2.3 蜗壳曲面

水力发电的重要组成部分是水轮机，而水轮机的蜗壳曲面实际上是一种变线曲面。母线在运动中，其形状也在发生改变，这就形成了变线曲面。表达变线曲面常用不同位置的多个断面图配合其他视图共同完成。图 21-7 给出了蜗壳曲面及其断面图的画法，图中过蜗壳轴线作了 12 个剖切平面，得到 12 个断面图，由于断面图上下对称，每条截交线都只画出一半。根据所给图形以及标注上相应的尺寸，可以完全确定该曲面的形状和大小。

21.2.4 尾水管

在水力发电站中，从水轮机下泄的水流通过尾水管排出。尾水管也是一种组合曲

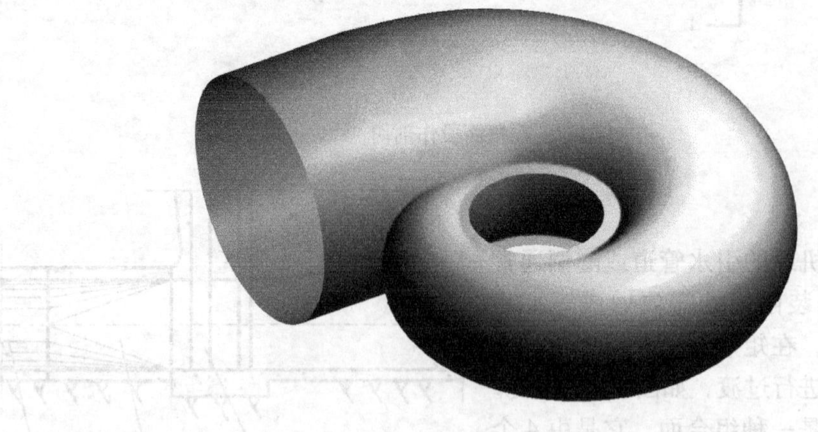

a)

图 21-7 蜗壳曲面

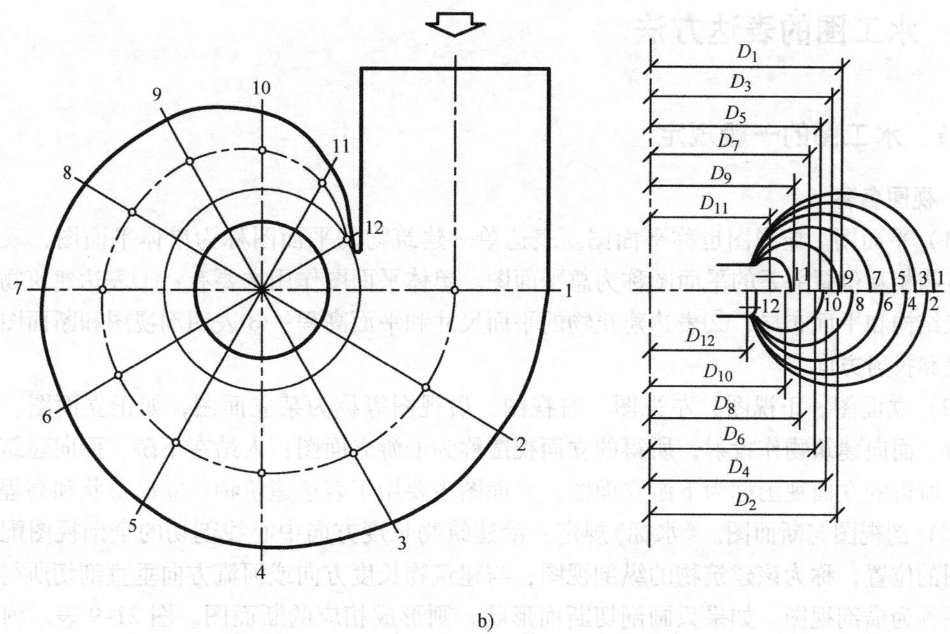

图 21-7　蜗壳曲面(续)

面，它是由环面、斜圆锥面、圆柱面、平面共同组成。尾水管的表面组成及其画法如图 21-8 所示。

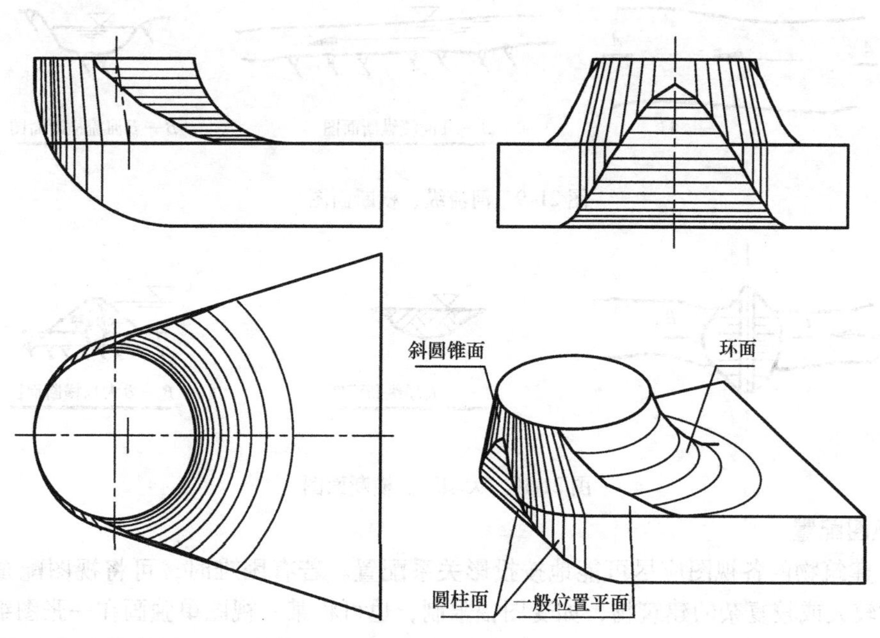

图 21-8　尾水管的表面组成及其画法

21.3 水工图的表达方法

21.3.1 水工图的一般规定

1. 视图名称

(1) 平面图。俯视图也称平面图。表达单一建筑物的平面图称为单体平面图，表达一组建筑物相互位置关系的平面图称为总平面图。单体平面图作用主要有：①表达建筑物的平面形状结构和平面布局；②表达建筑物的平面尺寸和平面高程；③表明剖视图和断面图的剖切位置和投射方向。

(2) 立面图。正视图、左视图、右视图、后视图等称为某立面图，如正立面图。人站在上游，面向建筑物作投射，所得的立面视图称为上游立面图；人站在下游，面向建筑物作投射，所得的立面视图称为下游立面图。立面图主要用于表达建筑物的立面形状和高程。

(3) 剖视图与断面图。《水标》规定：沿建筑物长度方向中心线剖切的全剖视图配置在正视图的位置，称为该建筑物的纵剖视图；与建筑物长度方向或河流方向垂直剖切所得到的剖视图称为横剖视图。如果只画剖切断面形状，则形成相应的断面图。图 21-9 表示河流纵横断面图，图 21-10 表示大坝纵、横断面图。剖视图和断面图主要表达：①结构内部形式、形状及各部分之间的相互关系；②主要部位的高程及工作水位；③建筑物的构造材料及基础的地质、地形情况。

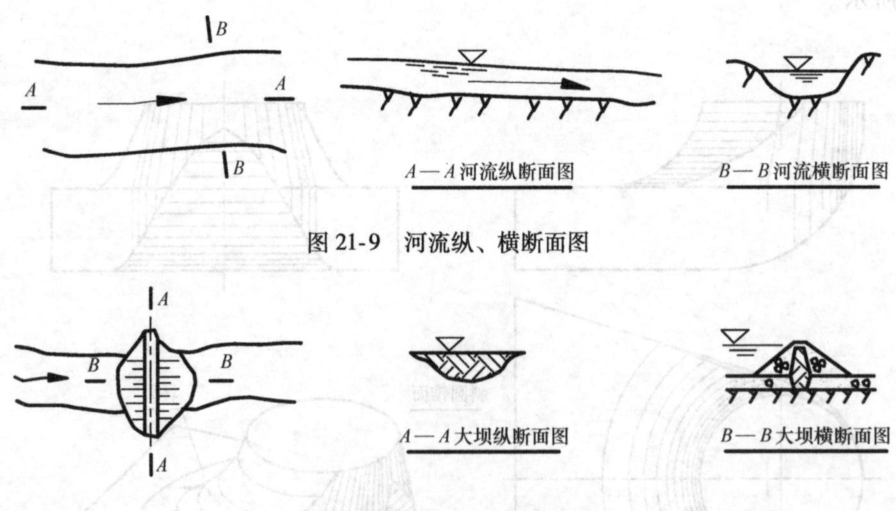

图 21-9 河流纵、横断面图

图 21-10 大坝纵、横断面图

2. 视图配置

(1) 建筑物的各视图应尽可能地按投影关系配置。若有困难时，可将视图配置在适当位置。对较大或较复杂的建筑物，如受图幅限制，也可将某一视图单独画在一张图纸上。

(2) 平面图是较为重要的视图，应布置在图纸的显著位置。一般按投影位置配置在正视图的下方，必要时也可以布置在正视图的上方。对于过水建筑物如进水闸、溢洪道、输水隧道等的平面图，常把水流方向选成自左向右；对于挡水坝等建筑物的平面图，常把水流方向选成自上往下，并用箭头表示水流方向。为了区分河流的左、右岸，《水标》规定：视向顺水流方向，左边是左岸，右边是右岸。

（3）水工图中，各视图应标注名称，一般注在图形的上方或下方的中间位置，习惯上在图名的下边画一条粗实线。

3. 图线

水工图中的实线、虚线、点画线的宽度分为粗、中粗、细三个等级，要求在同一张图纸上，同一等级的图线，其宽度应该一致。当图上线条较多、较密时，可将建筑物的主体外轮廓线、剖视图的断面轮廓等用粗实线绘制；将闸门、工作桥等次要结构用中粗线绘制；将辅助设施结构（如桥的栏杆等）用细实线绘制。线宽比为 4∶2∶1。

4. 水流符号与指北针

水工图中表示水流方向的箭头符号，根据需要可按图 21-11 所示的三种式样之一绘制。而平面图中的指北针，根据需要可按图 21-12 所示的三种式样其一绘制，其位置一般放在图的左上角，必要时也可画在图纸的其他适当位置，图中“B”值根据需要自定。

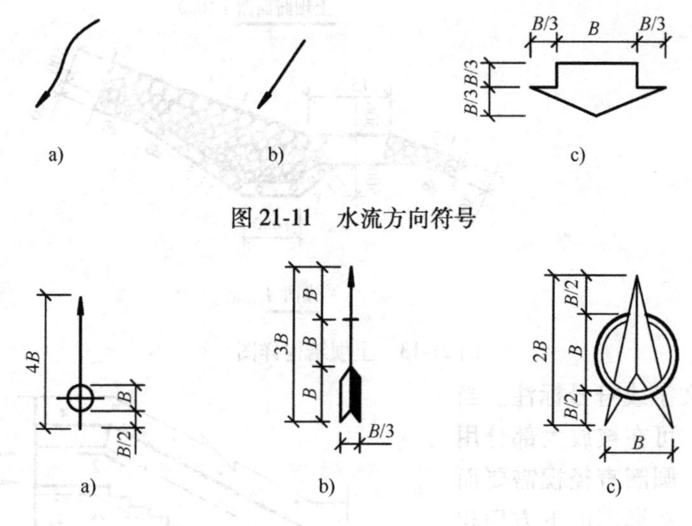

图 21-11　水流方向符号

图 21-12　指北针符号

5. 尺寸

水工图中标注的尺寸单位，除标高、桩号及规划图、总平面图的尺寸单位以 m 为单位外，其余尺寸以 mm 为单位，图中不必说明。若采用其他尺寸单位（如 cm）时，则图中必须加以说明。线性尺寸的起止符号可以使用 45°倾斜的细实线绘制的短画线，也可以使用箭头表示，并且同一图样中只能采用一种尺寸起止符号。

6. 比例

水工建筑物比较庞大，所以通常采用较小的比例，比例的选择主要根据建筑物的大小、图样的用途来决定。规划图表示的范围大，图形的比例小，一般比例为 1∶5000～1∶10000，有时甚至更小；枢纽布置图的比例一般为 1∶200～1∶5000；结构图和施工图的比例一般为 1∶10～1∶1000。

21.3.2 水工图的习惯画法和规定画法

1. 详图

当水工建筑物的局部结构由于图形太小而表达不清楚或无法标注尺寸时，可将物体的部分结构用大于原图所采用的比例画出，这种图形常称为详图或局部放大图。详图可以画成视图、剖视图、断面图等，与被放大部分的表达方式无关。

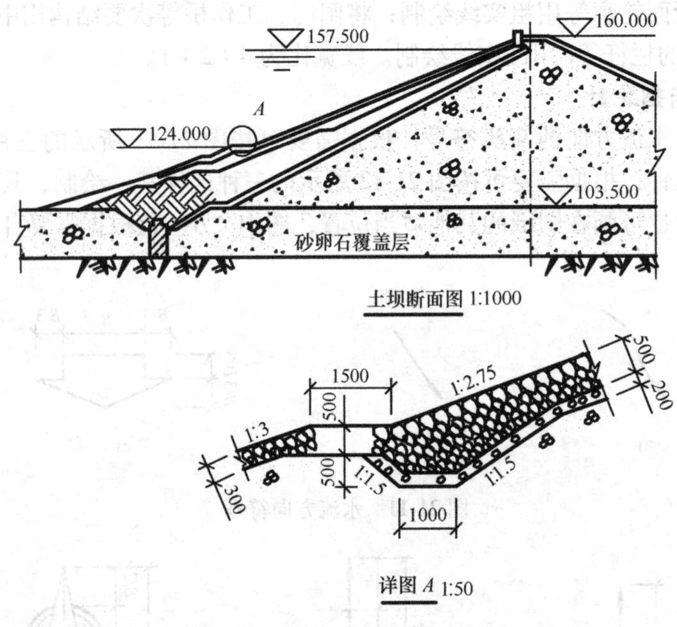

图 21-13 土坝结构详图

详图应采用文字或符号标注。当采用符号标注时，可在被放大部分用细实线画出圆圈，圆圈直径视需要而定，并标注字母。在详图的下方用相同的字母标注图名、比例，如图 21-13 所示。用文字注写详图时，被放大的部分可不作任何标注。

2. 复合剖视图

用几个剖切面剖开物体所得的剖视图称为复合剖视。与阶梯剖、旋转剖相似，剖切面的起止处和转折处都应作出标注，如图 21-14 所示廊道结构图中 2—2 即为复合剖视图。

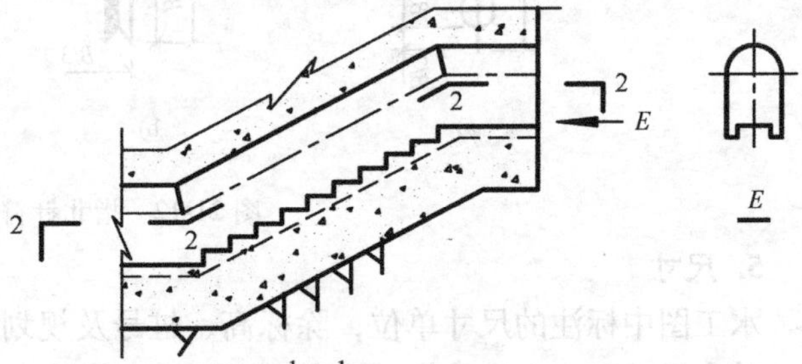

图 21-14 廊道结构图

3. 合成视图

对称或基本对称的图形，可将两个相反方向的视图或剖视图、断面图各画一半，并以对称轴为界合成一个图形，称为合成视图。这种表达方法在水工图中广泛地被采用，因为水工建筑物，在结构上其上游部分与下游部分往往不同，所以一般需同时绘制其上游方向和下游

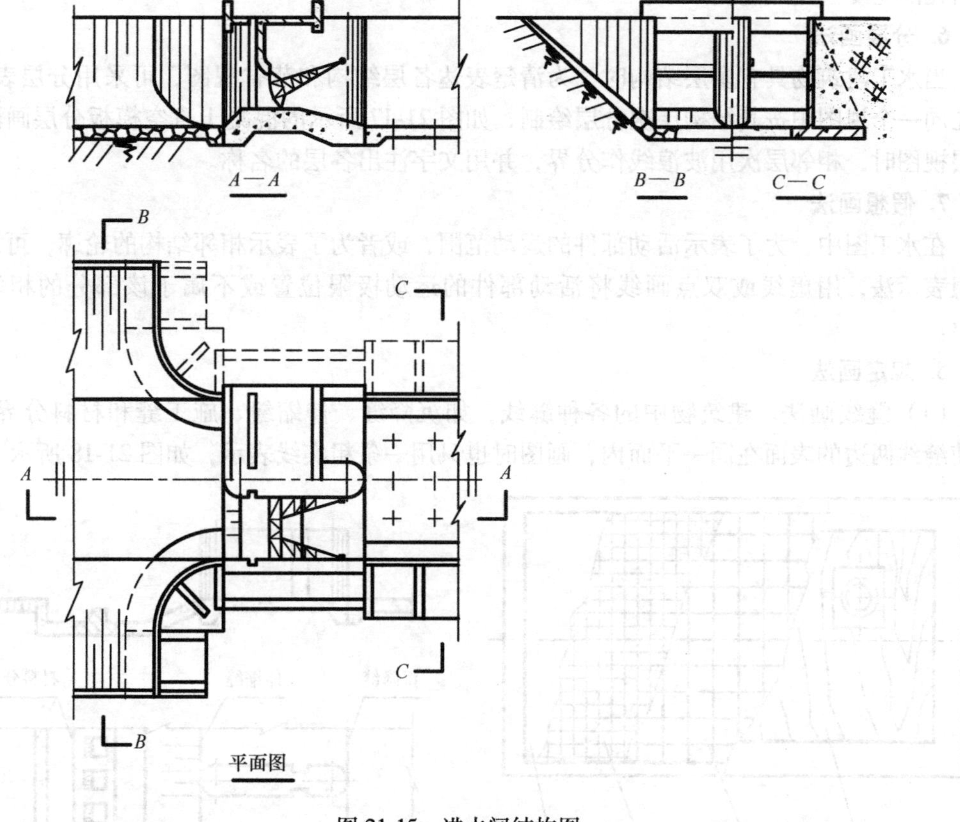

图 21-15 进水闸结构图

方向的视图或剖视图、断面图。为了使图形布置紧凑，减少制图工作量，往往采用合成视图的画法，如图 21-15 进水闸结构图 *B*—*B*，*C*—*C* 即为合成视图。

4. 拆去上覆结构画法

当视图或剖视图中所要表达的结构被另外的结构或填土遮挡时，可以假想将其拆掉或掀掉，然后再进行投影，这种画法称为拆去上覆结构画法，它在水工图中较常用。图 21-15 的进水闸结构图，为了清楚地表达闸墩和挡土墙，在其平面图表达中，将对称轴前半部的工作桥面板被假想拆掉，填土也被假想掀掉。因为平面图对称，所以与实线对称的上半部分虚线可以省略不画。

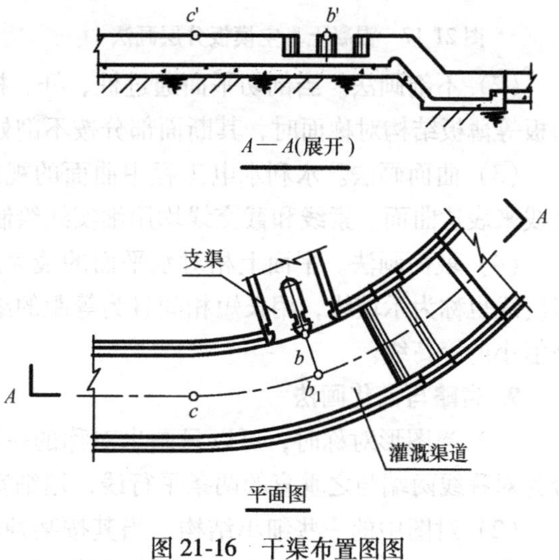

图 21-16 干渠布置图图

5. 展开画法

当水工建筑物的轴线为曲线或折线时，可以沿轴线(或折线)假想将建筑物展开成直线后绘制成视图、剖视图、断面图，这种画法成为展开画法。这时在图名后也应注明“展开”二字。如图 21-16 所示的灌溉渠道 *A*—*A* 即为展开剖视图，但为画图和看图方便，支渠闸墩和闸孔的宽度按实际宽度画出。

6. 分层画法

当水工建筑物具有多层结构时，为清楚表达各层结构和节省视图，可采用分层表示法，即在同一个视图中按其结构层次分层绘制，如图 21-17 所示的混凝土真空模板分层画法。画分层视图时，相邻层次用波浪线作分界，并用文字注出各层的名称。

7. 假想画法

在水工图中，为了表示活动部件的运动范围，或者为了表示相邻结构的轮廓，可以采用假想表示法，用虚线或双点画线将活动部件的运动极限位置或不属于该部分的相邻结构画出。

8. 规定画法

（1）缝线画法。建筑物中的各种缝线，如沉降缝、伸缩缝、施工缝和材料分界线等，即使缝线两边的表面在同一平面内，画图时也只用一条粗实线表示，如图 21-18 所示。

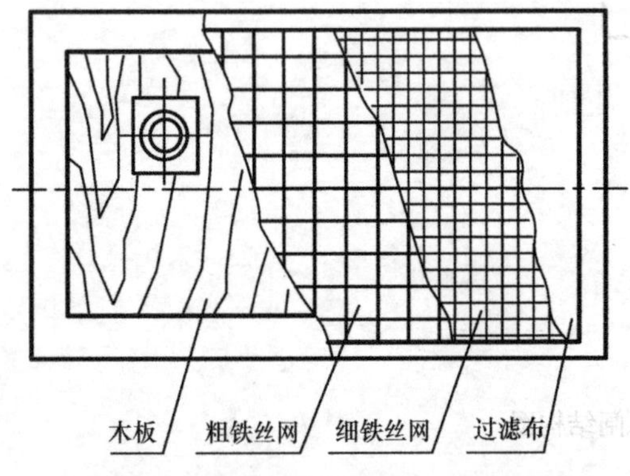

图 21-17 混凝土真空模板分层画法

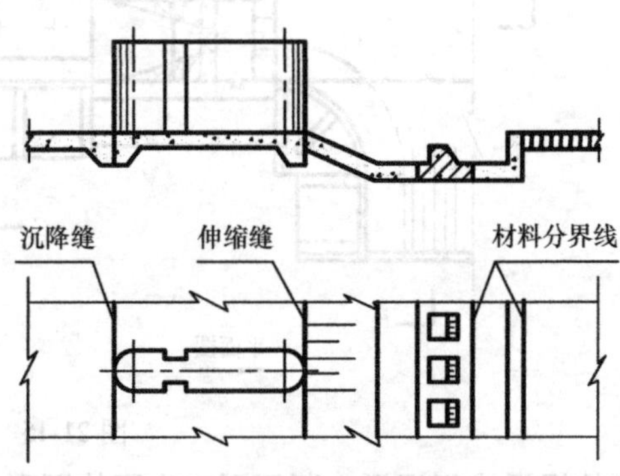

图 21-18 结构分缝线

（2）不剖画法。当剖切平面通过桩、杆、柱等实心构件的轴线或平行于闸墩、支撑板、肋板等薄板结构对称面时，其断面部分按不剖处理，用粗实线将其与邻接部分分开。

（3）曲面画法。水利水电工程中曲面的视图，一般用曲面上的素线或截面法所得的截交线来表达曲面。素线和截交线均用细实线绘制。

（4）坡面画法。平面上相对水平面的最大斜度线表示平面的坡度，在水工图中，最大斜度线也称为示坡线，用长短相间且为等距的细实线绘制，并且从标高值大的等高线绘向标高值小的等高线。

9. 省略与简化画法

（1）当图形对称时，可以只画出对称的一半，但须在对称线上加上对称符号。对称符号为对称线两端与之垂直的两条平行线，用细实线绘制。

（2）对图中的一些细小结构，当其按某种规律分布时，可以采用简化绘制，即只需画出其中几个，其余用中心线或轴线表示其位置，如消力池中的排水孔。

（3）当图形较小致使某些细部结构无法在图中表示清楚，或一些附属设备另有专门图纸表示时，可以在图中相应部位画出示意图，表 21-1 列出了水工图中一些常用的示意图例。

（4）由于水工建筑物的体积一般都较大，其钢筋在混凝土中的密度不如房屋建筑大，故习惯用混凝土材料图例代替钢筋混凝土材料图例。

表 21-1　水工图中常用的示意图例

名称	图　例	名称	图　例	名称	图　例
水库	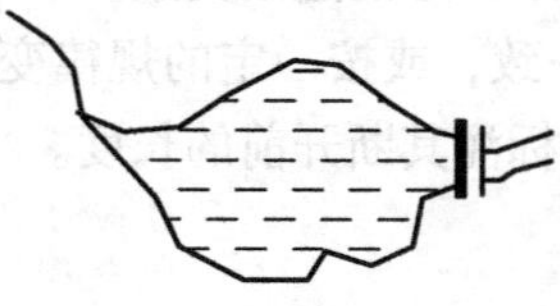 大型 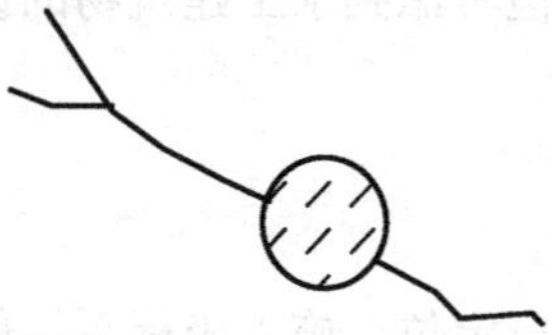	土石坝	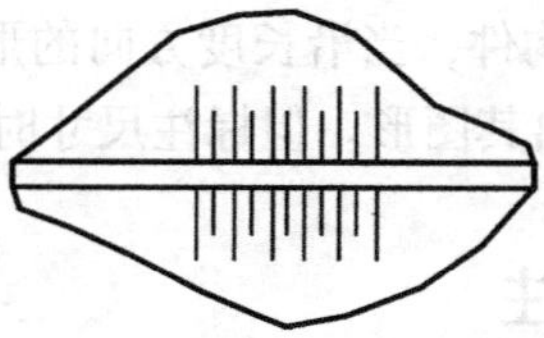	水电站	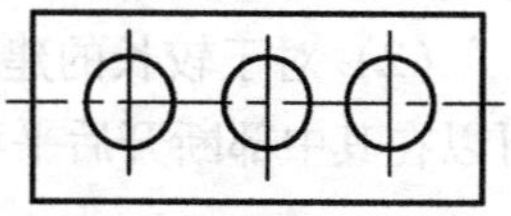 大比例 
	小型	水闸	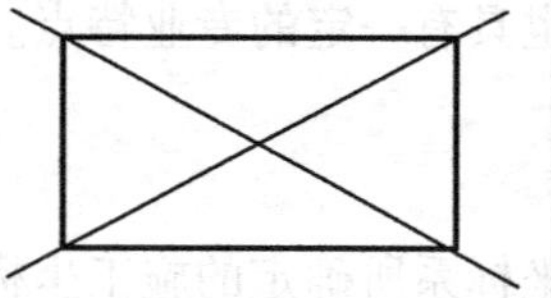		小比例
溢洪道	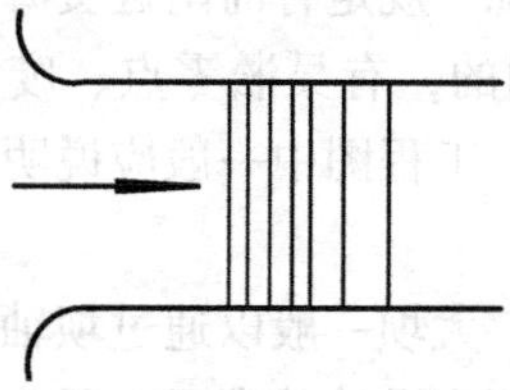	隧洞		水文站	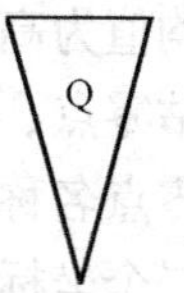 Q
跌水	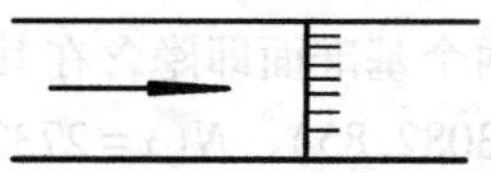	渡槽	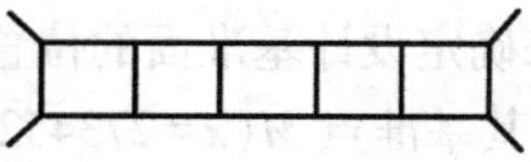	公路桥	
船闸	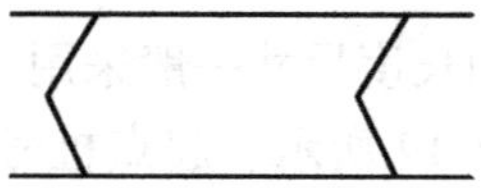	涵洞	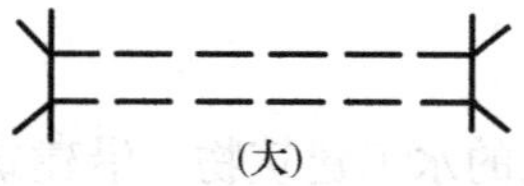 (大) 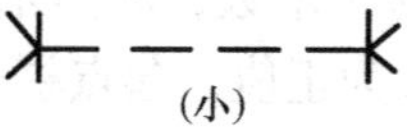 (小)	渠道	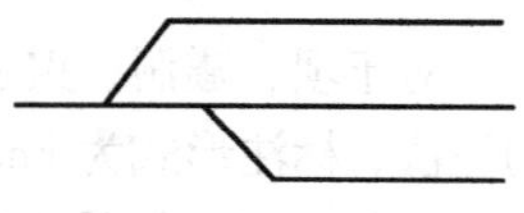
混凝土坝	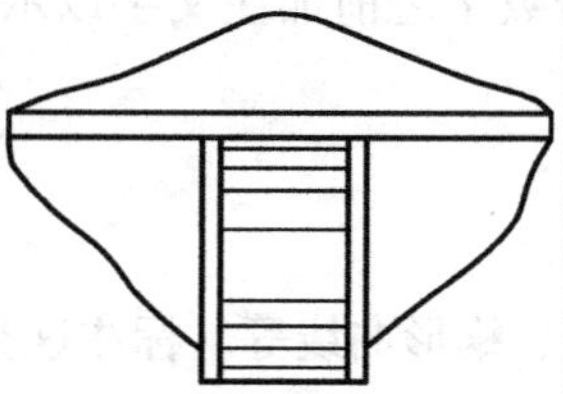	虹吸	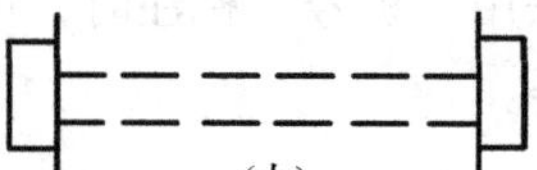 (大) 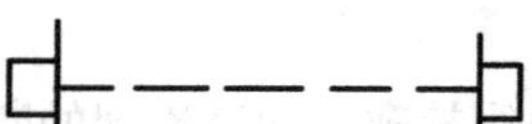 (小)	灌区	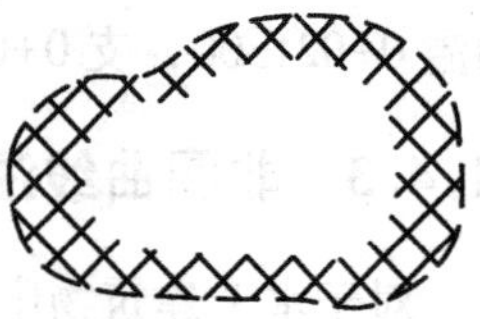

10. 连接与断开画法

（1）当结构物比较长而又必须画出全长时，由于图纸幅面的限制，可采用连接表示法。将图形分成两段绘制，并用连接符号和标注相同字母的方法表示图形的连接关系。

（2）对于较长的建筑物或构件，当沿长度方向的形状为一致，或按一定的规律变化时，可以在其中部断开后平移，绘出其图形。但标注尺寸时，仍应标注其断开前的长度。

21.4 水工图的尺寸标注

前述章节的尺寸标注规则和方法，也适用于标注水工图。但考虑到水工建筑物的设计和施工需求，水工图的尺寸标注也具有一定的专业特点。

21.4.1 基准面和基准点

水工建筑物通常根据测量坐标系所确定的施工坐标系来进行定位。施工坐标系一般采用相互垂直的三个平面构成的三维直角坐标系。

第一个坐标面是水准零点的水平面，称高度基准面，我国统一规定青岛附近黄海某海平面的平均值为高度基准面。各地区采用的当地水准零点是不同的，有吴淞零点、废黄河零点、塘沽零点、珠江零点、大连零点、榆林零点、青海零点等。工程图中一般应说明所采用的水准零点名称。

第二个坐标面是垂直于水平面的铅垂平面，称设计基准面。大坝一般以通过坝轴线的铅垂面作为设计基准面；水闸和船闸一般以通过闸中心线的铅垂面为设计基准面；码头工程一般以通过码头前沿的铅垂面为设计基准面。

第三个坐标面是垂直于设计基准面的另一个铅垂平面，当然它也垂直于第一个基准面。

在图上只需用两个基准点来确定设计基准面的位置，其余两个基准面即隐含在其中。如图 21-24 某枢纽平面布置图中，其基准点 $M(x=273452.46, y=63082.85)$、$N(x=273376.72, y=62992.36)$，即确定了坝轴线和设计基准面的位置，$x$、$y$ 坐标值由测量坐标系确定，一般以 m 为单位。

21.4.2 桩号的注法

对于坝、隧洞、渠道等较长的水工建筑物，沿建筑物轴线的长度尺寸一般采用“桩号”的注法，标注形式为 km+m，km 为千米数，m 为米数，如图 21-19 所示。起点桩号标注成 0±000.00，起点桩号之后，km、m 为正值，起点桩号之前，km、m 为负值。桩号数字一般沿垂直于轴线的方向注写，且标注在同一侧。当轴线为转折线时，转折点处的桩号应重复标注。当同一图中几种建筑物均采用“桩号”标注时，可在桩号数字之前加注文字以示区别，如溢 0+021.00，支 0+018.30 等。

21.4.3 非圆曲线注法

对于水工建筑物中的非圆曲线轮廓，如溢流坝的断面轮廓、蜗形曲线等。标注这类曲线的尺寸时，一般采用数学表达式描述，而曲线上的控制点坐标用列表形式给出。图 21-20 中，溢流坝曲线用直角坐标方式标注；图 21-21 中，蜗形曲线用极坐标方式标注。

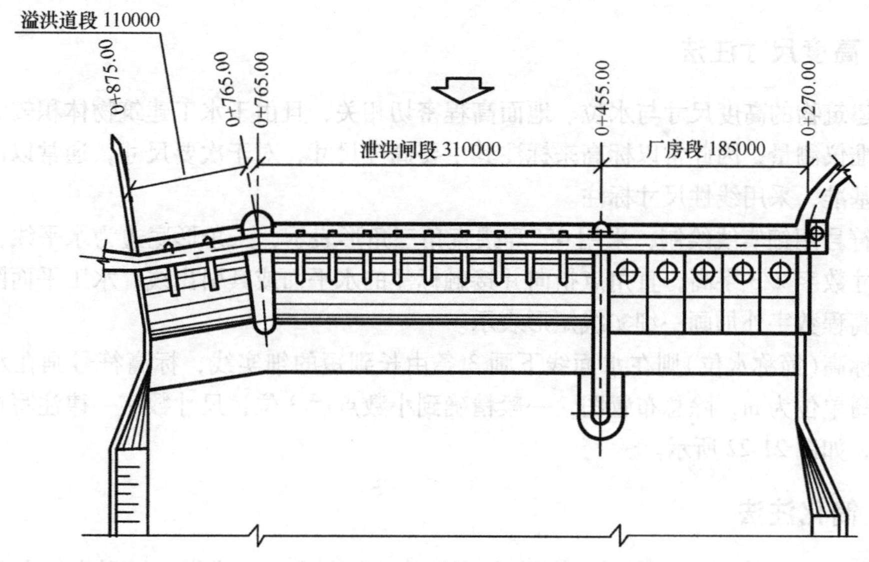

图 21-19 桩号的注法

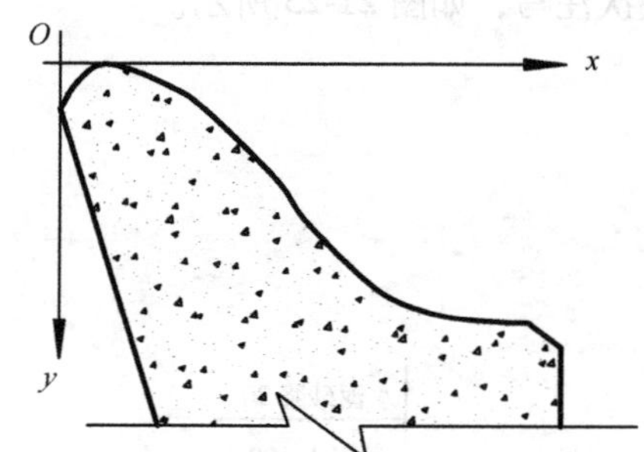

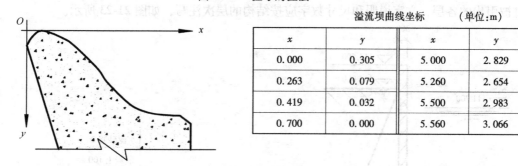

溢流坝曲线坐标 (单位:m)

x	y	x	y
0.000	0.305	5.000	2.829
0.263	0.079	5.260	2.654
0.419	0.032	5.500	2.983
0.700	0.000	5.560	3.066

图 21-20 溢流坝曲线标注

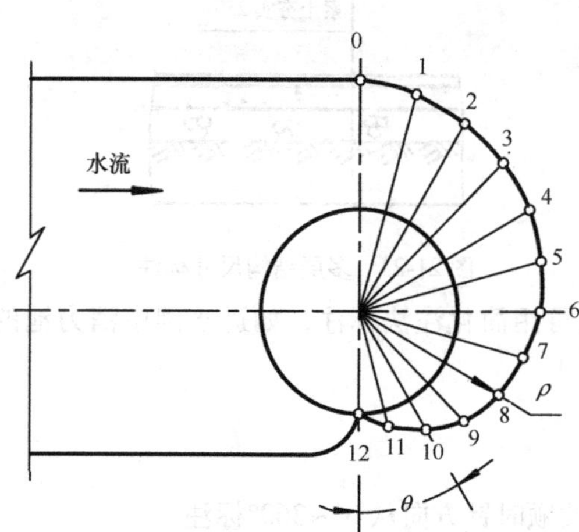

蜗形曲线坐标尺寸表

点号	0	1	2	3	4	…	12
极角 θ	180°	165°	150°	135°	120°	…	0°
极径 ρ	18864	18400	17910	17420	16850	…	8500

图 21-21 蜗形曲线标注

21.4.4 高度尺寸注法

水工建筑物的高度尺寸与水位、地面高程密切相关，且由于水工建筑物体积较大，一般都采用水准仪测量，因此常以标高来标注其主要高度尺寸，对于次要尺寸，通常以已知标高水平面为基准，采用线性尺寸标注。

标高符号用细实线绘制，采用45°等腰直角三角形表示，三角形底边为水平线，符号高度约为尺寸数字2/3字高，直角点指向并接触标注的水平面或其引出线。水工平面图的标高标注则在高程数字外加画一细实线矩形表示。

水面标高(简称水位)则在水面线下画3条由长到短的细实线，标高符号画在水面线的中部。标高单位为m，除总布置图，一般精确到小数点后3位，尺寸数字一律注写在标高符号的右边，如图21-22所示。

21.4.5 简化注法

(1) 在水工图中，对于多层结构尺寸标注可用引出线的方式标注，引出线必须垂直通过被引出的各层，文字说明和尺寸数字应按结构的层次注写，如图21-23所示。

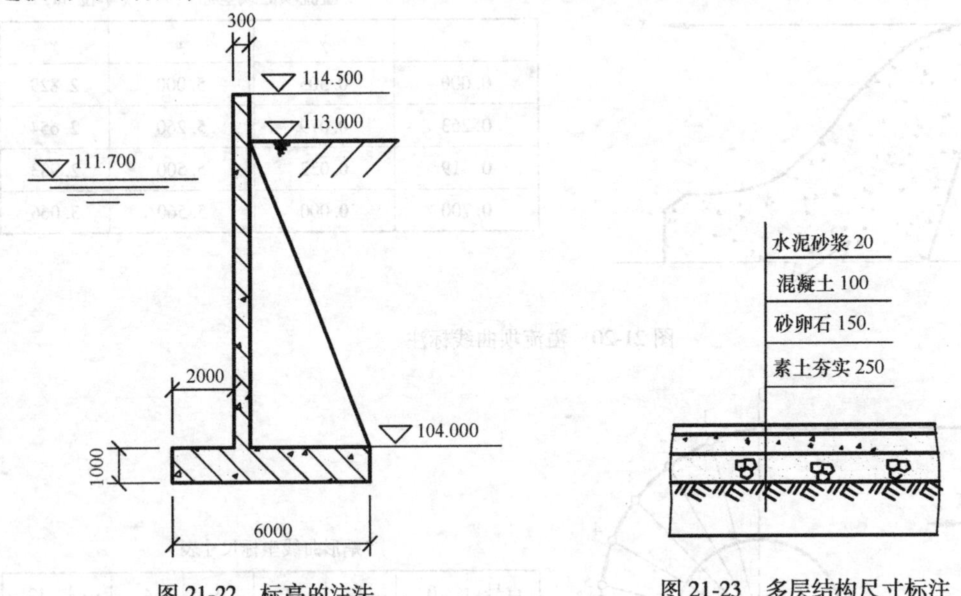

图21-22　标高的注法　　图21-23　多层结构尺寸标注

(2) 均匀分布的相同构件或结构，其尺寸也可用简化注法标注，如进水闸中消力池的排水孔间距用6×1500=9000的标注方法。

21.4.6 方位角的注法

标注方位角时，其角度规定以北为零起算，按顺时针方向从0°~360°标注。

21.4.7 封闭尺寸

在标注了建筑物总长尺寸的情况下，若一建筑物长度方向共分为n段，则只需注出其中$n-1$段的长度尺寸就够了。但在水工图中常将各分段的长度尺寸和总长尺寸都注出，形成封闭尺寸。水利工程一般按施工规范控制精度，为便于施工测量，形成封闭尺寸是允许的。

21.4.8　重复尺寸

当表达水工建筑物的视图较多，难以按投影关系配置，甚至不能画在同一张图纸上，或采用了不同的比例绘制，致使看图时不能依据对应的投影关系，因此允许标注重复尺寸帮助看图和施工，但应尽量减少不必要的重复尺寸。

另外，表达水工建筑物的顺序一般是先总体布置，再分部结构，最后表达细部构造。因此不同类型的水工图之间也就形成一定的层次关系，其表达范围和对尺寸的要求也不相同。

对于枢纽布置图，一般应标注出设计基准面、建筑物的主要高程及其他各主要尺寸。设计基准面在图上表现为通过基准点的直线作为基准线，用以确定水工建筑物的平面位置。

对于结构图，一般应标注出建筑物的总体尺寸、建筑结构的各定位和定形尺寸、细部结构和附件的定位尺寸等。

对于详图，一般应标注出在结构图中无法表达的细部构造和未标注的详细尺寸。

21.5　水工图的阅读

水工图有较强的专业特点，通过阅读水工图，可对水利工程有一个总体了解，并同时熟识有关标准的内容，为后续课程的学习打下良好的基础。通过阅读水工图，也可借鉴别人设计的成功经验，使自己的设计更先进、更成熟。

同时也应注意到，水工图涉及的相关专业知识较多，为了培养和提高识读水工图的能力，必须掌握一定的专业知识。阅读水工图的能力，不是一两门课程能够解决的问题，还应在专业课程的学习和工程实践中继续巩固和提高。

21.5.1　阅读水工图的方法和步骤

由于水工图内容广泛，大到水利枢纽布置图，小到结构细部的构造都需要表达，视图数量多，视图常不能按投影关系配置，因此阅读水工图应遵循一定的方法和步骤。水工图的阅读步骤一般采用从总体到局部、从主要结构到次要结构、从概括了解到深入分析的过程进行，最后再综合形成整体认识。具体的步骤如下：

1. 概括了解

通过阅读设计说明书，按图纸目录，依次或有选择地对图纸进行粗略阅读。阅读标题栏和文字说明，了解建筑物的名称、功能和作用、画图的比例、尺寸单位、施工要求等。

2. 表达方法

了解采用了哪些形体的表达方法，熟读视图、剖视图、断面图和详图，并注意分析剖视图、断面图的剖切位置和投影方向，详图表达的部位，各视图表达的内容和作用，以及采用了哪些水工图的习惯画法和规定画法，为深入读图做准备。

3. 分析形体

对建筑物(或建筑群)的主要组成部分逐一分析阅读，对于将建筑物分为哪几个部分，应根据其功能和结构特点来确定。如对于水闸类建筑物可沿水流方向将其分为数段，对水电站类建筑物可沿高度方向将其分为数层等。

4. 归纳总结

最后通过归纳总结，对建筑物（或建筑群）的大小、形状、位置、功能、结构特点、材料等形成一个完整和全面的了解。

21.5.2 阅读枢纽布置图

如图 21-24 所示，阅读某灌溉水利枢纽平面布置图。

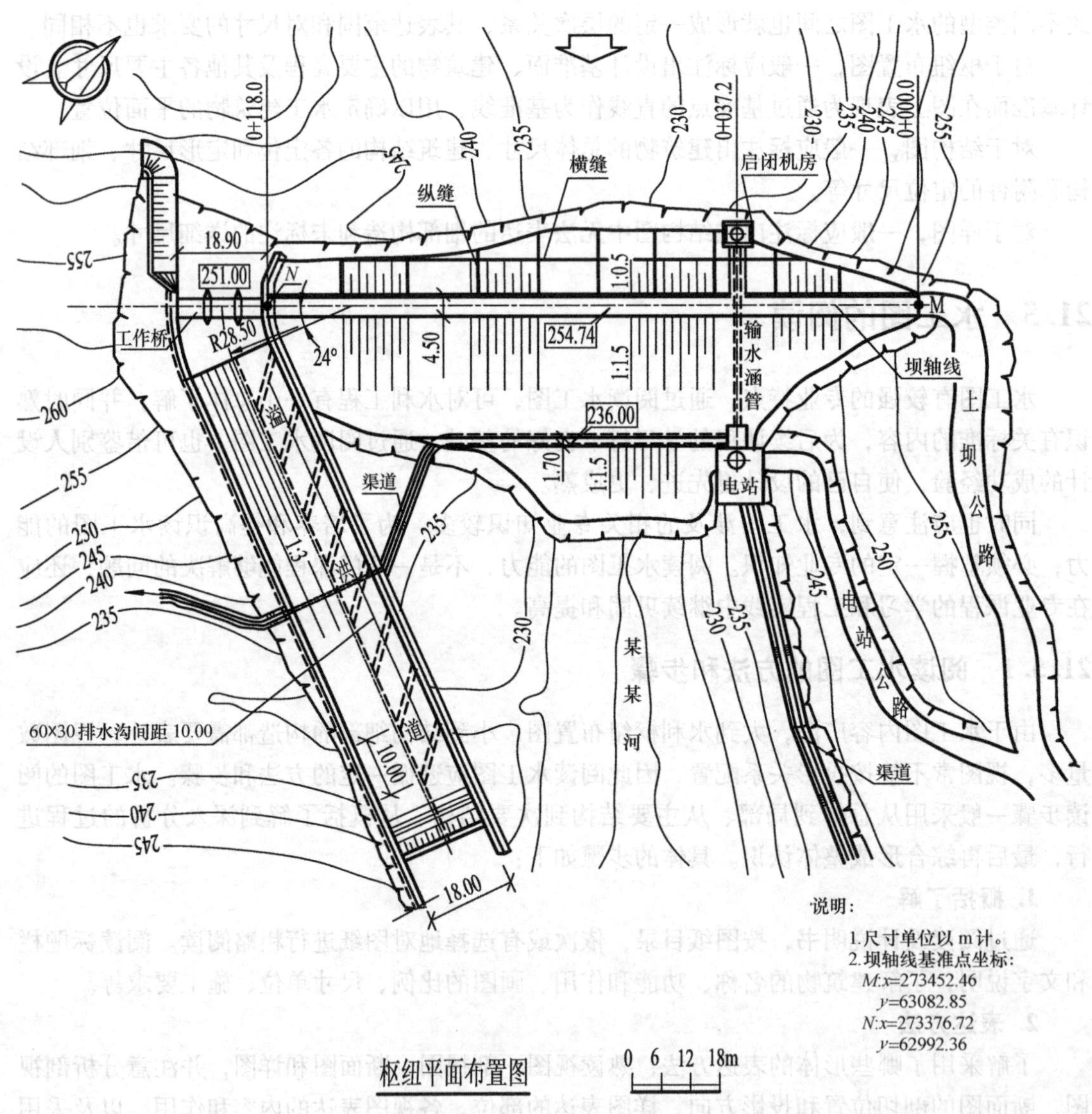

图 21-24　枢纽平面布置图

枢纽布置图依据枢纽的复杂程度常常采用枢纽平面布置图、上下游立面图、剖视图或断面图共同联系起来表达。而枢纽平面布置图是其中最重要的视图之一，以下通过阅读枢纽平面布置图，了解该枢纽的一些基本情况。

(1) 该枢纽的地形如图 21-24 中等高线所示。河流自上而下，有指北针表示枢纽方位。

坝轴线的设计基准面由 M、N 两点的测量坐标给出定位，其中 $M(x=273452.46, y=63082.85)$、$N(x=273376.72, y=62992.36)$。在坝轴线上各段标明了桩号，桩号的起始点0+000.0选在控制点 M 处。

（2）该枢纽包括堆石坝、岸边溢洪道、输水涵管及坝后电站等。坝顶标高254.74m，坝顶长118m，坝顶宽4.5m，上游坝坡1∶0.5，下游坝坡1∶1.5。溢洪道进口底坎高程251.00m，堰宽18.9m，出口设挑流鼻坎消能。上游坝坡设有钢筋混凝土防渗面板，按10m见方分缝，分缝中设有止水。下游坝坡在标高236.00m处有1.70m宽的马道，马道下面设有引水渠道。另外还有进电站公路和上坝公路。

（3）该枢纽以防洪灌溉为主，在丰水期也用于发电，只装有一台发电机组，发电后的水通过渠道用于下游灌溉。

图中只给出枢纽平面布置图，要想了解更详细的内容还需阅读更多的视图。

21.5.3　阅读水工建筑物结构图

1. 阅读进水闸结构图

如图21-25~图21-27所示，阅读进水闸结构图。

（1）概括了解。该建筑物为进水闸，尺寸除高程以m为单位，其余以mm为单位，故可省略单位说明。

进水闸一般修建在河道或渠道之首，通过开启和关闭闸门，可起到控制水位、调节水量的作用。进水闸由上游连接段、闸室、下游连接段三部分组成，各部分的组成及作用介绍如下：

闸室——闸室是进水闸的主体。由溢流底槛、闸墩、边墩、胸墙、弧形闸门、工作桥等组成。闸室是进水闸中直接起控制水位、调节水量作用的部分。

上游连接段——图中闸室以左的部分为上游连接段。由上游护坡、上游护底、铺盖、上游翼墙等组成。其作用主要有三点：一是引导水流平稳进入闸室；二是防止水流冲刷河床；三是降低渗透水流对进水闸的不利影响。

下游连接段——图中闸室以右的部分为下游连接段。由下游翼墙、消力池、下游护坡、海漫、下游护底等组成。其作用是消除出闸水流的能量，防止其对下游河床的冲刷，即防冲消能。消力池部分所设置的排水孔是为了排出渗透水。为了使排出的渗透水不带走消力池下部的土粒，在排水孔下面铺设粗砂、小石子等进行过滤，称为反滤层。

（2）表达方法。为表达进水闸的主要结构，共选用了平面图、$A—A$ 纵剖视图、$B—B$、$C—C$ 阶梯剖视图、3个断面图和2个详图。其中前4个视图、剖视图表达了进水闸的总体结构，剖视图和断面图的剖切位置标注在平面图中，分别表达了上下游翼墙、挡土墙、岸墙、闸墩的断面形状、材料以及岸墙与底板的连接关系。

平面图闸室部分采用了拆卸画法和掀土画法，其前半部分假想拆去了工作桥和填土；护坦上的排水孔采用了省略画法；弧形闸门采用了简化的示意图画法；$A—A$ 纵剖视图的闸墩采用了不剖规定画法；另外，还有结构分缝规定画法。

（3）分析形体。首先分析进水闸闸室段。从平面图中找出闸墩的视图。先确定闸墩的平面图，结合正立面图，可想象出闸墩为两端形状为半圆的柱体，其上有两个检修闸门槽，闸墩顶面是工作桥，工作桥下连胸墙，闸墩牛腿上装有弧形工作闸门，闸墩材料为钢筋混凝

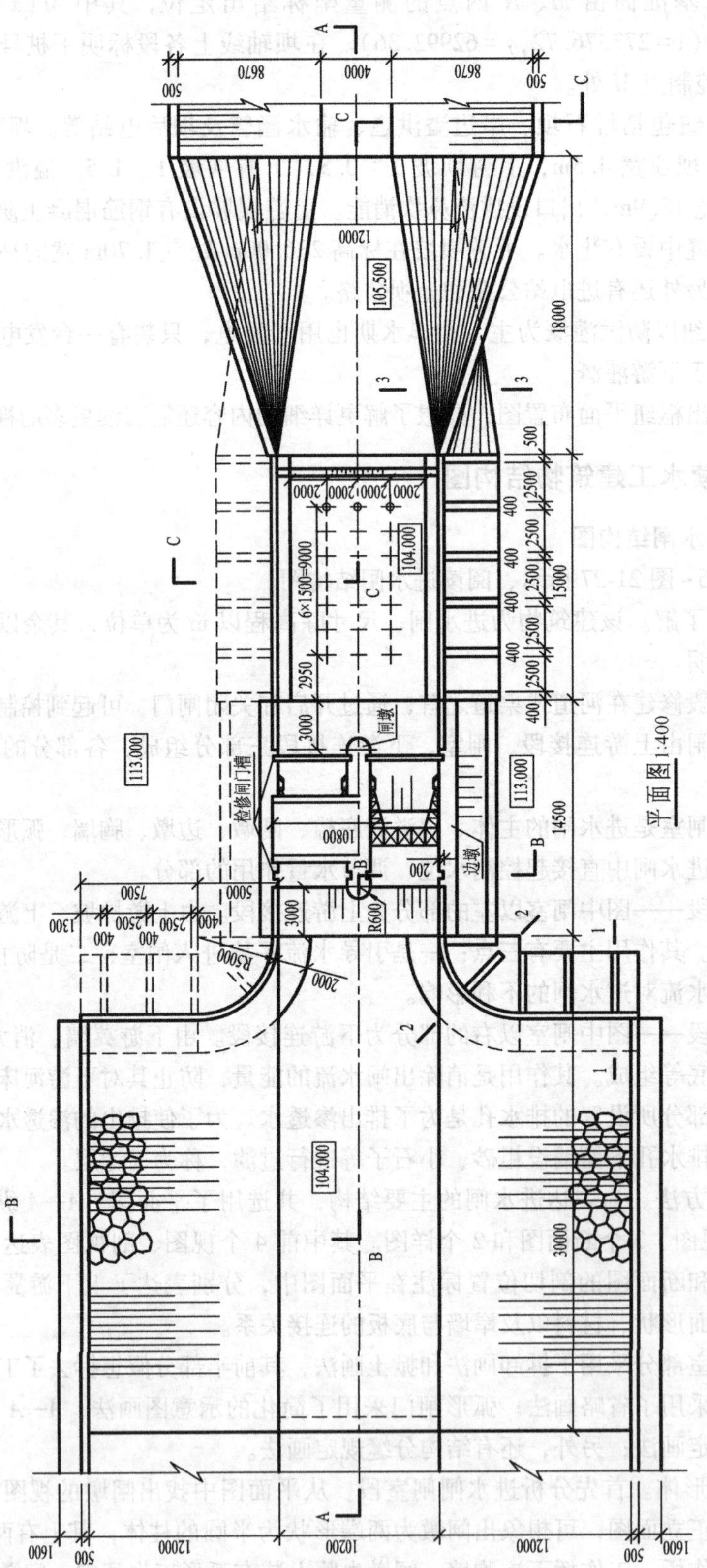

图 21-25 进水闸平面图

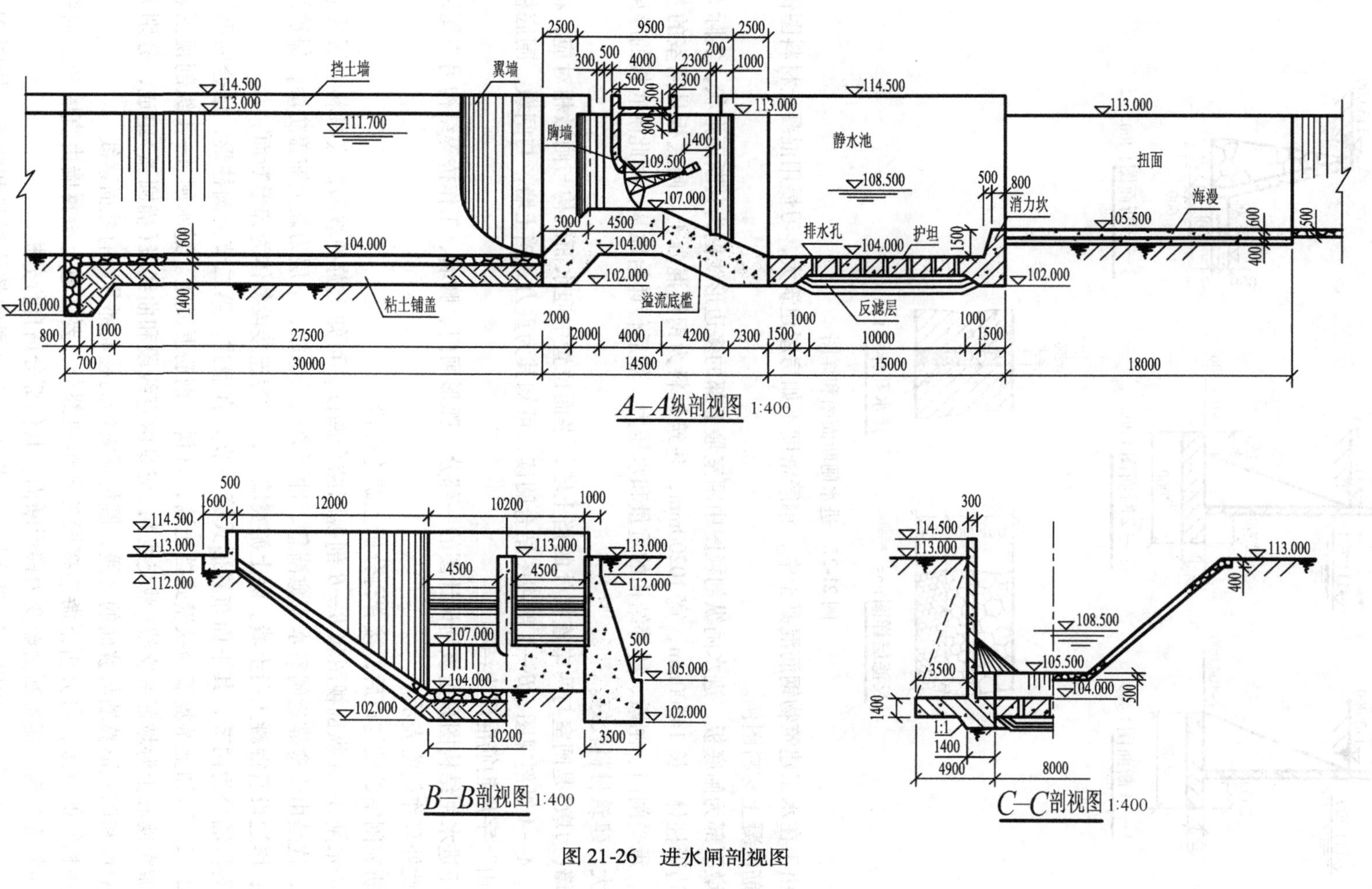

图 21-26　进水闸剖视图

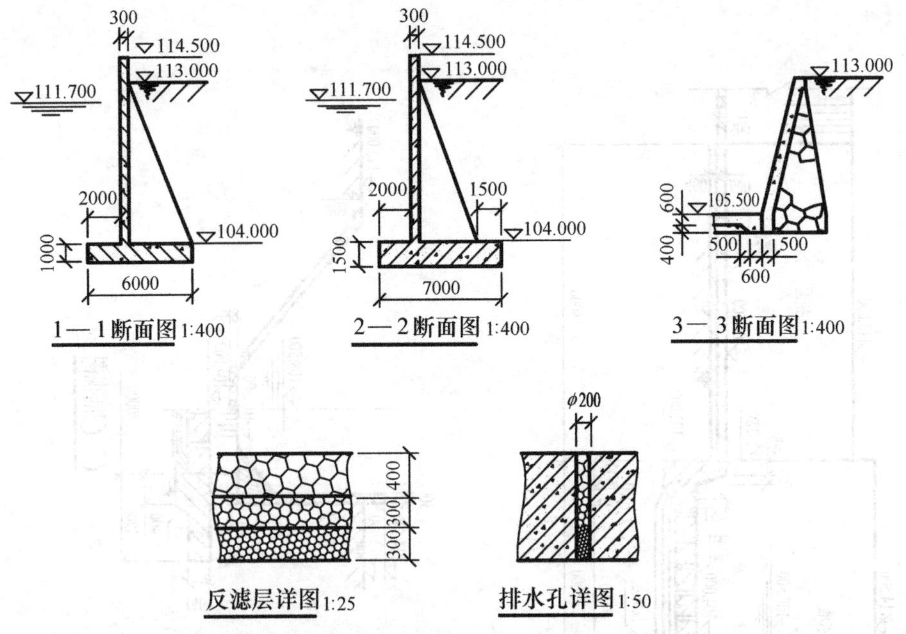

图 21-27　进水闸断面图和详图

土。但由于在水工建筑物钢筋混凝土中，钢筋密度不如房屋建筑大，习惯用混凝土材料图例代替钢筋混凝土材料图例。

闸墩下部为闸底板，进水闸纵剖视图中闸室最下部的多边形线框为其断面形状，实际为一个多边形柱体，长 14500mm，宽 10200mm，建筑材料为钢筋混凝土。闸底板是闸室的基础部分，承受闸门、闸墩、桥等结构的重量和水压力，然后传递给地基，因此闸底板的厚度尺寸较大、建筑材料较好。

岸墙(边墩)是闸室与两岸连接处的挡土墙，平面位置中迎水面结构与闸墩相对应，将平面图、*A—A* 纵剖视图、*B—B* 剖视图结合阅读，可知其为重力式挡土墙，与闸墩、闸底板形成“山”字形钢筋混凝土结构。

由于进水闸结构图只是该闸设计图的一部分，弧形闸门、胸墙、工作桥等结构另有图纸表示，此处只作概略表示。

分析完闸室的结构以后，接着再分析上游连接段。

将进水闸 *A—A* 纵剖视图和 *B—B* 剖视图结合阅读，可知上游护坡和护底材料上层为浆砌块石，这是由于愈靠近闸室水流愈湍急、冲刷愈烈的缘故；下层为黏土铺盖防渗，保护闸室安全；岸边设有混凝土挡土墙。除上游翼墙外，上游连接段整体为梯形断面。

上游翼墙分为两节，其平面布置形式第一节为直墙式，第二节为圆柱形，结合断面图 1—1、2—2，可知上游翼墙为扶壁式挡土墙，材料为钢筋混凝土。进水闸 *A—A* 纵剖视图表明，上游翼墙和上游坡面有交线(截交线)，交线由直线段和曲线段(椭圆弧)组成，分别为直墙式翼墙和圆柱形翼墙与坡面的交线，圆柱形翼墙的柱面部分画有柱面素线。

采用相同的方法，可分析下游连接段的各组成部分，要注意下游翼墙由直墙和扭面组成，通过扭面过渡，矩形断面渐变为梯形断面，其他部分请自行分析。

(4) 归纳总结。通过以上读图分析，可想象出进水闸的整体形状和构成，如图 21-1 所示。

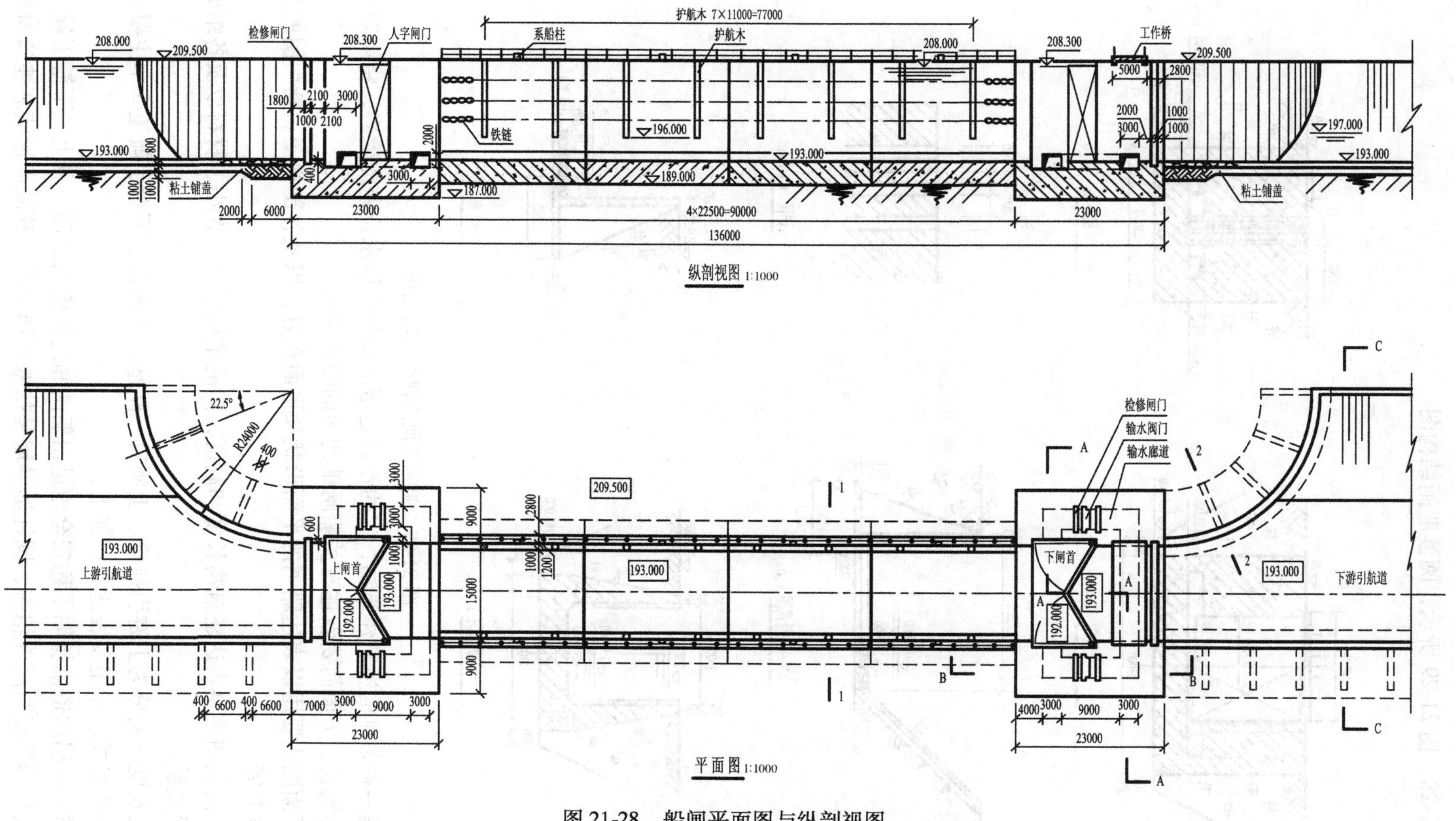

图 21-28 船闸平面图与纵剖视图

2. 阅读船闸结构图

如图 21-28、图 21-29 所示，阅读船闸结构图。

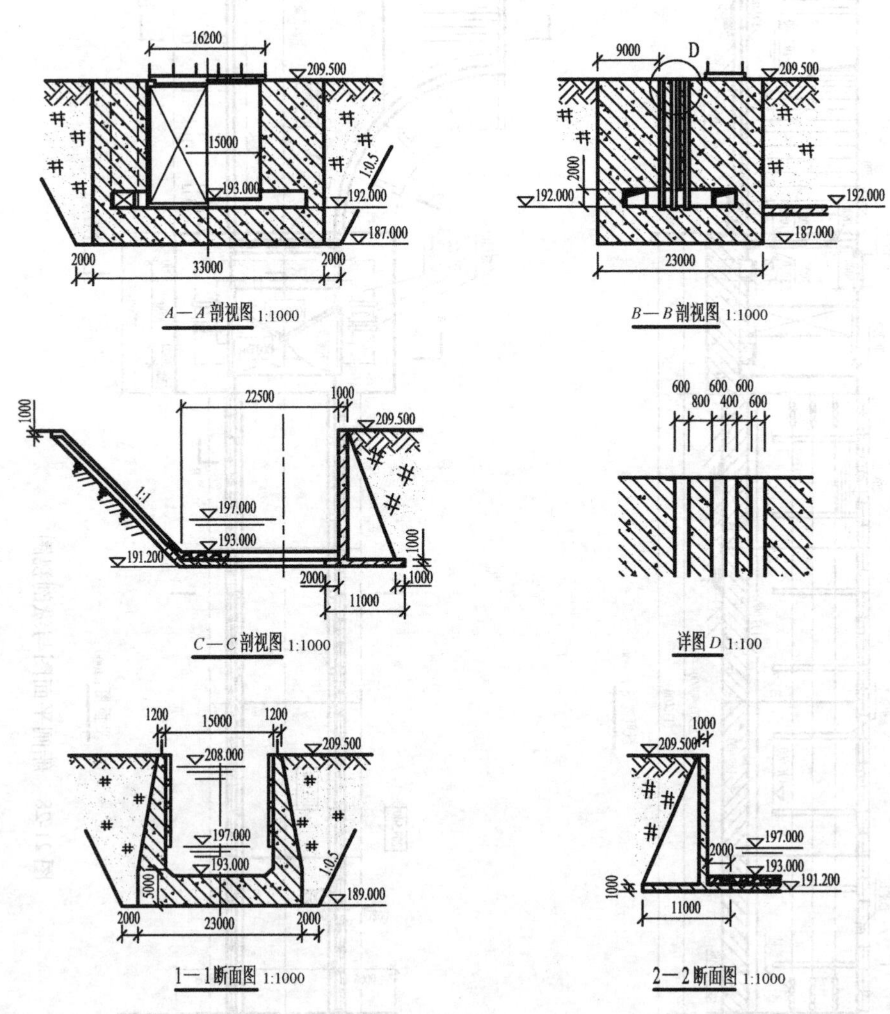

图 21-29　船闸其他剖视图与断面图

船闸是一种常见的通航建筑物，它的作用是帮助船舶克服水位差的障碍，将船舶安全浮送过挡水建筑物，下面简要叙述有关船闸结构图的阅读要点。

船闸平面图主要用以表达船闸的平面形状和平面布置，以及各剖视图、断面图的剖切位置和投影方向等。

船闸纵剖视图主要表达建筑物长度和高度方向的结构形状、大小、材料以及各组成部分的相互位置关系。

船闸按长度方向分为上游引航道、上闸首、闸室、下闸首、下游引航道 5 个主要部分组成，各部分的组成、作用及表达介绍如下：

引航道——引航道供船舶平稳安全地进出船闸和过闸停泊之用，分上、下游引航道。它们一侧有圆柱形导墙与闸首相连，圆柱形导墙是扶壁式挡土墙，其断面形状和建筑材料通过 2—2 断面图表达；另一侧也为扶壁式挡土墙，其迎水面为平面，断面形状和建筑材料由

C—C 剖视图表达。另外，C—C 剖视图还表达了圆柱导墙一侧航道边坡和底部的构造情况。

闸首——闸首是将闸室和上、下游航道分隔的挡水建筑物，是船闸的主体。闸首又分上闸首和下闸首，主要由边墩、底板、闸门和短廊道输水系统组成。从平面图和船闸纵剖视图可以看出，上、下闸首的结构相似，均设有人字形钢闸门，其两侧有矩形输水廊道，廊道中设有三个闸门槽，输水廊道主要由 A—A 阶梯剖视图和 B—B 剖视图表达。另外，上、下闸首的检修门槽位置不同，下闸首还多个工作桥，图中省去了闸门操作室等建筑。

闸室——供船舶过闸时停留的地方，由闸墙和闸底板组成，底板和闸墙连成整体的“U”形钢筋混凝土坞式结构。从平面图可以看出，闸室共分 4 段，闸室的断面形状和材料通过 1—1 断面图表示。闸室两侧墙上有护船木和铁链，墙顶还设有栏杆和系船柱。

根据上面分析，可以想出各主要结构的形状，再根据它们的相互位置关系，想出整体形状，其中较复杂的闸首形状如图 21-30 所示。

3. 阅读水电站厂房图

如图 21-31、图 21-32 所示，阅读水电站部分厂房图。

水力发电工程是水利工程的一项重要内容，水电站厂房建设是水力发电工程的核心组成部分。这里只介绍部分水电站厂房图，通过阅读，了解水电站厂房构造和组成，以及工作原理和采用的表达方法。下面简要给出水电站厂房图的阅读要点。

水电站厂房一般由主厂房、副厂房和变电站等组成。按照其构成部分的工作位置，主厂房一般分为水上部分和水下部分。水上部分是指上层房屋，主要是发电机层，内有发电机、电气设备、仪表和调速设备等；水下部分包括蜗壳、水轮机和尾水管等。

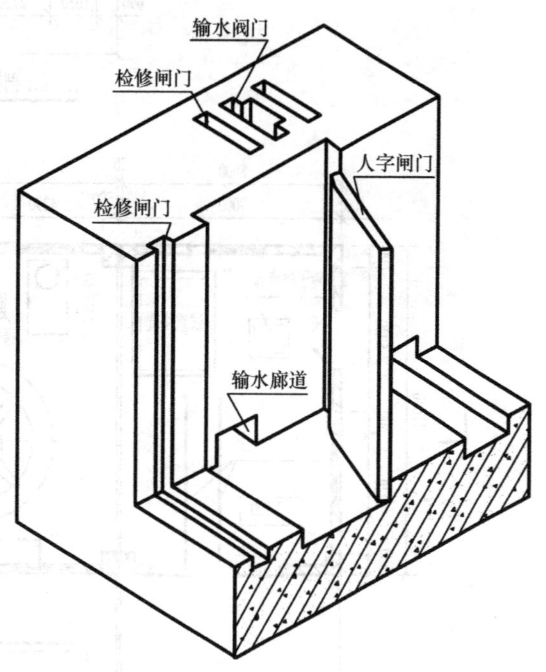

图 21-30　船闸闸首轴测图

图 21-31、图 21-32 中，C—C 剖视图是水电站厂房的底层平面图，该图表达了发电机、墙柱、门窗等的平面布置情况，还标明了 A—A 纵剖视图、B—B 阶梯横剖视图的剖切位置。

A—A 纵剖视图沿发电机轴线剖切，发电机作为整体按不剖处理，同时该剖视图还表达了厂房长度方向和高度的布置情况，并标明了 C—C、D—D 剖视图的剖切位置。

B—B 阶梯横剖视图是厂房表达中最重要的剖视图，从 C—C 剖视图中可以看到它的剖切位置，它剖到发电机层、水轮机层、蜗壳层、尾水管等，由于剖切平面通过这些机组的轴线，画图时，均按不剖处理。

D—D 剖视图是剖切水平面通过蜗壳中心线剖切形成，它的剖切位置在 A—A 剖视图中给出，该图表达了输水管与蜗壳的关系、进人孔通道以及它与蜗壳的相互位置，尾水管、隔墩的平面形状也在该图反映出来。

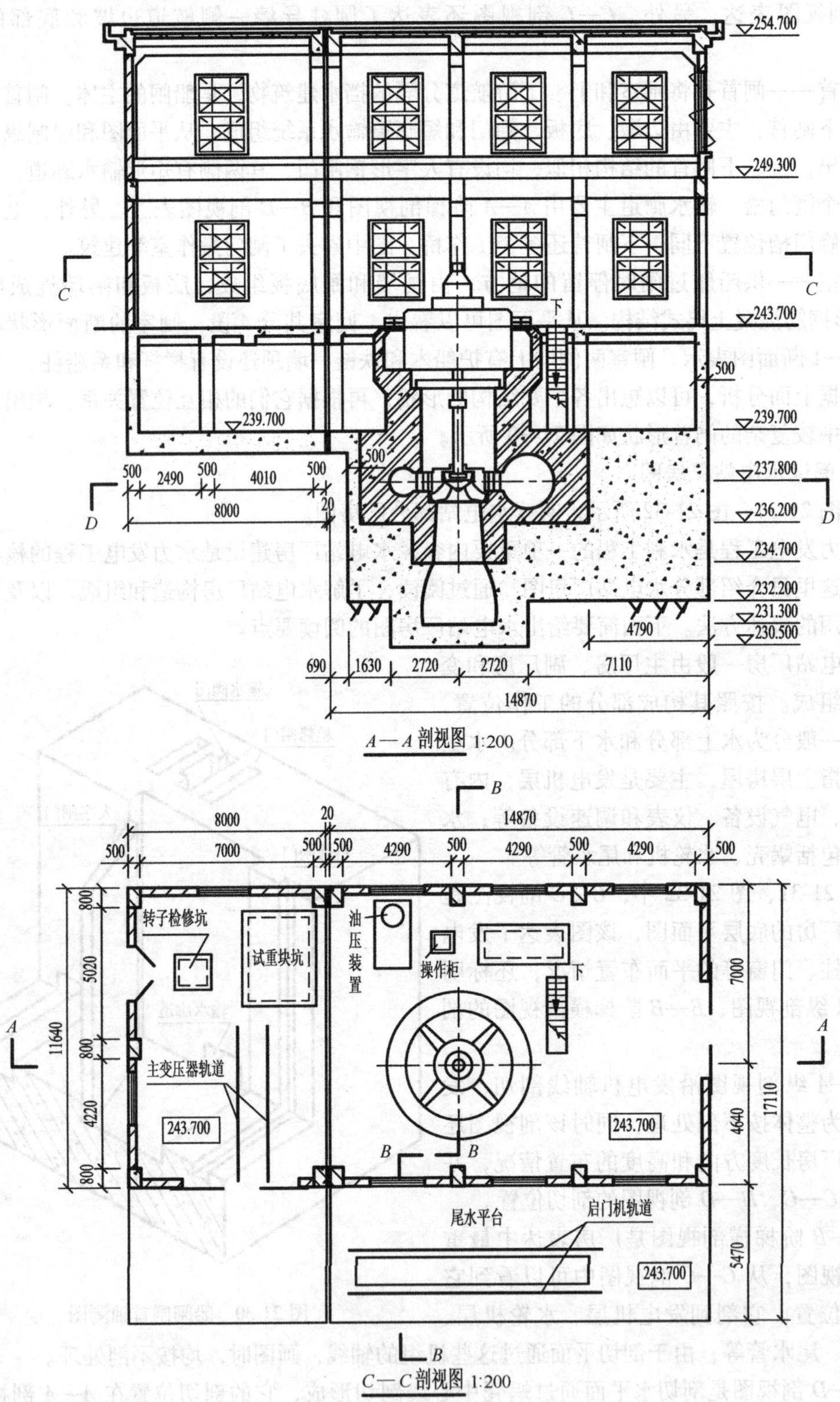

C—C 剖视图 1:200

图 21-31　水电站厂房图（一）

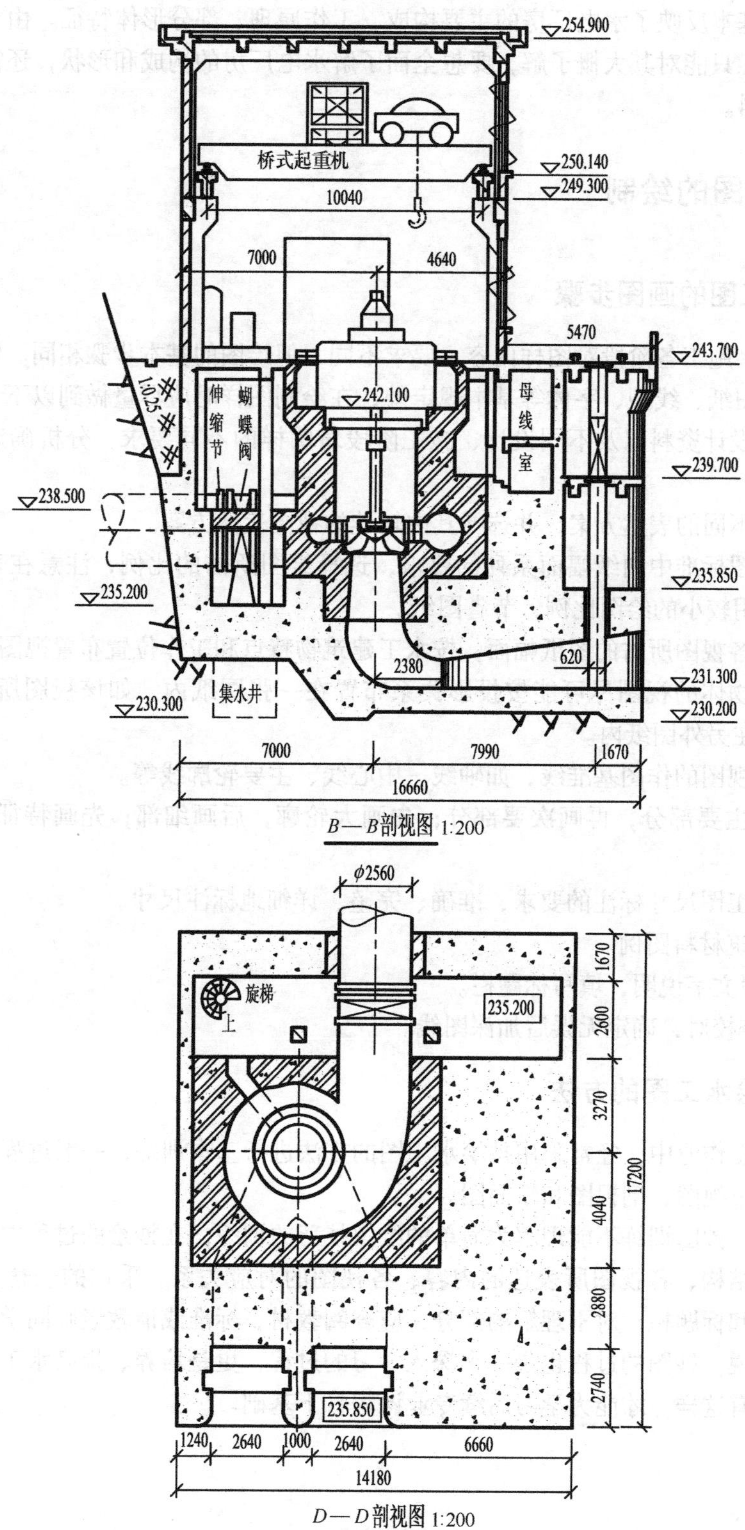

图21-32　水电站厂房图(二)

上述图形基本反映了水电厂房的主要构成、工作原理、部分形体特征。由于仅给出水电厂房部分图形，只能对其大概了解，要想全面了解水电厂房的构成和形状，还需进一步补充其他图形和资料。

21.6 水工图的绘制

21.6.1 水工图的画图步骤

尽管设计、施工各阶段对图样内容、要求不同，但绘图的基本步骤相同。除了应遵循制图标准中关于图纸、线型、字体等基本规定外，在绘制图样时应尽量做到以下几方面：

（1）根据设计资料以及不同设计、施工阶段对图样的不同要求，分析确定需要表达的主要内容。

（2）对比不同的表达方案，并选择其中较佳的视图表达方案。

（3）按制图标准中图纸幅面系列的要求，选择绘图所需的比例，注意在表达清楚的前提下，尽量采用较小的绘图比例，节省图纸。

（4）估算各视图所占的图纸幅面，按水工建筑物特点和工作位置布置视图。

（5）同一物体的视图尽可能按投影关系布置在一张图纸内，如该视图所占范围太大，也可将其放置在另外图纸内。

（6）画各视图的作图基准线，如轴线、中心线、主要轮廓线等。

（7）先画主要部分，再画次要部分；先画大轮廓，后画细部；先画特征明显的视图，后画其他视图；

（8）按水工图尺寸标注的要求，准确、完整、详细地标注尺寸。

（9）画建筑材料图例。

（10）注写文字说明，填写标题栏。

（11）检查校对，确定无误后加深图线。

21.6.2 抄绘水工图的方法

在水工制图作业中，经常采用抄绘水工图的方法进行基本训练，一般过程为抄绘大部分视图并补绘少量视图、剖视图和断面图。

应当注意，抄图训练不能理解为简单的绘图技巧的训练，在抄绘的过程中，应深入理解原图建筑物的结构、各视图所表达的内容、各视图的对应关系、采用的表达方法、尺寸标注、文字说明和标题栏，对不理解的部分，应查阅教材、标准或请教老师同学，不能盲目抄图。因此可以说，抄图的过程也是一个深入学习的过程，更是培养、提高水工图识读能力的有效途径。只有这样，才能为学习后续专业课程打下基础。

参考文献

[1] 中华人民共和国住房和城乡建设部．房屋建筑制图统一标准：GB/T 50001—2010[S]．北京：中国计划出版社，2011.

[2] 中华人民共和国住房和城乡建设部．总图制图标准：GB/T 50103—2010[S]．北京：中国计划出版社，2011.

[3] 中华人民共和国住房和城乡建设部．建筑制图标准：GB/T 50104—2010[S]．北京：中国计划出版社，2011.

[4] 中华人民共和国住房和城乡建设部．建筑结构制图标准：GB/T 50105—2010[S]．北京：中国建筑工业出版社，2010.

[5] 中华人民共和国住房和城乡建设部．建筑给水排水制图标准：GB/T 50106—2010[S]．北京：中国建筑工业出版社，2010.

[6] 中华人民共和国住房和城乡建设部．暖通空调制图标准：GB/T 50114—2010[S]．北京：中国建筑工业出版社，2010.

[7] 电力行业水电规划设计技术标准委员会．水电水利工程基础制图标准：DL/T 5347—2006[S]．北京：中国电力出版社，2007.

[8] 电力行业水电规划设计技术标准委员会．水电水利工程水工建筑制图标准：DL/T 5348—2006[S]．北京：中国电力出版社，2007.

[9] 电力行业水电规划设计技术标准委员会．水电水利工程水力机械制图标准：DL/T 5349—2006[S]．北京：中国电力出版社，2007.

[10] 电力行业水电规划设计技术标准委员会．水电水利工程电气制图标准：DL/T 5350—2006[S]．北京：中国电力出版社，2007.

[11] 电力行业水电规划设计技术标准委员会．水电水利工程地质制图标准：DL/T 5351—2006[S]．北京：中国电力出版社，2007.

[12] 国家质量技术监督局．技术制图[M]．北京：中国标准出版社，1999.

[13] 殷佩生，吕秋灵．画法几何及水利工程制图[M]．北京：高等教育出版社，2006.

[14] 杨胜强，马麟．工程制图学及计算机绘图[M]．北京：国防工业出版社，2005.

[15] 何斌，陈锦昌，陈炽坤．建筑制图[M]．北京：高等教育出版社，2005.

[16] 蒲小琼，陈玲，熊艳．画法几何及水利土建制图[M]．北京：北京邮电大学出版社，2005.

[17] 丁宇明，黄水生．土建工程制图[M]．北京：高等教育出版社，2004.

[18] 朱育万．画法几何及土木工程制图[M]．北京：高等教育出版社，2001.

[19] 焦永和．机械制图[M]．北京：北京理工大学出版社，2001.

[20] 侯爱民．建筑工程制图及计算机绘图[M]．北京：国防工业出版社，2001.

[21] 谭建荣，张树有，陆国栋，等．图学基础教程[M]．北京：高等教育出版社，1999.

[22] 辽宁省水利水电勘测设计院，浙江省水利厅．小型水利水电工程设计图集[M]．北京：水利电力出版社，1988.

[23] 苏宏庆．画法几何及水利工程制图[M]．成都：四川科学技术出版社，1983.

[24] 彭子炎，等．水利工程制图[M]．北京：高等教育出版社，1965.

[25] 陈锦昌，刘就女，刘林．计算机工程制图[M]．广州：华南理工大学出版社，2001.

[26] 孙家广，陈玉健，顾搴宁．计算机辅助几何造型技术[M]．北京：清华大学出版社，1990.

[27] 张满栋，杨胜强，吕明．复合轴测图的精确绘制[J]．工程图学学报，2007(4)：111-116.

[28] 张满栋，梁国星，杨胜强，等．泛土木水利工程制图教学内容体系改革探讨[J]．图学学报，2013(4)：132-134.